Al-Kass • Feucht-Sedlmeier • Weidner

Brandschutz in Krankenhäusern

Brandschutz in Krankenhäusern

Grundlagen zu Planung, Ausführung und Betrieb

mit 190 Abbildungen und 58 Tabellen

Dipl.-Ing. (FH) Talal Al-Kass

ist Architekt und arbeitet mit dem Schwerpunkt Brandschutz im Krankenhausbau in einem staatlichen Bauamt. Er erstellt Brandschutznachweise für unterschiedliche Neu- und Bestandsbauten, ist Autor im Brandschutzatlas, Gründungsmitglied der „Vereinigung der Brandschutzplaner e. V." und ausgebildeter Sachverständiger für Schäden an Gebäuden.

Martin Feucht-Sedlmeier, M. Sc.

ist seit über 12 Jahren Brandschutzbeauftragter an einem Klinikum der Maximalversorgung, wo er interne Prüfungen von Brandschutzkonzepten durchführt und Architekten berät. Zudem verfügt er über mehr als 20 Jahre Erfahrung als Mitglied der Freiwilligen Feuerwehr.

Dipl.-Ing. (FH) Timo Weidner

ist Bauingenieur mit mehr als 18 Jahren Erfahrung im vorbeugenden Brandschutz. Seine Schwerpunkte liegen auf Gesundheits- und Pharmabauten sowie internationalem Brandschutz. Letzteres gilt insbesondere für sogenannte „Code Alignments" zwischen deutschem und US-amerikanischem Brandschutzrecht bei zivilen und militärischen Projekten. Er unterrichtet regelmäßig an Hochschulen und in Seminaren.

RM Rudolf Müller

Bibliografische Information der Deutschen Nationalbibliothek

Die Deutsche Nationalbibliothek verzeichnet diese Publikation in der Deutschen Nationalbibliografie; detaillierte bibliografische Daten sind im Internet über http://dnb.de abrufbar.

Maßgebend für das Anwenden von Regelwerken, Richtlinien, Merkblättern, Hinweisen, Verordnungen usw. ist deren Fassung mit dem neuesten Ausgabedatum, die bei der jeweiligen herausgebenden Institution erhältlich ist. Zitate aus Normen, Merkblättern usw. wurden, unabhängig von ihrem Ausgabedatum, in neuer deutscher Rechtschreibung abgedruckt.

Aus Gründen der besseren Lesbarkeit wird teilweise bei Personenbezeichnungen und personenbezogenen Hauptwörtern die männliche Form verwendet. Entsprechende Begriffe gelten im Sinne der Gleichbehandlung grundsätzlich für alle Geschlechter. Die verkürzte Sprachform hat nur redaktionelle Gründe und beinhaltet keine Wertung.

Das vorliegende Werk wurde mit größter Sorgfalt erstellt. Verlag und Autoren können dennoch für die inhaltliche und technische Fehlerfreiheit, Aktualität und Vollständigkeit des Werkes keine Haftung übernehmen.

Wir freuen uns, Ihre Meinung über dieses Fachbuch zu erfahren. Bitte teilen Sie uns Ihre Anregungen, Hinweise oder Fragen per E-Mail mit: info.feuertrutz@rudolf-mueller.de

Lektorat: Petra Lindner, Kescheid
Umschlaggestaltung: Inga Lämmlein Grafikdesign, Rodgau
Satz: WMTP Wendt-Media Text-Processing GmbH, Birkenau
Druck und Bindearbeiten: Westermann Druck Zwickau GmbH, Zwickau
Printed in Germany

ISBN: 978-3-86235-499-3 (Buch-Ausgabe), Produktionscharge *001
ISBN: 978-3-86235-500-6 (E-Book als PDF)
ISBN: 978-3-86235-501-3 (Buch-Ausgabe + E-Book als PDF), Produktionscharge *001

Vorwort

Der Brandschutz – ein ungeliebtes Kind, ein Kuckucksei. Wer hat uns das nur ins Nest gelegt? Früher plante der Architekt mit Bleistift, Papier und einer gehörigen Portion Selbstbewusstsein ein Gebäude vom Fundament bis zum Dach. Heute hingegen fühlt er sich manchmal eher wie ein Koordinator unzähliger Spezialisten – und mittendrin der Brandschutz.

Brandschutz wird oft als lästige Pflicht empfunden. Er erscheint vielen als ein zusätzliches Hindernis, das Bauprozesse verkompliziert, Ressourcen bindet und den Betrieb in Krankenhäusern eher erschwert. Auf den ersten Blick scheint er wenig zum eigentlichen Auftrag eines Krankenhauses beizutragen: der Heilung und Pflege von Menschen.

Doch die Frage bleibt: Wie viel Schutz darf und muss ein Mensch erwarten, wenn er ein öffentliches Gebäude, insbesondere ein Krankenhaus, betritt? In dieser besonderen Umgebung bedeutet Brandschutz weit mehr als nur die Erfüllung von Vorschriften. Er ist eine Verantwortung gegenüber den Menschen, die auf die Fürsorge und den Schutz anderer angewiesen sind. Sicherheit in einem Krankenhaus ist das Ergebnis einer ständigen Abwägung: zwischen Pflicht und Möglichkeit, zwischen Aufwand und Wirkung sowie individueller Verantwortung und gesellschaftlichem Konsens. Brandschutz ist somit immer auch Ausdruck eines gesellschaftlich akzeptierten Risikos. Jede Maßnahme bewegt sich zwischen Machbarem und Finanzierbarem sowie dem, was die Gesellschaft an Einschränkungen oder Kosten zu tragen bereit ist. Dieses Spannungsfeld macht den Brandschutz im Krankenhaus zu einem komplexen und hochaktuellen Thema.

In Deutschland existiert keine länderübergreifende einheitliche Verordnung für den Brandschutz in Krankenhäusern. Diese fehlende Planungssicherheit wird bemängelt. Auch wir haben intern diskutiert, beispielsweise, ob eine allgemeinverbindliche Verordnung zur Erreichung des Schutzziels wirklich erforderlich ist. Eine abschließende einheitliche Meinung gibt es nicht. Aber was zunächst als Unsicherheit empfunden werden kann, birgt zugleich Chancen und eröffnet Raum für individuelle Lösungen, die den spezifischen Gegebenheiten und Bedürfnissen der jeweiligen Planungsaufgabe gerecht werden.

Aus Sicht der Autoren wäre ein länderübergreifender Leitfaden für diesen nicht geregelten Sonderbau wünschenswert, der in Bezug auf die typischen Risiken im Krankenhaus Handlungsempfehlungen gibt und mögliche Erleichterungen bzw. Abweichungen zu den Anforderungen der Musterbauordnung darstellt. Dies könnte eine einheitliche Planung und Prüfung dieser komplexen Gesundheitsbauten unterstützen und wäre auch eine Hilfe für den Betrieb und das Einsatzwesen.

Der Inhalt spiegelt unsere Meinung zu vielen Themen wider, kann aber keine allgemeingültige Lösung bieten. Letztlich muss stets schutzzielorientiert geplant werden, was immer wieder auch Einzelfallentscheidungen erfordert. Dies ist ein Spannungsfeld, das Verantwortliche vor große Herausforderungen stellt.

Der Ruf des Brandschutzes leidet bisweilen darunter, dass mehr umgesetzt wird, als tatsächlich notwendig wäre. Doch guter Brandschutz zeichnet sich nicht unbedingt durch aufwendige technische Maßnahmen und auffällige bauliche Lösungen aus, sondern dadurch, dass er keine überflüssigen Elemente enthält. Er muss nicht unbedingt laut und sperrig sein. Im besten Fall wirkt er im Hintergrund – still und selbstverständlich.

Auch wir Autoren mussten uns bisweilen zusammenraufen, haben diskutiert und sind nicht unbedingt immer einer Meinung. Das liegt in der Natur der Sache und hilft, Sachverhalte und auch die eigene Meinung zu hinterfragen. Wir haben unsere Erfahrungen aus unterschiedlichen Blickrichtungen und Disziplinen eingebracht: aus den Bereichen Architektur und Technik, Klinikorganisation und Betrieb sowie Recht, Praxis und Sicherheit.

Dieses Buch richtet sich an einen bewusst heterogenen Nutzerkreis, zu dem Architekten, Fachplaner, Betreiber, Techniker, Pflegekräfte und viele andere gehören, die sich auf unterschiedliche Weise mit dem Thema Brandschutz in Krankenhäusern befassen. Daher ist es unvermeidlich, dass einzelne Informationen für den einen oder anderen Leser bereits selbstverständlich erscheinen, während sie für andere wichtig sind.

Unser Ziel ist es, eine Brücke zwischen der Perspektive eines Krankenhausbetriebs mit all seinen Teilbereichen und den Schutzzielen des baulichen, anlagentechnischen, abwehrenden und organisatorischen Brandschutzes zu schlagen.

In Bezug auf die Krankenhausplanung folgt das Buch in Kapitel A der Gliederung der grundlegenden Planungsnorm zur funktionalen Gliederung von Krankenhäusern (DIN 13080). Zur schnellen Orientierung in Bezug auf die bauordnungsrechtlichen und weitergehenden Anforderungen wird diese Gliederung auch in Kapitel H übernommen.

Mit diesem Buch wollen wir nicht nur informieren, sondern auch sensibilisieren. Unser Ziel ist es, ein Bewusstsein zu schaffen und Verantwortliche sowie Mitarbeitende gleichermaßen zu ermutigen, Brandschutz als Teil einer gelebten Sicherheitskultur zu verstehen mit einem Verständnis für den Brandschutz als integralen Bestandteil von Patientensicherheit, Mitarbeiterfürsorge und gesellschaftlicher Verantwortung.

Mögen die folgenden Seiten dazu beitragen, das „ungeliebte Kind“ in einem anderen Licht zu sehen – nicht als Kuckucksei, sondern als unverzichtbaren Bestandteil einer Architektur zum Schutz der Menschen.

Die Autoren im Dezember 2025

Hinweis:

> Die Nummern in eckigen Klammern in Überschriften der Kapitel A und H verweisen auf die Gliederungsstruktur der DIN 13080 „Gliederung des Krankenhauses in Funktionsbereiche und Funktionsstellen“ (2016).

Inhalt

Legende und Abkürzungen für Darstellungen im Buch

Wände	Kurz-beschreibung	Bauaufsichtliche Benennung
	BW	Brandwand
	fb Bauart BW	feuerbeständig und in der Bauart von Brandwänden
	Wand, fb	feuerbeständig
	Wand, fh	feuerhemmend
	Wand, rd	rauchdicht (keine bauordnungsrechtliche Einstufung)
	TR	notwendiger Treppenraum
	NF	notwendiger Flur
	Tür, DS	Abschluss, dichtschließend
	Tür, RS	Abschluss, Rauchschutz selbstschließend
30	Tür, fh	Abschluss, feuerhemmend und selbstschließend
90	Tür, fb	Abschluss, feuerbeständig und selbstschließend
30	Tür, fh-RS	Abschluss, Rauchschutz, feuerhemmend und selbstschl.
90	Tür, fb-RS	Abschluss, Rauchschutz, feuerbeständig und selbstschl.
	NA	Abschluss, Rauchschutz, feuerbeständig und selbstschl.

Hinweis: Zuordnung der bauaufsichtlichen Benennungen zu DIN 4102 und DIN EN 13501, siehe Kapitel 1.1.6.

SPR	S P R	Bereich, geschützt durch wasserbasierte Löschanlage
GLA	G L A	Bereich, schützt durch Gaslöschanlage
BMA	B M A	Bereich, schützt durch automatischen Brandmelder
	R A	Öffnung zur Rauchableitung

Abkürzungen und Zeichen

O	keine Anforderungen	AR	Aufenthaltsraum
fb	feuerbeständig	GK	Gebäudeklassen
hf	hochfeuerhemmend	VG	Vollgeschoss
fh	feuerhemmend	Whg.	Wohnung
nb	nichtbrennbar	k.A.	keine Angaben enthalten
30	Feuerwiderstandsdauer		

A Gebäudetypologie Krankenhaus

Ein grundlegendes Element dieses Buches ist die enge Verknüpfung der Perspektive eines Krankenhausbetriebs mit all seinen Teilbereichen mit den bauordnungsrechtlich erforderlichen Standpunkten und Schutzzielen des baulichen, anlagentechnischen, abwehrenden und organisatorischen Brandschutzes.

Wo aus betrieblicher Sicht u. a. Anforderungen an Patientenversorgung, Personal und Hygiene im Fokus stehen (siehe Kapitel C.2), werden aus bauordnungsrechtlicher Sicht nur die Schutzziele nach Musterbauordnung (MBO), Verordnungen und Richtlinien (siehe Kapitel D.0) und die daraus abgeleiteten Anforderungen an den Brandschutz gesetzt.

Zur Verbindung dieser 2 Sichtweisen wurde durch die Autoren die Gliederung nach DIN 13080 „Gliederung des Krankenhauses in Funktionsbereiche und Funktionsstellen" (2016) gewählt. Auf Basis dieser Gliederung in Funktionsbereiche wird eine erste Wertung vorgenommen. Die Nutzung mit ihren Arbeitsabläufen steht im Vordergrund, die Anforderungen des vorbeugenden Brandschutzes sind an die Nutzung anzupassen. Diese grundlegende Ausrichtung wird in den weiteren Abschnitten fortgeführt.

Alle Unterkapitel des Kapitels H stimmen mit der Gliederung nach DIN 13080 überein. Ein direkter Abgleich zwischen Anforderungen aus der Nutzung mit den bauordnungsrechtlichen Rahmenbedingungen ist somit möglich.

DIN 13080 – Gliederung des Krankenhauses aus Sicht der Nutzung

Die DIN 13080 folgt in der grundlegenden Definition, was unter dem Begriff „Krankenhaus" zu verstehen ist, § 2 Nr. 1 und 1a Krankenhausfinanzierungsgesetz des Bundes (KHG). Demnach sind

> *„Krankenhäuser Einrichtungen, in denen durch ärztliche und pflegerische Hilfeleistung Krankheiten, Leiden oder Körperschäden festgestellt, geheilt oder gelindert werden sollen oder Geburtshilfe geleistet wird und in denen die zu versorgenden Personen untergebracht und verpflegt werden können," sowie „mit den Krankenhäusern notwendigerweise verbundene Ausbildungsstätten staatlich anerkannte Einrichtungen an Krankenhäusern zur Ausbildung […] wenn die Krankenhäuser Träger oder Mitträger der Ausbildungsstätte sind."*

Dies entspricht auch der Definition des Sonderbaus „Krankenhaus" in der zurückgezogenen Krankenhausbauverordnung (KhBauVO) des Bundes (siehe Kapitel D.1).

Durch die Gliederung nach DIN 13080 werden die funktionalen Zusammenhänge der einzelnen Bereiche und Stelle im Sonderbau gruppiert. Mit insgesamt 3 Gliederungsebenen detailliert die DIN 13080 dabei die einzelnen Funktionen. In dem hier aufgestellten Vergleich mit den Anforderungen des vorbeugenden Brandschutzes werden diese Gliederungsebenen, Funktionsbereiche, Funktionsstellen und Teilstellen betrachtet.

Die Gliederung nach DIN 13080 nutzt ein nummerisches System mit Schlüsseln in den Gruppen von 1.00 bis 8.00, die in Funktionsbereiche und -stellen unterteilt werden. Dies kann dabei zur Vereinfachung, ähnlich den Teilen der Landesbauordnungen (LBO) (siehe Kapitel D.0.1), verwendet werden. Der erste Teil der Funktionsgruppen rund um Behandlung und Pflege als primäre Prozesse enthält die Funktionsstellen zu Diagnostik und Therapie (1.00) sowie zur Pflege (2.00) selbst. Der folgende Teil der Gliederung nach DIN 13080 beschäftigt sich mit den allgemeinen Diensten (3.00), dem Krankenhausmanagement (4.00) sowie der Ver- und Entsorgung (5.00), die als Funktionsstellen zur Aufrechterhaltung der primären Prozesse erforderlich sind. Der Funktionsbereich 6.00 listet alle Funktionsstellen im Themenbereich Forschung, Lehre und Ausbildung auf. Sonstige Einrichtungen, die als tertiäre Funktionsstellen im Krankenhaus erforderlich sind, werden im Funktionsbereich 7.00 gruppiert. Das Gerüst, das alle vorgenannten Funktionsbereiche verbindet, die technische Gebäudeausrüstung (8.00), wird in einem separaten Funktionsbereich betrachtet. Die Gliederungsnummern nach DIN 13080 sind als Verweise auf die entsprechenden Abschnitte in der Norm in den einzelnen Kapiteln angegeben.

Eine Funktionsstelle kann dabei auch aus mehreren betrieblich gleichen Bereichen oder Stationen bestehen. Die Funktionsstelle umfasst somit beispielsweise 2 oder mehr nebeneinander angeordnete intensivmedizinische Stationen, die zwar baulich voneinander getrennt betrieben werden, die aber gleiche oder vergleichbare Leistungen der medizinischen Behandlung bieten.

Die Krankenhausplanung zur Versorgung der Bevölkerung obliegt, ebenso wie das Baurecht, den Bundesländern. Die Ausstattung und Leistung werden im jeweiligen Bundesland mit einem Krankenhausplan vorgegeben. Ausstattung und Leistungen werden in sog. Versorgungsstufen bemessen. Zwar variiert die Anzahl der Versorgungsstufen innerhalb des Bundes, allerdings können vereinfachend 3 Versorgungsstufen übergreifend definiert werden:

Versorgungsstufe I

Krankenhäuser der Grund- oder Regelversorgung übernehmen die Untersuchung und Behandlung der häufigsten Krankheiten. Auch wenn verschiedene Fachabteilungen vorhanden sind, wird meist, sofern überhaupt, nur ein Schwerpunkt, beispielsweise auf die Innere Medizin, gelegt. Forschung und Lehre sind in der Regel kein Bestandteil der Leistungen.

Versorgungsstufe II

Krankenhäuser der Regel- und Schwerpunktversorgung bieten alle Leistungen der Versorgungsstufe I mit zusätzlichem Fokus auf Schwerpunkte in mehr als einer Medizinrichtung. In der Regel sind die Schwerpunkte aufeinander in einer Fachrichtung abgestimmt und ermöglichen eine spezialisierte medizinische Behandlung. Forschung ist hier auf die Schwerpunkte der gewählten Fachrichtung beschränkt.

Versorgungsstufe III

Die Versorgung in Krankenhäusern der Versorgungsstufe III beinhaltet alle vorgenannten Leistungen und Ausstattungsmerkmale. Zudem werden alle Fachgebiete der medizinischen Behandlung abgedeckt. Die hier gebotene Maximalversorgung umfasst alle Fachgebiete mit einer hohen Spezialisierung. Forschung und Lehre ist in diesen, oft auch als Universitätskliniken bezeichneten, Einrichtungen fester Bestandteil des Leistungsprogramms.

Welche der im Folgenden aufgeführten Funktionsbereiche und deren Funktionsstellen in einem Krankenhaus zusammengefasst sind, wird durch den Krankenhausplan des jeweiligen Bundeslandes bestimmt und individuell nach den Bedürfnissen der Bevölkerung und der Landesentwicklung festgelegt.

Für die brandschutztechnische Bewertung der einzelnen Funktionsstellen sind stets die folgenden 2 Parameter wichtig.

Mobilität

Wie mobil sind die zu behandelnden Personen? Alle Personen, die in Krankenhäusern behandelt werden, können als in verschiedenen Graden mobilitätseingeschränkt eingestuft werden. Sind hauptsächlich bettlägerige Menschen im zu betrachtenden Bereich oder sind die Personen in ärztlicher Behandlung in der Lage, sich selbstständig fortzubewegen? Für eine rechnerische Annäherung an diese Größe zur Bestimmung von Räumungszeiten können die Ansätze nach der Richtlinie für Mikroskopische Entfluchtungsanalysen (RiMEA) (RiMEA e. V., 2025) oder ähnlicher Richtlinien vergleichend herangezogen werden. Jedoch ist zu beachten, dass selbst die Rechenwerte für Personengruppen mit beeinträchtigter Mobilität nicht ohne weitere Reduktion auf alle Funktionsstellen angewandt werden können. Vielmehr müssen Personen berücksichtigt werden, die sich überhaupt nicht selbstständig fortbewegen können und die Pflegekräfte benötigen, um bewegt zu werden. Dieses Verhalten ist in den üblichen Simulationsmodellen nicht abbildbar. Hierfür sind Annahmen und per Hand berechnete Ingenieurmethoden hilfreich.

Personalschlüssel

Der Personalschlüssel der einzelnen Stationen ist ein weiteres kritisches Element der brandschutztechnischen Betrachtung. Abhängig von der Anzahl der zu betreuenden Personen in der Funktionsstelle ist in der Regel die Anzahl der medizinischen Angestellten in der Nachtschicht der maßgebende Wert, um eine Räumung des Bereichs durchzuführen. Es ist stets die Aufgabe des Personals, die Patientinnen und Patienten unverzüglich aus dem Gefahrenbereich in einen, wenn auch nur temporär, sicheren Bereich zu bringen und weiter zu versorgen. Es ist nie Aufgabe der Einsatzkräfte nach Alarmierung der Leitstelle, diese Aufgabe durchzuführen. Weder kann vorausgesetzt werden, dass die Einsatzkräfte ausreichend medizinisch geschult sind, noch viel weniger sind sie in der für die Räumung kritischen Zeit vor Ort verfügbar.

Zahlenwerte, die eine einfache Berechnung der Personaldecke im Verhältnis zur Mobilität der Patientinnen und Patienten ermöglichen, werden in den folgenden Abschnitten nicht enthalten sein. Aufgrund der verschiedenen Strukturen in den Klinikbetrieben, der unterschiedlichen Anforderungen in den Krankenhausplänen der Länder und der alltäglich wechselnden Situation auf den Stationen selbst wären solche Angaben aus Sicht der Autoren nicht belastbar. Beim Beraten der integrierten Planungsteams im Gesundheitsbau – sowohl im Neubau als auch beim Umbau von Teilen des Bestands – sind diese Angaben mit den Betreibenden immer wieder neu abzustimmen. Als Planungshilfe für den vorbeugenden Brandschutz und als Hinweis an den Krankenhausbetrieb, von welchen Grundlagen die Brandschutzplanung ausgeht, haben die Autoren die Kategorien „gering", „mittel" und „hoch" als Angabe zum Personalschlüssel gewählt.

Die Kategorien beschreiben die im nachfolgendem Hinweis dargestellten Situationen.

Hinweis

Personalschlüssel „gering"

In den als Funktionsstelle zusammengefassten Stationen sind insgesamt deutlich weniger Pflegekräfte als Patientinnen und Patienten im kleinsten Teilbereich oder der kleinsten Station im Verbund anwesend. Eine Betreuung aller in Behandlung stehenden Personen in der durch ein Schadensereignis betroffenen Station des Funktionsbereichs ist nur mit Unterstützung durch das medizinische Personal von angrenzenden Funktionsstellen möglich. Eine Traubenbildung an den Ausgängen zu sicheren Bereichen ist in hohem Maße zu erwarten, da durch die Unterstützung aus angrenzenden Funktionsstellen, sich selbst rettende Patientinnen und Patienten sowie durch medizinisches Personal, das stark mobilitätseingeschränkte Personen betreut, gegenläufige Personenströme an den Ausgängen zu sicheren Bereichen kollidieren können.

Personalschlüssel „mittel"

In den als Funktionsstelle zusammengefassten Stationen sind insgesamt weniger Pflegekräfte als Patientinnen und Patienten im größten Teilbereich oder der größten Station im Verbund anwesend. Eine Betreuung aller in Behandlung stehenden Personen in der durch ein Schadensereignis betroffenen Station des Funktionsbereichs ist nur mit Wartezeit der Personen möglich, die aufgrund ihrer Mobilitätseinschränkung durch das medizinische Personal betreut werden müssen. Eine Traubenbildung an den Ausgängen zu sicheren Bereichen ist sehr wahrscheinlich, da Personal, das mobilitätseingeschränkte Personen betreut, mit Patientinnen und Patienten, die der Selbstrettung fähig sind, an den Ausgängen zu sicheren Bereichen kollidieren können.

Personalschlüssel „hoch"

In den als Funktionsstelle zusammengefassten Stationen sind insgesamt mehr Pflegekräfte als Patientinnen und Patienten im größten Teilbereich oder der größten Station im Verbund anwesend. Eine Betreuung aller in Behandlung stehenden Personen in der durch ein Schadensereignis betroffenen Station des Funktionsbereichs ist unmittelbar durch das medizinische Personal möglich. Eine Traubenbildung an den Ausgängen zu sicheren Bereichen ist nicht oder nur in geringem Maße zu erwarten.

Räumliche Struktur

Bedingt durch die geplante Nutzung ist die räumliche Struktur als Großraum ohne Anforderungen an Abtrennung innerhalb von Funktionsstellen oder in einer Zellenbauweise mit erschließenden Fluren möglich. Die durch die Nutzung vorgegebene Struktur bestimmt dabei die brandschutztechnisch erforderlichen Maßnahmen hinsichtlich baulicher Abtrennungen (siehe Kapitel F.4, F.5, F.6) oder Anlagentechnik zur Brandbekämpfung (siehe Kapitel I.10) oder zum Rauchmanagement (siehe Kapitel I.9).

A.0 Diagnostik und Therapie [1.00]

A.0.1 Zentrale Notaufnahmen/integrierte Notfallzentren [1.01–1.05]

Zentrale Notaufnahmen sind in zweierlei Hinsicht die zentralen Anlaufpunkte von Krankenhäusern. Zum einen dienen sie als öffentlich zugängliche Funktionsstellen für Personen, die selbstständig und akut medizinische Behandlung suchen. Diese Personen werden durch Personal des Krankenhauses administrativ erfasst und bleiben in der Regel in Wartebereichen, bis sie medizinisch versorgt oder aufgenommen werden. Zum anderen sind zentrale Notaufnahmen auch der Eintrittspunkt für alle Patientinnen und Patienten, die durch den Rettungsdienst in ein Krankenhaus eingeliefert werden. Bei diesen Personen werden eine Erfassung und erste Diagnostik bereits während des Rettungsdiensteinsatzes durchgeführt, sodass sie direkt zur medizinischen Weiterversorgung gebracht werden. Diese Weiterversorgung findet in den nicht öffentlichen Bereichen der Notaufnahme statt, in denen Untersuchungs- und Behandlungsräume vorhanden sind, die nur nach Aufforderung und in der Regel in Begleitung des medizinischen Personals betreten werden können. Darüber hinaus sind ebenso nicht öffentliche Bereiche, wie z. B. Schockräume (siehe Abb. A-1) und andere intensivmedizinische Räume für ambulante Operationen, vorhanden, in die Patientinnen und Patienten ausschließlich durch das medizinische Personal zur direkten Behandlung gebracht werden.

Zentrale Notaufnahmen sind oft an Magistralen, die der Erschließung aller Bereiche des Krankenhauses dienen, und an Cafeterien oder ähnliche öffentliche Bereiche zur Speiseversorgung angeschlossen.

Die Mobilität der Personen, die medizinisch behandelt werden, kann als weitestgehend selbstständig beurteilt werden. Die Personen, die nicht mobil sind, sind in der akuten medizinischen Behandlung und entsprechend eng betreut.

Der Personalschlüssel kann trotzdem nur als niedrig bis mittel eingestuft werden, abhängig von der Auslastung der Funktionsstelle.

Aufgrund ihrer zentralen Funktion als Eingangspunkt für akut erkrankte Personen in das Krankenhaus ist diese Funktionsstelle oft in der Nähe der Operationsbereiche angeordnet. Gleichzeitig sind aus Gründen der Zugänglichkeit die oben genannten Großraumbereiche und Hallen angeschlossen.

Bereiche mit besonderer brandschutztechnischer Relevanz in der zentralen Notaufnahme sind zum einen die Schockräume und andere intensivmedizinische Räume für ambulante Operationen. Zwar ist der Personalschlüssel in

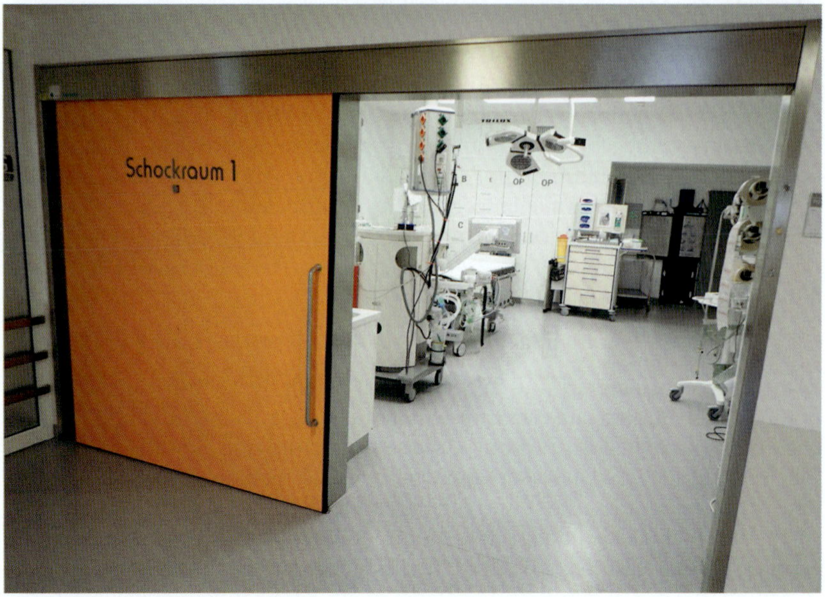

Abb. A-1: Schockraum innerhalb einer zentralen Notaufnahme

diesen Bereichen am höchsten, aber gleichfalls sind die Patientinnen und Patienten am wenigsten mobil. Zum anderen sind Wartebereiche, in denen viele Personen auf eine Behandlung warten können, kritisch zu betrachten. Meist wird in diesen Bereichen mit akustischem und optischem Alarm auf eine Notsituation hingewiesen. Das Lenken und Informieren der Personen fallen dem hier in nur geringer Anzahl vorhandenen Personal zu.

Magistralen und Cafeterien sind oft sehr nah angebunden. Nach Möglichkeit sollen Besuchenden sowie Patientinnen und Patienten durch eine offene, transparente Anbindung an die Erschließung der Zugang und die Orientierung einfach gemacht werden. Aus diesem Grund sind baulich brandschutztechnisch abgegrenzte Bereiche aus Sicht des Betriebs nicht gewünscht. Daher dienen als brandschutztechnische Mittel zum Abgrenzen dieser Bereiche eher große Toranlagen, Brandschutzvorhänge und rauchdichte Verglasungen in Verbindung mit Löschanlagen.

A.0.2 Laboratoriumsmedizin [1.06]

Biologische Labore werden in Deutschland nach der europäischen Richtlinie 89/391/EWG, umgesetzt in nationalem Recht in der Biostoffverordnung (BioStoffV), auf Basis des Infektionsrisikos der untersuchten Erreger nach § 3 BioStoffV in 4 Schutzstufen, S-1 bis S-4, eingestuft:

> „*1. Risikogruppe 1: Biostoffe, bei denen es unwahrscheinlich ist, dass sie beim Menschen eine Krankheit hervorrufen,*
>
> *2. Risikogruppe 2: Biostoffe, die eine Krankheit beim Menschen hervorrufen können und eine Gefahr für Beschäftigte darstellen könnten; eine Verbreitung in der Bevölkerung ist unwahrscheinlich; eine wirksame Vorbeugung oder Behandlung ist normalerweise möglich,*

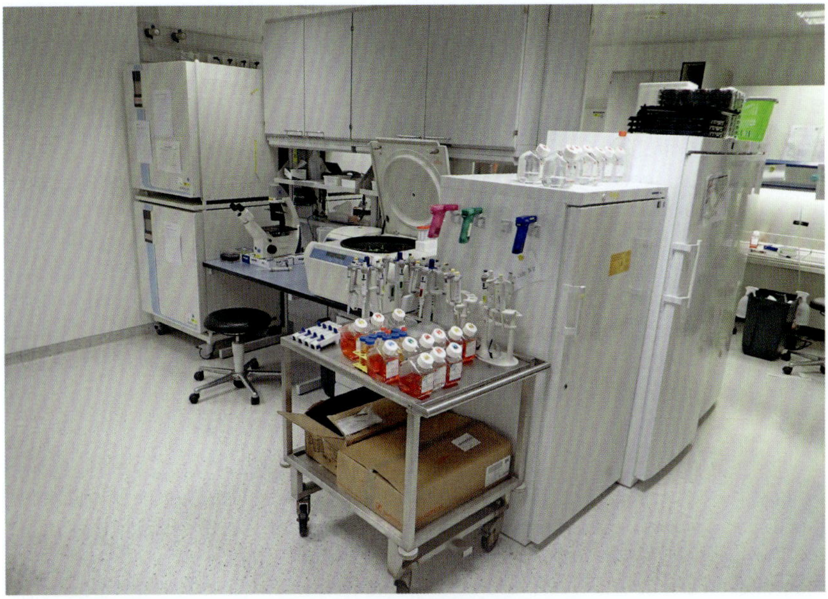

Abb. A-2: Beispiel Ausstattung Labor im Krankenhaus

3. Risikogruppe 3: Biostoffe, die eine schwere Krankheit beim Menschen hervorrufen und eine ernste Gefahr für Beschäftigte darstellen können; die Gefahr einer Verbreitung in der Bevölkerung kann bestehen, doch ist normalerweise eine wirksame Vorbeugung oder Behandlung möglich,

4. Risikogruppe 4: Biostoffe, die eine schwere Krankheit beim Menschen hervorrufen und eine ernste Gefahr für Beschäftigte darstellen; die Gefahr einer Verbreitung in der Bevölkerung ist unter Umständen groß; normalerweise ist eine wirksame Vorbeugung oder Behandlung nicht möglich.

In den Schutzstufen ist somit nicht nur der Umgang mit biologischen Gefahren für Dritte, sondern insbesondere für Beschäftigte geregelt. Die aufgeführten Maßnahmen beschreiben zum einen Maßnahmen des Arbeitsschutzes und zum anderen Maßnahmen zum Verhindern der Freisetzung von biologischen Erregern. In Kliniken sind Labore in den Schutzstufen S-1 und S-2 üblich (siehe Abb. A-2). Sie dienen insbesondere der Diagnostik aus Proben der zu behandelnden Personen und zum Bestimmen von Erregern, deren Verbreitung bei Freisetzung aus dem Labor aufgrund wirksamer, bewährter medizinischer Behandlung unwahrscheinlich ist.

In den Laboren der Stufen S-3 und S-4, die in der Regel in isolierten Institutsgebäuden oder in separaten Einrichtungen untergebracht sind, werden Erreger untersucht, die schwere Krankheitsverläufe beim Menschen verursachen und gegen die kaum oder keine wirksamen Behandlungsmethoden existieren.

Im Rahmen dieses Buches beschränken sich die Autoren auf das Beschreiben von Maßnahmen in Laboren der Sicherheitsstufen S-1 und S-2, da der Betrieb und die Konzeption von S-3 und S-4 eingestuften Laboren ein gesonderter Bereich der Medizintechnik und des vorbeugenden Brandschutzes sind.

Labore sind nur eingewiesenem medizinischem Personal zugänglich. Mobilitätseingeschränkte Personen sowie Patientinnen und Patienten sind nicht zu erwarten. Die Beprobung findet innerhalb der Behandlung- und Pflegestationen statt.

Die Funktionsstelle ist, u. a. aufgrund von Hygieneanforderungen, als Zellenstruktur aufgebaut. In Anhang II der BioStoffV sind detailliert ausformulierte Hinweise für Planende zusammengefasst, die Arbeitsabläufe in den einzelnen Bereichen beschreiben. Weitergehende Anforderungen werden zudem durch die Technische Regeln für Gefahrstoffe TRGS 526 „Laboratorien" (2008), ergänzt. Kernelemente der Planung von Laboratorien sind Schleusenbereiche für Personal und Material, das Ausbilden von autarken Nutzungseinheiten hinsichtlich Lüftung und gegebenenfalls Löschtechnik sowie organisatorische Einsatzprotokolle für die Feuerwehr.

A.0.3 Operation [1.09]

Operationsbereiche sind zentrale Funktionsstellen im Krankenhaus. Neben den Operationsräumen (siehe Abb. A-3) sind Räume für die Einleitung der medizinischen Behandlung, der sterilen Ver- und Entsorgung von Operationsmaterial sowie Aufwachbereiche für die Zeit nach einem Eingriff erforderlich.

In der Regel werden 2 oder mehr Operationsräume um eine zentrale Einleitung gruppiert. Auf den jeweils von der Einleitung abgewandten Seiten der Operationsräume ist die Sterilgutver- und -entsorgung angeordnet, mit direkter Verbindung zur Sterilgutaufbereitung.

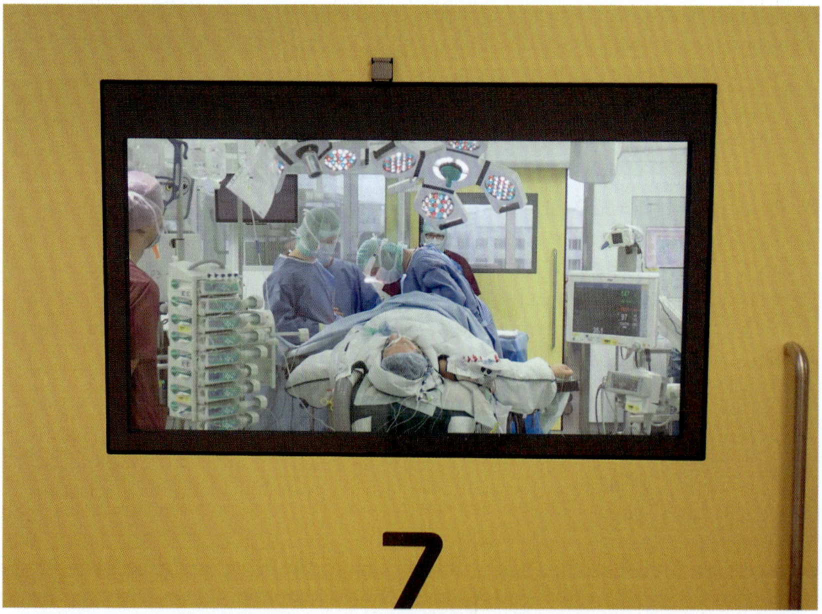

Abb. A-3: Einblick in Operationsraum im Betrieb durch Schiebetür mit Sichtfenster

Der Aufwachraum für Patientinnen und Patienten zum Beobachten und Überwachen durch medizinisches Personal nach dem Eingriff liegt vor der Einleitung. Angrenzend an die Funktionsstelle „Operation“ sind oft Intensiv- und Pflegestationen angeordnet.

Der Bereich ist in einer Zellenstruktur, allerdings ohne definierte Flure, angeordnet. Die Einleitung dient als Erschließung der Operationsräume und steht mit ihnen in direktem funktionalem Zusammenhang.

Alle medizinisch behandelten Personen in diesem Bereich sind nicht mobil und vollständig auf Unterstützung des Personals angewiesen. Der Personalschlüssel ist insbesondere in den Operationssälen sehr hoch, aber auch im Aufwachraum immer noch mindestens als mittel einzustufen.

Der Bereich dieser Funktionsstelle weist in höchstem Maße Anforderungen an die Hygiene auf. Lüftungstechnische Anlagen sind in der Regel für jeden einzelnen Operationsraum vorhanden. Brennbare Medien, sowohl Gase als auch Flüssigkeiten (Desinfektion), sind vorhanden. Auch können Operationen an Patientinnen und Patienten nicht unmittelbar beim Eintreten einer Gefahr unterbrochen werden. Das medizinische Personal muss erst eine Situation herstellen, in der die Patientin oder der Patient stabil in einen unmittelbar verbundenen sicheren Bereich unter entsprechenden Hygienebedingungen transportiert werden kann. Dort kann die Operation abgeschlossen werden.

A.0.4 Entbindung [1.10]

Die Funktionsstelle ist als Zellenstruktur mit Erschließungsflur geplant und umfasst insbesondere Räumlichkeiten, die in unmittelbarem Zusammenhang mit einer Entbindung stehen. Neben den eigentlichen Entbindungsräumen können auch eigene Operationsräume für Noteingriffe (z. B. Kaiserschnitt) vorhanden sein, alternativ ist die Entbindung in der Nähe der Funktionsstelle „Operation“ (siehe Kapitel A.0.3) angesiedelt.

Laufende Entbindungen sind ähnlich wie Eingriffe in Operationsräumen zu bewerten. Patientinnen müssen daher erst stabil für eine Verlegung aus einem Gefahrenbereich sein.

Werdende und „frischgebackene“ Mütter sind nur bedingt mobil und benötigen in aller Regel Unterstützung durch das medizinische Personal. Entsprechend hoch ist der Personalbedarf im Fall einer Räumung. Da im Verlauf einer Entbindung eine 1 : 1- oder 1 : 2-Betreuung erfolgt, stehen die benötigten Ressourcen jedoch in der Regel zur Verfügung und der Personalschlüssel in der Entbindung kann als hoch eingestuft werden.

Patientinnen und Neugeborene werden bei normalem Verlauf der Entbindung in die Wöchnerinnen- und Neugeborenenstation (siehe Kapitel A.1.2) verlegt. Diese grenzt unmittelbar an die Entbindung an oder ist über Aufzüge erreichbar. Bei kritischen Verläufen werden die Neugeborenen in die ebenfalls in der Nähe befindliche Neonatologie (siehe Kapitel A.1.3.4) und Wöchnerinnen auf die Intensivstation (siehe Kapitel A.1.4) verlegt. Eine sinnvolle Vernetzung dieser genannten Bereiche ist für einen guten Klinikbetrieb zwingend erforderlich.

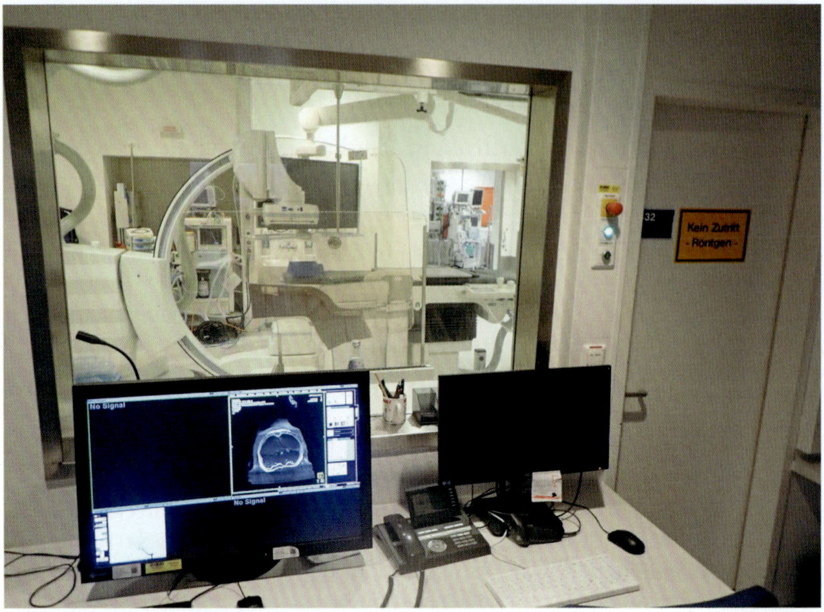

Abb. A-4: Blick aus dem Kontrollraum auf die bildgebende Diagnostik während der Untersuchung

A.0.5 Bildgebende Diagnostik, Nuklearmedizin, Strahlentherapie [1.07, 1.08, 1.11]

Die Funktionsstelle der Nuklearmedizin und Magnetresonanztherapie (MRT) ist ein in Zellenbauweise über Flure erschlossener, öffentlich für Patientinnen und Patienten zugänglicher Untersuchungs- und Behandlungsbereich (siehe Abb. A-4).

Personen, die eine medizinische Behandlung erfahren, werden entweder durch Pflegekräfte zur Funktionsstelle gebracht oder kommen selbstständig auf Überweisung dorthin. Der Personalschlüssel kann durch das behandelnde medizinische Personal und die begleitenden Pflegekräfte als mittel eingestuft werden.

Aufgrund der angewandten Behandlungsmethoden sind besondere Vorgehensweisen und Hinweise, insbesondere für die Feuerwehr, erforderlich. Ein Betreten durch Einsatzkräfte mit Atemschutz oder Ausrüstung aus Metall ist infolge des dauerhaft vorhandenen starken Magnetfeldes in Bereichen mit MRT nicht ohne Weiteres möglich. Gegebenenfalls ist Strahlenschutzausrüstung zum Betreten eines Bereichs erforderlich. Auch können Anwendungen für Patientinnen und Patienten unter Umständen nicht unmittelbar beim Eintreten einer Gefahr unterbrochen werden.

A.0.5.1 Röntgendiagnostik [1.07]

Untersuchungen mittels Röntgenstrahlung werden zum Feststellen von Verletzungen am Knochenapparat, zum Auffinden von Fremdkörpern und zum Untersuchen von Geweben mit unterschiedlicher Dichte eingesetzt. Dabei halten sich medizinisches Personal sowie Patientinnen und Patienten für die Dauer der Behandlung in unterschiedlichen, gegeneinander abgeschirmten Räumen auf. Die Behandlung dauert immer nur einen kurzen Zeitraum an. Die Geräte und 2D-Bildplatten oder -sensoren sind fixiert. Die Patientinnen und Patienten können direkt nach der bildgebenden Diagnostik den Bereich verlassen und zur weiteren Behandlung oder auf die Pflegestation gebracht werden. Bei einem Brand oder Defekt im Röntgenraum oder an den Geräten kann eine potenzielle Strahlengefahr für Einsatzkräfte nicht ausgeschlossen werden, ist aber aufgrund der Funktionsweise von Röntgenröhren bei ausgeschalteten Geräten nicht zu erwarten.

A.0.5.2 Computertomografie [1.07]

Die Computertomografie (CT) ist eine Variante der Röntgendiagnostik, bei der mittels beweglicher Röntgenemitter eine dreidimensionale Aufnahme unterschiedlich dichter Gewebe im menschlichen Körper angefertigt wird. Die Patienten und Patientinnen liegen dabei im Gerät, das sich um sie herumbewegt. Ein Abbruch ist jederzeit möglich. Wie bei 2D-Röntgenaufnahmen befindet sich das medizinische Personal in einem separaten Raum. Bei einem Brand oder Defekt im Röntgenraum oder an den Geräten kann eine potenzielle Strahlengefahr für Einsatzkräfte nicht ausgeschlossen werden, ist aber aufgrund der Funktionsweise von Röntgenröhren bei ausgeschalteten Geräten nicht zu erwarten.

A.0.5.3 Magnetresonanztomografie [1.07]

Bei der Magnetresonanztomografie (MRT) kommt keine Röntgenstrahlung bei der Untersuchung zum Einsatz. Ähnlich wie bei der Computertomografie liegen die zu behandelnden Personen in den Geräten, die sich ringförmig um sie herumdrehen. Das Verfahren arbeitet mit starken, sehr schnell wechselnden Magnetfeldern. Auch hier hält sich das medizinische Personal während der Untersuchung in einem abgeschirmten Nebenraum auf. Die starken magnetischen Felder bedingen eine besondere Abschirmung der Untersuchungsräume. Bei Gefahr kann die Untersuchung unmittelbar abgebrochen werden. Sollte es zu Brand oder Defekt im Untersuchungsraum oder an den Geräten kommen, kann keine Strahlengefahr für Einsatzkräfte entstehen, da das Verfahren mit Magnetismus arbeitet. Jedoch sind starke magnetische Kräfte im Untersuchungsraum auch bei ausgeschalteten Geräten vorhanden. Das Betreten der Untersuchungsräume mit normaler Ausrüstung, insbesondere Atemgerät und Atemflaschen aus Metall, muss unter allen Umständen vermieden werden.

A.0.5.4 Nuklearmedizin, Strahlentherapie [1.08, 1.11]

Die Strahlentherapie und Nuklearmedizin sind keine bildgebende Diagnostik, sondern medizinische Behandlungsformen, bei denen verschiedene Strahlungsarten zum Einsatz kommen. Patientinnen und Patienten sind zur Bestrahlung in abgeschirmten Räumen untergebracht. Die medizinischen Geräte, die eine punktgenaue Strahlungsdosierung ermöglichen, arbeiten mit Röntgen-, Gamma- oder Elektronenstrahlung. Da hierzu auch radioaktive Isotope als Strahlungsquellen eingesetzt werden, besteht im Gegensatz zur bildgebenden Diagnostik bei Defekt oder einem Brand im Untersuchungsraum ein Strahlenrisiko. Bedingt durch die Behandlung ist den Anweisungen des medizinischen Personals beim Retten von Patientinnen und Patienten, bei denen eine Behandlung unterbrochen werden musste, unbedingt Folge zu leisten.

A.1 Pflege [2.00]

A.1.1 Allgemeinpflege [2.01]

Die Funktionsstelle Allgemeinpflege beinhaltet die Bettenstationen mit der geringsten Pflegeintensität von Patientinnen und Patienten. Meist ist sie als Zellenstruktur mit Fluren zur Erschließung von Mehrbettzimmern und zentralen Pflegestützpunkten organisiert. Die Pflegestützpunkte sind zeitgemäß offen zum Flur als Anlaufpunkt für Patienten und Patientinnen sowie Angehörige umgesetzt. Räume mit Tagesbedarf, zur hygienischen Versorgung und Vorbereitung (Arbeitsräume rein/unrein) sowie gegebenenfalls Aufenthaltsräume für Patientinnen und Patienten und deren Angehörige sind ebenfalls vorhanden. Bei Geräteräumen kann zwischen solchen unterschieden werden, in denen Überwachungsgeräte mit Batterien gelagert werden, und solchen, in denen Rollstühle, Rollatoren oder andere Mittel zum Unterstützen von mobilitätseingeschränkten Personen oder Tagesbedarfsgüter vorgehalten werden (siehe Abb. A-5). Der brandschutztechnisch relevante Aspekt ist hier das Vorhandensein von Batterien für oder in elektrischen Geräten. Diese bergen ein Risikopotenzial durch spontane Selbstentzündung („Thermal Runaway") bei beschädigten Batterien.

Der Personalschlüssel auf Stationen der Allgemeinpflege ist als gering einzustufen.

Aufgrund der zur medizinischen und logistischen Versorgung erforderlichen Arbeiten sind die Flure in Pflegestationen nahezu nie als notwendige Flure (siehe Kapitel F.11) gemäß MBO/LBO zu bewerten. In den Fluren befinden sich stets Rollwagen zur Ver- und Entsorgung von Speisen und Abfällen, oft auch Trinkbrunnen, Bildschirme zur Information und natürlich Sitzgelegenheiten. Zudem sind für den Bettentransport Schrammborde, ggf. für Patientinnen und Patienten auch Handläufe, erforderlich. Der Bodenbelag wird oft aus Gründen der Hygiene an der Wand hinaufgeführt. Die Pflegezimmer sind in Ausführung und Aufteilung in den letzten Jahren Hotelzimmern immer ähnlicher geworden. Eigene an Einzel- und Mehrbettzimmer angeschlossene Bäder sowie der Schall- und Sichtschutzabschluss zu den Fluren folgen der Anforderung nach mehr Privatsphäre.

Eine besondere Form der Allgemeinpflege im Sinne des betrieblichen Brandschutzes ist die Geriatrie, die sich insbesondere mit der Pflege und Behandlung von Erkrankungen bei gealterten Menschen befasst. Patientinnen und Patienten in diesen Funktionsstellen sind aufgrund von Mobilitätseinschränkungen aus Altersgründen und/oder Mehrfacherkrankungen (Multimorbidität) oft deutlich eingeschränkter hinsichtlich ihrer Selbstrettungsfähigkeit. Aus Sicht des Brandschutzes ist hier ein gegenüber der sonstigen Allgemeinpflege erhöhter Personalschlüssel zum Betreuen erforderlich, wird oft aber

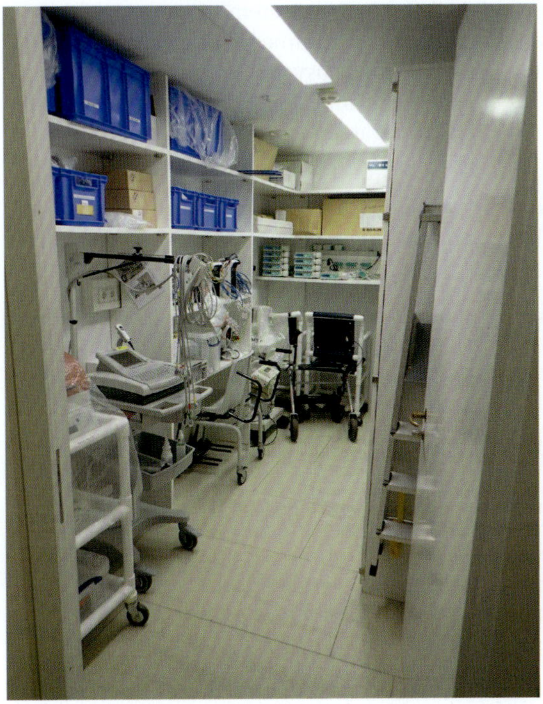

Abb. A-5: Situation aus einem Tagesbedarfslagerraum innerhalb der Allgemeinpflege

im Tagesbetrieb nicht in dieser Form bereitgestellt. Dies ist in der Größe und Abschnittsbildung bei der Stationsplanung zu berücksichtigen.

Sind infektiöse Personen anwesend, stellt dies nicht nur die Pflege, sondern auch Rettungskräfte vor das Problem, dass Räume, in denen diese Patientinnen und Patienten untergebracht werden, mit besonderer Schutzausrüstung betreten werden müssen.

Dialysestationen zählen nach DIN 13080 ebenfalls zu den Pflegestationen. Jedoch sind Personen, die eine Dialysebehandlung empfangen, als nicht mobil einzustufen. Auch wenn diese Personen ansprechbar sind, kann die Behandlung nicht ohne Weiteres unterbrochen werden. Das medizinische Personal muss entsprechende organisatorische Maßnahmen vorbereiten, um Personen in Dialyse in sichere Bereiche verschieben zu können.

A.1.2 Wöchnerinnen und Neugeborenenpflege [2.02]

In der Funktionsstelle Wöchnerinnen und Neugeborenenpflege werden Mütter und Neugeborene für einen Zeitraum von 1 bis 3 Tagen nach der Geburt untergebracht und versorgt. Hierfür stehen je nach Konzept Einbett-, Mehrbett- oder auch Familienzimmer zur Verfügung.

Da Neugeborene mit Erkrankungen und erhöhtem Überwachungsaufwand in der Neonatologie versorgt werden und Mütter in der Regel ebenfalls keine besondere medizinische Betreuung benötigen, ist mit einer geringen bis mittleren Pflegeintensität zu rechnen.

Im Regelfall wird das „24-Stunden-Rooming-in-System" umgesetzt, d. h., Neugeborene verbleiben bei den Müttern im Zimmer. Nur wenn der medizinische (z. B. nach einem Kaiserschnitt) oder psychologische (z. B. Übermüdung) Zustand der Mutter eine gemeinsame Unterbringung nicht erlaubt, erfolgt eine Unterbringung in einem separaten Neugeborenzimmer.

Meist ist die Funktionsstelle als Zellenstruktur mit Fluren zur Erschließung der einzelnen Räumlichkeiten organisiert. Das Zentrum bilden Pflegestützpunkte, die in der Regel offen zum Flur umgesetzt werden.

Weiterhin vorhanden sind Stillräume, in die sich Mütter mit ihren Säuglingen bei Bedarf zurückziehen können. Auch Geräteräume, Lagerräume mit Tagesbedarf zur hygienischen Versorgung und Vorbereitung sowie gegebenenfalls Speise- bzw. Aufenthaltsräume für Patientinnen und deren Angehörige sind vorhanden.

Der Personalschlüssel ist als gering bis mittel einzustufen.

A.1.3 Säuglings-, Kinder- und Jugendkrankenpflege [2.05]

Beim Pflegen und Versorgen von Säuglingen, Kindern und Jugendlichen kommen zusätzliche Herausforderungen im Vergleich zu den grundlegend in der Allgemeinpflege gestellten Anforderungen hinzu.

Säuglinge, Kinder und Jugendliche sind keine „kleinen Erwachsenen", sondern weisen anatomische und physiologische Unterschiede auf. Diese müssen bei der Behandlung berücksichtigt werden und erfordern eine besondere Herangehensweise. Infolgedessen wird die Kinder- und Jugendendmedizin (Pädiatrie) als eigenes Fachgebiet geführt.

Auch in der Pflege unterliegen Säuglinge, Kinder und Jugendliche einer entwicklungsorientierten Pflege, die zu speziellen Anforderungen im Raumprogramm und in der Raumgestaltung führen kann. Konsequenterweise wird diese daher als eigene Funktionsstelle geführt, diese ist zusätzlich in Teilstellen gegliedert.

A.1.3.1 Allgemeine Kinder- und Jugendkrankenpflege [2.05.01]

Die Teilstelle ist analog der Allgemeinpflege (siehe Kapitel A.1.1) strukturiert. Abweichend hiervon sind die Patientenzimmer jedoch meist auf eine Übernachtung mit Eltern ausgelegt. Weiterhin muss die Teilstelle Spielbereiche für die Kinder und einen Aufenthaltsraum für Eltern aufweisen. Je nach Station kann das Raumprogramm zudem Unterrichtsräume für die schulische Bildung bei längerem Krankenhausaufenthalt beinhalten.

Damit Kinder, gerade in einem sonst eher ruhigen Umfeld, auch laut sein und – sofern möglich – sich bewegen können, ohne auf die Lautstärke zu achten, sind spezifische Schallschutzmaßnahmen erforderlich. Andere zu Pflegende müssen beim Genesen hinreichend vor Beeinträchtigung geschützt werden.

Um die Kinder vor Unfallgefahren beim Spielen zu schützen, sind weiterhin spezifische Schutzmaßnahmen zu treffen. Insbesondere an Zimmertüren ist ein Klemmschutz für Finger auf Scharnierseite, vergleichbar mit denen in Kindertageseinrichtungen, vorzusehen.

Die Patientenklientel ist in der Regel gehfähig, altersbedingt aber nicht immer selbstrettungsfähig. Hier muss eine genaue Analyse der jeweiligen Station erfolgen.

Der Personalschlüssel der Teilstelle ist als mittel einzustufen.

A.1.3.2 Säuglingskrankenpflege [2.05.02]

Die Säuglingskrankenpflege dient der Unterbringung von Säuglingen, die keine besondere Überwachung oder Intensivtherapie benötigen. Um einen ständigen Kontakt mit den Eltern zu ermöglichen, sind die Patientenzimmer meist auf eine Übernachtung mit Eltern ausgelegt, ansonsten werden zumindest Übernachtungszimmer vorgehalten. Im Übrigen ist die Teilstelle wie die Funktionsstelle Wöchnerinnen und Neugeborenenpflege (siehe Kapitel A.1.2) ausgebildet.

Die Säuglinge sind infolge des Alters nicht selbstrettungsfähig, können jedoch leicht mit der Wiege verschoben oder auf dem Arm in andere Bereiche getragen werden. Da die Eltern meist anwesend sind, stehen im Fall der Räumung zusätzliche Hilfskräfte zur Verfügung.

Der Personalschlüssel ist in der Regel als mittel einzustufen.

A.1.3.3 Kinderintensivpflege [2.05.03]

Die Teilstelle ist analog zur Intensivpflege (siehe Kapitel A.1.4) strukturiert. Um den Aufenthalt der Eltern zu erleichtern, sind ergänzend Aufenthaltsräume für Eltern und teilweise auch Übernachtungszimmer vorhanden. Diese liegen nicht immer in unmittelbarer Nähe zur Station, sondern können auch abgesetzt angeordnet sein.

A.1.3.4 Neonatologie [2.05.04]

In der Neonatologie (Neugeborenenmedizin) werden Säuglinge behandelt oder beobachtet, die zu früh oder mit einer Krankheit geboren wurden. Sie stellt damit eine besondere Form der Säuglingskrankenpflege bzw. der Intensivtherapie dar.

Anders als in der Säuglingskrankenpflege liegen die Patientinnen und Patienten nicht in einer Wiege, sondern in Inkubatoren. Diese benötigen ständig einen Anschluss an die Strom- und meist auch die Sauerstoffversorgung. Im Räumungsfall muss daher immer eine unterbrechungsfreie Stromversorgung sichergestellt werden.

Für die Aufbereitung der Inkubatoren ist meist ein Raum auf der Station vorhanden, andernfalls befindet sich dieser zumindest in unmittelbarer Nähe.

Der Personalschlüssel auf Stationen der Neonatologie ist dem zufolge als hoch einzustufen.

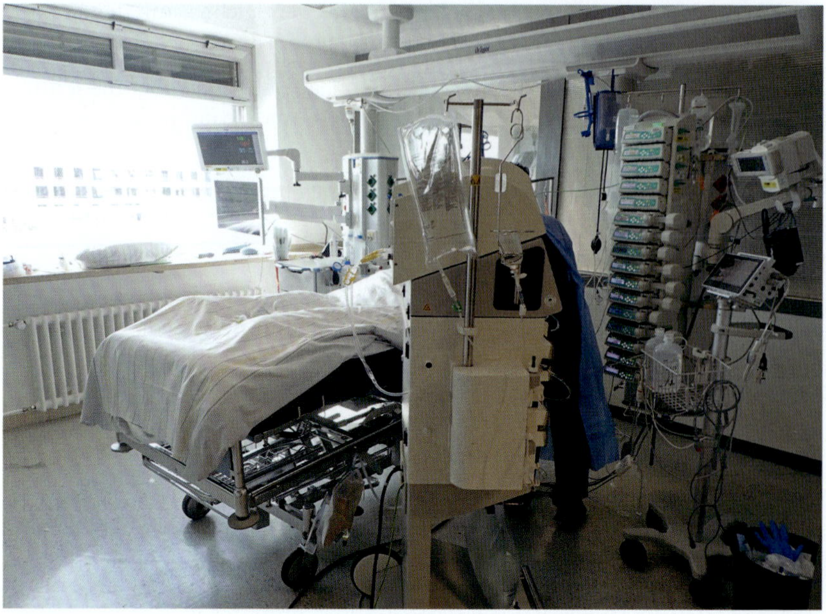

Abb. A-6: Situation aus einem Pflegezimmer der Intensivpflege

A.1.4 Intensivmedizin [2.03]

Bereiche, die der intensivmedizinischen Pflege dienen, sind für Außenstehende nur in Begleitung durch eingewiesenes Personal zugänglich. Patientinnen und Patienten, die hier aufgenommen sind, sind in hohem Maße mobilitätseingeschränkt. Dies geht über die eigene Selbstrettungsfähigkeit hinaus, da die einzelnen Personen auf die Versorgung mit medizinischen Gasen und auf Geräte angewiesen sind, die lebenswichtige Körperfunktionen ersetzen oder unterstützen (siehe Abb. A-6). Auch mit Unterstützung der Pflegekräfte bedarf das Transportieren dieser Personen eines großen Aufwands. Anforderungen an die Hygiene sind in diesen Bereichen aufgrund des körperlichen Zustands der zu Pflegenden besonders hoch.

Im Allgemeinen müssen die Betten aneinander angrenzender Pflegestationen die Betten benachbarter Bereiche im Falle einer Evakuierung aufnehmen können (siehe Kapitel G.0). Weiterhin ist für alle Arten der Intensivpflege zu beachten, dass in den angrenzenden Stationen ausreichend Anschlüsse für die Versorgung der Geräte mit Energie und der zu Pflegenden mit medizinischen Gasen vorhanden sein müssen. Ohne ausreichende Anschlüsse ist das Konzept der horizontalen Evakuierung (siehe Kapitel G.0.4) nicht umsetzbar.

Zum Beobachten der zu betreuenden Personen durch das medizinische Personal sind diese Funktionsstellen oft als Großraumbereiche konzipiert. Raumstrukturen aus geschlossenen Ein- und Mehrbettzimmern, die über Flure erschlossen werden, sind nicht üblich.

Transparenz und Betreuung sind lebenswichtig zum Überwachen der Patientinnen und Patienten. Entsprechend ist der Personalschlüssel in diesen

Funktionsstellen mindestens hoch. Flure werden zum Erschließen der Bereiche und zum Anschluss an angrenzende Stationen genutzt, verzichten aber oft zugunsten der Übersichtlichkeit auf den räumlichen Abschluss zwischen Intensivpatientenzimmern und Pflegestützpunkten. Dieser Pflegestützpunkt ist immer offen zu allen Pflegezimmern gehalten. Die Pflegezimmer selbst sind mit großformatigen Schiebetüren oder Falt-/Schiebeelementen ausgestattet. Die Größe ist erforderlich, um maximale Flexibilität bei medizinischen Eingriffen und Behandlungen im intensivmedizinischen Bereich zu ermöglichen.

In Geräteräumen werden mehr medizinische Überwachungsgeräte mit entsprechenden Batterien vorgehalten als auf Pflegestationen der Allgemeinpflege (siehe Kapitel A.1.1). Auch die Nutzung im Flur des Funktionsbereichs weicht von der in der Allgemeinpflege ab, da die Speiseversorgung für Patientinnen und Patienten auf Intensivstationen in der Regel entfällt und keine Einrichtungen und Räume für teilweise mobile Personen vorgehalten werden müssen.

Intensivstationen als Funktionsstelle sind mindestens so zu unterteilen, dass 2 gleich große Stationen eine Funktionsstelle bilden, um ausreichend Personal, Fläche und Anschlusskapazitäten an medizinische Versorgung beim Verlegen von Patientinnen und Patienten im Gefahrenfall zu haben.

A.1.5 Isolationskrankenpflege [2.06]

Die Isolationskrankenpflege ist eine Sonderform der Intensivpflege. Sie ist für Außenstehende nur in Begleitung durch eingewiesenes Personal zugänglich. Patientinnen und Patienten, die hier aufgenommen sind, sind aufgrund ansteckender Erkrankungen oder eines sehr labilen Immunsystems in hohem Maße mobilitätseingeschränkt. Eine Selbstrettung ist nicht möglich, da die einzelnen Personen isoliert bleiben müssen. Auch mit Unterstützung der Pflegekräfte bedarf das Transportieren dieser Personen eines großen Aufwands. Anforderungen an die Hygiene sind in diesen Bereichen aufgrund des infektiösen Zustands der zu Pflegenden besonders hoch.

Die Bereiche sind als Zellenstruktur mit Schleusen vor den Patientenzimmern und erschließendem Flur konzipiert. Der Personalschlüssel in diesen Funktionsstellen mindestens mittel.

Isolationsstationen als Funktionsstelle sind mindestens so zu unterteilen, dass 2 gleich große Stationen eine Funktionsstelle bilden, um ausreichend Personal, Fläche und Anschlusskapazitäten an medizinische Versorgung beim Verlegen von Patientinnen und Patienten im Gefahrenfall zu haben.

Pflege- und Isolationszimmer sind in der Regel nicht vollständig in Redundanz vorhaltbar. Jedoch sind mobile Einhausungen für Pflegebetten für den Zeitraum der Evakuierung möglich. Diese sind in ausreichender Zahl vor Ort vorzuhalten. Andernfalls ist das Konzept der horizontalen Evakuierung (siehe Kapitel G.0.4) nicht umsetzbar.

Zudem ist Schutzausrüstung, insbesondere für die Feuerwehr, vorzuhalten, um Ansteckungen zu vermeiden.

A.1.6 Pflege psychisch Kranker [2.07]

Die Funktionsstelle für die Unterbringung und Behandlung von Personen mit psychischen und/oder psychosozialen Beeinträchtigungen besteht insbesondere aus Ein- und Mehrbettzimmern. Ergänzend stehen großzügige Wohn-, Aufenthalts- und Speisebereiche für gemeinsame Aktivitäten der zu Behandelnden zur Verfügung, teilweise werden weiterhin Therapieküchen vorgehalten. Auch Raucherräume sind möglich, wenn das Rauchen aus therapeutischer Sicht sinnvoll ist und geeignete Außenbereiche nicht zur Verfügung stehen bzw. nicht zugänglich sind.

Die Erschließung der Stationen erfolgt in der Regel durch zentrale Flure. Im Gegensatz zur Allgemeinpflege sind Pflegestützpunkte aus Sicherheitsgründen meist geschlossen ausgeführt, verfügen jedoch über großzügige Sichtverbindungen zu angrenzenden Räumlichkeiten.

Die Patientenklientel und damit die Mobilität sind stark von der Art der Erkrankung abhängig. Möglich sind gehfähige Personen mit geringen kognitiven Beeinträchtigungen (z. B. Essstörungen), aber auch solche, die zu einer Selbstrettung nicht fähig sind (z. B. Personen mit Demenzerkrankung).

Ergänzend ist zu beachten, dass Erkrankungen (z. B. Psychosen, Depressionen) nicht nur die Mobilität beeinflussen, sondern auch zu einer Gefährdung für die Betroffenen selbst (z. B. Suizid) oder für andere (z. B. Übergriffe) führen können. Bestehen derartige Risiken, erfolgt die Unterbringung meist auf geschlossenen Stationen. Dies setzt gerade im Brandfall geeignete Konzepte für die schnelle Befreiung der eingeschlossenen Personen voraus. Dies gilt im besonderen Maß auch, wenn Personen kurzzeitig fixiert oder in Deeskalationsräume (sog. Time-out-Räume) verbracht werden müssen.

Der Personalschlüssel auf psychiatrischen Stationen fällt in der Regel mittel aus, Schwankungen sind jedoch möglich.

A.2 Serviceeinrichtungen [3.01]

Serviceeinrichtungen nach DIN 13080 umfassen deutlich mehr Funktionsstellen als die im Folgenden beschriebenen Eingangshallen und Cafeterien. Jedoch sind die zuletzt genannten aus Sicht der Autoren die einzigen mit brandschutztechnisch relevanten Alleinstellungsmerkmalen.

A.2.1 Eingangshallen (Magistralen) [3.01.01]

Krankenhäuser der Versorgungsstufen II und III verfügen meist über Eingangshallen und Magistralen (siehe Kapitel H.2.1), die Gebäude und Gebäudeteile verbinden.

Sie erschließen Patientinnen und Patienten sowie Angehörigen die einzelnen Funktionsstellen des Krankenhauses und bieten Orientierung. Offen gestaltete Anmeldungen oder Informationsstellen sind üblich. Meist sind auch Versammlungsbereiche wie die Cafeteria oder andere Speisebereiche direkt angeschlossen.

Die Magistrale überbrückt dabei die Bereiche zwischen den einzelnen Klinikgebäuden mit einem gemeinsamen Luftraum, oft auch über 2 oder mehr

Geschosse. Rauchmanagement (siehe Kapitel I.9) und Rauchableitung sowie Brandbekämpfungsanlagen (siehe Kapitel I.10) sind erforderlich. Die Bemessung und Anordnung der Brandbekämpfungsanlagen sollten hierbei mit Augenmaß für die tatsächliche Brandlast erfolgen.

Brandbekämpfungsanlagen in Magistralen – eine Chance für die „offene Klinik“?

Teilweise bestehen in Deutschland innerhalb von Funktionsbereichen, die der Pflege oder der Untersuchung und Behandlung von Personen dienen, Bedenken gegen den Einsatz von Brandbekämpfungsanlagen. Diese Bedenken werden u. a. hinsichtlich der Investitions- und Wartungskosten sowie hinsichtlich der Hygiene wegen Ablagerungen auf Sprinklerköpfen geäußert. Sollte eine Brandbekämpfungsanlage für eine Magistrale erforderlich sein, spricht aus Sicht der Autoren nichts gegen den Einsatz der Brandbekämpfungsanlage in weiteren Funktionsstellen.

Die Hauptkostentreiber der Anlagentechnik, zentrale Pumpen und Ventilstation, sind ohnehin vorhanden. Auch die Löschbereiche in einer Magistrale dürften zu den größten zu schützenden Wirkflächen in einem Krankenhaus gehören. Die Investitions- und Wartungskosten für Verrohrung und ggf. das Anheben der Dimensionierung der Pumpen sind marginal verglichen mit den grundlegenden Kosten.

Hinsichtlich der Hygiene bleibt festzuhalten, dass das Löschwasser von Brandbekämpfungsanlagen, unabhängig vom Anlagentyp, als kontaminiert zu betrachten ist. Da Brandbekämpfungsanlagen aber nur in dem Bereich löschen, in dem sie (in der Regel) thermisch ausgelöst werden, ist die Beeinträchtigung von medizinisch zu behandelnden Personen in der Fläche gering. Bereiche, die über die Hygienestandards in der Allgemeinpflege hinaus Anforderungen haben, können beispielsweise mit verdeckten Sprinklerköpfen ausgestattet werden.

A.2.2 Cafeterien [3.01.02]

Cafeterien sind in erster Linie für die Versorgung von Besuchenden vorgesehen. Die Personalspeiseversorgung (DIN 13080 Gliederungsnummer 3.0.3) und die zentrale Speisenversorgung für zu Pflegende (DIN 13080 Gliederungsnummer 5.06) sind separate Funktionsstellen. Letztere sind Groß- oder Regenerierküchen, die nicht für Besuchende zugänglich sind.

Oft ist die Cafeteria in direkter Anbindung an Eingangshallen und Magistralen oder auch in der Nähe von Wartebereichen der Notaufnahme angeordnet. Die Wahrnehmung der Erreichbarkeit als zentraler Versorgungspunkt für Außenstehende ist ein Grund für diese Platzierung. Damit einhergehend kann beim Planen davon ausgegangen werden, dass ausschließlich voll- und selbstständig mobile Personen in Begleitung von mindestens teilweise selbstständig mobilen zu Pflegenden anwesend sind. Eine Betreuung der anwesenden Patientinnen und Patienten durch Pflegepersonal, insbesondere bei Flucht und Rettung, spielt im Vergleich zu anderen Funktionsstellen keine Rolle. Der Personalschlüssel ist daher keine Bewertungsgröße. Vielmehr sind die Kriterien und Anforderungen hinsichtlich Gaststätten oder

Versammlungsstätten bei der Planung zu berücksichtigen. Dies hat, in Abhängigkeit von der zu erwartenden Anzahl der Personen, Einfluss auf die Gestaltung der Flucht- und Rettungswege sowie im Hinblick auf den Anschluss an Magistralen (siehe Kapitel H.2.1) Auswirkungen auf die Anforderungen nach Rauchableitung (siehe Kapitel I.9) und Brandbekämpfungsanlagen (siehe Kapitel I.10).

A.3 Ver- und Entsorgung [5.00]

A.3.1 Arzneimittelversorgung/Apotheken [5.02]

Krankenhäuser der Maximalversorgung betreiben in der Regel eine eigene Apotheke, in der nicht nur Medizinprodukte gelagert, sondern auch Arzneien hergestellt werden können.

Außenstehende haben meist nur in Begleitung von eingewiesenem Personal Zugang. Neben einem offenen Thekenbereich gibt es abgetrennte Lagerflächen, Sauberräume zur Arzneimittelherstellung und Anschluss an Labore (siehe Kapitel A.0.2). Die Bereiche, die der Arzneimittelherstellung dienen, sind mit Digestoren (siehe Kapitel H.0.2) ausgestattet und haben entsprechende Anforderungen an die Lüftungstechnik (siehe Kapitel I.12).

Explosionsgefahren aufgrund von Stäuben bei der Arzneimittelherstellung sind aufgrund der überschaubaren Mengen im Vergleich zu Pharmazieproduktionen zu vernachlässigen. Die Digestoren sollten jederzeit auf die Menge der anfallenden Stäube eingestellt sein.

Der Personalschlüssel ist gering. Es kann davon ausgegangen werden, dass sich alle Personen, die sich dort aufhalten, selbst retten können.

A.3.2 Sterilgutversorgung (AEMP) [5.03]

Die Aufbereitungseinheit für Medizinprodukte (AEMP) ist eine zentrale Einrichtung in Krankenhäusern. Neben der Bettenaufbereitung (siehe Kapitel A.3.3) ist sie die maßgebliche Funktionsstelle zum Sterilisieren chirurgischer Instrumente und Materialien, die keimfrei (steril) für die Behandlung an Patientinnen und Patienten benötigt werden.

Die Funktionsstelle ist für Außenstehende nicht zugänglich. Medizinische Behandlungen finden hier nicht statt. Meist sind Großraumbereiche mit einzelnen, abgetrennten Räumen mit hohen Hygienestandards sowie einem hohen Grad an Technik und brennbaren Flüssigkeiten vorhanden.

Alle Personen, die sich in der Funktionsstelle aufhalten, sind zur Selbstrettung fähig.

Die Sterilgutversorgung hat eine direkte Anbindung an die Operationsbereiche (siehe Kapitel A.0.3). Die Ver- und Entsorgung mit sterilem und verbrauchtem Material erfolgt über unmittelbar angebundene Lastenaufzüge.

A.3.3 Bettenaufbereitung [5.05]

In der Bettenaufbereitung werden die benutzen Betten gereinigt, desinfiziert und frisch bezogen sowie bei Bedarf repariert. Textilien werden an die Wäscheversorgung (siehe Kapitel A.3.5) weitertransportiert.

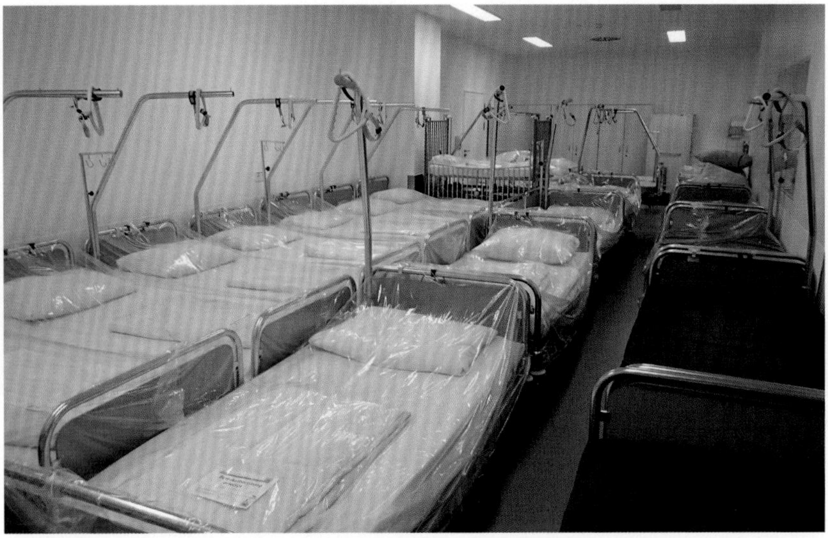

Abb. A-7: Bettenlager gereinigter Pflegebetten in der Bettenaufbereitung

Je nach Größe des Krankenhauses und der Betriebsorganisation erfolgt die Bettenaufbereitung in einer zentralen Bettenzentrale (siehe Abb. A-7) oder dezentral in den Pflegebereichen.

Ist eine zentrale Bettenaufbereitung vorhanden, ist diese über Aufzüge mit allen Ebenen des Krankenhauses verbunden. Meist ist diese als Großraumbereich mit einzelnen, abgetrennten Lagerräumen konzipiert. Es ist mit einem hohen Grad an Technik und Gefahrstoffen zu rechnen.

Die Bettenaufbereitung ist für Außenstehende nicht zugänglich. Alle Personen, die sich hier aufhalten, sind zur Selbstrettung fähig.

A.3.4 Speiseversorgung [5.06]

Auch wenn die Speiseversorgung der Patienten und Patienten einen wichtigen Bestandteil der Patientenversorgung darstellt, gehört diese nicht zum Kerngeschäft von Krankenhäusern. Häufig verzichten Krankenhäuser daher auf die hausinterne Zubereitung in Großküchen (siehe Abb. A-8) (siehe Kapitel B.6).

Stattdessen wird diese Leistung häufig an externe Großküchen ausgelagert. Diese liefern die vorgekochten und fertig portionierten Gerichte in gekühlten Speisewagen. Das eigentliche Aufwärmen bzw. Regenerieren der warmen Speisen (Cook & Chill bzw. Cook & Freeze) erfolgt erst vor Ort und direkt im Speisewagen (z. B. Induktion).

Als Zwischenstufe liefern externe Küchen nur die vorbereiteten Produkte, die Portionierung und Kommissionierung erfolgen weiterhin hausintern. Auch wenn Kochbereiche nicht mehr vorhanden sind, werden Kühlräume und Konfektionierungsbereiche weiterhin benötigt.

In der Regel ist die Funktionsstelle in Nebengebäuden oder im Souterrain angeordnet. Angegliedert an die Speiseversorgung ist zudem häufig eine

Abb. A-8: Großküche mit Dampfregeneratoren und Küchenarbeitsflächen

Spülküche. Alle Speisewagen mit Geschirr und Tabletts werden hier industriell gereinigt und aufbereitet.

Patientinnen und Patienten haben keinen Zugang zur Speiseversorgung. Alle Personen, die sich in der Funktionsstelle aufhalten, sind zur Selbstrettung fähig.

A.3.5 Wäscheversorgung [5.07]

Die Wäscheversorgung umfasst immer zentrale Umschlag- und Lagerplätze. Hierüber erfolgt nicht nur die Versorgung mit Textilien für den Patientenbetrieb (z. B. Bettwäsche, Handtücher), sondern auch der Beschäftigten mit Dienstkleidung. Die eigentliche Aufbereitung der Schmutzwäsche ist meist fremdvergeben und wird extern durchgeführt (siehe Kapitel B.6).

Aus logistischen Gründen sind die erforderlichen Räume meist im Untergeschoss oder Souterrain angeordnet. Außenstehende haben keinen Zutritt zur Funktionsstelle. Aufgrund der Funktion sind große Mengen brennbarer Textilien und ggf. auch brennbare Flüssigkeiten (z. B. Reinigungsmittel) vorhanden.

A.3.6 Geräteversorgung, Wartung und Reparatur [5.04, 5.08]

Die Werkstätten für Instandhaltung der Gebäude und Einrichtungen sowie diejenigen für Reparaturen an der Medizintechnik sind in der Regel in von der Gesundheitsversorgung abgetrennten Bereichen untergebracht. Sofern insbesondere medizinische Ausstattungen innerhalb des Betriebsgeländes instand gehalten und nicht an Dritte außerhalb zur Reparatur geliefert werden (siehe Kapitel B.6), sind die Bereiche aufgrund höherer Brandlasten und geringerer hygienischer Anforderungen sowie aufgrund von Lärmemissionen separiert. Die Funktionsstelle oder zumindest Teile der Räume sind häufig an die Bettenaufbereitung (siehe Kapitel A.3.3) angeschlossen oder in ihrer Nähe untergebracht.

Patientinnen und Patienten haben keinen Zutritt zur Funktionsstelle.

Der Personalschlüssel ist gering. Es ist davon auszugehen, dass sich alle Personen, die sich dort aufhalten, selbst retten können.

Abb. A-9: Sammelraum zur Abfalllagerung

A.3.7 Abfallentsorgung [5.09]

Für die Entsorgung der täglichen Bedarfsprodukte und der anfallenden biologischen Stoffe sind dezentrale Sammelräume in unmittelbare Nähe zu den Funktionsstellen und zu Aufzügen vorzusehen. Diese werden durch einen internen Transportdienst regelmäßig entleert.

Die Abfälle werden der zentralen Abfallentsorgung zugeführt. Diese befindet sich in der Regel in abgetrennten Nebengebäuden bzw. Nebenbereichen. Hier werden die verschiedenen Müllarten bis zur Abholung durch ein Entsorgungsunternehmen gelagert (siehe Abb. A-9), abhängig vom Abholturnus und der Größe des Krankenhauses können große Abfallmengen vorhanden sein.

Außenstehende haben keinen Zutritt zu diesen Funktionsstellen.

Alle Funktionsbereiche sind über Aufzüge und Technikflure mit der Abfallentsorgung verbunden.

A.4 Sonstiges [7.00]

Hubschrauberlandeplätze [7.01.03]

Hubschrauberlandeplätze sind eng mit den Funktionsstellen der zentralen Notaufnahme (siehe Kapitel A.0.1), dem Operationsbereich (siehe Kapitel A.0.3) und der Intensivmedizin (siehe Kapitel A.1.4) verbunden. Meist besteht eine unmittelbare Verbindung zu den Schockräumen der Notaufnah-

Abb. A-10: Hubschrauber beim Anflug auf einen Hubschrauberlandeplatz im Freien (Quelle: Reinhold Reisch)

me und den Operationssälen, da über Hubschraubertransporte ausschließlich medizinische Notfälle und Organe für Transplantationen geflogen werden.

Unterschieden wird zwischen Hubschrauberlandeplätzen im Freien (siehe Abb. A-10) außerhalb von Gebäuden und Landeplätzen auf Gebäuden. Hubschrauberlandeplätze unterliegen aufgrund ihrer Nutzung weitergehenden Anforderungen aus dem Luftverkehrsgesetz.

Aufgrund der Nutzung und Betriebsmittel sind für Hubschrauberlandeplätze immer Brandbekämpfungsanlagen, insbesondere unter der Beimischung von Schaummitteln aufgrund der brennbaren Flüssigkeiten, erforderlich. Der Einsatz von Schaummitteln bedingt immer auch eine Löschwasserrückhaltung, um eine Kontamination des Grundstücks, des öffentlichen Abwassernetzes und der Kläranlagen zu vermeiden.

Für Außenstehende sind Hubschrauberlandeplätze, insbesondere auf Gebäuden, nicht zugänglich. Patientinnen und Patienten werden stets von medizinischem Personal betreut und sind nicht in der Lage, sich selbst zu retten.

A.5 Technische Gebäudeausrüstung [8.00]

Serviceeinrichtungen/Medienversorgung [8.07.03]

Die zentrale Medienversorgung (siehe Abb. A-11) versorgt – analog dem Rückenmark im menschlichen Körper – alle Funktionsstellen im Krankenhausbetrieb mit Strom (Allgemeinstrom- und Sicherheitsstromversorgung [siehe Kapitel I.3]), medizinischen Gasen (siehe Kapitel I.13), Heizung oder Fernwärme sowie Trink- und Abwasserleitungen.

Auch wenn sich in diesem technischen Bereich keine Patientinnen und Patienten aufhalten, bauen alle Funktionen des Krankenhauses auf der Versorgung über diesen Bereich auf. Entsprechend kritisch ist hier, insbesondere hinsichtlich einer Betriebsunterbrechung, zu prüfen, welche brandschutz-

Abb. A-11: Blick entlang einer zentralen Medienversorgung im Untergeschoss (Quelle: Reinhold Reisch)

technischen Anforderungen zum Sicherstellen des Klinikbetriebs erforderlich sind.

Bei einer ausschließlich zentralen Versorgung über die Medienversorgung im Normal- sowie im Notfallbetrieb (siehe Kapitel J.2) sind deutlich höhere Anforderungen zu stellen als bei einer dezentralen Sicherheitsstrom- und Notfallversorgung mit medizinischen Gasen. Dezentrale Lösungen bieten hier ein zusätzliches Maß an Sicherheit für den Gesamtbetrieb eines Krankenhauses, erfordern aber auch höhere Investitions- und Betriebskosten für dezentrale Anlagentechnik. Die Schwachstelle zentraler Anlagentechnik mit geringeren Investitions- und Wartungskosten sind die Leitungswege innerhalb der zentralen Medienversorgung, die zusätzlichen Schutz, gegebenenfalls über Brandbekämpfungsanlagen, benötigen.

Oft ist in Krankenhäusern neben der unterirdischen Medienversorgung ein Flursystem für Logistikaufgaben und Personalwege vorhanden, das die einzelnen Gebäude oder Gebäudeteile eines Krankenhausbetriebes miteinander verbindet. Auch wenn diese Flure nicht als notwendige Flure bewertet werden, ist es wichtig, den Gebäudeabschluss hinsichtlich einer möglichen Brandausbreitung von einzelnen Gebäuden in die Medienversorgung brandschutztechnisch zu bewerten und abzuschotten. Innerhalb des Flursystems sollte auf die Ausbreitung von Rauch und dessen Ableitung (natürlich oder maschinell) geachtet werden. Die Rauchableitung in diesem Bereich dient in erster Linie zum Unterstützen der Arbeit der Feuerwehr, nicht dem Personenschutz.

B Trends im Krankenhaus

B.1 Ausblick auf kommende Entwicklungen

Die Kosten für das Gesundheitssystem in Deutschland sind in den letzten 10 Jahren um 38 % gestiegen (Entwicklung der Gesundheitsausgaben in Deutschland, 2025). Um diese Entwicklung zu bremsen, werden regelmäßig Optimierungsmöglichkeiten geprüft und in politischen Gremien beraten. Insbesondere der Krankenhaussektor steht hierbei im Fokus der Überlegungen; dieser ist mit knapp 33 % für einen Großteil der Gesamtkosten verantwortlich (Entwicklung der Gesundheitsausgaben in Deutschland, 2025) (siehe Abb. B-1).

Bei allen Schlussfolgerungen ist jedoch zu bedenken, dass bereits kleine Veränderungen an Rahmenparametern (z. B. Qualitätsstandards, Krankenhausfinanzierung, Strukturvorgaben) erheblichen Einfluss auf die Wirtschaftlichkeit von Krankenhäusern haben können. Um Standortschließungen und damit Versorgungslücken für die Bevölkerung zu verhindern, müssen daher neben den Gesamtkosten immer auch andere Parameter (z. B. medizinischer Fortschritt, Mangel an Fachkräften, steigende Energiekosten) berücksichtigt werden. Ob unter dieser ganzheitlichen Betrachtung tatsächlich Kosteneinsparungen im Gesundheitssystem möglich sind, muss kritisch hinterfragt werden.

Ebenso klar ist jedoch, dass der aktuelle Status auf Dauer nicht beibehalten werden kann und zumindest die Verwendung der verfügbaren Mittel opti-

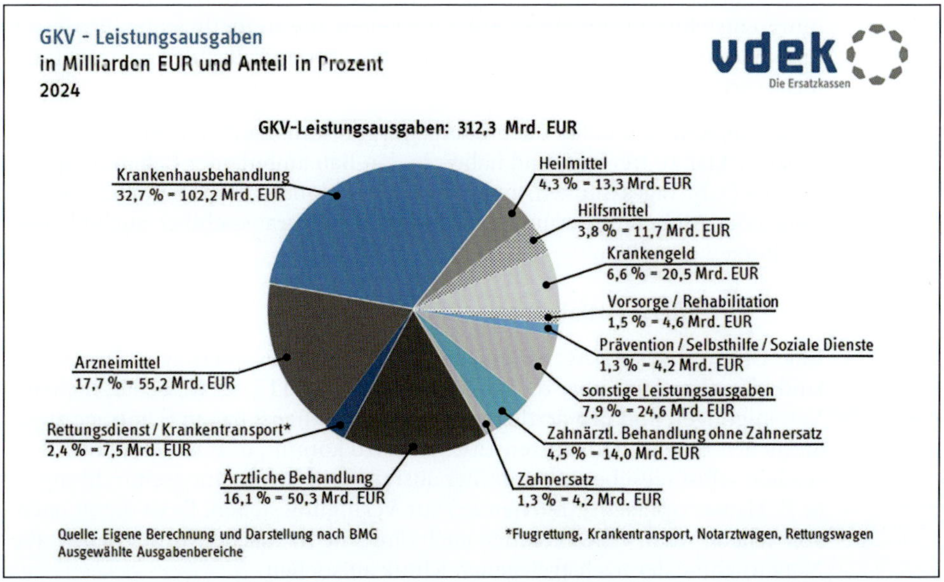

Abb. B-1: GKV-Leistungsausgaben (Quelle: Verband der Ersatzkassen e. V. [vdek], Berlin)

miert werden muss. Mittel- bis langfristig sind infolgedessen deutliche Veränderungen in der Krankenhauslandschaft absehbar; diese werden auch Auswirkungen auf die bauliche Konzeptionierung nach sich ziehen.

B.2 Ambulantisierung in der Versorgung

Durch Fortschritte in der medizinischen Entwicklung können immer mehr Operationen durch minimalinvasive Eingriffe ersetzt werden. Hierdurch entfällt aus medizinischer Sicht die Notwendigkeit für eine stationäre Nachsorge, d. h., Patienten können noch am selben Tag nach Hause entlassen werden.

Diese Entwicklung entspricht einerseits den Interessen der Patienten, die sich dann in gewohnter Umgebung von ihrem Eingriff erholen können, andererseits reduzieren sich die Behandlungskosten erheblich. Mit Blick auf ein geschätztes Ambulantisierungspotenzial von rund 20 % aller stationären Behandlungsfälle in deutschen Akutkrankenhäusern (Busse/Mansky/Nimptsch/Pioch, 2023) ist es daher schlüssig, wenn die Ambulantisierung als zentraler Parameter bei der Reorganisation des Gesundheitssystems gilt.

Um die Umstellung zu fördern, wird der „Katalog ambulant durchführbarer Operationen, stationsersetzender Eingriffe und stationsersetzender Behandlungen" (AOP-Katalog) regelmäßig überprüft und wurde zuletzt im Dezember 2024 aktualisiert. Nicht in jedem Fall entfällt hierdurch die Möglichkeit einer stationären Behandlung, vielmehr muss eine Entscheidung im Einzelfall und in Abhängigkeit vom jeweiligen Patientenzustand getroffen werden.

Anders als häufig angenommen, ist die Durchführung ambulanter Behandlungen nicht auf Praxen und Versorgungszentren begrenzt, sondern auch Krankenhäuser sind nach § 115b Sozialgesetzbuch Fünftes Buch (SGB V) berechtigt, derartige Leistungen anzubieten. Hierbei ist zu bedenken, dass sich Abläufe bei stationären und ambulanten Behandlungen signifikant unterscheiden können. Werden diese in den gleichen Räumlichkeiten durchgeführt, entstehen zwangsläufig Abhängigkeiten, die zu ineffizienten Prozessen führen können. Diese sind insbesondere bei großen Fallzahlen wirtschaftlich nicht vertretbar.

Viele Kliniken sind daher dazu übergegangen, ambulante und stationäre Prozesse klar zu trennen, und haben in den Bau ambulanter Behandlungszentren (z. B. Tageskliniken, ambulante Operationszentren) investiert. Mit steigender Ambulantisierung wird dieser Trend voraussichtlich auch kleinere Kliniken erreichen.

B.3 Integrierte Notfallzentren (INZ)

Eine Umfrage des ADAC hat ergeben, dass ⅔ der Bevölkerung in Deutschland keine Kenntnis über die Notfallnummer 116 117 der Kassenärztlichen Vereinigungen und den ärztlichen Bereitschaftsdienst haben (Umfrage zu ärztlichen Bereitschaftspraxen, 2023). Hinzu kommt, dass in ländlichen Bereichen selbst tagsüber nicht immer ausreichend Behandlungseinrichtungen (z. B. Hausarztpraxen, Ärztehäuser) zur Verfügung stehen. Es ist damit nachvollziehbar, wenn viele Personen auch ohne medizinische Notwendigkeit die Notaufnahme der nächstgelegenen Klinik aufsuchen.

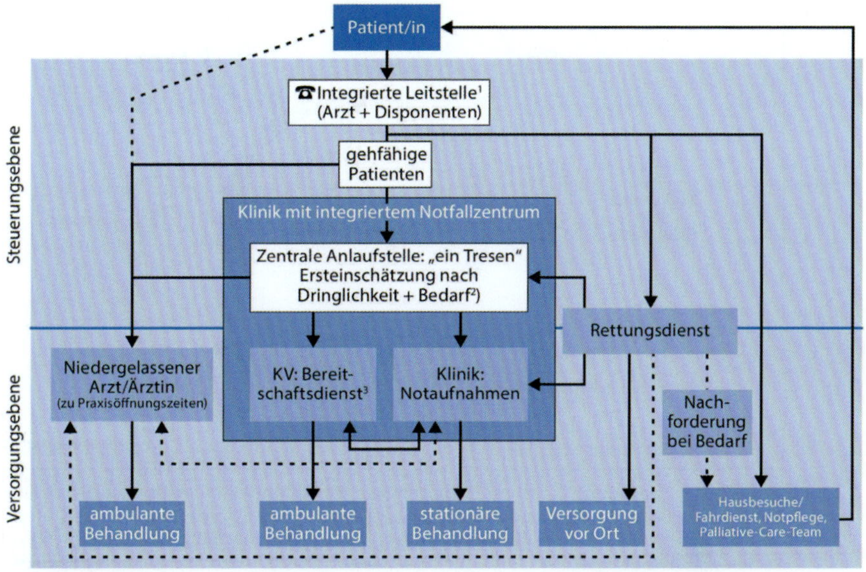

1 nutzt Notfall-Algorithmen/Versorgungspfade, Zugriff auf verfügbare Ressourcen, bucht Termine bei zentraler Anlaufstelle

2 Ersteinschätzung möglichst durch ärztliche „Generalisten", breit weitergebildete (Allgemein-)Mediziner mit notfaltmedizinischer Erfahrung. Die Ersteinschätzung muss unabhängig von Interessenskonflikten, die Patienten stationär aufzunehmen, erfolgen.

3 ggf. mit kinder- und/oder augenärztlichem Bereitschaftsdienst und/oder psychiatrischem Kriseninterventionsdienst

Krankenhaus-Report 2021

Abb. B-2: Aufbau eines INZ (Quelle: Gerlach, Ferdinand M.; Messerle, Robert; Schreyögg, Jonas: Patientenorientierte Notfallsteuerung. In: Beivers, Andreas; Klauber, Jürgen; Mostert, Carina; Wasem, Jürgen [Hrsg.]: Krankenhaus-Report 2021. Berlin, Heidelberg: Springer, 2021 [online]. Internet: https://doi.org/10.1007/978-3-662-62708-2_3. Lizenziert unter Creative-Commons-Lizenz CC-BY-4.0, http://creativecommons.org/licenses/by/4.0/deed.de).

Verschärft wird diese Problematik durch fehlende Ausstattung bei niedergelassenen Ärzten. Viele Patientinnen und Patienten werden infolgedessen lediglich zur Abklärung an Krankenhäuser überwiesen, nur etwa 40 % der Überweisungen führen tatsächlich zu einer stationären Aufnahme. In den übrigen 60 % der Fälle werden Patientinnen und Patienten hingegen unmittelbar nach Hause entlassen (Gries/Schrimpf/von Dercks, 2022).

Unabhängig von den Ursachen sind die Notaufnahmen somit mit einem erhöhten Patientenaufkommen konfrontiert. Neben Auswirkungen auf die Patientenzufriedenheit kann sich hierdurch auch eine Überlastung der Beschäftigten ergeben. Dies kann im schlechtesten Fall die Qualität der medizinischen Versorgung negativ beeinflussen.

Um die Notaufnahmen dauerhaft zu entlasten, gibt es daher Empfehlungen, integrierte Notfallzentren (INZ) an den Krankenhäusern zu etablieren (Gerlach/Greiner/Haubitz/Meyer/Schreyögg/Thürmann/Wille, 2018). Diese bestehen aus der Notaufnahme des Krankenhauses, einer Notdienstpraxis der Kassenärztlichen Vereinigung und einer zentralen Ersteinschätzungsstelle (siehe Abb. B-2). Die Ersteinschätzungsstelle soll hierbei eine Sichtung der Hilfesuchenden durchführen und dann, abhängig von der Art der Verletzung/Erkrankung, eine koordinierte Weiterleitung in die Notaufnahme oder die Notdienstpraxis sicherstellen.

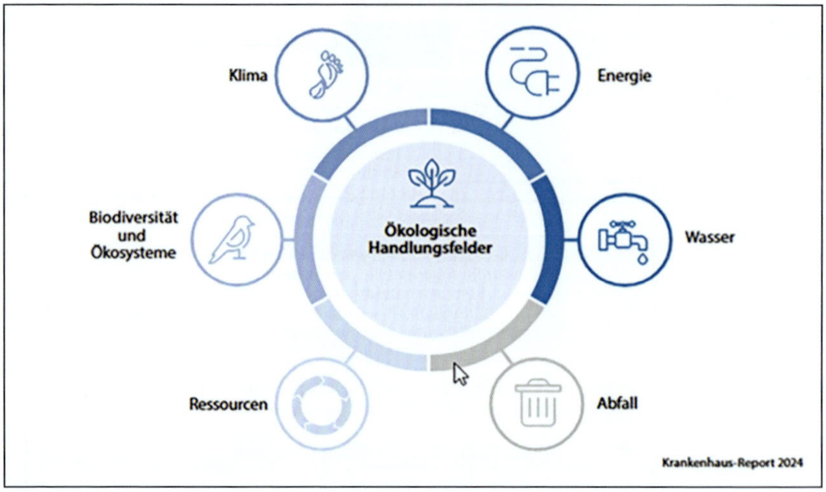

Abb. B-3: Handlungsfelder der ökologischen Nachhaltigkeit (Quelle: Oswald, J., Blase, Nikola; Oswald, Julia: Ökologische Nachhaltigkeit als Herausforderung für die Krankenhäuser. In: Beivers, Andreas; Klauber, Jürgen; Mostert, Carina; Scheller-Kreinsen, David; Wasem, Jürgen [Hrsg.]: Krankenhaus-Report 2024. Berlin, Heidelberg: Springer, 2024 [online]. Internet: https://doi.org/10.1007/978-3-662-68792-5_18. Lizenziert unter Creative-Commons-Lizenz CC-BY-4.0, http://creativecommons.org/licenses/by/4.0/deed.de).

B.4 Green Hospital

Nach aktuellen Studien liegt der Anteil der Krankenhäuser an den Treibhausgasemissionen in Deutschland bei etwa 2,2 % (Pichler, 2022). Hierbei ist zu bedenken, dass zum Studienzeitpunkt lediglich 1.893 Krankenhäuser in Deutschland gelistet waren (Einrichtungen, Betten und Patientenbewegung, 2025). Gemessen hieran ist der Anteil bemerkenswert und Maßnahmen zwingend erforderlich.

Um das Verständnis für potenzielle Handlungsfelder (siehe Abb. B-3) zu fördern, sieht die Corporate Sustainability Reporting Directive (CSRD) seit 2025 die Pflicht zur Erstellung und Veröffentlichung von Nachhaltigkeitsberichten vor, wenn bestimmte Schwellenwerte (z. B. Mitarbeiterzahl, Bilanzsummer) überschritten werden. Es ist davon auszugehen, dass ca. 70 % der deutschen Krankenhäuser hiervon betroffen sind.

Diese neue Pflicht kann zunächst als erheblicher bürokratischer Mehraufwand empfunden werden. Da sich 30 % der Gesamtkosten eines Krankenhauses in direkter Art und Weise durch Nachhaltigkeitsbestrebungen beeinflussen lassen (Green Hospital: Nachhaltige Prozesse für Prävention in der Pflege, 2025), sind derartige Überlegungen jedoch nicht nur aus ökologischer, sondern auch aus ökonomischer Sicht sinnvoll.

Um besondere Anstrengungen zum Klimaschutz publikumswirksam und damit auch imagefördernd einzusetzen, werben einzelne Kliniken bereits jetzt mit dem Titel „Green Hospital". Hierbei handelt es sich nach der Organisation „Health Care Without Harm" um Krankenhäuser, die die Gesundheit der Menschen nicht nur durch medizinische, sondern auch durch Umweltschutzmaßnahmen fördern (Guenther/Karliner, 2011). Der Begriff ist

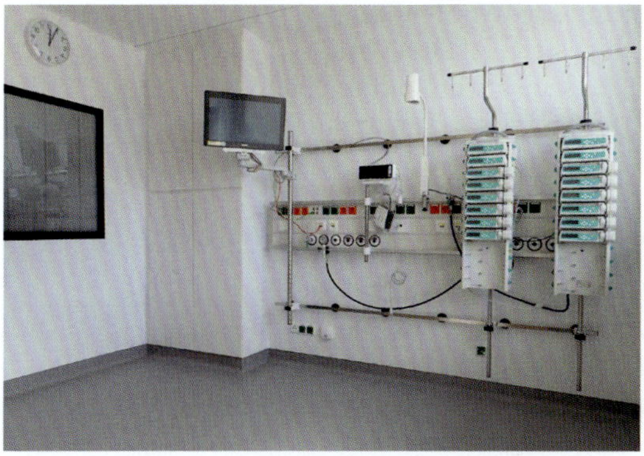

Abb. B-4: Klassisch funktionelles Intensivzimmer

Abb. B-5: Intensivzimmer nach Healing Architecture (Quelle: Charité, Berlin)

damit nicht genau definiert, sondern steht allgemein lediglich für einen ressourcenschonenden, energieeffizienten und umweltfreundlichen Betrieb. Um klare Kriterien und damit eine Vergleichbarkeit zu schaffen, haben einzelne Institutionen bzw. Bundesländer die Idee erweitert und Zertifizierungsprogramme mit klaren Parametern erstellt (z. B. Green Hospital^{PLUS} Bayern, BUND-Gütesiegel „Energie sparendes Krankenhaus").

B.5 „Healing Architecture"

Um effiziente Abläufe zu gewährleisten, wurde bei der Planung von Krankenhäusern lange die medizinische Nutzung in den Vordergrund gestellt. In Konsequenz wurden teilweise fabrikähnliche Gebäude und Räume ohne Aufenthaltsqualität verwirklicht. Insbesondere das Ambiente stellt, neben der medizinischen Qualität, heute jedoch ein wichtiges Kriterium bei der Auswahl eines Krankenhauses dar. Bereits aus wirtschaftlichen Gesichtspunkten kann obiger Ansatz folglich nicht mehr beibehalten werden.

Darüber hinaus wurde festgestellt, dass das Wohlbefinden der Patienten auch auf den Heilungsverlauf erheblichen Einfluss haben kann. Beispielsweise benötigen Patienten, die nach einer Operation aus ihren Zimmern direkt in einen Park mit Blumen und Bäumen blicken, in der Regel weniger Schmerzmittel als Patienten, die auf eine Betonmauer starren. Zudem können diese meist früher entlassen werden (Roger, 1984). Auch aus medizinischem Gesichtspunkt ist eine Neuausrichtung der Planung damit absolut zielführend.

Der Begriff „Healing Architecture" steht damit als Oberbegriff für eine neue Denkweise. Statt funktioneller Anforderungen (siehe Abb. B-4) soll primär die heilungsfördernde Gestaltung im Vordergrund stehen (siehe Abb. B-5).

Veränderungsoptionen sind neben der Inneneinrichtung insbesondere die Beleuchtung (künstlich/natürlich) von Räumlichkeiten, die farbliche Gestaltung, der Naturbezug, die akustische Umgebung und die Luftqualität. Auch eine verständliche Wegführung hat erheblichen Einfluss auf den Stresslevel von Patienten und Besuchern und muss in das Gesamtkonzept eingebunden sein.

Bei ganzheitlicher Umsetzung wird nicht nur das Wohlbefinden der Patienten, sondern aller Gebäudenutzer deutlich gesteigert. Dies wirkt sich auch auf die Mitarbeiterzufriedenheit und die Außenwahrnehmung positiv aus. Die Mehrkosten der „Healing Architecture" können sich damit gleich mehrfach auszahlen.

B.6 Outsourcing von Sekundär- und Tertiärprozessen

Infolge von Kostendruck sind Kliniken ständig versucht, die Ausgaben zu reduzieren; eine Möglichkeit stellt das sog. Outsourcing dar. Hierbei werden bestimmte Leistungen oder Bereiche eines Krankenhauses an eine unternehmenseigene Tochterfirma (internes Outsourcing) oder eine Fremdfirma (externes Outsourcing) ausgelagert. Da dem Outsourcing von Kernprozessen enge Grenzen gesetzt sind (Bundessozialgericht, Urteil vom 26.04.2022, Az. B 1 KR 15/21 R), stehen insbesondere die unterstützenden Sekundärprozesse (z. B. Labordiagnostik) und nachgeordneten Tertiärprozesse (z. B. Reinigung, Speiseversorgung) im Fokus der Überlegungen.

Beim internen Outsourcing unterstehen die Tochterfirmen indirekt weiter der Verwaltung des Krankenhauses. Kosteneinsparungen ergeben sich insbesondere durch die umsatzsteuerliche Organschaft und die damit verbundene Einsparung der Umsatzsteuer. Weitere gesellschaftlich zweifelhafte Einsparungen sind möglich, wenn die Auslagerung in tariflose Tochtergesellschaften erfolgt.

Bei der Vergabe von Leistungen an externe Fremdfirmen hingegen werden die vergebenen Leistungen zu festen Vertragsbedingungen durch externe Dienstleister erbracht. Diese übernehmen sämtliche Risiken durch die Entwicklung der Personal- und Sachkosten und verfügen über eine eigene Infrastruktur. Das vollständige Outsourcing führt damit zu einer Planbarkeit der Kosten und erscheint demzufolge aus wirtschaftlicher Sicht besonders vielversprechend. Hierbei ist jedoch immer zu bedenken, dass Abhängigkeiten von externen Vertragspartnern entstehen, die nur noch mit erheblichem Aufwand rückgängig gemacht werden können.

B.7 Organzentren

Der medizinische Fortschritt schreitet stetig voran. Um mit diesem Schritt halten zu können, sind medizinische Beschäftigte immer häufiger zu einer Spezialisierung gezwungen. Hierdurch steigt einerseits die Expertise im jeweiligen Fachgebiet deutlich an und die Qualität der Behandlung wird dadurch verbessert, gleichzeitig wird jedoch auch die Spannbreite des jeweiligen Fachgebietes immer geringer.

Die traditionelle fächer- bzw. funktionsbezogene Abteilungsstruktur der Krankenhäuser lässt sich infolgedessen immer weniger sinnvoll umsetzen. Zu groß ist die Gefahr, dass Patienten für eine abschließende Diagnose an andere Fachdisziplinen weitergeleitet werden müssen und die Behandlung hierdurch verzögert wird. Damit ist es zwingend erforderlich, die Organisationsstrukturen in Krankenhäusern stärker an den Bedürfnissen der modernen Medizin auszurichten. Diese wird von der Erkenntnis getragen, dass der

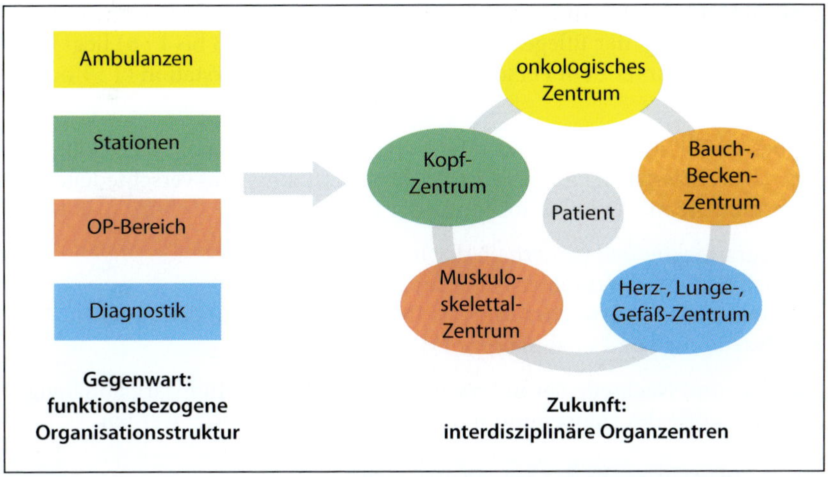

Abb. B-6: Transformation zu interdisziplinären Organzentren (Quelle: nach Jauch, Karl-Walter: NEUBAU AUF DER „GRÜNEN WIESE" AM KLINIKUM DER UNIVERSITÄT MÜNCHEN. 2019 [online]. Internet: https://www.his-he.de/wp-content/uploads/fileadmin/user_upload/19_10_Regensburg_TOP2d_Neubau_Klinikum_Grosshadern.pdf [Zugriff: 23.01.2025])

Mensch und nicht die Fachdisziplinen im Mittelpunkt stehen müssen (siehe Abb. B-6).

In Konsequenz entstehen meist interdisziplinärere organ- oder erkrankungsspezifische Diagnose- und Behandlungszentren (z. B. onkologisches Zentrum, Kopfzentrum, Bauch- und Beckenzentrum). Diese bieten ein Netzwerk an stationären und ambulanten Einrichtungen und können bestehende Prozesse deutlich beschleunigen. Die Zentrumsbildung steigert infolgedessen sowohl die medizinische Qualität als auch die Patientenzufriedenheit. Hierdurch werden zwangsläufig Patientenströme beeinflusst und Anbieter mit entsprechenden Angeboten werden sich mittelfristig am Markt durchsetzen.

B.8 Intermediate-Care-Bündelung (IMC)

Traditionell hat sich in Krankenhäusern das zweistufige Konzept mit Allgemein- und Intensivpflege etabliert. Die Intensivstation dient hierbei der Aufnahme von Personen, deren Vitalfunktionen gestört sind und durch besondere Maßnahmen, wie z. B. Beatmung, aufrechterhalten werden müssen.

In der Praxis hat sich diese Trennung jedoch nicht bewährt, da immer wieder Patienten anwesend sind, die eine kontinuierliche Überwachung, jedoch keine eigentliche Intensivtherapie benötigen. Werden derartige Patienten auf einer Normalstation untergebracht, besteht die Gefahr, dass diese nicht ausreichend überwacht werden, bei Unterbringung auf einer Intensivstation werden hingegen knappe Behandlungskapazitäten unnötig belegt.

Um die bestehende Lücke zu schließen, gewinnt der Intermediate-Care(IMC)-Bereich als dritte Stufe im Versorgungssystem zunehmend an Bedeutung. Hierbei handelt es sich um Bereiche für die Überwachung und Pflege von Patienten mit gefährdeten oder beeinträchtigten Vitalfunktionen.

Sowohl IMC als auch Intensivstation verfügen über eine ähnliche medizinische Ausstattung, der Pflegeschlüssel auf einer IMC (1 : 3 bis 1 : 6) liegt jedoch deutlich unter dem Personalschlüssel einer Intensivstation (1 : 1 oder 1 : 2).

Im besten Fall liegen IMC und Intensivstation in räumlicher Nähe, sodass eine „Durchlässigkeit“ gegeben ist. In der Umsetzung sind verschiedene Betriebsmodelle möglich (Neuordnung der Pflege, 2008):

- Integrationsmodell (innerhalb der Intensivstation),
- Parallelmodell (in direkter Nähe zur Intensivstation),
- Nutzung eines Aufwachraumes als IMC-Station 24 Stunden pro Tag,
- selbstständige und unabhängige IMC-Station.

Die Vor- und Nachteile der unterschiedlichen Modelle sind stark abhängig von der Größe des Hauses und müssen individuell bewertet werden.

B.9 Digitalisierung im Gesundheitswesen

Die Digitalisierung verändert nicht nur das öffentliche Leben und die Wirtschaft, auch das Gesundheitswesen befindet sich in einer Transformation. Beispielhaft werden Befunde zunehmend in digitaler Form aufgenommen und versendet, auch die papierlose Visite gehört in vielen Kliniken bereits zum Standard.

Um diese Entwicklung zu fördern, sieht die Digitalisierungsstrategie für das Gesundheitswesen und die Pflege (GEMEINSAM DIGITAL, 2023) die flächendeckende Einführung einer elektronischen Patientenakte (ePA) und des elektronischen Rezeptes (E-Rezept) vor. Weiterhin sollen Gesundheitsdaten auch für Forschung und Entwicklung besser erschlossen werden. Trotz datenschutzrechtlicher Bedenken ist damit absehbar, dass bisher freiwillige Angebote früher oder später zur Pflicht werden.

Neben Vorteilen für die Patienten sind durch die fortschreitende Digitalisierung auch wirtschaftlich gesehen Erleichterungen möglich. Beispielsweise können Prozesse zumindest teilweise automatisiert und damit Personalkosten reduziert werden. Auch wenn eine Umstellung zunächst mit finanziellem Aufwand verbunden ist, sind diese Kosten damit als sinnvolle Investition in die Zukunft zu betrachten.

C Schutzziele, häufige Mängel und Brandursachen

C.0 Einleitung

Ein absoluter Schutz vor der Entstehung und Ausbreitung von Feuer und Rauch ist nicht möglich. Im Sinne einer Risikobewertung kann lediglich die Wahrscheinlichkeit der Brandentstehung reduziert und die Brandfolgen können minimiert werden. Es verbleibt weiterhin ein vom Gesetzgeber vorgegebenes gesellschaftlich vertretbares und allgemein (stillschweigend) anerkanntes Restrisiko. Die grundlegenden Standardanforderungen an den Brandschutz sind der MBO und den LBO zu entnehmen.

C.1 Bauordnungsrechtliche Schutzziele

Die Anforderungen des materiellen Bauordnungsrechtes gründen auf der Generalklausel des § 3 MBO. Er ist überdies als Rahmenvorschrift für die Auslegung und Handhabung der Bauordnung von Belang, wie das Zitat verdeutlicht:

> *„§ 3 Allgemeine Anforderungen*
>
> *1 Anlagen sind so anzuordnen, zu errichten, zu ändern und instand zu halten, dass die öffentliche Sicherheit und Ordnung, insbesondere Leben, Gesundheit und die natürlichen Lebensgrundlagen, nicht gefährdet werden; dabei sind die Grundanforderungen an Bauwerke gemäß Anhang I der Verordnung (EU) Nr. 305/2011 zu berücksichtigen. 2 Dies gilt auch für die Beseitigung von Anlagen und bei der Änderung ihrer Nutzung."*

Die allgemeinen Anforderungen des § 3 MBO werden durch die Beschaffenheitsanforderungen in der Rahmenvorschrift des § 14 MBO konkretisiert. Hier sind die grundlegenden Schutzziele formuliert, die alle bauordnungsrechtlichen Anforderungen an den Brandschutz bestimmen und die Grundlage für das Planen und Handeln aller am Bau Beteiligten bilden.

> *„§ 14 Brandschutz*
>
> *Bauliche Anlagen sind so anzuordnen, zu errichten, zu ändern und instand zu halten, dass der Entstehung eines Brandes und der Ausbreitung von Feuer und Rauch (Brandausbreitung) vorgebeugt wird und bei einem Brand die Rettung von Menschen und Tieren sowie wirksame Löscharbeiten möglich sind."*

Von diesen Schutzzieldefinitionen kann nicht abgewichen werden. Die Schutzziele wiederum werden in den Einzelregelungen (Paragrafen) der MBO durch quantitative oder qualitative Anforderungen konkretisiert und müssen darüber hinaus der jeweiligen Planungsaufgabe gerecht werden.

Das Erreichen der Schutzziele nach MBO beruht im Wesentlichen auf folgenden Grundprinzipien der MBO:

- Brandverhalten der verwendeten Baustoffe,
- Feuerwiderstand der tragenden Bauteile,
- innere und äußere Abschottung,
- Rettungswege.

Es kann als selbstverständlich angesehen werden, dass die brandschutztechnischen Standardanforderungen nach MBO nicht ausreichen, um die Schutzziele im Sonderbau Krankenhaus zu erfüllen. Weitergehende Maßnahmen sind daher zwingend erforderlich. Dia Bauaufsichtsbehörden sind daher nach § 51 MBO ermächtigt, zur Verwirklichung der allgemeinen Anforderungen nach § 3 Abs. 1 besondere Anforderungen zu stellen.

C.2 Krankenhauspezifische Schutzziele und Besonderheiten

In Krankenhäusern ist bestimmungsgemäß mit einer hohen Anzahl von Personen zu rechnen, die aufgrund einer

- motorischen (z. B. Beeinträchtigung der Extremitäten),
- sensorischen (z. B. Funktionsstörungen der Sinnesorgane) oder
- geistigen Beeinträchtigung (z. B. Demenz, Verwirrtheit)

in ihrer Mobilität, Wahrnehmung und Reaktionsfähigkeit eingeschränkt sind. Das Prinzip der Selbstrettung greift bei diesen Personen in der Regel nicht, sodass zur Erreichung der Schutzziele eine Fremdrettung durch Beschäftigte erfolgen muss. Da der vertikale Transport von bettlägerigen Patienten über Treppen mit erheblichen Schwierigkeiten verbunden ist, muss stattdessen eine horizontale Räumung der Patienten in angrenzende gesicherte Bereiche erfolgen und dort eine ausreichende medizinische Versorgung für den dafür erforderlichen Zeitraum gewährleistet sein. Ein besonderes Risikopotenzial weisen insbesondere Operations- (siehe Kapitel A.0.3) und Intensiveinheiten (siehe Kapitel A.1.4) auf. Hier befinden sich wichtige medizinische und technische Einrichtungen, von deren Funktion und Wirksamkeit Menschenleben unmittelbar abhängen. Ein Ausfall dieser Einrichtungen ist unbedingt zu vermeiden.

Für psychiatrische Kliniken treffen die beschriebenen Risiken nur eingeschränkt zu. Bei diesen Einrichtungen ist jedoch zu berücksichtigen, dass die Notausgänge häufig gegen unbefugtes Verlassen gesichert sind. Daher sind auch hier besondere Maßnahmen zum Schutz der Patienten zu treffen.

Neben den Pflegebereichen gibt es in Krankenhäusern betriebsbedingt eine Vielzahl von Funktionsbereichen mit besonderen Gefährdungen (z. B. eine Vielzahl brennbarer und brandfördernder Stoffe und Flüssigkeiten/Gase, ionisierende Strahlung, radioaktive Stoffe, infektiöses Material) (siehe z. B. Kapitel A.0.3 und A.0.5). Krankenhäuser weisen zudem häufig eine erhebliche Größe mit langen Fluren und komplexen Raumstrukturen auf. Magistralen mit Geschäften, Friseur, Café können die Orientierung zusätzlich erschweren, zudem ist mit einer größeren Anzahl ortsunkundiger Personen zu rechnen. Daher sind eine möglichst frühzeitige Alarmierung (automatische

Abb. C-1: Bettenbrand in einem Verbindungsgang zwischen zwei Gebäuden

Brandmeldeanlage [BMA], Alarmorganisation) und ein ausreichender Feuerwiderstand der Bauteile erforderlich.

Grundsätzlich sind im Krankenhaus, wie in Kapitel C.1. erwähnt, über die Standardanforderungen der MBO hinaus in fast allen Bereichen weitergehende Maßnahmen für den Brandfall erforderlich:

- baulicher Brandschutz (siehe Kapitel F),
- anlagentechnischer Brandschutz (siehe Kapitel I),
- betrieblich-organisatorischer Brandschutz – Alarmierung, Räumung/Evakuierung (siehe Kapitel J),
- abwehrender Brandschutz – Brandbekämpfung (siehe Kapitel K).

Nur durch ein sicheres Ineinandergreifen dieser Aspekte kann das erforderliche Sicherheitsniveau dauerhaft erreicht und aufrechterhalten werden. Eine besondere Bedeutung kommt dabei dem betrieblich-organisatorischen Brandschutz einschließlich der Wartung und Instandhaltung der sicherheitstechnischen Anlagen im Rahmen des Bauunterhaltes zu. Durch geringfügige Versäumnisse können z. B. abschnittsbildende Maßnahmen des baulichen Brandschutzes unwirksam werden.

Abb. C-1 zeigt einen Bettenbrand (Brandstiftung) in einem Verbindungsgang zwischen 2 Gebäuden. Die Hitzeentwicklung hat zum Abplatzen der mineralischen Wandbekleidung geführt, vor der das Bett stand; dieses wurde zwischenzeitlich verschoben. Die Rauchgrenze ist gut sichtbar. Der Rauch konnte sich aufgrund funktionierender und auch geschlossener Rauchschutztüren nicht weiter ausbreiten.

Hinweis zur Rauchausbreitung

> Die größte Gefahr bei einem Brand in einem Krankenhaus geht erfahrungsgemäß von den Rauchgasen und der unkontrollierten Rauchausbreitung aus. Diese muss durch bauliche und anlagentechnische Maßnahmen wirksam begrenzt werden. Aus Sicht der Autoren sollten in den Pflegebereichen möglichst kleinräumige bauliche Strukturen (Rauchabschnitte, kurze Wege) geschaffen werden. Eine Rauchausbreitung über die Lüftungsanlage (definierte automatische Abschaltung) oder Öffnungen in raumabschließenden Bauteilen darf nicht erfolgen. Darüber hinaus sind geeignete Einrichtungen zur Rauchableitung vorzusehen (siehe Kapitel I.9).

C.3 Häufige Brandschutzmängel im laufenden Betrieb

Während des Betriebes gehen erfahrungsgemäß von folgenden Faktoren erhöhte Gefahren aus:

- Sicherheitsrelevante Anlagen:
  Brandschutzklappen in Lüftungsanlagen, elektrische Anlagen und Maschinen weisen oft einen mangelhaften Einbau und/oder eine nicht fachgerechte Wartung auf.
- Schottsysteme:
  Wanddurchdringungen von Leitungsanlagen sind oftmals fehlerhaft oder gar nicht geschottet, auch hervorgerufen durch Beschädigungen im Zuge von Nachbelegungen (siehe Abb. C-2).
- Türen mit Brandschutzfunktion:
  In Rauchabschnitten, Brandabschnitten und feuerbeständigen Abtrennungen werden Feuerschutzabschlüsse oft durch Keile, Mullbinden oder andere Gegenstände zwangsweise offen gehalten (siehe Abb. C-3). Türen, die betrieblich bedingt offen gehalten werden müssen, sind mit rauchmelderindizierten Feststellvorrichtungen zu versehen (Planung).
- Notwendige Flure:
  Die Nutzung als Rettungsweg wird im Brandfall durch Lagergüter (z. B. Ver- und Entsorgungsgüter) oder Möblierung unzulässig eingeschränkt bzw. gefährdet.
- Laufende Elektrogeräte:
  Der fachgerechte Betrieb und die Funktion von Elektrogeräten, z. B. in Küchen mit Kochplatten und Aufenthaltsräumen, werden nicht ausreichend kontrolliert.
- Fehlende Zugangskontrollen:
  Einige Fälle von Brandstiftung in der Vergangenheit haben gezeigt, dass z. B. Technik- und Lagerbereiche bisweilen nicht ausreichend gegen den Zutritt Unbefugter gesichert sind.
- Baustellenbetrieb:
  Ein erhöhtes Risiko besteht z. B. bei der Umgehung des Rauchverbots und bei verschiedenen Heißarbeiten (Schweißen, Trennschleifen) in Verbindung mit leicht entflammbaren Materialien (Verpackungsmaterial). Nach Beendigung der Heißarbeiten ist besonders auf Fugen und Risse zu achten, generell wird eine Brandwache empfohlen.

Abb. C-2: Baufehler: Überbelegung, Kabelbinder usw.

Offenhaltung mittels Mullbinde

Offenhaltung mittels Feuerlöscher-Löschschlauch

Offenhaltung mittels Keil

Abb. C-3: Unzulässiges Offenhalten von Türen mit Brandschutzfunktion

Schon geringe Unachtsamkeiten im betrieblich-organisatorischen Brandschutz können dazu führen, dass der realisierte bauliche und anlagentechnische Brandschutz unwirksam wird. Dadurch können erhebliche Schäden entstehen.

C.4 Brandereignisse, Brandursachen und Statistik

Für die statistische Erfassung von Bränden existiert als normative Vorgabe die DIN 14010 „Angaben zur statistischen Erfassung von Bränden" (2019). Sie dient laut Einführungsbeitrag der einheitlichen Kennzeichnung, Erfassung und Auswertung von Bränden für möglichst alle Zwecke des Brandschutzes, der frühzeitigen Erkennung von Gefahrenschwerpunkten bei der

Brandentstehung und -ausbreitung sowie der Überprüfung der Wirksamkeit neuer Schutzmaßnahmen in der Praxis.

Offizielle Statistiken über Krankenhausbrände und deren Ursachen auf der Grundlage dieser Norm sind den Autoren nicht bekannt. Aus inoffiziellen Angaben und dem Engagement von Verbänden kann abgeleitet werden, dass neben Wohnungsbränden gerade in Krankenhäusern und Heimen regelmäßig Verletzte und auch Tote zu beklagen sind. Um der Entstehung von Bränden und der Ausbreitung von Feuer und Rauch entgegenzuwirken, sind die Brandursachen und die Kenntnis der Zündquellen aufschlussreich.

Zu den älteren Veröffentlichungen über Krankenhausbrände gehört die Analyse von Dr.-Ing. Jörg Reintsema und Prof. Dr.-Ing. Christoph Hartung. Sie untersuchten 723 Brände in verschiedenen Krankenhäusern im Jahr 2002. Die Untersuchungen zeigen, dass die meisten Brände auf elektrische Defekte zurückzuführen sind. Darüber hinaus liegt ein erhebliches Gefahrenpotenzial im menschlichen Verhalten allgemein, vor allem im sorglosen Umgang mit offenem Feuer (Rauchen, Kerzen, feuergefährlichen Arbeiten) oder durch die Missachtung von Sicherheitsvorschriften beim Umgang mit technischen Geräten und Gefahrstoffen. Auffällig ist auch der hohe Anteil an mutwilligen Brandstiftungen. Aktuelle Auswertungen der Autoren aus einem deutschen Krankenhaus bestätigen diese Zahlen grundsätzlich, weisen aber darauf hin, dass der größte Anteil der Brände mittlerweile auf menschliches Fehlverhalten und nicht mehr auf technische Defekte zurückzuführen ist. Die Untersuchung zeigt, dass der Faktor Mensch bzw. dessen (Fehl-)Verhalten im täglichen Betriebs- und Organisationsablauf einen großen Einfluss auf die Gewährleistung des Schutzzieles hat.

Statistik des Bundesverbandes Technischer Brandschutz e. V.

Der Bundesverband Technischer Brandschutz e. V. (bvfa) führt seit 2013 eine Statistik über die Krankenhausbrände in Deutschland. Auf seiner Internetseite kann eine tabellarische Auflistung der Brände heruntergeladen werden. Die Daten erheben keinen Anspruch auf Vollständigkeit, zeigen aber eindrucksvoll, dass Brände nicht als seltene Ausnahme zu betrachten sind, und geben einen guten Überblick über mögliche Brandursachen und deren Auswirkungen. Im Wesentlichen bestätigen sich die oben genannten Angaben. Einen Schwerpunkt bilden viele Brände in Pflegezimmern und technische Defekte in elektronischen Komponenten. Auffällig ist auch hier der hohe Anteil an Brandstiftungen. Nach dieser Auswertung ereigneten sich im Jahr 2024 insgesamt 114 Brände in Krankenhäusern mit 148 Verletzten und 7 Toten. Nach bvfa gab es bis zum 18. August 2025 bereits 80 Brände mit 101 Verletzten und 3 Toten.

Tabelle C-1 zeigt die im Dokument enthaltenen Brände zusammengefasst für das Jahr 2025 bis zum 23. August 2025, das gesamte Dokument ist im Internet einsehbar.

Tabelle C-1: Brände in Krankenhäusern nach bvfa (2025)

Brände in Krankenhäusern ab 2024 (Deutschland)					
Datum	**Einrichtung**	**Ort**	**Brandursache**	**Tote/ Verletzte**	**Sachschaden**
Zusammenfassung für das laufende Jahr 2025 (bis einschließlich 25.08.2025):			Anzahl Brände: 85	Anzahl Verletzte: 104 Anzahl Tote: 3	
23.08.2025	Psychiatrie	Reutlingen (Baden-Württemberg)	Patient zündete Bettdecke an. Das Feuer konnte von einer aufmerksamen Mitarbeiterin gelöscht werden.	keine	k. A.
22.08.2025	Niels-Stensen-Kliniken	Osnabrück (Niedersachsen)	Brand im Klinikkeller	keine	k. A.
21.08.2025	Reha-Klinik	Bad Oeynhausen (Nordrhein-Westfalen)	Brand in einem Patientenzimmer im zweiten Stock. Über 200 Menschen mussten das Gebäude verlassen. Der Gebäudetrakt ist nicht mehr bewohnbar.	3 Leichtverletzte	k. A.
19.08.2025	Asklepios-Klinik	Wandsbek (Hamburg)	brennende Gardine durch zu nahestehende Halogenlampe	keine	k. A.
17.07.2025	Marienhaus Klinikum	Mainz (Rheinland-Pfalz)	Brand in einer Küche im ersten Obergeschoss des Schwesternwohnheims der Klinik mit starker Rauchentwicklung. Dank Brandschutztüren und Rauchabzug blieb das Treppenhaus rauchfrei.	keine	k. A.
16.08.2025	LVR-Klinik	Düsseldorf (Nordrhein-Westfalen)	Brand eines Patientenzimmers mit Rauchausbreitung in das erste und zweite Obergeschoss	keine	k. A.
09.08.2025	Klinikum Helene-von-Bülow	Ludwigslust (Mecklenburg-Vorpommern)	Brand in einem Serverraum im Keller	keine	ca. 5.000 €
09.08.2025	Klinikum	Ingolstadt (Bayern)	Schmorbrand in einer Elektroverteilung im Medizinischen Versorgungszentrum	keine	k. A.
06.08.2025	Helios-Klinikum	Hettfeld (Sachsen-Anhalt)	Vollbrand eines Patientenzimmers in der Psychiatrie. 63 Menschen mussten evakuiert werden.	keine	k A
26.07.2025	Krankenhaus	Wangen (Bayern)	Kleinbrand in einer Deckenleuchte in einer Küche. Die Flammen erloschen von selbst.	keine	„mehrere 100 €"
21.07.2025	Rhein-Mosel-Fachklinik	Andernach (Rheinland-Pfalz)	Brand in einem der Patientenzimmer	3 Verletzte	k. A.
20.07.2025	Martin-Luther-Krankenhaus	Bochum (Nordrhein-Westfalen)	Brand in einem Patientenzimmer im ersten Stock mit Verrauchung der Station. Diese war bei Eintreffen der Feuerwehr bereits vorbildlich durch das Personal geräumt.	4 Verletzte	k. A.
17.07.2025	Klinikum Hellersen	Lüdenscheid (Nordrhein-Westfalen)	Patient zündete Bettlaken an und setzte Fliegengitter am Fenster in Brand. Das Personal konnte den Brand mit einem Feuerlöscher ersticken.	keine	k. A.
Der aktuelle Stand kann abgerufen werden unter https://www.bvfa.de/121/themen/branchen-im-brennpunkt/krankenhaeuser/braende-in-krankenhaeusern/.					

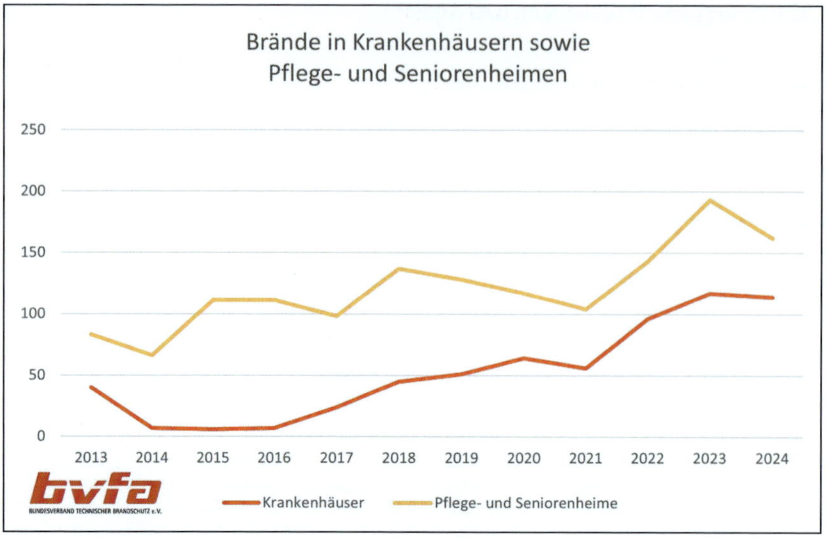

Abb. C-4: Brände in Krankenhäusern und Pflegeheimen – statistische Entwicklung (Quelle: Bundesverband Technischer Brandschutz e. V. [bvfa])

Abb. C-4 zeigt die statistische Entwicklung von Bränden in Einrichtungen für pflegebedürftige Menschen nach den Erhebungen des bvfa (2025).

D Beurteilungsgrundlagen

D.0 Bauordnungsrechtliche Beurteilungsgrundlagen

D.0.1 Musterbauordnung/Landesbauordnung

Die MBO soll die weitere Entwicklung des Bauordnungsrechts als akzeptierter Richtwert leiten und lenken und den Ländern für eine weitgehend einheitliche Umsetzung als Orientierungsrahmen für die Ausgestaltung der LBO dienen. Mit Einführung der novellierten MBO in der Fassung vom Oktober 2002 zog sich der Staat vermehrt aus der Prüfung öffentlich-rechtlicher Anforderungen zurück. Er setzt bis heute zunehmend auf die Eigenverantwortung der am Bau Beteiligten. Als wesentliche Neuerung wurde aus einer Kombination von Gebäudehöhe sowie der Anzahl und Größe von Nutzungseinheiten die in § 2 Abs. 3 MBO erfolgte Einteilung der Gebäude in 5 Gebäudeklassen (GK) eingeführt. Auch wurde im Brandschutzkonzept der Bauordnung für Gebäude der GK 4 als Erleichterung z. B. für tragende Bauteile und für Brandabschnitte bildende Wände die Feuerwiderstandsklasse von 60 Minuten eingeführt; somit ist – zumindest nach MBO – für Krankenhäuser bis GK 4 für oberirdische Geschosse die konstruktive Verwendung von Holz prinzipiell möglich.

In der MBO befassen sich ca. 20 % der Paragrafen mit den Belangen des Brandschutzes, die das **Brandschutzkonzept der MBO** bilden. Diese materiell-rechtlichen Anforderungen der MBO stellen das vom Gesetzgeber geforderte **Mindestniveau für Standardbauten** dar und sind abschließend geregelt. Bei Einhaltung der Anforderungen gilt die Schutzzielanforderung für Standardbauten als erfüllt.

Das Brandschutzkonzept der Bauordnung ist nicht geeignet, das Anforderungsniveau an den Brandschutz im Sonderbau Krankenhaus zu erfüllen. Krankenhäuser sind technisch hoch installierte und komplexe Organismen mit der Tendenz zu immer größeren Funktionsbereichen und überschreiten bisweilen auch die Hochhausgrenze. Sie erfordern aus brandschutztechnischer Sicht besondere Maßnahmen, die sich aus den Regelwerken oft nicht eindeutig ableiten lassen. Weitergehende Maßnahmen sind daher zwingend erforderlich (siehe Kapitel F).

D.0.1.1 Gebäudeklassen

Der Begriff der Gebäudeklasse ist ein konkret definierter Rechtsbegriff (Legaldefinition). Das abgestufte System orientiert sich an der Gebäudehöhe und der Anzahl und Größe der Nutzungseinheiten, die Nutzung selbst spielt keine Rolle.

Hinweis

Der Bauherr bzw. der beauftragte Planer/Entwurfsverfasser hat die Gebäudehöhe festzulegen, die Bruttogrundfläche (BGF) zu berechnen, die Anzahl und Größe der Nutzungseinheiten festzulegen und damit das Bauvorhaben einer Gebäudeklasse zuzuordnen. Diese Angaben sind dem Brandschutzplaner als Planungsgrundlage zu übergeben. Dies ist ohnehin erforderlich, da hier Aspekte der Bauvorlageberechtigung und der erforderlichen bautechnischen Nachweise, der Berechtigungen und möglicher Prüfungen und Bescheinigungen (§§ 66 ff. MBO) von Bedeutung sind. Der Brandschutzplaner sollte sich hier nicht auf eine Diskussion einlassen und diese Beurteilungsgrundlagen nicht selbst festlegen.

D.0.1.2 Begriff der Nutzungseinheit

Der Begriff der Nutzungseinheit ist in der MBO nicht abschließend definiert (unbestimmter Rechtsbegriff). Die Fläche richtet sich nach der Bruttogrundfläche nach DIN 277 „Grundflächen und Rauminhalte im Hochbau" (2021), wobei hier nur der oberirdische Teil des Gebäudes maßgebend ist, Keller also nicht berücksichtigt werden. Räume in Kellergeschossen werden im Brandschutzkonzept hinsichtlich der Bauteilanforderungen, der Zugänglichkeit und der Rettungswege ohnehin gesondert betrachtet.

Der Sonderbau Krankenhaus wird als eine Nutzungseinheit betrachtet, wobei eine Unterteilung in sog. Teilnutzungseinheiten (brandschutztechnisch wirksame Bereiche) möglich und sinnvoll sein kann. Diese Unterteilung hat keinen Einfluss auf die Zuordnung zu einer Gebäudeklasse.

D.0.1.3 Sonderbautatbestand

Die Einstufung als Sonderbau erfolgt unabhängig von der Einstufung in eine Gebäudeklasse. Ein Krankenhaus erfüllt regelmäßig den Sonderbautatbestand. In § 2 Abs. 4 Nr. 10 MBO werden Krankenhäuser explizit unter Nr. 10 aufgeführt und damit als bauliche Anlagen besonderer Art und Nutzung eingestuft, wobei hier weder die Größe noch die Trägerschaft (privat oder öffentlich) eine Rolle spielen. Von den insgesamt 20 in der MBO gesetzlich definierten und abschließend aufgezählten Sonderbautatbeständen können je nach Charakter und Größe des Krankenhauses auch noch weitere Sonderbautatbestände zutreffen, wie z. B.:

- Nummer 1 – Hochhäuser,
- Nummer 7 – Versammlungsstätten in Universitätsklinika mit Vorlesungsräumen,
- Nummer 8 – Schank- und Speisegaststätten mit mehr als 40 Gastplätzen, z. B. in Gebäuden mit Kantine,
- Nummer 19 – durch Umgang mit oder Lagerung von Stoffen mit Explosions- oder erhöhter Brandgefahr, z. B. Gefahrstofflager,
- Nummer 20 – vergleichbare Gefahren in Anlagen und Räumen, die in den Nummern 1 bis 19 nicht aufgeführt sind (Auffangtatbestand), z. B. Sonderbereiche der Diagnostik und Therapie.

Beim Vorhandensein von Tiefgaragen sind ebenfalls die jeweiligen Vorschriften zu beachten.

Grundsätzlich ist zwischen sog. geregelten und nicht geregelten Sonderbauten zu unterscheiden. Geregelte Sonderbauten sind Sonderbauten, für die der Gesetzgeber zusätzliche Regelungen erlassen hat, wie z. B. die Industriebaurichtlinie oder die Versammlungsstättenverordnung. Diese Regelungen sind dann anzuwenden. Soweit diese Regelungen keine Aussage treffen, gilt ergänzend die jeweilige LBO. Für nicht geregelte Sonderbauten, also Sonderbauten, für die keine weiteren Regelungen erlassen oder bauaufsichtlich eingeführt wurden, wie z. B. Krankenhäuser, gilt zunächst die jeweilige LBO als Beurteilungs- und Planungsgrundlage.

D.0.1.4 „Besondere Anforderungen und Erleichterungen" nach § 51 MBO

Bestehen wegen der Besonderheit der baulichen Anlage besondere Risiken, für deren Abwehr die materiell-rechtlichen Standardanforderungen der MBO zur Einhaltung der Schutzziele nicht ausreichen, sind die Bauaufsichtsbehörden ermächtigt, im Einzelfall besondere Anforderungen zu stellen. In § 51 MBO heißt es:

> *„[1]An Sonderbauten können im Einzelfall zur Verwirklichung der allgemeinen Anforderungen nach § 3 Abs. 1 besondere Anforderungen gestellt werden. [2]Erleichterungen können gestattet werden, soweit es der Einhaltung von Vorschriften wegen der besonderen Art oder Nutzung baulicher Anlagen oder Räume oder wegen besonderer Anforderungen nicht bedarf."*

Diese Anforderungen und Erleichterungen können sich insbesondere auf 23 Anforderungsbereiche erstrecken, die in § 51 MBO aufgelistet sind, exemplarisch die folgenden:

> *„6. Die Bauart und Anordnung aller für die Stand- und Verkehrssicherheit, den Brand-, Wärme-, Schall- oder Gesundheitsschutz wesentlichen Bauteile und die Verwendung von Baustoffen,*
>
> *7. Brandschutzanlagen, -einrichtungen und -vorkehrungen*
>
> *21. Die Bestellung und Qualifikation des Bauleiters und der Fachbauleiter,*
>
> *22. Den Betrieb und die Nutzung einschließlich der Bestellung und der Qualifikation eines Brandschutzbeauftragten,*
>
> *23. Erst-, Wiederholungs- und Nachprüfungen und die Bescheinigungen, die hierüber zu erbringen sind."*

Hervorzuheben ist hier die neu eingeführte Nr. 21, die es ermöglicht, die Bestellung des Bauleiters und der Fachbauleiter zu verlangen und dabei Anforderungen an deren Qualifikation zu stellen. Aus Sicht der Autoren sollte dies aufgrund der Komplexität der Aufgabe regelmäßig in Betracht gezogen werden.

D.0.1.5 Brandschutznachweis

Nach § 66 Abs. 1 Satz 1 MBO ist die Einhaltung der Anforderungen an den Brandschutz nachzuweisen (bautechnischer Nachweis), der Ersteller wird hier als Brandschutzplaner bezeichnet. Die erforderlichen Angaben im Brandschutznachweis sind in Kapitel D.0.2. dargestellt. Diese Anforderungen sind nicht abschließend.

Nach § 66 Abs. 3 Satz 2 MBO besteht für die folgenden 3 Fälle eine Prüfpflicht:

„1. Sonderbauten,
2. Mittel- und Großgaragen nach § 85 Abs. 1 Nr. 3,
3 Gebäuden der Gebäudeklasse 5."

Der Brandschutznachweis muss entweder bauaufsichtlich geprüft werden oder er wird durch einen Prüfsachverständigen bescheinigt; die Entscheidung liegt hier beim Bauherrn.

D.0.2 Verordnung über Bauvorlagen – Angaben im Brandschutznachweis

Konkrete Anforderungen, welche Angaben für den Nachweis des Brandschutzes zu machen sind und welche Angaben für Sonderbauten über den Standardbau hinaus erforderlich sind, sind den landeseigenen Verordnungen über Bauvorlagen (Bauvorlageverordnungen/Bauvorlagenerlässen – die Bezeichnung in den Bundesländern ist unterschiedlich) zu entnehmen. Sie unterscheiden zwischen Standardbauten nach MBO und Sonderbauten, für die zusätzliche Angaben zu machen sind. Bei Sonderbauten ist zu begründen, wenn wegen der besonderen Art oder Nutzung oder wegen anderer besonderer Anforderungen die Erfüllung von Vorschriften nicht erforderlich ist.

Die erforderlichen Angaben sind dem nachfolgenden Auszug aus § 11 Brandschutznachweis Musterbauvorlagenverordnung (MBauVorlV) der Fachkommission Bauaufsicht der ARGEBAU, zu entnehmen.

Muster einer Verordnung über Bauvorlagen und bauaufsichtliche Anzeigen (MBauVorlV – Musterbauvorlagenverordnung

Fassung Februar 2007

§ 11 Brandschutznachweis
„(1) Für den Nachweis des Brandschutzes sind im Lageplan, in den Bauzeichnungen und in der Baubeschreibung, soweit erforderlich, insbesondere anzugeben:

1. *das Brandverhalten der Baustoffe (Baustoffklasse) und die Feuerwiderstandsfähigkeit der Bauteile (Feuerwiderstandsklasse) entsprechend den Benennungen nach § 26 MBO oder entsprechend den Klassifizierungen nach den Anlagen zur Bauregelliste A Teil 1,*
2. *die Bauteile, Einrichtungen und Vorkehrungen, an die Anforderungen hinsichtlich des Brandschutzes gestellt werden, wie Brandwände und Decken, Trennwände, Unterdecken, Installationsschächte und -kanäle, Lüftungsanlagen, Feuerschutzabschlüsse und Rauchschutztüren, Öffnungen zur Rauchableitung, einschließlich der Fenster nach § 35 Abs. 8 Satz 2 MBO,*
3. *die Nutzungseinheiten, die Brand- und Rauchabschnitte,*
4. *die aus Gründen des Brandschutzes erforderlichen Abstände innerhalb und außerhalb des Gebäudes,*
5. *der erste und zweite Rettungsweg nach § 33 MBO, insbesondere notwendige Treppenräume, Ausgänge, notwendige Flure, mit Rettungsgeräten der Feuerwehr erreichbare Stellen einschließlich der Fenster, die als Rettungswege nach § 33 Abs. 2 Satz 2 MBO dienen, unter Angabe der lichten Maße und Brüstungshöhen,*

6. *die Flächen für die Feuerwehr, Zu- und Durchgänge, Zu- und Durchfahrten, Bewegungsflächen und die Aufstellflächen für Hubrettungsfahrzeuge,*
7. *die Löschwasserversorgung.*

(2) [1]Bei Sonderbauten, Mittel- und Großgaragen müssen, soweit es für die Beurteilung erforderlich ist, zusätzlich Angaben gemacht werden insbesondere über:

1. *brandschutzrelevante Einzelheiten der Nutzung, insbesondere auch die Anzahl und Art der die bauliche Anlage nutzenden Personen sowie Explosions- oder erhöhte Brandgefahren, Brandlasten, Gefahrstoffe und Risikoanalysen,*
2. *Rettungswegbreiten und -längen, Einzelheiten der Rettungswegführung und -ausbildung einschließlich Sicherheitsbeleuchtung und -kennzeichnung,*
3. *technische Anlagen und Einrichtungen zum Brandschutz, wie Branderkennung, Brandmeldung, Alarmierung, Brandbekämpfung, Rauchableitung, Rauchfreihaltung,*
4. *die Sicherheitsstromversorgung,*
5. *die Bemessung der Löschwasserversorgung, Einrichtungen zur Löschwasserentnahme sowie die Löschwasserrückhaltung,*
6. *betriebliche und organisatorische Maßnahmen zur Brandverhütung, Brandbekämpfung und Rettung von Menschen und Tieren wie Feuerwehrplan, Brandschutzordnung, Werkfeuerwehr, Bestellung von Brandschutzbeauftragten und Selbsthilfekräften.*

[2]Anzugeben ist auch, weshalb es der Einhaltung von Vorschriften wegen der besonderen Art oder Nutzung baulicher Anlagen oder Räume oder wegen besonderer Anforderungen nicht bedarf (§ 51 Satz 2 MBO). [3]Der Brandschutznachweis kann auch gesondert in Form eines objektbezogenen Brandschutzkonzeptes dargestellt werden.“

D.0.3 Muster einer Verwaltungsvorschrift Technische Baubestimmungen (MVV TB)

Nach der Ermächtigung des § 85a Abs. 1 MBO können die Anforderungen nach § 3 MBO durch technische Regeln konkretisiert werden. Dies sind die von den obersten Bauaufsichtsbehörden der Länder durch öffentliche Bekanntmachung als Technische Baubestimmungen (TB) einschließlich ihrer Anlagen eingeführten technischen Regeln. Sie sind zu unterscheiden von den anerkannten Regeln der Technik, die Inhalt der Technischen Baubestimmungen sein können, es aber nicht müssen. Die Technischen Baubestimmungen haben normkonkretisierende Wirkung, sie sind zu beachten.

Sie werden in den einzelnen Bundesländern durch die „Verwaltungsvorschrift Technische Baubestimmungen“ bauaufsichtlich eingeführt und basieren auf dem „Muster einer Verwaltungsvorschrift Technische Baubestimmungen (MVV TB)“, die vom Deutschen Institut für Bautechnik (DIBt) im Einvernehmen mit den obersten Baurechtsbehörden der Länder veröffentlicht wurde.

Die Länder sind jedoch nicht verpflichtet, diese bauaufsichtlich unverändert einzuführen.

Nach § 85a Abs. 5 MBO gilt diese *„als Verwaltungsvorschrift des Landes, soweit die oberste Bauaufsichtsbehörde keine abweichende Verwaltungsvorschrift erlässt“*.

Die obersten Bauaufsichtsbehörden der Länder haben landesspezifische Änderungen zu der MVV TB formuliert und landeseigene Verwaltungsvorschriften mit Anhängen erlassen. Entweder haben die Bundesländer hierzu eigene Ausgaben herausgegeben oder sie haben die MVV TB übernommen und lediglich die Änderungen in den Amtsblättern bekannt gemacht.

Hinweis

> Die Planenden (aller Fachrichtungen) müssen den jeweiligen landesrechtlichen Stand der eingeführten Verwaltungsvorschrift mit Anhängen ermitteln und sich damit vertraut machen. Die Inhalte sind doch vielen Planenden noch zu unbekannt. Aufgrund der zahlreichen Querverweise ist ein ständiges Blättern und Querlesen erforderlich, was bisweilen viel Geduld erfordert.

D.0.3.1 Hinweise zu Regelungen für den Brandschutz

Abschnitt A der MVV TB enthält die Technischen Baubestimmungen, *„die bei der Erfüllung der Grundanforderungen an Bauwerke zu beachten sind“*. Unterabschnitt A2 bezieht sich dabei auf den Brandschutz. In Nr. A 2.1.18 der MVV TB (z. B. auch in Bayern Nr. A 2.1.18, in Brandenburg Nr. A 2.1 20) wird darauf hingewiesen, dass für Sonderbauten besondere Anforderungen gestellt werden können und *„hinsichtlich Planung und Ausführung die konkretisierenden Anforderungen aus den in den lfd. Nrn. A 2.2.2.2 bis A 2.2.2.8 genannten technischen Regeln zu beachten“* sind. In den Bundesländern werden hier einheitlich die zu beachtenden Sonderbauverordnungen und Richtlinien aufgeführt, die in den o. g. Nummern genannt sind, wie nachfolgend beispielhaft in dem Auszug aus den Technischen Baubestimmungen des Landes Bayern (BayTB) dargestellt.

> ***A 2.1.18 Anforderungen an Sonderbauten***
>
> *„Bei Sonderbauten nach Art. 2 Abs. 4 BayBO können sich weitergehende oder geringere Anforderungen aus einer Rechtsverordnung oder Technischen Baubestimmung ergeben oder es kann im Rahmen der Genehmigung/Bescheinigung des Brandschutznachweises die Beachtung der einschlägigen Anforderungen einer bauaufsichtlich bekannt gemachten Richtlinie festgelegt werden.*
>
> *Das betrifft in Bayern*
>
> - *Beherbergungsstätten (Beherbergungsstättenverordnung [BStättV])*
> - *Hochhäuser (Richtlinie über die bauaufsichtliche Behandlung von Hochhäusern [HHR])*
> - *Fliegende Bauten (Richtlinie über den Bau und Betrieb Fliegender Bauten [FlBauR])*
> - *Verkaufsstätten (Bayerische Verkaufsstättenverordnung [BayVkV])*
> - *Versammlungsstätten (Versammlungsstättenverordnung [VStättV])*
> - *Industriebauten (Industriebaurichtlinie [IndBauR])*

Bei anderen Sonderbauten können weitergehende Anforderungen zur Abwehr von Gefahren oder Nachteilen einzelfallbezogen im Rahmen der Genehmigung/Bescheinigung des Brandschutznachweises gestellt werden."

Die o. g. Sonderbauten sind in Tabelle A 2.2.2 „Garagen und Sonderbauten, Betriebsräume für elektrische Anlagen und Feuerungsanlagen" der BayTB aufgeführt (vgl. Tabelle D-1).

Tabelle D-1: Garagen und Sonderbauten, Betriebsräume für elektrische Anlagen und Feuerungsanlagen nach BayTB, Tabelle A 2.2.2 (2024)

Lfd. Nr.	Gebäude/Nutzungen, für die Spezialregelungen erlassen oder bekannt gemacht sind	Rechtsverordnung oder bauaufsichtliche Richtlinie	
1	2	3	4
A 2.2.2 Garagen und Sonderbauten, Betriebsräume für elektrische Anlagen und Feuerungsanlagen			
A 2.2.2.1	Garagen	Verordnung über den Bau und Betrieb von Garagen sowie über die Zahl der notwendigen Stellplätze (Garagen- und Stellplatzverordnung – GaStellV): 1993-11	
A 2.2.2.2	Beherbergungsstätten	Verordnung über den Bau und Betrieb von Beherbergungsstätten (Beherbergungsverordnung – BstättV): 2007-07	
A 2.2.2.3	Verkaufsstätten	Verordnung über den Bau und Betrieb von Verkaufsstätten (Bayerische Verkaufsstättenverordnung – BayVkV): 1997-11	
A 2.2.2.4	Versammlungsstätten	Verordnung über den Bau und Betrieb von Versammlungsstätten (Versammlungsstättenverordnung – VstättV): 2007-11	
A 2.2.2.5	„Schulen" – in Bayern nicht besetzt		
A 2.2.2.6	„Wohnformen für Menschen mit Pflegebedürftigkeit oder mit Behinderung" – in Bayern nicht besetzt		
A 2.2.2.7	Hochhäuser	Richtlinie über die bauaufsichtliche Behandlung von Hochhäusern (HHR): 2015-04	
A 2.2.2.8	„Industriebau" – in Bayern hier nicht besetzt	In Bayern: Industriebaurichtlinie unter lfd. Nr. A 2.2.1.15	
A 2.2.2.9	Betriebsräume für elektrische Anlagen	Verordnung über den Bau von Betriebsräumen für elektrische Anlagen (EltBauV): 1977-04	
A 2.2.2.10	Feuerungsanlagen	Feuerungsverordnung (FeuV): 2007-11	
A 2.2.2.11	Fliegende Bauten	Richtlinie über den Bau und Betrieb Fliegender Bauten (FlBauR): 2010-06	

Einzelne laufende Nummern der Liste können in den Bundesländern unterschiedlich oder gar nicht besetzt sein und auch in der Bezeichnung abweichen. So ist z. B. die laufende Nummer A 2.2.2.6 der o. g. Tabelle in Bayern nicht besetzt. Die „Muster-Richtlinie über bauaufsichtliche Anforderungen an Wohnformen für Menschen mit Pflegebedürftigkeit oder mit Behinderung" ist somit keine „Technische Baubestimmung" im Sinne der BayTB. Unter den Rechtsbegriff der „Technischen Baubestimmungen" fallen nur die nach § 85a Abs. 1 MBO in den jeweiligen VV TBs der Bundesländer bekannt gemachten technischen Regeln.

D.0.3.2 Mögliche Abweichungen

Die Bestimmung des § 85a MBO Abs. 1 Satz 2 lässt Abweichungen von den Technischen Baubestimmungen nur zu, *„wenn mit einer anderen Lösung in gleichem Maße die Anforderungen erfüllt werden"* und *„in der Technischen Baubestimmung eine Abweichung nicht ausgeschlossen ist"*.

Am Ende der Tabellen A 2.2.1 und A. 2.2.2 der MVV TB wird in der Fußnote 2 darauf hingewiesen, dass für die aufgeführten Regelwerke mit dem Index „2" eine Abweichung nach § 85a Abs. 1 Satz 3 MBO ausgeschlossen ist. Insofern darf von den enthaltenen Planungs-, Bemessungs- und Ausführungsregelungen nicht abgewichen werden.

Abweichungen sind jedoch zulässig, wenn die Voraussetzungen nach § 85a MBO erfüllt sind. Wird also das Schutzziel abweichend von den Ausführungen der Technischen Baubestimmung durch eine andere Lösung gleichwertig, d. h. normkonform, erfüllt, ist die Gestattung einer Abweichung durch die Behörde nicht erforderlich. Der Nachweis, dass die Anforderungen *„in gleichem Maße"* erfüllt werden, ist vom Bauherrn bzw. von den beauftragten Fachleuten zu erbringen.

Nach § 85a Satz 3, 2. Halbsatz MBO bleiben die §§ 16a Abs. 2 und 17 Abs. 1 MBO unberührt. Die dort genannten An- und Verwendbarkeitsnachweise sind grundsätzlich erforderlich, Bauprodukte und Bauarten bedürfen einer Bestätigung ihrer Übereinstimmung mit den An- und Verwendbarkeitsnachweisen. Diese Bestätigung kann z. B. durch eine Übereinstimmungserklärung des Herstellers (§ 22 MBO, Ü-Zeichen) oder durch ein Übereinstimmungszertifikat einer Zertifizierungsstelle (§ 23 MBO) erfolgen.

Beim Vorliegen einer wesentlichen Abweichung der Bauart oder des Bauproduktes von den technischen Spezifikationen ist die Gleichwertigkeit z. B. durch eine Bauartgenehmigung, eine allgemeine bauaufsichtliche Zulassung oder eine Zustimmung im Einzelfall nachzuweisen. Ob eine wesentliche Abweichung vorliegt, kann nur vom Hersteller oder von der Zertifizierungsstelle beurteilt werden.

Bei Vorliegen einer nicht wesentlichen Abweichung von den technischen Spezifikationen darf die Bestätigung der Übereinstimmung bescheinigt werden.

Hinweis

Der Anwender einer Bauart (ausführendes Unternehmen) hat dem Auftraggeber eine Übereinstimmungserklärung über die ordnungsgemäße Herstellung zu übergeben. Diese ist vom Auftraggeber unbedingt rechtzeitig schriftlich zu verlangen. Ohne diese sollte die Abnahme verweigert werden.

Wird sowohl von den Technischen Baubestimmungen als auch von den materiellen Anforderungen des Bauordnungsrechtes, die sich aus den §§ 3 bis 51 MBO ergeben, abgewichen, sind eine Abweichung nach § 67 MBO und deren Zulassung erforderlich. Die Zulassung einer Abweichung ist nicht erforderlich, wenn bautechnische Nachweise durch einen Prüfsachverständigen bescheinigt werden.

D.0.4 Hinweise zur Bauproduktenverordnung

Die Bauproduktenverordnung (BauPVO) (Verordnung [EU] Nr. 305/2011) ist eine Verordnung der Europäischen Union, die die bis dahin geltende Bauproduktenrichtlinie abgelöst hat und seit dem 1. Juli 2013 unmittelbar in allen Mitgliedstaaten gilt, d. h., sie musste nicht in nationales Recht umgesetzt werden. Sie regelt das Inverkehrbringen und die Bereitstellung von Bauprodukten im EU-Binnenmarkt und soll für mehr Transparenz, Vergleichbarkeit und Sicherheit bei Bauprodukten für alle am Bau Beteiligten sorgen. Die Leistung eines Bauproduktes wird im Hinblick auf sog. „wesentliche Merkmale" bewertet, zu denen auch der Brandschutz gehört. Ist das Bauprodukt in europäischen Bewertungsdokumenten (harmonisierte Norm oder Europäische Technische Bewertung) erfasst, muss der Hersteller als Konformitätsnachweis eine Leistungserklärung erstellen. Das Bauprodukt erhält eine CE-Kennzeichnung, mit der dessen Gebrauchstauglichkeit für die erklärte Leistung nachgewiesen wird; es kann in allen Mitgliedstaaten in Verkehr gebracht werden.

D.0.5 Landeseigene Bestimmungen zum Krankenhausbau

Das Bauordnungsrecht ist Länderrecht, in den einzelnen Bundesländern existieren unterschiedliche Bauordnungen. Maßgeblich für die Beurteilung und Planung von Brandschutzmaßnahmen in Krankenhäusern sind die materiell-rechtlichen Anforderungen der jeweils gültigen Sonderbauverordnungen oder ggf. auch die technischen Bestimmungen (Richtlinien), die im jeweiligen Bundesland bauaufsichtlich eingeführt sind.

Derzeit haben 4 Bundesländer – Baden-Württemberg (Hinweise), Brandenburg (Verordnung), Hamburg (Bauprüfdienst) und das Saarland (Richtlinie) – eigene Regelwerke mit Aussagen zum Brandschutz in Krankenhäusern, die aktuell gültig sind.

Keine der landeseigenen Bestimmungen zum Krankenhaus ist in der jeweils landeseigenen VV TB in den Tabellen in A2 (siehe Kapitel D.0.3) aufgeführt. Es ist vorab zu klären, ob diese im Bundesland als Beurteilungsgrundlage herangezogen werden sollen. Die Verfasser haben festgestellt, dass z. B. in Bayern immer wieder die brandenburgische Verordnung und die Angaben des Bauprüfdienstes Hamburg als brandschutztechnische Planungsgrundlage herangezogen werden.

Tabelle D-2: Tabellarische Übersicht über Veröffentlichungen von Bundesländern für den Bau und Betrieb von Krankenhäusern

Bundesland	Verordnung/Richtlinie/Hinweise	Hinweis
Baden-Württemberg	Hinweise über den baulichen Brandschutz in Krankenhäusern und baulichen Anlagen entsprechender Zweckbestimmung vom 25.09.1990/26.04.2007	Hinweise sind als ergänzende Planungshilfe zu verstehen
Berlin	Verordnung über die Errichtung und den Betrieb von Krankenhäusern, Krankenhausaufnahme, Führung von Krankengeschichten und Pflegedokumentation und Katastrophenschutz in Krankenhäusern (Krankenhausverordnung – KhsVO) vom 30.08.2006, zuletzt geändert 27.03.2017 KhBetrVO – Krankenhausbetriebs-Verordnung, Verordnung über die Errichtung und den Betrieb von Krankenhäusern – Berlin – vom 10. Juli 1995	keine speziellen Aussagen zum Brandschutz, lediglich allgemeine Hinweise auf Erfordernisse bei Evakuierungsmaßnahmen, Schwerpunkt Hygiene/Katastrophenschutz keine speziellen Aussagen zum Brandschutz
Brandenburg	Verordnung über bauaufsichtliche Anforderungen an Krankenhäuser und Pflegeheime (Brandenburgische Krankenhaus- und Pflegeheim-Bauverordnung – BbgKPBauV) vom 21.02.2003 Änderungen vom 23. März 2005, 19. Dezember 2006	umfassende Verordnung, beschränkt sich in 22 Paragrafen auf sicherheitsrelevante Anforderungen (nicht als Technische Baubestimmung eingeführt)
Hamburg	Bauprüfdienst (BPD) 3/2016 Brandschutztechnische Anforderungen an Krankenhäuser (BPD Krankenhäuser)	Arbeitsmittel, mit Empfehlungen und Erläuterungen für Mitarbeiterinnen und Mitarbeiter der Bauprüfabteilungen ohne bindende Wirkung mit besonderen Anforderungen
Hessen	Richtlinie über Anlage, Bau, Betrieb und Einrichtung von Krankenhäusern vom 25.01.1996	zum 01.02.2005 aufgehoben
Mecklenburg-Vorpommern	Handlungsempfehlungen zum vorbeugenden Brandschutz für den Bau und Betrieb von vollstationären Pflegeeinrichtungen der vierten Generation vom Juli 2007	Empfehlungen können ggf. zur Orientierung dienen.
Nordrhein-Westfalen	Verordnung über den Bau und Betrieb von Krankenhäusern vom 21.02.1978/05.12.1995/20.02.2000/05.04.2005	zum Ende 2009 aufgehoben
Saarland	Richtlinie über den Bau und Betrieb von Krankenhäusern (KhBauR) vom 01.03.2003/Änderung 17.07.2008	entspricht mit einigen höheren Anforderungen im Wesentlichen der Muster-Krankenhausbauverordnung (MKhBauVO) (nicht als Technische Baubestimmung eingeführt)
Sachsen	Richtlinie über den Bau und Betrieb von Krankenhäusern und Pflegeheimen Entwurf Stand: 07.01.2005	Entwurfsstatus Ist bei der aktuellen Recherche (Stand: August 2025) beim Staatsministerium des Innern nicht mehr verfügbar.
Sachsen-Anhalt	Richtlinie über den Bau und Betrieb von Krankenhäusern (KhBauR) vom 22.10.1990	Verwaltungsvorschrift zur Bauordnung, aufgehoben zum 31.12.2007
Schleswig-Holstein	Standardprogramm für Krankenhäuser in Schleswig-Holstein, Stand: August 2012	pauschale Hinweise wie z. B. Verweis auf Abstimmung mit Brandschutzbehörde und BMA
Thüringen	Richtlinie über den Bau und Betrieb von Krankenhäusern (KhBauR) gültig 20.07.1990	Verwaltungsvorschrift zur Bauordnung, aufgehoben zum 27.05.1994

Hinweis

Die Planenden müssen mit den Auftraggebern und ggf. weiteren zuständigen Stellen die Beurteilungsgrundlage festlegen. Sollte über das Standardkonzept der Bauordnung hinaus ein in anderen Bundesländern bestehendes Regelwerk herangezogen werden, ist dieses als Ganzes zu berücksichtigen. Es können nicht einzelne Aspekte nach Belieben herausgegriffen werden.

Auch ist zu hinterfragen, ob das versicherungstechnische Deckungskonzept für Gebäude, Inventar und Betriebsunterbrechung ggf. zusätzliche Maßnahmen erforderlich macht.

Tabelle D-2 enthält eine Zusammenstellung über bestehende Verordnungen, Richtlinien und Hinweise für den Bau und Betrieb von Krankenhäusern (Stand: August 2025). Enthalten diese Aussagen zum Brandschutz, sind diese dunkelgrau hinterlegt.

In Kapitel D.1 wird zunächst näher auf das „Muster einer Verordnung über den Bau und Betrieb von Krankenhäusern" (MKhBauVO) eingegangen, das den Bundesländern als Muster zum Erlass einer eigenen Veröffentlichung zum Brandschutz im Krankenhaus diente. Die Kapitel D.2. bis D.5. geben einen kurzen Überblick über die 4 derzeit gültigen landeseigenen Veröffentlichungen mit Aussagen zum Brandschutz.

D.1 Muster-Krankenhausbauverordnung (MKhBauVO)

Das „Muster einer Verordnung über den Bau und Betrieb von Krankenhäusern" (MKhBauVO) wurde im Dezember 1976 von der Bauministerkonferenz, der Arbeitsgemeinschaft der für Städtebau, Bau- und Wohnungswesen zuständigen Minister und Senatoren der 16 Länder der Bundesrepublik Deutschland (ARGEBAU) herausgegeben. Dieses wurde seitdem nicht mehr aktualisiert und ist inzwischen von der Bauministerkonferenz zurückgezogen worden.

In der MKhBauVO wurden besondere Anforderungen und Erleichterungen definiert. Sie galt als innovatives Papier, das die besonderen Anforderungen der damaligen Musterbauordnung für Krankenhäuser konkretisierte und den damaligen Stand der Technik in 42 Paragrafen wiedergab. Der Regelungsumfang bezog sich nicht nur auf bauaufsichtliche Sicherheitsbelange, sondern behandelte z. B. auch Anforderungen an die Hygiene sowie die Ausstattung und Geometrie der Räume.

Die unteren Bauaufsichtsbehörden wurden angewiesen, sich im Rahmen der Ermessensentscheidung an den von der Fachkommission Bauaufsicht der ARGEBAU erlassenen Musterregelungen zu orientieren, soweit keine landeseigenen Regelungen vorlagen. Die MKhBauVO diente einigen Bundesländern zudem als Muster zum Erlass einer eigenen Sonderbauverordnung.

Die MKhBauVO weist in § 40 ausdrücklich darauf hin, dass weitere Anforderungen gestellt werden können, wenn dies im Einzelfall zur Gefahrenabwehr erforderlich ist (analog den besonderen Anforderungen nach § 51 MBO). Den Bauaufsichtsbehörden wurde also weiterhin ein Ermessensspielraum eingeräumt.

Infolge des Erstellungszeitpunktes kennt die MKhBauVO die Einteilung in Gebäudeklassen nicht, sie unterscheidet im Wesentlichen zwischen eingeschossigen Gebäuden und Gebäuden mit mehr als einem Vollgeschoss.

Hinweis

> Da die MKhBauVO den Stand der Technik von 1976 berücksichtigt, darf es nicht verwundern, dass für Türen zwischen Flur und Treppenraum beispielsweise nicht mindestens rauchdichte und selbst schließende, sondern lediglich dichte und selbst schließende Abschlüsse gefordert werden. Auch an anderen Stellen bestehen infolgedessen teilweise gravierende Unterschiede zu heutigen Anforderungen. Trotz dieser Einschränkungen können die grundsätzlichen Regelungen der MKhBauVO auch heute noch als Orientierung dienen. Gerade bei Sanierungsmaßnahmen im Altbau kann sie zudem eine wichtige Argumentationshilfe für den Nachweis des baurechtlichen Bestandsschutzes sein.

Die Krankenhausbauverordnung gliedert sich in 7 Teile.

Teil I: Allgemeine Vorschriften – regelt wie üblich zunächst den Geltungsbereich, definiert Begriffe und macht allgemeine Angaben zur Bebauung des Grundstückes mit Rettungswegen, Gebäudeabständen und Stellplätzen/Garagen.

Teil II: Bauvorschriften – regelt die wesentlichen baulichen und anlagentechnischen Anforderungen an den Brandschutz.

Den Planenden werden hier erstmals konkrete Vorgaben für die brandschutztechnische Konzeption von Krankenhäusern an die Hand gegeben. Diese gehen zum Teil deutlich über das Anforderungsniveau der damals gültigen MBO von 1974 hinaus.

So werden beispielsweise für Obergeschosse mit Pflegebereichen mindestens 2 Brandabschnitte gefordert, die unmittelbar miteinander verbunden sein müssen. Zudem wird erstmals konkret gefordert, dass in einem Brandabschnitt 30 % der Betten des benachbarten Brandabschnitts vorübergehend aufgenommen werden können. Damit werden die besonderen Umstände hinsichtlich einer horizontalen Räumung berücksichtigt und der Schutz der Personen in den Vordergrund gestellt. Darüber hinaus muss jeder Brandabschnitt mit einem Treppenraum unmittelbar verbunden sein, um einen unmittelbaren Löschangriff der Feuerwehr zu ermöglichen.

Gegenüber der MBO wurden jedoch bereits damals Erleichterungen definiert, die dem Typus Krankenhaus gerecht werden sollen.

Dies zeigt sich insbesondere bei der zulässigen Größe von Brandabschnitten sowie bei der Ausführung von Brandwänden. Mit Ausnahme von Hochhäusern erlaubt die MKhBauVO erstmals Brandwandabstände von bis zu 50 m, sofern die Fläche des Brandabschnitts 2.000 m^2 nicht überschreitet. Außerhalb von Pflegebereichen sind noch größere Abstände zulässig, sofern die Nutzung dies erfordert und keine Bedenken hinsichtlich des Brandschutzes bestehen.

Für Abschlüsse von Öffnungen in Brandwänden lässt § 11 MKhBauVO erleichternd dicht und selbst schließende Türen aus nicht brennbaren Baustoffen zu. Voraussetzung ist, dass diese *„im Zuge allgemein zugänglicher Flure liegen, die als Rettungswege dienen und u. a. die angrenzenden Flurwände in einem Bereich von 2,50 m"* beidseitig öffnungslos und mindestens feuerhemmend und aus nicht brennbaren Baustoffen hergestellt sind. Glasfüllungen *„der Türen müssen aus mindestens 6 mm dickem Drahtglas mit geschweißtem Netz oder entsprechend widerstandsfähigem Glas bestehen."*

Eine entsprechende Erleichterung wird im Rahmen von Abweichungen auch heute noch regelmäßig zugelassen, selbstverständlich sind dann aber feuerhemmende, rauchdichte und selbst schließende Abschlüsse nach heutigem Stand der Technik erforderlich.

Hinweis

Drahtglastüren nach § 11 MKhBauVO erfüllen die Anforderung G30 nach der damals gültigen DIN 4102-4 „Brandverhalten von Baustoffen und Bauteilen – Einreihung in die Begriffe" (1970). Solange die Türen vollständig intakt und funktionstüchtig sind, kann aus baurechtlichen Gesichtspunkten in der Regel Bestandschutz geltend gemacht werden, wenn im Altbestand entsprechende Abschlüsse vorhanden und keine konkreten Gefahren ersichtlich sind. Oftmals sind jedoch Teilbereiche beschädigt, die dann durch Sicherheitsglas nach heutiger Norm ersetzt werden. Dies führt zwangsläufig zum Entfall des Bestandschutzes und somit zum Austausch der gesamten Tür. Auch bei intakten Drahtglastüren ist zu bedenken, dass sich weiterführende Anforderungen aus dem Arbeitsstättenrecht ergeben können. Aufgrund der erhöhten Verletzungsgefahr werden Drahtgläser insbesondere in Verkehrswegen, die sich bis zu 2,00 m über der Standfläche befinden, kritisch gesehen. Der Austausch derartiger Elemente kann also nicht nur für den Brandschutz einen Sicherheitsgewinn darstellen.

Auch für die Türen zwischen Flur und Treppenraum fordert die MKhBauVO dicht und selbst schließende Abschlüsse und Verglasungen aus mindestens 6 mm Drahtglas. Diese Anforderung wird dem erforderlichen Schutz des notwendigen Treppenraumes vor Verrauchung nicht mehr gerecht. Nach dem heutigen Stand der Technik sind analog zur MBO mindestens rauchdichte und selbst schließende Abschlüsse erforderlich. Daher sind mindestens die Anforderungen an geprüfte und klassifizierte Rauchschutzabschlüsse anzuwenden.

Eine wesentliche Neuerung der MKhBauVO betrifft die Forderung nach 2 voneinander unabhängigen baulichen Rettungswegen aus jedem Aufenthaltsraum in Gebäuden mit mehr als einem Vollgeschoss und die damit verbundene Forderung, dass ein notwendiger Treppenraum in höchstens 30 m Entfernung erreichbar sein muss (§ 12 MKhBauVO).

Weitere Neuerungen beziehen sich bereits auf die sich verändernde Krankenhausarchitektur. Ein Treppenraum und somit ein baulicher Rettungsweg dürfen nun nach § 15 Abs. 2 Satz 2 MKhBauVO auch über eine feuerbeständig abgetrennte Halle mit feuerhemmenden und selbstschließenden Türen zu angrenzenden Räumen „*ins Freie führen, wenn die Entfernung von der untersten Treppenstufe bis zum Freien nicht mehr als 20 m beträgt.*“ Bei Einbau einer selbsttätigen Feuerlöschanlage sind dann z. B. auch Verkaufsstände möglich (§ 15 MKhBauVO).

Weitere Anforderungen, die sich so oder so ähnlich bis heute in Regelungen zum Krankenhausbau finden, sind in Tabelle D-3 zusammengestellt.

Im Gegensatz zu den heutigen Vorgaben sind die Anforderungen an Aufzüge noch sehr allgemein definiert. Ursächlich dafür dürfte sein, dass Normen für Evakuierungsaufzüge und Steuerungen mittels Brandfallmatrix zum damaligen Zeitpunkt noch völlig unbekannt waren. Die Nutzung von Aufzügen im Brandfall durch Laien war somit in der Regel verboten.

Auch die Anforderungen an Wandhydranten, Feuermeldeanlagen und Alarmierungssysteme waren damals noch sehr allgemein gehalten. Entsprechende Einrichtungen galten jedoch bereits als Stand der Technik. Selbstverständlich waren die technischen Möglichkeiten zu dieser Zeit nicht mit den aktuellen Gegebenheiten zu vergleichen.

Teil III: Anforderungen an Räume und Raumgruppen macht im Wesentlichen Angaben zur Ausgestaltung und Ausstattung von Pflegezimmern.

Eine wichtige Angabe erfolgt hier in Bezug auf Labore. In § 31 Abs. 1 werden diese ausdrücklich „*Laboratoriumsräume mit erhöhter Brand- oder Explosionsgefahr*“ genannt. Diese mussten mindestens 2 günstig gelegene Ausgänge haben. Die Erfahrungen der Autoren zeigen, dass diese Anforderung auch heute noch von vielen Planenden und Nutzenden ohne Berücksichtigung der tatsächlich vorhandenen Gefahr für Labore pauschal angesetzt wird. Zudem ist ein entsprechender Passus in den heutigen Bauvorschriften nicht mehr aufgeführt und wurde vom Baurecht in das Arbeitsstättenrecht verschoben (TRGS 526, 2008). Somit ist die Notwendigkeit zweier Ausgänge heute im Rahmen einer Gefährdungsbeurteilung festzustellen. Neben der Brandgefahr ist hierbei auch die Grundfläche der Labore zu betrachten.

Teil IV: Fachkrankenhäuser, Sonderkrankenhäuser und entsprechende Fachabteilungen macht im Wesentlichen Angaben zur erforderlichen funktionalen Ausstattung einzelner (Fach-)Abteilungen.

Teil V: Betriebsvorschriften weist allgemein auf sicherheitstechnische Aspekte hin, wie z. B. auf das Erfordernis einer Brandschutzordnung oder der Schulung des Personals und von besonderen Planunterlagen, die im Erdgeschoss vorzuhalten sind. Diese Forderung wird heute z. B. durch Feuerwehrpläne erfüllt, darüber hinaus werden heute Flucht- und Rettungspläne im Gebäude gefordert. Sinnvoll ist, dass hier nochmals auf § 22 Abs. 3 verwiesen wird, in dem gefordert wird, dass lüftungstechnische Anlagen für Operationseinheiten so beschaffen sein müssen, „*dass zwischen den Einheiten kein Luftaustausch stattfinden kann*“ (siehe Kapitel I.12).

Eine Neuerung ist hier der Aspekt, dass bei Krankenhäusern mit mehr als 1.000 Betten eine Hausfeuerwehr vorgeschrieben werden kann. Die Autoren halten eine entsprechende Prüfung in Absprache mit der Bauaufsichtsbehörde und der Brandschutzdienststelle auch heute noch für sinnvoll.

Tabelle D-3: Bauliche und anlagentechnische Anforderungen in Abhängigkeit von der Gebäudehöhe (Auszug)

Gebäudehöhe **Bauteil**	**MKhBauVO**	**eingeschossige Gebäude**	**Gebäude mit mehr als einem Vollgeschoss (VG) (ausgenommen Hochhäuser)**
tragende Wände, Pfeiler usw.	§ 7 Abs. 1 und 2	feuerhemmend und aus nicht brennbaren Baustoffen	feuerbeständig (F90-AB), ggf. Feuerwiderstandsfähigkeit feuerbeständiger Bauteile (F90-B)[1]
nicht tragende Außenwände	§ 7 Abs. 4	normal entflammbare Baustoffe	nicht brennbare Baustoffe oder feuerhemmend
an Außenwänden zwischen Öffnungen verschiedener Geschosse	§ 7 Abs. 5	normal entflammbare Baustoffe	für mindestens 90 Minuten widerstandsfähige Bauteile so angeordnet, dass Feuerüberschlagweg mindestens 1 m
Decken	§ 8 Abs. 1 und 2	feuerhemmend und aus nicht brennbaren Baustoffen	Rohdecke feuerbeständig
Decke zugleich Dach	§ 8 Abs. 3	feuerbeständig und aus nicht brennbaren Baustoffen	Rohdecke feuerbeständig
Dächer vor Außenwänden höher gelegener Außenwänden	§ 8 Abs. 4	innerhalb eines Abstandes von 5 m von den Außenwänden zu höheren Gebäudeteilen feuerbeständig und öffnungslos; Dachschalung einschließlich Dämmstoffen nicht brennbare Baustoffe	
Außenwandverkleidungen usw.	§ 9 Abs. 1	normal entflammbare Baustoffe	schwer entflammbare Baustoffe bei Gebäuden > 5 VG: nicht brennbare Baustoffe
Brandabschnitte Pflegebereiche	§ 10 Abs. 1	jedes Obergeschoss im Pflegebereich mindestens 2 Brandabschnitte mit jeweils eigenem Treppenraum; Aufnahme von 30 % der Betten im benachbarten Brandabschnitt	
Aufzüge Vorräume, Öffnungen	§ 10 Abs. 3	vor Bettenaufzügen (§ 24 Abs. 1) und zugehörigen Treppenräumen in Pflege-, Untersuchungs- oder Behandlungsbereichen feuerbeständig abgetrennte Vorräume, Türen zu Fluren dicht und selbst schließend, Glasfüllungen mindestens 6 mm Drahtglas mit geschweißtem Netz, die bei Raucheinwirkung selbsttätig schließen[2]	
allgemein zugängliche Flure – Wände	§ 13 Abs. 1 und 2	nicht brennbare Baustoffe Anschluss an Rohdecke	feuerbeständig und aus nicht brennbaren Baustoffen Anschluss an Rohdecke
Flurwände Verglasungen	§ 13 Abs. 4	G-Verglasung und 1,80 m über Fußboden; unterhalb dieser Höhe Verglasungen zulässig, wenn Zweckbestimmung der Räume dies erfordert	
Treppenräume Türen	§ 15 Abs. 2	dicht und selbst schließend, Glasfüllungen mindestens 6 mm Drahtglas mit geschweißtem Netz, die bei Raucheinwirkung selbsttätig schließen[2]	
Treppenrauchabzug (RA)	§ 15	keine	> 2 VG müssen Treppen-RA haben, 5 % der Grundfläche, mindestens 0,5 m^2
innen liegende Flure, die als Rettungswege dienen	§ 22 Abs. 6	Abluftanlagen, die im Brandfall Rauch ohne Gefahr für andere Räume abführen	
Wandhydranten, Feuermeldeanlage, Einrichtungen zur Alarmierung	§ 25	Wandhydranten können gefordert werden ihrer Zweckbestimmung, Größe und Lage entsprechende Feuermeldeanlage Einrichtungen, durch die Personal alarmiert und angewiesen werden kann	

1) kann gestattet werden, wenn Bedenken hinsichtlich des Brandschutzes nicht bestehen
2) Hier werden lediglich Anforderungen an die Baustoffe gestellt, eine erforderliche Feuerwiderstandsdauer wird nicht konkretisiert. Sind dichte und selbst schließende Türen gefordert, so waren in Bayern ohne weiteren Nachweis Türen als Stahlrahmentüren mit überdecktem Falz und 6 mm Drahtglas zulässig. Die DIN 4102-4 sieht 7 mm Drahtglas mit mittig angeordneten und punktverschweißten Drahteinlagen vor (Feuerwiderstandsklasse G30).

Teil VI: Zusätzliche Bauvorlagen, Prüfungen gibt u. a. Hinweise zu erforderlichen Angaben über die Anforderungen des Musterentwurfs der Bauvorlagenverordnung hinaus, zu Prüfungsintervallen sicherheitstechnischer Anlagen, deren Dokumentation und den für die Prüfung berechtigten Sachverständigen.

Teil VII Schlussvorschriften gibt kurz Hinweise, welche Paragrafen auf bestehende Krankenhäuser anzuwenden sind und dass *„weitere Anforderungen als nach dieser Verordnung"* gestellt werden können, *„wenn dies zur Gefahrenabwehr im Einzelfall erforderlich ist."*

D.2 Baden-Württemberg

Die **„Hinweise über den baulichen Brandschutz in Krankenhäusern und baulichen Anlagen entsprechender Zweckbestimmung"** vom 26. April 2007 entsprechen weitgehend der Vorgängerversion „Hinweise des Innenministeriums über den baulichen Brandschutz in Krankenhäusern und baulichen Anlagen entsprechender Zweckbestimmung" vom 25. September 1990. Sie verstehen sich als *„ergänzende Planungshilfe"* und dienen insofern den Planenden als Orientierung. Auch hier wird eingangs darauf verwiesen, dass weitere Anforderungen gestellt werden können bzw. Abweichungen möglich sind, *„sofern dem Schutzziel der Regelungen entsprochen wird"*. Eine Kommentierung der Hinweise ist den Autoren nicht bekannt.

Wie die MKhBauVO kennen auch die „Hinweise" aus BW keine Einteilung in Gebäudeklassen. Sie unterscheiden im Wesentlichen zwischen *„einem oberirdischen Geschoss"* und *„mehr als einem oberirdischen Geschoss"* und differenzieren schutzzielbezogen zwischen Geschossen mit und ohne Pflegebereiche. Auch hier gilt, dass sich die Planenden hinsichtlich besonderer Anforderungen und Erleichterungen über die Anforderungen in den „Hinweisen" hinaus am heutigen Stand der Technik, an neuen Erfahrungswerten und an den Anforderungen an eine moderne Krankenhausarchitektur orientieren müssen.

Eine Neuerung findet sich in Kapitel 2 „Bereichsabgrenzungen für den Brandschutz". Hier werden Anforderungen an wichtige bauliche und funktionale Bereiche zusammengefasst. Eine Übersicht bietet Tabelle D-4.

Hinweis

> Die Auflistung in Tabelle D-4 zeigt, auch im Vergleich mit anderen Regelwerken, in denen wiederum andere Größenangaben genannt werden, wie sehr allgemein darum gerungen wird, den Erfordernissen eines (modernen) Krankenhauses gerecht zu werden. Um das Schutzziel zu erreichen, können regelmäßig weitergehende Maßnahmen gefordert werden. Diese werden jedoch nicht abschließend benannt, sodass ein großer Interpretationsspielraum bleibt, beispielsweise hinsichtlich der Voraussetzungen, unter denen auf den notwendigen Flur verzichtet werden kann. Dies bedeutet, dass die Planenden sich an den jeweiligen Vorgaben zwar orientieren können, jedoch den Brandschutznachweis schutzzielorientiert im Sinne einer Einzelfallbetrachtung mit „gesundem Menschenverstand" aufstellen müssen.

Tabelle D-4: Bereichsabgrenzungen für den Brandschutz nach „Hinweise über den baulichen Brandschutz in Krankenhäusern und baulichen Anlagen entsprechender Zweckbestimmung" (2007)

Bereich	Kapitel	Anforderungen
Brandabschnitte	Nr. 2.1	Brandwandabschnitte bis 50 m, größere Abschnitte sind möglich, wenn die Sicherheit durch weitergehende Maßnahmen gewährleistet ist.[1)]
Brandschutzbereiche	Nr. 2.2	Wenn Unterteilung in Brandabschnitte nicht erforderlich, dann Unterteilung der Geschosse in mindestens 2 miteinander verbundene Brandschutzbereiche mit eigenem Treppenraum, jeder Bereich muss zusätzlich mindestens 30 % der Betten des benachbarten Bereiches aufnehmen können.
Rauchabschnitte	Nr. 2.3	Unterteilung von Brandabschnitten > 400 m^2 in Rauchabschnitte von höchstens 400 m^2; bei betriebsnotwendig größeren Abschnitten besondere Maßnahmen
Großraumbereiche max. 10 Pflegebedürftige	Nr. 2.4	Pflege-, Untersuchungs- und Behandlungsbereiche bis 400 m^2 **ohne notwendigen Flur** zulässig, wenn weitergehende Maßnahmen erfolgen. Räume, die der stationären Unterbringung von Pflegebedürftigen dienen, sind von dem Bereich, durch den im Brandfall die Evakuierung vorgesehen ist, durch eine feuerhemmende Wand und dicht schließende Türen abzutrennen.[2)]
Sonderbereiche, insbesondere Intensivmedizin, Quarantäne bei Infektionskrankheiten Akutdialyse, Forensik	Nr. 2.5	weitergehende oder abweichende brandschutztechnische Maßnahmen, die sich am Brandgefahrenpotenzial und der körperlichen und geistigen Verfassung der Nutzer orientieren

1) Eine konkrete Flächen- und Nutzungsbeschränkung findet nicht statt. In den Hinweisen von 1990 durften Pflegebereiche max. 2.000 m^2 groß sein, Untersuchungs- und Behandlungsbereiche 2.500 m^2. Außerhalb von Pflegebereichen waren größere Brandabschnitte zulässig, wenn stationäre Lösch- und Brandmeldeanlagen vorhanden sind.
2) Weiter können gefordert werden: erhöhte Personenverfügbarkeit, Maßnahmen zur Beschränkung der Verrauchung, Löschanlage.

Anforderungen an die bauliche Ausführung entsprechen teilweise den Anforderungen der MKhBauVO, wobei hier nicht so umfangreiche Angaben gemacht werden. Angaben zur Anlagentechnik sind eher allgemein gehalten. Einige besondere Anforderungen und Unterscheidungen sind in Tabelle D-5 zur schnellen Übersicht zusammengestellt.

Ähnlich der Systematik der MKhBauVO werden, wie in den anderen veröffentlichten Regelwerken, abschließend Angaben zu den weitergehenden erforderlichen Bauvorlagen und Angaben (z. B. Bettenzahl), Plänen und Prüfungen gemacht.

Tabelle D-5: Bauliche und anlagentechnische Anforderungen in Abhängigkeit von der Gebäudehöhe (Auszug) nach „Hinweise über den baulichen Brandschutz in Krankenhäusern und baulichen Anlagen entsprechender Zweckbestimmung" (2007)

Gebäudehöhe **Bauteil**	**Kapitel**	**1 oberirdisches Geschoss**	**mehr als 1 oberirdisches Geschoss**
tragende und aussteifende Wände, Decken und Stützen	Nr. 1.1	keine Anforderungen an oberste Geschosse ohne Aufenthaltsräume, Nebenräume, Rettungswege	
		feuerhemmend (F30-B)[1] (außer Untergeschosse)	feuerbeständig (F90-AB)
		nicht mehr als 2 Geschosse ohne Pflege-, Untersuchungs-, Behandlungsräume – feuerhemmend (F30-B)1)	
Außenwände	Nr. 1.2	in den wesentlichen Teilen nicht brennbar, dürfen nicht brennend abtropfen	
Außenbekleidung		schwer entflammbar (B1) bis zu 2 oberirdischen Geschossen	nicht brennbar
Innenwände	Nr. 1.3.1	• Rauchabschnitte: feuerhemmend • Brandschutz-, Großraum-, Sonderbereiche: feuerbeständig • Brandabschnitte: Brandwandeigenschaft (gemäß LBO)	
Raumabschlüsse zwischen notwendigen Fluren und anderen Räumen	Nr. 1.3.2	nicht brennbar	feuerhemmend und nicht brennbar
Öffnungen in Decken	Nr. 1.5	• Pflege- und Behandlungsbereiche: keine offenen Treppen • Eingangshallen: Abstimmung mit Brandschutzdienststelle, keine offenen Treppen, Begrenzung wie Brandschutzbereich	
Dächer	Nr. 1.6	über Aufenthaltsräumen und zugehörigen Nebenräumen, Rettungswegen: mindestens feuerhemmend	
Rettungswege und angelagerte Nutzungen	Nr. 3.1.2	Bereiche mit anderen Nutzungen wie Empfangstheken oder Verkaufsräume können angeschlossen sein, wenn diese Nutzungen über eine Löschanlage verfügen und eine Rauchschürze in Verbindung mit einem Rauchabzug haben.[2]	
Treppenrauchabzug	Nr. 3.3.2	an der obersten Stelle eine rauchmeldergesteuerte Rauchabzugsvorrichtung	
innen liegende Flure, die als Rettungswege dienen	Nr. 3.4.3	Entrauchung ohne Gefahr für andere Räume, diese Einrichtungen dürfen nicht der Be- und Entlüftung angrenzender Räume dienen.	
Aufzüge	Nr. 4.1	• an die BMA angeschlossene dynamische Brandfallsteuerung • Untergeschoss feuerbeständige Vorräume	
Wandhydranten, Alarmierung, BMA	Nr. 5	• Wandhydranten können gefordert werden, • geeignete Alarmierung (Personal) • flächendeckende BMA mit automatischen und nicht automatischen Meldern (Vollschutz, Kategorie I, Ausführung TM)[3]	

1) Hier wäre zunächst der Holzbau möglich.
2) entspricht heute weitgehend einer üblichen Ausführung
3) entspricht dem Stand der Technik

D.3 Brandenburg

Die „**Verordnung über bauaufsichtliche Anforderungen an Krankenhäuser und Pflegeheime im Land Brandenburg (Brandenburgische Krankenhaus- und Pflegeheim-Bauverordnung – BbgKPBauV)**" vom 21.02.2003, zuletzt geändert am 19.12.2006, ist die einzige bundesweite Verordnung mit umfänglichen Aussagen zum Brandschutz. Sie beschränkt sich in insgesamt 22 Paragrafen auf die aus bauaufsichtlicher Sicht erforderlichen sicherheitstechnischen Anforderungen an Krankenhäuser und Pflegeheime.

Die BbgKPBauV ist in der landeseigenen Verwaltungsvorschrift „Technische Baubestimmungen" unter den Tabellen in A2 nicht aufgeführt, sie gilt somit nicht als Technische Baubestimmung (siehe Kapitel D.2).

In Brandenburg existiert zum Entwurf der BbgKPBauV vom 9. September 2002 eine vergleichende tabellarische Gegenüberstellung (Synopse) mit der MKhBauVO mit anschließender Begründung.

Als Begründung zum Erlass der Rechtsverordnung wird angegeben, dass die im sicherheitsrechtlichen Bereich notwendige Klarheit und Allgemeinverbindlichkeit fehlen und es aus Gründen der Rechtsklarheit erforderlich ist, die bauaufsichtlichen Anforderungen an Krankenhäuser und Pflegeheime allgemein verbindlich auf dem Verordnungsweg zu regeln.

Die BbgKPBauV gliedert sich in 6 Teile. Teil 1 „Allgemeine Vorschriften" definiert den Geltungsbereich und die Begriffe Krankenhaus und Pflegeheim. Teil 2 „Allgemeine Bauvorschriften" enthält die Anforderungen an Bauteile und Baustoffe sowie an die Rettungswege, Teil 3 enthält die Anforderungen an „Technische Einrichtungen". Teil 4 gibt die „Betriebsvorschriften" wieder und Teil 5 die Anforderungen über „zusätzliche Bauvorlagen und Prüfungen". Teil 6 beinhaltet die „Schlussvorschriften" mit Hinweisen auf bestehende Krankenhäuser.

Auch die BbgKPBauV kennt keine Einteilung in Gebäudeklassen. Sie unterscheidet im Anforderungsniveau im Wesentlichen zwischen erdgeschossigen und mehrgeschossigen Gebäuden. Auch hier müssen sich die Planenden hinsichtlich besonderer Anforderungen und Erleichterungen über die Anforderungen der Verordnung hinaus am aktuellen Stand der Technik, an neuen Erfahrungswerten und an den Anforderungen an eine moderne Krankenhausarchitektur orientieren.

Die Anforderungen der BbgKPBauV beziehen sich im Wesentlichen auf die **Funktionalität der Rettungswege und ein funktionierendes Rettungskonzept**. Aufgrund ihrer Bedeutung wird hier näher darauf eingegangen.

Wie in Krankenhäusern üblich, steht die horizontale Rettung nach Abschnitt III Ziffer 3 der Begründung in einen „*benachbarten, besonders geschützten Bereich*" im Vordergrund. Für die Dauer der Evakuierung eines Brandabschnittes müssen die Bauteile so beschaffen sein, „*dass ein Eintritt von Feuer und Rauch in die Rettungswege und die Bettenzimmer für die Zeitdauer der Evakuierung ausgeschlossen ist*". Um dies zu gewährleisten, sind die Wände zwischen Bettenzimmern in Krankenhäusern mindestens feuerhemmend auszuführen. Hierbei ist zu beachten, dass für Alten- und Pflegebereiche die Ausbildung hochfeuerhemmender Wände für erforderlich gehalten wird, die Forderung nach lediglich feuerhemmenden Trennwänden stellt insofern eine Erleichterung für Krankenhäuser dar. Diese ist nur möglich, da in Krankenhäusern „*auf Grund der breiten Türen und Rettungswege und der stärkeren personellen Besetzung auch zu Nachtzeiten und an Sonn- und Feiertagen bessere Voraussetzungen für eine zügige Evakuierung bestehen.*" Sollte sich im Rahmen der Planung ergeben, dass diese erhöhte Verfügbarkeit von Pflegekräften nicht gegeben ist, müssen in der Konsequenz auch Anforderungen an die Trennwände erhöht werden.

In § 18 „Zusätzliche Bauvorlagen" wird noch einmal ausdrücklich auf diesen Zusammenhang und die bestehende Prüfpflicht hingewiesen. Es wird festgelegt, dass, in Ergänzung der Bauvorlagenverordnung, im Brandschutzkonzept der Nachweis zu führen ist und „*dass die Räumung des von der Gefahr unmittelbar betroffenen Brandabschnitts auch mit der geringsten personellen Besetzung kurzfristig gesichert ist. Im Brandschutzkonzept ist nachzuweisen, wie viele Hilfspersonen des Betreibers zur kurzfristigen Räumung des betroffenen Brandabschnitts unter Berücksichtigung der Art des zu evakuierenden Personenkreises, der vorgesehenen Rettungsmethode, der baulichen Ausführung und der Art der sicherheitstechnischen Anlagen erforderlich sind. Erforderlichenfalls ist ein Brandschutzgutachten eines öffentlich bestellten und vereidigten Sachverständigen für Brandschutz vorzulegen.*" Um die Abschätzung der erforderlichen Räumungszeiten zu ermöglichen, werden in der Begründung sogar pauschale Angaben für die Berechnung der Gesamträumungszeit gemacht. Erfüllt diese nicht die zeitlichen Anforderungen, sind weitergehende Maßnahmen erforderlich, wie z. B. feuerbeständige Wände zwischen den Patientenzimmern oder kleinere Brandabschnitte. Außerdem wird ausdrücklich darauf hingewiesen, dass „*[b]etriebliche Maßnahmen, wie die Festsetzung einer Mindestzahl von Pflegepersonal in der Nachtschicht,* [...] *nur bedingt geeignet und von der Bauaufsichtsbehörde nicht durchsetzbar und nicht kontrollierbar [sind].*"

Hinweis:

> Für die Nachweisführung ist zwingend ein Räumungs- und Evakuierungskonzept des Betreibers erforderlich (siehe auch Tabelle D-6, „Brandabschnitte [Räumung]"). Der Ersteller des Brandschutzkonzeptes kann diesen Nachweis nicht führen und die Angaben auch nicht kontrollieren. Insofern wird empfohlen, den Planungs- und Entscheidungsprozess ausreichend zu dokumentieren und die Beurteilungsgrundlagen dem Brandschutzkonzept beizulegen. Die Verantwortung liegt hier bei einem funktionierenden betrieblich-organisatorischen Brandschutz.

In der BbgKPBauV werden keine Angaben zu zulässigen Größen von Brandabschnitten oder anderen größeren Funktionseinheiten, zu Rauchabschnitten, Fluchtweglängen oder der baulichen Ausbildung von Treppenräumen gemacht. Insofern sind die Bestimmungen der Landesbauordnung (BbgBO) oder anderer Sonderbauregelungen unmittelbar anzuwenden.

Eine kurze Übersicht über einzelne zusätzliche Anforderungen aus Teil 2 und Teil 3 bietet Tabelle D-6.

Tabelle D-6: Teil 2 „Allgemeine Bauvorschriften" und Teil 3 „Technische Einrichtungen" nach BbgKPBauV (2006)

Gebäudehöhe **Bauteil**	**BbgKPBauV**	**erdgeschossig**	**mehrgeschossig**
tragende und aussteifende Wände, Decken und Stützen	§ 3 Abs. 1	feuerhemmend (F30-B)[1)]	feuerbeständig (F90-AB)
Wände zwischen Bettenzimmern und zu anderen Räumen	§ 3 Abs. 2	feuerhemmend	
Abschluss notwendiger Flure	§ 3 Abs. 2	feuerhemmend	
Außenwände	§ 3 Abs. 3	nach LBO	nicht brennbare Baustoffe
Dämmstoffe, Unterdecken, Verkleidungen	§ 4	nicht brennbare Baustoffe[2)]	
Brandabschnitte	§ 5 Abs. 1	Pflegebereiche: 2 getrennte Brandabschnitte in jedem Geschoss, jeweils eigener notwendiger Treppenraum	
Brandabschnitte (Räumung)	§ 5 Abs. 3	Alle Personen des größten benachbarten Brandabschnittes müssen vorübergehend aufgenommen werden können, ohne dass die Nutzbarkeit des Rettungsweges eingeschränkt wird.[3)]	
Führung der Rettungswege	§ 6	Rettung muss durch das eigene Personal in wenigen Minuten durchgeführt werden können. In jedem Geschoss mindestens 2 bauliche Rettungswege.	
notwendige Flure	§ 7 Abs. 3	Entrauchung über Fenster oder Rauchabzugsanlagen ohne Gefahr für andere Räume	
Treppen	§ 8	notwendige Treppen feuerbeständig, lichte Breite mindestens 1,50 m[4)]	
Sicherheitsstromversorgung	§ 10 Abs. 2	dreistündiger Betrieb für sicherheitstechnische Anlagen und Einrichtungen, Umschaltzeit höchstens 15 Sekunden	
Feuerlöscheinrichtungen	§ 13 Abs. 2 und 3	• trockene Steigleitung oder Wandhydrant in jedem Brandabschnitt in der Nähe des Treppenraumes • automatische Feuerlöschanlage in Foyers/Hallen, durch die Rettungswege führen	
Räume mit erhöhter Brandgefahr[5)] (z. B. brennbare Flüssigkeiten, offene Flamme, Laboratorien, Werkstätten, Medikamentenlager)	§ 13 Abs. 4 i. V. m. § 15 Abs. 2	geeignete automatische Feuerlöschanlage • geeignete Feuerlöschanlage **oder** Löschdecke zur Brandbekämpfung von Entstehungsbränden • 2 bauliche Rettungswege	
Brandmelder- und Alarmzentrale BMA	§ 14	• zentrale Bedienvorrichtung in eigenem Raum für sicherheitstechnische Anlagen und Einrichtungen • BMA mit automatischen und nicht automatischen Meldern	

1) Hier wäre zunächst der Holzbau möglich.
2) Fußleisten und Handläufe sind keine Verkleidungen, Schrammborde nach Arbeitsgemeinschaft der Leiterinnen und Leiter der Berufsfeuerwehren in der Bundesrepublik Deutschland (AGBF Bund), wenn kleiner als 40 cm.
3) Gemeint ist eine vorübergehende Unterbringung in anderen Bettenzimmern, diese Anforderung muss im Rahmen des Räumungskonzeptes berücksichtigt werden.
4) Die Mindestbreite dient der Evakuierung liegend zu transportierenden Personen.
5) In § 13 Abs. 4 sind diese Räume genannt. Räume mit erhöhter Brandgefahr bzw. Räume, von denen eine besondere Brandgefährdung und Brandausbreitung ausgeht, sind aus Sicht der Autoren im jeweiligen Einzelfall festzulegen, eine pauschale Aussage ist nicht zielführend. Die Räume müssen auch in der Gefährdungsbeurteilung entsprechend bewertet werden. Der Konzeptersteller muss hier die Informationen einholen.

Abschließend werden Hinweise auf weitergehende erforderliche Bauvorlagen und Angaben (z. B. Bettenzahl), Plänen und Prüfungen gegeben.

Auffällig ist, dass zur Erfüllung der Anforderungen nach § 18 Abs. 2, die sich auf die besonderen Bauvorlagen für besondere Räume, wie z. B. Operations- und Intensivbereiche, Bereiche für Infektionskranke und Bereiche mit ionisierender Strahlung, beziehen, in den Bauvorlagen „*die für diese Bereiche erforderlichen besonderen baulichen, technischen und betrieblichen Schutz- und Sicherheitsmaßnahmen darzustellen*“ sind.

D.4 Hamburg

Der Bauprüfdienst Hamburg (BPD), Behörde für Stadtentwicklung und Wohnen, hat das Arbeitsmittel „**Brandschutztechnische Anforderungen an Krankenhäuser (BPD Krankenhäuser)**“ herausgegeben. Hier werden den Mitarbeitenden der Bauprüfabteilungen Empfehlungen und Erläuterungen zur Anwendung der einschlägigen Rechtsvorschriften gegeben. Sie haben zunächst keine bindende Wirkung, weder verwaltungsintern noch für die am Bau Beteiligten. Der BPD Krankenhäuser ist in der landeseigenen Verwaltungsvorschrift Technische Baubestimmungen unter den Tabellen in A2 nicht aufgeführt, er gilt somit nicht als Technische Baubestimmung (siehe Kapitel D.2).

Im BPD Krankenhäuser werden die Anforderungen der MKhBauVO sowie der BbgKPBauV aufgegriffen und im Sinne einer modernen Krankenhausplanung die Anforderungen an sensible Funktionsbereiche und Räume konkretisiert. In diesem Zusammenhang wird der Begriff des Kompartiments eingeführt.

Auch der BPD Krankenhäuser kennt keine Einteilung in Gebäudeklassen. Er unterscheidet im Anforderungsniveau entsprechend der BbgKPBauV zwischen erdgeschossigen und mehrgeschossigen Gebäuden. Auch hier gilt, dass sich die Planenden hinsichtlich besonderer Anforderungen und Erleichterungen über die Anforderungen der Verordnung hinaus am aktuellen Stand der Technik und an neuen Erfahrungen orientieren müssen. Die Anforderungen des BPD Krankenhäuser stellen, wie in der BbgKPBauV, im Wesentlichen auf die Funktionalität der Rettungswege und ein Funktionieren des Rettungskonzeptes ab. Gleich zu Anfang heißt es unter Kapitel 4.1 „Besondere Anforderungen“:

> *„Eine wesentliche Voraussetzung für Maßnahmen im Brandfall ist, dass das Krankenhauspersonal die Rettung von Patienten im Brandfall vor Eintreffen der Feuerwehr durchführt. Hierfür sind im Brandfall besondere Maßnahmen für die horizontale Evakuierung durch die Selbsthilfekräfte des Personals erforderlich. […] Bei der Planung von Krankenhäusern muss eine hohe Verantwortung auf den betrieblichen und organisatorischen Brandschutz gelegt werden.“*

Diesem Ziel dienen die Anforderungen an die Bauteile, diese sind weitgehend identisch mit den Anforderungen der BbgKPBauV, einige grundlegende Anforderungen des BPD Hamburg werden hier zur Übersicht kurz in Tabelle D-7 dargestellt.

Tabelle D-7: Grundlegende Anforderungen an Bauteile nach BPD Hamburg (2006)

Gebäudehöhe **Bauteil**	**BPD**	**erdgeschossig**	**mehrgeschossig**
tragende Wände, Pfeiler, Stützen, Decken	5.1	feuerhemmend (F30-B)1)	feuerbeständig (F90-AB)
Außenwände	5.2	schwer entflammbare Baustoffe	nicht brennbare Baustoffe
Wände zwischen Bettenzimmern und zu anderen Räumen	5.3	feuerhemmend	
besondere Räume Räume mit erhöhter Brandgefahr und technische Betriebsräume	5.4	feuerbeständige Wände, Abschlüsse feuerbeständig, rauchdicht, selbst schließend (T30-RS)	
Dächer	5.5	Tragwerk mindestens feuerhemmend, Bedachungen von Dächern, die den oberen Abschluss über Aufenthaltsräumen von Patienten bilden, aus nicht brennbaren Baustoffen	
Treppen notwendige Treppen und Treppenräume	5.6 i.V.m. 7.3	notwendige Treppen feuerbeständig und aus nicht brennbaren Baustoffen, Beläge mindestens schwer entflammbar, lichte Breite zwischen Handläufen und Tiefe des Treppenpodestes mindestens 1,50 m2)	

1) Hier wäre zunächst der Holzbau möglich.
2) Mindestbreite dient der Evakuierung liegend zu transportierenden Personen.

Eine Neuerung sind die Auflistung einzelner Räume im Kapitel 4.3 „Räume" und deren Bewertung hinsichtlich der Brandgefahr. Dies ist insofern hilfreich, als immer an Wände und Öffnungen von z. B. Lagerräumen, Arbeitsräumen oder Teeküchen unabhängig von deren Größe und konkreter Nutzung hohe Anforderungen gestellt werden. Tabelle D-8 gibt einen Überblick.

Tabelle D-8: Definition und Bewertung von Räumen hinsichtlich der Brandgefahr nach BPD Krankenhäuser, Kapitel 4.3 „Räume" (2016)

Raum	**erhöhte Brandgefahr**	**keine erhöhte Brandgefahr**	**Erläuterung**
Arbeitsraum rein/unrein		×	aufgrund der Nutzung
Frühstücksraum, Teeküche, Aufenthaltsraum		×	Kaffeemaschine, Aufwärm- oder Kühlgerät vorhanden[1]
Geräteraum		×	medizinische Geräte und zugehörige technische Einrichtungen zulässig[2]
medizinische Labore	erhöhte Brandgefahr **nur**, wenn Bevorratung mit Chemikalien und brennbaren Flüssigkeiten nicht in geschlossenen Schränken[3]		
Lagerräume	> 20 m²	≤ 20 m²	täglicher Bedarf in den Betten-/Pflege-/Behandlungsbereichen
Pflegestützpunkte		×	in der Regel offen zu notwendigem Flur, dann feuerhemmender Abschluss, Feuerschutzvorhänge möglich (mindestens EI 30-sm) Eine weitere Abtrennung zu Aktenlagern und Arbeitsbereichen ist dann nicht erforderlich.
Stationsküchen		×	in Form einer Pantry (**keine** Kochküche)

1) weitere Maßnahmen, z. B. nicht brennbare Untergründe, Trennschalter mit Überlastungsschutz
2) Moderne Medizingeräte verfügen heute alle über leistungsfähige Lithiumionenakkumulatoren, die oft auch dauerhaft an eine Ladeerhaltung angeschlossen sind. Diese Räume sollten grundsätzlich als Räume mit erhöhter Brandgefahr angesehen werden.
3) Hier greifen weitere Regelwerke (z. B. TRGS). Eine offene Lagerung ist grundsätzlich nicht zu empfehlen und muss betrieblich-organisatorisch sichergestellt werden, eine Gefährdungsbeurteilung ist einzufordern.

Eine ausschließliche Orientierung an den Lagerräumen nach Raumgröße ist aus Sicht der Autoren nicht schutzzielorientiert. Weiterhin ist immer zu bedenken, dass sich Nutzungen ändern können. Schnell werden Archive im Zuge von Umstrukturierungen verlegt werden und im Zuge von Nachbelegungen der Haustechnik befinden sich plötzlich Brandlasten und Zündquellen in zuvor freien Bereichen. Dies sollte bereits bei der Planung berücksichtigt werden und ausreichend Raum sollte zur Verfügung gestellt werden. Dies gilt auch, wenn die Nutzung aller Räume bei der Planung noch nicht bekannt ist (siehe auch Kapitel F.4.2.2).

Hinweis

> Die Einstufung der Räume unter Beachtung der jeweiligen Brandgefahr erfordert eine Einzelfallbetrachtung. Der Brandschutzplaner sollte entweder im Brandschutznachweis oder gesondert schriftlich darauf hinweisen, dass die bauliche Ausführung der genannten Räume auch die Nutzung definiert und eine spätere Umnutzung (flexible Nutzung) ggf. nur unter erheblichen Anpassungsmaßnahmen möglich ist.

In Kapitel 6 BPD Krankenhäuser werden, anders als in der BbgKPBauV, Angaben zu Brandabschnitten, zu Rauchabschnitten und zu Flurlängen gemacht. Auch der neue Begriff der „Kompartimente" wird hier eingeführt. Wenn die Voraussetzungen für Abweichungen nach LBO (§ 69 HBauO) erfüllt sind, sind die genannten Abschnittsgrößen und weitere Abweichungen zulässig. Tabelle D-9 gibt eine Übersicht der neuen Anforderungen.

Tabelle D-9: Zulässige Größen und Anforderungen an brandschutzrelevante Abschnitte nach BPD Krankenhäuser, Kapitel 6 (2016)

brandschutzrelevante Abschnitte	**zulässige Größen und Anforderungen**
Brandabschnitte	**OP-Bereich, Intermediate Care, Intensivstationen:**[1)] Brandabschnittslänge bis 60 m zulässig, max. Grundfläche 1.600 m^2 Diese Brandabschnitte sind in mindestens 2 **Kompartimente** mit max. 800 m^2 Fläche aufzuteilen, Wände feuerbeständig, Abschlüsse der Öffnungen feuerhemmend, rauchdicht und selbstschließend (T30-RS). **Verzicht auf notwendigen Flur**, wenn 2 bauliche Rettungswege aus jedem Kompartiment führen, wobei einer über das angrenzende Kompartiment führen darf.
	Bettenbereiche/Pflegebereiche: In jedem Geschoss mindestens 2 Brandabschnitte nach LBO (§ 28 Abs. 2 HBauO i. V. m. § 51 HBauO). Diese müssen über einen notwendigen Flur verbunden sein. Jeder Brandabschnitt muss die Personen des benachbarten aufnehmen können, ohne dass die Nutzbarkeit des Rettungsweges eingeschränkt wird. Türen in Brandwänden zu notwendigen Fluren feuerhemmend, dicht, selbstschließend (Abweichung von der LBO).
Rauchabschnitte	**Bettenbereiche/Pflegebereiche:** nach LBO (§ 34 Abs. 3 HBauO in Verbindung mit § 51 HBauO) Flurlänge max. 30 m, Bruttogrundfläche von 400 m^2 zulässig, Unterteilung durch nicht abschließbare, rauchdichte und selbst schließende Abschlüsse
1) Hier wird nutzungsbedingt von einer geringen Anzahl von zu Pflegenden bei einer hohen Anzahl von Pflegepersonal ausgegangen.	

Den Autoren erscheint die zulässige Größe eines Kompartiments von bis zu 800 m^2 ohne Konkretisierung weitergehender Maßnahmen sowie ohne konkrete Angaben zu Art und Anzahl der vorhandenen Patienten und des sicher verfügbaren Personals nicht zielführend. Auch wenn hierfür eine Abweichung erforderlich ist, darf diese Möglichkeit nicht zur pauschalen Anwendung führen, nur weil das 800-m^2-Kriterium erfüllt ist. Ohne konkrete Kenntnis der medizinischen Ausstattung und Einrichtung scheint die Fläche auch im Hinblick auf wirksame Löschmaßnahmen zu groß.

Hinweis

Ein Räumungs- bzw. Evakuierungskonzept muss erstellt werden und die Brandschutzdienststelle ist zu beteiligen. Auch sollten aus Sicht der Autoren ohne weitere brandschutztechnisch wirksame Abtrennung nicht mehr als 2 OP-Säle pro Brandschutzbereich vorhanden sein, was hier einem Kompartiment entspräche.

In Bezug auf den anlagentechnischen Brandschutz wird noch auf die folgende ungewöhnliche Äußerung unter Punkt 8.3 „Feuerlöschanlagen" hingewiesen: „*Automatische Feuerlöschanlagen können in großen Lagerräumen, in Wäscheräumen oder in großen Foyers sinnvoll sein. In Bereichen, in denen sich Patienten regelhaft aufhalten, sind automatische Feuerlöschanlagen aufgrund der sensiblen Nutzung eher ungeeignet.*"

Aus Sicht der Autoren ist diese pauschale Aussage unverständlich und auch wenig zielführend, da auch für Löschanlagen zahlreiche technische Möglichkeiten existieren, um Fehlauslösungen zu vermeiden oder hygienische Anforderungen zu erfüllen (siehe Kapitel I.10).

D.5 Saarland

Die **„Richtlinie über den Bau und Betrieb von Krankenhäusern – Krankenhausbaurichtlinie (KHBauR)"** wurde am 1. März 2003 bekannt gemacht, sie ersetzt den „Erlass über bauaufsichtliche Richtlinien für den Bau und Betrieb von Krankenhäusern" (KhBauR). Die letzte Änderung erfolgte mit dem **„Erlass zur Änderung der Richtlinie über den Bau und Betrieb von Krankenhäusern (KhBauR)"** am 17. Juli 2008. Diese ist als orientierende Planungshilfe zu verstehen, den Autoren ist keine Kommentierung von behördlicher Seite bekannt.

Die KhBauR gliedert sich in 8 Abschnitte und entspricht mit einigen höheren Anforderungen inhaltlich der MKhBauVO. Sie kennt keine Einteilung in Gebäudeklassen und unterscheidet im Wesentlichen zwischen eingeschossigen Gebäuden und Gebäuden mit mehr als einem Vollgeschoss. Sie enthält keine Vorgaben zu Nutzungseinheiten oder zu Rauchabschnitten und verwendet den veralteten Begriff „allgemein zugängliche Flure" für notwendige Flure nach MBO.

Die KhBauR weist in Abschnitt 4.3 darauf hin, dass an Sonderkrankenhäuser und entsprechende Fachabteilungen zum einen weitergehende Anforderungen gestellt werden können, zum anderen aber auch Erleichterungen möglich sind. Hierzu werden jeweils Beispiele genannt, welche Bauteile bzw. Maßnahmen möglich sind. Auch hier sind bewusst Ermessensspielräume vorgesehen. Besondere Anforderungen und Erleichterungen sind wie üblich an den aktuellen Stand der LBO, an den aktuellen Stand der Technik, an neue Begriffe, an Vorgaben aus weiteren Regelwerken und an das erforderliche Schutzniveau anzupassen und müssen sich letztlich an den Eigenheiten der jeweiligen Planungsaufgabe und einer modernen Krankenhausarchitektur orientieren (Einzelfallbetrachtung).

Im Folgenden wird nur kurz auf 2 Aspekte der saarländischen Richtlinie eingegangen, die über die Anforderungen der MKhBauVO hinausgehen, sich auch in anderen Regelwerken zum Brandschutz in Krankenhäusern wiederfinden und heute einer üblichen Ausführung entsprechen.

Möblierte Aufenthaltszonen

Die KhBauR schließt möblierte Aufenthaltszonen in sog. notwendigen Flurbereichen nicht aus und stellt in Abschnitt 2.7.7 Anforderungen an das Brandverhalten der Materialien und die erforderliche Brennklasse nach DIN 66084:2021-02 „Klassifizierung des Brennverhaltens von Polsterverbunden".

Hinweis

> Möblierungen in notwendigen Fluren sind nicht ausgeschlossen, sie dürfen Rettungswege jedoch nicht einschränken. Sie sind durch geeignete Maßnahmen (z. B. mechanische Befestigung) gegen Verschieben zu sichern und müssen aus nicht brennbaren Baustoffen bestehen.
>
> Erleichterungen bei der Verwendung von Polsterungen sind in der Regel zulässig, wenn der Polsterverbund z. B. aus einer schwer entflammbaren Polsterfüllung sowie einem nicht brennbaren Polsterbezugstoff besteht und ein Prüfzeugnis einer anerkannten Prüfstelle vorliegt. Der Markt bietet auch allgemein bauaufsichtlich zugelassene nicht brennbare Gewebe nach DIN 4102, die keine Rauchentwicklung und kein brennendes Abtropfen aufweisen. Die Anforderungen an das Brandverhalten der Materialien und die erforderliche Brandklasse nach DIN 66084 sind mit den zuständigen Stellen abzustimmen.

Treppenraumtüren zum notwendigen Flur

Über die Anforderungen der MBO und der MKhBauVO hinaus werden für Abschlüsse von Treppenräumen zu Fluren feuerhemmende, rauchdichte und selbst schließende Abschlüsse (T30-RS) gefordert. Da Flure in Krankenhäusern meist Brandlasten (z. B. Betten) beinhalten, sind diese zusätzlichen Anforderungen aus Sicht der Autoren berechtigt und entsprechen dem erforderlichen Schutzniveau des notwendigen Treppenraumes.

E Andere Rechtsbereiche, Gesetze und Orientierungshilfen

E.0 Anforderungen privater Regelsetzer und sonstiger Interessenverbände

Alle Planenden müssen sich neben den Normen des Normenausschusses Bauwesen (NABau) im **Deutschen Institut für Normung e. V. (DIN)** mit weiteren technischen Regeln von privaten Regelsetzern und verschiedenen Interessenverbänden aus den unterschiedlichsten Bereichen auseinandersetzen.

Deren Regelwerke können umfassende Sicherheitsanforderungen enthalten, stellen jedoch keine Technischen Baubestimmungen im Sinne des § 85a MBO (siehe Kapitel D.0) dar.

Publikationen privater Regelsetzer

Die Publikationen der folgenden Regelsetzer sind relevant für den Brandschutz:

- VDE-Normen der Deutschen Kommission Elektrotechnik Elektronik Informationstechnik in DIN und VDE,
- VDE Verband der Elektrotechnik, Elektronik, Informationstechnik e. V.,
- VDI-Normen des Vereins Deutscher Ingenieure e. V.,
- DVGW Regelwerke des Deutschen Vereins des Gas- und Wasserfaches e. V.

Deren Publikationen beziehen sich im Schwerpunkt auf den anlagentechnischen Brandschutz.

Publikationen von Interessenverbänden und Vereinen

Es gibt eine große Anzahl an Interessenverbänden und Vereinen, die ebenfalls eigene Publikationen zum Brandschutz in Sonderbauten oder direkt zum Brandschutz im Krankenhaus herausgegeben haben, z. B.:

- VdS Verband der Sachversicherer, VdS Schadenverhütung GmbH, eine 100%ige Tochtergesellschaft des Gesamtverbandes der Deutschen Versicherungswirtschaft (GDV) (siehe Kapitel E.0.2),
- vfdb Vereinigung zur Förderung des Deutschen Brandschutzes e. V.,
- bvfa Bundesverband Technischer Brandschutz e. V.,
- VDMA Verband Deutscher Maschinen- und Anlagenbau e. V.,
- ZVEI Zentralverband Elektrotechnik und Elektronikindustrie e. V.,
- Forum D-A-C-H Kooperations- und Diskussionsplattform der deutschsprachigen Verbände und Vereine für Krankenhaustechnik und Krankenhausbetriebstechnik (siehe Kapitel E.0.3).

Die Publikationen beziehen sich im Schwerpunkt auf den anlagentechnischen Brandschutz.

Publikationen der staatlichen und kommunalen Verwaltungen

Vonseiten der staatlichen und kommunalen Verwaltungen werden für die Behörden folgende Empfehlungen und Informationen zu den verschiedensten anlagentechnischen Themen herausgegeben:

- AMEV Arbeitskreis Maschinen – und Elektrotechnik staatlicher und kommunaler Verwaltungen, Empfehlungen und weitere Informationen.

Publikationen der Berufsfeuerwehren

Vonseiten der bundesweit organisierten Berufsfeuerwehren werden in Arbeitskreisen und Fachausschüssen zu den unterschiedlichsten Themen Grundsatzpapiere und Empfehlungen veröffentlicht:

- AGBF Bund Arbeitsgemeinschaft der Leiterinnen und Leiter der Berufsfeuerwehren in der Bundesrepublik Deutschland (siehe Kapitel E.0.1).

Von verschiedenen Fachausschüssen werden regelmäßig Fachempfehlungen zu den unterschiedlichsten Brandschutzthemen veröffentlicht.

Hinweis

> Die Anwendung der Publikationen muss nach Erfordernis jeweils gesondert betrachtet bzw. geprüft werden.

E.0.1 AGBF Bund – Fachempfehlung zu brandschutztechnischen Anforderungen an Krankenhäuser

Dem Internetauftritt der AGBF (2022) ist folgende Selbstdarstellung zu entnehmen:

> *„Die **Arbeitsgemeinschaft der Leiterinnen und Leiter der Berufsfeuerwehren in der Bundesrepublik Deutschland (AGBF Bund)** ist der Zusammenschluss aller Berufsfeuerwehren. Die AGBF ist eine sich selbst tragende Vereinigung im Deutschen Städtetag (DST).*
>
> *Die AGBF hat die Aufgabe, Erfahrungsaustausch zu pflegen, auf eine Koordination in wichtigen Fragen der Feuerwehren hinzuwirken sowie Grundsätze und Empfehlungen im Bereich des Feuerwehrwesens, des Rettungsdienstes, des Katastrophenschutzes und der Gefahrenabwehr auf dem Gebiete des Umweltschutzes zu entwickeln. Neben der AGBF Bund gibt es in jedem der 16 Bundesländern eine AGBF. Sie bestehen aus den Leiterinnen und Leitern der Berufsfeuerwehren des jeweiligen Bundeslandes.“*

Zur Umsetzung dieser Aufgaben wurden von der AGBF Bund im Zusammenschluss mit dem Deutschen Feuerwehrverband (DFV) Fachausschüsse gebildet. Die AGBF Bund hat, datiert auf den September 2023, die **„Fachempfehlung zu brandschutztechnischen Anforderungen an Krankenhäuser“ (2023-02)** veröffentlicht. Die Fachempfehlung ist vom Fachausschuss Vorbeugender Brand- und Gefahrenschutz erarbeitet worden. Dieser ist laut Website *„ist zuständig für Fragen des Vorbeugenden Brand- und Gefahrenschutzes mit Priorität auf die Eigen- und Fremdrettung, die Sicherheit der Einsatzkräfte und wirksame Löscharbeiten.“*

Bisher existierte keine übergeordnete Fachempfehlung der AGBF Bund, sondern lediglich eine gleichnamige Fachempfehlung, die von der AGBF-Landesgruppe NRW (Lenkungsausschuss für Vorbeugenden Brand- und Gefahrenschutz) am 17. Juni 2022 in Zusammenarbeit mit dem Verband der Feuerwehren in Nordrhein-Westfalen e. V. (VdF) herausgegeben wurde. Diese Fachempfehlung diente als Grundlage für die Fachempfehlung der AGBF Bund.

Es ist sehr begrüßenswert, dass sich die Berufsfeuerwehren auf den internen Prozess eingelassen haben und jetzt eine gemeinsame länderübergreifende Fachempfehlung veröffentlichen konnten, werden sie doch regelmäßig beratend herangezogen und verfügen über jahrzehntelange Praxiserfahrung. Die Fachempfehlung kann und darf aber nicht als Ersatz für eine fehlende Regelung durch den Gesetzgeber auf bundes- oder landesrechtlicher Ebene angesehen werden, es handelt sich eben um eine „Fach-Empfehlung".

Die Fachempfehlung berücksichtigt die Sensibilität und Komplexität von Krankenhäusern und ihre Rolle als „kritische Infrastruktur" und soll nach eigener Angabe der Synchronisierung der brandschutztechnischen Anforderungen an Krankenhäuser auf Bundesebene dienen. Sie will durch die Schaffung einheitlicher Standards in erster Linie den Brandschutzdienststellen, aber auch den Planenden als Orientierungshilfe dienen und die erforderliche Planungssicherheit geben. Es

> *„sollen Grundkonzepte zur Auswahl einer für den jeweiligen Einzelfall geeigneten Variante angeboten werden", es handle sich „um eine Übersicht, mit welchen besonderen Anforderungen nach § 51 MBO die Erreichung der Schutzziele nach § 3 MBO gewährleistet ist".* (AGBF-Empfehlung 2023-02, S. 1).

Weiter heißt es:

> *„Durch diese Konkretisierung von Schutzzielen werden die Hintergründe und Auswirkungen erforderlicher Maßnahmen verdeutlicht sowie die Wirtschaftlichkeit und Kosteneffizienz von Brandschutzlösungen gesteigert."* (AGBF-Empfehlung 2023-02, S. 1)

Die Fachempfehlung sensibilisiert in ihrem innovativen Ansatz auch ganz allgemein für die Belange des Brandschutzes nicht nur im Krankenhaus, indem sie ein schutzzielbezogenes „Denken" vermittelt und den Zweck von Anforderungen darlegt, was der reinen Aufzählung materieller Anforderungen, z. B. in bauordnungsrechtlichen Vorschriften, im Allgemeinen fehlt. So werden auch die Hintergründe der Anforderungen der bauordnungsrechtlichen Generalklausel des § 3 Abs. 1 MBO in Verbindung mit der Ausformulierung in § 14 MBO verständlicher.

Hinweis

> Es kommt weiterhin das föderale System zum Tragen. Auch in Zukunft haben einzelne Dienststellen länderbezogen weitergehende bzw. von der Fachempfehlung abweichende Anforderungen. Je nach Erfordernis sind diese mit den zuständigen Brandschutzdienststellen abzustimmen.

Im Folgenden wird die Systematik der Fachempfehlung dargestellt und es werden kurz wesentliche Abschnitte mit ihren Schwerpunkten beschrieben.

Anwendungsbereich

Die brandschutztechnischen Anforderungen der Fachempfehlung gelten insbesondere für patientenführende Bereiche in Krankenhäusern und ähnlichen artverwandten Einrichtungen zur vorübergehenden Versorgung rund um die Uhr, ohne einen dauerhaften Aufenthalt als Zielsetzung. Damit grenzt sich die Fachempfehlung von reinen Einrichtungen zur ambulanten Versorgung und von Tageskliniken ab. In den Begriffsdefinitionen wird der Anwendungsbereich konkretisiert. Es wird darauf hingewiesen, dass für die Unterbringung psychisch Erkrankter, insbesondere in geschlossenen Abteilungen, von diesen Empfehlungen abweichende Maßnahmen erforderlich sind.

Begriffsdefinitionen

Im Hinblick auf die jeweiligen brandschutztechnischen Anforderungen legt die Fachempfehlung, anders als die DIN 13080, in ihrer Begriffsdefinition in Kapitel 3 Funktionsbereiche und Funktionsstellen zu 3 übergeordneten Funktionsbereichen zusammen. Die Autoren lehnen sich hierbei weitgehend an die Begriffe des BPD (2016) an. Weiter beschreiben sie die Möglichkeit der Planung von Raumgruppen.

Diese Unterscheidung unter brandschutztechnischen Gesichtspunkten ist hilfreich, weil sie den Planenden zunächst eine Hilfestellung dafür bietet, den Charakter der einzelnen (Funktions-)Bereiche im Hinblick auf das Schutzziel und die daraus resultierenden objektspezifischen Besonderheiten zu sortieren. Die grundlegende Unterscheidung der einzelnen Bereiche richtet sich schließlich nach der **Anzahl und der Art der schutzbedürftigen Personen** sowie der **Anzahl von verfügbarem Personal**.

Unter „**Allgemeine Funktionsbereiche**" werden Funktionsbereiche der Diagnostik und Therapie (z. B. zentrale Notaufnahme, Onkologie, die bildgebende Diagnostik wie Röntgenabteilungen, Labormedizin) sowie der Ver- und Entsorgung (Apotheke, Bettenreinigung) aufgeführt. Es handelt sich hier im Prinzip um einen Sammelpunkt, der die Bereiche erfasst, in denen eine begrenzte Anzahl von Patienten und Personal gleichzeitig vorhanden ist und die sich oftmals auch selbst retten können.

Unter „**Spezielle Funktionsbereiche**" werden die Bereiche zusammengefasst, die *„immobile, aus gravierenden medizinischen oder physischen Gründen nicht kurzfristig verlegbare"* (AGBF-Empfehlung 2023-02, S. 4) Patienten aufnehmen, wie z. B. Intensivstationen, Operationssäle, Kreißsäle, Isolierstationen und teilweise Einrichtungen für bildgebende Verfahren. Diese Bereiche weisen im Allgemeinen ein hohes Personalaufkommen pro Patienten auf.

Als dritter Bereich werden die „**Betten- und Pflegebereiche**" genannt, also die gängigen patientenführenden Bereiche mit Übernachtungen (Regelstationen). Hier wird, anders als bei den o. g. Bereichen, eine Sollanforderung formuliert:

> *„Andere Nutzungen aus den Funktionsbereichen sollten in den Betten-/Pflegebereichen nicht vorgesehen werden".* (AGBF-Empfehlung 2023-02, S. 4)

Diese Sollanforderung ist sinnvoll, weil dadurch in den Bereichen, in denen sich bestimmungsgemäß eine hohe Anzahl Pflegebedürftiger dauerhaft aufhält, keine Nutzungsdurchmischung stattfindet. So ist eine Konkretisierung des Schutzziels und der brandschutztechnischen Maßnahmen leichter möglich. Auch sind hier im Hinblick auf die Wände zwischen den Patientenzimmern und die lüftungstechnischen Anlagen Erleichterungen nach Muster-Lüftungsanlagen-Richtlinie (M-LüAR) möglich (AGBF-Empfehlung 2023-02, Kapitel 6.9 und Anhang).

Raumkonzepte – Verzicht auf notwendigen Flur/Raumgruppen

Moderne Krankenhäuser erfordern immer häufiger Raumkonzepte ohne den klassischen notwendigen Flur, aber auch in bestehenden Krankenhäusern kann ein notwendiger Flur im Sinne des Baurechtes nicht immer hergestellt werden.

> *Insofern ist es konsequent, dass in der Fachempfehlung, ähnlich wie z. B. in den „Hinweisen" aus Baden-Württemberg, die den Begriff der Großraumbereiche verwenden, ein Begriff für Raumeinheiten ohne notwendigen Flur eingeführt wird:*
>
> *„Raumgruppen sind brandschutztechnisch abgeschlossene Bereiche ohne notwendigen Flur, in denen gemeinschaftlich genutzte Zonen geschaffen werden können."* (AGBF-Empfehlung 2023-02, S. 4)

An diese Raumgruppen werden dann erhöhte Anforderungen gestellt.

Innovativer Ansatz

Die Autorenschaft der Fachempfehlung hat bei der Darstellung der brandschutztechnischen Anforderungen eine programmatische Herangehensweise gewählt. Der Ausformulierung der einzelnen brandschutztechnischen (materiellen) Einzelanforderungen in Kapitel 5 ff. sind in Kapitel 4 insgesamt **12 „Funktionale Anforderungen (FA1 bis FA12)"** vorangestellt. Unter der jeweiligen materiellen Einzelanforderung in Kapitel 5 ff. wird dann auf diejenigen **funktionalen Anforderungen** verwiesen, die jeweils das technische Soll darstellen und *„konkretisieren, welcher Zustand erreicht werden muss, um die übergeordneten Schutzziele zu erfüllen".* (AGBF-Empfehlung 2023-02, S. 5) Der brandschutztechnischen Anforderung wird also das „Warum" erläuternd zur Seite gestellt.

Betrachtung unerwünschter Ereignisse

Zur Ermittlung dieser funktionalen Anforderungen wurden vorab **„unerwünschte Ereignisse"** betrachtet und daraus im letzten Satz eine entscheidende Schlussfolgerung gezogen. Unter Kapitel 4.1 heißt es:

> *„Unerwünschte Ereignisse definieren sich in einer Brandausbreitung über den Raum der Brandentstehung hinaus, ein Versagen brandschutztechnischer Unterteilungen, eine Sichtbehinderung aufgrund von Rauch sowie eine Beeinträchtigung aufgrund von Verbrennungen und toxischen Brandgasen. Dabei wird deutlich, dass es in Krankenhäusern notwendig ist, einen Brand und dessen schädlichen Auswirkungen grundsätzlich auf den Raum der Brandentstehung zu begrenzen."* (AGBF-Empfehlung 2023-02, S. 5)

Ähnlich wie in der Rahmenvorschrift des § 14 MBO wird hier das Schutzniveau festgelegt und ein wichtiger Rahmen für die „Funktionalen Anforderungen (FA1 bis FA12)“ der Fachempfehlung gesetzt: Zur Vermeidung der Ausbreitung von Feuer und Rauch (Brandausbreitung) ist der Brand auf den Raum der Brandentstehung zu begrenzen.

Die Anforderung ist sinnvoll, es stellt sich aber die Frage, ob hier tatsächlich jeder „Einzelraum“ gemeint ist, in dem ein Brand entstehen kann. Die Anforderung hat auf jeden Fall weitreichende Konsequenzen, der Rahmen ist eng gesteckt und hat auf alle Aspekte des Brandschutzes Auswirkungen.

Zellbildung und Räumung/Horizontalverschiebung als wesentliche Aspekte

Um das Schutzniveau zu erreichen, verfolgt die Fachempfehlung u. a. 2 wesentliche Aspekte.

Zellbildung

Bei der **„Zellbildung“** sollen durch abschottende Bauteile möglichst kleinteilige brandschutztechnisch wirksame Strukturen geschaffen werden, die unter Brandbeanspruchung für einen vorgegebenen Zeitraum einen Raumabschluss bilden (z. B. Pflegezimmer als brandschutztechnisch wirksame Zelle). Für die Pflegebedürftigen kann dies bedeuten, dass sie im Brandfall – in Abhängigkeit vom Brandszenario – in den Pflegezimmern und angrenzenden Räumen verbleiben sollen (Verweilkonzept).

Räumung/Horizontalverschiebung

Zum anderen werden der Aspekt der „**Räumung/Horizontalverschiebung**“ und das Erfordernis eines **Räumungskonzeptes** als Nachweis der Personensicherheit thematisiert. Dem Räumungskonzept wird in der Fachempfehlung ein sehr hoher Stellenwert beigemessen. Es wird aber ausdrücklich darauf hingewiesen, dass eine Räumung möglichst nicht erforderlich werden sollte und *„die Notwendigkeit einer Räumung durch geeignete Maßnahmen auf ein Minimum zu reduzieren ist“*. AGBF-Empfehlung 2023-02, S. 6) Diese Anforderung stellt wieder auf den Aspekt der Zellbildung ab.

Um das Schutzniveau und die funktionalen Anforderungen umzusetzen, werden in den Kapiteln 5 bis 8 *„dafür notwendige materielle Anforderungen und Maßnahmen des Brandschutzes beispielhaft beschrieben“*. (AGBF-Empfehlung 2023-02, S. 7)

Materielle Anforderungen aus Kapitel 5 „Baulicher Brandschutz“

Die Fachempfehlung formuliert sehr kompakt die Anforderungen, die die AGBF Bund für erforderlich hält, um das brandschutztechnische Schutzniveau und die Rettung im Sonderbau Krankenhaus sicherzustellen. Im Folgenden werden die Anforderungen zur schnellen Orientierung überwiegend tabellarisch dargestellt und in Teilen kurz kommentiert.

In der Fachempfehlung, wie auch in der früheren Krankenhausbauverordnung, wird nicht zwischen den verschiedenen Gebäudeklassen unterschieden, sondern es werden lediglich erdgeschossige und mehrgeschossige

Gebäude betrachtet. Der bauliche Bestand findet hier keine besondere Berücksichtigung.

Bauteile und Baustoffe

Tabelle E-1: Tabellarische Zusammenfassung des Anforderungsniveaus an Bauteile und Baustoffe nach „Fachempfehlung zu brandschutztechnischen Anforderungen an Krankenhäuser" (AGBF-Empfehlung 2023-02)

Anforderungen nach Abschnitt 5.1 Tragende Bauteile 5.2 Baustoffe	**Wände, Pfeiler, Stützen, Decken**	**Tragwerk Dächer**
erdgeschossige Gebäude	nicht brennbare Baustoffe feuerhemmend	mindestens feuerhemmend
mehrgeschossige Gebäude	nicht brennbare Baustoffe feuerbeständig Feuerwiderstandsdauer der Decken allein durch die Rohdecke	feuerbeständig
allgemein patientenführende Bereiche im Dachraum	Dachkonstruktion nicht brennbar	
allgemein Baustoffe	Dämmstoffe, Bekleidungen an Wänden und Decken sowie Unterdecken nicht brennbare Baustoffe	

Der Verfasser dieses Beitrages stimmt in Bezug auf Neubauten im Wesentlichen mit den in Tabelle E-1 dargestellten Anforderungen überein, sie werden aber hinsichtlich einer vielgestaltigen und zeitgemäßen Architektur in ihrer Verallgemeinerung als zu einengend angesehen. Das Anforderungsniveau könnte unter Berücksichtigung der Höhe und der Größe der baulichen Anlage oder auch nur Teilen davon etwas flexibler gestaltet sein. Auch im Hinblick auf die Anzahl und Charakteristika der Patientengruppen (Fähigkeit zur Selbstrettung) könnten Erleichterungen, z. B. bezüglich der Baustoffwahl, möglich sein. Die vorgeschriebene Verwendung von nicht brennbaren Baustoffen geht über das Anforderungsniveau der LBO hinaus und schließt so z. B. die Holzbauweise oder eine Hybridbauweise zunächst grundsätzlich aus, wenn im Einzelfall zur Kompensation nicht eine selbsttätige Feuerlöschanlage eingebaut wird.

Wirksame Abschnittsbildungen, Raumkonzepte, Wände

Tabelle E-2 beinhaltet die inneren brandschutztechnisch wirksamen baulichen Abschnittsbildungen, dies auch im Hinblick auf eine wirksame Rettung bzw. Räumung, Angaben zu Raumgruppen, speziellen Funktionsbereichen und Wänden.

Tabelle E-2: Tabellarische Zusammenfassung des Anforderungsniveaus – wirksame Abschnittsbildungen, Raumkonzepte, Wände nach „Fachempfehlung zu brandschutztechnischen Anforderungen an Krankenhäuser" (AGBF-Empfehlung 2023-02)

Abschnitt Fachempfehlung	Anforderungen
5.3 Brandabschnitte	Fläche des Brandabschnittes ≤ 2.000 m². Ein Brandwandabstand wird nicht vorgegeben.
5.4 Räumungsabschnitte	Jedes Geschoss muss durch feuerbeständige Wände in 2 über die Rettungswege unmittelbar verbundene Räumungsabschnitte getrennt sein. Jeder Räumungsabschnitt muss einen eigenen notwendigen Treppenraum oder einen direkten Ausgang ins Freie haben. Verweis auf Räumungskonzept, Aufnahmekapazitäten der Räumungsabschnitte und Größe sind zu definieren. Notwendigkeit, Anzahl und Anordnung von Betten- und Evakuierungsaufzügen sowie deren Anforderungen sind im Räumungskonzept und im Brandschutzkonzept nachzuweisen.
5.5 Raumgruppen (ohne notwendigen Flur)	Größe ≤ 500 m² Grundfläche mit gemeinschaftlich genutzten Zonen in max. 1 Geschossebene Hinweis: Die Grundfläche ist als Bruttogrundfläche zu ermitteln.
5.6 spezielle Funktionsbereiche	Die Aufzählung möglicher Maßnahmen ist lediglich beispielhaft: • Ausbildung als eigener Brandabschnitt oder als Raumgruppe möglich • **Personensicherheit** – besondere Anforderungen an die bauliche Struktur für einen **sicheren Verbleib der Personen** im Brandfall: An die bauliche Struktur können weitergehende Anforderungen gestellt werden, z. B. ist im OP-Bereich die Zusammenlegung zweier Säle zu einem brandschutztechnisch abgetrennten Bereich möglich. • Ist bauliche Struktur für einen sicheren Verbleib der Personen nicht möglich, dann müssen weitergehende Maßnahmen im Räumungskonzept sowie im Brandschutzkonzept beschrieben werden. • Medizinische Geräte zur Versorgung der Patienten weiterbetreiben – Bemessungsbetriebsdauer und Funktionserhalt sind im Räumungskonzept darzustellen.
5.7 Wände	**Trennwände zwischen Raumgruppen und zu anders genutzten Räumen:** raumabschließende Bauteile in der Feuerwiderstandsfähigkeit der tragenden und aussteifenden Bauteile des Geschosses und aus nicht brennbaren Baustoffen **Wände zwischen Patientenzimmern und zu anderen Räumen:** als raumabschließende Bauteile feuerhemmend und aus nicht brennbaren Baustoffen (ausgenommen sind Sanitärbereiche innerhalb eines Patientenzimmers) **Wände innerhalb von Raumgruppen:** als raumabschließende Bauteile feuerhemmend und aus nicht brennbaren Baustoffen **Wände von Betriebsräumen und Lagerräumen:** als raumabschließende Bauteile feuerhemmend und aus nicht brennbaren Baustoffen **Abweichend von den o. g. Anforderungen:** 2 Patientenzimmer mit gemeinsamen Versorgungsleitungen können ohne Anforderung an die Feuerwiderstandsdauer verbunden werden, wenn die Zwischenwände rauchdicht ausgeführt werden **und** der sichere Verbleib der Patienten im Räumungskonzept nachgewiesen wird. **Außenwände und Außenwandbekleidungen:** aus nicht brennbaren Baustoffen

Hinweise zu Kapitel 5.3 Brandabschnitte

Abweichend von den Anforderungen der LBO, die die Größe der Brandabschnitte rechnerisch auf 1.600 m² beschränken, sind nach den Empfehlungen der AGBF bis zu 2.000 m² zulässig. Diese Erleichterungen stimmen mit den Anforderungen der zurückgezogenen Muster-KhBauVO überein, wobei dort auch darauf verwiesen wird, dass diese nicht auf Hochhäuser anzuwenden sind. Die AGBF Bund reagiert hier auf die Ansprüche moderner Krankenhausplanungen und auf betriebliche Anforderungen.

Weil die Unterteilungen eines Gebäudes in Brandabschnitte maßgeblich zur Begrenzung der Brandausbreitung beitragen, wirksame Löscharbeiten ermöglichen und Brandwände eine klassische Barriere des Brandschutzes darstellen, sollte von den am Bau Beteiligten im jeweiligen Einzelfall genau abgewogen werden, ob die Erleichterung angewendet werden soll. Es ist die Zulassung einer Abweichung nach § 67 MBO zu beantragen und es ist darzulegen, warum im vorliegenden Fall keine Bedenken hinsichtlich des Brandschutzes bestehen. Die bautechnische Beschaffenheit der Brandwände richtet sich weiterhin nach den Anforderungen der Landesbauordnung.

Hinweise zu Kapitel 5.4 Räumungsabschnitte in Verbindung mit Kapitel 7.2 Räumungskonzept

Die Fachempfehlung betont, dass jedes Geschoss in mindestens 2 Räumungsabschnitte aufzuteilen ist. Ein (feuerbeständig abgetrennter) Räumungsabschnitt wird hier nicht mit einem Brandabschnitt gleichgesetzt. Dies ist sehr sinnvoll, weil Brandabschnitte zusätzlich in Räumungsabschnitte unterteilt sein sollen. Hier ist durch eine entsprechende (kleinteilige) Zonierung ein erheblicher Sicherheitsgewinn möglich.

In Kapitel 5.4 (und in weiteren Kapiteln) wird mehrfach auf das zwingend erforderliche Räumungskonzept verwiesen und aufgeführt, was dieses beinhalten muss. Dem Räumungskonzept wird in der Fachempfehlung ein sehr hoher Stellenwert beigemessen und ein eigenes Kapitel 7.2 gewidmet. Dies ist ein äußerst wichtiger Aspekt, der im Folgenden näher beschrieben wird.

Keine zwingende Prüfung des Räumungskonzepts

Die Brandschutzdienststellen haben nicht in jedem Bundesland im Rahmen der Bauverfahren dieselben Aufgaben zu erfüllen. In Bayern z. B. prüfen die Brandschutzdienststellen für Bauaufsichtsbehörden und für private Träger, wenn nicht der Prüfsachverständige zur Prüfung herangezogen wird. Die Prüfung eines Räumungskonzeptes erfolgt durch die Brandschutzdienststelle nicht. Im Brandschutzkonzept findet sich oftmals ein Hinweis darauf, dass ein Räumungs-/Evakuierungskonzept zu erstellen ist. Dieses wird dann aber oftmals nicht oder nicht in ausreichender Schärfentiefe vorgelegt und die Brandschutzdienststellen nicht in ausreichender Weise mit einbezogen.

Räumungskonzept als Teil des Brandschutzkonzeptes

Die Fachempfehlung fordert in Kapitel 7.2:

> *„Das einsatztaktische Vorgehen der Feuerwehr ist bei der Planung zu berücksichtigen. Dieser Nachweis der Personensicherheit in Form eines*

> *Räumungskonzeptes ist Bestandteil des Brandschutzkonzeptes und der Bauvorlage […] Das Räumungskonzept ist mit der zuständigen Brandschutzdienststelle abzustimmen und bereits zum Zeitpunkt der Bauantragsstellung vorzulegen, spätestens jedoch vor Erteilung der Baugenehmigung.*" (AGBF-Empfehlung 2023-02, S. 16)

Diese zwingende Verknüpfung mit dem Brandschutzkonzept wird als kritisch angesehen. Das eigentliche Räumungskonzept kann nicht Bestandteil des Brandschutzkonzeptes sein, sondern kann als eigenständiger Teil dem Brandschutzkonzept beigelegt bzw. angehängt werden, zumal es auch stetig fortgeschrieben und weiterentwickelt werden muss.

Die betrieblich-organisatorischen Belange und die Belange des Räumungskonzeptes sind von Anfang an zu berücksichtigen, zumal dann in der Planungsphase nach Erfordernis auch bauliche Gegebenheiten auf die Belange des Räumungskonzeptes des Klinikums abgestellt werden können. Hier gibt es auch Schnittstellen zum Arbeitsrecht, die nicht Inhalt des Brandschutzkonzeptes sind. Der Brandschutzplaner kann diesen Prozess fachlich unterstützen, eine intensive Zuarbeit des Betreibers/Arbeitgebers ist aber zwingend erforderlich. Nur dieser kann die Parameter festlegen, die dann von den Beteiligten bewertet werden können. Die daraus gewonnenen Erkenntnisse finden Niederschlag in baulichen sowie anlagentechnischen Festlegungen und sind im Brandschutzkonzept darzustellen.

Dies zeigt sich z. B. auch darin, dass nach Kapitel 5.4 der Fachempfehlung im erforderlichen Räumungskonzept

> *„die Aufnahmekapazitäten der Räumungsabschnitte sowie deren Größe zu definieren" sind.* (AGBF-Empfehlung 2023-02, S. 8)

Dass in der Fachempfehlung keine konkreten Angaben über die erforderlichen Aufnahmekapazitäten gemacht werden, ist richtig, weil so eine konkrete Beurteilung im Einzelfall erforderlich wird. Die Betreibenden bzw. die bevollmächtigten Personen sind aufgerufen, möglichst frühzeitig konkrete Angaben über die Nutzung zu machen, die Thematik entsprechend frühzeitig ernst zu nehmen und mit der Brandschutzdienststelle und dem Brandschutzplaner laufend abzustimmen. Nur so kann das dann entwickelte Anforderungsniveau in der baulichen und betrieblichen Planung von den am Bau Beteiligten ausreichend und frühzeitig umgesetzt und im Brandschutzkonzept beschrieben werden.

Weil es zu den erforderlichen Aufnahmekapazitäten unterschiedliche Auffassungen gibt, wird im Folgenden auf 2 Sichtweisen verwiesen, die sich auf die Kapazität der Brandabschnitte beziehen.

Zum Beispiel fordert die zurückgezogene KhBauVO-NRW (analog zur zurückgezogenen MKhBauVO von 1976) konkret in § 10 Brandabschnitt:

> *„(1) Jedes Obergeschoß im Pflegebereich muß mindestens zwei Brandabschnitte haben. Jeder Brandabschnitt muß mit einem anderen Brandabschnitt und mit einem Treppenraum jeweils unmittelbar verbunden sein und ist so zu bemessen, daß zusätzlich mindestens 30 v. H. der Betten des benachbarten Brandabschnittes vorübergehend aufgenommen werden können."*

In der BbgKPBauV und dem BPD Krankenhäuser (2016) wird z. B. gefordert, dass jeder Brandabschnitt alle Personen des benachbarten (größeren)

Brandabschnittes aufnehmen können muss, bei bettlägerigen Pflegebedürftigen einschließlich der Betten, um eine horizontale Evakuierung zu ermöglichen. Die Rettungswege müssen auch nach einer horizontalen Evakuierung eines Brandabschnittes weiterhin nutzbar sein. Dies bedeutet, dass die Flure in ausreichender Breite freizuhalten sind und somit gesonderte Flurbereiche ausgewiesen werden müssen und/oder die Zimmer von zu Pflegenden oder andere Räume für die vorübergehende Aufnahme geeignet und auch nutzbar sein müssen.

Allgemeine Hinweise zum Räumungskonzept

Es kann nicht oft genug wiederholt werden, dass der betrieblich-organisatorische Brandschutz maßgeblich für den Erfolg von Rettungsmaßnahmen ist. In dem oben erwähnten Kapitel „7.2 Räumungskonzept" wird ausdrücklich darauf verwiesen, dass Krankenhäuser so errichtet und ausgestattet sein müssen, dass *„die Rettung kranker oder pflegebedürftiger Personen ins Freie, in einen benachbarten Räumungsabschnitt oder einen anderen sicheren Bereich im Gefahrenfall durch das eigene Personal in wenigen Minuten durchgeführt werden kann"* (AGBF-Empfehlung 2023-02, S. 16). Zur Räumung zählen die ersten Maßnahmen eines mehrstufigen Evakuierungskonzeptes; sie beinhaltet z. B. Maßnahmen zur Erstbrandbekämpfung und das horizontale Verbringen der Pflegebedürftigen in benachbarte gesicherte Abschnitte.

In **Kapitel 7.5.2 „Brandschutzordnung, Anforderungen an das Personal"** wird dargelegt, dass die Brandschutzordnung das Räumungskonzept nach Abschnitt 7.2 in betrieblicher Hinsicht spezifiziert. In der Brandschutzordnung sollen in Abstimmung mit der Brandschutzbehörde die Aufgaben des Personals in Abhängigkeit von der Alarmstufe und Verfahren zur Alarmierung von diensthabendem und dienstfreiem Personal festgelegt werden.

Diese Maßnahmen müssen unmittelbar und vor Eintreffen der Feuerwehr vom Personal eingeleitet werden. Es wäre sehr wünschenswert, wenn die Anforderungen dieser Empfehlung, die Rettung durch **das eigene Personal in wenigen Minuten durchzuführen**, im alltäglichen und vor allem auch nächtlichen Krankenhausbetrieb zuverlässig funktionieren würde. Hier ist in Bezug auf die Anwesenheit von ausreichend Personal und ggf. im Hinblick auf geltende Personalschlüssel Skepsis angebracht. Der Nachweis muss hier durch die Betreibenden/den Arbeitgeber im Rahmen eines wie oben beschriebenen Räumungs-/Evakuierungskonzeptes erfolgen.

Verwiesen sei in diesem Zusammenhang auf das Grundsatzpapier der Fachkommission Bauaufsicht der Bauministerkonferenz „‚Rettung von Personen' und ‚wirksame Löscharbeiten' – bauordnungsrechtliche Schutzziele mit Blick auf die Entrauchung" (Famers/Messerer, 2008) und das Papier „Grundsätze zur Auslegung des § 14 MBO" (Famers/Messerer, 2008). Darin wird klargestellt, dass das Bauordnungsrecht nicht die Aufgaben der Feuerwehr regelt, sondern nur die bauliche und technische Beschaffenheit eines Gebäudes. Verkürzt heißt dies für den Sonderbau Krankenhaus, indem (im Allgemeinen) ausschließlich bauliche Rettungswege vorhanden sind, dass die Räumung (und Evakuierung) zunächst Teil der Personenrettung im Brandfall und Gegenstand geeigneter betrieblicher/organisatorischer Maßnahmen sind und in aller Regel nicht der Mitwirkung der Feuerwehr bedürfen.

Hinweise zum Kapitel 5.5 Raumgruppen

Der Begriff der Raumgruppe ist ähnlich dem gängigen Begriff der Nutzungseinheit, bei der auf den notwendigen Flur verzichtet werden kann, und der in den Bauordnungen nicht abschließend definiert ist. Im Sonderbau Krankenhaus (im Allgemeinen in der Gesamtheit als eine Nutzungseinheit definiert) führen die zulässige Größe von Nutzungseinheiten (besser: Teilnutzungseinheiten) und das Erfordernis weitergehender Maßnahmen regelmäßig zu Diskussionen. Daher werden die Anforderungen der Fachempfehlung an Raumgruppen in einer tabellarischen Übersicht (vgl. Tabelle E-3) zusammengefasst und kurze Hinweise gegeben.

Tabelle E-3: Tabellarische Übersicht des Anforderungsniveaus an Raumgruppen nach „Fachempfehlung zu brandschutztechnischen Anforderungen an Krankenhäuser" (AGBF-Empfehlung 2023-02, 2023)

Abschnitt Fachempfehlung	Anforderungen
5.5 Raumgruppen (ohne notwendigen Flur)	Größe ≤ 500 m^2 Grundfläche mit gemeinschaftlich genutzten Zonen in maximal einer Geschossebene Hinweis: Die Grundfläche ist als Bruttogrundfläche zu ermitteln, Abweichungsantrag (abhängig vom Bundesland).
5.6 spezielle Funktionsbereiche	Ausbildung als eigener Brandabschnitt oder als Raumgruppe möglich.
5.7 Wände	**Trennwände zwischen Raumgruppen und zu anders genutzten Räumen:** raumabschließende Bauteile in der Feuerwiderstandsfähigkeit der tragenden und aussteifenden Bauteile des Geschosses und aus nicht brennbaren Baustoffen **Wände innerhalb von Raumgruppen:** als raumabschließende Bauteile feuerhemmend und aus nicht brennbaren Baustoffen **Wände zwischen Patientenzimmern:** als raumabschließende Bauteile feuerhemmend und aus nicht brennbaren Baustoffen **Abweichend von den o. g. Anforderungen:** 2 Patientenzimmer mit gemeinsamen Versorgungsleitungen können ohne Anforderung an die Feuerwiderstandsdauer verbunden werden, wenn die Zwischenwände rauchdicht ausgeführt werden **und** der sichere Verbleib der Patienten im Räumungskonzept nachgewiesen wird.
5.8 Rettungswege	In jedem Geschoss 2 voneinander unabhängige und möglichst entgegengesetzt liegende bauliche Rettungswege, die **nicht** über denselben notwendigen Flur führen dürfen. Zweiter Rettungsweg darf über benachbarte Raumgruppe führen, durch Bereiche mit eingeschränkter Zugänglichkeit (z. B. Intensivstation, OP) nur, wenn die Zugänglichkeit gewährleistet ist und die Nachbarbereiche mit derselben Funktion ausgestattet sind.
5.11 Rauchableitung	Rauchabführung ohne Gefahr für Patientenzimmer über geeignete Öffnungen, Türen Fenster, Rauchabzugsgeräte oder -anlagen, allgemein zugängliche Räume mit Fenstern (Kennzeichnung, Hervorhebung im Feuerwehrplan)
5.13 Türen	zwischen Raumgruppen oder Raumgruppen und notwendigen Fluren feuerhemmend, rauchdicht und selbst schließend Türen innerhalb von Raumgruppen dicht schließend Türen zu Patientenzimmern und Behandlungsräumen sollen zusätzlich über **Freilauftürschließer** verfügen (kann je Raumgruppe zentral über BMA angesteuert werden).
6.2 Sicherheitsbeleuchtung	in Gemeinschaftsbereichen und Dienstzimmern

Nach der Fachempfehlung sind also Raumgruppen bis 500 m^2 Grundfläche möglich, die Größe wird im Sinne des abwehrenden Brandschutzes nicht als kritisch angesehen. Es werden weiterhin z. B. die Standardanforderungen an Wände von Patientenzimmern aufrechterhalten, diese müssen als raumabschließende Bauteile feuerhemmend sein (Zellbildung). Es werden hier keine Anforderungen an die der Art der Patienten und die zulässige Anzahl der Betten innerhalb der Raumgruppe gestellt.

Verbindung zweier Patientenzimmer

Durch diese Wände zwischen den Zimmern werden nutzungsbedingt oft viele Versorgungsleitungen geführt und es grenzen jeweils 2 Bäder aneinander. Insofern ist es sehr sinnvoll, dass 2 Patientenzimmer so verbunden werden können, dass an die gemeinsame Wand zwischen den Zimmern neben der Anforderung an eine rauchdichte Ausführung keine weiteren Anforderungen an die Feuerwiderstandsdauer gestellt werden. Dies erleichtert die Planung und trägt zur Kosteneffizienz bei. Dies ist jedoch nur möglich, wenn das Räumungskonzept entsprechend ausgelegt wird und betrieblich sichergestellt werden kann, dass die zusammenhängenden Räume im Räumungskonzept wie ein großer Raum betrachtet und umgehend freigeräumt werden können.

Freilauftürschließer

Zusätzlich zu den Anforderungen an Wände werden hier Anforderungen an die Türen gestellt, die nicht ohnehin schon selbst schließend sein müssen. Dies betrifft Türen innerhalb einer Raumgruppe zu Patientenzimmern und Behandlungsräumen und gilt auch für Türen von Patientenzimmern und Behandlungsräumen an einem notwendigen Flur, sofern es betrieblich erforderlich ist, dass diese Türen offen gelassen werden. Über die Anforderung dicht schließend hinaus sollen diese Türen einen Schließmechanismus haben, der bewirkt, dass die Türen im Brandfall automatisch schließen. Dies erfolgt über Freilauftürschließer mit Beschlägen, in die Rauchauslöseeinrichtungen integriert sind. Nach der Fachempfehlung können die Türen innerhalb einer Raumgruppe auch zentral über die BMA angesteuert werden. Die Anforderung beruht u. a. auf dem Aspekt der Zellbildung (raumweise Abschottung) und soll verhindern, dass Türen z. B. zu Patientenzimmern im Brandfall offen stehen bleiben.

Da eine offen stehende Tür erhebliche Konsequenzen nach sich ziehen kann, steht der brandschutztechnische Nutzen derartiger Einrichtungen außer Frage. Gleichzeitig ist jedoch immer zu bedenken, dass es sich bei Freilauftürschließern um eine Feststellanlage (allgemeine Bauartgenehmigung erforderlich) handelt. Eine monatliche Funktionsprüfung durch eingewiesene und geschulte Personen sowie eine mindestens jährliche Wartung, die das ordnungsgemäße Zusammenwirken aller Komponenten sicherstellt und dokumentiert, sind damit erforderlich. Neben den Anschaffungskosten können somit auch erhebliche Betriebskosten entstehen.

Dabei ist zu bedenken, dass die Türen zu Pflegezimmern im Allgemeinen geschlossen sind, da auch hier eine Privatsphäre aufrechterhalten werden soll. Andererseits stellt der notwendige Flur in Krankenhäusern häufig einen

Schwachpunkt dar, da sowohl der erste als auch der zweite Rettungsweg über denselben notwendigen Flur geführt werden dürfen und eine Brandlastfreiheit im Sinne der Bauordnung in Krankenhäusern im Allgemeinen nicht realistisch ist.

Kapitel 6 Anlagentechnischer Brandschutz

In Kapitel 6 werden die wesentlichen Aspekte des anlagentechnischen Brandschutzes dargestellt. Im Folgenden werden hier kurz nur einige Aspekte herausgegriffen.

Die **Brandmelde- und Alarmierungsanlage** soll über die übliche stille Alarmierung hinaus das Personal zusätzlich auch in Klartext über den Ort der Brandentstehung (Raumnummer und Geschoss) informieren. Die Alarmierung soll geeignet sein für die Übertragung von Alarmstufen und über einen Funktionserhalt nach Muster-Leitungsanlagen-Richtlinie (MLAR) verfügen, wenn nicht 2 redundante Systeme vorhanden sind. Auch hier wird wieder auf das Räumungskonzept verwiesen, das durch diese Anlagentechnik unterstützt werden soll. Es ist richtig, dass die Maßnahmen zur Alarmierung mit der Brandschutzdienststelle abgestimmt werden sollen.

Die Forderung in Unterkapitel 6.1 (analog zur BbgKPBauV) soll die Feuerwehr beim Löschangriff unterstützen. Es wird verlangt, dass je Gebäude zusätzlich zu den üblichen örtlichen Bedienvorrichtungen von sicherheitstechnischen Anlagen *„zentrale Bedienungsvorrichtungen für maschinelle Entrauchungs-, Feuerlösch-, Gebäudefunk-, Brandmelde- und Alarmierungsanlagen"* vorgesehen werden, *„die in einem für die Feuerwehr leicht zugänglichen Raum zusammengefasst werden"*. (AGBF-Empfehlung 2023-02, S. 13) Als leicht zugänglicher Raum ist hier wohl die Brandmeldezentrale gemeint. Die Lage ist in Abstimmung mit der Brandschutzdienststelle abzustimmen.

An die **Sicherheitsstromversorgung** zum Betrieb der sicherheitstechnischen Gebäudeausrüstung werden erweiterte Anforderungen gestellt und es wird in Bezug auf die Stromversorgung auf den „Leitfaden für die Planung, die Einrichtung und den Betrieb einer Notstromversorgung in Unternehmen und Behörden" des Bundesamtes für Bevölkerungsschutz und Katastrophenhilfe (2024) verwiesen.

Es werden auch die notwendigen Aspekte des Katastrophenschutzes und des Krankenhauses als kritische Infrastruktur berücksichtigt, wie z. B. die pauschale Anforderung an die *„Aufrechterhaltung des Krankenhausbetriebes, insbesondere der unmittelbaren Patientenversorgung"*. (AGBF-Empfehlung 2023-02, S. 13) Inwieweit diese Aspekte im Rahmen des Brandschutzkonzeptes beschrieben werden, sollte mit den Auftraggebern und der Brandschutzdienststelle abgestimmt werden.

In Bezug auf die **Funkkommunikation** der Feuerwehr wird gefordert, dass

> *„das Krankenhaus mit technischen Anlagen zur Unterstützung des BOS-Funkverkehrs auszustatten"* ist, wenn diese *„aufgrund von baulichen Gegebenheiten gestört"* (AGBF-Empfehlung 2023-02, S. 14) ist.

In Bezug auf die **Feuerlöscheinrichtungen** heiß es:

> „*Im Einvernehmen mit der Brandschutzdienststelle kann im Kontext zur vorhandenen Brandschutzinfrastruktur auf Wandhydranten verzichtet oder es können anstelle von Wandhydranten trockene Steigleitungen zugelassen werden*“. (AGBF-Empfehlung 2023-02, S. 14)

Dies ist eher für kleinteilige Strukturen im Einzelfall denkbar, im Allgemeinen sollten Wandhydranten realisiert werden; die Lage ist mit der Brandschutzdienststelle abzustimmen.

Aufzüge sollen mit einer Brandfallsteuerung ausgestattet sein, die bewirkt, dass „*im Brandfall Aufzüge in Geschosse mit Ausgang ins Freie, oder falls dieses von der Brandmeldung betroffen ist, in ein anderes geeignetes Geschoss, unmittelbar anfahren.*“ (AGBF-Empfehlung 2023-02, S. 14) Auch hier wird im Hinblick auf das Räumungskonzept erwähnt, dass an Aufzüge, die der Räumung/Evakuierung dienen, erhöhte Anforderungen zu stellen sind, die auch im Brandschutzkonzept beschrieben werden müssen.

In Bezug auf die **Lüftungsanlagen** von Patienten- und Behandlungsräumen werden bei der Durchdringung von feuerhemmenden Wänden Erleichterungen gegenüber der M-LüAR akzeptiert. So kann bei Beachtung bestimmter bauliche Aspekte und dem Einbau von Kaltrauchsperren in den Zu- und Abluftsträngen innerhalb der Patienten- und Behandlungsräume auf Brandschutzklappen verzichtet werden. Diese Regelung ist sinnvoll, weil das Schutzziel, einer Rauchausbreitung vorzubeugen, weiterhin erfüllt wird und so Kosten in Anschaffung und Wartung gespart werden.

Kapitel 7 Betriebliche/organisatorische Maßnahmen

Das Erfordernis und die Wichtigkeit eines Räumungskonzeptes sowie das Funktionieren der betrieblich-organisatorischen Maßnahmen wurden bereits mehrfach erwähnt.

In Kapitel 7.5.4 wird darauf verwiesen, bei Krankenhäusern mit mehr als 1.000 Betten zu prüfen, ob eine ständig einsatzbereite betriebliche Feuerwehr vorzuhalten ist. Die Autoren halten diese Prüfung in Absprache mit der Bauaufsichtsbehörde und der Brandschutzdienststelle für sinnvoll (siehe Kapitel I.7).

Schlussbemerkung

Die „Fachempfehlung zu brandschutztechnischen Anforderungen an Krankenhäuser“ der AGBF Bund sensibilisiert durch ihren innovativen Ansatz alle Beteiligten für die Belange des Brandschutzes und dient nicht nur den Brandschutzdienststellen als Orientierungshilfe. Die Fachempfehlungen geben einen guten Überblick über die brandschutztechnischen Anforderungen im Krankenhaus und regen im Hinblick auf einige Anforderungen zur Diskussion an.

E.0.2 VdS – „Krankenhäuser, Pflegeheime und ähnliche Einrichtungen zur Unterbringung oder Behandlung von Personen" VdS 2226

Der Gesamtverband der deutschen Versicherungswirtschaft e. V. (GDV) hat die Publikation VdS 2226:2008-01 „Krankenhäuser, Pflegeheime und ähnliche Einrichtungen zur Unterbringung oder Behandlung von Personen – Richtlinien für den Brandschutz" herausgegeben. Sie wurde in Zusammenarbeit mit der Vereinigung zur Förderung des Deutschen Brandschutzes e. V. (vfdb), der Deutschen Krankenhausgesellschaft (DKG), der Berufsgenossenschaft für Gesundheitsdienst und Wohlfahrtspflege (BGW) sowie kompetenten Sachverständigen erstellt.

Die Richtlinie richtet den Fokus auf die Sicherheit von Patienten sowie den Schutz des Gebäudes und gibt einen groben Überblick über grundlegende brandschutztechnische Aspekte. Die Angaben sind eher allgemein gehalten, eine Differenzierung nach Gebäudehöhen bzw. Gebäudeklassen erfolgt nicht. Nachfolgend sind die wesentlichen Gliederungspunkte mit ihren Schwerpunkten zur schnellen Orientierung kurz zusammengefasst. Die Publikation ist im Internet abrufbar (https://shop.vds.de/publikation/vds-2226).

Ganzheitliches Brandschutzkonzept

Ein ganzheitliches Brandschutzkonzept, das die Besonderheiten des Einzelfalls berücksichtigt, gilt als unverzichtbar. Das nahtlose Ineinandergreifen von baulichen und technischen Maßnahmen und darauf abgestimmter betrieblich-organisatorischer Maßnahmen wird als zwingende Voraussetzung hervorgehoben. Es wird auch darauf hingewiesen, dass der abwehrende Brandschutz Schwachstellen des vorbeugenden Brandschutzes nicht kompensieren kann.

Maßnahmen des baulichen Brandschutzes

Die Maßnahmen entsprechen den üblichen Anforderungen. Gebäude und Pflegebereiche sind in 2 Brandabschnitte zu unterteilen, um eine horizontale Räumung oder Evakuierung zu ermöglichen. Rettungswege dürfen von keiner Stelle eines Aufenthaltsraumes mehr als 30 m betragen, Stichflure dürfen max. 10 m lang sein. Notwendige Flure von mehr als 30 m Länge sind durch nicht abschließbare, rauchdicht und selbst schließende Türen zu unterteilen, wobei sie durch bauaufsichtlich zugelassene Feststellanlagen offen gehalten werden können. Es müssen mindestens 2 voneinander unabhängige Rettungswege vorhanden sein, die direkt oder über Treppenräume ins Freie führen. Alle Bauteile und Bekleidungen sowie Dämmstoffe müssen aus nicht brennbaren Baustoffen bestehen.

Brandschutz für besondere Anlagen

Es werden allgemeine Angaben mit Verweis auf die geltenden Regelwerke zum Zeitpunkt der Veröffentlichung gemacht. Aufgeführt sind pauschal elektrische Anlagen, die Sicherheitsstromversorgung, Lüftungsanlagen, Transportanlagen und Aufzugsanlagen.

Besonders gefährdete Bereiche

Hierzu gehören die Bereiche der Diagnostik (z. B. Röntgen- und nuklearmedizinische Einrichtungen), Großgeräte, Labore und Anlagen der Informationstechnologie. Diese Bereiche sind feuerbeständig von anderen Bereichen abzutrennen. Es werden allgemeine Angaben mit Verweis auf weitergehende Maßnahmen und Standards, wie die Strahlenschutzverordnung, gemacht. Sie sind in den Überwachungsumfang der BMA einzubeziehen und es wird darauf hingewiesen, dass der Einsatz einer Löschanlage erforderlich sein kann. Zum Beispiel müssen Laborräume in der Regel von anderen Gebäudeabschnitten feuerbeständig getrennt sein und mindestens 2 Ausgänge haben.

Eine differenzierte Abstufung zwischen verschiedenen Labortypen wird nicht vorgenommen, nicht jede Art von „Labor“ erfordert dieses Anforderungsniveau.

Maßnahmen des anlagentechnischen Brandschutzes und sicherheitstechnische Einrichtungen

Es werden allgemeine Angaben mit Verweis auf die zum Zeitpunkt der Veröffentlichung gültigen Regelwerke gemacht. Das jeweilige Anforderungsniveau ist im konkreten Einzelfall näher zu bestimmen.

So wird z. B. auf die Notwendigkeit einer BMA für die betroffenen Einrichtungen im Sinne dieser Richtlinie hingewiesen, ebenso auf die Realisierung einer internen Alarmierungsanlage, idealerweise in Form von elektroakustischen Notfallwarnsystemen. Des Weiteren wird darauf hingewiesen, dass in besonderen Fällen die Installation einer Feuerlöschanlage mit Durchschaltung auf die Feuerwehr-Leitstelle erforderlich sein kann, ohne dass dies näher ausgeführt wird.

Maßnahmen des organisatorischen Brandschutzes

Der Schwerpunkt des Kapitels liegt auf der Organisation, Kommunikation und Schulung des Personals sowie auf der effektiven Gestaltung der Fluchtwege und der technischen Maßnahmen. Es enthält Leitlinien zur Einrichtung der Brandschutzorganisation, für die Benennung von Brandschutzbeauftragten, für die Entwicklung von Brandschutzordnungen, Brandschutzplänen und Alarmierungsstrategien (Räumung und Evakuierung).

Darüber hinaus werden Aspekte aus dem täglichen Betrieb behandelt, bei denen regelmäßig Mängel aufgetreten sind. Dazu gehören Themen wie die ordnungsgemäße Abfalllagerung (regelmäßige Entsorgung), die Verwendung von ortsveränderlichen Koch- und Wärmegeräten (Genehmigung durch den Brandschutzbeauftragten), Sicherheitsmaßnahmen bei feuergefährlichen Arbeiten (Erlaubnisschein), die Gewährleistung freier Fluchtwege (diese sind meist auch Angriffswege der Feuerwehr), die Funktionstüchtigkeit von Feuer- und Rauchschutzabschlüssen (keine Blockierung oder Verkeilung) sowie die korrekte Installation von Schotts (fachgerechte Erstinstallation und gegebenenfalls Nachverlegung).

Anhang

Im Anhang finden sich Checklisten, die als Orientierungshilfe für die Umsetzung der verschiedenen Brandschutzmaßnahmen dienen können.

E.0.3 Brandschutzleitfaden für Krankenhäuser – Forum D-A-C-H

Die Arbeitsgruppe Brandschutz im Forum D-A-CH hat 2017 den „**Brandschutzleitfaden für Krankenhäuser – Organisation, Bausubstanz und Anlagen**" herausgegeben.

Folgende Selbstdarstellung ist dem Leitfaden entnommen:

> „*D-A-C-H ist eine Kooperations- und Diskussionsplattform der deutschsprachigen Verbände und Vereine für Krankenhaustechnik und Krankenhausbetriebstechnik ohne eigene Rechtspersönlichkeit. Mitglieder der Plattform sind die Verbände der DACH-Länder Deutschland, Österreich, Schweiz und Holland. Vorliegender Brandschutzleitfaden für Krankenhäuser wurde im Auftrag D-A-C-H für die nationalen Verbände und Fachgremien im Krankenhausbau und Krankenhausbetrieb als Information zusammengestellt.*" (S. 2)

In der Präambel heißt es:

> „*Dieser Leitfaden beschreibt – ohne Anspruch auf Vollständigkeit zu erheben – praktische Erfahrungswerte, die zur Optimierung des Brandschutzes in Krankenhäuser beitragen. Dieser Leitfaden soll als Ergänzung der nationalen, regionalen und lokalen Vorschriften und Standards Basis für die Planung und Realisierung von Neu-, Um- und Ausbauten Verwendung finden.*" (S. 5)

Er bezieht sich maßgebend auf die brandschutztechnischen Schutzaspekte der Bauproduktenverordnung 2011. Aktuell ist die konsolidierte Fassung von 16. Juli 2021, die im Anhang I dieselben Grundanforderungen an Bauwerke definiert. Im Leitfaden heißt es:

> „*a) Sicherstellung der Tragfähigkeit des Bauwerks während eines bestimmten Zeitraums;*
> *b) Begrenzung der Ausbreitung von Feuer und Rauch innerhalb des Bauwerks;*
> *c) Begrenzung der Ausbreitung von Feuer auf benachbarte Bauwerke;*
> *d) Sicherstellung der Evakuierung aus dem Klinikgebäude;*
> *e) Gewährleistung der Sicherheit beim Einsatz von Rettungskräften.*" (S. 5)

Der Leitfaden fasst in allgemeiner Form grundlegende Aspekte des Brandschutzes und der sicherheitsrelevanten Maßnahmen zusammen. Er gliedert sich in die Bereiche „O" (Organisation), „B" (Bausubstanz) und „A" (Anlagen). Die Bereiche werden im Folgenden kurz beschrieben.

Im **Kapitel „O" Organisation** werden die grundlegende Struktur und die Verantwortlichkeiten für den Brandschutz in Gesundheitseinrichtungen als wesentlicher Bestandteil der Brandschutzstrategie dargestellt. Es wird betont, dass Brandschutzmaßnahmen effektiv umgesetzt, koordiniert und im täglichen Betrieb auch umfassend beachtet werden müssen, um die Sicherheit von Patienten, Mitarbeitern und Besuchern zu gewährleisten. Einleitend wird ausdrücklich darauf hingewiesen, dass alle Mitarbeitenden eines Krankenhauses Verantwortung tragen.

Wie z. B. in den Kapiteln C.2. bis C.4. bereits erwähnt, ist der betrieblich-organisatorische Brandschutz einer der wichtigsten Faktoren, um das erforderliche Schutzniveau im täglichen Betrieb zu gewährleisten. Aus diesem Grund werden im Folgenden 4 wichtige Punkte dieses Kapitels kurz dargestellt.

Brandschutzverantwortlicher

Ein zentraler Punkt in der Organisation des Brandschutzes ist die Benennung eines Brandschutzverantwortlichen. Da die Verantwortung für den Brandschutz grundsätzlich beim Bauherrn/Betreiber liegt, ist dieser Benennung aus Sicht der Autoren ungünstig; es wird angenommen, dass stattdessen der Brandschutzbeauftragte (siehe Kapitel J.0) gemeint ist. Anders als im Text angegeben ist dieser nicht für die Umsetzung der Vorschriften im Brandschutz verantwortlich, sondern überwacht lediglich deren Einhaltung. Mängel sind dann der Geschäftsleitung zu melden. Da immer wieder Missverständnisse zu den Aufgaben des Brandschutzbeauftragten auftreten, wäre eine Formulierung in Anlehnung an DGUV Information 205-003 „Aufgaben, Qualifikation, Ausbildung und Bestellung von Brandschutzbeauftragten" (Stand: Dezember 2020) wünschenswert.

Neben der Überwachung des Brandschutzstandards ist der Brandschutzverantwortliche auch für die Führung eines sog. Brandschutzregisters verantwortlich, das hier als fortlaufend zu aktualisierendes Dokument über die Brandschutzorganisation des Krankenhauses beschrieben wird. Zudem fallen auch die Aufstellung des Notfalleinsatzplanes, die Organisation der Schulung der Mitarbeitenden und die Durchführung von Gebäudeevakuierungsübungen in den Aufgabenbereich.

Hinweis

> Der Brandschutz ist ein Teil der übergeordneten Sicherheitsorganisation. Insofern werden bei der Erstellung der Brandschutzordnung, der Alarmorganisation oder von Betriebsvorschriften auch weitere Fachkräfte beteiligt, wie z. B. die Fachkraft für Arbeitssicherheit oder die Beauftragten für die Belange behinderter Menschen. Es wird dringend empfohlen, auch die zuständige Brandschutzdienststelle einzubeziehen.

Brandschutzkonzept

Das Brandschutzkonzept beschreibt die spezifischen Brandschutzmaßnahmen, die als Ergebnis einer Risikoanalyse/Gefährdungsbeurteilung im jeweiligen Einzelfall schutzzielbezogen umgesetzt werden müssen.

Weiter heißt es:

> *„Im Hinblick auf die Durchführung der Wirkprinzipprüfung aller brandverhütend wirkenden sicherheitstechnischen Anlagen werden die Einzelmaßnahmen und deren Verknüpfung zur Erreichung des konkreten Schutzzieles beschrieben. Dafür ist i. d. R. der ‚Technische Leiter' des Krankenhauses verantwortlich."* (S. 10)

Hinweis

> Wie detailliert der Brandschutznachweis ausgearbeitet sein soll bzw. welche Erwartungshaltung hier von den Auftraggebenden besteht (Stichworte: Brandfallmatrix, Grundleistung, besondere Leistung usw), sollte vor der Beauftragung zweifelsfrei geklärt werden.

Schulung und Sensibilisierung

Ein weiterer wichtiger Aspekt der Brandschutzorganisation sind die Schulung und Sensibilisierung des Personals. Der Leitfaden fordert, dass alle Mitarbeiter regelmäßig in Brandschutzverfahren geschult werden. Dies umfasst die richtige Verwendung von Feuerlöschern, das Verhalten im Brandfall und die Evakuierung von Patienten. Hingewiesen wird auch auf regelmäßig durchzuführende Kontrollen im Hinblick auf die ordnungsgemäße Funktion technischer Einrichtungen und auf das Verhalten der Mitarbeitenden. Dies ist aus Sicht der Autoren ein wirklich entscheidender Aspekt im täglichen Betrieb. Im Leitfaden heißt es:

> *„Die Mitarbeiter müssen angehalten werden, im Rahmen ihrer normalen Pflichten Vorkommnisse, die die Sicherheit beeinträchtigen, wie z. B. blockierte Notausgänge, Brandschutztüren, die durch Vorlegekeile offengehalten werden, fehlende oder beschädigte Feuerlöscher, Lagerung von brennbaren Materialien oder Geräten, anzuzeigen."* (S. 15)

Hinweis

> Die Autoren stellen immer wieder fest, dass Türen mit Brandschutzqualität im laufenden Betrieb zwangsweise offen gehalten werden, sodass sie im Brandfall nicht schließen können. Dadurch werden grundlegende bauliche Brandschutzmaßnahmen wirkungslos. Beim Personal kann ein ausgeprägtes Bewusstsein für die Risiken nur durch regelmäßige Kommunikation geschaffen werden. Solche Maßnahmen können auch arbeitsrechtlich geahndet werden.

Brandstiftungsrisiko

Brandstiftung wird als häufige Ursache von Bränden erkannt. Es werden Vorsorgemaßnahmen zur Minimierung des Risikos beschrieben. Dazu gehören z. B. Maßnahmen im Umgang mit der Lagerung brennbarer Materialien, im Umgang mit Müll(-containern) und die strikte Einhaltung von Zutrittsberechtigungen.

Hier könnte ergänzt werden, dass auch Baustellen bestmöglich gesichert werden sollten und leicht entflammbare Materialien (Verpackungen usw) unbedingt täglich zu entfernen sind.

Hinweis:

> Brandursachen können nicht immer eindeutig ermittelt werden. Nach der Statistik des bvfa (siehe Kapitel C.4) wurden im Jahr 2023 bundesweit etwa 20 Brände auf vorsätzliche oder fahrlässige Brandstiftung überwiegend durch Patienten zurückgeführt.

Das **Kapitel „B" Bausubstanz** stellt die Anforderungen und Empfehlungen in Bezug auf die baulichen Aspekte dar. Es werden nur allgemeine Anforderungen an die Feuerwiderstandsfähigkeit von Bauteilen, die Unterteilung in Brandabschnitte, Trennwände, Decken, Außenwände und Dächer usw. genannt mit dem Hinweis, dass die Schutzziele im Rahmen der einschlägigen Regelwerke zu erreichen sind, und auf die nationalen Vorschriften verwiesen.

Insofern werden hier ohne weitere Kommentierung nur einzelne Unterkapitel kurz dargestellt, die besondere Aspekte aufgreifen, die an anderer Stelle in diesem Buch gesondert erläutert werden.

So heißt es in Unterkapitel B 9.1.5, das sich zu technischen Kompensationsmaßnahmen äußert:

> *„B 9.1.5 Technische Kompensationsmaßnahmen können baulich-konstruktive Defizite ausgleichen. Unter bestimmten Umständen ist es akzeptabel, dass ein Fluchtweg einen ungeschützten Bereich kreuzt, z. B. einen Empfangsbereich oder eine Lobby. Dies gilt vor allem dann, wenn kein alternativer Fluchtweg zur Verfügung steht, der direkt aus dem Gebäude ins Freie führt. In diesem Fall muss abgewogen werden, ob diese Gefährdung durch Brandmeldeanlagen oder durch automatische Löschanlagen kompensiert werden kann."* (S. 27)

In Unterkapitel B 9.2 werden bereits pauschal die Aspekte möglicher weitergehender Maßnahmen für Menschen mit Behinderungen aufgegriffen. Es sollen also jeweils die spezifischen Belange für Menschen mit den unterschiedlichsten sensorischen und motorischen Einschränkungen berücksichtigt werden.

> *„B 9.2 Besondere Vorkehrungen für Menschen mit Behinderungen*
>
> *In Brandschutzordnungen und Evakuierungsplänen sind die Erfordernisse für Menschen mit Behinderungen zu berücksichtigen. Insbesondere für Patienten mit beeinträchtigter Beweglichkeit, mit Hör- und Sehschäden oder Patienten mit beeinträchtigter Auffassungsgabe sind entsprechende barrierefreie Evakuierungseinrichtungen vorzusehen."* (S. 28)

Im Unterkapitel B 10 werden besondere Brandschutzprobleme in Hochhäusern aufgezählt und besondere Vorkehrungen für Hochhäuser dargestellt. Dabei werden Aspekte der Muster-Richtlinie über den Bau und Betrieb von Hochhäusern aufgegriffen und z. B. auf eine phasenweise Evakuierung des Gebäudes hingewiesen, um eine Überfüllung der Fluchttreppen zu vermeiden.

Abschließend wird unter Unterpunkt B 11 allgemein auf die Notwendigkeit besonderer Vorkehrungen bei denkmalgeschützten Gebäuden hingewiesen, die im jeweiligen Einzelfall im Brandschutzkonzept zu dokumentieren sind.

Das **Kapitel „A" Anlagen (Gebäudetechnik)** gibt einen allgemeinen Überblick über die brandschutztechnischen Anforderungen an die Versorgung mit den erforderlichen Medien, die für den Klinikbetrieb essenziell sind, wie z. B. für Heizung, Stromversorgung, Lüftung, Klimatisierung und medizinische Gase. Es werden allgemeine Hinweise zu speziellen technischen Einrichtungen wie z. B. BMA und automatischen Löschanlagen gegeben sowie manuelle Brandbekämpfungsmittel für den Einsatz durch das Personal und zur Verwendung durch professionelle Brandabwehrkräfte aufgeführt.

E.1 Arbeitsstätten – Arbeitsschutzgesetz und Unfallverhütungsvorschriften der gesetzlichen Unfallkassen und gewerblichen Berufsgenossenschaften

Krankenhäuser sind Arbeitsstätten und unterliegen damit auch dem Arbeitsschutzrecht. Diese sind nicht Inhalt der LBO und werden im Brandschutzkonzept nicht berücksichtigt. Auch eine positive Baugenehmigung stellt damit keine Bestätigung über die Einhaltung der Belange des Arbeitsschutzes dar.

Stattdessen liegt es nach § 5 des „Gesetzes über die Durchführung von Maßnahmen des Arbeitsschutzes zur Verbesserung der Sicherheit und des Gesundheitsschutzes der Beschäftigten bei der Arbeit (Arbeitsschutzgesetz – ArbSchG)“ in der Verantwortung des Arbeitgebers, eine spezifische Gefährdungsbeurteilung durchzuführen und sicherheitsrelevante Belange im Sinne des Arbeitsschutzes eigenständig zu ermitteln. Insbesondere die zuständige Fachkraft für Arbeitssicherheit, die nach § 1 Arbeitssicherheitsgesetz (ASiG) für jedes Unternehmen bestellt sein muss, ist bei Planungen frühzeitig einzubeziehen. Nach § 90 Betriebsverfassungsgesetz (BetrVG) ist zudem der Betriebsrat über die Planung zu unterrichten, Vorschläge und Bedenken sind zu berücksichtigen.

Hinweis

Der Brandschutzplaner sollte den Auftraggeber unbedingt darauf hinweisen, dass der Arbeitsschutz nicht Inhalt der LBO ist und damit auch im Brandschutzkonzept nicht berücksichtigt wird. Auch eine positive Baugenehmigung stellt damit keine Bestätigung über die Einhaltung der Belange des Arbeitsschutzes dar.

Diese Aussage sollte nicht nur im Brandschutzkonzept stehen, sondern auch im Rahmen von Planungsrunden thematisiert und schriftlich fixiert werden. Um Widersprüche zum Arbeitsschutzrecht zu verhindern, sollten Planende den Auftraggeber weiterhin dazu anhalten, alle Beteiligten rechtzeitig in Planungsrunden zusammenzuführen und Anforderungen aus dem Arbeitsschutzrecht frühzeitig zu erfassen.

E.1.1 Arbeitsschutzrechtliche Anforderungen

Anforderungen können sich sowohl aus dem staatlichen Recht (z. B. Arbeitsstättenverordnung [ArbStättV]) als auch aus dem autonomen Recht der Unfallkassen bzw. Berufsgenossenschaften ergeben. Diese sind nach § 15 Abs. 1 SGB VII berechtigt, für ihre Mitgliedsunternehmen eigene Vorschriften und Regeln zur Prävention von Arbeitsunfällen, Berufskrankheiten und arbeitsbedingten Gesundheitsgefahren zu erlassen, *„soweit diese zur Prävention geeignet und erforderlich ist und staatliche Arbeitsschutzvorschriften hierüber keine Regelung treffen“*.

E.1.1.1 Anforderungen aus dem staatlichen Arbeitsschutzrecht

Die grundlegenden Anforderungen ergeben sich zunächst aus dem ArbSchG. Insbesondere in § 10 sind brandschutzrelevante Grundanforderungen aufgeführt:

> *„Der Arbeitgeber hat entsprechend der Art der Arbeitsstätte und der Tätigkeiten sowie der Zahl der Beschäftigten die Maßnahmen zu treffen, die zur Ersten Hilfe, Brandbekämpfung und Evakuierung der Beschäftigten erforderlich sind. Dabei hat er der Anwesenheit anderer Personen Rechnung zu tragen. Er hat auch dafür zu sorgen, dass im Notfall die erforderlichen Verbindungen zu außerbetrieblichen Stellen, insbesondere in den Bereichen der Ersten Hilfe, der medizinischen Notversorgung, der Bergung und der Brandbekämpfung eingerichtet sind."*

Die Konkretisierung der allgemeinen Anforderungen erfolgt über nachgeordnete Verordnungen (z. B. ArbStättV, Betriebssicherheitsverordnung [BetrSichV], GefStoffV). Beispielsweise enthält der Punkt 2.2 im Anhang zur ArbStättV Festlegungen zu Maßnahmen gegen Brände:

> *„(1) Arbeitsstätten müssen je nach*
>
> *a) Abmessung und Nutzung,*
> *b) der Brandgefährdung vorhandener Einrichtungen und Materialien,*
> *c) der größtmöglichen Anzahl anwesender Personen*
>
> *mit einer ausreichenden Anzahl geeigneter Feuerlöscheinrichtungen und erforderlichenfalls Brandmeldern und Alarmanlagen ausgestattet sein.*
>
> *(2) Nicht selbsttätige Feuerlöscheinrichtungen müssen als solche dauerhaft gekennzeichnet, leicht zu erreichen und zu handhaben sein.*
>
> *(3) Selbsttätig wirkende Feuerlöscheinrichtungen müssen mit Warneinrichtungen ausgerüstet sein, wenn bei ihrem Einsatz Gefahren für die Beschäftigten auftreten können."*

Auch wenn vereinzelt konkrete Aussagen getroffen werden, sind Verordnungen ebenfalls meist durch unbestimmte Begriffe, wie „geeignet" und „angemessen" gekennzeichnet. Als Unterstützung der Arbeitgeber werden daher zusätzlich technische Regeln erarbeitet und vom Bundesministerium für Arbeit und Soziales (BMAS) im Gemeinsamen Ministerialblatt (GMBl) bekannt gemacht. Diese enthalten meist sehr konkrete Angaben und geben den zum Zeitpunkt der Bekanntgabe aktuellen Stand der Technik, Arbeitsmedizin und Arbeitshygiene sowie sonstiger gesicherter arbeitswissenschaftlicher Erkenntnisse wieder. Eine Übersicht über baurelevante technische Regelwerke ist in Tabelle E-4 dargestellt.

Tabelle E-4: Überblick über arbeitsschutzrelevante Verordnungen und zugehörige Technische Regeln nach BAuA

Verordnung	zugehörige Technische Regeln	Erarbeitung durch
Arbeitsstättenverordnung	Technische Regeln für Arbeitsstätten (ASR)	Ausschuss für Arbeitsstätten (ASTA)
Betriebssicherheitsverordnung	Technische Regeln für Betriebssicherheit (TRBS)	Ausschuss für Betriebssicherheit (ABS)
Biostoffverordnung	Technische Regeln für Biologische Arbeitsstoffe (TRBA)	Ausschuss für Biologische Arbeitsstoffe (ABAS)
Gefahrstoffverordnung	Technische Regeln für Gefahrstoffe (TRGS)	Ausschuss für Gefahrstoffe (AGS)

Hinweis:

Im Rahmen einer Gefährdungsbeurteilung kann der Arbeitgeber von Vorgaben der Technischen Regeln abweichen, soweit mindestens die gleiche Sicherheit erreicht wird. Forderungen aus übergeordneten Verordnungen sind hingegen immer verbindlich. Ausnahmen müssen, ähnlich wie Abweichungen im Baurecht, bei der für den Arbeitsschutz zuständigen Behörde beantragt werden. Insbesondere bei Neubauten werden Anträge jedoch regelmäßig abgelehnt, wenn obiges Prinzip nicht eindeutig nachgewiesen werden kann.

E.1.1.2 Anforderungen der Berufsgenossenschaften und Unfallkassen

Die Berufsgenossenschaften (BG) und Unfallkassen (UK) sind unter dem Spitzenverband DGUV vereint. Der Verband führt satzungsgemäß den Namen „Deutsche Gesetzliche Unfallversicherung e. V. (DGUV)". Dem Internetauftritt ist folgende Selbstdarstellung zu entnehmen:

„Der Verband ‚Deutsche Gesetzliche Unfallversicherung' (DGUV) ist der Spitzenverband der gewerblichen Berufsgenossenschaften und der Unfallversicherungsträger der öffentlichen Hand. Er nimmt die gemeinsamen Interessen seiner Mitglieder wahr und fördert deren Aufgaben zum Wohl der Versicherten und der Unternehmen. Der Verband vertritt die gesetzliche Unfallversicherung gegenüber Politik, Bundes-, Landes-, europäischen und sonstigen nationalen und internationalen Institutionen sowie Sozialpartnern."

Die DGUV erstellt und veröffentlicht Vorschriften, Regeln, Informationen und Grundsätze. Ähnlich dem staatlichen Recht weisen diese eine abgestufte Verbindlichkeit auf.

Die DGUV Vorschriften gelten verbindlich, soweit sie vom jeweiligen Unfallversicherungsträger übernommen werden. Kommt es zu Verstößen, können die zuständigen Unfallkassen/Berufsgenossenschaften Anordnungen erlassen oder ein Bußgeldverfahren einleiten. Eingeführte DGUV Vorschriften sind damit rangmäßig den staatlichen Verordnungen gleichzusetzen.

Eine besondere Relevanz besitzt hierbei die DGUV Vorschrift 1 „Unfallverhütungsvorschrift Grundsätze der Prävention" (2013), die bei allen Unfallversicherungsträgern in Kraft gesetzt ist. Unter § 2 heißt es zu den Grundpflichten des Unternehmers:

> *„Der Unternehmer hat die erforderlichen Maßnahmen zur Verhütung von Arbeitsunfällen, Berufskrankheiten und arbeitsbedingten Gesundheitsgefahren sowie für eine wirksame Erste Hilfe zu treffen. Die zu treffenden Maßnahmen sind insbesondere in staatlichen Arbeitsschutzvorschriften […], dieser Unfallverhütungsvorschrift und in weiteren Unfallverhütungsvorschriften näher bestimmt."*

Wie im staatlichen Arbeitsschutzrecht erfolgt eine Konkretisierung der DGUV Vorschriften oder spezifischer Fragestellungen durch DGUV Regeln. Diese sind als Hilfestellung für die Umsetzung gedacht. Analog den technischen Regeln im staatlichen Arbeitsschutzrecht sind alternative Lösungswege möglich, wenn die gleiche Sicherheit und der gleiche Gesundheitsschutz für die Beschäftigten erreicht werden können.

An letzter Stelle stehen die DGUV Informationen und Grundsätze. Diese stellen formal „unverbindliche" Hinweise und Empfehlungen für bestimmte Branchen, Tätigkeiten oder Zielgruppen dar. Werden diese nicht beachtet und kommt es infolgedessen zu Personenschäden, erlangen sie letztendlich jedoch auch eine besondere Relevanz und sollten damit nicht ignoriert werden. Ohnehin enthalten sie meist konkrete Lösungswege und sind deutlich hilfreicher als die abstrakten Vorschriften und Regelungen. Speziell zum Krankenhauskontext sind aktuell folgende DGUV Informationen verfügbar:

- DGUV Information 207-206: Tätigkeiten mit Desinfektionsmitteln im Gesundheitsdienst,
- DGUV Information 207-016: Neu- und Umbauplanung im Krankenhaus unter Gesichtspunkten des Arbeitsschutzes,
- DGUV Information 207-017: Neu- und Umbauplanung im Krankenhaus unter Gesichtspunkten des Arbeitsschutzes – Anforderungen an Funktionsbereiche,
- DGUV Information 207-019: Gesundheitsdienst,
- DGUV Information 207-027: Neu- und Umbauplanung im Krankenhaus unter Gesichtspunkten des Arbeitsschutzes – Anforderungen an Pflegebereiche,
- DGUV Information 213-032: Gefahrstoffe im Gesundheitsdienst.

Darüber hinaus existieren mehrere DGUV Informationen mit brandschutzrelevanten Sachverhalten:

- DGUV Information 205-001: Betrieblicher Brandschutz in der Praxis,
- DGUV Information 205-003: Aufgaben, Qualifikation, Ausbildung und Bestellung von Brandschutzbeauftragten,
- DGUV Information 205-006: Arbeiten in sauerstoffreduzierter Atmosphäre,

- DGUV Information 205-023: Brandschutzhelfer,
- DGUV Information 205-026: Sicherheit und Gesundheitsschutz beim Einsatz von Feuerlöschanlagen mit Löschgasen,
- DGUV Information 205-033: Alarmierung und Evakuierung,
- DGUV Information 205-034: Einsatz von Kohlendioxid(CO2)-Feuerlöschern in Räumen,
- DGUV Information 205-040: Prüffristen im Brandschutz,
- DGUV Information 205-041: Brandschutz beim Umgang mit Lithium-Ionen-Batterien.

Hinweis

Gerade DGUV Informationen können eine hohe Detailtiefe beinhalten und großen Input liefern. Ein Blick lohnt sich damit nicht nur für Arbeitgeber und Fachkräfte für Arbeitssicherheit, sondern auch für Brandschutzplanende.

E.1.2 Konflikte zwischen Bau- und Arbeitsschutzrecht

Die Anforderungen des Arbeitsschutzrechts gehen in der Regel über die Anforderungen der LBO hinaus. Nach Erfahrung der Autoren kommt es infolgedessen regelmäßig zu Diskussionen zum Stellenwert der arbeitsschutzrechtlichen Anforderungen. Hierbei ist zu bedenken, dass es sich beim Arbeitsschutzrecht um ein Bundesrecht handelt. Damit gilt der Grundsatz „Bundesrecht bricht Landesrecht“ nach Art. 31 Grundgesetz. Ein Abweichen von arbeitsschutzrechtlichen Vorgaben ist damit nur möglich, wenn hierdurch ein höheres Schutzniveau für die Beschäftigten erreicht werden kann. Dieser Grundsatz ist in § 3a ArbStättV nochmals explizit erwähnt:

> *„Anforderungen in anderen Rechtsvorschriften, insbesondere im Bauordnungsrecht der Länder, gelten vorrangig, soweit sie über die Anforderungen dieser Verordnung hinausgehen.“*

Wird dieser Grundsatz missachtet, können sich schwerwiegende Konsequenzen für den Arbeitgeber ergeben, im schlimmsten Fall sind Betriebsstilllegungen durch die zuständige Arbeitsschutzbehörde möglich.

Ein praktisches Beispiel bildet die Aufschlagrichtung von Türen in Notausgängen. Diese müssen nach Absatz 2.3 im Anhang der ArbStättV nach außen öffnen; anders als im Baurecht gibt es hier keine Abhängigkeit von der Personenzahl. Auch wenn im Grundsatz über die Sinnhaftigkeit dieser Forderung gestritten werden kann, ist die arbeitsschutzrechtliche Sichtweise abschließend formuliert und lässt eine anderslautende Ausführung aktuell nicht zu (VG Münster, Urteil vom 22.6.2016 – 9 K 1985/15).

Letztendlich ist immer zu bedenken, dass der Brandschutznachweis und die Gefährdungsbeurteilung 2 unabhängige Dokumente darstellen. Im Rahmen der Planung sind diese Dokumente durch den jeweiligen Architekten übereinanderzulegen und die jeweils „schärfere“ Anforderung umzusetzen.

Hinweis

Im Hinblick auf mögliche Widersprüche zwischen dem Arbeitsstättenrecht und dem Bauordnungsrecht hat die Bundesanstalt für Arbeitsschutz und Arbeitsmedizin (BAuA) ein Rechtsgutachten zum Thema „Ermittlung von Schnittstellen und Widersprüchen hinsichtlich der Anforderungen aus dem Arbeitsstättenrecht und dem Bauordnungsrecht“ in Auftrag gegeben.

Das Ergebnis zeigt, dass beide Rechtsgebiete zusammenwirken und grundsätzlich nicht angeglichen werden müssen. Probleme treten in der Praxis nur auf, wenn Verfahren zur Planung nicht hinreichend aufeinander abgestimmt sind. (Kohte, 2018)

F Bautechnische Ausführung der Brandschutzanforderungen

F.0 Einleitung

Die grundlegenden schutzzielbezogenen bauordnungsrechtlichen Brandschutzanforderungen der §§ 3 und 14 MBO werden in Bezug auf Standardbauten im Wesentlichen konkretisiert durch die Festlegungen für

1. Zugänge und Zufahrten auf den Grundstücken in § 5 MBO (siehe Kapitel K.0),
2. das Brandverhalten von Baustoffen und Bauteilen, Wänden, Decken, Dächern (§§ 26 bis 32),
3. Rettungswege, Öffnungen, Umwehrungen (§§ 33 bis 38),
4. die technische Gebäudeausrüstung (§§ 39 bis 42 und 46, siehe Kapitel I),
5. nutzungsbedingte Anforderungen (§ 47 – Aufenthaltsräume).

In Übereinstimmung mit dieser Systematik der MBO erfolgt im vorliegenden Kapitel eine kurze Beschreibung der bauordnungsrechtlichen Standardanforderungen an den Brandschutz mit allgemeinen Hinweisen zu den o. g. Punkten 2, 3 und 5; für weiterführende Informationen zu den Standardanforderungen wird auf die MBO verwiesen. Besondere Maßnahmen für den Brandschutz in Krankenhäusern, die über die Standardanforderungen der MBO hinausgehen, sind den jeweiligen Punkten unmittelbar zugeordnet. Für Hochhäuser, also Bauten mit einer Höhe von mehr als 22 m (§ 2 Abs. 4 MBO), sind zusätzlich die Anforderungen der Muster-Hochhaus-Richtlinie (MHHR) zu beachten.

Nach § 50 Abs. 2 MBO müssen Einrichtungen des Gesundheitswesens in den dem allgemeinen Besucher- und Benutzerverkehr dienenden Teilen barrierefrei sein. In § 2 Abs. 9 heißt es dazu:

> *„(9) Barrierefrei sind bauliche Anlagen, soweit sie für Menschen mit Behinderung in der allgemein üblichen Weise, ohne besondere Erschwernis und grundsätzlich ohne fremde Hilfe zugänglich und nutzbar sind."*

Konkretisiert werden diese Angaben durch die DIN 18040-1 „Barrierefreies Bauen, Planungsgrundlagen – öffentlich zugängliche Gebäude" (2010).

Bei der Planung ist immer auch zu berücksichtigen, dass der vorbeugende bauliche Brandschutz lediglich die Wahrscheinlichkeit der Brandentstehung reduzieren und die Folgen eines Brandes (Brandausbreitung) minimieren kann. Es ist nicht möglich, das Risiko einer Brandentstehung vollständig auszuschließen und die Rettung von Menschen und Tieren jederzeit und unter allen Umständen sicher zu gewährleisten.

F.1 Allgemeine Anforderungen an das Brandverhalten von Baustoffen und Bauteilen (§ 26 MBO)

F.1.1 Bauordnungsrechtliche Anforderungen

Die in § 26 MBO aufgeführten nominellen Bezeichnungen dienen der Klassifizierung des Brandverhaltens von Baustoffen sowie der Feuerwiderstandsfähigkeit von Bauteilen. Die Klassifizierung von Baustoffen erfolgt gemäß ihrem Brandverhalten, wobei die Einteilung in Baustoffklassen nach DIN 4102-1 „Brandverhalten von Baustoffen und Bauteilen – Teil 1: Baustoffe; Begriffe, Anforderungen und Prüfungen" (1998) erfolgt. Die Klassifizierung von Bauteilen erfolgt gemäß ihrer Feuerwiderstandsfähigkeit. Dabei findet die Einteilung in Feuerwiderstandsklassen nach DIN 4102-2 „Brandverhalten von Baustoffen und Bauteilen; Bauteile, Begriffe, Anforderungen und Prüfungen" (1977) Anwendung. Den Bauteilanforderungen „feuerbeständig" und „hochfeuerhemmend" sind standardmäßig Baustoffanforderungen zugeordnet. Für feuerhemmende Bauteile existiert keine derartige Zuordnung, sodass hier die Verwendung brennbarer Baustoffe uneingeschränkt möglich ist, sofern diese nicht leicht entflammbar sind.

Die Feuerwiderstandsfähigkeit von Bauteilen wird anhand zweier Kriterien beurteilt: der Standsicherheit im Brandfall und des Raumabschlusses. Hinsichtlich der Standsicherheit kann eine tragende Wand theoretisch auch in Einzelstützen aufgelöst werden, während eine raumabschließende Wand, die auch tragend sein kann, die Brandausbreitung über den erforderlichen Zeitraum verhindern muss (z. B. Flurwände, Trennwände, Brandwände).

Eine weitere Zuordnung von Brandschutzanforderungen an Baustoffe und Bauteile erfolgt durch die technischen Regeln, die als Technische Baubestimmungen (§ 85a MBO) eingeführt sind und in den Abschnitten A 2.1 und A 2.2 der MVV TB aufgeführt sind. Diese sind ergänzend anzuwenden.

F.1.1.1 Verwendung brennbarer Baustoffe nach MBO/Holzbauweise

Nach § 26 Satz 4 MBO sind abweichend von Abs. 2 Satz 3 für Bauteile, die feuerbeständig oder hochfeuerhemmend sein müssen, brennbare Baustoffe zulässig, wenn sie den Technischen Baubestimmungen nach § 85a entsprechen. Dies gilt nicht für Brandwände und feuerbeständige Wände notwendiger Treppenräume in der Bauart von Brandwänden.

Als Technische Baubestimmung findet die Neufassung der „Muster-Richtlinie über brandschutztechnische Anforderungen an Bauteile und Außenwandbekleidungen in Holzbauweise – MHolzBauRL (Fassung 24. September 2024)" Anwendung. Sie ist derzeit noch nicht in den Technischen Baubestimmungen aufgenommen, sodass jeweils länderspezifisch zu klären ist, ob diese z. B. über eine Abweichung, angewendet werden kann. Nach der Richtlinie ist die Verwendung brennbarer Baustoffe für Gebäude der Gebäudeklasse 4 und 5 mit einem Nachweis als tragende und/oder raumabschließende Bauteile in Holztafelbauweise und Massivholzbauweise zulässig.

Nach derzeitigem Kenntnisstand sind Krankenhäuser (Sonderbauten) explizit vom Anwendungsbereich der Richtlinie ausgenommen, sodass der Holzbau für „Einrichtungen des Gesundheitswesens“ nicht möglich ist, wie der folgende Auszug aus Abschnitt 1 Anwendungsbereich der MHolzBauRL zeigt:

> *„9 Die Richtlinie ist grundsätzlich nur anwendbar bei Gebäuden mit brandschutztechnisch abgetrennten Räumen/Raumgruppen, die nicht größer als 400 m^2 sind. 10 Für Sonderbauten ist die Richtlinie nur anwendbar, wenn zusätzlich eine bestimmungsgemäße Nutzung für selbstrettungsfähige Personen vorgesehen ist. 11 Eine brandschutztechnische Abtrennung kann mindestens ausgebildet werden durch Trennwände nach § 29 Absatz 2 Nr. 1 der Musterbauordnung[1] oder notwendige Flure nach § 36 der Musterbauordnung[1]. 12 Eine bestimmungsgemäße Nutzung für selbstrettungsfähige Personen liegt auch in den Fällen von § 50 Absätze 1 und 2 ausgenommen Absatz 2 Satz 2 Nummer 3 (Einrichtungen des Gesundheitswesens) der Musterbauordnung[1] vor.*
>
> *[1] Nach Landesrecht“*

Es ist richtig, die Selbstrettungsfähigkeit der Personen in den Vordergrund zu stellen. Der Holzbau kann aber im Sinne einer „heilenden Architektur“ (siehe Kapitel B.5) durch seine natürliche Wärme und Behaglichkeit einen Beitrag zur Genesung leisten. Es ist zu wünschen, dass es in Zukunft bautechnische Lösungen geben wird, die den Holzbau zumindest in Teilbereichen (Stichwort Allgemeinpflege, Anzahl und Art der Personen, Geschosszahl usw.) für den Sonderbau Krankenhaus ermöglichen, zumal sich die Bauforschung und die Bautechnik ständig weiterentwickeln.

F.1.1.2 Unterscheidung der Anforderungen nach DIN 4102 und nach harmonisierten technischen Spezifikationen

Die technische Begriffsbestimmung der im Bauordnungsrecht verwendeten Begriffe für brandschutztechnische Anforderungen basiert auf DIN 4102-1 und -2. Für die technische Begriffsbestimmung nach dem europäischen Klassifizierungssystem hingegen bildet die DIN EN 13501 „Klassifizierung von Bauprodukten und Bauarten zu ihrem Brandverhalten“ die Grundlage. Das europäische Klassifizierungssystem unterteilt in DIN EN 13501-4 „Klassifizierung von Bauprodukten und Bauarten zu ihrem Brandverhalten – Teil 4: Klassifizierung mit den Ergebnissen aus den Feuerwiderstandsprüfungen von Anlagen zur Rauchfreihaltung“ (2016) Baustoffe gemäß ihrem Brandverhalten in „Klassen des Brandverhaltens“. Die Klassifizierungen von Baustoffen und Bauteilen nach DIN 4102 sowie dem europäischen Klassifizierungssystem der DIN EN 13501 basieren auf unterschiedlichen Prüfverfahren, sodass eine direkte Zuordnung mit Ausnahme der Kurzbezeichnung A1 nicht möglich ist.

Hinweis

> Es gelten immer die Zuordnungen und Anforderungen der im jeweiligen Bundesland eingeführten VV TB. Zu beachten sind auch die zusätzlichen Anforderungen in den Tabellen, z. B. in den Fußnoten. Die Zuordnungen ändern sich in regelmäßigen Abständen und sind auch nicht in allen Bundesländern exakt gleich. Es empfiehlt sich daher, die aktuell gültigen Zuordnungen über die Internetseiten des jeweiligen Bundeslandes abzurufen.

In der Muster-Verwaltungsvorschrift Technische Baubestimmungen (MVV TB, Anhang 4) sind die Zuordnungstabellen der bauaufsichtlichen Anforderungen zu den nationalen und europäischen Klassen enthalten. Sie unterscheiden sich in den Prüfmethoden und dem Klassifizierungssystem. Auf eine vollständige Wiedergabe der Zuordnungstabellen und eine Erläuterung der Kurzzeichen wurde hier bewusst verzichtet, da aus Sicht der Verfasser immer die Primärliteratur herangezogen werden sollte und ausreichend Literatur vorhanden ist.

Für die erforderlichen Leistungen von Bauprodukten nach europäisch harmonisierten technischen Spezifikationen gilt nach Kapitel A 2.1 MVV TB:

> *„Für Bauprodukte nach derzeit vorhandenen europäisch harmonisierten Spezifikationen, deren Verwendung Einfluss bei der Erfüllung von Brandschutzanforderungen an bauliche Anlagen hat, sind für die bauordnungsrechtlichen Anforderungen auf der Grundlage der Konkretisierungen zum Brandschutz (A 2.1.1 ff.) die notwendigen Zuordnungen von Angaben zu Leistungen sowie zugehörige Verwendbarkeits- und Ausführungsbestimmungen in der laufenden Nummer A 2.2.1.2 genannten technischen Regel enthalten.“ (2025, S. 38)*

Tabelle F-1 enthält zur Nummer A 2.2.1.2 einen Auszug aus Tabelle A 2.2. der MVV TB mit Hinweis auf Anhang 4 nach MVV TB, Tabelle A 2.2 (2025, S. 54).

Tabelle F-1: Auszug aus Tabelle A 2.2 der MVV TB

A 2.2.1 Planung, Bemessung und Ausführung		
A 2.2.1.2	Bauprodukte und Bauarten	Bauaufsichtliche Anforderungen, Zuordnung der Klassen, Verwendung von Bauprodukten, Anwendung von Bauarten: 2024-11[2] (s. Anhang 4)

Zur Verdeutlichung der Komplexität wird im Folgenden lediglich eine kurze Übersicht über die ersten Seiten von Anhang 4 gegeben. Dieser beinhaltet die Unterscheidung der Baustoffklassen nach DIN 4102-1 und die mindestens erforderlichen Leistungen nach den harmonisierten technischen Spezifikationen. Die Zuordnungstabellen für die Bauteilklassifizierungen nach nationaler Norm DIN 4102-1 und europäischer Norm DIN EN 13501-4 sind ebenfalls in Anhang 4 zu finden.

Für Bauprodukte der technischen Gebäudeausrüstung sind weitere Zuordnungstabellen in Anhang 4 MVV TB enthalten:

„1 Teile von baulichen Anlagen, an die Anforderungen an das Brandverhalten und Glimmverhalten gestellt werden

Zur Erfüllung der Bauwerksanforderungen in A 2.1.2 bei Verwendung von Teilen baulicher Anlagen nach Technischen Baubestimmungen oder nach Verwendbarkeitsnachweisen gemäß § 17 MBO1 sind die mindestens erforderlichen Baustoffklassen dem Abschnitt 1.1 zu entnehmen. Sofern in den nachfolgenden Abschnitten nichts anderes gefordert ist, gilt die Mindestanforderung ‚normalentflammbar' für das Brandverhalten der Baustoffe.

Zur Erfüllung der Bauwerksanforderungen in A 2.1.2 bei Verwendung von Teilen baulicher Anlagen, bei denen Bauprodukte nach harmonisierten technischen Spezifikationen verwendet werden, sind die mindestens erforderlichen Leistungen dem Abschnitt 1.2 zu entnehmen.

1.1 Bauaufsichtliche Anforderungen und Zuordnung von Baustoffklassen nach DIN 4102-1:1998-05 und weiteren Merkmalen

Tabelle 1.1: Bauaufsichtliche Anforderungen und Zuordnung von Baustoffklassen nach DIN 4102-1:1998-05 einschließlich Bodenbeläge und lineare Rohrdämmstoffe und weiteren Merkmalen

	Bauaufsichtliche Anforderung[b]	**Mindestens erforderliche Baustoffklassen nach DIN 4102-1: 1998-05**	**Weitere Merkmale für die Verwendung**
	1	***2***	***3***
1	*nichtbrennbar*[1,2]	*A 2*	*–*
2	*schwerentflammbar*[2]	*B 1*	*Baustoffe mit Ausnahme Bodenbeläge:* *begrenzte Rauchentwicklung* *($I^a \leq 400$ % × Min. bei Prüfung nach DIN 4102-15:1990-05) bestanden*
3	*schwerentflammbar*[2] *und nicht brennend abfallend oder abtropfend*	*B 1*	*Kein brennendes Abfallen oder Abtropfen* *begrenzte Rauchentwicklung* *($I^a \leq 400$ % × Min. bei Prüfung nach DIN 4102-15:1990-05) bestanden*
4	*schwerentflammbar*[2] *und geringe Rauchentwicklung*	*B1*	*geringe Rauchentwicklung* *($I^a \leq 100$ % × Min. bei Prüfung nach DIN 4102-15:1990-05) bestanden*

	Bauaufsichtliche Anforderung[b]	Mindestens erforderliche Baustoffklassen nach DIN 4102-1: 1998-05	Weitere Merkmale für die Verwendung
5	*schwerentflammbar[2]* *und nicht brennend abfallend oder abtropfend sowie geringe Rauchentwicklung*	*B1*	*Kein brennendes Abfallen oder Abtropfen* *geringe Rauchentwicklung* *($I^a \leq 100$ % × Min. bei Prüfung nach DIN 4102-15:1990-05) bestanden*
6	*normalentflammbar* *nicht brennend abfallend oder abtropfend*	*B 2*	*Kein brennendes Abfallen oder Abtropfen*
7	*normalentflammbar*	*B 2*	--
	[1] soweit erforderlich zusätzlich Schmelzpunkt > 1000 °C	--	*Angabe: Schmelzpunkt von mindestens 1000 °C nach DIN 4102-17:2017-12*
	[2] soweit erforderlich zusätzlich Rohdichte	--	*Angabe: Rohdichte*
	[a] Der Integralwert I der Rauchentwicklung ist durch Bestimmung des Flächeninhalts mittels Rechteckmethode unter der Kurve der Lichtschwächung über die Zeit zu ermitteln, die bei der Prüfung nach DIN 4102-15: 1990-05 während der Beflammungsdauer mittels der Lichtmessstrecke nach DIN 50055:1989-03 mit einer Abtastrate von mindestens einem Messwert je 3 Sekunden aufgezeichnet wird. *[b] Soweit für die bauliche Anlage ein Bestandteil verwendet werden soll, der nicht mindestens der Anforderung „normalentflammbar" entspricht (leichtentflammbar), ist § 26 Abs. 1 Satz 2 MBO[1] einzuhalten.*		

[1] nach Landesrecht

Für Bauprodukte – ausgenommen Bodenbeläge – werden bei den Prüfungen nach DIN 4102-1:1998-05, Abschnitte 6.1 und 6.2, Ergebnisse über das brennende Abtropfen oder das Abfallen brennender Probenteile bzw. nach DIN 4102-1:1998-05, Abschnitte 6.1, Werte über die Rauchentwicklung festgestellt. Diese Ergebnisse und die Werte sind – ausgenommen für Bodenbeläge – vom Hersteller anzugeben.

1.2 Mindestens erforderliche Leistungen zum Brandverhalten nach harmonisierten technischen Spezifikationen

Für die Verwendung in baulichen Anlagen können Bauprodukte, einschließlich deren Bestandteile, nach harmonisierten technischen Spezifikationen verwendet werden. Die mindestens erforderlichen Leistungen sind der Tabelle 1.2 zu entnehmen. Für die Verwendung dieser Bauprodukte bei horizontalem Einbau ist zusätzlich 1.4 zu beachten.

Tabelle 1.2: Bauaufsichtliche Anforderungen und mindestens erforderliche Leistungen zum Brandverhalten und weiteren Merkmalen

	Bauaufsichtliche Anforderung	**Mindestens erforderliche Leistungen**[1]			**weitere Merkmale (ausgenommen Bodenbeläge)**
		Bauprodukte, ausgenommen lineare Rohrdämmstoffe und Bodenbeläge	**lineare Rohrdämmstoffe**	**Bodenbeläge**	
	1	*2*	*3*	*4*	*5*
1	*nichtbrennbar*	*A2–s1, d0**	*$A2_L$–s1, d0*	*$A2_{fl}$–s1*	*Angabe: Glimmverhalten gemäß 1.3 und soweit erforderlich Rohdichte*
2	*nicht brennbar und zusätzlich Schmelzpunkt > 1000 °C*	*A2–s1, d0**	*$A2_L$–s1, d0*	*$A2_{fl}$–s1*	*Angabe: Schmelzpunkt von mindestens 1000 °C und Glimmverhalten gemäß 1.3 und soweit erforderlich Rohdichte*
3	*schwerentflammbar und nicht brennend abfallend oder abtropfend, sowie geringe Rauchentwicklung*	*C–s1, d0***	*C_L–s1, d0*	-	*Angabe: Glimmverhalten gemäß 1.3 und soweit erforderlich Rohdichte*
4	*schwerentflammbar und nicht brennend abfallend oder abtropfend*	*C–s2, d0*	*C_L–s2, d0*	-	
5	*schwerentflammbar und geringe Rauchentwicklung*	*C–s1, d2***	*C_L–s1, d2*	*C_{fl} – s1*	
6	*schwerentflammbar*	*C–s2, d2*	*C_L–s2, d2*	*C_{fl} – s1*	
7	*normalentflammbar und nicht brennend abfallend oder abtropfend*	*E*	*E_L*	-	
8	*normalentflammbar*	*E–d2*	*E_L–d2*	*E_{fl}*	

[1] *Klassen gemäß delegierter Verordnung 2016/364 (EU) – umgesetzt durch Klassifizierung gemäß DIN EN 13501-1:2019-05 oder Kommissionsentscheidungen für Klassifizierungen ohne weitere Prüfung.*

* *Bei Prüfung gemäß EN 13823:2023 $TSP_{600\,s} \leq 35\ m^2$; diese Angabe ist nicht erforderlich bei Bauprodukten, deren Brandverhalten nach CWFT-Entscheidungen 2003/43/EG vom 17.01.2003 (Abl. L13/35), 2003/593/EG vom 07.08. 2003 (Abl. L201/35), 2006/673/EG vom 05.10.2006 (Abl. L276/77) und 2010/83/EU vom 09.02.2010 (Abl. L38/13) sowie delegierte Verordnung (EU) 2017/1228 vom 20.03.2017 (Abl. L177/4) der Europäischen Kommission ohne Prüfung in die Klasse A2–s1, d0 eingestuft ist.*

** *Bei Prüfung gemäß EN 13823:2023 $TSP_{600\,s} \leq 35\ m^2$; diese Angabe ist nicht erforderlich bei Bauprodukten, deren Brandverhalten nach CWFT-Entscheidungen 2003/43/EG vom 17.01.2003 (Abl. L13/35) und 2007/348/EG vom 15.05.2007 (Abl. L131/21) der Europäischen Kommission ohne Prüfung in die Klasse B-s1, d0 eingestuft ist.*

Erläuterungen zu Tabelle 1.2:

Herleitung des Kurzzeichens	**Kriterium**	**Anwendungsbereich**
s (Smoke)	*Rauchentwicklung*	*Anforderungen an die Rauchentwicklung* *– s1: geringe Rauchentwicklung* *– s2: begrenzte Rauchentwicklung*
d (Droplets)	*brennendes Abtropfen/ Abfallen*	*Anforderungen an das brennende Abtropfen/ Abfallen* *– d0: kein brennendes Abtropfen/Abfallen* *– d1, d2: brennendes Abtropfen/Abfallen*
...fl (Floorings)		*Brandverhaltensklasse für Bodenbeläge*
...L (Linear Pipe Thermal Insulation Products)		*Brandverhaltensklasse für lineare Produkte zur Wärmedämmung von Rohren*

1.3 Mindestens erforderliche Leistungen zum Glimmverhalten

Zur Erfüllung der Bauwerksanforderungen in A 2.1.2 bei schwerentflammbaren oder nichtbrennbaren Teilen baulicher Anlagen, bei denen Bauprodukte nach folgenden harmonisierten Normen (EN 438-7:20052, EN 13162: 2012+A1:20153, EN 13168:2012+A1:20154, EN 13170:2012+A1:20155, EN 13171:2012+A1:20156, EN 13950:20147, EN 13964:20148, EN 13986: 2004+A1:20159, EN 14064-1:201010, EN 14190:201411, EN 14303:2009+ A1:201312, EN 15037-4:2010+A1:201313, EN 15498:200814) verwendet werden sollen, sind gemäß Tabelle 1.2 Angaben zum Glimmverhalten erforderlich. Zur Bestimmung des Glimmverhaltens liegt ein europäisches Prüfverfahren DIN EN 16733:2016-07 vor; die notwendige Angabe lautet: ‚Die Prüfung wurde bestanden: das Produkt zeigt keine Neigung zum kontinuierlichen Schwelen.'"

Bei einem Brand entsteht als Verbrennungsprodukt immer auch Rauch. Um die Rauchentwicklung auf ein Minimum zu reduzieren, stellt das europäische Klassifizierungssystem differenziertere Kriterien an Baustoffe und ggf. auch an Ausstattungsgegenstände, als die MBO es tut. Die europäische Klassifizierungsnorm DIN EN 13501-1 „Klassifizierung von Bauprodukten und Bauarten zu ihrem Brandverhalten – Teil 1: Klassifizierung mit den Ergebnissen aus den Prüfungen zum Brandverhalten von Bauprodukten" (2019) ermöglicht durch die Auswahl von Baustoffen, für die eine geringe Rauchentwicklung nachgewiesen ist, eine Minimierung der Rauchentwicklung im Brandfall. In Bezug auf die Rauchentwicklung werden die Klassen s1, s2 und s3 (smoke) unterschieden, für das brennende Abtropfen bzw. Abfallen wurden die Klassen d0, d1 und d2 (droplets) definiert. Somit sind für die Einstufung von Baustoffen – mit Ausnahme normal entflammbarer Baustoffe (Klasse E nach DIN EN 13501-1, hier nur Angaben zur Klasse „d") – immer die Angaben zu den Klassen „s" und „d" erforderlich.

Anders als bei den früheren nationalen Anforderungen (ehemals Bauregelliste B Teil 1) sieht die Klassifizierung nach DIN EN 13501-1 keinen Nachweis zum Glimm- und Schwelverhalten im Rahmen der allgemeinen bauaufsichtlichen Zulassung von schwer entflammbaren oder nicht brennbaren Baustoffen vor. In einem Urteil vom 16.10.2014 (Rechtssache C 100/13) hat der Europäische Gerichtshof (EuGH) diese zusätzliche Forderung als europarechtswidrig und als unzulässig erklärt. Infolgedessen ist dieser Nachweis im Leistungsnachweis für europäisch klassifizierte Baustoffe nach DIN EN 13501-1 nicht enthalten. Für CE-gekennzeichnete Bauprodukte können keine zusätzlichen nationalen produktbezogenen Anforderungen mehr gestellt werden, stattdessen werden diese in bauwerksbezogene Anforderungen überführt. Infolgedessen kann bei der Verwendung eines Bauproduktes zur Dokumentation lediglich eine freiwillige Erklärung des Herstellers zum Glimm- und Schwelverhalten eingeholt werden.

Hinweis

Die für die Verwendung von Bauprodukten und die Anwendung von Bauarten erforderlichen Nachweise unterliegen einer hochkomplexen Regelung, die kaum zu durchdringen ist.

Wird in der Ausschreibung zur Erfüllung der Bauwerksanforderungen auf die DIN 4102 Bezug genommen, dürfen nur in Deutschland zugelassene und geprüfte Baustoffe und Bauteile (mit Ü-Zeichen) angeboten werden.

Sollen zur Erfüllung der bauaufsichtlichen Bauwerksanforderungen auch Bauprodukte nach harmonisierten technischen Spezifikationen verwendet werden (beispielsweise im Kontext europaweiter Ausschreibungen), greifen die im Bauordnungsrecht verwendeten Begriffe der DIN 4102-2 für brandschutztechnische Anforderungen nicht. Im Leistungsverzeichnis sind die mindestens erforderlichen Leistungen zum Brandverhalten gemäß den harmonisierten technischen Spezifikationen zu beschreiben. Eine Übersicht der relevanten Anforderungen findet sich im Anhang 4 der MVV TB (landeseigene VV TB). Für Bauprodukte, die mit einer CE-Kennzeichnung versehen sind, ist der Hersteller dazu verpflichtet, eine Leistungserklärung („Declaration of Performance“ [DoP]) nach einer europäisch harmonisierten Norm oder nach einer Europäischen Technischen Bewertung abzugeben. Die Leistungserklärung des Herstellers (mit Gebrauchs-, Montage- und ggf. Betriebsanleitung) ist das maßgebliche Dokument für die bauaufsichtlich erforderliche Dokumentation. Es wird empfohlen, diese nochmals mit den landesspezifischen Anforderungen aus den jeweiligen VV TB zu vergleichen.

F.1.2 Weitergehende Anforderungen im Krankenhausbau

Die grundsätzliche Einschränkung der Verwendung brennbarer Baustoffe und Bauteile erfolgt in Anlehnung an § 14 MBO mit dem Ziel, der Entstehung eines Brandes und der Ausbreitung von Feuer (und Rauch) vorzubeugen. Die Beschränkung der Verwendung brennbarer Baustoffe und Materialien (z. B. im Innenausbau) verfolgt im Krankenhaus zusätzlich das Ziel, Nachteile abzuwenden und die Sicherheit von Patienten, Personal und Besuchern zu gewährleisten. Darüber hinaus soll die Möglichkeit geschaffen werden, wirksame Löscharbeiten durchzuführen und im Bedarfsfall eine Räumung bzw. Evakuierung (siehe Kapitel G.0) zu ermöglichen sowie mögliche Schäden zu begrenzen.

In den Veröffentlichungen der Länder zum Krankenhausbau werden daher neben den Anforderungen an die Bauteile auch Anforderungen an die Materialien des Innenausbaus definiert. In § 4 BbgKPBauV werden ohne weitere Differenzierung für „*Dämmstoffe, Unterdecken und Verkleidungen*" und in Ziffer 2.3 der saarländischen Richtlinie über den Bau und Betrieb von Krankenhäusern für „*Wand- und Deckenverkleidungen*" nicht brennbare Baustoffe gefordert.

In den „Hinweisen über den baulichen Brandschutz in Krankenhäusern und baulichen Anlagen entsprechender Zweckbestimmung" des Landes Baden-Württemberg wird die Verwendung nicht brennbarer Baustoffe für Dämmstoffe und Bekleidungen in Rettungswegen, in Räumen mit erhöhter Brand- und Explosionsgefahr, in Installationsbereichen sowie auf Dächern gefordert. An anderen Innenwänden und Decken ist die Verwendung schwer entflammbarer Baustoffe zulässig.

Eine weitere Übersicht über die Anforderungen an Baustoffe und Bauteile in den einzelnen Bundesländern findet sich in Kapitel D.0.1.

F.2 Tragende Wände, Stützen (§ 27 MBO)

F.2.1 Bauordnungsrechtliche Anforderungen

Die Anforderungen des § 27 MBO an die Feuerwiderstandsfähigkeit tragender und aussteifender Wände und Stützen konkretisieren die Anforderungen des § 12 MBO an die Standsicherheit im Brandfall. Anforderungen an den Raumabschluss werden hingegen nicht gestellt. Sie korrelieren mit den Anforderungen an Decken und stellen Richtwerte für die weiteren brandschutztechnischen Anforderungen dar.

Die MBO fordert ab Gebäudeklasse 5 tragende feuerbeständige Bauteile, ab Gebäudeklasse 4 tragende hochfeuerhemmende Bauteile und für Gebäude der Gebäudeklasse 3 (3 oberirdische Geschosse möglich) eine feuerhemmende Bauart. In Kellergeschossen sind diese ab Gebäudeklasse 3 immer feuerbeständig herzustellen.

F.2.2 Weitergehende Anforderungen im Krankenhausbau

Krankenhäuser können im Gegensatz zu Regelbauten nicht in kurzer Zeit geräumt werden. Infolgedessen werden die Anforderungen der MBO allgemein als zu niedrig angesehen. In der MKhBauVO und den bestehenden Veröffentlichungen der Länder mit Anforderungen an Krankenhäuser wird beim Vorhandensein von Pflege-, Untersuchungs- und Behandlungsbereichen bereits mit dem zweiten oberirdischen Geschoss für die tragenden und aussteifenden Bauteile eine feuerbeständige Bauart gefordert. Bei erdgeschossigen Gebäuden ist eine feuerhemmende Bauart möglich, wobei die verwendeten Materialien gemäß der saarländischen Richtlinie nicht brennbar sein müssen.

Tabelle F-2 gibt einen Überblick über die baulichen Anforderungen an tragende Bauteile der Regelwerke der Bundesländer Baden-Württemberg, Brandenburg, Hamburg und Saarland.

Tabelle F-2: Bauliche Anforderungen an die tragenden Bauteile nach den Regelwerken der Bundesländer Baden-Württemberg, Brandenburg, Hamburg und Saarland

Bundesland	Fundstelle	Anforderungen
Baden-Württemberg – Hinweise über den baulichen Brandschutz in Krankenhäusern und baulichen Anlagen entsprechender Zweckbestimmung	Nr. 1.1	*„Tragende und aussteifende Wände, Decken und Stützen* *Diese Bauteile müssen folgendes Brandverhalten aufweisen:* • *Keine Anforderungen bei obersten Geschossen, die weder Aufenthaltsräume, zugehörige Nebenräume noch Rettungswege enthalten,* • *mindestens feuerhemmend bei Gebäuden mit nicht mehr als einem oberirdischen Geschoss außer in Untergeschossen, bei denen keine Außenwand vollständig über der festgelegten Geländeroberfläche liegt,* • *mindestens feuerhemmend bei Gebäuden mit nicht mehr als zwei Geschossen ohne Pflege- sowie Untersuchungs- und Behandlungsbereiche,* • *feuerbeständig bei sonstigen Gebäuden und in Untergeschossen nach dem 2. Unterpunkt zu III.1.1"*
Brandenburg – BbgKPBauV	§ 3 Abs.- 1	*„Tragende Bauteile, wie Wände, Pfeiler, Stützen und Decken, müssen feuerbeständig, in erdgeschossigen Gebäuden feuerhemmend sein."*
Hamburg – BPD Krankenhäuser	Nr. 5.1	*„Tragende und aussteifende Bauteile wie Wände, Pfeiler, Stützen und Decken müssen feuerbeständig sein. Bei erdgeschossigen Krankenhäusern ist feuerhemmend ausreichend (§ 25 HBauO in Verbindung mit § 51 HBauO).* *Erdgeschossige Krankenhäuser sind Gebäude mit nur einem Geschoss ohne Galerieebenen."*
Saarland – KHBauR	Nr. 2.1.1 und 2.1.2	*„2.1.1 Tragende und aussteifende Wände und ihre Unterstützungen (Unterzüge) sowie Pfeiler und Stützen sind in Gebäuden mit mehr als einem Vollgeschoss feuerbeständig herzustellen. Wände mit brennbaren Baustoffen können gestattet werden, wenn der Feuerwiderstand dieser Wände mindestens dem feuerbeständiger Wände entspricht und Bedenken wegen des Brandschutzes nicht bestehen.* *2.1.2 Tragende und aussteifende Wände und ihre Unterstützungen (Unterzüge) sowie Pfeiler und Stützen sind in eingeschossigen Gebäuden mindestens feuerhemmend aus nichtbrennbaren Baustoffen herzustellen."*

In den einschlägigen Regelwerken zum Krankenhausbau wird für Wände und Decken von Laboratorien oder für die Wände, die Brandschutzbereiche, Sonderbereiche oder Großraumbereiche bilden, grundsätzlich eine feuerbeständige Bauart gefordert. Dies entspricht auch den Anforderungen an die Wände von Räumen mit Explosions- oder erhöhter Brandgefahr (siehe Kapitel F.4.2.2). Diese Anforderungen gelten unabhängig davon, ob die Wände tragend sind oder nicht. Somit ist beim Vorhandensein solcher Räume ohnehin eine feuerbeständige Bauart erforderlich.

Hinweis

Aus Sicht der Autoren sind feuerbeständige Bauteile bei Gebäuden der Gebäudeklasse 3 mit 2 Obergeschossen nicht in jedem Fall zwingend erforderlich. Je nach Anzahl der Patienten kann die Verwendung hochfeuerhemmender Bauteile ausreichend sein, sodass auch die Verwendung von Holz als Baustoff grundsätzlich in Betracht kommt. Die Entscheidung hängt jedoch immer vom konkreten Einzelfall ab. Insbesondere muss sichergestellt sein, dass das gesamte Gebäude in kurzer Zeit geräumt werden kann und eine Unterbringung der Patienten in der unmittelbaren Umgebung sichergestellt ist. Darüber hinaus muss ein Totalverlust des Gebäudes akzeptabel sein, was vermutlich nur dann möglich ist, wenn das Gebäude für die medizinische Grundversorgung einer Region nicht zwingend erforderlich ist.

Bei größeren Gebäudekomplexen mit mehr als 2 Obergeschossen sind die o. g. Bedingungen keinesfalls realistisch. Ohne zusätzliche technische Maßnahmen (z. B. flächendeckender Sprinklerschutz) können hier reduzierte Anforderungen nicht akzeptiert werden.

F.3 Außenwände (§ 28 MBO)

F.3.1 Bauordnungsrechtliche Anforderungen

Die entsprechenden Anforderungen ergeben sich je nach Gebäudeklasse aus § 28 MBO. Weitere allgemeine Anforderungen sind dem Abschnitt A 2.1.5 der MVV TB zu entnehmen. Diese Anforderungen sollen eine Brandausbreitung auf und in diesen Bauteilen ausreichend lange begrenzen. Anforderungen zur Verhinderung des Brandüberschlags von Öffnung zu Öffnung werden nicht gestellt, sodass z. B. raumhohe Fensterelemente möglich sind, für die nach § 2 Satz 2 MBO die Verwendung brennbarer Baustoffe zulässig ist. Diese Erleichterung gilt auch für Fugendichtungen, nicht jedoch für dahinterliegende Dämmstoffe.

Für die Verwendung von normal entflammbaren Verglasungen sind die Anforderungen nach Anhang 18 der MVV TB zu berücksichtigen.

F.3.1.1 Außenwände, nicht tragend

Nach Abschnitt A 2.1.5 der MVV TB ist es bei nicht tragenden Außenwänden zulässig, dass diese bei Brandeinwirkung von außen nach innen nach DIN 4102-3 „Brandverhalten von Baustoffen und Bauteilen; Brandwände und nichttragende Außenwände, Begriffe, Anforderungen und Prüfungen" (1977), Abschnitt 5.3.2 (abgeminderte Einheitstemperaturkurve [ETK]) frühestens nach 30 Minuten versagen. Das heißt, dass nicht tragende Außenwände, die zunächst nicht brennbar sein müssen, auch aus brennbaren Baustoffen bestehen dürfen, sofern die Bauteile raumabschließend feuerhemmend sind. Die abgeminderte ETK berücksichtigt den Aspekt, dass bei einer Brandbeanspruchung von außen ein Teil der Wärmeenergie in die Atmosphäre entweicht und die Außenwand somit weniger beansprucht wird. Nach DIN 4102-3 ist „W" die Kurzbezeichnung für diese Feuerwiderstandsklassen, z. B. W 30. Die entsprechende Klassifizierung nach DIN EN 13501-2 „Klassifizierung von Bauprodukten und Bauteilen zu ihrem Brandverhalten – Teil 2: Klassifizierung mit den Ergebnissen aus den Feuerwiderstandsprüfungen und/oder Rauchschutzprüfungen, mit Ausnahme von Lüftungsanlagen" (2023) ist EI 30. Die DIN EN 13501-2 lässt auch die Differenzierung zu, dass bei einer Beanspruchung der nicht tragenden Außenwand von innen nach außen auf den Aspekt des Wärmedurchgangs (von I [Isolation; Wärmedämmung unter Brandeinwirkung]) verzichtet wird. Die Bezeichnung lautet dann E 30 (i→o).

Bautechnische Nachweise

Außenwände, die in DIN 4102-4 „Brandverhalten von Baustoffen und Bauteilen – Teil 4: Zusammenstellung und Anwendung klassifizierter Baustoffe, Bauteile und Sonderbauteile" (2025) aufgeführt sind, benötigen keinen gesonderten Nachweis. Für Bauarten nach Abschnitt C 4.3 MVV TB (allgemein anerkannte Prüfverfahren nach DIN 4102-3) ist dagegen ein allgemeines bauaufsichtliches Prüfzeugnis erforderlich.

F.3.1.2 Wärmedämm-Verbundsysteme (WDVS)

WDVS werden als System geprüft. Die Dämmplatten bestehen in der Regel aus Materialien wie expandiertem Polystyrol (EPS), Mineralwolle, Polyurethan oder anderen Dämmstoffen. Außenwandbekleidungen in Form von Dämmstoffen an raumabschließenden feuerwiderstandsfähigen Außenwänden oder tragenden feuerwiderstandsfähigen Außenwänden müssen mindestens schwer entflammbar (B1 nach DIN 4102-1) sein und dürfen zur Vermeidung von Folgebränden nicht brennend abfallen oder abtropfen. Ist dies der Fall, so ist dies neben der Baustoffklassifizierung mit dem Ü-Zeichen anzuführen.

Da es bei WDVS mit EPS-Dämmstoffen zu unerwarteten Brandausbreitungen kam, wurden weitergehende Maßnahmen wie die Forderung nach Brandsperren, formuliert, um die Behinderung der Brandausbreitung zu verbessern. Im Abschnitt „B 2 Technische Regelungen für Sonderkonstruktionen und Bauteile gem. § 85a Abs. 2 MBO" der MVV TB wird unter Punkt B.2.2.1.5 auf Anhang 11, „WDVS mit ETA gemäß ETAG 004; Stand Mai 2019" verwiesen, in dem die erforderlichen Maßnahmen aufgeführt sind (siehe dort). Nach Abschnitt A 2.1.5 MVV TB ist *„zusätzlich eine Brandeinwirkung von außen, die unmittelbar im unteren Bereich der Fassade einwirkt, zu berücksichtigen"* (S. 45).

Bautechnische Nachweise

Für WDVS in Deutschland ist eine allgemeine bauaufsichtliche Zulassung (abZ) oder eine Europäische Technische Bewertung (ETA) erforderlich.

F.3.1.3 Hinterlüftete Außenwandbekleidungen/Doppelfassaden

Nach § 28 MBO müssen Außenwandbekleidungen einschließlich der Dämmstoffe und Unterkonstruktionen schwer entflammbar sein, Ausnahmen sind ebenfalls in § 28 MBO geregelt. Bei Gebäuden ab einer Höhe von 22 m müssen die Bekleidungen nicht brennbar sein.

Bei Außenwandkonstruktionen mit geschossübergreifenden Hohl- oder Lufträumen, wie hinterlüfteten Außenwandbekleidungen und Doppelfassaden, sind besondere Vorkehrungen gegen die Brandausbreitung zu treffen. Diese Vorkehrungen beziehen sich in erster Linie auf den Kamineffekt. Dieser beschreibt das schnelle Aufsteigen von heißer Luft und Rauch in dem schmalen Luftraum zwischen den beiden Fassadenschichten und kann zu einer beschleunigten Ausbreitung von Feuer und Rauch führen. Aus diesem Grund werden häufig Brandriegel oder spezielle Materialien in die Konstruktion integriert.

Bei Doppelfassaden und/oder Ganzglasfassaden ist insbesondere zu berücksichtigen, dass z. B. der zweite Rettungsweg über Fenster entfällt. Dies würde im Krankenhaus allenfalls für reine Verwaltungsbereiche eine Rolle spielen. Des Weiteren ist eine Zerstörung der Fassade durch thermische Einwirkung zu vermeiden und die ggf. im Zwischenraum vorhandenen Materialien (z. B. Sonnenschutz) sind nicht brennbar auszuführen. Auch eventuell vorhandene Be- und Entlüftungsöffnungen sowie Anlagentechnik zur Klimatisierung oder Wärmerückgewinnung sind zu berücksichtigen. Bei der Planung von Anschlussdetails von Decken und Wänden mit Raumabschluss an Glasfassaden sind mögliche Bewegungen der Konstruktion zu berücksichtigen und in Detailzeichnungen darzustellen. Diese sollten idealerweise bereits vor der Ausschreibung durch einen Brandschutzsachverständigen geprüft werden.

In Abschnitt A 2.1.5 Außenwände der MVV TB heißt es:

> *„Bei Außenwänden mit hinterlüfteten Bekleidungen, die geschossübergreifende Hohlräume haben oder die über Brandwände hinweggeführt werden […] sind auch dann, wenn sie aus nichtbrennbaren Baustoffen bestehen, ergänzende Vorkehrungen zur Begrenzung der Brandausbreitung zu treffen und ist die unter lfd. Nr. A 2.2.1.6 genannte technische Regel zu beachten."* (S. 45)

Der unter A 2.2.1.6 genannten Technischen Regel „Hinterlüftete Außenwandbekleidungen" (Anhang 6 MVV TB) sind besondere Vorkehrungen gegen die Brandausbreitung bei hinterlüfteten Außenwandbekleidungen, die geschossübergreifende Hohl- oder Lufträume haben oder über Brandwände hinweggeführt werden, zu entnehmen. Sie beziehen sich im Wesentlichen auf die Forderung nach Brandsperren. Besonders zu beachten sind hier die Anforderungen an die Laibungen von Außenwandöffnungen. Darüber hinaus werden auch Konstruktionen beschrieben, bei deren Ausführung auf Brandsperren verzichtet werden kann.

Ergänzend zu beachten ist nach Abschnitt B, lfd. Nr. B 2.2.1.1 MVV TB auch DIN 18516-1 „Außenwandbekleidungen, hinterlüftet – Teil 1: Anforderungen, Prüfgrundsätze" (2024).

Die Leitlinie „Brandschutztechnische Vorkehrungen für vorgehängte hinterlüftete Fassaden (VHF) nach DIN 18516-1" (Fachverband Baustoffe und Bauteile für vorgehängte hinterlüftete Fassaden e. V. [FVHF], 2016) präzisiert und interpretiert den Einbau von Brandsperren als eine mögliche Vorkehrung im Sinne der §§ 28 und 30 MBO und zeigt Konstruktionsdetails auf.

Nach § 28 Abs. 5 MBO gelten diese Anforderungen für Gebäude der Gebäudeklassen 1 bis 3 nicht, hier sind keine besonderen Vorkehrungen zu treffen.

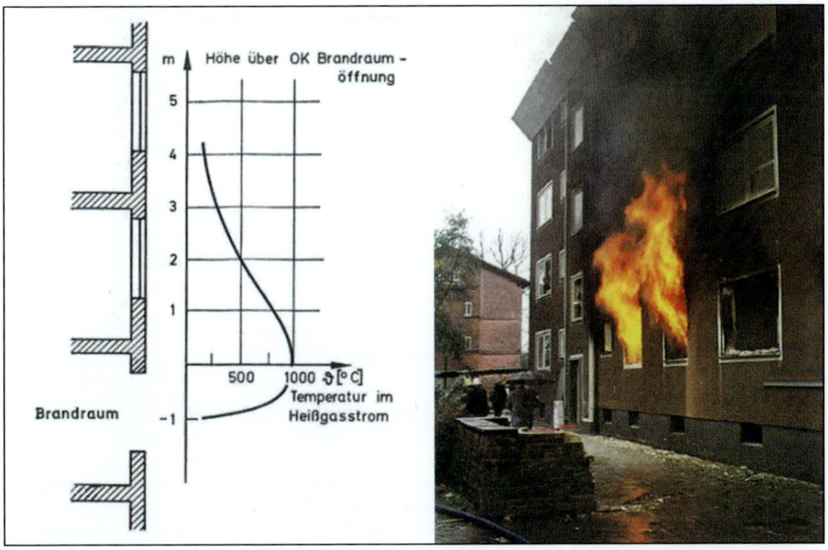

Abb. F-1: Brandausbreitung über Fenster an Fassaden (Quelle: Bechtold, Rolf; Ehlert, Klaus Peter; Wesche, Jürgen: Brandversuche Lehrte: Brandversuche an einem zum Abbruch bestimmten, viergeschossigen modernen Wohnhaus in Lehrte. Bonn-Bad Godesberg: Bundesminister für Raumordnung, Bauwesen und Städtebau, 1978 [online]. Internet: https://doi.org/10.24355/dbbs.084-201608021250-0)

In diesem Kontext sei auch auf Anhang 10 der MVV TB, „Anforderungen an bauliche Anlagen bezüglich der Auswirkungen auf Boden und Gewässer (ABuG)", verwiesen. In Abschnitt 5.3 werden Anforderungen an Brandschutzprodukte zur Verbesserung der Feuerwiderstandsfähigkeit von Bauteilen im Hinblick auf die Freisetzung gefährlicher Stoffe gestellt. Es heißt dort:

> *„5.3 Brandschutzprodukte zur Verbesserung der Feuerwiderstandsfähigkeit von Bauteilen*
>
> *Reaktive Brandschutzbeschichtungen, Brandschutzputzbekleidungen sowie linienförmige Fugenabdichtungen müssen die Anforderungen aus Abschnitt 2 bezüglich des Gehaltes an gefährlichen Stoffen einhalten. Die im Produkt enthaltenen gefährlichen Stoffe sind zu deklarieren."* (S. 248)

F.3.2 Weitergehende Anforderungen im Krankenhausbau

Selbst bei Berücksichtigung maximaler Anforderungen an Geschossdecken und tragende Bauteile kann eine vertikale Brandausbreitung nicht gänzlich unterbunden werden, wenn die Fassade Öffnungen wie Fenster oder Türen aufweist. In diesem Fall breiten sich die Flammen nach dem Platzen der Fensterscheibe umgehend aus dem Brandraum in den Außenbereich aus, wodurch die Außenfassade thermisch belastet wird. Infolge der Thermik kommt es zur Erhitzung einer großflächigen Zone oberhalb der Flamme. Im Rahmen der Lehrter Brandversuche (Bechtold/Ehlert/Wesche, 1978) wurden Temperaturen von deutlich über 500 °C an der Fensteröffnung der darüberliegenden Geschosse gemessen (siehe Abb. F-1). Es ist daher schlüssig, dass es zu einem Brandüberschlag in andere Geschosse kommen kann.

Diese Gefahr wird durch die Möglichkeit eines Brandüberschlags über die brennbare Fassade zusätzlich vergrößert.

Um derartigen Entwicklungen vorzubeugen, sehen die bekannten Regelungen und Hinweise zum Krankenhausbau gegenüber Regelbauten deutlich verschärfte Anforderungen an Außenwände und Außenwandbekleidungen vor (vgl. Tabelle F-3).

Tabelle F-3: Bauliche Anforderungen an Außenwände und Außenwandbekleidungen nach den Regelwerken der Bundesländer Baden-Württemberg, Brandenburg, Hamburg und Saarland

Bundesland	**Fundstelle**	**Anforderungen**
Baden-Württemberg – Hinweise über den baulichen Brandschutz in Krankenhäusern und baulichen Anlagen entsprechender Zweckbestimmung	Nr. 1.2	*„Außenwände sind in den wesentlichen Teilen nichtbrennbar auszuführen; Baustoffe in Außenwänden dürfen nicht brennend abtropfen können, dies betrifft insbesondere auch die Dämmschicht. Die Außenbekleidung kann schwer entflammbar (Baustoffklasse B1) ausgeführt werden, wenn es sich um einen Baukörper mit bis zu zwei oberirdischen Geschossen handelt."*
Brandenburg – BbgKPBauV	§ 3, Abs. 3 und 4	*„(3) Außenwände mehrgeschossiger Gebäude müssen aus nichtbrennbaren Baustoffen bestehen.* *(4) Die Außenwände zwischen übereinanderliegenden Öffnungen verschiedener Geschosse müssen so ausgebildet sein, dass ein Feuerüberschlag ausreichend lang verhindert wird."*
Hamburg – BPD Krankenhäuser	Nr. 5.2	*„Außenwände und Außenwandbekleidungen einschließlich der Dämmstoffe und Unterkonstruktionen müssen bei mehrgeschossigen Krankenhäusern aus nichtbrennbaren Baustoffen bestehen. Bei erdgeschossigen Krankenhäusern sind schwerentflammbare Baustoffe ausreichend."*
Saarland – KHBauR	Nr. 2.1.5	*„An den Außenwänden müssen bei Gebäuden mit mehr als einem Vollgeschoss zwischen Öffnungen verschiedener Geschosse für mindestens 90 Minuten gegen Feuer ausreichendwiderstandsfähige Bauteile so angeordnet sein, dass der Feuerüberschlagweg von Geschoss zu Geschoss mindestens 1 m beträgt."*

Die genannten Anforderungen stehen im Einklang mit dem in § 51 Abs. 1 MBO festgelegten Schutzziel. Zur Verwirklichung der allgemeinen Anforderungen nach § 3 Abs. 1 MBO können demgemäß besondere Anforderungen gestellt werden. Dies dient der Abwehr von Gefahren und berücksichtigt besondere Risiken. Die Anforderungen sind in einheitlicher Form so formuliert, dass die Außenwände von mehrgeschossigen Krankenhäusern aus nicht brennbaren Materialien bestehen müssen. In der saarländischen Richtlinie über den Bau und Betrieb von Krankenhäusern werden konkret feuerbeständige Bauteile gefordert, sodass der Feuerüberschlagweg mindestens 1 m beträgt. Dies kann in Anlehnung an die Muster-Richtlinie über den Bau und Betrieb von Hochhäusern (Muster-Hochhaus-Richtlinie – MHHR) durch eine mindestens 1 m hohe feuerbeständige Brüstung oder eine 1 m auskragende feuerbeständige Deckenplatte erreicht werden. Sollen für die Fassadengestaltung z. B. bodentiefe Fenster ausgeführt werden, ist dies im Brandschutznachweis hinsichtlich der Lage und des Gefährdungspotenzials besonders darzustellen und zu bewerten. Aus Sicht der Verfasser sollte darauf verzichtet werden. Bei Einhaltung dieser Anforderungen kann die Gefahr eines Brandüberschlags deutlich reduziert werden, ohne dass die Aufenthaltsqualität im Gebäude wesentlich gemindert wird. Ein Brandüberschlag kann jedoch weiterhin nicht völlig ausgeschlossen werden.

Bei erdgeschossigen Bauten genügen in der Regel schwer entflammbare Bauteile, da die Gefahr eines Brandüberschlags nicht besteht.

Hinweis

Der Alarm- und Einsatzplan muss berücksichtigen, dass die Geschosse oberhalb des Brandgeschosses von Personal kontrolliert werden. Bei drohender Brandausbreitung ist unverzüglich eine Räumung einzuleiten. Zu beachten ist außerdem, dass Rauch, der aus dem Brandgeschoss über Fenster ins Freie gelangt, senkrecht an der Fassade aufsteigt. Um einen Raucheintritt in die darüberliegenden Geschosse zu verhindern, müssen die Fenster oberhalb des Brandgeschosses unbedingt geschlossen sein bzw. geschlossen werden. Dies setzt entsprechende organisatorische Vorkehrungen voraus.

F.4 Trennwände (§ 29 MBO)

Die grundlegende Barriere des Brandschutzes nach MBO zur Verhinderung der Ausbreitung von Feuer und Rauch ist die Herstellung von Bauteilen zur inneren Abschottung. Dementsprechend erweisen sich im Krankenhausbau kleinteiligere bauliche Strukturen als sinnvoll, wobei die klassische Barriere „Brandwand" durch weitere abschnittbildende Bauteile (Trennwände) ergänzt werden sollte. Die zusätzliche Ausbildung von raumabschließenden Trennwänden zur Bildung kleinerer brandschutztechnisch abgetrennter Bereiche muss im jeweiligen Einzelfall geprüft werden. Die Abschnittsbildungen stellen zudem eine wesentliche Grundlage für die Ausarbeitung des erforderlichen Räumungskonzepts (Räumungsabschnitte) dar (siehe auch Kapitel G.2.2).

Trennwände sind auch für die Bildung von funktionalen Raumgruppen erforderlich, bei denen auf den notwendigen Flur verzichtet werden soll. Diese werden ebenfalls durch Trennwände nach § 29 MBO brandschutztechnisch von anderen Bereichen abgegrenzt. Die jeweiligen Raumgruppen müssen über ein eigenständiges Rettungswegsystem verfügen, d. h. über 2 bauliche Rettungswege, von denen einer auch über eine benachbarte Raumgruppe führen kann.

F.4.1 Bauordnungsrechtliche Anforderungen

Trennwände sind Innenwände, die tragend oder nicht tragend sein können und der Unterteilung in brandschutztechnisch wirksame Abschnitte innerhalb eines Geschosses dienen. Nach § 29 Abs. 1 und Abs. 3 MBO müssen Trennwände als raumabschließende Bauteile von Räumen oder Nutzungseinheiten innerhalb von Geschossen ausreichend lange widerstandsfähig gegen die Brandausbreitung sein. Sie müssen die Feuerwiderstandsfähigkeit der tragenden und aussteifenden Bauteile des Geschosses haben, jedoch mindestens feuerhemmend sein.

Nach § 29 Abs. 2 MBO sind Trennwände erforderlich:

> „– *zwischen Nutzungseinheiten sowie zwischen Nutzungseinheiten und anders genutzten Räumen, ausgenommen notwendigen Fluren,*
>
> – *zum Abschluss von Räumen mit Explosions- oder erhöhter Brandgefahr (feuerbeständig, gilt gemäß § 31 Abs. 2 Nr. 1 auch für die Decken),*
>
> – *zwischen Aufenthaltsräumen und anders genutzten Räumen im Kellergeschoss.*“

Trennwände sind weiter erforderlich:

> „– *innerhalb von Nutzungseinheiten, die einer Büro- oder Verwaltungsnutzung dienen, mit nicht mehr als 400 m². Das gilt auch für Teile größerer Nutzungseinheiten, wenn diese Teile nicht größer als 400 m² sind […] und jeder Teil unabhängig von den anderen Teilen über zwei voneinander unabhängige Rettungswege ins Freie verfügt, die über denselben notwendigen Flur führen dürfen [§ 36 MBO],*
>
> – *in Gebäudeklasse 3 bis 5 für die vorübergehende Aufbewahrung fester Abfallstoffe, wenn sie als raumabschließende Bauteile die Feuerwiderstandsfähigkeit der tragenden Wände haben [§ 45 MBO].*“

Trennwände können aus mineralischen Baustoffen oder z. B. als Montagewände (Trockenbauweise) ausgeführt werden. Die flankierenden Bauteile müssen mindestens die gleiche Feuerwiderstandsfähigkeit aufweisen wie die Wand selbst. Der Raumabschluss muss bei Brandeinwirkung gemäß der ETK nach DIN 4102-2, Abschnitt 6.2.4, mindestens für die erforderliche Feuerwiderstandsdauer gewährleistet sein. Damit ist auch die Standsicherheit des nicht tragenden Bauteils im Brandfall unter Eigengewicht nachgewiesen. Nicht tragende raumabschließende Trennwände können nach DIN 4102-2 oder DIN EN 1363-1 „Feuerwiderstandsprüfungen – Teil 1: Allgemeine Anforderungen“ (2020) in Verbindung mit DIN EN 1364-1 „Feuerwiderstandsprüfungen für nichttragende Bauteile – Teil 1: Wände“ (2015) ausgeführt werden.

Trennwände sind bis zur Rohdecke und bis zum Rohboden zu führen, Estriche und Systemböden sind zu trennen. Die Feuerwiderstandsfähigkeit und der Raumabschluss der Bauteile sind jeweils nachzuweisen. Der Verwendbarkeitsnachweis und die Übereinstimmungserklärung der ausführenden Firma sind vorzulegen.

F.4.1.1 Gleitende Anschlüsse

Sind aufgrund von Durchbiegungen der Decken gleitende Anschlüsse erforderlich, müssen diese so ausgeführt werden, dass sich die planmäßig zu erwartenden Verformungen einstellen können und keine unzulässigen Kräfte in die Wand eingeleitet werden. Bei der Planung von Durchdringungen durch Leitungsanlagen besteht oftmals Platzmangel, mögliche Verformungen sind in jedem Fall zu berücksichtigen. Der Raumabschluss und nach Erfordernis die Standsicherheit dürfen durch Durchdringungen, Querschnittsverringerungen und Einbauten (z. B. Steckdosen, Leitungsverteiler) nicht beeinträchtigt werden.

F.4.1.2 Durchdringungen von Leitungsanlagen

Ab der Gebäudeklasse 3 müssen nach MLAR Durchdringungen von Leitungsanlagen in der Feuerwiderstandsdauer der Wand geschottet werden. Es sind Mindestabstände zwischen Abschottungen, Installationskanälen und Öffnungsverschlüssen sowie zu Türen einzuhalten.

F.4.1.3 Öffnungen in Trennwänden

Öffnungen in Trennwänden nach § 29 Abs. 2 MBO sind nur zulässig, wenn sie auf die für die Nutzung erforderliche Zahl und Größe beschränkt sind, sie müssen feuerhemmende, dicht und selbst schließende Abschlüsse haben. Nach Abschnitt A 2.1.6 MVV TB dürfen diese Abschlüsse einschließlich vorhandener Seitenteile und Oberlichter nicht breiter und nicht höher als 2,50 m sein.

Trennwände aus Brandschutzverglasungen müssen die Anforderungen an raumabschließende Bauteile an F-Verglasungen der DIN 4102-13 „Brandverhalten von Baustoffen und Bauteilen; Brandschutzverglasungen; Begriffe, Anforderungen und Prüfungen" (1990) erfüllen.

Weitere entsprechende Anforderungen ergeben sich je nach Gebäudeklasse aus § 29 MBO, weitere allgemeine Anforderungen sind dem Abschnitt A 2.1.6 der MVV TB und erläuternd zum Raumabschluss dem Abschnitt A 2.1.3.3 der MVV TB zu entnehmen.

F.4.2 Weitergehende Anforderungen im Krankenhausbau

Der Begriff „Trennwände" wird lediglich in Brandenburg und Hamburg verwendet. In Tabelle F-4 sind beispielhaft auch weitere Bereiche mit besonderen Anforderungen an raumabschließende Wände mit Feuerwiderstandsdauer aufgeführt.

Tabelle F-4: Erfordernis von Trennwänden/weitergehende Anforderungen an Wände nach den Regelwerken der Bundesländer Baden-Württemberg, Brandenburg, Hamburg und Saarland

Bundesland	Fundstelle	Erfordernis von Trennwänden/weitergehende Anforderungen an Wände
Baden-Württemberg – Hinweise über den baulichen Brandschutz in Krankenhäusern und baulichen Anlagen entsprechender Zweckbestimmung	Nr. 2.4	*„Großraumbereiche – zusammenhängende Bereiche sind in Pflege-, Untersuchungs- und Behandlungsbereichen ohne notwendige Flure bis zu einer Grundfläche von 400 m² zulässig. Dies bedarf weitergehender brandschutztechnischer Maßnahmen. Insbesondere sind Räume, die der stationären Unterbringung von Pflegebedürftigen dienen, von dem Bereich, durch den im Brandfall die Evakuierung vorgesehen ist, durch eine feuerhemmende Wand und dichtschließende Türen abzutrennen."*
Brandenburg – BbgKPBauV	§ 3 Abs. 2	*„Krankenhäuser müssen zwischen Bettenzimmern und zwischen Bettenzimmern und anderen Räumen sowie zum Abschluss von notwendigen Fluren feuerhemmende* ***Trennwände*** [Hervorhebung durch die Autoren] *haben."*
Hamburg – BPD Krankenhäuser	Nr. 5.3	*„In den Betten-/Pflegebereichen sind zwischen jedem Bettenraum und zwischen Bettenräumen und anderen Räumen feuerhemmende Wände erforderlich (§ 51 HBauO)."*
	Nr. 5.4	*„Räume mit erhöhter Brandgefahr und Betriebsräume der technischen Gebäudeausrüstung sind mit feuerbeständigen Wänden abzutrennen."*
	Nr. 6.1	*„Die* ***Trennwände*** *der Kompartiments müssen feuerbeständig sein."*
Saarland – KHBauR	Nr. 3.5	*„Laboratoriumsräume mit erhöhter Brand- und Explosionsgefahr müssen von anders genutzten Räumen und Fluren feuerbeständig abgetrennt sein."*

F.4.2.1 Wände zwischen Bettenzimmern

Die Wände zwischen den Bettenzimmern werden in der Regel in Trockenbauweise erstellt und müssen neben brandschutztechnischen auch schalltechnische Anforderungen erfüllen. Die Versorgung mit medizinischen Gasen, Druckluft, Strom, Bettlicht, IT-Anschluss, TV-Bedienung und Schwesternruf erfolgt in der Regel über eine Medienschiene, die horizontal oder vertikal hinter den Betten an der Trennwand angebracht ist (siehe Abb. F-2). Dies kann dazu führen, dass die Trennwand in der Konsequenz zu einer Art erweitertem Medienkanal wird, was wiederum Abweichungen vom bauaufsichtlichen Verwendbarkeitsnachweis zur Folge haben kann und zu Diskussionen hinsichtlich der Gewährleistung und der Mängelhaftung führen kann.

In den Bundesländern Brandenburg und Hamburg werden konkrete Anforderungen an Wände zwischen Bettenzimmern und zwischen Bettenzimmern und anderen Räumen gestellt, sie müssen feuerhemmend raumabschließend sein (siehe Abb. F-3). Diese Anforderung dient der inneren Abschottung des Brandraumes und der gezielten Räumung (siehe Kapitel G).

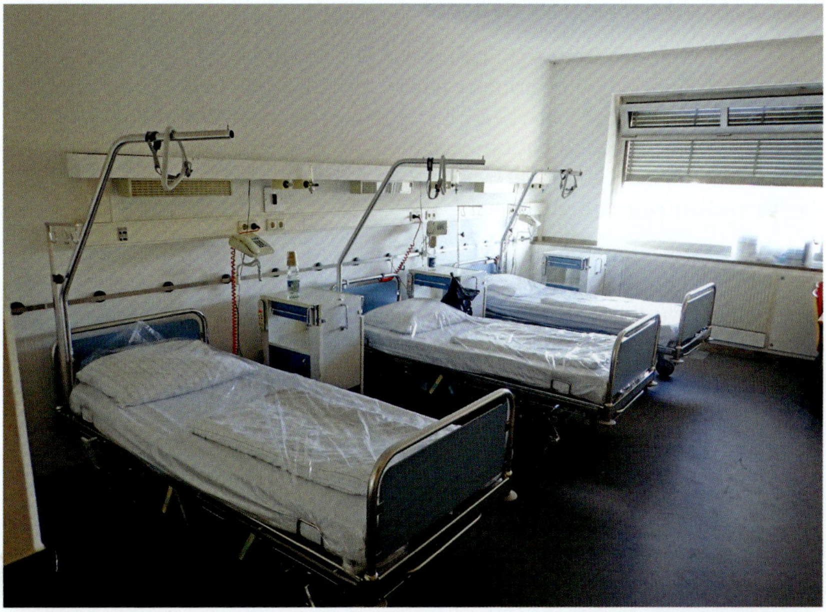

Abb. F-2: Nicht mehr zeitgemäßes Dreibettzimmer mit Geräteschiene und Medienschienen

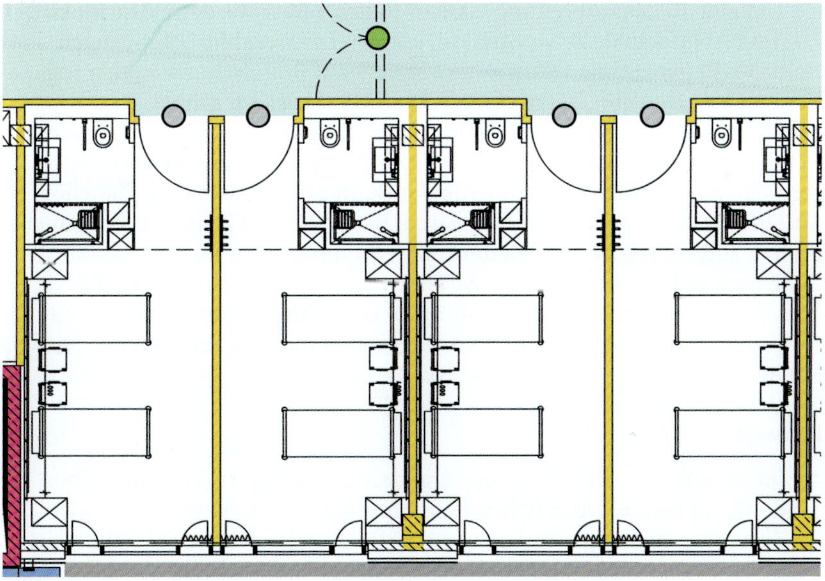

Abb. F-3: Grundriss Bettenzimmer, feuerhemmende Trennwände

Mögliche Erleichterungen für die Bauart der Wände

In Diskussionen mit Brandschutzdienststellen sowie sachverständigen Kolleginnen und Kollegen wird mittlerweile regelmäßig die Meinung vertreten, dass jeweils eine Wand zwischen 2 Bettenzimmern nicht feuerhemmend, sondern lediglich rauchdicht und aus nicht brennbaren Baustoffen ausgeführt werden kann. Sinnvollerweise ist dies die Wand, an der jeweils auch die Nasszellen zusammenstoßen.

Laut der AGBF-Empfehlung 2023-02, Nr. 5.7 (AGBF Bund, 2023) (siehe Kapitel E.0.1) bestehen keine Einwände, wenn *„maximal zwei Patientenzimmer mit gemeinsamen Versorgungsleitungen ohne Anforderungen an die Feuerwiderstandsdauer verbunden werden, sofern die Zwischenwände rauchdicht ausgeführt werden und der sichere Verbleib der Patienten im Räumungskonzept nachgewiesen wird.“* (S. 10)

Diese Vorgehensweise ist aus Sicht der Autoren zielführend. Sie berücksichtigt sowohl das Schutzziel als auch die bauliche Realität. Dies ist zwingend auch im Räumungskonzept zu berücksichtigen (siehe Kapitel G). Alle Durchdringungen der Wand durch Leitungsanlagen sowie bei Vorhandensein von Lüftungsanlagen sind dann rauchdicht zu verschließen.

Mögliche Erleichterungen für die Durchdringung durch Lüftungsleitungen

Lüftungsanlagen werden im Brandfall in der Regel bereichsweise abgeschaltet. Um eine Rauchausbreitung („kalter Rauch“) über die dann drucklosen Zu- und Abluftkanäle zu verhindern, können bei Wanddurchführungen zwischen Bettenzimmern sowie bei Verzicht auf Brandschutzklappen sog. Kaltrauchsperren eingesetzt werden. Dabei ist darauf zu achten, dass geeignete Kaltrauchsperren mit möglichst hoher Temperaturbeständigkeit verwendet werden. Kaltrauchsperren besitzen keine Zulassung und sind nicht geregelte Bauprodukte, die früher in der Bauregelliste Liste C als Zubehör für Lüftungsleitungen aufgeführt waren. In der MVV TB sind sie nicht mehr explizit aufgeführt, sie werden dort unter Bauprodukten für den Ausbau als Zubehör von Lüftungsleitungen geführt. Es sind Leitungen aus Stahlblech (z. B. Wickelfalzrohre, Stahlflexleitungen, keine Aluminiumleitungen) zu verwenden und die Wanddurchführungen sind dicht zu verschließen (siehe Kapitel I.12.1).

Hinweis

> Im Rahmen der Erstellung des Brandschutzkonzeptes sollte in Verbindung mit dem erforderlichen Räumungskonzept dargestellt werden, ob die vorgesehenen Maßnahmen zur Erfüllung der definierten Schutzziele geeignet sind und ob ggf. weitere Maßnahmen erforderlich sind. Die Planung ist mit allen Beteiligten und der zuständigen Brandschutzdienststelle abzustimmen und zu dokumentieren.

Abb. F-4: Unübersichtliche Beschilderung in einem Altbau

F.4.2.2 Räume mit Explosions- oder erhöhter Brandgefahr

§ 2 Abs. 4 Nr. 19 MBO stellt klar, dass *„bauliche Anlagen, deren Nutzung durch Umgang oder Lagerung von Stoffen mit Explosions- oder erhöhter Brandgefahr verbunden sind"*, als Sonderbauten gelten. § 29 Abs. 2 Nr. 2 MBO fordert für den Abschluss von Räumen mit Explosions- oder erhöhter Brandgefahr feuerbeständige raumabschließende Trennwände sowie feuerhemmende, dichte und selbst schließende Abschlüsse. Der Raum muss außerdem über feuerbeständige Decken (tragend, raumabschließend) verfügen. Auch bei Gebäuden der Gebäudeklasse 1 bis 4 mit geringerer zulässiger Feuerwiderstandsdauer muss die tragende Konstruktion des Raumes dann feuerbeständig sein. Das Schutzziel besteht hierbei sowohl darin, andere Räume vor dem betreffenden Raum zu schützen, als auch den Raum selbst vor einem Brand in anderen Räumen. Nach den Ergebnissen der Gefährdungsbeurteilung und der erforderlichen Einstufung der Räume sind diese entsprechend zu kennzeichnen (siehe Abb. F-4).

Räume mit Explosionsgefahr

Nach § 2 Abs. 10 Gefahrstoffverordnung (GefStoffV) liegt eine potenzielle Explosionsgefahr vor, wenn ein Gemisch aus brennbaren Stoffen (Gasen, Dämpfen, Nebel oder aufgewirbelten Stäuben) und Luft oder anderen Oxidationsmitteln entsteht, das nach dem Wirksamwerden einer Zündquelle eine sich selbsttätig fortpflanzende Flammenausbreitung mit sprunghaftem Temperatur- und Druckanstieg verursacht. Das Vorhandensein bzw. der

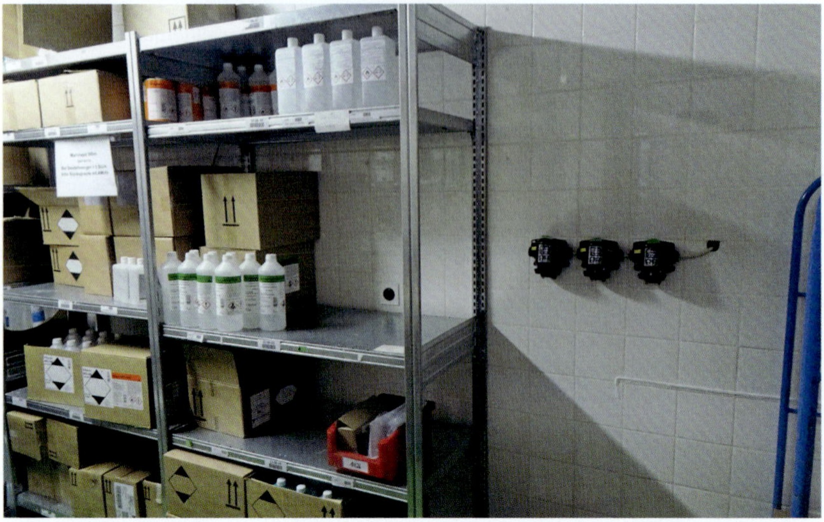

Abb. F-5: Lagergut in explosionsgeschütztem Raum mit zertifizierten elektronischen Ex-Schutz-Steckdosen

Umgang mit brennbaren Stoffen oder chemischen Substanzen allein ist demnach noch kein Kriterium für das Vorliegen einer Explosionsgefahr. Für Laien ist das Gefahrenpotenzial nicht zu erkennen und der Raum kann wie ein normaler Lagerraum wirken (siehe Abb. F-5). Der Arbeitgeber/Betreiber ist dann aber nach § 5 ArbSchG in Verbindung mit § 6 Abs. 4 GefStoffV verpflichtet, eine spezifische Gefährdungsbeurteilung durchzuführen. § 6 Abs. 4 GefStoffV regelt hierzu:

„(4) Der Arbeitgeber hat festzustellen, ob die verwendeten Stoffe, Gemische und Erzeugnisse bei Tätigkeiten, auch unter Berücksichtigung verwendeter Arbeitsmittel, Verfahren und der Arbeitsumgebung sowie ihrer möglichen Wechselwirkungen, zu Brand- oder Explosionsgefährdungen führen können. Dabei hat er zu beurteilen,

1. *ob gefährliche Mengen oder Konzentrationen von Gefahrstoffen, die zu Brand- und Explosionsgefährdungen führen können, auftreten; dabei sind sowohl Stoffe und Gemische mit physikalischen Gefährdungen nach der Verordnung (EG) Nr. 1272/2008 wie auch andere Gefahrstoffe, die zu Brand- und Explosionsgefährdungen führen können, sowie Stoffe, die in gefährlicher Weise miteinander reagieren können, zu berücksichtigen,*
2. *ob Zündquellen oder Bedingungen, die Brände oder Explosionen auslösen können, vorhanden sind und*
3. *ob schädliche Auswirkungen von Bränden oder Explosionen auf die Gesundheit und Sicherheit der Beschäftigten möglich sind.*

Insbesondere hat er zu ermitteln, ob die Stoffe, Gemische und Erzeugnisse auf Grund ihrer Eigenschaften und der Art und Weise, wie sie am Arbeitsplatz vorhanden sind oder verwendet werden, explosionsfähige Gemische bilden können. Im Fall von nicht atmosphärischen Bedingungen sind auch die möglichen Veränderungen der für den Explosionsschutz relevanten sicherheitstechnischen Kenngrößen zu ermitteln und zu berücksichtigen."

Nach Anhang I Nr. 1.7 GefStoffV ist im Rahmen der Gefährdungsbeurteilung ausschließlich der Normalbetrieb zu beurteilen. Laut TRGS 720 „Gefährliche explosionsfähige Gemische – Allgemeines" (Bundesanstalt für Arbeitsschutz [BAuA], 2020) ist dies der Zustand, in dem Arbeitsmittel oder Anlagen und deren Einrichtungen innerhalb ihrer Auslegungsparameter verwendet oder betrieben werden. Dies schließt auch vorhersehbare Freisetzungen im Rahmen regelmäßiger Instandhaltungs- und Wartungsarbeiten ein. Unfälle oder betriebsunübliche technische Störungen (z. B. spontanes Versagen von Dichtungen, Pumpen oder Flanschen) müssen hingegen nicht berücksichtigt werden.

Hinweis

Insbesondere in Krankenhäusern gehört der Umgang mit brennbaren Flüssigkeiten (z. B. Desinfektionsmittel) zur Routine, auch sind bei der Anwendung häufig Zündquellen vorhanden (z. B. Kauterisation im OP) und können ablaufbedingt nicht verhindert werden.

In der Regel sind die verwendeten Mengen jedoch so gering, dass die Bildung eines gefährlichen explosionsfähigen Gemisches nicht gegeben ist oder durch einfache organisatorische Maßnahmen (z. B. Mengenreduktion) ausgeschlossen werden kann. Zusätzliche bauliche und technische Schutzmaßnahmen zur Vermeidung von Explosionsgefahren beschränken sich daher in der Regel auf wenige Einzelfälle (z. B. zentrale Lagerräume für Desinfektionsmittel/Lösemittel).

Für Lagerräume für entzündbare Flüssigkeiten in Behältern mit einem Fassungsvermögen von bis zu 1.000 l enthält Kapitel 12.6 der TRGS 510 „Lagerung von Gefahrstoffen in ortsbeweglichen Behältern" konkrete Vorgaben zum Explosionsschutz.

Kann das Auftreten einer explosionsfähigen Atmosphäre nicht zuverlässig ausgeschlossen werden, sind immer zusätzliche Schutzvorkehrungen zu treffen, wobei eine Rangfolge nach § 12 GefStoffV strikt einzuhalten ist:

„1. gefährliche Mengen oder Konzentrationen von Gefahrstoffen, die zu Brand- oder Explosionsgefährdungen führen können, sind zu vermeiden (Primärer Explosionsschutz)

2. Zündquellen oder Bedingungen, die Brände oder Explosionen auslösen können, sind zu vermeiden (Sekundärer Explosionsschutz)

3. Schädliche Auswirkungen von Bränden oder Explosionen auf die Gesundheit und Sicherheit der Beschäftigten und anderer Personen sind so weit wie möglich zu verringern (Tertiärer Explosionsschutz)"

Hinweis

Kann das Auftreten von explosionsfähiger Atmosphäre trotz Schutzmaßnahmen nicht zuverlässig verhindert werden, sind explosionsgefährdete Bereiche nach Anhang I Nummer 1.7 GefStoffV immer in Zonen einzuteilen. Diese geben Auskunft über die Auftretenswahrscheinlichkeit der explosionsfähigen Atmosphäre und die zeitliche Dauer.

Unabhängig von den weiteren Schutzmaßnahmen sind die in Zonen eingeteilten Bereiche deutlich erkennbar und dauerhaft mit dem Warnzeichen „Warnung vor explosionsfähiger Atmosphäre" zu kennzeichnen und in den Feuerwehrplänen (siehe Kapitel K) aufzuführen.

Das Ergebnis der Gefährdungsbeurteilung und die ggf. erforderlichen Maßnahmen sind in einem ausführlichen Explosionsschutzdokument nach § 6 Absatz 9 GefStoffV darzustellen:

„(9) Bei der Dokumentation nach Absatz 8 hat der Arbeitgeber in Abhängigkeit der Feststellungen nach Absatz 4 die Gefährdungen durch gefährliche explosionsfähige Gemische besonders auszuweisen (Explosionsschutzdokument). Daraus muss insbesondere hervorgehen,

1. *dass die Explosionsgefährdungen ermittelt und einer Bewertung unterzogen worden sind,*
2. *dass angemessene Vorkehrungen getroffen werden, um die Ziele des Explosionsschutzes zu erreichen (Darlegung eines Explosionsschutzkonzeptes),*
3. *ob und welche Bereiche entsprechend Anhang I Nummer 1.7 in Zonen eingeteilt wurden,*
4. *für welche Bereiche Explosionsschutzmaßnahmen nach § 12 und Anhang I Nummer 1 getroffen wurden,*
5. *wie die Vorgaben nach § 15 umgesetzt werden und*
6. *welche Überprüfungen nach § 7 Absatz 7 und welche Prüfungen zum Explosionsschutz nach Anhang 2 Abschnitt 3 der Betriebssicherheitsverordnung durchzuführen sind."*

Hinweis

Die Gefährdungsbeurteilung bzw. die Erstellung eines Explosionsschutzdokumentes gehört keinesfalls zum Leistungsumfang eines Brandschutznachweises, diese Aufgabe liegt im alleinigen Zuständigkeitsbereich des Arbeitgebers/Betreibers. Verfügt dieser nicht selbst über entsprechende Kenntnisse, sind geeignete Fachleute (z. B. Sachverständige für Explosionsschutz) hinzuzuziehen.

Räume mit erhöhter Brandgefahr

Der Begriff „Räume mit erhöhter Brandgefahr" ist in der MBO nicht näher definiert, es handelt sich damit um einen auslegungsbedürftigen „unbestimmten Rechtsbegriff". Bei Orientierung an den Gefährlichkeitsmerkmalen der GefStoffV ist eine erhöhte Brandgefahr in der Regel dann anzunehmen, wenn brandfördernde, leicht entzündliche oder hoch entzündliche Stoffe in nicht geringen Mengen gelagert, be- oder verarbeitet werden (siehe Abb. F-6).

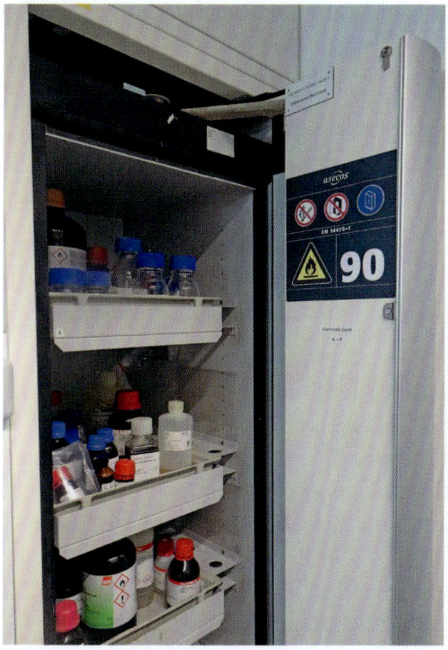

Abb. F-6: Lagerung gefährlicher Stoffe in nicht geringen Mengen im feuerbeständigen Gefahrstoffschrank

Bei der Auslegung ist jedoch zu berücksichtigen, dass z. B. auch in Abfallsammelräumen erhebliche Brandlasten vorhanden sein können. Solche Räume sind jedoch bereits durch § 45 MBO „Aufbewahrung fester Abfallstoffe" abschließend geregelt und erfüllen somit ausdrücklich nicht das Risikopotenzial von Räumen mit erhöhter Brandgefahr. Ähnlich verhält es sich mit elektrischen Betriebsräumen, die unter den Regelungsumfang des „Musters einer Verordnung über den Bau von Betriebsräumen für elektrische Anlagen" (MEltBauV) fallen.

Daraus folgt, dass Räume mit erhöhter Brandgefahr deutlich höhere Risiken aufweisen müssen als elektrische Betriebsräume oder Abfallsammelräume. Gerade die pauschale Bewertung von Putzkammern, Kopierräumen, elektrischen Betriebsräumen außerhalb des Regelungsbereichs der MEltBauV oder kleinen Lagerräumen erscheint daher überzogen und führt zu unnötigen Bau- und Betriebskosten.

Hinweis

Aus Sicht der Autoren ist vor einer Einstufung von Räumen die konkrete Brandausbreitungsgefahr bzw. -geschwindigkeit zu hinterfragen. Neben den im Raum vorhandenen Brandlasten ist daher auch das Vorhandensein von Zündquellen zu prüfen. Hierbei ist der Nachweisersteller zwingend auf Betreiberangaben angewiesen.

Ist die Nutzung einzelner Räume (zur besonderen Verwendung – ZBV-Räume) zum Zeitpunkt der Erstellung des Brandschutznachweises noch nicht bekannt, sollten auch diese Räume als Räume mit erhöhter Brandgefahr im Sinne der MBO definiert werden, um eine größtmögliche Flexibilität in der Nutzung zu erhalten. Dies muss jedoch in enger Abstimmung mit dem Bauherrn erfolgen.

Spezifische Anforderungen im Krankenhausbau nach den Regelwerken der Bundesländer

In den Regelungen der einzelnen Bundesländer finden sich vereinzelt Angaben zu Räumen mit Explosions- oder erhöhter Brandgefahr (vgl. Tabelle F-5). Diese beinhalten gegenüber den Mindestanforderungen nach MBO teilweise gravierende zusätzliche bauliche/technische Anforderungen.

Gerade die pauschale Forderung nach einer geeigneten automatischen Feuerlöschanlage für Räume mit erhöhter Brandgefahr in der BbgKPBauV wird seitens der Autoren ohne besondere Differenzierung als sehr pauschal und damit ungeeignet angesehen.

Die vom BPD Krankenhäuser aufgeführten Klarstellungen sind dagegen aus Sicht der Autoren äußerst hilfreich und praxisgerecht. Eine Ausnahme bilden hierbei die Festlegungen für Geräteräume. Die technische Entwicklung hat dazu geführt, dass die meisten medizinischen Geräte Lithium-Ionen-Akkumulatoren enthalten, von denen eine nicht zu unterschätzende Brandgefahr ausgehen kann. Da die medizinischen Geräte in Geräteräumen nicht nur gelagert, sondern häufig auch geladen werden, sind diese Räume daher immer als Räume mit erhöhter Brandgefahr zu bewerten.

Tabelle F-5: Angaben zu Räumen mit Explosions- oder erhöhter Brandgefahr in den Bundesländern mit Regelungen zum Brandschutz im Krankenhaus

Bundesland	Fundstelle	Angaben zu Räumen mit Explosions- oder erhöhter Brandgefahr
Baden-Württemberg – Hinweise über den baulichen Brandschutz in Krankenhäusern und baulichen Anlagen entsprechender Zweckbestimmung	Nr. 1.4	***„Dämmstoffe und Bekleidungen*** *Dämmstoffe und Bekleidungen müssen folgendes Brandverhalten aufweisen:* *Nichtbrennbar an Wänden und Decken von Rettungswegen,* ***in Räumen mit erhöhter Brand- und Explosionsgefahr*** [Hervorhebung durch die Autoren], *Installationsbereichen und in Dächern (mit Ausnahme der Dachhaut)* […]"
Brandenburg – BbgKPBauV	§ 13	***„Feuerlöscheinrichtungen und -anlagen*** *(4) Räume mit* ***erhöhter Brandgefahr*** [Hervorhebung durch die Autoren], *wie Räume, in denen mit offenem Feuer oder brennbaren Flüssigkeiten umgegangen wird, Laboratorien, Werkstätten, Desinfektionsräume, Filmarchive oder Lagerräume für Medikamente oder brennbare Flüssigkeiten* ***müssen eine dafür geeignete automatische Feuerlöschanlage*** [Hervorhebung durch die Autoren] *haben. Satz 1 gilt entsprechend für Einrichtungen, von denen besondere Brandgefahren ausgehen."*
	§ 15	***„Besondere Anforderungen an Räume mit erhöhter Brandgefahr*** *(1) Räume mit* ***erhöhter Brandgefahr*** [Hervorhebung durch die Autoren] *(§ 13 Abs. 4) müssen mindestens zwei möglichst weit auseinander und entgegengesetzt liegende Ausgänge ins Freie oder zu Rettungswegen haben. Ein Ausgang darf auch zu einem benachbarten Raum führen, wenn von diesem ein Rettungsweg oder das Freie unmittelbar erreichbar ist.* *(2) In Räumen mit* ***erhöhter Brandgefahr*** [Hervorhebung durch die Autoren] *müssen geeignete Feuerlöscheinrichtungen oder Löschdecken zur Bekämpfung von Entstehungsbränden bereitgehalten werden.* *(3) Räume mit* ***erhöhter Brandgefahr*** [Hervorhebung durch die Autoren] *müssen Einrichtungen haben, durch die Gase, Dämpfe, Nebel, Wrasen und Stäube so beseitigt werden, dass Gefahren oder unzumutbare Belästigungen nicht entstehen können. Räume dieser Art müssen durch Warnschilder gekennzeichnet sein."*

Tabelle F-5: (Fortsetzung)

Bundesland	Fundstelle	Angaben zu Räumen mit Explosions- oder erhöhter Brandgefahr
Hamburg – BPD Krankenhäuser	Nr. 4.3	***„Räume*** *Arbeitsraum rein und unrein* *Es handelt sich aufgrund der Nutzung nicht um Räume mit erhöhter Brandgefahr.* *Frühstücksraum/Teeküche/Aufenthaltsraum* *Aufenthaltsräume sind ausgestattet mit Kaffeemaschinen sowie Aufwärm- oder Kühlgeräten. Sie gelten nicht als Räume mit erhöhter Brandgefahr.* *Geräteraum* *Von Geräteräumen für medizinische Geräte und zugehörige technische Einrichtungen geht keine erhöhte Brandgefahr aus.* *Medizinische Laborräume* *Laborräume gelten nur als Räume mit* ***erhöhter Brandgefahr****, wenn die Bevorratung mit Chemikalien und brennbaren Flüssigkeiten nicht in geschlossenen Schränken erfolgt.* *Lagerräume* *Lagerräume für den täglichen Bedarf in den Betten-/Pflegebereichen sowie in Behandlungsbereichen mit einer Größe von bis zu 20 m² gelten nicht als Räume mit erhöhter Brandgefahr.* *Pflegestützpunkte* *Pflegestützpunkte (Schwesternstützpunkte) gelten nicht als Räume mit erhöhter Brandgefahr und sind aus betrieblichen Gründen in der Regel offen mit dem notwendigen Flur verbunden. Zur Herstellung des Raumabschlusses zum notwendigen Flur sind Maßnahmen vorzusehen, siehe 7.2.* [Anm. der Autoren: Ein feuerhemmender Abschluss zum notwendigen Flur ist erforderlich.] *Stationsküchen* *Stationsküchen in Form einer Pantry, die nicht als Kochküche dienen, und Aufenthaltsräume mit Aufwärm- und Kühlgeräten werden nicht als Räume mit erhöhter Brandgefahr eingestuft. Küchen sind grundsätzlich als geschlossene Räume auszubilden und nicht offen in notwendigen Fluren zulässig."*
	Nr. 5.4	***„Besondere Räume*** *Räume* ***mit erhöhter Brandgefahr*** [Hervorhebung durch die Autoren] *und Betriebsräume der technischen Gebäudeausrüstung sind mit feuerbeständigen Wänden abzutrennen. Öffnungen in den Wänden müssen feuerhemmende, rauchdichte und selbstschließende Abschlüsse, T30-RS, haben (§ 51 HBauO)."*
Saarland – KHBauR	Nr. 2.14	***„Elektrostatische Aufladung*** *In allen Räumen mit* ***erhöhter Brand- oder Explosionsgefahr*** [Hervorhebung durch die Autoren] *sind Vorkehrungen zur Vermeidung von Gefahren durch elektrostatische Aufladung zu treffen."*
	Nr. 2.19	***„Feuerlöschgeräte […]*** *„[…] Weitere Feuerlöscher müssen in Räumen mit* ***erhöhter Brand- oder Explosionsgefahr*** [Hervorhebung durch die Autoren], *wie Laboratorien, Filmarchiven, Apotheken, Aufbewahrungsräumen für Medikamente sowie in Operations-, Entbindungs-, Frühgeborenen- und Intensiveinheiten angebracht sein."*
	Nr. 3.5	***„Laboratoriumsräume*** *Laboratoriumsräume mit* ***erhöhter Brand- oder Explosionsgefahr*** [Hervorhebung durch die Autoren] *müssen […] von anders genutzten Räumen und Fluren feuerbeständig abgetrennt sein […]."*

Aus Sicht der Autoren ist anzumerken, dass auch Lagerräume innerhalb von Funktionseinheiten (Teilnutzungseinheiten, Brandschutzbereichen) ohne notwendigen Flur anders zu beurteilen sind als Räume mit vorgelagertem notwendigem Flur. Hier sind die Aspekte der Brandausbreitung und des Gefährdungspotenzials deutlich kritischer zu bewerten, sodass dann auch Lagerräume mit einer Fläche von unter 20 m^2 als Räume mit erhöhter Brandgefahr eingestuft werden sollten.

Hinweis

Den Autoren sind Fälle bekannt, in denen im Brandschutznachweis die Auslegung des BPD Krankenhäuser zu Teeküchen/Aufenthaltsräumen aufgeführt sind. Demnach dürfen dort keine Kochgelegenheiten (z. B. Herd, Backofen) aufgestellt werden. Nach der Realisierung wurden dennoch einzelne Kochgelegenheiten beschafft, sodass die Auflagen des Brandschutzkonzeptes nicht eingehalten werden. Um solchen Problemen vorzubeugen, sind die Vor- und Nachteile dieser Lösung dem Bauherrn zu erläutern, da diesem die endgültige Entscheidung obliegt.

F.4.2.3 Hinweise zu Trennwänden zur Bildung von Räumungsabschnitten

Die abschnittsbildenden Maßnahmen (siehe Abb. F-7) haben großen Einfluss auf das Räumungskonzept und damit auch auf die planmäßige Durchführbarkeit einer Räumung, die horizontalen Abschnitte sind jeweils objektspezifisch zu planen (siehe Kapitel G).

Abb. F-7: Abschnittsbildende Flurtür mit Stangengriffen, Erweiterung der Trennwände im notwendigen Flur

F.5 Brandwände (§ 30 MBO)

F.5.1 Bauordnungsrechtliche Anforderungen

Die entsprechenden Anforderungen ergeben sich aus § 30 MBO, weitere Anforderungen sind dem Abschnitt A 2.1.7 der MVV TB zu entnehmen.

Brandwände stellen die klassische Barriere im System der äußeren und inneren Abschottungen dar, das den Bauordnungen zugrunde liegt. Die Anforderungen zielen darauf ab, einen Brand „ausreichend lange" auf diesen (Brand-)Abschnitt zu begrenzen und wirksame Löschmaßnahmen zu ermöglichen. Ein Brand muss also möglichst an der Brandwand von der Feuerwehr gestoppt werden können. Insofern werden an die bautechnische Ausführung höhere Anforderungen gestellt als beispielsweise an Decken oder Trennwände. Brandwände müssen auch bei zusätzlicher mechanischer Beanspruchung, z. B. durch herabfallende Bauteile, standsicher sein.

Innere Brandwände werden zur Unterteilung ausgedehnter Gebäude in Abständen von nicht mehr als 40 m gefordert. Sie dienen der Unterteilung von Gebäuden in Brandabschnitte. „Äußere" Brandwände (kein bauordnungsrechtlicher Begriff) sind Gebäudeabschlusswände, die aneinandergebaute Gebäude auf demselben Grundstück unterteilen. Zum Abschluss aneinandergebauter Gebäude auf verschiedenen Grundstücken müssen Gebäudeabschlusswände als Brandwände ausgeführt werden.

F.5.2 Weitergehende Anforderungen im Krankenhausbau

§ 10 MKhBauVO hat erstmals Brandwandabstände von 50 m als zulässig erachtet, wenn die Fläche des Brandabschnitts 2.000 m^2 nicht überschreitet. Diese Erleichterungen gelten nicht für Hochhäuser. Außerhalb des Pflegebereichs sind größere Abstände zulässig, wenn die Nutzung dies erfordert und keine brandschutztechnischen Bedenken bestehen. Gleichzeitig werden in Obergeschossen mit Pflegebereichen mindestens 2 unmittelbar miteinander verbundene Brandabschnitte gefordert. Einer dieser Brandabschnitte muss mindestens 30 % der Betten des benachbarten Brandabschnitts vorübergehend aufnehmen können. Damit werden die besonderen Bedingungen der horizontalen Räumung berücksichtigt und der Personenschutz in den Vordergrund gestellt. Darüber hinaus muss jeder Brandabschnitt unmittelbar mit einem Treppenraum verbunden sein, um den unmittelbaren Löschangriff der Feuerwehr zu ermöglichen.

Diese Anforderungen werden im Wesentlichen auch in den in Baden-Württemberg geltenden Hinweisen über den baulichen Brandschutz in Krankenhäusern und baulichen Anlagen entsprechender Zweckbestimmung und in der Richtlinie über den Bau und Betrieb von Krankenhäusern im Saarland gestellt. In der BbgKPBauV wird der Abstand der Brandwände nicht erwähnt, somit gelten die Abstände nach LBO von max. 40 m. Zusätzlich sind hier die Brandabschnitte so zu bemessen, dass alle Personen des größten benachbarten Brandabschnitts vorübergehend aufgenommen werden können.

Tabelle F-6 gibt eine Übersicht über die entsprechenden unterschiedlichen Anforderungen.

Tabelle F-6: Brandabschnittsgrößen in den Regelwerken der Bundesländer Baden-Württemberg, Brandenburg, Hamburg und Saarland

Bundesland	Fundstelle	Brandabschnittsgrößen
Baden-Württemberg – Hinweise über den baulichen Brandschutz in Krankenhäusern und baulichen Anlagen entsprechender Zweckbestimmung	Nr. 2.1	*„2.1 Brandabschnitte* *Abweichend von § 7 Abs. 4 LBOAVO dürfen die Abstände der Brandwände bis zu 50 m betragen."*
Brandenburg – BbgKPBauV		Keine Angaben, es gelten die Vorgaben der LBO.
Hamburg – BPD Krankenhäuser	Nr. 6.1	***„6.1 OP-Bereiche Intermediate Care, Intensivstationen*** *Brandabschnitte mit OP-Bereichen, Intermediate Care und Intensivstationen sind im Einzelfall mit einer Brandabschnittslänge bis zu 60 m bei einer max. Grundfläche von 1600 m² zulässig."*
Saarland – KHBauR	Nr. 2.4.2	*„Brandwandabstände bis 50 m sind zulässig, wenn die Fläche des Brandabschnittes 2000 m² nicht überschreitet."*

Um sicherzustellen, dass auch bei Objekten, bei denen eine Brandabschnittstrennung zunächst nicht erforderlich ist, eine räumlich relevante Abschnittstrennung der Betten- und Pflegebereiche in Brandschutzbereiche erfolgt, fordern die Regelwerke der Bundesländer eine solche Abschnittstrennung unabhängig von den Geschossabmessungen (vgl. Tabelle F-7).

Tabelle F-7: Abschnittstrennung in den Regelwerken der Bundesländer Baden-Württemberg, Brandenburg, Hamburg und Saarland

Bundesland	Fundstelle	Abschnittstrennung
Baden-Württemberg – Hinweise über den baulichen Brandschutz in Krankenhäusern und baulichen Anlagen entsprechender Zweckbestimmung	Nr. 2.2	***„2.2 Brandschutzbereiche*** *Soweit in Pflegebereichen eine Unterteilung in Brandabschnitte nicht erforderlich ist, sind Brandschutzbereiche herzustellen. Geschosse in Pflegebereichen sind in mindestens zwei Brandschutzbereiche zu unterteilen."*
Brandenburg – BbgKPBauV	§ 5	***„§ 5 Brandabschnitte*** *Pflegebereiche müssen in jedem Geschoss mindestens zwei getrennte Brandabschnitte haben."*
Hamburg – BPD Krankenhäuser	Nr. 6.2	***„6.2. Bettenbereiche / Pflegebereiche*** *Betten-/Pflegebereiche müssen in jedem Geschoss mindestens zwei Brandabschnitte haben."*
Saarland – KHBauR	Nr. 2.4.1	*„Jedes Obergeschoss im Pflegebereich muss mindestens zwei Brandabschnitte haben."*

Eine Unterteilung in Brandabschnitte bzw. Brandschutzbereiche wird allein aufgrund der Nutzung als Krankenhaus gefordert, wobei diese Forderung explizit auf Ebenen mit Betten- und Pflegebereichen beschränkt wird.

Eine Ausnahme bildet die Regelung im Saarland, wo eine Brandabschnittsunterteilung nur für Pflegebereiche in den Obergeschossen gefordert wird. Für das Erdgeschoss wird unterstellt, dass eine Evakuierung ins Freie ohne Weiteres möglich ist. Aus Sicht der Autoren erscheint diese Annahme sehr pauschal, da das Freie keine adäquate Fläche zur Aufnahme von Patienten darstellt (Stichwort Witterung). Aus Sicht der Autoren ist ein Verzicht auf Brandabschnitte bzw. Brandschutzbereiche in erdgeschossigen Betten- und Pflegebereichen nur möglich, wenn in unmittelbarer Nähe geeignete Gebäude zur Aufnahme der Patienten zur Verfügung stehen.

F.5.2.1 Kompartimente

Im BPD Krankenhäuser des BPD Hamburg wird hinsichtlich des Anforderungsniveaus auf die Nutzung abgestellt.

Im Einzelfall sind Brandabschnitte mit OP-Bereichen, Intermediate Care und Intensivstationen mit hohem Personalaufkommen mit einer Brandabschnittslänge von bis zu 60 m bei einer max. Grundfläche von 1.600 m² zulässig. Es wird darauf hingewiesen, dass eine Abweichung erteilt werden kann, sofern die Voraussetzungen des § 69 Hamburgische Bauordnung (HBauO) erfüllt sind. Diese Erleichterung berücksichtigt heutige Anforderungen nach längeren Brandabschnitten hinsichtlich der Nutzung und der Gebäudegeometrie, ohne jedoch die nach MBO max. zulässige Größe von 1.600 m² zu überschreiten. Innerhalb der Brandabschnitte sind mindestens 2 Brandschutzbereiche herzustellen. Diese sind durch eine feuerbeständige Wand mit feuerhemmenden, rauchdichten und selbst schließenden Abschlüssen zu trennen. Das Ziel besteht darin, die medizinische Versorgung in diesen Bereichen bei einem Brand in einem benachbarten Bereich möglichst lange aufrechterhalten zu können. Für diese Brandschutzbereiche wurde der Begriff „Kompartiment“ eingeführt (siehe Abb. F-8 und F-9), wobei die Größe eines Kompartiments auf max. 800 m² begrenzt ist. In der Summe (2 Brandschutzbereiche) ergibt sich damit wieder die max. zulässige Brandabschnittsgröße von 1.600 m².

Der BPD Krankenhäuser berücksichtigt hier auch moderne Anforderungen an die Funktionsbereiche bezüglich der medizinischen Arbeitsabläufe, indem explizit erwähnt wird, dass unter bestimmten Voraussetzungen im Einzelfall auf den notwendigen Flur innerhalb dieser Kompartimente verzichtet werden kann. Hierfür ist die Erteilung einer Abweichung erforderlich.

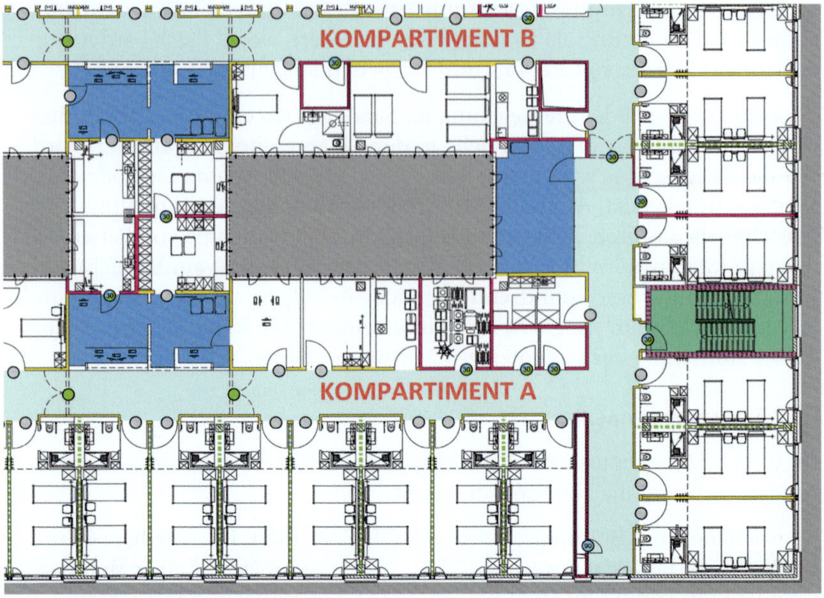

Abb. F-8: Grundriss Kompartimente mit notwendigem Flur (Allgemeinpflege)

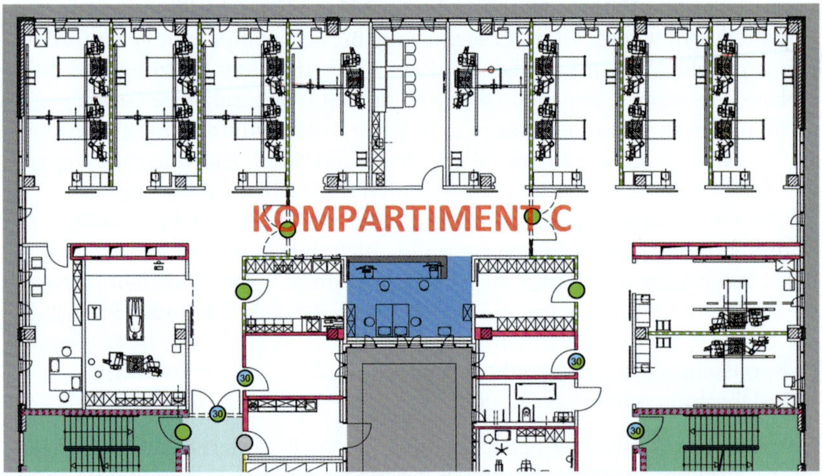

Abb. F-9: Grundriss Kompartiment ohne notwendigen Flur (Intensivpflege)

Hinweis

Eine Unterteilung von Brandabschnitten in Kompartimente reduziert den Räumungsaufwand erheblich. Neben der Unterteilung von Sonderbereichen kann dies auch in Normalstationen oder bei baulichen Besonderheiten sinnvoll sein.

Sind die Kompartimente ausreichend dimensioniert und verfügen sie über von anderen Kompartimenten unabhängige Rettungswege, bestehen aus Sicht der Autoren keine Bedenken, diese als eigenständige Räumungsabschnitte zu betrachten. Dies setzt zwingend eine autarke Energie- und Gasversorgung voraus

F.5.2.2 Aufnahmekapazitäten

Im Falle einer notfallmäßigen Verlegung von Patienten in andere Bereiche besteht in der Regel keine Möglichkeit, die aufnehmenden Bereiche auf diese Situation vorzubereiten. Es wird angenommen, dass die vorhandenen Bettenzimmer zum Zeitpunkt des Ereignisses voll belegt sind und nicht ohne Weiteres zur Verfügung stehen. Aus Gründen der Sicherheit ist es zwingend erforderlich, dass Brandabschnitte bzw. Brandschutzbereiche, die für die vorübergehende Aufnahme von Patienten vorgesehen sind, ausreichend dimensionierte Flächen aufweisen (vgl. Tabelle F-8).

Tabelle F-8: Erforderliche Aufnahmekapazitäten nach den Regelwerken der Bundesländer Baden-Württemberg, Brandenburg, Hamburg und Saarland

Bundesland	Fundstelle	erforderliche Aufnahmekapazitäten
Baden-Württemberg – Hinweise über den baulichen Brandschutz in Krankenhäusern und baulichen Anlagen entsprechender Zweckbestimmung	Nr. 2.2	***„2.2 Brandschutzbereiche*** *Jeder Brandschutzbereich muss so bemessen sein, dass zusätzlich mindestens 30 v. H. der Betten des benachbarten Brandschutzbereiches vorübergehend aufgenommen werden können."*
Brandenburg – BbgKPBauV	§ 5	*„§ 5 Brandabschnitte* *Die Brandabschnitte sind so zu bemessen, dass zusätzlich alle Personen aus dem größten benachbarten Brandabschnitt vorübergehend aufgenommen werden können. Die Nutzbarkeit der Rettungswege darf durch die zusätzlich aufgenommenen Rollstühle, Betten und Tragen nicht beeinträchtigt werden."*
Hamburg – BPD Krankenhäuser	Nr. 6.2	***„6.2 Bettenbereiche / Pflegebereiche*** *Jeder Brandabschnitt muss die Personen des benachbarten Brandabschnittes aufnehmen können, bei bettlägerigen Patienten einschließlich der Betten, um eine horizontale Evakuierung zu ermöglichen."*
Saarland – KHBauR	Nr. 2.4.1	*„Jeder Brandabschnitt [...] ist so zu bemessen, dass zusätzlich mindestens 30 v. H. der Betten des benachbarten Brandabschnittes vorübergehend aufgenommen werden können."*

In Bezug auf den erforderlichen Platzbedarf ergeben sich unterschiedliche Anforderungen. In einigen Fällen sind Brandabschnitte so zu dimensionieren, dass alle Patienten der angrenzenden Brandabschnitte bzw. Brandschutzbereiche aufgenommen werden können. In anderen Fällen ist der Anteil auf 30 % der möglichen Betten begrenzt.

Hinweis

Aus Sicht der Autoren sind beide Forderungen zu pauschal und somit nicht zielführend. Vielmehr ist immer eine individuelle Bewertung der Gegebenheiten vorzunehmen und diese im Räumungskonzept zu dokumentieren. Grundsätzlich ist bei der Planung immer vom ungünstigsten Fall auszugehen, d. h., es ist von einer Vollbelegung aller Planbetten auszugehen. Insbesondere auf Normalstationen ist davon auszugehen, dass ein bestimmter Anteil der Patienten gehfähig ist und den Brandbereich eigenständig verlassen kann. Erfahrungen aus Evakuierungen in Krankenhäusern belegen, dass der Anteil gehunfähiger zu Pflegender hier auf 30 bis 50 % der Pflegebetten begrenzt werden kann. Auf Stationen mit erhöhtem Pflegebedarf (z. B. Intensivstationen) liegt der Anteil nicht gehfähiger Patienten dagegen in der Regel bei 100 % der Pflegebetten.

Bei der Planung der Aufnahmekapazitäten ist zu beachten, dass die definierten Flucht- und Rettungswege auch im Räumungsfall in voller Breite freigehalten werden. Sie stellen keine geeigneten Flächen zum Abstellen von Pflegebetten dar. Die BbgKPBauV und die Hinweise des BPD Krankenhäuser weisen ausdrücklich auf diese grundsätzliche Selbstverständlichkeit hin. Für die vorübergehende Aufnahme der evakuierten Personen müssen daher andere geeignete Flächen zur Verfügung stehen, die vorab im Räumungskonzept festzulegen sind. Ergibt das Räumungskonzept, dass nicht alle zu Pflegenden aufgenommen werden können, muss die Anzahl der Brandabschnitte bzw. Brandschutzbereiche erhöht werden. Durch die damit verbundene Reduzierung der zu Pflegenden pro Abschnitt reduziert sich automatisch der Flächenbedarf für die Patientenaufnahme.

Hinweis

Insbesondere in großen Gebäudekomplexen besteht die Möglichkeit, Patienten auch in andere angrenzende Brandabschnitte oder Gebäudeteile zu verbringen. In diesem Fall ist es nicht zwingend erforderlich, dass alle zu erwartenden Personen im angrenzenden Abschnitt aufgenommen werden können.

Je kleiner jedoch ein Gebäude und damit die Anzahl der Abschnitte pro Geschoss ist, desto genauer müssen die erforderlichen Flächen nachgewiesen werden. Bei nur 2 Abschnitten sollte die Trennung so erfolgen, dass möglichst gleich große Abschnitte entstehen.

Außerdem sollte das Raumprogramm so erstellt werden, dass zusätzliche Betten in den Zimmern untergebracht werden können (z. B. ein zweites Bett in Einbettzimmern, ein drittes Bett in Zweibettzimmern).

Dieses Vorgehen kann auch in anderen Fällen zielführend sein, wenn die Anzahl der Patientenbetten kurzfristig erhöht werden muss (z. B. Massenanfall von Verletzten).

F.5.2.3 Medizinische Infrastruktur

Bereiche, die für die Aufnahme von Patienten vorgesehen sind, müssen nicht nur über den erforderlichen Platzbedarf verfügen, sondern auch über eine grundlegende Infrastruktur, die eine medizinische Versorgung der zu erwartenden Patienten ermöglicht. Diese muss mindestens für eine grundlegende medizinische Versorgung ausgelegt sein. Bei Normalstationen genügt in der Regel ein ausreichend dimensionierter Stellplatz für das Pflegebett. Insbesondere bei Intensivstationen muss jedoch immer eine Sauerstoffversorgung sichergestellt sein. Außerdem müssen ausreichend Anschlussmöglichkeiten für medizinische Geräte (z. B. Beatmungsgeräte) vorhanden sein.

F.5.2.4 Ausfallsicherheit

Damit eine Weiterversorgung von Patienten auch über einen längeren Zeitraum möglich ist, muss eine autarke Energie- bzw. Gasversorgung sichergestellt sein. Eine autarke Energieversorgung der Brandabschnitte ergibt sich bereits aus der MLAR, bezüglich der Gasversorgung bestehen jedoch aktuell keine konkreten Vorgaben. Aus Sicht der Autoren muss die Gasversorgung in Brandabschnitten, die zur Aufnahme von Patienten vorgesehen sind, jedoch zwingend so ausgebildet werden, dass die Brandabschnitte autark betrieben werden können (siehe auch Kapitel I.13).

F.5.2.5 Anbindung an einen Treppenraum

Mit Ausnahme der Veröffentlichung des BPD Krankenhäuser wird in den bestehenden Regelwerken explizit gefordert, dass jeder Brandabschnitt unmittelbar an mindestens einen notwendigen Treppenraum oder eine geeignete Außentreppe anzuschließen ist. In Baden-Württemberg gilt diese Anforderung für jeden „Brandschutzbereich" und ist entsprechend auf Brandabschnitte anzuwenden. Tabelle F-9 gibt einen Überblick über die entsprechenden Regelungen.

Tabelle F-9: Erforderliche Treppenraumkapazitäten nach den Regelwerken der Bundesländer Baden-Württemberg, Brandenburg, Hamburg und Saarland

Bundesland	**Fundstelle**	**erforderliche Treppenkapazitäten**
Baden-Württemberg – Hinweise über den baulichen Brandschutz in Krankenhäusern und baulichen Anlagen entsprechender Zweckbestimmung	Nr. 2.2	***„2.2 Brandschutzbereiche*** *Jeder Brandschutzbereich muss mit einem anderen Brandschutzbereich und mit einem Treppenraum jeweils unmittelbar verbunden sein."*
Brandenburg – BbgKPBauV	§ 5	***„§ 5 Brandabschnitte*** *Jeder Brandabschnitt muss einen notwendigen Treppenraum haben. Die Brandabschnitte dürfen nicht durch offene Treppenräume verbunden sein."*
Hamburg – BPD Krankenhäuser		keine Angaben
Saarland – KHBauR	Nr. 2.4.1	*„Jeder Brandabschnitt muss mit einem anderen Brandabschnitt und mit einem Treppenraum jeweils unmittelbar verbunden sein."*

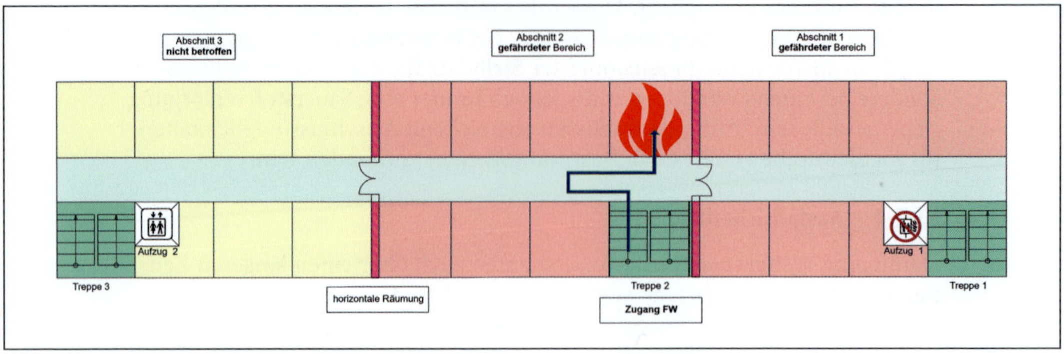

Abb. F-10: Löschangriff unmittelbar über Treppenraum

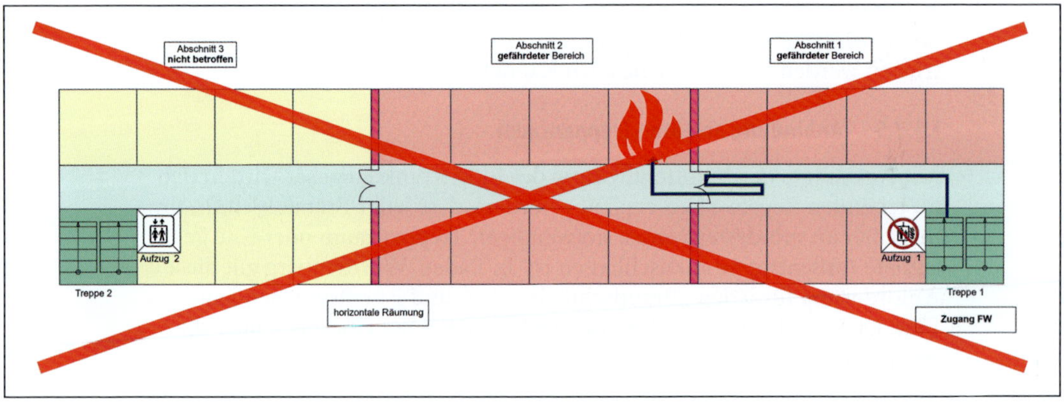

Abb. F-11: Löschangriff nicht unmittelbar über einen benachbarten Räumungs- bzw. Evakuierungsabschnitt

Diese Forderung ist notwendig, um einen unmittelbaren Löschangriff der Feuerwehr zu gewährleisten (siehe Abb. F-10), da der Löschangriff ansonsten über einen benachbarten Räumungs- bzw. Evakuierungsabschnitt erfolgen müsste. Durch die Verlegung von Schläuchen über Brandabschnitte hinweg besteht dann zwangsläufig die Gefahr der Rauchausbreitung in angrenzende Abschnitte (siehe Abb. F-11). Dies würde dem Prinzip der horizontalen Räumung widersprechen und die Anzahl der betroffenen Patienten unnötig erhöhen.

Hinweis

> Entscheidend ist nicht die Größe eines Brandabschnittes, sondern die Anzahl und Art der betroffenen Personen, die vorhandenen Brandlasten, die Anbindung an einen notwendigen Treppenraum sowie eine schutzzielorientierte Zonierung in feuerbeständige Brandschutzbereiche. Nur auf dieser Grundlage können eine sinnvolle Räumungs- und Evakuierungsplanung sowie eine wirksame Brandbekämpfung erfolgen.

F.5.2.6 Öffnungen in Brandwänden

Öffnungen in inneren Brandwänden sind zulässig, wenn sie auf die für die Nutzung erforderliche Anzahl und Größe beschränkt sind. § 30 Abs. 8 MBO fordert feuerbeständige, dicht und selbst schließende Abschlüsse. § 11 Abs. 3 MKhBauVO lässt erleichternd dicht und selbst schließende Türen aus nicht brennbaren Baustoffen zu. Voraussetzung ist, dass diese Türen im Zuge allgemein zugänglicher Flure liegen, die als Rettungswege dienen. In einem Bereich von 2,50 m beidseitig der Tür müssen die angrenzenden Flurwände zudem mindestens feuerhemmend und aus nicht brennbaren Baustoffen hergestellt sein.

Tabelle F-10 verdeutlicht, dass es unterschiedliche Anforderungen an die Türen gibt und damit auch unterschiedliche Auffassungen über die Erreichung des Schutzziels.

Tabelle F-10: Bauliche Anforderungen an die Abschlüsse von Öffnungen in Brandwänden

Anforderung an Türen in Brandwänden M-KhBauVO / Bundesland	**feuerbeständig**	**feuerhemmend**	**dicht**	**rauchdicht**	**selbst schließend (immer Standard)**	**feuerhemmende Flurwände beidseits öffnungslos**
M-KhBauVO			×		×	2,50 m
Baden-Württemberg		×		×	×	1,25 m
Brandenburg	×			×	×	keine Angaben
Saarland		×		×	×	2,50 m
Hamburg zu notwendigen Fluren		×	×		×	keine Angaben

Hinweis

Es ist heute gängige Praxis, beidseitig der Brandwand die Wände notwendiger Flure über einen Bereich von 2,50 m feuerhemmend herzustellen und die Türen in der Brandwand in feuerhemmender und rauchdichter Bauart (T30-RS) auszuführen (Abweichung erforderlich). Die Flurwände müssen dann in diesem Bereich entweder öffnungslos sein (siehe Abb. F-12, hier mit einer feuerbeständigen Wand zu einem Raum mit erhöhter Brandgefahr) oder die Türen zu dahinterliegenden Räumen müssen als feuerhemmende Türen (T30) ausgeführt werden.

Diese Erleichterung für Türen in Brandwänden beruht auf der Erfahrung, dass feuerbeständige Türen relativ schwer sind und im Falle einer Räumung ein großes Hindernis darstellen können. Mit der Reduzierung auf T30 wird das Schutzziel, dass Brandwände 90 Minuten halten, jedoch nicht aufgegeben. Die Wandscheiben schützen die Türen im Brandfall vor der Wärmestrahlung aus den angrenzenden Räumen, sodass die Türen weit unterhalb

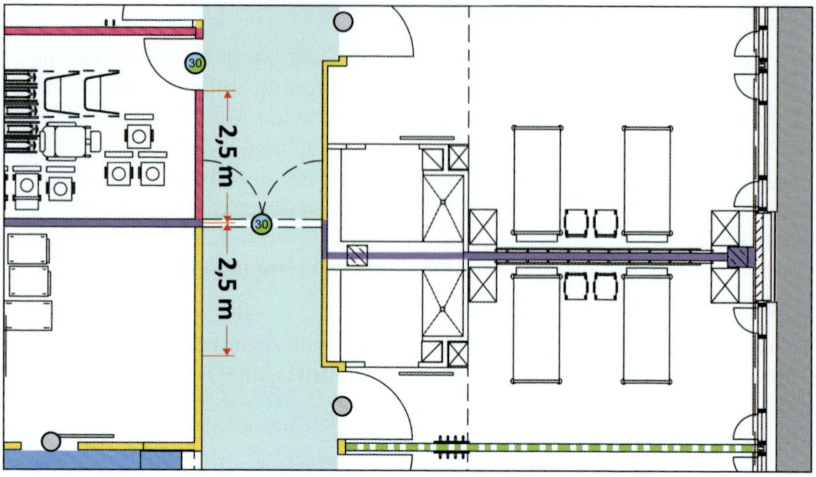

Abb. F-12: Erleichterung für Türen in Brandwänden

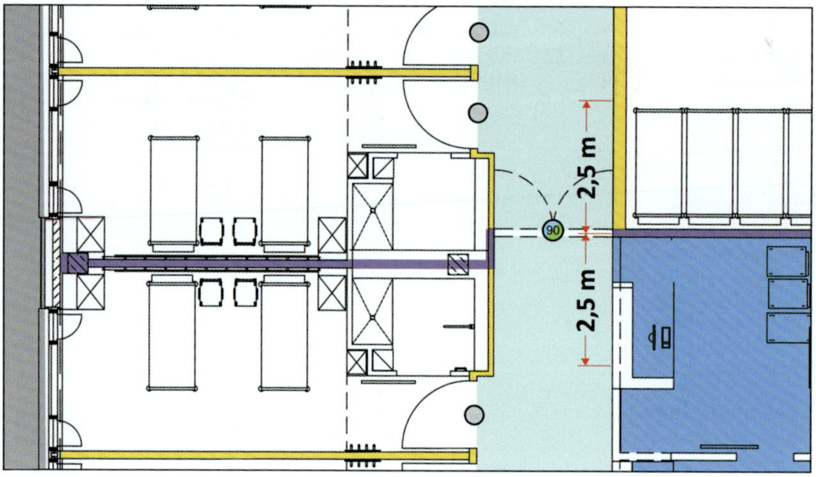

Abb. F-13: Ausführung ohne Erleichterung für Türen in Brandwänden

der ETK belastet werden. Somit kann davon ausgegangen werden, dass die Türen ihre Funktion als raumabschließendes Bauteil unter den gegebenen Randbedingungen für mindestens 90 Minuten erfüllen.

Sind Öffnungen im Bereich von 2,5 m vorhanden, z. B. ein Stützpunkt, muss die Tür feuerbeständig ausgeführt werden (siehe Abb. F-12).

Feuerbeständige Abschlüsse in Brandwänden sind erforderlich, wenn sich Brandlasten auch nur auf einer Seite der Tür befinden, beispielsweise zwischen einem notwendigen Flur und einer Nutzungseinheit oder von Raum zu Raum (siehe Abb. F-13). Müssen Türen aus betrieblichen Gründen offen stehen, sind sie mit bauaufsichtlich zugelassenen Feststellanlagen auszustatten, die im Falle einer Raucheinwirkung selbsttätig schließen. Es wird außerdem empfohlen, die Türen mit zugelassenen Verglasungssystemen auszustatten. Dadurch kann die Feuerwehr den angrenzenden Brandabschnitt einsehen, ohne dass beim Öffnen der Türen Rauch übertragen wird.

F.5.2.7 Dachanschluss und Dachaufbauten der Gebäudetechnik

Insbesondere im Dachbereich besteht eine erhöhte Gefahr der Brandausbreitung. Einem Brandüberschlag über die Brandwand hinweg muss daher entgegengewirkt werden. Insofern sind Brandwände nach § 30 Abs. 5 Satz 1 MBO 0,30 m über die Bedachung zu führen. Alternativ können in Höhe der Dachhaut beiderseits 0,50 m auskragende feuerbeständige Platten aus nicht brennbaren Baustoffen hergestellt werden. Brennbare Teile des Daches dürfen darüber nicht hinweggeführt werden. Erleichterungen bestehen für die Gebäudeklassen 1 bis 3.

Da die oberste Geschossdecke (Dachdecke) im Krankenhausbau ohnehin feuerbeständig hergestellt werden sollte, entspricht dies brandschutztechnisch einer beiderseits 0,50 m auskragenden feuerbeständigen Platte; brennbare Baustoffe dürfen in diesem Bereich nicht verwendet werden (siehe Kapitel F.7). Dies erspart eine sehr aufwendige Detailausbildung.

Dachaufbauten der Gebäudetechnik (Technikzentralen) werden häufig großflächig auf Dächern realisiert. Innerhalb der Zentralen sind Brandabschnitte herzustellen, die möglichst mindestens 0,3 m über die Bedachung der Zentrale geführt werden. Diese Ausführung ist aus brandschutztechnischer Sicht am wirksamsten (im Industriebau beträgt das Maß 0,50 m). Die Zentralen sind möglichst jeweils einem Brandabschnitt zuzuordnen. Durchdringungen zu angrenzenden Brandabschnitten sind mit zugelassenen Systemen feuerbeständig zu schotten. Wenn Installationen der Haustechnik außerhalb der Zentralen über Brandwände hinweggeführt werden müssen, dürfen ausschließlich nicht brennbare Materialien verwendet werden und es dürfen keine brennbaren/brandfördernden Medien transportiert werden.

F.6 Decken (§ 31 MBO)

F.6.1 Bauordnungsrechtliche Anforderungen

Decken gliedern das Gebäude konstruktiv in horizontale Abschnitte und stellen eine der klassischen baulichen Barrieren im System der äußeren und inneren Abschottungen nach MBO dar.

Die entsprechenden Anforderungen ergeben sich aus § 31 MBO. Weitere Anforderungen sind den Abschnitten A 2.1.3.2 (Anforderungen an die Standsicherheit im Brandfall), A 2.1.3.3 (Anforderungen an den Raumabschluss im Brandfall) und A 2.1.8 (Decken) der MVV TB zu entnehmen. Weitere Angaben über „Bauaufsichtliche Anforderungen an tragende raumabschließende Decken und Zuordnung von Klassen (Tabellenwerte) nach Eurocode und zusätzliche Anwendungsregeln" sind Abschnitt 4.2.3 in Anhang 4 der MVV TB zu entnehmen.

§ 31 Abs. 1 MBO fordert, dass Decken *„als tragende und raumabschließende Bauteile zwischen Geschossen im Brandfall ausreichend lang standsicher und widerstandsfähig gegen die Brandausbreitung"* sein müssen.

Für Gebäude der Gebäudeklasse 5 fordert sie feuerbeständige Bauteile, für Gebäude der Gebäudeklasse 4 hochfeuerhemmende Bauteile und für Gebäude der Gebäudeklasse 3 (3 oberirdische Geschosse möglich) eine feuerhemmende Bauweise. Die Decken sind entsprechend den Anforderungen an tragende Bauteile auszubilden. Diese Anforderungen gelten für Decken zwischen Geschossen, also nicht, wenn die Decke mit dem Dach identisch ist (Dachdecken) und keine Geschosse trennt. Für die Dachdecke bestehen daher neben den erforderlichen statischen Anforderungen keine weiteren brandschutztechnischen Anforderungen. Ausnahmen gelten hier für Decken im Dachraum und für Balkone, für Kellerdecken werden je nach Gebäudeklasse erhöhte Anforderungen gestellt.

Weitergehende Anforderungen an den Raumabschluss und die Feuerwiderstandsdauer können sich auch für Aufstellräume/Technikräume von Anlagen ergeben, an die Anforderungen an den Funktionserhalt gestellt werden. Beispiele hierfür sind Batterieräume, Alarmierungsanlagen und BMA. Unabhängig von der Gebäudeklasse wird in § 31 Abs. 2 Satz 2 MBO für Decken *„unter und über Räumen mit Explosions- oder erhöhter Brandgefahr"* in Übereinstimmung mit § 29 (Trennwände) unabhängig von der Gebäudeklasse eine raumabschließende feuerbeständige Bauweise gefordert.

Diese Anforderungen an Decken in Abhängigkeit von der Gebäudeklasse gelten auch für Sonderbauten, sofern in anderen Regelwerken keine abweichenden Anforderungen gestellt werden.

Eine Decke kann entweder nach DIN 4102-2 oder DIN EN 1363-1 in Verbindung mit DIN EN 1365-2 „Feuerwiderstandsprüfungen für tragende Bauteile – Teil 2: Decken und Dächer" (2015) geprüft und klassifiziert werden. Nähere Informationen hierzu finden sich in Anlage C 4.6 Abschnitt 8 der MVV TB.

An Baustoffe, die auf oder unter Decken angebracht werden können, wie Bekleidungen, Dämmstoffe (z. B. unter Estrichen), Bodenbeläge, Unterdecken, aufgeständerte Böden und dergleichen, werden keine Anforderungen gestellt. Sie dürfen jedoch nur aus mindestens normal entflammbaren Baustoffen bestehen. Das Thema „Öffnungen in Decken" wird in Kapitel F.6.2.1. adressiert.

F.6.2 Weitergehende Anforderungen im Krankenhausbau

Die Anforderungen der MBO an die Feuerwiderstandsdauer von Decken gelten allgemein als zu gering. In der MKhBauVO und den bestehenden Veröffentlichungen der Bundesländer mit Anforderungen an Krankenhäuser (siehe Kapitel D) wird analog zum Anforderungsniveau an die tragenden und aussteifenden Bauteile bei Vorhandensein von Pflege-, Untersuchungs- und Behandlungsbereichen bereits mit dem zweiten oberirdischen Geschoss für die Decken eine feuerbeständige Bauweise gefordert. Bei erdgeschossigen Gebäuden ist eine feuerhemmende Bauweise möglich, wobei die verwendeten Materialien gemäß der saarländischen Richtlinie über den Bau und Betrieb von Krankenhäusern nicht brennbar sein müssen.

Eine tabellarische Zusammenstellung der Anforderungen der Bundesländer mit Regelungen zum Krankenhausbau an Decken und Dächer findet sich Kapitel F.7.2., Tabelle F-11.

In den Unterkapiteln F.6.2.2. und F.6.2.3. wird kurz auf die Sonderfälle selbstständiger feuerwiderstandsfähiger Unterdecken und Systemböden im Zusammenhang mit Decken eingegangen.

Abb. F-14: Foyer mit offener notwendiger Treppe ohne Treppenraum

F.6.2.1 Öffnungen in Decken

§ 31 Abs. 4 MBO lässt Öffnungen in Decken unter folgenden Voraussetzungen zu:

> *„(4) Öffnungen in Decken, für die eine Feuerwiderstandsfähigkeit vorgeschrieben ist, sind nur zulässig*
>
> 1. *in Gebäuden der Gebäudeklassen 1 und 2,*
> 2. *innerhalb derselben Nutzungseinheit mit nicht mehr als insgesamt 400 m² in nicht mehr als zwei Geschossen,*
> 3. *im Übrigen, wenn sie auf die für die Nutzung erforderliche Zahl und Größe beschränkt sind und Abschlüsse mit der Feuerwiderstandsfähigkeit der Decke haben."*

Das architektonische Konzept kann z. B. aus Gründen der Transparenz, der Lichtführung und/oder der offenen Gestaltung von Treppen ohne Treppenraum in Magistralen/Eingangshallen/Foyers (siehe auch Kapitel H.2.1) Öffnungen in Decken erfordern, die bauordnungsrechtlich nicht vorgesehen sind; es besteht ein geschossübergreifender Luftraumverbund.

Dabei handelt es sich um eine Abweichung von § 31. Abs. 4 MBO, die im Rahmen der bauaufsichtlichen Prüfung oder Bescheinigung gesondert begründet und beantragt werden muss. Handelt es sich hierbei um eine notwendige Treppe mit Verzicht auf den notwendigen Treppenraum (siehe Abb. F-14), ist zusätzlich die Abweichung von § 35 Abs. 1 Satz 1 in Verbindung mit Abs. 1 Satz 3 Nr. 2 MBO in den Abweichungsantrag aufzunehmen.

Für Öffnungen in Decken wird in den „Hinweisen über den baulichen Brandschutz in Krankenhäusern und baulichen Anlagen entsprechender Zweckbestimmung“ aus Baden-Württemberg unter Abschnitt III, Nr. 1.5 Folgendes angegeben:

> *„1.5 Öffnungen in Decken*
>
> *Geschosse in Pflege- und Behandlungsbereichen dürfen grundsätzlich nicht über offene Treppen oder andere Öffnungen miteinander in Verbindung stehen.*
>
> *Abweichungen, wie z. B. Eingangshallen, bedürfen weitergehender brandschutztechnischer Maßnahmen in Abstimmung mit der für den Brandschutz zuständigen Dienststelle. Hierbei dürfen durch diese offenen Bereiche grundsätzlich keine notwendigen Treppen geführt werden und die Begrenzung des Bereichs ist wie für einen Brandschutzbereich auszubilden.“*

Es ist nachzuweisen, dass die allgemeinen Anforderungen des § 3 MBO, konkretisiert durch die Beschaffenheitsanforderungen in der Rahmenvorschrift des § 14 MBO, insbesondere hinsichtlich der Verhinderung der Brandausbreitung und der Rettung von Menschen (siehe Kapitel C.1), auf andere Weise erreicht werden.

Mögliche bauliche Maßnahmen:

- Abtrennung von der angrenzenden Nutzung durch feuerbeständige Trennwände mit feuerhemmenden rauchdichten Türen
- Gewährleistung durch das Nutzungskonzept, dass keine Bettenzimmer angrenzen und die Verkehrsflächen im Krankenhausbetrieb nicht von Personen genutzt werden müssen, die sich nicht selbst retten können
- von diesem Bereich unabhängige Rettungswege
- aus diesem Bereich (Flure der Obergeschosse) kurze Rettungswege in gesicherte Bereiche bzw. einen notwendigen Treppenraum

Mögliche anlagentechnische Maßnahmen:

- Verhinderung der Rauchausbreitung durch Rauchschürzen, Rauchableitungsöffnungen, Rauchabzugsanlagen (jeweils angesteuert durch die BMA)
- selbsttätige Löschanlagen (Begrenzung der Brandausbreitung)

F.6.2.2 Selbstständige klassifizierte Unterdecken mit Feuerwiderstandsfähigkeit

Feuerwiderstandsfähige Unterdecken (abgehängte Decken) dienen in der Regel dem Schutz des darunterliegenden Raumes oder notwendigen Flures (Rettungsweg) vor den im Deckenzwischenraum vorhandenen Brandlasten. In Bestandsbauten kann eine feuerwiderstandsfähige Unterdecke zur Erhöhung der Feuerwiderstandsfähigkeit bestehender Deckenkonstruktionen in vorhandener Altbausubstanz (Bauarten I–IV) erforderlich sein.

Unterdecken können als Abhängdecken mit Abhängungen von der Rohdecke oder als freitragende Decken mit Befestigungen in den flankierenden Wänden ausgeführt werden. Sie dürfen während der Brandbeanspruchung

Abb. F-15: Abgehängte feuerhemmende Unterdecke mit üblichen anlagentechnischen Einbauten

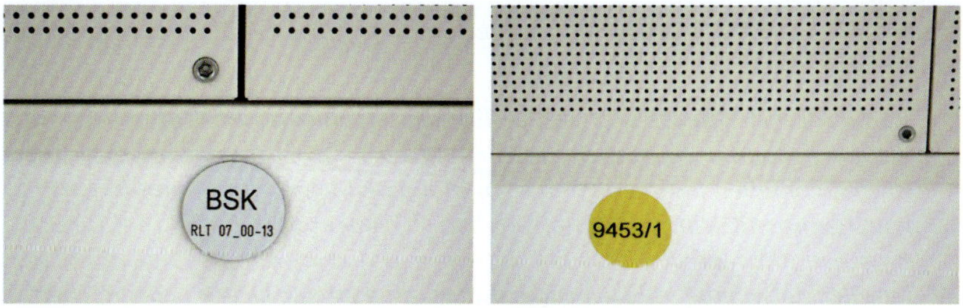

Abb. F-16: Detail feuerhemmende Unterdecke (Klapp-Schiebe-System), links mit Hinweis auf Brandschutzklappe, rechts mit Hinweis auf Rauchmelder im Deckenzwischenbereich

nur mit ihrem Eigengewicht belastet werden oder sie müssen für zusätzliche Lasten nachgewiesen sein.

Eine feuerwiderstandsfähige Unterdecke kann als selbstständiges Bauelement entweder nach DIN 4102-2 oder DIN EN 1363-1 in Verbindung mit DIN EN 1364-2 „Feuerwiderstandsprüfungen für nichttragende Bauteile – Teil 2: Unterdecken" (2018) geprüft und klassifiziert werden, siehe hierzu auch Anlage C 4.6 Abschnitt 3 der MVV TB.

Der Deckenzwischenraum dient im Krankenhaus als Installationsebene und beinhaltet im Allgemeinen eine große Menge an Brandlasten der Gebäudetechnik (siehe Abb. F-15). Die Decke muss so flexibel ausgeführt werden, dass Revisionen und Nachbelegungen jederzeit problemlos möglich sind (siehe Abb. F-16).

Hinweis

> Es ist zwingend erforderlich, diese Installationsebene von Anfang an ausreichend groß zu bemessen, damit im Zuge der Installationen keine unerwünschten Kollisionen der verschiedenen Gewerke auftreten und die einzelnen Installationen und die Unterdecke fachgerecht und zulassungskonform entsprechend der Einbauanleitung montiert werden können. Die Unterdecke darf durch Verformungen der Installationen im Brandfall nicht unzulässig belastet werden, daher ist ein ausreichender Abstand (Angaben im Prüfzeugnis; falls keine Angaben vorhanden, Abstand mindestens 5 cm) zu den Installationen unbedingt einzuhalten.

Bei der Abnahme und später im Betrieb ist regelmäßig zu prüfen, ob die Installationen und Nachbelegungen fachgerecht und zulassungskonform mit Befestigungen aus Metall hergestellt sind, ob elektrische Leitungen unzulässig einfach auf der Decke verlegt sind, ob Kabeltrassen überbelegt sind oder ob Deckenelemente beschädigt sind. Zur Verlegung von Rohrleitungsanlagen oberhalb selbstständiger, klassifizierter Unterdecken siehe auch Kapitel I.13.3.

Unterdecken nach Muster-Leitungsanlagenrichtlinie

Nach Nr. 3.5.3 MLAR müssen Unterdecken folgende Leistungsmerkmale aufweisen:

„[1]Unterdecken müssen – einschließlich der Abschlüsse von Öffnungen – aus nicht brennbaren Baustoffen bestehen und bei einer Brandbeanspruchung sowohl von oben als auch von unten in notwendigen Fluren mindestens feuerhemmend sein und in notwendigen Treppenräumen und in Räumen zwischen notwendigen Treppenräumen und Ausgängen ins Freie mindestens der notwendigen Feuerwiderstandsfähigkeit der Decken entsprechen.

[2]Die Abschlüsse müssen umlaufend dicht schließen.

[3]Die besonderen Anforderungen hinsichtlich der brandsicheren Befestigung der im Bereich zwischen den Geschossdecken und Unterdecken verlegten Leitungen sind zu beachten.“

Unterdecken in notwendigen Fluren

In Krankenhäusern müssen feuerwiderstandsfähige Unterdecken in notwendigen Fluren mindestens feuerhemmend sein und aus nicht brennbaren Baustoffen bestehen (Brandverhalten: A2-s1, d0). In den Regelwerken der Bundesländer werden keine weitergehenden Anforderungen zur bautechnischen Ausführung von Unterdecken gemacht. Der BPD Krankenhäuser fordert in Nr. 7.2 für Unterdecken in notwendigen Fluren nicht brennbare Baustoffe, § 4 Abs. 3 BbgKPBauV fordert allgemein für Unterdecken und deren Befestigungen ohne Angabe der Örtlichkeit ebenfalls nicht brennbare Baustoffe.

Als mindestens erforderliche Leistung müssen sie einer Brandbeanspruchung von unten nach oben und von oben nach unten standhalten (EI 30 [a↔b]). Weitere allgemeine Anforderungen sind Anhang 4 Abschnitt 4.3.1.2 MVV

TB zu entnehmen. Als Nachweis für die Anwendbarkeit der Bauart ist ein allgemeines bauaufsichtliches Prüfzeugnis ausreichend.

Auf die Ausbildung einer qualifizierten Rauchabschnittstrennung im Bereich des Deckenhohlraumes sollte aus Sicht der Autoren nicht verzichtet werden.

Der Deckenhohlraum ist in den Überwachungsumfang der BMA einzubeziehen.

F.6.2.3 Systemböden

Systemböden sind Hohlböden oder Doppelböden, die zwischen Fußbodentragschicht und Rohdecke einen Hohlraum aufweisen, in dem Installationen geführt werden; sie können auch der Raumlüftung dienen.

Systemböden dienen in der Regel dem Schutz des darüberliegenden Raumes vor den im Hohlraum vorhandenen Brandlasten und müssen bei Brandbeanspruchung für 30 Minuten die Tragfähigkeit und den Raumabschluss behalten.

Die Erläuterung der möglichen Bauarten und die brandschutztechnischen Anforderungen sind der als technische Baubestimmung eingeführten „Muster-Richtlinie über brandschutztechnische Anforderungen an Systemböden Muster-Systembödenrichtlinie (MSysBöR)“ zu entnehmen. Sie beinhaltet überwiegend Anforderungen an Systemböden in notwendigen Treppenräumen, in Räumen zwischen notwendigen Treppenräumen und Ausgängen ins Freie sowie in notwendigen Fluren.

Ein Doppelboden/Hohlboden kann entweder nach DIN 4102-2 oder DIN EN 1363-1 in Verbindung mit DIN EN 1366-6 „Feuerwiderstandsprüfungen für Installationen – Teil 6: Doppel- und Hohlböden“ (2005) geprüft und klassifiziert werden, siehe hierzu auch Anlage C 4.6 Abschnitt 10 MVV TB.

Der Hohlraum dient im Krankenhaus als Installationsebene und beinhaltet im Allgemeinen eine große Menge an Brandlasten der Gebäudetechnik. Die Systemböden müssen so flexibel ausgeführt werden, dass Revisionen und Nachbelegungen jederzeit problemlos möglich sind. Hohlräume in Systemböden sind in die Überwachung mit automatischen Rauchmeldern einzubeziehen. Die Rauchmelder in Systemböden müssen durch Revisionsöffnungen zugänglich sein; gleichzeitig muss über diese auch eine Brandbekämpfung möglich sein.

Installationsbereiche von mehr als 500 mm lichter Höhe innerhalb begrenzter Einzelräume (keine Rettungswege, z. B. Elektroräume) ohne Verbindung zu benachbarten Räumen sind im Allgemeinen Bestandteil des Technikraumes. Die Tragkonstruktion muss bei Brandbeanspruchung von unten feuerhemmend sein. Die Tragfähigkeit muss für 30 Minuten erhalten bleiben; liegt hierüber ein Nachweis vor, dürfen auch brennbare Baustoffe verwendet werden.

Beim Vorhandensein von Doppelböden sind an geeigneter Stelle Plattenheber (Krallenheber, Saugheber) zur Brandbekämpfung durch die Feuerwehr

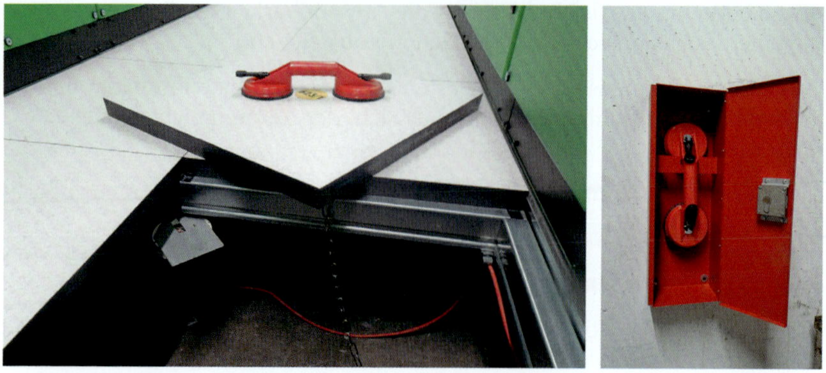

Abb. F-17: Geöffneter Doppelboden und Doppelbodenheber in Kasten am Zugang zum Technikraum

in geeigneten Bodenheberboxen oder Bodenheberaufhängungen bereitzuhalten (siehe Abb. F-17).

Keine durchgehenden Systemböden

Brandwände und Wände anstelle von Brandwänden, Wände notwendiger Treppenräume, Wände zwischen notwendigen Treppenräumen und Ausgängen ins Freie sowie Trennwände nach § 29 Abs. 2 Nr. 1 MBO und Wände von notwendigen Fluren, die Nutzungseinheiten trennen, dürfen von Systemböden aus nicht hochgeführt werden. Leitungsdurchführungen sind entsprechend den Anforderungen an die jeweilige Wand zu schotten. Der vertikale Raumabschluss muss hier auch innerhalb des Hohlraumes hergestellt werden.

Hinweis

Nach Ansicht der Autoren sind im Krankenhaus z. B. auch Trennwände, feuerhemmende Wände zwischen Pflegezimmern, Wände, die zusätzliche Brandschutzbereiche bilden, Wände von Großraumbereichen und Kompartimente vom Rohboden an die Rohdecke anzuschließen.

F.7 Dächer (§ 32 MBO)

F.7.1 Bauordnungsrechtliche Anforderungen

In der MBO werden neben den allgemein erforderlichen statischen Anforderungen an das Dachtragwerk keine weiteren Anforderungen an die Feuerwiderstandsfähigkeit des Daches gestellt, auch wenn Aufenthaltsräume darunterliegen.

Anforderungen bestehen hinsichtlich der Brandbeanspruchung von außen: Die Bedachung muss so widerstandsfähig sein, dass eine Brandübertragung in das Gebäudeinnere und eine Brandausbreitung auf dem Dach ausreichend lange verhindert werden (sog. harte Bedachung).

Weitere Anforderungen bestehen hinsichtlich der Brandbeanspruchung von innen nach außen zur Vermeidung eines Brandüberschlages bei traufseitig aneinandergebauten Gebäuden (§ 6 MBO) und für Dächer von niedrigeren

Gebäuden (Anbauten), die unmittelbar an höher gehende Außenwände mit Öffnungen oder an Wände ohne Feuerwiderstandsfähigkeit angrenzen (§ 7 MBO). In diesem Fall muss die Decke über die gesamte Länge des höheren Gebäudeteils in einer Breite von 5 m öffnungslos sein und einschließlich der tragenden und aussteifenden Bauteile raumabschließend die Feuerwiderstandsfähigkeit der Decken des höheren Gebäudes haben.

Zur Erfüllung der Anforderungen der MBO sind die Angaben im Abschnitt A 2.1.9 (Dächer) der MVV TB in Verbindung mit den Abschnitten A 2.1.3.2 (Anforderungen an die Standsicherheit im Brandfall) und A 2.1.3.3 (Anforderungen an den Raumabschluss im Brandfall) zu beachten. Dort finden sich auch Hinweise zu begrünten Bedachungen, brennbaren lichtdurchlässigen Flächen oder Abschlüssen von Öffnungen und zu Dachaufbauten. Grundsätzlich sind die landesspezifischen Vorschriften zu beachten. So werden z. B. in Bayern in den Vollzugshinweisen zur Landesbauordnung konkretisierende Angaben zu Dachbegrünungen und lichtdurchlässigen Flächen gemacht.

Dächer können nach Anlage C 4.6 Abschnitt 8 MVV TB entweder nach DIN 4102-2 (F-Klassifizierung) oder nach DIN EN 1363-1 in Verbindung mit DIN EN 1365-2 geprüft und klassifiziert werden.

F.7.1.1 Bedachungen mit Anforderungen hinsichtlich Widerstandsfähigkeit gegen Flugfeuer und strahlende Wärme (harte Bedachung)

Für den Nachweis der „harten Bedachung“ gibt es verschiedene Verfahren, die von den Prüfverfahren und deren Bewertung abhängen.

In Anhang 4 Abschnitt 3 MVV TB wird z. B. unterschieden zwischen *„Bedachungen mit Brandbeanspruchung von außen durch Flugfeuer und strahlende Wärme und Zuordnung von Klassen gemäß DIN 4102-7:2018-11“* in Verbindung mit DIN SPEC 4102-23 „Brandverhalten von Baustoffen und Bauteilen – Teil 23: Bedachungen – Anwendungsregeln für Prüfergebnisse von Bedachungen nach DIN CEN/TS 1187, Prüfverfahren 1, und DIN 4102-7“ (2018) und *„Bedachungen mit Brandbeanspruchung von außen durch Flugfeuer und strahlende Wärme bei Verwendung von Bauprodukten gemäß europäischen harmonisierten Spezifikationen und mindestens erforderliche Leistungen“* (CE-Kennzeichnung).

Im Abschnitt C 4 lfd. Nr. C 4.8 sind die anerkannten Prüfverfahren für *„Bauarten, die nur eines allgemeinen bauaufsichtlichen Prüfzeugnisses gemäß § 16a Abs. 3 MBO bedürfen“* aufgeführt. Der Nachweis erfolgt durch Prüfverfahren nach DIN 4102-7 oder DIN CEN/TS 1187 „Prüfverfahren zur Beanspruchung von Bedachungen durch Feuer von außen“ (2012).

Harte Bedachung nach DIN 4102-7

In DIN 4102-7 sind die brandschutztechnischen Anforderungen und die anerkannten Prüfverfahren für Bedachungen zur Ermittlung der Widerstandsfähigkeit gegen Flugfeuer und strahlende Wärme (harte Bedachungen) festgelegt. Die Norm beschreibt die Prüfverfahren und die Bewertung der Prüfergebnisse. Danach gelten die in DIN 4102-4 genannten Bedachungen ohne Nachweis als widerstandsfähig gegen Flugfeuer und strahlende

Wärme. DIN 4102-4 (weitere Maßgaben nach § 85a Abs. 2 MBO siehe Anlage A 2.2.1.3 MVV TB) macht im Abschnitt 11.4 konkrete Angaben zur erforderlichen Ausführung dieser Bedachungen. Es werden Angaben zu Bedachungen aus natürlichen Steinen, mit Metallblech als oberster Lage, mit Bitumendachbahnen, mit schwerem Oberflächenschutz (Kiesschüttungen, Platten) und begrünten Dächern (intensiv, extensiv) gemacht.

Harte Bedachung nach DIN CEN/TS 1187

In DIN CEN/TS 1187 sind für die Anwendung in Europa 4 Prüfverfahren mit 4 Hauptklassen (t1–t4) definiert. In Deutschland gilt das Verfahren Nr. 1, das den Anforderungen der DIN 4102-7 sehr ähnlich ist. Die Klasse t1 ist die Klasse mit den geringsten Anforderungen. Die Bewertung bzw. die Klassifizierung erfolgt auf Grundlage der DIN EN 13501-5 „Klassifizierung von Bauprodukten und Bauarten zu ihrem Brandverhalten – Teil 5: Klassifizierung mit den Ergebnissen aus Prüfungen von Bedachungen bei Beanspruchung durch Feuer von außen“ (2016); die Bezeichnung nach bestandener Prüfung lautet BRoof (t1). Die Prüfanstalt erstellt einen Klassifizierungsbericht, der in der Regel innerhalb der EU anerkannt wird, für Deutschland ist ein allgemeines bauaufsichtliches Prüfzeugnis (abP) ausreichend.

F.7.1.2 Rettungswege über Dächer/Aufenthaltsbereiche auf Flachdächern

Führen im Einzelfall Rettungswege über Dächer, was zunächst keine Ausführung nach den Anforderungen des § 33 MBO an Flucht- und Rettungswege darstellt, ist dies ausschließlich für Personen geeignet, die sich selbst retten können, es sei denn, dass im besonderen Einzelfall weitergehende betrieblich-organisatorische Maßnahmen die Rettung sicherstellen. Das Anforderungsniveau ist jeweils gesondert zu ermitteln. Dies kann ggf. in Anlehnung an eine Sonderbauverordnung (z. B. Muster-Verkaufsstättenverordnung, Muster-Versammlungsstättenverordnung [MVStättVO]) erfolgen. Es dürfen keine Bedenken wegen des Brandschutzes bestehen, sie müssen bei jeder Jahreszeit sicher begehbar sein und dürfen im Brandfall nicht gefährdet sein. § 38 MBO Umwehrungen ist zu beachten.

F.7.2 Weitergehende Anforderungen im Krankenhausbau

Die Anforderungen der MBO an die Feuerwiderstandsdauer von Dächern werden entsprechend den Anforderungen an Decken allgemein als zu gering angesehen. Im Sonderbau Krankenhaus werden hier weitergehende Anforderungen gestellt.

In der MKhBauVO und den bestehenden Veröffentlichungen der Bundesländer mit Anforderungen an Krankenhäuser (vgl. Tabelle F-11) wird, analog zum Anforderungsniveau an tragende und aussteifende Bauteile, bereits ab dem zweiten oberirdischen Geschoss auch für die Dächer (Decke gleich Dach) eine feuerbeständige Bauweise gefordert. Für erdgeschossige Gebäude ist eine feuerhemmende Bauweise zulässig. Dachaufbauten einschließlich der Bekleidungen müssen aus nicht brennbarem Material bestehen.

Tabelle F-11 enthält eine Zusammenstellung der Anforderungen MKhBauVO sowie der Bundesländer Baden-Württemberg, Brandenburg, Hamburg und Saarland mit Regelungen für den Krankenhausbau an Decken und Dächer.

Tabelle F-11: Anforderungen an Decken und Dächer nach MKhBauVO und Regelwerken der Bundesländer Baden-Württemberg, Brandenburg, Hamburg und Saarland

Regelung	Fundstelle	Anforderungen an Decken und Dächer
MKhBauVO	§§ 8 und 9	***„§ 8 Decken und Dächer*** *(1) Decken in Gebäuden mit mehr als einem Vollgeschoß sind feuerbeständig herzustellen. Die Widerstandsfähigkeit gegen Feuer muß allein durch die Rohdecke erreicht werden.* *(2) Decken in eingeschossigen Gebäuden sind mindestens feuerhemmend aus nichtbrennbaren Baustoffen herzustellen. 38 Abs. 2 Nr. 1 MBO bleibt unberührt.* *(3) Die Absätze 1 und 2 gelten auch für Decken, die zugleich das Dach bilden.* *(4) Dachdecken oder Dächer müssen innerhalb eines Abstandes von 5 m von den Außenwänden höherer Gebäudeteile feuerbeständig sein; sie dürfen keine Öffnungen haben. Die Dachschalung muß einschließlich der Dämmstoffe aus nichtbrennbaren Baustoffen hergestellt sein.* ***§ 9 Wand- und Deckenverkleidungen, Dämmschichten*** *(1) Außenwandverkleidungen einschließlich ihrer Halterungen und Befestigungen sowie Dämmschichten müssen bei Gebäuden mit mehr als einem Geschoß aus mindestens schwerentflammbaren Baustoffen, bei Gebäuden mit mehr als fünf Vollgeschossen aus nichtbrennbaren Baustoffen hergestellt werden.* *(2) Wand- und Deckenverkleidungen sowie Dämmschichten in Rettungswegen nach § 12 Abs. 1, in Vorräumen von Aufzügen nach § 10 Abs. 3 und in Treppenräumen nach § 15 müssen aus nichtbrennbaren Baustoffen hergestellt sein. § 11 Abs. 3 Nr. 2 bleibt unberührt.* *(3) Wand- und Deckenverkleidungen sowie Dämmschichten sind in Laboratoriumsräumen und ähnlich genutzten Räumen aus nichtbrennbaren Baustoffen, herzustellen."*
Baden-Württemberg – Hinweise über den baulichen Brandschutz in Krankenhäusern und baulichen Anlagen entsprechen-der Zweckbestimmung	Nr. 1	***„1. Wände, Decken, Dächer*** ***1.1 Tragende und aussteifende Wände, Decken, und Stützen*** *Diese Bauteile müssen folgendes Brandverhalten aufweisen:* • *Keine Anforderungen bei obersten Geschossen, die weder Aufenthaltsräume, zugehörige Nebenräume noch Rettungswege enthalten,* • *mindestens feuerhemmend bei Gebäuden mit nicht mehr als einem oberirdischen Geschoss außer in Untergeschossen, bei denen keine Außenwand vollständig über der festgelegten Geländeroberfläche liegt,* • *mindestens feuerhemmend bei Gebäuden mit nicht mehr als zwei Geschossen ohne Pflege- sowie Untersuchungs- und Behandlungsbereiche,* • *feuerbeständig bei sonstigen Gebäuden und in Untergeschossen nach dem 2. Unterpunkt zu III.1.1* [...] ***1.4 Dämmstoffe und Bekleidungen*** *Dämmstoffe und Bekleidungen müssen folgendes Brandverhalten aufweisen:* • *Nichtbrennbar an Wänden und Decken von Rettungswegen, in Räumen mit erhöhter Brand- und Explosionsgefahr, Installationsbereichen und in Dächern (mit Ausnahme der Dachhaut),* • *schwerentflammbar an sonstigen Innenwänden und Decken.* [...] ***1.6 Dächer*** *Das Tragwerk von Dächern über Aufenthaltsräumen, zugehörigen Nebenräumen und Rettungswegen muss mindestens feuerhemmend ausgebildet werden."*

Tabelle F-11: (Fortsetzung)

Regelung	Fundstelle	Anforderungen an Decken und Dächer
Brandenburg – BbgKPBauV	§§ 3 und 4	***„§ 3 Bauteile*** *(1) Tragende Bauteile, wie Wände, Pfeiler, Stützen und Decken, müssen feuerbeständig, in erdgeschossigen Gebäuden feuerhemmend sein.* […] ***§ 4 Dämmstoffe, Unterdecken und Verkleidungen*** *(1) Dämmstoffe müssen aus nichtbrennbaren Baustoffen bestehen.* *(2) Verkleidungen an Wänden müssen aus nichtbrennbaren Baustoffen bestehen.* *(3) Unterdecken und Verkleidungen an Decken müssen aus nichtbrennbaren Baustoffen bestehen.* *(4) Unterkonstruktionen, Halterungen und Befestigungen von Unterdecken und Verkleidungen nach den Absätzen 2 und 3 müssen aus nichtbrennbaren Baustoffen bestehen. In den Hohlräumen hinter Unterdecken und Verkleidungen dürfen Kabel und Leitungen nur in Installationsschächten oder Installationskanälen aus nichtbrennbaren Baustoffen verlegt werden."* Zu den Dächern werden keine Angaben gemacht.
Hamburg – BPD Krankenhäuser	Nr. 5	***„5. Bauteilanforderungen*** ***5.1. Tragende Wände, Pfeiler, Stützen und Decken*** *Tragende und aussteifende Bauteile wie Wände, Pfeiler, Stützen und Decken müssen feuerbeständig sein. Bei erdgeschossigen Krankenhäusern ist feuerhemmend ausreichend (§ 25 HBauO in Verbindung mit § 51 HBauO)* […] ***5.5. Dächer*** *Das Tragwerk von Dächern muss mindestens feuerhemmend sein. Bedachungen, ausgenommen Dachhaut und Dampfsperre, müssen bei Dächern, die den oberen Abschluss von Aufenthaltsräumen für Patienten bilden oder die von diesen Räumen nicht durch feuerbeständige Bauteile getrennt sind, aus nichtbrennbaren Baustoffen hergestellt werden (§ 30 HBauO in Verbindung mit § 51 HBauO)."*
Saarland – KHBauR	Nr. 2.2	***„2.2 Decken und Dächer*** *2.2.1 Decken in Gebäuden mit mehr als einem Vollgeschoss sind feuerbeständig herzustellen. Die Widerstandsfähigkeit gegen Feuer muss allein durch die Rohdecke erreicht werden.* *2.2.2 Decken in eingeschossigen Gebäuden sind mindestens feuerhemmend aus nichtbrennbaren Baustoffen herzustellen.* *2.2.3 Die Abschnitte 2.2.1 und 2.2.2 gelten auch für Decken, die zugleich das Dach bilden.* *2.2.4 Dachdecken oder Dächer müssen innerhalb eines Abstandes von 5 m von den Außenwänden höherer Gebäudeteile feuerbeständig sein; sie dürfen keine Öffnungen haben. Die Dachschalung muss einschließlich der Dämmstoffe aus nichtbrennbaren Baustoffen hergestellt sein.* […] *2.3.2 Wand- und Deckenverkleidungen sowie Dämmschichten in Rettungswesen* [sic!] *nach Abschnitt 2.6.1, in Vorräumen von Aufzügen nach Abschnitt 2.4.3 und in Treppenräumen nach Abschnitt 2.9 müssen aus nichtbrennbaren Baustoffen hergestellt sein.* *2.3.3 Wand- und Deckenverkleidungen sowie Dämmschichten sind in Laboratoriumsräumen und ähnlich genutzten Räumen aus nichtbrennbaren Baustoffen herzustellen."*

Insbesondere im Bereich des Daches können Brandgefahren durch geeignete vorbeugende Maßnahmen reduziert werden. Auf das Dach sollten möglichst nicht mehr Brandlasten als unbedingt notwendig aufgebracht werden, denn je höher der Brennwert, desto höher ist im Falle eines Brandes auch die Hitzeentwicklung. Im Zuge von Dacharbeiten bei Neubau und Sanierung sollten Techniken ohne offene Flamme eingesetzt werden, um das Risiko einer Brandentstehung zu minimieren.

Mögliche Maßnahmen sind

- brandlastarme Dampfsperren,
- nicht brennbare Dämmstoffe,
- einlagige Kunststoff- oder Elastomerbahnen statt mehrlagiger bituminöser Abdichtungen,
- mechanische Befestigungen statt bituminöser Klebemassen.

F.8 Erster und zweiter Rettungsweg (§ 33 MBO)

F.8.1 Bauordnungsrechtliche Anforderungen

Die grundsätzlichen bauordnungsrechtlichen Anforderungen ergeben sich aus § 33 MBO. Im Grundsatz müssen für jede Nutzungseinheit mit Aufenthaltsräumen 2 voneinander unabhängige Rettungswege ins Freie vorhanden sein, wobei beide Rettungswege innerhalb eines Geschosses über denselben notwendigen Flur führen dürfen. Bei nicht zu ebener Erde liegenden Nutzungseinheiten (§ 33 Abs. 2 MBO) wird für den ersten Rettungsweg (Eigenrettung) eine notwendige Treppe gefordert, der zweite Rettungsweg kann neben einer weiteren notwendigen Treppe auch eine mit Rettungsgeräten der Feuerwehr erreichbare Stelle sein (Fremdrettung). Ist ein Treppenraum vorhanden, in den Feuer und Rauch nicht eindringen können (Sicherheitstreppenraum), kann auf den zweiten Rettungsweg verzichtet werden. Führt der zweite Rettungsweg über Rettungsgeräte der Feuerwehr, sind in Abhängigkeit von der Höhe besondere Anforderungen zu erfüllen. Eine Einschränkung besteht hier ausdrücklich für Sonderbauten: Der zweite Rettungsweg darf nur dann über Rettungsgeräte der Feuerwehr führen, wenn keine Bedenken wegen der Personenrettung bestehen (§ 33 Abs. 3 Satz 2 MBO). Dies kann im Sonderbau Krankenhaus nicht vorausgesetzt werden.

Hinweis

> Bei der Konzeptionierung der Flucht- und Rettungswege sind neben den baurechtlichen Aspekten immer auch Forderungen aus dem Arbeitsstättenrecht zu beachten. Diese können deutlich über die baurechtlichen Anforderungen hinausgehen. Auch wenn es nicht Aufgabe des Brandschutzplaners ist, die arbeitsschutzrechtliche Gefährdungsbeurteilung zu erstellen, muss er zumindest auf Abhängigkeiten hinweisen.

Die Anforderungen der MBO beziehen sich auf vertikale und nicht auf horizontale Rettungswege im Standardbau, also z. B. nicht auf die Wege innerhalb der Nutzungseinheit selbst oder innerhalb desselben Geschosses. Der Rettungsweg darf über denselben notwendigen Flur führen. Ist im Sonderbau Krankenhaus eine Nutzungseinheit (Kompartiment, Großraumbereich) definiert, können in Bezug auf die Unabhängigkeit der Rettungswege weitergehende Maßnahmen erforderlich sein.

Die vorhandenen Rettungswege müssen allen Personen in der Nutzungseinheit jederzeit zur Verfügung stehen und frei zugänglich sein. Zum Rettungswegesystem der MBO gehören auch die notwendigen Treppen und Treppenräume und Ausgänge sowie die notwendigen Flure und offenen Gänge. Bei Hochhäusern müssen die Rettungswege aus den oberirdischen Geschossen und den Kellergeschossen getrennt ins Freie führen. Die Rettungswege dienen auch der Feuerwehr zur Durchführung wirksamer Löschmaßnahmen.

F.8.2 Weitergehende Anforderungen im Krankenhausbau

Im Sonderbau Krankenhaus sind für Nutzungseinheiten mit Aufenthaltsräumen für Patienten grundsätzlich 2 bauliche Rettungswege erforderlich. Diese sind nicht nur zur Abwehr erheblicher Gefahren, sondern auch zur Abwehr von Nachteilen notwendig. Die Rettungswege dienen der Feuerwehr außerdem auch als Angriffswege. Daher ist es folgerichtig, dass die Regelungen der Bundesländer für Aufenthaltsräume im Wesentlichen (mindestens) 2 voneinander unabhängige bauliche Rettungswege fordern. Diese können direkt ins Freie, in einen notwendigen Treppenraum, in einen benachbarten Brandabschnitt oder einen anderen gesicherten Bereich (z. B. Großraumbereich, Kompartiment) führen. Innerhalb eines Geschosses können die Rettungswege nach MBO ebenfalls über einen gemeinsamen notwendigen Flur führen, auch wenn die Nutzbarkeit beider Rettungswege bei Raucheintritt dann beeinträchtigt ist. Trotz der erhöhten Risiken sehen die bekannten Regelungen zunächst keine zusätzlichen Anforderungen für Krankenhäuser vor.

Das Räumungskonzept von Krankenhäusern (siehe Kapitel G) ist stark auf eine horizontale Räumung der Patienten ausgerichtet. In horizontaler Ebene sind Betten- und Pflegebereiche daher in mindestens 2 Räumungsabschnitte zu unterteilen (siehe Kapitel G). Diese sind im Rahmen der Rettungswege unmittelbar zu verbinden, damit die Räumung schnell und einfach umgesetzt werden kann.

An die Ausführung, Gestaltung und Bemessung sind besondere Anforderungen zu stellen. Tabelle F-12 fasst die Anforderungen der MKhBauVO und der Regelungen der Bundesländer aufgrund ihrer großen Bedeutung für einen schnellen Überblick zusammen. Treppen, Treppenräume und Flure werden in den Kapiteln F.9. bis F.11. ausführlicher behandelt.

Die saarländische KHBauR stellt eine Besonderheit dar: Sie fordert, analog zur MKhBauVO, erst für Gebäude mit mehr als einem Vollgeschoss 2 bauliche Rettungswege. Die reduzierte Anforderung für erdgeschossige Bauten ist aus Sicht der Autoren bei Vorhandensein von Betten- und Pflegebereichen nicht sachgerecht und nur bei reinen Personalbereichen mit geringen Personenzahlen möglich.

Tabelle F-12: Anforderungen an Rettungswege nach MKhBauVO und Regelwerken der Bundesländer Baden-Württemberg, Brandenburg, Hamburg und Saarland

Regelung	Fundstelle	Anforderungen an Rettungswege
MKhBauVO	§ 12	***„§ 12 Rettungswege im Gebäude*** *(1) Rettungswege wie Flure, notwendige Treppen und Ausgänge ins Freie müssen in solcher Zahl und Breite vorhanden und so verteilt sein, dass Kranke, Besucher und Personal unmittelbar oder über andere Brandabschnitte, Flure oder Treppenräume ins Freie auf Rettungswege auf dem Grundstück oder auf öffentliche Verkehrsflächen gelangen können.* *(2) Von jeder Seite eines zu ebener Erde liegenden Aufenthaltsraumes muß mindestens ein unmittelbar ins Freie führender Ausgang oder ein Flur nach § 16 Abs. 1 Nr. 1 in höchstens 30 m Entfernung erreichbar sein.* *(3) Abweichend von § 42 Abs. 2 Satz 2 MBO *) muß von jeder Stelle eines nicht zu ebener Erde liegenden Aufenthaltsraumes mindestens ein Treppenraum mit einer notwendigen Treppe in höchstens 30 m Entfernung erreichbar sein.* *(4) Von jedem Aufenthaltsraum in Gebäuden mit mehr als einem Vollgeschoß müssen mindestens zwei voneinander unabhängige und möglichst entgegengesetzt liegende Rettungswege erreichbar sein, die unmittelbar oder über notwendige Treppen und Flure ins Freie führen; mindestens einer der Rettungswege darf die nach Absatz 3 zulässigen Längen nicht überschreiten. Abweichend von Satz 1 sind Flure, die nur in einer Richtung verlassen werden können, wie Stichflure, bis zu 10 m Länge zulässig.* *(5) Außerhalb des Pflegebereichs kann einer der Rettungswege auch über außen angeordnete Treppen und Gänge (Rettungsbalkone), Terrassen und begehbare Dächer in Verbindung mit Treppen führen, wenn diese Bauteile feuerbeständig hergestellt und ausreichend breit sind.* *(6) An den Kreuzungen und Abzweigungen der Hauptflure sowie an allen Ausgängen und Türen, die im Zuge von Rettungswegen liegen, ist durch Schilder, auf die Ausgänge und die notwendigen Treppen hinzuweisen. Die Schilder müssen beleuchtet sein. Im übrigen sind die Rettungswege durch gut sichtbare Richtungspfeile zu kennzeichnen. Schilder zur Kennzeichnung der Rettungswege müssen der Anlage 2 zu dieser Verordnung entsprechen.* *(7) Der Hauptzugang und die Zugänge für Kranke müssen von Verkehrsflächen aus stufenlos erreichbar und überdacht sein."*

Tabelle F-12: (Fortsetzung)

Regelung	Fundstelle	Anforderungen an Rettungswege
Baden-Württemberg – Hinweise über den baulichen Brandschutz in Krankenhäusern und baulichen Anlagen entsprechender Zweckbestimmung	Nr. 3	***„3. Rettungswege im Gebäude*** ***3.1 Allgemeine Anforderungen*** *3.1.1 Art des Rettungswegs und Erreichbarkeit* *Von jeder Stelle eines Aufenthaltsraumes müssen mindestens zwei voneinander unabhängige Rettungswege, die unmittelbar oder über eine notwendige Treppe ins Freie führen, vorhanden sein. Mindestens einer dieser Rettungswege muss so beschaffen sein, dass das Freie oder ein Treppenraum mit einer notwendigen Treppe nach höchstens 30 Meter erreichbar ist. Soweit der erste Rettungsweg über eine notwendige Treppe führt, muss diese in einem Treppenraum angeordnet sein. Der zweite Rettungsweg sollte möglichst entgegengesetzt zum ersten Rettungsweg angeordnet sein. Er kann auch unmittelbar aus einem Großraumbereich zu einer notwendigen Treppe oder in eine gleichartige benachbarte Nutzungseinheit führen, sofern von dort ein weiterer Rettungsweg jederzeit erreichbar ist. Außentreppen sind als zweiter baulicher Rettungsweg zulässig, sofern sie im Brandfall sicher benutzbar sind; diese Forderung ist regelmäßig bei einer im Bereich der Treppe geschlossenen Außenwand erfüllt.* *3.1.2 Rettungswege und angelagerte Nutzungen* *Rettungswege dürfen durch Foyers oder Hallen zu Ausgängen ins Freie geführt werden, wenn für jedes Geschoss mindestens ein weiterer von dem Foyer oder der Halle unabhängiger baulicher Rettungsweg vorhanden ist. An Rettungswegen können Bereiche mit anderen Nutzungen, wie Empfangstheken oder Verkaufsräume, offen angeschlossen werden, wenn* • *der Rettungsweg in Breite und Flucht unverändert fortgeführt wird,* • *geeignete Maßnahmen den Rettungsweg als dauerhaft freizuhaltende Bewegungsfläche kennzeichnen und* • *die mit anderen Nutzungen belegten Bereiche über eine Löschanlage verfügen, die geeignet ist, die potentiellen Brandherde zu erreichen, und eine Rauchschürze in Verbindung mit einem Rauchabzug den Raucheintrag in den Rettungsweg weitgehend verhindert.* *3.1.3 Rettungswege über Stichflure* *Rettungswege über Stichflure sind dann zulässig, wenn* • *die Länge der Rettungswege in diesem Flur maximal 10 m beträgt oder diese Länge 15 m beträgt, sofern der Stichflur vom Hauptflur durch eine Rauchschutztüre getrennt ist, und* • *diese Flure an ihrem Ende durch unmittelbar ins Freie führende Fenster zu beleuchten und zu belüften sind.* *3.1.4 Rettungswege sind durch beleuchtete Sicherheitszeichen dauerhaft und gut sichtbar zu kennzeichnen."*

Tabelle F-12: (Fortsetzung)

Regelung	Fundstelle	Anforderungen an Rettungswege
Brandenburg – BbgKPBauV	§ 6	***„§ 6 Führung der Rettungswege*** *(1) Krankenhäuser und Pflegeheime müssen so errichtet werden und ausgestattet sein, dass die Rettung kranker oder pflegebedürftiger Personen ins Freie, in einen benachbarten Brandabschnitt oder einen anderen sicheren Bereich im Gefahrenfall durch das eigene Personal in wenigen Minuten durchgeführt werden kann.* *(2) Zu den Rettungswegen gehören insbesondere die frei zu haltenden Gänge und Rampen, die Ausgänge aus Gemeinschaftsräumen, die notwendigen Flure und notwendigen Treppen, die Ausgänge ins Freie, die als Rettungsweg dienenden Balkone, Dachterrassen und Außentreppen sowie die Rettungswege im Freien auf dem Grundstück.* *(3) Krankenhäuser und Pflegeheime müssen in jedem Geschoss mit Aufenthaltsräumen mindestens zwei voneinander unabhängige bauliche Rettungswege haben. Die Führung beider Rettungswege innerhalb eines Geschosses durch einen gemeinsamen notwendigen Flur ist zulässig. Stichflure bis zu 10 m Länge sind zulässig.* *(4) Rettungswege dürfen durch Foyers oder Hallen zu Ausgängen ins Freie geführt werden, wenn für jedes Geschoss mindestens ein weiterer von dem Foyer oder der Halle unabhängiger baulicher Rettungsweg vorhanden ist.* *(5) Ausgänge und Rettungswege müssen durch Sicherheitszeichen dauerhaft und gut sichtbar gekennzeichnet sein.* [...] ***§ 13 Feuerlöscheinrichtungen und -anlagen*** [...] *(3) Foyers oder Hallen, durch die Rettungswege führen, müssen eine automatische Feuerlöschanlage haben.* [...] ***§ 18 Zusätzliche Bauvorlagen*** *(1) Mit den Bauvorlagen ist ein Brandschutzkonzept vorzulegen, in dem insbesondere die Zahl der Betten, die Art der Unterbringung, die Anordnung der Intensivbereiche,* ***die Anordnung und Bemessung der Rettungswege, die Art der Rettung*** [Hervorhebung durch die Autoren] *und die zur Erfüllung der brandschutztechnischen Anforderungen erforderlichen baulichen, technischen und betrieblichen Maßnahmen dargestellt sind."*
Hamburg – BPD Krankenhäuser	Nr. 7	***„7. Rettungswege*** ***7.1. Führung der Rettungswege*** *Für jeden Aufenthaltsraum müssen mindestens* ***zwei*** *voneinander unabhängige* ***bauliche*** *Rettungswege vorhanden sein. Es ist nicht ausreichend, den zweiten Rettungsweg über Rettungsgeräte der Feuerwehr zu führen, da in Krankenhäusern Bedenken wegen der Personenrettung bestehen (vgl. § 31 Abs. 2 Satz 4 HBauO). Der zweite Rettungsweg darf über Hallen oder Foyers geführt werden, wenn diese nicht als Versammlungsstätten gemäß Versammlungsstättenverordnung (VStättVO) genutzt werden."*
Saarland – KHBauR	Nr. 2.6	***2.6 Rettungswege im Gebäude*** identisch mit den Anforderungen der MKhBauVO

Abb. F-18: Flachdach mit Aufenthaltsbereich

Hinweis

> Bei reinen Personalbereichen mit geringen Personenzahlen sind Abweichungen vom Prinzip der 2 baulichen Rettungswege grundsätzlich möglich. Bei Objekten mit mehr als einem Vollgeschoss müssen jedoch in jedem Fall Aufstellflächen für Rettungsmittel der Feuerwehr im Außenbereich nachgewiesen werden.

Es entspricht einer modernen Krankenhausplanung, dass Rettungswege auch über Hallen oder Foyers zu Ausgängen ins Freie geführt werden können. Voraussetzung ist, dass für jedes Geschoss *„mindestens ein weiterer* [...] *unabhängiger baulicher Rettungsweg vorhanden ist*" (§ 6 Abs. 4 BbgKPBauV). Auch der BPD Krankenhäuser lässt diese Erleichterung zu, wobei hier eine Nutzung als Versammlungsstätte nach Versammlungsstättenverordnung explizit ausgeschlossen wird. Die Treppe muss den Anforderungen an notwendige Treppen entsprechen, wobei hier abweichend von § 35 Abs. 1 Satz 1 MBO kein eigener notwendiger Treppenraum erforderlich ist. In den „Hinweisen über den baulichen Brandschutz in Krankenhäusern und baulichen Anlagen entsprechender Zweckbestimmung" von Baden-Württemberg werden für „angelagerte Nutzungen" wie z. B. Empfangstheken und Verkaufsräume zusätzlich eine Feuerlöschanlage und eine Rauchschürze mit Rauchabzug gefordert. In § 13 BbgKPBauV wird zudem pauschal eine automatische Feuerlöschanlage gefordert. Zum Thema Magistralen und geschossübergreifende Hallen siehe Kapitel H.2.1.

Aus Innenhöfen oder Dachterrassen, die häufig als Aufenthaltsbereiche genutzt werden (siehe Abb. F-18), müssen ebenfalls 2 voneinander unabhängige bauliche Rettungswege, z. B. notwendige Flure, erreichbar sein.

Teilnutzungseinheiten (Großraumbereichen, Kompartimente) ohne notwendigen Flur müssen 2 entgegengesetzte bauliche Rettungswege haben, von denen einer über eine weitere Teilnutzungseinheit führen kann.

Neben den o. g. baulichen Anforderungen erfordern die Gestaltung der Rettungswege, die anlagentechnische Ausstattung (z. B. Sicherheitsbeleuchtung), die Kennzeichnung und die ggf. erforderliche Nachversorgung von Patienten in gesicherten Bereichen eine umfassende Planung und Abstimmung aller Beteiligten.

Zu Flucht und Rettung im Krankenhaus, dem erforderlichen Räumungs- und Evakuierungskonzept und den weiteren Anforderungen an die Rettungswege siehe auch Kapitel G.

F.8.2.1 Anforderungen an Türen/Türen im Zuge von Rettungswegen

Tabelle F-13 fasst die allgemeinen Anforderungen der MKhBauVO und der Regelungen der Bundesländer Baden-Württemberg, Brandenburg, Hamburg und Saarland für einen schnellen Überblick zusammen.

Die grundlegenden bauordnungsrechtlichen und krankenhausspezifischen Anforderungen an Fluchttüren und Tore können wie folgt grob zusammengefasst werden:

- Sie müssen sich leicht und ohne besondere Hilfsmittel in voller Breite öffnen lassen.
- Sie müssen nach außen aufschlagen.
- Sie müssen schwellenlos sein (keine Flachrundschwellen, z. B. Bettentransport).
- Sie müssen eine lichte Breite von mindestens 1,20 m (Brandenburg 1,25 m) haben (im Allgemeinen genügen 1,20 m), das Maß ist aber abhängig von den zu Pflegenden und den für den jeweiligen Bedarf verwendeten Betten und sollte mit den Betreibern abgestimmt werden. Standardmaße von Betten siehe z. B. DIN EN 60601-2-52 „Medizinische elektrische Geräte – Teil 2-52: Besondere Festlegungen für die Sicherheit einschließlich der wesentlichen Leistungsmerkmale von medizinischen Betten“ (2016).
- Wenn sie selbst schließend sein müssen und aus betrieblichen Gründen offen gehalten werden, müssen sie über zugelassene Feststelleinrichtungen verfügen, die bei Raucheinwirkung ein selbsttätiges Schließen der Türen bewirken.
- Pendeltüren und Schiebetüren sind unzulässig,
- Automatische Schiebetüren müssen der „Muster-Richtlinie über automatische Schiebetüren in Rettungswegen (M-AutSchR)“ entsprechen.

Tabelle F-13: Anforderungen an Türen nach MKhBauVO und Regelwerken der Bundesländer Baden-Württemberg, Brandenburg, Hamburg und Saarland

Regelung	Fundstelle	Anforderungen an Türen
MKhBauVO	§ 16	***„§ 16 Fenster und Türen*** […] *(3) Türen, durch die Kranke liegend befördert werden, müssen eine lichte Breite von mindestens 1,25 m und dürfen mit Ausnahme von Außentüren keine Schwellen haben.* *(4) Türen im Zuge von Rettungswegen dürfen nur in Fluchtrichtung aufschlagen. Schiebe-, Pendel- und Drehtüren sind in Rettungswegen unzulässig. Sonstige Schiebetüren müssen vor den Wänden liegen. Pendel- und Drehtüren sind auch im Pflege- und Behandlungsbereich unzulässig. Automatische Schiebetüren können für Ausgänge ins Freie gestattet werden, wenn sie sich im Störfall selbsttätig öffnen. Die Betriebssicherheit der Türen muß nachgewiesen sein.*
Baden-Württemberg – Hinweise über den baulichen Brandschutz in Krankenhäusern und baulichen Anlagen entsprechender Zweckbestimmung	Nr. 3.5	***„3.5 Türen*** *3.5.1 Türen, durch die Kranke liegend befördert werden, müssen eine lichte Breite von mindestens 1,20 m haben.* *3.5.2 Türen von notwendigen Fluren, notwendigen Treppenräumen und Türen, die ins Freie führen, müssen in Fluchtrichtung aufschlagen und dürfen keine Schwellen haben.* *3.5.3 Schiebetüren sind in Rettungswegen unzulässig, dies gilt nicht für automatische Schiebetüren, die Rettungswege nicht beeinträchtigen. Pendeltüren müssen in Rettungswegen Vorrichtungen haben, die ein Durchpendeln der Türen verhindern.* *3.5.4 Abweichend von § 14 Abs. 4 LBOAVO sind im Zuge notwendiger Flure feuerhemmende, rauchdichte und selbstschließende Türen in Brandwänden zulässig, sofern die angrenzenden Flurwände in einem Bereich von 1,25 m auf beiden Seiten dieser Türen mindestens feuerhemmend sind, aus nichtbrennbaren Baustoffen bestehen und keine Öffnungen haben.* *3.5.5 Türen mit den Eigenschaften rauchdicht und selbstschließend werden in Wänden gefordert, die Rauchabschnitte begrenzen.* *3.5.6 Türen mit den Eigenschaften feuerhemmend, rauchdicht und selbstschließend werden in Wänden gefordert, die folgende Räume oder Bereiche begrenzen:* • *Brandschutzbereiche* • *Großraumbereiche* • *Sonderbereiche* • *Vorräume vor Aufzügen in Untergeschossen* • *notwendige Treppenräume* *3.5.7 Türen, die selbstschließend sein müssen, dürfen offen gehalten werden, wenn sie Einrichtungen haben, die bei Raucheinwirkung ein selbsttätiges Schließen der Türen bewirken; sie müssen auch von Hand geschlossen werden können."*

Tabelle F-13: (Fortsetzung)

Regelung	Fund-stelle	Anforderungen an Türen
Brandenburg – BbgKPBauV	§ 9	***„§ 9 Türen*** *(1) In Brandwänden müssen Türen feuerbeständig, rauchdicht und selbstschließend sein.* *(2) In raumabschließenden Innenwänden, die feuerbeständig sein müssen, müssen Türen mindestens feuerhemmend, rauchdicht und selbstschließend sein.* *(3) In raumabschließenden Innenwänden, die hochfeuerhemmend sein müssen, müssen Türen mindestens rauchdicht und selbstschließend sein.* *(4) In raumabschließenden Innenwänden, die feuerhemmend sein müssen, müssen Türen mindestens dichtschließend und vollwandig sein.* *(5) Die lichte Breite der Türen von Aufenthaltsräumen und der Türen im Zuge von Rettungswegen muss mindestens 0,90 m betragen. In Krankenhäusern und in Intensivbereichen von Pflegeheimen muss die lichte Breite der Türen, durch die Kranke liegend befördert werden, mindestens 1,25 m betragen.* *(6) Türen in Rettungswegen müssen in Fluchtrichtung aufschlagen und dürfen keine Schwellen haben. Die Türen müssen jederzeit von innen leicht und in voller Breite geöffnet werden können. Die Türen, die wegen einer sicheren Unterbringung von Personen verschlossen gehalten werden, müssen im Gefahrenfall durch das Personal ohne Zeitverzug geöffnet werden können.* *(7) Pendeltüren und Schiebetüren sind im Zuge von Rettungswegen unzulässig, dies gilt nicht für automatische Schiebetüren, die die Rettungswege nicht beeinträchtigen.* *(8) Türen, die selbstschließend sein müssen, dürfen offengehalten werden, wenn sie Einrichtungen haben, die bei Raucheinwirkung ein selbsttätiges Schließen der Türen bewirken; sie müssen auch von Hand geschlossen werden können."*
Hamburg – BPD Krankenhäuser	Nr. 7.4	***„7.4. Türen*** *Türen, durch die Patienten liegend in Betten befördert werden, müssen über eine ausreichende lichte Breite verfügen."*
Saarland – KHBauR	Nr. 2.10	***„2.10 Fenster und Türen*** […] *2.10.3 Türen, durch die Kranke liegend befördert werden, müssen eine lichte Durchgangsbreite von mindestens 1,20 m und eine lichte Durchgangshöhe von mindestens 2,10 m haben; mit Ausnahme von Außentüren sind Schwellen nicht zulässig.* *2.10.4 Türen im Zuge von Rettungswegen dürfen nur in Fluchtrichtung aufschlagen. Schiebe-, Pendel- und Drehtüren sind in Rettungswegen unzulässig. Sonstige Schiebetüren müssen vor den Wänden liegen. Pendel- und Drehtüren sind auch im Pflege- und Behandlungsbereich unzulässig. Automatische Schiebetüren können für Ausgänge ins Freie gestattet werden, wenn sie sich im Störfall selbsttätig öffnen. Die Betriebssicherheit der Türen muss nachgewiesen sein. Sie müssen der Richtlinie über automatische Schiebetüren in Rettungswegen (AutSchR) entsprechen.* *2.10.5 Selbstschließende Türen oder Abschlüsse können betriebsbedingt mit zugelassenen Offenhaltungen versehen werden, die bei Raucheinwirkung die Türen/Abschlüsse selbsttätig schließen."*

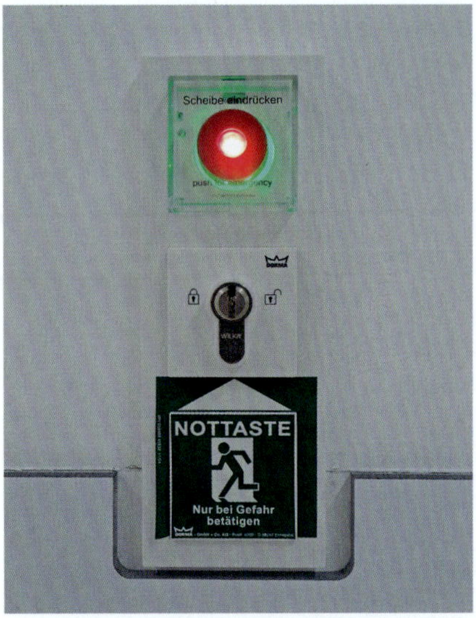

Abb. F-19: Fluchttürwächter

Notausgangs- und Panikverschlüsse

Durch technische und organisatorische Maßnahmen muss sichergestellt sein, dass sich die Türen in Fluchtrichtung ohne Hilfsmittel leicht öffnen lassen und die Feuerwehr alle Türen auch entgegen der Fluchtrichtung jederzeit öffnen kann (z. B. durch einen Generalschlüssel im Feuerwehr-Schlüsseldepot, Zutrittskarten für elektronische Schließsysteme oder Zugangscodes für spezielle Bereiche). In Bereichen von Rettungswegen mit Zutrittsbeschränkungen oder Notausgangstüren können z. B. Fluchttürsteuerterminals (Fluchttürwächter [siehe Abb. F-19], optische und/oder akustische Signale) verwendet werden, die die Tür im Brandfall automatisch entriegeln.

Für Notausgangsverschlüsse mit Drücker oder Stoßplatte gilt die harmonisierte Norm DIN EN 179 „Schlösser und Baubeschläge – Notausgangsverschlüsse mit Drücker oder Stoßplatte für Türen in Rettungswegen – Anforderungen und Prüfverfahren“ (2008), für Panikverschlüsse mit Betätigungsstange die DIN EN 1125 „Schlösser und Baubeschläge – Paniktürverschlüsse mit horizontaler Betätigungsstange für Türen in Rettungswegen – Anforderungen und Prüfverfahren“ (2008). Die Verwendung von geprüften Beschlagsystemen nach diesen Normen ist baurechtlich nicht vorgeschrieben. Die Autoren empfehlen jedoch, zertifizierte Beschlagsysteme nach diesen Normen zu verwenden, da für diese ein CE-Zertifikat zur Leistungsbeständigkeit für das gesamte System inklusive aller verbauten Komponenten vorliegt.

Hinweis

Nach Erfahrung der Autoren gibt es häufig Diskussionen zur Zulässigkeit von Verschlüssen nach DIN EN 179 in Krankenhäusern. Hierbei ist zu beachten, dass der Anwendungsbereich der DIN EN 1125 insbesondere auf öffentliche Bereiche mit Panikbildung ausgelegt ist. Entsprechende Gefahren können in Krankenhäusern meist ausgeschlossen werden, sodass Drücker nach DIN EN 1125 nach Sicht der Autoren nur in Bereichen mit großem Menschenansammlungen sinnvoll sind.

Hinweise zum Richtlinienkonflikt in den Anforderungen an kraftbetätigte Türen in Rettungswegen

Einschlägig sind hier die Muster-Richtlinie über automatische Schiebetüren in Rettungswegen (M-AutSchR), Fassung Dezember 1997 (C 2.6.10 MVV TB), und die Muster-Richtlinie über elektrische Verriegelungssysteme von Türen in Rettungswegen (M-EltVTR), Fassung Dezember 1997 (C 2.6.11 MVV TB).

Ein Widerspruch kann auftreten, wenn eine kraftbetätigte Tür (z. B. eine automatische Schiebetür als Zugangstür) Teil des Rettungswegs ist und aus betrieblichen Gründen ganz oder teilweise verriegelt sein soll.

Ziel der M-AutSchR ist es, dass Menschen schnell und ohne fremde Hilfe aus einem Gebäude fliehen können (Personenschutz):

- Nach M-AutSchR muss die Türe bei Annäherung einer Person (ab 1,5 m vor der Tür) automatisch öffnen (innere Signalgeber). Eine Druckbelastung auf das Türblatt durch fliehende Personen im Brandfall muss verhindert werden, weil durch die Axialkräfte das Öffnen der Schiebetüre nicht gewährleistet ist. Ein Not-Auf-Taster ist nicht zulässig.
- Im Notfall (z. B. Energieausfall, Ausfall eines Signalgebers) muss die Tür selbsttätig auffahren und in dieser Stellung verbleiben; eine Gefährdung von Personen durch schließende Türflügel muss durch Sicherheitseinrichtungen verhindert werden.

Ziel der M-EltVTR ist der Schutz vor elektrischen Gefahren, Systemfehlern und Sicherstellung der Funktion im Brandfall (Systemstabilität):

- Nach M-EltVTR darf die Tür im Notfall nicht unkontrolliert offen stehen, sie muss durch elektrische Verriegelungssysteme automatisch schließen und in dieser Stellung verbleiben. Sie kann durch eine manuelle Betätigung des Nottasters (nicht automatische Freigabe) entriegelt werden. Es dürfen auch im Zusammenspiel mit anderen automatischen Sicherheitseinrichtungen (z. B. Gefahrenmeldeanlage) keine Steuerungsfehler auftreten.

Ein funktionierendes Türsystem in Rettungswegen muss den Anforderungen beider Richtlinien gerecht werden, was im Allgemeinen nicht möglich ist. Der Markt bietet mittlerweile jedoch komplexe technische Lösungen mit baumustergeprüften Fluchtwegschiebetür-Systemen mit Fluchttürsteuerungen an, die in bestimmten Situationen eine Verriegelung unter Beibehaltung der Fluchtwegzulassung gewährleisten. Die Anwendung sollte vom Planenden mit den Betreibern abgestimmt werden. Eine Abnahme durch eine nach LBO dafür anerkannte Überwachungsstelle ist erforderlich.

Hinweis

> Muss eine Schiebetür gleichzeitig Brandschutzanforderungen (selbst schließend) erfüllen, ist die Anwendung nach M-AutSchR (automatisch öffnen) nicht möglich. Eine vorhabenbezogene Bauartgenehmigung (vBg) nach § 16a Abs. 2 MBO ist erforderlich.

Abb. F-20: Notwendiger Flur mit Sitzgelegenheiten und üblichen mobilen Geräten

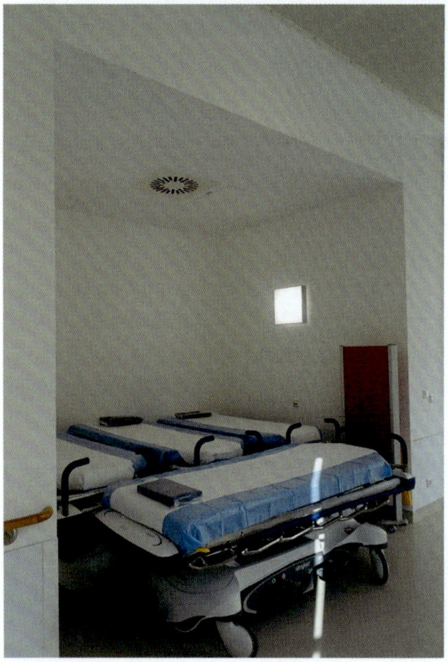

Abb. F-21: Überfüllte Flurnische zur Bettenlagerung

F.8.2.2 Brandlasten in Rettungswegen

Brandlasten in Rettungswegen sind immer ein Streitpunkt und werden regelmäßig auch im Rahmen einer Feuerbeschau bemängelt. Einerseits bergen sie ein potenzielles Brandrisiko, andererseits ist eine vollständige Freihaltung in Krankenhäusern kaum realistisch (siehe Abb. F-20 und F-21) (siehe Kapitel F.11).

Um Diskussionen vorzubeugen, ist es zwingend notwendig, frühzeitig Überlegungen anzustellen und diese im Brandschutznachweis zu dokumentieren. Dabei ist zu bedenken, dass Gegenstände in Rettungswegen zu keiner Zeit die erforderliche Rettungswegbreite einschränken dürfen. Zudem muss die Nutzbarkeit der Rettungswege auch im Brandfall ausreichend lange gewährleistet sein. Somit bestehen Anforderungen an die Menge und an das Brandverhalten der verwendeten Baustoffe. Da sich nicht alle Gegebenheiten und Örtlichkeiten vorab definieren lassen, sind insbesondere die Rahmenparameter zu beschreiben. Im Anschluss sind dann eine hausinterne Bewertung und Umsetzung möglich. Als Grundlage für Planungen können die „Empfehlungen zur Risikoeinschätzung von Brandlasten in Rettungswegen (2014-5)“, Aktualisierung 2024, der AGBF Bund dienen.

Hinweis

> Bei der Bewertung von Brandlasten in Rettungswegen sind neben den baurechtlichen Gesichtspunkten auch die Anforderungen anderer Rechtsgebiete zu berücksichtigen. Insbesondere in Bayern bildet die „Verordnung zur Verhütung von Bränden (VVB)“ eine zusätzliche Rechtsgrundlage. Nach § 22 VVB dürfen elektrische Geräte wie Kopierer, Verkaufsautomaten oder Computerarbeitsplätze in notwendigen Treppenräumen nicht betrieben werden. Hieraus ist ersichtlich, dass bei der Bewertung ein deutlicher Unterschied zwischen notwendigen Fluren und Treppenräumen gemacht werden muss.

Dekorationen

Ausschmückungen bzw. Dekorationen in Form von gerahmten Bildern oder rahmenlosen Glashaltern sind uneingeschränkt zulässig. Ebenfalls zulässig sind geschlossene Schaukästen und Glasvitrinen, sofern dadurch die Rettungswegbreite nicht eingeschränkt wird.

Warteplätze

Warteplätze in notwendigen Fluren können zugelassen werden, sofern die Bestuhlung die erforderliche Rettungswegbreite nicht einschränkt und überwiegend aus nicht brennbaren Materialien besteht. Ebenfalls zulässig sind Polsterauflagen mit Polsterverbunden nach DIN 66084 „Klassifizierung des Brennverhaltens von Polsterverbunden“ (2021) (Klasse P-a) oder der britischen Norm BS 5852 „Assessment of the ignitability of upholstered seating by smouldering and flaming ignition sources“ (Crib 5). Einzelne Stühle sollten möglichst nicht zum Einsatz kommen, da nicht ausgeschlossen werden kann, dass diese verrückt werden und die Rettungswege beeinträchtigen. Stattdessen sollten mehrsitzige Wartebänke genutzt werden. Alternativ können die Möbel auch fest mit der Wand verbunden sein.

Hinweis

> Im Altbestand stehen teilweise nicht ausreichend Flächen zur Verfügung. In Einzelfällen ist es möglich, Klappsitze an der Wand zu montieren. So steht bei Nichtbenutzung oder im Brandfall weiterhin die notwendige Mindestbreite zuverlässig zur Verfügung.

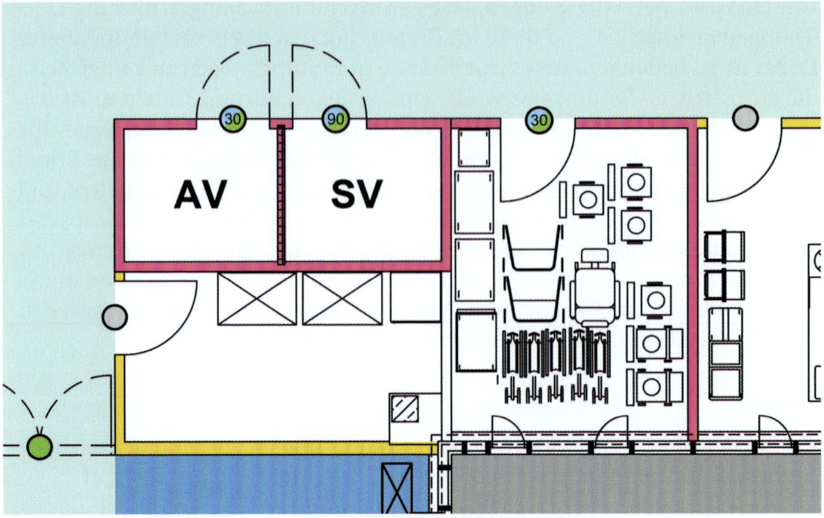

Abb. F-22: Grundriss Pflegestation mit gesondertem Geräteabstellraum

Auch einzelne Displays zur Information und Unterhaltung der Wartenden sind grundsätzlich möglich, sofern die Aufhängungen aus nicht brennbaren Baustoffen bestehen und die Zuleitungen entsprechend der MLAR geschlossen verlegt werden. Um die Gefahr einer Brandentstehung gering zu halten, ist die maximale Größe der Bildschirme jedoch begrenzt. Sie sollte 25 Zoll nicht überschreiten. Sollten größere Bildschirme zum Einsatz kommen, müssen diese entweder in einem Brandschutzgehäuse verbaut werden oder über ein verbessertes Brandverhalten sowie eine interne Löschkapsel verfügen.

Medizinische Geräte

Medizinische Geräte, die kurzzeitig im Flur abgestellt werden, sind grundsätzlich zulässig. Werden sie jedoch zum Laden an Steckdosen angeschlossen, stellen sie ein erhebliches Gefahrenpotenzial dar. Für derartige Zwecke sind ausreichend dimensionierte Geräteräume vorzusehen (siehe Abb. F-22).

Bettenstellplätze

Im regulären Klinikalltag ist es erforderlich, Betten mit Patienten bis zur Behandlung bzw. leere Betten für den Zeitraum einer Behandlung abzustellen. Hierfür sind häufig Flurnischen vorgesehen. Den Autoren sind Brandschutznachweise bekannt, in denen großzügige Stellplätze für Betten als „Bettenwartebereiche" bezeichnet werden. Damit soll zum Ausdruck gebracht werden, dass die Betten nur kurzfristig abgestellt werden und es sich somit nicht um eine verbotene Lagerung bzw. Zwischenlagerung handelt. Erfahrungsgemäß können derartige Auflagen jedoch nicht dauerhaft umgesetzt werden. Entsprechende Flächen werden früher oder später als Lager- oder Bereitstellungsfläche für Betten, Geräte und Material missbraucht. Insbesondere, wenn absehbar Bedarf für Reservebetten oder mehrere Stellplätze besteht, sollten daher immer auch Überlegungen zur Unterbringung

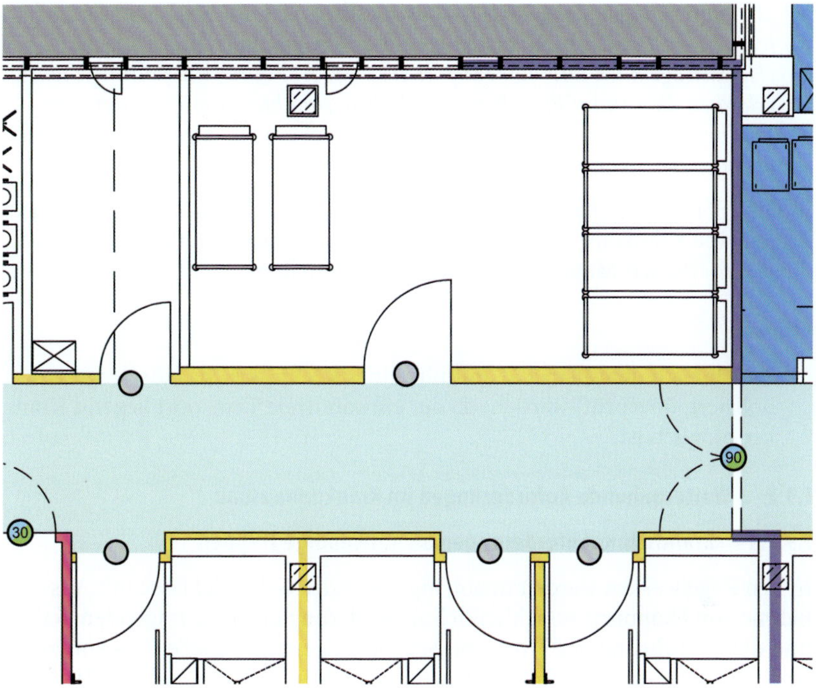

Abb. F-23: Grundriss Pflegestation mit gesondertem Bettenabstellraum

in geschlossenen Räumen angestellt werden (siehe Abb. F-23). Alternativ ist es möglich, die Nischen mittels Feuerschutzvorhängen abzutrennen.

F.9 Treppen (§ 34 MBO)

F.9.1 Bauordnungsrechtliche Anforderungen

Nach § 34 MBO müssen jedes nicht zu ebener Erde liegende Geschoss und der benutzbare Dachraum eines Gebäudes über mindestens eine Treppe (notwendige Treppe) zugänglich sein. Sie dient als (erster) Rettungsweg aus dem Gebäude und als Weg für den Löschangriff der Feuerwehr. Es werden im Wesentlichen Anforderungen an die Lage, die Bauart, die nutzbare Breite und je nach Gebäudeklasse an die brandschutztechnische Ausführung gestellt.

Die technischen Anforderungen hinsichtlich Planung, Bemessung und Ausführung von Treppen sind in DIN 18065 „Gebäudetreppen – Begriffe, Maßregeln, Hauptmaße", die Anforderungen an öffentlich zugängliche Gebäude sind in DIN 18040-1 enthalten. Beide Technischen Regeln sind als Technische Baubestimmungen eingeführt (siehe A 4.2 MVV TB und DIN 18065, Anlage A 4.2/1 sowie DIN 18040-1, Anlage A 4.2/2).

DIN 18065 bezieht sich beim Krankentransport über notwendige Treppen primär auf die Treppenpodeste. Sie fordert unter Punkt 6.4 Krankentransport:

„Bei notwendigen Treppen ist sicherzustellen, dass die Maße im gebrauchsfertigen Zustand den Transport von Personen auf einer Krankentrage (Haupttrage nach DIN EN 1865-1:2015-08, 3.1) durch die Rettungsdienste erlauben. Soweit im Einzelfall erforderlich, sind hierzu größere nutzbare Laufbreiten als nach 6.1.2 sowie größere nutzbare Podestbreiten und -tiefen als nach 6.3.1 vorzusehen."

In DIN EN 1865-1 „Krankentransportmittel im Krankenkraftwagen – Teil 1: Allgemeine Krankentragesysteme und Krankentransportmittel" (2015) sind die erforderlichen Maße für Krankentragen enthalten.

Hinweis

Es sollte auf dem Plan z. B. mithilfe eines Rechteckes, das die Trage symbolisiert, überprüft werden, ob der einwandfreie Transport liegend Kranker möglich ist.

F.9.2 Weitergehende Anforderungen im Krankenhausbau

F.9.2.1 Brandschutzanforderungen an notwendige Treppen

In den Regelwerken werden unabhängig von der Gebäudeklasse mit Ausnahme von Hamburg ausschließlich Anforderungen an die tragenden Teile und die Ausführung der Tritt- und Setzstufen gestellt. Tabelle F-14 enthält eine Übersicht über die Anforderungen nach Muster-Krankenhaus-Richtlinie und den Regelwerken der Bundesländer Baden-Württemberg, Brandenburg, Hamburg und Saarland.

Tabelle F-14: Anforderungen an notwendige Treppen nach Muster-Krankenhausrichtlinie Regelwerken der Bundesländer Baden-Württemberg, Brandenburg, Hamburg und Saarland

Regelung	Fundstelle	Anforderungen an die Konstruktion von notwendigen Treppen
Muster einer Verordnung über den Bau und Betrieb von Krankenhäusern (Krankenhausbauverordnung – KhBauVO)	§ 14 Abs. 1	*„Notwendige Treppen müssen feuerbeständig und an ihrer unteren Seite geschlossen sein."*
Baden-Württemberg – Hinweise über den baulichen Brandschutz in Krankenhäusern und baulichen Anlagen entsprechender Zweckbestimmung	Nr. 3.2.1	*„Notwendige Treppen müssen aus nichtbrennbaren Baustoffen ausgebildet sein."*
Brandenburg – BbgKPBauV	§ 8, Abs. 1 und 2	*„(1) Notwendige Treppen müssen feuerbeständig sein. Für notwendige Treppen als Außentreppen genügen nichtbrennbare Baustoffe.* *(2) Notwendige Treppen und dem allgemeinen Besucherverkehr dienende Treppen müssen geschlossene Tritt- und Setzstufen haben; dies gilt nicht für Außentreppen. Wendeltreppen sind unzulässig."*

Tabelle F-14: (Fortsetzung)

Regelung	Fundstelle	Anforderungen an die Konstruktion von notwendigen Treppen
Hamburg – BPD Krankenhäuser	Nr. 5.6	*„Die tragenden Teile notwendiger Treppen müssen feuerbeständig und aus nichtbrennbaren Baustoffen sein. Treppenstufenbeläge müssen mindestens aus schwerentflammbaren Baustoffen bestehen.* *Für notwendige Treppen als Außentreppen genügen nichtbrennbare Baustoffe.* *Notwendige Treppen und dem allgemeinen Besucherverkehr dienende Treppen, wie z. B. in Hallen und Foyers, müssen geschlossene Tritt- und Setzstufen haben, dies gilt nicht für Außentreppen (§ 32 HBauO in Verbindung mit § 51 HBauO).“*
Saarland – KHBauR	Nr. 2.8.1	*„Notwendige Treppen müssen feuerbeständig und an ihrer unteren Seite geschlossen sein.“*

Es werden keine brandschutztechnischen Anforderungen an die Umwehrungen und die Beläge der Setzstufen gestellt. Es gelten lediglich die Anforderungen des § 35 Abs. 5 Nr. 3 MBO, wonach Bodenbeläge – ausgenommen Gleitschutzprofile – aus mindestens schwer entflammbaren Baustoffen bestehen müssen.

Abb. F-24 zeigt eine einfache transparente Treppengestaltung mit hölzernen Handläufen.

Abb. F-24: Gelungene Treppengestaltung

Abb. F-25: Stahl-Außentreppe als Fluchttreppe

Bei Außentreppen ohne notwendigen Treppenraum genügen nicht brennbare Baustoffe (Baustoffklasse A) (siehe Abb. F-25).

F.9.2.2 Breite notwendiger Treppen

Nach § 34 Abs. 5 MBO sind notwendige Treppen (sowie notwendige Flure nach § 36 Abs. 2 MBO) auf den größten zu erwartenden Verkehr auszulegen. Das Schutzziel ist hier die Evakuierung der baulichen Anlage in ausreichender Zeit und bezieht sich nicht nur auf den Brandfall. Konkrete Anforderungen an die Breite und die zur Verfügung stehende Zeit werden in der MBO nicht gestellt. Es obliegt primär dem Planer, die Zahl der Nutzer und die tatsächlich erforderliche Rettungswegbreite zu bestimmen und dies im Brandschutznachweis zu dokumentieren. Bei der Dimensionierung der Rettungswege ist zu beachten, dass die Rettung liegender Patienten in horizontaler Richtung meist mit Betten und in vertikaler Richtung mit geeigneten Hilfsmitteln (z. B. Tragen) erfolgt. Es ist nicht ausgeschlossen, dass die Räumung von Patienten zum Zeitpunkt des Eintreffens der Feuerwehr noch nicht abgeschlossen ist.

Alle bekannten Regelungen zum Krankenhausbau enthalten konkrete Anforderungen zur Breite notwendiger Treppen (vgl. Tabelle F-15). Hier wird mehrheitlich explizit eine Mindestbreite von 1,50 m gefordert, um den Transport von Patienten mit genormten Krankentragen nach DIN 13024-1 „Krankentrage – Teil 1: Mit starren Holmen; Maße, Anforderungen, Prüfung" (2019) und DIN 13024-2 „Krankentrage – Teil 2: Mit klappbaren Holmen; Maße, Anforderungen, Prüfung" (2016) zu ermöglichen. Diese Mindestbreite gilt auch für Treppenpodeste. Türflügel dürfen die lichte Breite der Podeste nicht einschränken.

Tabelle F-15: Anforderungen an die Breite von Rettungswegen nach den Regelwerken der Bundesländer Baden-Württemberg, Brandenburg, Hamburg und Saarland

Bundesland	Fundstelle	Anforderungen an die Breite von Rettungswegen
Baden-Württemberg – Hinweise über den baulichen Brandschutz in Krankenhäusern und baulichen Anlagen entsprechender Zweckbestimmung	Nr. 3.2.2	*„Die nutzbare Breite notwendiger Treppen und Treppenabsätze muss mindestens 1,20 m und darf höchstens 2,40 m betragen."*
Brandenburg – BbgKPBauV	§ 8 Abs. 3	*„Die lichte Breite notwendiger Treppen muss mindestens 1,50 m betragen."*
Hamburg – BPD Krankenhäuser	Nr. 7.3	*„Notwendige Treppenräume müssen für den Transport von Personen auf Tragen geeignet sein. Die notwendigen Treppen müssen daher über eine lichte Breite von mindestens 1,50 m zwischen den Handläufen verfügen. Treppenpodeste müssen eine Tiefe von mindestens 1,50 m haben (§ 51 HBauO)."*
Saarland – KHBauR	Nr. 2.8.5	*„Die nutzbare Breite der Treppen und Treppenabsätze notwendiger Treppen muss mindestens 1,50 m betragen [...] und darf 2,50 m nicht überschreiten."*

Nur in den Hinweisen des BPD Krankenhäuser wird ebenfalls auf die erforderliche Möglichkeit zum Krankentransport verwiesen. In den Hinweisen über den baulichen Brandschutz in Krankenhäusern und baulichen Anlagen entsprechender Zweckbestimmung aus Baden-Württemberg ist hingegen die Mindestbreite von lediglich 1,20 m angegeben. Aus Sicht der Autoren ist diese reduzierte Breite nur bei notwendigen Treppen möglich, die keine Geschosse mit Betten- und Pflegebereichen erschließen. In allen anderen Fällen ist auch hier die Mindestbreite von 1,50 m vorzusehen. Unabhängig von den baurechtlichen Anforderungen sind bei der Breite von Treppen stets auch die arbeitsschutzrechtlichen Anforderungen zu beachten.

Bestehen länderspezifisch keine konkreten Festlegungen, ist zu beachten, dass die Empfehlungen der AGBF (siehe Kapitel E.0.1) eine nutzbare Laufbreite von mindestens 1,25 m bei Treppen als ausreichend ansehen. Treppenpodeste müssen hingegen weiterhin eine nutzbare Tiefe von mindestens 1,50 m aufweisen. Die notwendige Breite ist immer zwischen den Handläufen zu messen. Diese sind nach DIN 18040 auf beiden Seiten vorzusehen. Sie müssen fest und griffsicher sein und unterbrechungsfrei über Treppenpodeste fortgeführt werden. Am Anfang und Ende der Treppenläufe müssen sie noch mindestens 30 cm waagerecht weitergeführt werden und einen abgerundeten Abschluss haben.

F.10 Notwendige Treppenräume und Ausgänge (§ 35 MBO)

F.10.1 Bauordnungsrechtliche Anforderungen

Nach § 35 MBO muss jede notwendige Treppe als wesentliches Bauteil zur Sicherstellung des Rettungswegs ins Freie in einem eigenen, durchgehenden Treppenraum (notwendiger Treppenraum) liegen. Dieser dient als erster Rettungsweg aus dem Gebäude sowie als Weg für den Löschangriff der Feuerwehr. Sie müssen in Lage und Baukonstruktion das Schutzziel gewährleisten, dass sie im Brandfall ausreichend lang benutzbar sind. Diese Anforderung bezieht sich primär auf die Feuerwiderstandsfähigkeit der Bauteile in Abhängigkeit von der Gebäudeklasse sowie darauf, dass die Selbstrettung so lange möglich bleibt, bis Rauch eingedrungen ist. Der Treppenraum muss von jeder Stelle eines Aufenthaltsraums und eines Kellergeschosses aus innerhalb von höchstens 35 m Entfernung erreichbar sein. Zu beachten ist insbesondere, dass übereinanderliegende Kellergeschosse jeweils mindestens 2 Ausgänge in notwendige Treppenräume oder ins Freie haben müssen. Bei innen liegenden notwendigen Treppenräumen ohne Fenster gilt: Der Raum bis zum Ausgang ins Freie ist quasi eine Erweiterung des notwendigen Treppenraumes und muss besondere Anforderungen erfüllen. Weiter werden im Wesentlichen Anforderungen an die Lage und die Öffnungen (Türen) sowie je nach Gebäudeklasse an die brandschutztechnische Ausführung, die erforderliche Anlagentechnik und die Rauchableitung gestellt.

Zum notwendigen Treppenraum siehe auch Abschnitt A 2.1.11 MVV TB.

F.10.2 Weitergehende Anforderungen im Krankenhausbau

Auch wenn das horizontale Räumungsprinzip Vorrang hat, können Verlegungen in andere Stockwerke oder ins Freie jedoch nicht vollständig ausgeschlossen werden. Daher müssen neben den horizontalen Rettungswegen immer ausreichend dimensionierte vertikale Rettungswege zur Verfügung stehen. Diese sind so zu verteilen, dass jeder Brandabschnitt mindestens einen Anschluss an einen notwendigen Treppenraum hat (siehe Abb. F-26).

F.10.2.1 Rettungsweglänge

Die Rettungsweglänge und somit die erforderliche Anzahl der notwendigen Treppenräume (erster und zweiter baulicher Rettungsweg) sind ein bestimmendes Element des architektonischen Entwurfs (siehe Abb. F-27). In der BbgKPBauV und dem BPD Krankenhäuser sind keine zusätzlichen Angaben aufgeführt, sodass zunächst die Anforderungen der jeweiligen gültigen LBO maßgeblich sind. In den Vorgaben aus Baden-Württemberg und dem Saarland wird hingegen eine maximal zulässige Rettungsweglänge von 30 m gefordert. Diese im Verhältnis zur MBO reduzierte Rettungsweglänge entspricht den Vorgaben der zurückgezogenen MKhBauVO. Für die Entfernung zum zweiten baulichen Rettungsweg gibt es keine Beschränkung der maximalen Länge. Zu bedenken ist jedoch, dass insbesondere die Entfernung zum nächsten Räumungsabschnitt erheblichen Einfluss auf die horizontale Räumung hat und möglichst kurz sein sollte.

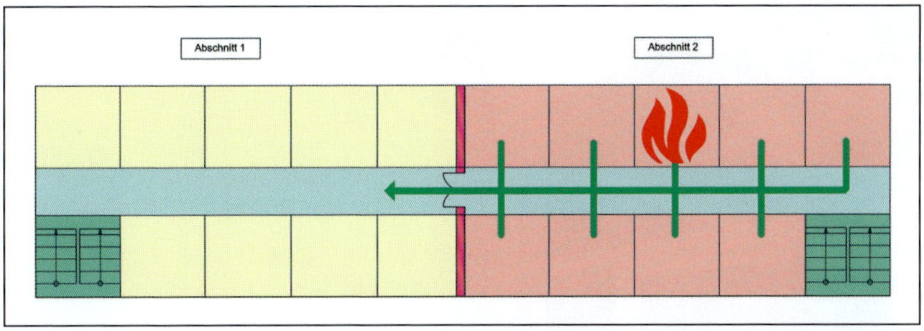

Abb. F-26: Grundriss/Schema Brandabschnitte

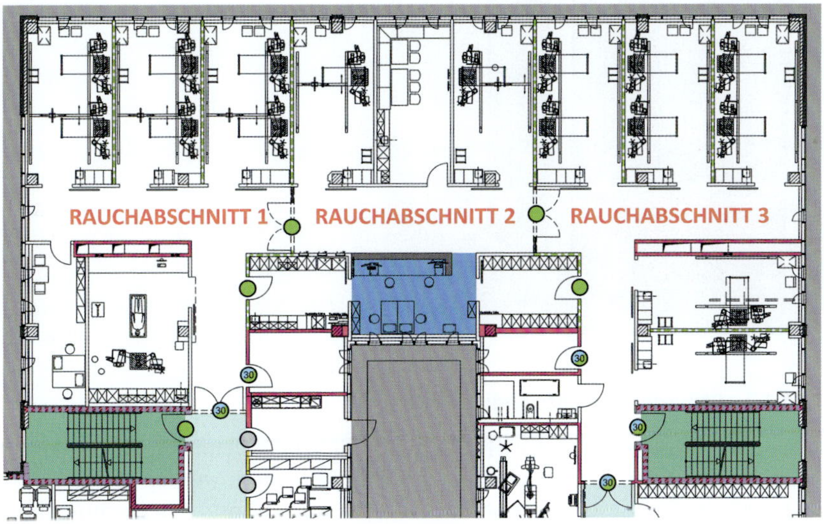

Abb. F-27: Grundriss Anbindung an notwendige Treppenräume

Hinweis

> Zusätzlich zu den baurechtlichen Anforderungen können sich die Vorgaben zur Rettungsweglänge aus spezifischen Richtlinien ergeben. So darf der Rettungsweg innerhalb elektrischer Betriebsräume bis zu einem Ausgang beispielsweise nicht länger als 35 m sein (§ 4 MEltBauV) und von jeder Stelle einer Lüftungszentrale muss in höchstens 35 m Entfernung ein Ausgang zu einem Flur in der Bauart notwendiger Flure, zu Treppenräumen in der Bauart notwendiger Treppenräume oder unmittelbar ins Freie erreichbar sein (Abschnitt 6.4.3 M-LüAR).

Auch wenn sich die Regelungen im Arbeitsstättenrecht zunehmend an baurechtlichen Regelungen orientieren, müssen sie im Rahmen einer Gefährdungsbeurteilung weiterhin bewertet werden. In Einzelfällen können sich schärfere Anforderungen ergeben (siehe hierzu die „Technische Regel für Arbeitsstätten. Fluchtwege und Notausgänge [ASR A2.3], 2024").

Abb. F-28: Feuerhemmende Treppenraumtür

F.10.2.2 Öffnungen zu notwendigen Fluren

Über die Anforderungen der MBO hinaus, die zu notwendigen Fluren geprüfte und klassifizierte Rauchschutzabschlüsse fordert, werden in den Regelungen der Bundesländer, mit Ausnahme von Hamburg, feuerhemmende, rauchdichte und selbst schließende Abschlüsse gefordert (siehe Abb. F-28, vgl. Tabelle F-16).

Tabelle F-16: Anforderungen an Treppenraumabschlüsse zu notwendigen Fluren nach Muster-Krankenhausrichtlinie und den Regelwerken der Bundesländer Baden-Württemberg, Brandenburg, Hamburg und Saarland

Regelung	Fundstelle	Anforderungen
Muster einer Verordnung über den Bau und Betrieb von Krankenhäusern (Krankenhausbauverordnung – KhBauVO)	§ 15	*„§ 15 Treppenräume* [...] *Türen müssen dicht und selbstschließend sein.* [...]*“*
Baden-Württemberg – Hinweise über den baulichen Brandschutz in Krankenhäusern und baulichen Anlagen entsprechender Zweckbestimmung	Nr. 3.5	*„3.5 Türen* [...] *3.5.6 Türen mit den Eigenschaften feuerhemmend, rauchdicht und selbstschließend werden in Wänden gefordert, die folgende Räume oder Bereiche begrenzen:* [...] *notwendige Treppenräume“*

Tabelle F-16: (Fortsetzung)

Regelung	Fundstelle	Anforderungen
Brandenburg – BbgKPBauV	§ 9	***„§ 9 Türen*** [...] *(2) In raumabschließenden Innenwänden, die feuerbeständig sein müssen, müssen Türen mindestens, feuerhemmend, rauchdicht und selbstschließend sein."*
Hamburg – BPD Krankenhäuser		keine Angaben
Saarland – KHBauR	Nr. 2.9	***„2.9 Treppenräume*** *2.9.1 In Treppenraumwänden sind Öffnungen zu allgemein zugänglichen Fluren mit feuerhemmenden, rauchdichten und selbstschließenden Türen (T 30 + RS) herzustellen."*

Erfahrungsgemäß sind notwendige Flure in Krankenhäusern nicht brandlastfrei und die Türen zu den Patientenzimmern, die oftmals der Brandentstehungsort sind, können offen stehen. Da die Treppenräume auch als Angriffsweg für die Feuerwehr dienen, ist hier ein hoher baulicher Schutz angemessen. Daher halten die Autoren feuerhemmende, rauchdichte und selbst schließende Abschlüsse für sinnvoll (siehe Abb. F-29).

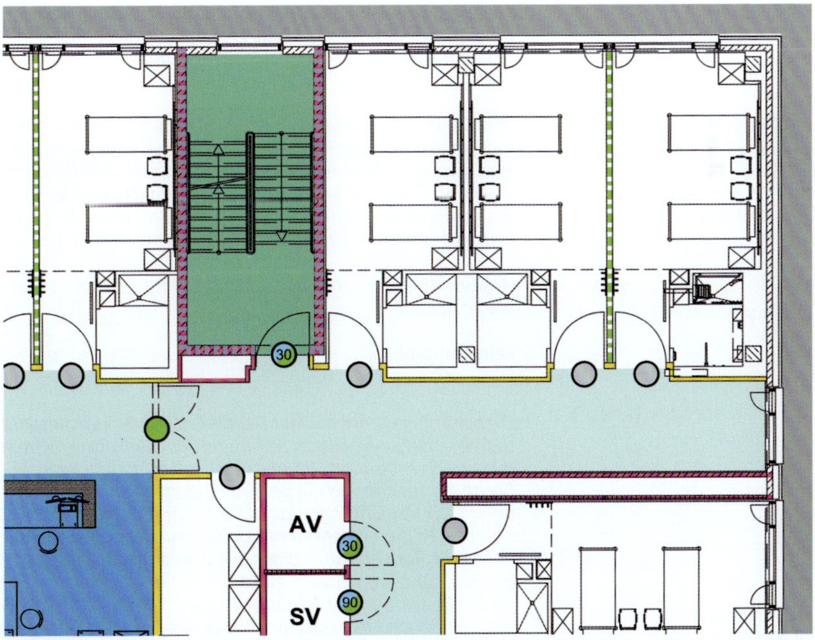

Abb. F-29: Grundriss Allgemeinpflege, Anschluss notwendiger Flur an notwendigen Treppenraum

F.10.2.3 Rauchableitung

Die geforderten Öffnungen zur Rauchableitung dienen nicht der Selbstrettung, eine Rauchfreihaltung des Treppenraums ist nicht erforderlich. Sie dienen der Feuerwehr zur Entrauchung des Treppenraums im Brandfall und zur Unterstützung wirksamer Löschmaßnahmen. Die erforderliche Luftnachströmung kann z. B. durch Offenhalten der Eingangstür oder aktiv durch mobile Druckbelüfter der Feuerwehr hergestellt werden. Eine Rauchfreihaltung und die damit verbundene aufwendige Anlagentechnik (z. B. eine Überdruckanlage), die das Eindringen von Rauch in den Treppenraum verhindert, sind nur bei Sicherheitstreppenräumen gefordert. Tabelle F-17 gibt eine Übersicht über die Anforderungen an die Rauchableitung nach der Muster-Krankenhausrichtlinie und den Regelwerken der Bundesländer Baden-Württemberg, Brandenburg, Hamburg und Saarland.

Tabelle F-17: Anforderungen an die Rauchableitung nach Muster-Krankenhausrichtlinie und den Regelwerken der Bundesländer Baden-Württemberg, Brandenburg, Hamburg und Saarland

Regelung	Fundstelle	Anforderungen an die Rauchableitung
Muster einer Verordnung über den Bau und Betrieb von Krankenhäusern (Krankenhausbauverordnung – KhBauVO)	§ 15 Abs. 3	*„Treppenräume notwendiger Treppen, die durch mehr als zwei Vollgeschosse führen sowie alle innenliegenden Treppenräume müssen an ihrer obersten Stelle eine Rauchabzugseinrichtung mit einer Öffnung von mindestens 5 v. H. der Grundfläche des zugehörigen Treppenraumes, mindestens jedoch 0,50 M2 haben. Die Vorrichtungen zum Öffnen der Rauchabzüge müssen vom Erdgeschoß und vom obersten Vollgeschoß aus bedient werden können und an der Bedienungsstelle die Aufschrift ‚Rauchabzug' haben. Es kann verlangt werden, daß die Rauchabzugseinrichtungen auch von anderen Stellen bedient werden können. An den Bedienungsvorrichtungen muß erkennbar sein, ob die Rauchabzugsöffnungen offen oder geschlossen sind. Fenster dürfen als Rauchabzüge ausgebildet werden, wenn sie hoch genug liegen."*
Baden-Württemberg – Hinweise über den baulichen Brandschutz in Krankenhäusern und baulichen Anlagen entsprechender Zweckbestimmung	Nr. 3.3.2	*„Notwendige Treppenräume sowie alle innen liegenden Treppenräume müssen an der obersten Stelle eine rauchmeldergesteuerte Rauchabzugsvorrichtung mit einem freien Querschnitt von mindestens 1 m² haben oder es sind Maßnahmen zu treffen, die einen Raucheintritt verhindern. Fenster dürfen als Rauchabzüge ausgebildet werden, wenn die Unterkante der Fenster mindestens 1,80 m über dem obersten Fußbodenniveau liegt."*
Brandenburg – BbgKPBauV	§ 8 Abs. 4	*„Notwendige Treppenräume müssen an ihrer obersten Stelle einen Rauchabzug haben."*
Hamburg – BPD Krankenhäuser		keine Angaben
Saarland – KHBauR	Nr. 2.9.3	*„Treppenräume notwendiger Treppen sowie alle innenliegenden Treppenräume müssen an oberster Stelle eine Rauchabzugseinrichtung mit aerodynamisch wirksamer Öffnungsfläche von mindestens 5 v. H. der Grundfläche des zugehörigen Treppenraumes, mindestens jedoch 1,00 m² haben. Die Vorrichtungen zum Öffnen der Rauchabzüge müssen von allen Geschossen aus bedient werden können und an der Bedienungsstelle die Aufschrift ‚Rauchabzug' haben. Es kann verlangt werden, dass die Rauchabzugseinrichtungen auch von anderen Stellen bedient werden können. An den Bedienungsvorrichtungen muss erkennbar sein, ob die Rauchabzugsöffnungen offen oder geschlossen sind. Fenster dürfen als Rauchabzüge ausgebildet werden, wenn sie hoch genug liegen und ausreichend wirksame Öffnungsflächen vorhanden sind."*

Abb. F-30: Kennzeichnung der Ebene, Leiter für Feuerwehr und Taster für Öffnung zur Rauchableitung in notwendigem Treppenraum

F.10.2.4 Kennzeichnung der Treppenräume

Zur schnellen Orientierung und effizienten Einsatzkoordination müssen Treppenräume in der Zugangsebene mit einer Kennzeichnung nach DIN 14034-6 „Graphische Symbole für das Feuerwehrwesen – Teil 6: Bauliche Einrichtungen" (2024) versehen werden (siehe Abb. F-30). Die Kennzeichnung muss entsprechend im Feuerwehrplan und in den Laufkarten erfolgen. Zudem ist auch jedes Geschoss innerhalb des Treppenraumes deutlich mit einer Geschossnummer und der Bezeichnung des Treppenraums zu kennzeichnen.

F.11 Notwendige Flure, offene Gänge (§ 36 MBO)

F.11.1 Bauordnungsrechtliche Anforderungen

Nach § 36 MBO werden Flure, über die Rettungswege aus Aufenthaltsräumen oder aus Nutzungseinheiten mit Aufenthaltsräumen zu Ausgängen ins Freie oder in einen notwendigen Treppenraum führen, als „notwendige Flure" bezeichnet. Sie müssen das Schutzziel gewährleisten, dass die Nutzung im Brandfall analog zu notwendigen Treppenräumen ausreichend lang möglich ist. Zudem dienen sie der Feuerwehr als Angriffsweg (wirksame Löscharbeiten). Im Brandfall dient der Flur lediglich als erster horizontaler Teil des Rettungsweges in einen gesicherten Bereich und das brandschutztechnische Anforderungsniveau ist daher geringer als bei Treppenräumen (z. B. feuerhemmende Wände in oberirdischen Geschossen unabhängig von der Gebäudeklasse). Flure, die Räume erschließen, welche keine Aufenthaltsräume sind, sind keine notwendigen Flure und die Anforderungen des § 36 MBO greifen hier nicht (z. B. Räume in Kellergeschossen). Hingewiesen

Abb. F-31: Dicht schließende Türen zu Pflegezimmern in der üblichen Anordnung in einer Flurnische

sei hier nochmals auf § 33 MBO, wonach beide Rettungswege innerhalb eines Geschosses über denselben notwendigen Flur führen dürfen.

§ 36 Abs. 1 Satz 2 MBO beschreibt Fälle, in denen auf den notwendigen Flur verzichtet werden kann. Dies ist u. a. innerhalb von Nutzungseinheiten mit nicht mehr als 200 m² (keine Nutzung vorgeschrieben), innerhalb von Nutzungseinheiten mit nicht mehr als 400 m² (Nutzung auf Büro- oder Verwaltungsnutzung eingeschränkt) oder unter bestimmten Voraussetzungen z. B. auch in Großraumbüros größer 400 m² der Fall.

Rauchabschnitte sind mindestens alle 30 m durch nicht abschließbare, rauchdichte und selbst schließende Abschlüsse herzustellen. Die Wände notwendiger Flure dürfen bis an die Unterdecke geführt werden, sofern diese feuerhemmend ist und der Raumabschluss gewährleistet ist. In Flurwänden genügen dicht schließende Türen (siehe Abb. F-31).

In der MBO wird die Verwendung elektrischer Geräte in notwendigen Fluren nicht geregelt. Da sie keine Anforderungen an Einbauten und Bodenbeläge definiert, sind hier brennbare Baustoffe zulässig (LBO beachten). Zu Brandlasten in Rettungswegen siehe auch Kapitel F.8.2.2.

Abb. F-32: Rauchabschnitt ist nicht bis zur Decke hergestellt, Elektroleitungen nicht fachgerecht montiert

F.11.2 Weitergehende Anforderungen im Krankenhausbau

In Krankenhäusern sind in (notwendigen) Fluren immer auch Brandlasten vorhanden. Eine gewisse Möblierung, Gerätestellung (mobile Brandlasten) und technische Ausstattung sind dort aus betrieblichen Gründen unumgänglich. In Absprache mit dem Brandschutzbeauftragten sollten diese Aspekte im Brandschutznachweis berücksichtigt werden. Im Folgenden werden einige sich wiederholende Aspekte dargestellt.

Rauchabschnitte

In der MKhBauVO wird die Bildung von Rauchabschnitten nicht erwähnt. Auch in der geltenden BbgKPBauV des Landes Brandenburg und der Richtlinie über den Bau und Betrieb von Krankenhäusern des Saarlandes finden sich keine gesonderten Anforderungen an die Ausbildung von Rauchabschnitten. Somit sind für die Unterteilung der Flure in Rauchabschnitte die jeweiligen LBO heranzuziehen. In den Hinweisen über den baulichen Brandschutz in Krankenhäusern und baulichen Anlagen entsprechender Zweckbestimmung von Baden-Württemberg und dem BPD Krankenhäuser in Hamburg (hier bezogen auf die Bruttogrundfläche) wird gefordert, dass Brandabschnitte über 400 m^2 in Rauchabschnitte von höchstens 400 m^2 zu unterteilen sind.

Nach § 36 Abs. 3 MBO dürfen die Abschlüsse von Rauchabschnitten bis an die Unterdecke der Flure geführt werden, sofern diese feuerhemmend ist (siehe Abb. F-32, der Rauchabschnitt ist hier nicht bis zur Decke geführt).

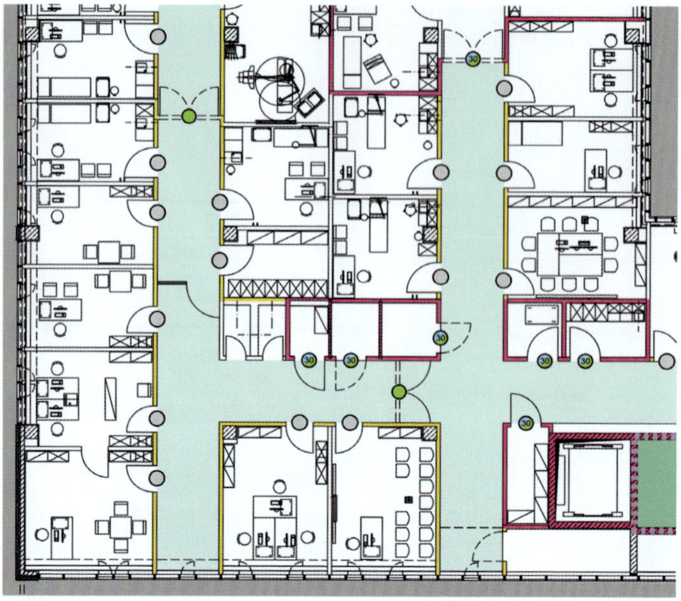

Abb. F-33: Grundriss Rauchabschnittsbildung

Hinweis

In jedem Pflege- und Untersuchungsbereich soll der Rauchabschnitt bis an die Rohdecke hergestellt werden. Dadurch wird die Ausbreitung von Rauch in den angrenzenden Rauchabschnitt vermieden und das Schadensausmaß begrenzt (siehe Abb. F-33).

F.11.2.1 Rauchableitung

Selbst wenn der Brand und die damit einhergehende Rauchbildung im Idealfall auf den Entstehungsort begrenzt bleiben, muss immer mit einer Verrauchung des Flurs gerechnet werden. Daher sind effiziente Maßnahmen zur Rauchableitung zwingend erforderlich. Im BPD Krankenhäuser heißt es:

„8.4. Rauchableitung aus notwendigen Fluren

Notwendige Flure müssen so beschaffen sein, dass eine Rauchableitung ohne Gefahr für Patientenzimmer möglich ist. Eine Möglichkeit der Rauchableitung ist für jeden Rauchabschnitt zu schaffen. Bei außenliegenden Fluren können zu öffnende Fenster mit einer freien Öffnungsfläche von 1 m² der Rauchableitung dienen. Für innenliegende Flure sind gleichwertige Lösungen zu schaffen mit dem Schutzziel, dass die Feuerwehr zügig den Rauch aus den notwendigen Fluren ableiten kann. Beispielsweise ist eine Rauchableitung über einen angrenzenden geeigneten Raum mit einem Fenster möglich. Der Raum ist im notwendigen Flur mit einem Sicherheitszeichen mit dem Hinweis auf die Rauchableitung zu kennzeichnen.“

§ BbgKPBauV regelt:

„(4) Notwendige Flure müssen Fenster oder Rauchabzugsanlagen haben, die so beschaffen sind, dass sie im Brandfall Rauch ohne Gefahr für andere Räume abführen können.“

Bei innen liegenden Fluren soll die Rauchableitung über Räume erfolgen, in denen sich keine Patienten aufhalten. Auf die einfache Bedienbarkeit der Fenster ist zu achten, sie dürfen nicht verschlossen sein und müssen von der Feuerwehr in einem Griff von innen leicht geöffnet werden können. Ein vorhandener Sonnenschutz darf die Rauchableitung nicht behindern oder soll im Brandfall automatisch öffnen. Grundsätzlich kann das Fenster auch über Nottaster (gelb oder orange je nach Bundesland) am Eingangsbereich oder automatisch über die BMA geöffnet werden.

Eine maschinelle Entrauchung kann problematisch sein. Erfahrungen zeigen, dass hier aufgrund des entstehenden Unterdrucks vermehrt Rauch aus dem angrenzenden Brandraum in den Flur gezogen werden kann. Somit ist bei der Rauchableitung von innen liegenden Fluren eine effektive Zuluftnachströmung zu berücksichtigen, um einen Unterdruck im jeweiligen Flurabschnitt zu verhindern. Eine eingehende Fachplanung ist hierfür erforderlich. Welche Bereiche mit einer maschinellen Entrauchungsanlage auszustatten sind und welche Anlagentechnik zur Rauchfreihaltung angewendet werden kann (z. B. Überdruckbelüftung) bzw. in welchen Fällen eine aktive Entrauchung (Strömungslüfter) durch die Feuerwehr über Öffnungen in der Fassade ausreichend ist, erfordert eine Abstimmung mit den zuständigen Stellen. Nähere Informationen zum Rauchmanagement finden sich in Kapitel I.9.

F.11.2.2 Breite notwendiger Flure

Flure in Krankenhäusern müssen so dimensioniert sein, dass der Begegnungsverkehr von 2 Betten im Regelbetrieb ohne Rangieren und Ausweichen möglich ist. In bekannten Regelungen und Hinweisen wird daher einheitlich eine Breite von 2,25 m gefordert (vgl. Tabelle F.18). Dadurch kann sichergestellt werden, dass ein Bett auch bei Hindernissen im Flur (z. B. abgestellte Betten, wartende Personen, abgestellte Gegenstände [siehe Abb. F-34]) jederzeit transportiert werden kann.

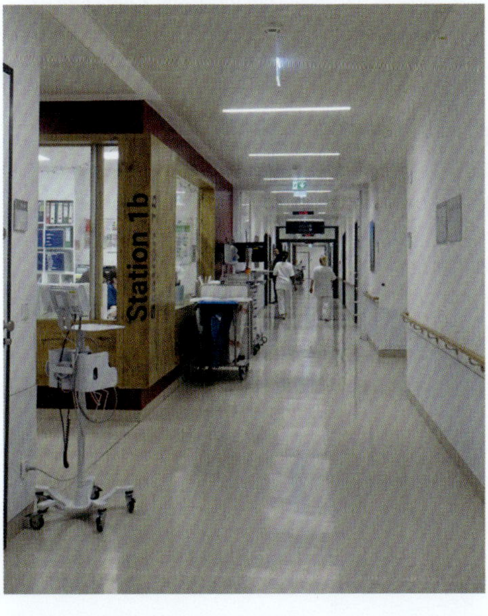

Abb. F-34: Notwendiger Flur mit üblichen mobilen medizinischen Geräten

Tabelle F-18: Anforderungen an die Breite notwendiger Flure nach Ländervorgaben

Bundesland	**Fundstelle**	**Anforderung**
Baden-Württemberg – Hinweise über den baulichen Brandschutz in Krankenhäusern und baulichen Anlagen entsprechender Zweckbestimmung	Nr. 3.4.1 und 3.4.2	*„3.4.1 Flure, in denen Kranke liegend befördert werden, müssen in Krankenhäusern und vergleichbaren Einrichtungen eine nutzbare Breite von mindestens 2,25 m haben [...].* *3.4.2 Die Mindestbreite der Flure darf durch Einbauten nicht eingeschränkt werden.*
Brandenburg – BbgKPBauV	§ 7 Abs. 1 und 2	*„(1) [...] Die lichte Breite notwendiger Flure muss in Krankenhäusern [...] mindestens 2,25 m betragen. Für notwendige Flure, die nur dem Personal zugänglich sind, genügt eine lichte Breite von 1,20 m.* *(2) Die lichte Breite [...] darf durch Türen, Handläufe und Einbauten nicht eingeengt werden."*
Hamburg – BPD Krankenhäuser	Nr. 7.2	*„Die lichte Breite notwendiger Flure und die Breite aller anderen Teile der Rettungswege müssen in Bereichen des Krankenhauses, die mit Betten genutzt werden, in ganzer Länge so breit bemessen sein, dass 2 Betten nebeneinander über den Rettungsweg gelangen können."*
Saarland – KHBauR	Nr. 2.7.5 und 2.7.6	*„2.7.5 [...] Allgemein zugängliche Flure müssen mindestens 1,50 m breit sein. Flure, in denen Kranke liegend befördert werden, müssen eine nutzbare Breite von mindestens 2,25 m haben und stufenlos sein [...].* *2.7.6 Die nutzbare Breite der Flure darf durch Einbauten nicht eingeengt werden. [...]"*

Nach ASR A2.3, Tabelle 1 (vgl. Tabelle F-19) ist eine Breite von 2,25 m für einen Rettungsweg, der von mehr als 300 Personen genutzt wird, geeignet. In Bereichen, in denen Kranke liegend befördert werden, sind die arbeitsschutzrechtlichen Anforderungen an Fluchtwege damit in der Regel erfüllt. Bei Fluren, die nur dem Personal zugänglich sind, schwankt der Wert der bekannten Regelungen und Hinweise hingegen zwischen 1,2 und 1,5 m. Auch diese Werte sind aus arbeitsschutzrechtlichen Gesichtspunkten meist ausreichend dimensioniert. Eine Überprüfung im Rahmen der Gefährdungsbeurteilung ist dennoch zwingend erforderlich.

Tabelle F-19: Anforderungen an die Breite notwendiger Flure nach ASR A 2.3 „Technische Regeln für Arbeitsstätten, Fluchtwege und Notausgänge", Tabelle 1 „Lichte Mindestbreiten von Hauptfluchtwegen in Abhängigkeit von der Gesamtzahl der Personen im Einzugsgebiet" (März 2022)

	A		B	C
Nr.	**Anzahl der Personen (Einzugsgebiet)**		**lichte Mindestbreiten von Durchgängen und Türen im Verlauf von Hauptfluchtwegen, z. B. Türen von Notausgängen** **in m**	**lichte Mindestbreiten von Hauptfluchtwegen** **in m**
1	bis	5	0,80[1)]	0,90
2	bis	20	0,90	1,00
3	bis	50	0,90	1,20
4	bis	100	1,00	1,20
5	bis	200	1,05	1,20
6	bis	300	1,65	1,80
7	bis	400	2,25	2,40
	Bei Einzugsgebieten von mehr als 200 Personen sind Zwischenwerte der Mindestbreiten (ermittelt durch lineare Interpolation) zulässig. Der Begriff Einzugsgebiet beschreibt einen Bereich, aus dem alle dort anwesenden Personen denselben Hauptfluchtweg nutzen müssen. Dies entspricht z. B. bei mehrgeschossigen Gebäuden der Gesamtanzahl der Personen, die über alle Ebenen (auch als Etagen, Geschosse, Stockwerke bezeichnet) demselben Hauptfluchtweg zugeordnet sind, unabhängig davon, ob diese Personen Abschnitte des Hauptfluchtweges im Fluchtfall zeitgleich oder zeitlich versetzt nutzen. 1) Hinweis: Bei Neubauten und wesentlichen baulichen Erweiterungen oder Umbauten wird empfohlen, für Einzugsgebiete von bis zu 5 Personen nach Nummer 1 Spalte B eine lichte Mindestbreite von Durchgängen und Türen im Verlauf von Hauptfluchtwegen von 0,90 m einzuhalten, um auch in diesen Bereichen eine barrierefreie Zugänglichkeit zu ermöglichen. Zudem lassen sich auf diesem Wege bauliche Maßnahmen im Sinne der ASR V3a.2 „Barrierefreie Gestaltung von Arbeitsstätten" und in der Folge Umbaukosten vermeiden.			
	abweichend für **Fluchtwege aus besonderen Bereichen**			lichte Mindestbreiten in m
8	Gänge zu persönlich zugewiesenen Arbeitsplätzen			0,60
9	Nebengänge von Lagereinrichtungen für die ausschließliche Be- und Entladung von Hand			0,75
10	Türen von Toilettenzellen und von Toilettenräumen mit nur einer Toilette entsprechend ASR A4.1 „Sanitärräume"			0,55

Die lichte Breite der Flure ist immer zwischen den Handläufen zu messen. Dabei ist zu beachten, dass Handläufe grundsätzlich beidseitig vorzusehen sind und nach DIN 18040 einen runden oder ovalen Querschnitt mit einem Durchmesser von 3 bis 4,5 cm haben sollten. Um ein Einklemmen zwischen Wand und Handlauf zu verhindern, muss außerdem ein Abstand von 5 cm zwischen Wand und Handlauf vorgesehen werden. Unter diesen Bedingungen muss die lichte Weite der Flure eine Mindestbreite von 2,44 m aufweisen, damit die erforderliche Mindestbreite der Fluchtwege auch tatsächlich eingehalten werden kann.

F.11.2.3 Flurwände

Nach § 13 Abs. 1 MKhBauVO müssen die Flurwände an die Rohdecke dicht anschließen. Nach § 36 Abs. 4 Satz 3 MBO müssen sie feuerhemmend sein und dürfen bis an die Unterdecke der Flure geführt werden, sofern die Unterdecke als raumabschließendes Bauteil ebenfalls feuerhemmend ist. Diese Erleichterung der MBO lässt zu, dass der notwendige Flur als gesicherter „Tunnel" hergestellt werden kann und der Deckenzwischenraum zu den angrenzenden Bereichen offen bleiben darf. Diese Ausführung ist neben Aspekten des Schallschutzes aus Sicht der Autoren nicht mit dem Schutzziel zu vereinbaren, da dadurch ein Raumverbund vom Patientenzimmer zum Deckenzwischenraum vorhanden ist und die vorhandenen Brandlasten nicht ausreichend abgeschottet sind. Hier sind unter Berufung auf § 51 MBO erhöhte Anforderungen an die Flurwände von Räumen, in denen sich Patienten aufhalten, zu stellen.

F.11.2.4 Verglasungen in Flurwänden

Nach § 13 Abs. 4 MKhBauVO dürfen Verglasungen in Flurwänden erst ab einer Höhe von mindestens 1,80 m über dem Fußboden eingebaut werden, sofern sie ausreichend widerstandsfähig gegen Feuer sind (Feuerwiderstandsklasse mindestens G30 nach DIN 4102-5). Diese Erleichterung wird heute allgemein als zulässig angesehen. Im Bereich der Wärmestrahlung dürfen jedoch keine brennbaren Materialien vorhanden sein. Unterhalb dieser Höhe dürfen Verglasungen nach MKhBauVO eingebaut werden, wenn die Zweckbestimmung der Räume dies erfordert. Diese Ausführung ist jedoch nicht mit dem Schutzziel zu vereinbaren und heute nicht mehr zulässig. Es sind zugelassene F-Verglasungen gemäß der Feuerwiderstandsdauer der Bauteile zu verwenden (siehe Abb. F-35).

F.11.2.5 Pflegestützpunkte

In modernen Krankenhäusern und im Rahmen von Umbauten sollen die Pflegestützpunkte zum notwendigen Flur zunehmend offen („Hotelcharakter") gestaltet werden (siehe Abb. F-36). Dies bietet immer wieder Anlass für Diskussionen. Die erforderlichen Maßnahmen hängen letztlich von der Größe des Pflegestützpunktes und der Ausstattung ab und sind der jeweiligen Situation entsprechend anzupassen.

Abb. F-35: Flur mit feuerhemmender Glaswand zum Aufenthaltsbereich

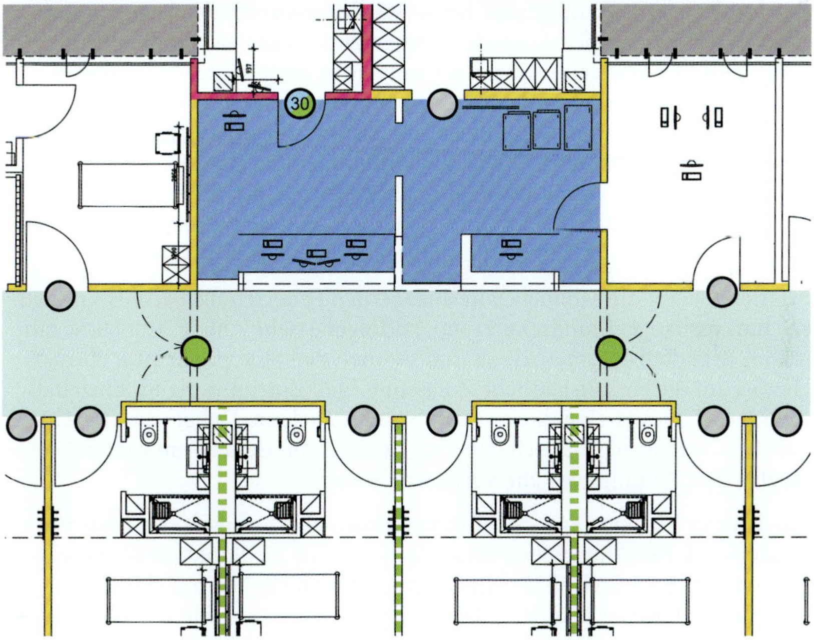

Abb. F-36: Grundriss Pflegestützpunkt, offen, mit Rauschschutzabschlüssen im Flur

Abb. F-37: Pflegestützpunkt mit feuerhemmender Holzbekleidung

Größere Pflegestützpunkte sind heute wie Computerarbeitsplätze mit der entsprechenden Peripherie sowie leicht entzündlichen Materialien (z. B. Papier) und Komponenten der Anlagentechnik ausgestattet. Hierzu werden lediglich im BPD Krankenhäuser konkrete Angaben gemacht. Unter Ziffer 7.2 wird gefordert, dass Pflegestützpunkte, die offen zum notwendigen Flur ausgeführt werden, einen feuerhemmenden Abschluss erhalten müssen (siehe Abb. F-37). Diese Türen können z. B. durch Haftmagneten offen gehalten werden, die bei Auslösen der Rauchmelder stromlos geschaltet werden, sodass die Türen automatisch schließen (siehe Abb. F-38).

Alternativ kann die Montage von sog. textilen Feuerschutzabschlüssen (Feuerschutzvorhänge, Brandschutzrollos) erfolgen (siehe Abb. F-39). Diese fahren im Brandfall automatisch zu und trennen den Stützpunkt vom Flur ab. Hier ist auf die bauaufsichtliche Zulassung (ggf. Zustimmung im Einzelfall erforderlich) sowie eine dichte Ausführung zu achten. Dabei ist zu beachten, dass kein gefangener Bereich entsteht. Es muss mindestens ein weiterer Flucht- und Rettungsweg zur Verfügung stehen.

Ein direkter Zugang aus dem Stützpunkt zum notwendigen Flur muss vorhanden sein. Bei Anwendung dieser Systeme darf die Funktion der beweglichen Elemente durch abgestellte Gegenstände nicht beeinträchtigt sein. Hier sind ggf. weiter bauliche Maßnahmen erforderlich, wie z. B. die farbige Kennzeichnung des Schließradius der Türen im Bodenbelag.

Bei Beachtung der Anforderungen ist dann eine weitere Abtrennung von Arbeitsbereichen oder Aktenlagern zu den Pflegestützpunkten nicht erforderlich.

Abb. F-38: Pflegestützpunkt, Türen schließen im Brandfall automatisch

Abb. F-39: Pflegestützpunkt, Feuerschutzvorhang in Konstruktion integriert

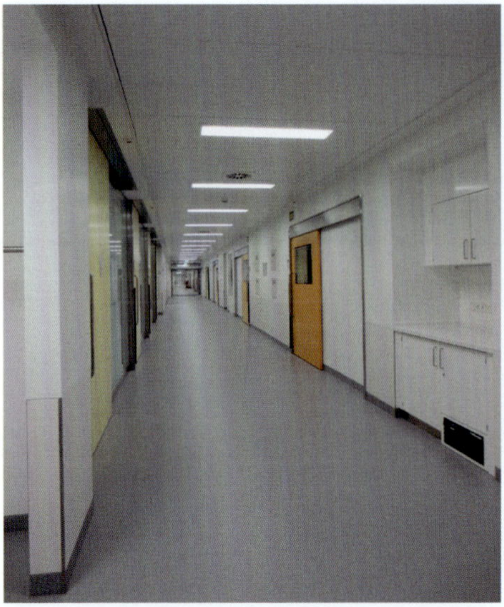

Abb. F-40: (Nicht notwendige) Flurzone in einem OP-Trakt

F.11.2.6 Funktionale Nutzungseinheiten

Der Wunsch nach einer betriebsorientierten Zusammenlegung von Funktionseinheiten zu Nutzungseinheiten, bei denen auf den notwendigen Flur verzichtet werden soll, wird regelmäßig geäußert. Abb. F-40 zeigt eine Flurzone in einem OP-Trakt. Der Begriff „Nutzungseinheit" ist in Bezug auf Krankenhäuser nicht ausreichend definiert, hierfür könnte beispielsweise die zulässige Anzahl der Betten unter Berücksichtigung der Art der Patienten hilfreich sein.

Die MBO beschränkt die zulässige Größe von Nutzungseinheiten, die keiner Büro- oder Verwaltungsnutzung dienen, auf höchstens 200 m^2.

Abb. F-41 zeigt den Teil einer Intensivstation, die aus betrieblichen Gründen, z. B. zur Gewährleistung der erforderlichen Überwachung, in der Summe größer als 200 m^2 ist.

In der MKhBauVO wird zur Größe von Nutzungseinheiten keine Aussage gemacht. Auch in den geltenden Verordnungen in Brandenburg und im Saarland werden keine Aussagen getroffen, sodass hier die Anforderungen der LBO gelten. Nach den Hinweisen über den baulichen Brandschutz in Krankenhäusern und baulichen Anlagen entsprechender Zweckbestimmung von Baden-Württemberg sind Großraumbereiche bis 400 m^2 ohne notwendige Flure für Pflege-, Untersuchungs- und Behandlungsbereiche zulässig. Dabei ist von max. 10 Pflegebedürftigen auszugehen. Der Bereich, durch den im Brandfall die Evakuierung vorgesehen ist, ist durch eine feuerhemmende Wand und dicht schließende Türen abzutrennen. Darüber hinaus können insbesondere eine erhöhte Personalverfügbarkeit für Erstmaßnahmen, Maßnahmen zur Beschränkung der Verrauchung und eine Löschanlage gefordert werden. Daraus wird deutlich, dass Nutzungseinheiten von 400 m^2 als kritisch angesehen werden und eine Abschnittsbildung notwendig ist. Eine klare Aussage über die erforderlichen weitergehenden Maßnahmen wird jedoch nicht getroffen und es bleibt ein großer Interpretations-

Abb. F-41: Teil eines Großraumbereiches – Intensivstation

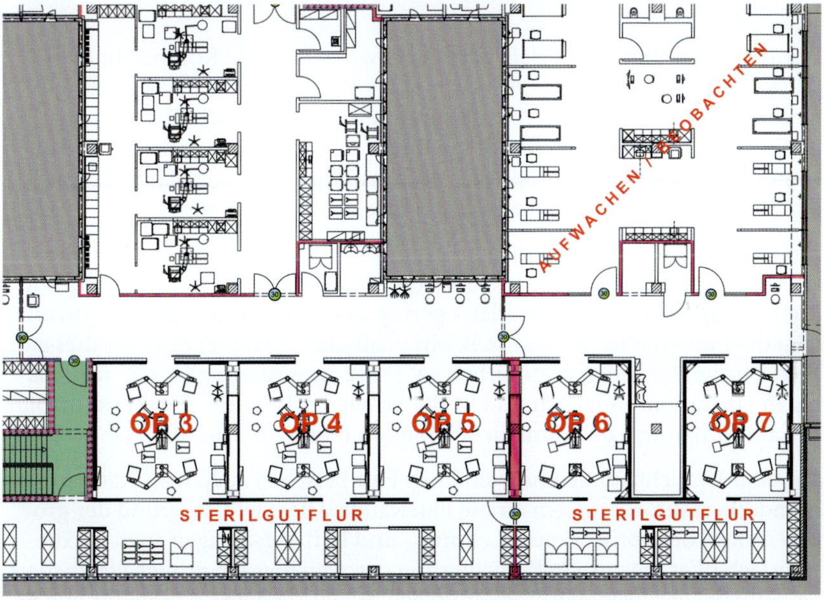

Abb. F-42: Grundriss Operationsbereich mit Kompartimenten 1 bis 4

spielraum, unter welchen Voraussetzungen schließlich auf den notwendigen Flur verzichtet werden kann.

Nach dem BPD Krankenhäuser kann innerhalb eines Kompartiments bis zu 800 m² Größe von OP-Bereichen, Intermediate Care und Intensivstationen im Einzelfall auf den notwendigen Flur verzichtet werden, wenn aus dem Kompartiment 2 entgegengesetzte bauliche Rettungswege zur Verfügung stehen, wobei einer über ein anderes Kompartiment führen kann (siehe Abb. F-42).

Weiter heißt es im BPD Krankenhäuser: Aufgrund medizinischer Arbeitsabläufe **können** diese **großen** Kompartimente ohne notwendige Flure **erforderlich werden**. Bei geringer Anzahl von Patienten und bei hohem Personalaufkommen für die medizinische Überwachung in den genannten Bereichen kann hier im Einzelfall eine Abweichung von § 34 HBauO für den Verzicht auf notwendige Flure erteilt werden, wenn die Voraussetzungen des § 69 HBauO erfüllt sind.

Die Hervorhebung der Wörter „groß" und „können erforderlich werden" erfolgte durch die Autoren und soll zeigen, dass der BPD einen allgemeinen oder unbegrenzten Verzicht auf notwendige Flure ausdrücklich ausschließt. Der BPD möchte hier moderne Anforderungen an die Funktionsbereiche berücksichtigen und fordert eine eingehende Einzelfallprüfung.

Hinweis

> Aus Sicht der Autoren sind Kompartimente von 800 m^2 ohne weitere bauliche Unterteilungen in Brandschutzbereiche zu groß. Eine solche Fläche kann von der Feuerwehr nicht mehr ausreichend beherrscht werden. Zudem gefährdet die große Anzahl der Patienten, die im Brandfall gleichzeitig betroffen sein können, z. B. im OP-Bereich, die Rettung unnötig.

Bei der Diskussion über Erleichterungen, wie z. B. große Kompartimente, muss immer auch die schnelle Verfügbarkeit von Personal berücksichtigt werden. Hier ist dann betrieblich-organisatorisch (u. a. Betriebsbeschreibung) nachzuweisen, dass für eine schnelle Rettung (Verschieben in einen angrenzenden gesicherten Bereich mit der nötigen medizinischen Versorgung) ausreichend Personal zur Verfügung steht.

Im Hinblick auf das Schutzziel kann nur dort auf einen notwendigen Flur verzichtet werden, wo aufgrund der besonderen baulichen Ausführung und Ausstattung die Brandlasten relativ gering sind und Pflegebedürftige nicht dauerhaft untergebracht sind (z. B. physikalische Therapie) oder wo dies aus betrieblichen Gründen erforderlich ist. Diese Anforderung ist z. B. regelmäßig in Operationsbereichen und in Bereichen der Intensivpflege/Intermediate Care vorhanden, die Flure dienen hier als interne Betriebsflure.

Mit dem Verzicht auf den notwendigen Flur bestehen auch keine definierten Brandschutzanforderungen an die Flurwände. Dies stellt aufgrund der großen Anzahl der vorhandenen Leitungs- und Lüftungsanlagen auch für die Haustechniker eine große Erleichterung dar, weil hier ein großer Platzbedarf bei oftmals sehr beengten Verhältnissen vorliegt. Zudem können durch den Verzicht auf die brandschutztechnische Abschottung der Leitungsanlagen und auf Brandschutzklappen hohe Kosten auch im Hinblick auf die erforderliche Wartung eingespart werden. Erfahrungsgemäß erfolgen mit Fertigstellung der Versorgungsleitungen auch schon die ersten Nachbelegungen, die sich mit fortschreitender technischer Entwicklung regelmäßig wiederholen. Für Nutzungseinheiten, die keiner Büro- oder Verwaltungsnutzung dienen, ist die Gestattung einer Abweichung erforderlich.

F.11.2.7 Materialien des Innenausbaus/Einbauten

In den Veröffentlichungen der Bundesländer werden, sofern dort Angaben gemacht werden, nicht brennbare Materialien für (Ver-)Bekleidungen, Dämmstoffe, Unterdecken und „überwiegend" nicht brennbare Einbauten gefordert.

Der BPD Krankenhäuser wird hier konkreter und definiert Erleichterungen für die Anforderungen an Wandbekleidungen (Rammschutz). Er berücksichtigt die am Markt zur Verfügung stehenden Materialien sowie auch ehemals übliche Ausführungen im baulichen Bestand. Bodenbeläge müssen allgemein aus schwer entflammbaren Materialien bestehen. Tabelle F-20 bietet eine Übersicht und einen Vergleich.

Tabelle F-20: Anforderungen an die Materialien des Innenausbaus/der Einbauten nach Muster-Krankenhausrichtlinie und den Regelwerken der Bundesländer Baden-Württemberg, Brandenburg, Hamburg und Saarland

Regelung	Fundstelle	Anforderungen an die Materialien des Innenausbaus/der Einbauten
Muster einer Verordnung über den Bau und Betrieb von Krankenhäusern (Krankenhausbauverordnung – KhBauVO)	§§ 9, 13 und 17	***„§ 9 Wand- und Deckenverkleidungen, Dämmschichten*** [...] *(2) Wand-, und Deckenverkleidungen sowie Dämmschichten in Rettungswegen nach § 12 Abs. 1, in Vorräumen von Aufzügen nach § 10 Abs. 3 und in Treppenräumen nach § 15 müssen aus nichtbrennbaren Baustoffen hergestellt sein.* [...] ***§ 13 Flure*** [...] *(6) Die nutzbare Breite der Flure darf durch Einbauten nicht eingeengt werden. Einbauten müssen mindestens überwiegend aus nichtbrennbaren Baustoffen bestehen.* [...] ***§ 17 Fußböden*** [...] *(2) Bodenbeläge müssen in allgemein zugänglichen Fluren mindestens schwerentflammbar, in Treppenräumen, Laboratoriumsräumen und ähnlichen Räumen nichtbrennbar sein. [...]"*

Tabelle F-20: (Fortsetzung)

Regelung	Fundstelle	Anforderungen an die Materialien des Innenausbaus/der Einbauten
Baden-Württemberg – Hinweise über den baulichen Brandschutz in Krankenhäusern und baulichen Anlagen entsprechender Zweckbestimmung	Nr. 1.4 und 3.4	***„1.4 Dämmstoffe und Bekleidungen*** *Dämmstoffe und Bekleidungen müssen folgendes Brandverhalten aufweisen:* *Nichtbrennbar an Wänden und Decken von Rettungswegen, [...]* ***3.4 Flure*** *[...]* *3.4.2 Die Mindestbreite der Flure darf durch Einbauten nicht eingeschränkt werden. Einbauten müssen überwiegend aus nichtbrennbaren Baustoffen bestehen; Einzelteile aus schwerentflammbaren Baustoffen können zugelassen werden."* Anmerkung: Die Hinweise differenzieren zwischen notwendigen Fluren und Fluren, „in denen Kranke liegend befördert werden".
Brandenburg – BbgKPBauV	§ 4	***„§ 4 Dämmstoffe, Unterdecken und Verkleidungen*** *(1) Dämmstoffe müssen aus nichtbrennbaren Baustoffen bestehen.* *(2) Verkleidungen an Wänden müssen aus nichtbrennbaren Baustoffen bestehen.* *(3) Unterdecken und Verkleidungen an Decken müssen aus nichtbrennbaren Baustoffen bestehen.* *(4) Unterkonstruktionen, Halterungen und Befestigungen von Unterdecken und Verkleidungen nach den Absätzen 2 und 3 müssen aus nichtbrennbaren Baustoffen bestehen. In den Hohlräumen hinter Unterdecken und Verkleidungen dürfen Kabel und Leitungen nur in Installationsschächten oder Installationskanälen aus nichtbrennbaren Baustoffen verlegt werden."*
Hamburg – BPD Krankenhäuser	Nr. 7.2	***„7.2. Notwendige Flure*** *Wände notwendiger Flure müssen feuerhemmend sein und aus nichtbrennbaren Baustoffen bestehen. Bekleidungen, Putze, Dämmstoffe, Unterdecken und Einbauten müssen aus nichtbrennbaren Baustoffen bestehen (§ 34 HBauO in Verbindung mit § 51 HBauO).* *Davon ausgenommen sind Wandbekleidungen mit einer Höhe bis 1 m aus schwerentflammbaren Baustoffen mit geringer Rauchfreisetzung (B-s1-d0 nach DIN EN 13501-1) oder Vollholzprofile mit einer max. Höhe von 25 cm als Rammschutz. Bodenbeläge in Rettungswegen müssen aus schwerentflammbaren Baustoffen bestehen (§ 51 HBauO). [...]"*
Saarland – KHBauR		analog MKhBauVO

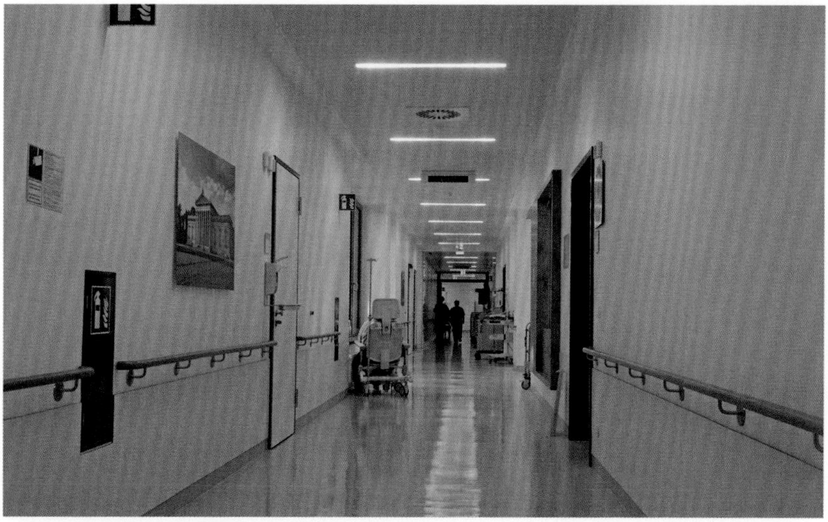

Abb. F-43: Notwendiger Flur mit üblicher Ausstattung (Handläufe, Bettenabweiser, feuerhemmende Unterdecke)

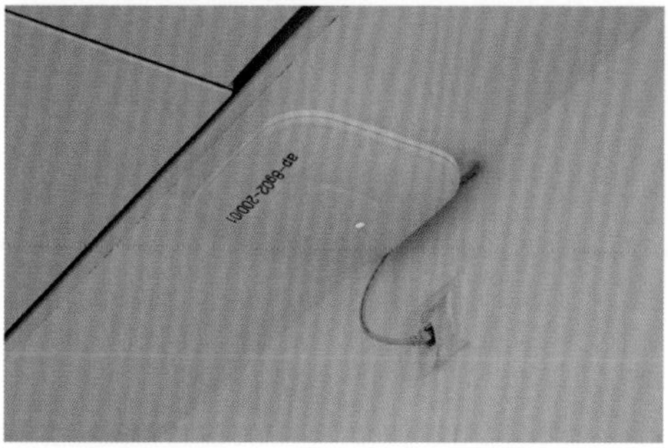

Abb. F-44: Access Point, Montage an der Decke eines notwendigen Flures

Abb. F-43 zeigt einen typischen Flur in einer Station der Allgemeinpflege mit der üblichen Ausstattung.

Access Points (WLAN-Zugangspunkt)

Für die Digitalisierung von Prozessen, z. B. für medizinische Anwendungen und für die Internetverbindung für Patienten, werden Krankenhäuser mit einem drahtlosen lokalen Funknetz (WLAN) ausgestattet. Um eine flächendeckende Abdeckung zu gewährleisten, ist die Installation von Sender- und Empfängergeräten (WLAN Access Points) in den notwendigen Fluren erforderlich (siehe Abb. F-44). Von diesen Geräten geht aufgrund ihrer geringen elektrischen Spannung und Leistung sowie bei fachgerechter Montage und Nutzung ein geringes Risiko für eine Brandentstehung aus. Eine Brandweiterleitung ist durch die im Allgemeinen nicht brennbare Umgebung nicht zu erwarten. Zuleitungen können nach Abschnitt 3.2.1 MLAR verlegt werden. Aus Sicht der Autoren gehören Access Points zum zwingend erforderlichen Betrieb des Krankenhauses und sind in notwendigen Fluren zulässig. Ihre Verwendung sollte mit dem Betreiber abgestimmt und im Brandschutznachweis dargestellt werden.

G Flucht und Rettung im Krankenhaus

In Krankenhäusern werden Personen aufgrund körperlicher oder psychischer Beeinträchtigungen behandelt. Bei der Mehrzahl der Patienten ist anzunehmen, dass eine Selbstrettungsfähigkeit nicht vorhanden oder zumindest stark eingeschränkt ist. Muss das Gebäude infolge einer Schadenslage (z. B. Brandausbruch, Bombendrohung, Hochwasser) verlassen werden, sind diese Personen zwingend auf Hilfe durch Dritte (Fremdrettung) angewiesen. Zumindest für das Szenario Brand sind aus baurechtlichen Gesichtspunkten immer Überlegungen anzustellen und im Brandschutznachweis zu dokumentieren.

Hinweis

> Überlegungen zur Rettung der Patienten im Brandfall sind elementar für die Genehmigungsfähigkeit. Es ist zwingend notwendig, die Anforderungen frühzeitig festzulegen und im Brandschutznachweis zu fixieren. Fehlen derartige Angaben oder können diese nicht nachvollzogen werden, kommt es nach Erfahrung der Autoren immer zu Nachfragen der zuständigen Bauaufsichtsbehörde und damit zu Verzögerungen im Genehmigungsablauf.

Im Rahmen der Planungen ist zu bedenken, dass jeder Transport negative Auswirkungen auf die Gesundheit der Patienten haben kann (z. B. Hüftluxation, Aufreißen von OP-Nähten). Bei Intensivpatienten, die auf eine unterbrechungsfreie Sauerstoffversorgung oder andere lebenserhaltende medizinische Gerätschaften angewiesen sind, kommt es bereits im Normalbetrieb bei 9 % der internen Verlegungen zu schwerwiegenden Komplikationen (Graf/Hüppe, 2022). Muss der Transport schnell und ohne Vorplanung erfolgen, steigt das Risiko weiter an.

Hinweis

> Die Herstellung der Transportfähigkeit kann einige Zeit in Anspruch nehmen. Je weniger Zeit hierfür zur Verfügung steht und je schwerer die Erkrankung/Verletzung ist, desto höher ist die Wahrscheinlichkeit, dass Patienten im Rahmen des Transportes zu Schaden kommen. Selbst bei optimaler medizinischer Versorgung besteht bei der Verlegung von Intensivpatienten immer ein erhebliches Transportrisiko.

Im Gegensatz zu anderen Gebäuden (z. B. Schule, Theater) genügt es nicht, Personen nur in das Freie zu bringen. Vielmehr muss am Transportziel eine geeignete Möglichkeit für die medizinische Weiterbehandlung zur Verfügung stehen. Die Räumung/Evakuierung von Krankenhäusern stellt damit für alle Beteiligten eine hohe Herausforderung dar und kann selbst den Rettungsdienst einer Großstadt an den Rand der Belastbarkeit bringen.

G.0 Grundlagen der Räumung/Evakuierung

Unabhängig vom Anlass einer Räumung/Evakuierung sind ähnliche Maßnahmen umzusetzen. Diese werden nachfolgend beschrieben, um ein einheitliches Verständnis für Abläufe und Möglichkeiten zu schaffen. Dieses ist für die Erstellung spezifischer Konzepte zwingend erforderlich.

G.0.1 Begriffe Räumung und Evakuierung

Sowohl bei der Räumung als auch bei der Evakuierung werden Personen vor drohenden Gefahren in Sicherheit gebracht, beide Begriffe werden daher häufig synonym genutzt. Nach der „Rahmenempfehlung für die Planung und Durchführung von Evakuierungsmaßnahmen einschließlich der Evakuierung für eine erweiterte Region (RE Evakuierungsplanung)" sind beide Begriffe jedoch unterschiedlich definiert:

> *„1.2 Evakuierung (Definition)*
>
> *Evakuierung ist die organisierte Verlegung von Menschen aus einem akut gefährdeten in ein sicheres Gebiet, wo sie vorübergehend untergebracht, verpflegt und betreut werden (Aufnahme).*
>
> *1.3 Räumung (Definition)*
>
> *Räumung ist das angeordnete sofortige oder kurzfristige Verlassen bzw. Freimachen eines gefährdeten Bereichs (Objektes oder Gebietes) bei akuter Gefahr."*

Der große Unterschied besteht damit in der Absehbarkeit der Lage. Bei der Evakuierung steht im Regelfall ein größerer Planungszeitraum zur Verfügung (z. B. Fund einer Fliegerbombe, Hochwasser), sodass eine gleichwertige medizinische Unterbringung und Betreuung für die Patienten organisiert werden können. Die Räumung erfolgt hingegen spontan (z. B. Brandausbruch, Gefahrstofffreisetzung), sodass zunächst nur eine medizinische Notversorgung sichergestellt werden kann. Erst im Anschluss können geeignete Örtlichkeiten für eine Regelversorgung organisiert werden und es sind weitere Verlegungen erforderlich (siehe Abb. G-1). Wird diese Logik berücksichtigt, kann die Räumung auch als Teilschritt einer Evakuierung betrachtet werden.

G.0.2 Rettungsmittel und Transportgeräte

Für den Transport von Patienten über weite Wegstrecken finden geeignete Transportmittel (z. B. Krankentransportwagen, Rettungswagen) oder Hubschrauber Anwendung. Diese werden durch die Rettungsdienstorganisationen vorgehalten und nachfolgend nicht weiter erläutert. Für den hausinternen Transport bzw. den Transfer zu den Fahrzeugen werden hingegen Transportgeräte (z. B. Tragen) genutzt. Da externe Hilfskräfte in der Regel zeitverzögert eintreffen, muss der interne Transport auch durch Beschäftigte jederzeit möglich sein. Folglich müssen entsprechende Geräte hausintern vorgehalten werden. Hierbei sind verschiedene Lösungen möglich; diese weisen unterschiedliche Vor- bzw. Nachteile auf (vgl. Tabelle G-1).

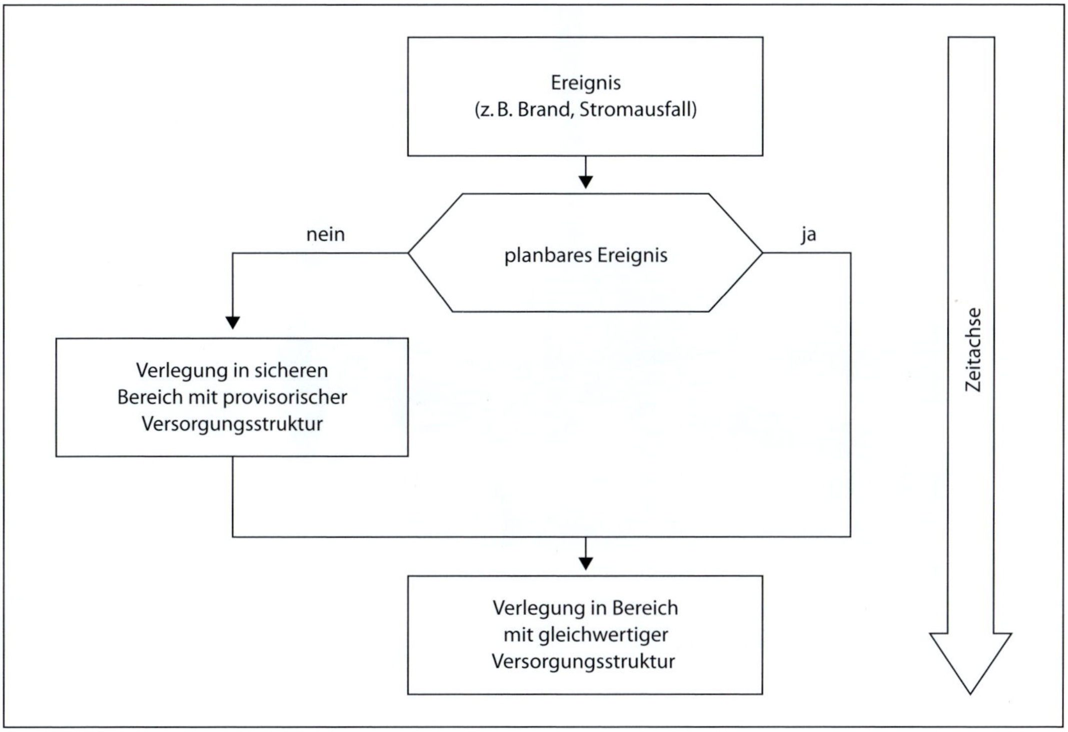

Abb. G-1: Ablaufdiagramm einer Evakuierung (nach Torsten Wolf, Modellierung von Räumungen in Krankenhäusern und andern Pflegeeinrichtungen)

Tabelle G-1: Transportgeräte

Mittel	Eignung für liegende Patienten	Eignung für vertikale Räumung	patientenschonender Umgang	Kräftebedarf (Anzahl Personen)	Kompatibilität Feuerwehr/Rettungsdienst	Beschaffungskosten	Unterhaltskosten	Schulungsaufwand
Betten	ja	nein	ja	1	bedingt	keine	keine	keiner
Bettlaken	ja	ja	nein	4	bedingt	keine	keine	gering
Krankentrage	ja	ja	ja	2	ja	< 100 €	keine	gering
Trage- bzw. Rettungstuch	ja	ja	nein	3	ja	< 100 €	keine	gering
Evakuierungstuch	ja	ja	bedingt	1	nein	< 100 €	erhöht	erhöht
Evakuierungsmatratze	ja	ja	bedingt	1	nein	> 100 €	keine	erhöht
Evakuierungsstuhl	nein	ja	ja	1	bedingt	< 100 €	keine	gering

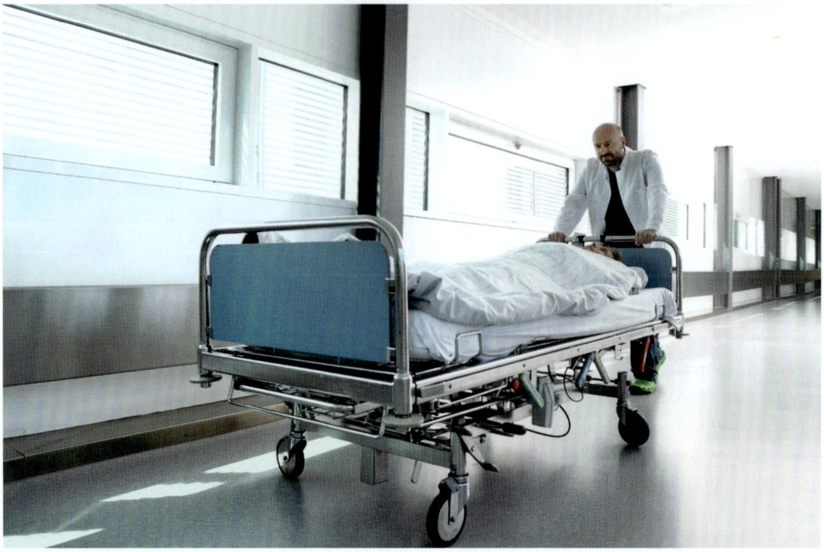

Abb. G-2: Bettenrettung von Patienten (Quelle: LMU Klinikum, München)

G.0.2.1 Patientenbetten

Die Patienten eines Krankenhauses liegen in aller Regel in Patientenbetten mit Rollen. Sind Patienten bettlägerig, ist es folglich einfach möglich, diese zusammen mit dem Patientenbett horizontal zu verschieben (Bettenrettung) (siehe Abb. G-2). Da ein Umlagern nicht erforderlich ist, kann diese Maßnahme durch eine einzige Person und sehr patientenschonend umgesetzt werden.

Die Betten sind betriebsbedingt immer vorhanden, dem Betreiber entstehen damit keine zusätzlichen Beschaffungs- oder Unterhaltskosten. Auch spezifische Schulungen sind nicht erforderlich, da der praktische Umgang mit Betten zum Tagesgeschäft der Beschäftigten gehört.

Nachteilig bei der Bettenrettung ist jedoch, dass ein vertikaler Transport über Treppen nicht möglich ist. Stehen Aufzüge lagebedingt nicht zur Verfügung, sind Rettungsmöglichkeiten damit auf horizontale Verschiebemaßnahmen begrenzt. Weiterhin ist zu beachten, dass für die Aufnahme der Betten ausreichend Kapazitäten zur Verfügung stehen müssen, damit Flucht- und Rettungswege nicht verstellt werden.

G.0.2.2 Bettlaken

Die Rettung mittels Bettlaken (Lakenrettung) ist in keiner Weise patientenschonend. Diese stellt folglich eher eine akute Notmaßnahme dar, wenn eine vertikale Verlagerung erforderlich wird, aber andere Hilfsmittel nicht bzw. noch nicht zur Verfügung stehen.

Die Patienten werden hierbei auf ein Bettlaken gelegt und über die Treppe getragen, hierfür sind mindestens drei Helfer erforderlich. Auch ein horizontaler Transport ist theoretisch möglich, indem Patienten auf dem Laken liegend über den Boden gezogen werden (siehe Abb. G-3).

Abb. G-3: Lakenrettung (Quelle: LMU Klinikum, München)

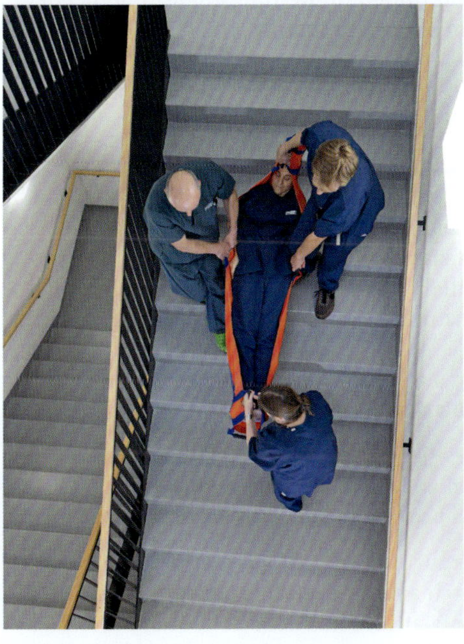

Abb. G-4: Rettung mittels Trage- bzw. Rettungstuch (Quelle: LMU Klinikum, München)

G.0.2.3 Trage- bzw. Rettungstuch

Rettungs- bzw. Tragetücher sind nach DIN EN 1865-1 „Krankentransportmittel im Krankenkraftwagen – Teil 1: Allgemeine Krankentragesysteme und Krankentransportmittel" (2015) genormt und in unterschiedlichen Größen erhältlich. Diese werden bei allen Hilfsorganisationen vorgehalten, um Personen bei räumlich beengten Platzverhältnissen zu retten oder über Höhenunterschiede zu transportieren. Sie sind damit auch für eine notfallmäßige Verlegung von Patienten über Treppen geeignet (siehe Abb. G-4).

Infolge der kompakten Abmessungen ist es möglich, einzelne Tücher dezentral auf den Stationen (z. B. in Stützpunkten) vorzuhalten, sodass diese tatsächlich schnell zum Einsatz kommen können. Die Beschaffungskosten sind mit ca. 50 bis 100 €/Tragetuch zudem relativ gering.

Nachteilig ist jedoch, dass Patienten erst umgebettet werden müssen. Diese sind beim Transport zudem nicht geschützt und starken Bewegungseinflüssen ausgesetzt. Der Transport ist damit keinesfalls patientenschonend und der Einsatz je nach Patientenklientel kritisch zu hinterfragen. In jedem Fall ist darauf zu achten, dass Körperteile nicht aus dem Tuch herausragen und an Einbauten bzw. Engstellen nicht hängen bleiben.

Für den Transport werden drei bis vier Kräfte benötigt, sodass ein erhöhter Personalbedarf besteht. Weiterhin müssen Krankenhausbeschäftigte zur Handhabung unterwiesen werden (Schulungsbedarf).

G.0.2.4 Krankentrage

Krankentragen sind genormt (z. B. DIN 13024-1 „Krankentrage – Teil 1: Mit starren Holmen; Maße, Anforderungen, Prüfung" [2016], DIN 13024-2 „Krankentrage – Teil 2: Mit klappbaren Holmen; Maße, Anforderungen, Prüfung" [2016], DIN EN 1865) und finden im Rettungsdienst und bei der Feuerwehr regulär Anwendung, um einen patientenschonenden Transport (horizontal und vertikal) durchzuführen (siehe Abb. G-5). Dieser ist grundsätzlich mit zwei Personen möglich, insbesondere der vertikale Transport sollte jedoch mit vier Personen erfolgen, wenn ausreichend Personalreserven zur Verfügung stehen.

Die Beschaffungskosten sind relativ gering (ca. 50 bis 100 €/Trage). Für die Lagerung der Tragen werden jedoch ausreichend Lagerflächen benötigt, die im Stationsalltag im Regelfall nicht zur Verfügung stehen. Es ist zu bedenken, dass Tragen damit nicht unmittelbar zur Verfügung stehen. Wie bei Tragetüchern müssen Beschäftigte zur Handhabung der Tragen unterwiesen werden.

G.0.2.5 Evakuierungstuch bzw. -matratze

Bei Evakuierungstüchern handelt es sich um spezielle Stofftücher mit Fixiergurten, die unterhalb der Matratzen auf den Gitterrost gelegt werden. Sie stehen jederzeit zur Verfügung und benötigen keine separate Lagerfläche.

Im Räumungsfall werden die Fixiergurte herausgezogen und über den Patienten gezogen. Dieser wird hierdurch auf der Matratze „festgeschnallt". Im Anschluss kann der Patient mit der Matratze aus dem Bett, über Flure und ggf. Treppen in einen sicheren Bereich gezogen werden (siehe Abb. G-6). Dies ist grundsätzlich durch eine einzige Person möglich. Die Funktion ist für ungeübte Kräfte jedoch nicht selbsterklärend, sodass wiederkehrende Unterweisungen der Belegschaft zur Handhabung erforderlich sind.

Die Tücher können relativ günstig beschafft werden (ca. 100 €/Tuch), dafür entsteht jedoch ein zusätzlicher Aufwand in der Bettenaufbereitung (zusätzliche Arbeitsschritte, zusätzliche Reinigungskosten).

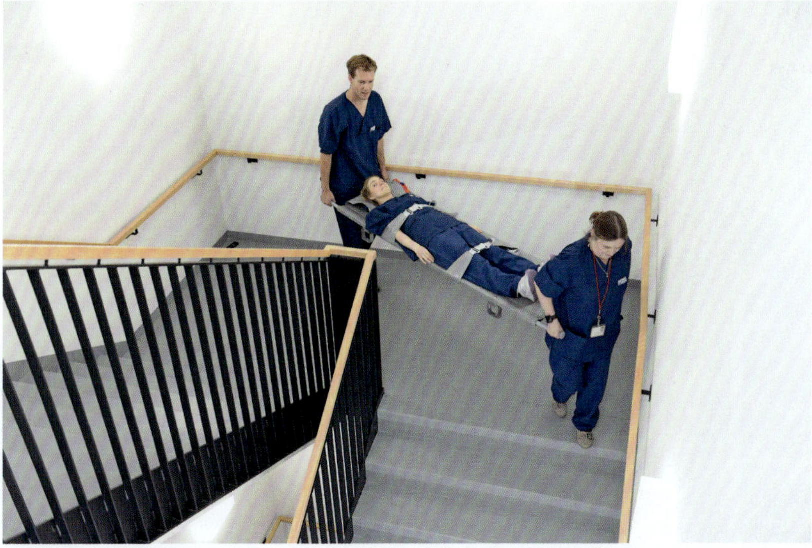

Abb. G-5: Rettung mittels Krankentrage nach DIN 13024 (Quelle: LMU Klinikum, München)

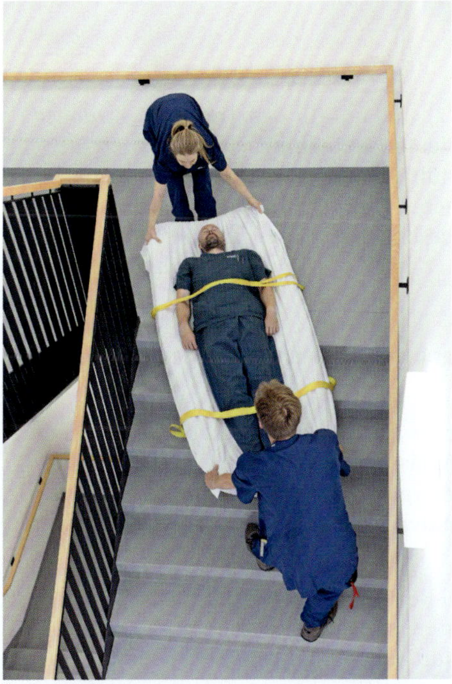

Abb. G-6: Rettung mittels Evakuierungstuch/-matratze (Quelle: LMU Klinikum, München)

Evakuierungsmatratzen stellen im Wesentlichen eine Weiterentwicklung der Evakuierungstücher dar. Statt eines separaten Tuches sind die Fixiergurte in die Matratze bzw. den Matratzenbezug integriert. Hierdurch entfällt der zusätzliche Aufwand bei der Bettenaufbereitung, dafür steigen jedoch die Investitionskosten.

Abb. G-7: Rettung mittels Evakuierungsstuhl (Quelle: EnSafe.One, vertreten durch spezialmatratzen.de, Schwarzenbek)

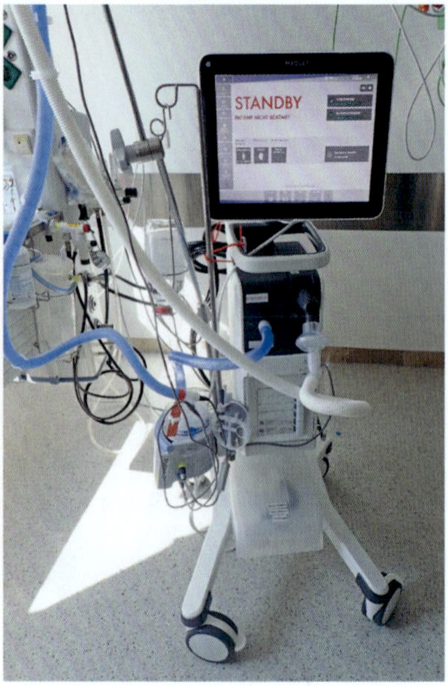

Abb. G-8: Beatmungsgerät

G.0.2.6 Evakuierungsstühle

Evakuierungsstühle (siehe Abb. G-7) sind nur für den Transport sitzender Personen geeignet, bettlägerige Patienten können nicht transportiert werden. Damit können Evakuierungsstühle nur als zusätzliches Hilfsmittel betrachtet werden. Gerade in Bereichen mit einem erhöhten Anteil mobilitätseingeschränkter Personen (z. B. Tageskliniken, psychiatrische Kliniken) kann eine Vorhaltung an zentraler Stelle (z. B. Treppenraum) jedoch durchaus sinnvoll sein.

G.0.3 Transporttechnische Anforderungen an medizinische Geräte

Medizinische Geräte (z. B. Perfusoren, Beatmungsgeräte [siehe Abb. G-8]), die beim Transport mitgeführt werden, müssen zwingend portabel sein und auch während des Transportes zuverlässig funktionieren. Dies setzt insbesondere eine zuverlässige Stromversorgung (z. B. Akkupufferung) voraus. Eine Bemessungsdauer von 30 Minuten sollten hierbei aus Sicht der Autoren nicht unterschritten werden.

Weiterhin ist zu bedenken, dass bei Beatmungsgeräten auch eine Versorgung mit Sauerstoff sichergestellt werden muss. Da auf Station meist Wandanschlüsse mit Sauerstoff und Druckluft zur Verfügung stehen, sind für einen autonomen Betrieb ausreichend Druckluftflaschen vorzuhalten. Ist dies nicht gegeben, muss eine Beatmung manuell und damit sehr personalintensiv erfolgen.

Hinweis

Es ist zwischen umluftunabhängigen und umluftabhängigen Beatmungsgeräten zu unterscheiden.

Umluftunabhängige Geräte werden direkt über Wandanschlüsse (zentrale Gasversorgung) oder Druckgasflaschen mit Sauerstoff und Druckluft versorgt. Es handelt sich folglich um ein geschlossenes System. Dies hat den Vorteil, dass Patienten saubere Luft einatmen, selbst wenn in der Umgebungsluft bereits eine leichte Verrauchung vorhanden ist.

Umluftabhängige Beatmungsgeräte (turbinengetriebene Respiratoren) nutzen hingegen die Umgebungsumluft. Sind Rauchgase vorhanden, sind diese bei einem Brandszenario folglich nicht vorteilhaft. Im Gegensatz zu den umluftabhängigen Geräten entfällt jedoch die Notwendigkeit einer separaten Druckluftversorgung.

G.0.4 Räumungs- bzw. Evakuierungsstrategien

Die Anzahl der internen Hilfskräfte (z. B. Pflegekräfte, Ärzte, Hausmeister) ist insbesondere in den Nachtstunden und am Wochenende limitiert. In der Praxis ist es daher notwendig, den Gefahrenbereich in Abschnitte einzuteilen und unterschiedlich zu priorisieren. Dieses Vorgehen wird allgemein als mehrstufiges Rettungskonzept oder auch als Aufenthalts- und Verzögerungskonzept bezeichnet; es besteht insgesamt aus vier Stufen (siehe Abb. G-9). Diese einzelnen Stufen werden in der Regel der Reihe nach ausgerufen, lagespezifisch ist es jedoch auch möglich, einzelne Stufen zu überspringen.

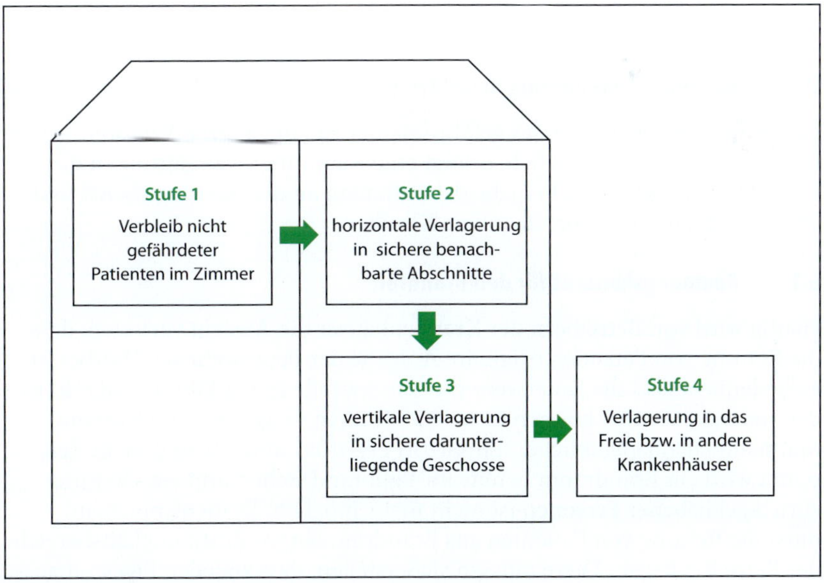

Abb. G-9: Mehrstufiges Rettungskonzept (nach TRVB N133)

Stufe 1: Verbleib im Zimmer

Es ist grundsätzlich immer zwischen den Gefahren eine Schadenslage (z. B. Feuer, Rauch, Schadstoffe) und den Transportrisiken einer Räumung/Evakuierung abzuwägen. Können akute Gefahren ausgeschlossen werden, sollten Patienten daher zunächst auf ihren Zimmern verbleiben.

Es sollte selbstverständlich sein, dass Brandräume keine sicheren Bereiche darstellen, die Rettung dort verbliebener Patienten hat damit oberste Priorität. Infolge akuter Lebensgefahr ist in diesem Fall eine „Crash-Rettung" durchzuführen, d. h., die Rettung muss ohne Rücksicht auf medizinische Aspekte erfolgen und weiterführende Schädigungen der zu Pflegenden müssen zugunsten der akuten Lebensrettung in Kauf genommen werden.

Stufe 2: horizontale Räumung/Evakuierung

Ist der Verbleib von Patienten in Zimmern lagebedingt nicht möglich, sind diese in horizontal angrenzende und sichere Bereiche zu verbringen. Patienten, die gehfähig sind, sollen den Bereich eigenständig verlassen, die bettlägerigen Patienten sind zusammen mit dem Bett zu verschieben.

Stufe 3: vertikale Räumung/Evakuierung

Bei der vertikalen Räumung/Evakuierung werden Patienten über die vertikalen Rettungswege in Geschosse unterhalb der Schadensebene verbracht. Der Transport erfolgt mittels geeigneter Transportmittel (z. B. Krankentrage) oder speziell geschützter Aufzüge (z. B. Feuerwehraufzug).

Es ist zu beachten, dass das Geschoss unmittelbar unterhalb der Schadensebene als nicht sicher gilt, daher sind zumindest zwei Stockwerke zu überwinden. Bei Bränden im ersten Obergeschoss oder im Erdgeschoss entfällt diese Möglichkeit, hier erfolgt eine Verlagerung unmittelbar in das Freie.

Stufe 4: Räumung/Evakuierung in das Freie

Ist die Struktur des Gebäudes gefährdet oder ist eine interne Versorgung von Patienten nicht mehr möglich, erfolgt eine Räumung/Evakuierung in das Freie. Hier erfolgt eine Übergabe der Patienten an den Rettungsdienst und letztendlich ein Transport in andere Kliniken.

G.1 Räumungskonzept für den Brandfall

Häufig wird von Betreibern der Krankenhäuser die Ansicht vertreten, dass die Rettung von Personen originäre Aufgabe der Feuerwehr sei. Hierbei ist zu bedenken, dass die Feuerwehr die Einsatzstelle erst anfahren und erkunden muss. In Summe können 10 bis 15 Minuten vergehen, bis wirksame Maßnahmen am eigentlichen Einsatzort ergriffen werden; zu diesem Zeitpunkt wird ein Brandraum bereits im Vollbrand stehen und eine Rettung zurückgebliebener Personen ist nicht mehr möglich. Dementsprechend muss die Rettung von Patienten aus Brandräumen im Zuständigkeitsbereich der Betreiber liegen. Diese müssen sicherstellen, dass zu jeder Tageszeit ausreichend Kräfte im Gebäude zur Verfügung stehen und nach Feststellung eines Brandes Sofortmaßnahmen einleiten können.

Diese Verpflichtung wird im Grundsatzpapier „‚Rettung von Personen' und ‚wirksame Löscharbeiten' – bauordnungsrechtliche Schutzziele mit Blick auf die Entrauchung" (Famers/Messerer, 2008, S. 3) ausdrücklich klargestellt:

> *„Soweit es sich um Gebäude handelt, die überwiegend von Personen genutzt werden, die sich nicht oder nur eingeschränkt selbst retten können (z. B. Personen mit Mobilitätseinschränkung, Kinder, alte Menschen oder Patienten), muss die Evakuierung (Räumung) als Teil der Personenrettung im Brandfall Gegenstand geeigneter* ***betrieblicher/organisatorischer Maßnahmen*** *sein (in aller Regel eingewiesenes Personal / Verbringen in einen sicheren Bereich)."*

Hinweis

> Es versteht sich von selbst, dass die Rettung aus Brandräumen von zahlreichen Parametern abhängig ist. Nach § 14 MBO muss auch die Organisation des Betreibers eine Rettung aus Brandräumen damit nur möglich machen, nicht aber garantieren.

Wie dem Grundsatzpapier zu entnehmen ist, ist die Personenrettung nicht auf Personen in Brandräumen begrenzt, sondern umfasst auch eine Rettung von Patienten aus unmittelbar angrenzenden Räumlichkeiten. Nach dem Grundsatzpapier sind derartige Maßnahmen im besten Fall bereits abgeschlossen, wenn die Feuerwehr vor Ort eintrifft. Diese kann sich dann auf die Löscharbeiten und ggf. die Rettung einzelner zurückgebliebener bzw. vermisster Personen konzentrieren.

> *„Die Feuerwehr kann in Sonderbauten mit vielen Menschen die Personenrettung nicht sicherstellen; sie ist darauf angewiesen, dass die Personen beim Eintreffen der Feuerwehr das Gebäude bereits weitgehend verlassen haben oder sich in sicheren Bereichen befinden. Neben der ausreichenden Ausbildung von Rettungswegen ist daher ebenso von Bedeutung, dass die Menschen früh-/rechtzeitig mit der Flucht beginnen. Für eine rechtzeitige Räumung hat deshalb in Sonderbauten der Betreiber zu sorgen."* (Famers/Messerer, 2008, S. 2)

Hinweis

> Brandrauch ist nicht nur für die Patienten, sondern auch für die Beschäftigten gefährlich. Maßnahmen können daher nur verlangt werden, wenn eine Eigengefährdung ausgeschlossen ist. Bei allen Planungen sind die Anforderungen aus dem Arbeitsschutzrecht zu beachten.

Neben den eigentlichen Räumungsmaßnahmen sind im Konzept auch Maßnahmen für eine medizinische Weiterbehandlung vorzuplanen. Am Transportziel müssen daher immer witterungsgeschützte Räumlichkeiten mit einer Strom- und Sauerstoffversorgung zur Verfügung stehen. Da eine Ausweitung der Schadenslage nicht ausgeschlossen werden kann, sind darüber hinaus grundlegende Überlegungen für weiterführende Verlagerungen von Patienten (z. B. vertikale Verlagerung) anzustellen.

G.1.1 Branderkennung und Alarmierung der Beschäftigten

Bereits wenige Atemzüge im Brandrauch können zum Tode führen. Infolgedessen ist es zwingend erforderlich, dass Betten- und Behandlungsräume, in denen sich Patienten allein aufhalten können, über automatische Brandmelder verfügen (siehe Kapitel I.1).

Hinweis

> Berechnungen aus Simulationen (Hartung/Reintsema, 2002) belegen, dass die Rauchgrenze den Kopf eines Patienten bereits ca. 120 Sekunden nach Brandausbruch erreichen kann, die verfügbare Rettungsdauer ist folglich sehr gering. Ohne automatische Feuermelder ist eine erfolgreiche Rettung von Patienten damit weitestgehend dem Zufall überlassen. Auch in bestandsgeschützten Altbauten ist eine entsprechende Nachrüstung aus Sicht der Autoren daher zwingend erforderlich.

Da die Feuerwehr eine Rettung der Patienten nicht sicherstellen kann, müssen einlaufende Alarme immer auch an die Beschäftigten des Krankenhauses weitergeleitet werden. Krankenhäuser müssen daher interne Alarmierungseinrichtungen haben (vgl. Tabelle G-2).

Tabelle G-2: Forderungen nach Alarmierungseinrichtungen in den Regelwerken der Bundesländer Baden-Württemberg, Brandenburg, Hamburg und Saarland

Bundesland	Fundstelle	Forderung
Baden-Württemberg – Hinweise über den baulichen Brandschutz in Krankenhäusern und baulichen Anlagen entsprechender Zweckbestimmung	Nr. III.5.2	*„Es sind geeignete Alarmierungsanlagen zu installieren, durch die das Personal alarmiert werden kann."*
Brandenburg – BbgKPBauV	§ 14 Abs. 2	*„Krankenhäuser und Pflegeheime müssen Alarmierungsanlagen haben, mit denen das Betriebspersonal alarmiert werden kann."*
Hamburg – BPD Krankenhäuser	Nr. 8.2	*„Krankenhäuser müssen mit Alarmierungsanlagen ausgestattet sein. Für Betten-/Pflegebereiche und Funktionsbereiche mit Pflegestützpunkten kann ein stiller Alarm vorgesehen werden, bei dem die Meldung ausschließlich an das Dienstpersonal erfolgt. In anderen Bereichen ist ein akustischer Internalarm erforderlich."*
Saarland – KHBauR	Nr. 2.19.4	*„Krankenhäuser müssen Einrichtungen haben, durch die das Personal alarmiert und angewiesen werden kann."*

Nach den Vorgaben wird primär eine Information der Belegschaft gefordert, eine Alarmierung aller Gebäudenutzer ist hingegen nicht erforderlich. Um Unruhe unter Besuchern und Patienten zu verhindern, wird daher meist eine stille Alarmierung vorgesehen. Hierfür stehen unterschiedliche Möglichkeiten zur Verfügung (siehe Kapitel I.2).

Hinweis

> Erfahrungen aus Altbauten zeigen, dass die manuelle Alarmierung über eine zentrale Stelle (z. B. Pforte, Telefonzentrale) häufig zu Fehlern führt und nicht schnell genug umgesetzt werden kann. Daher sind zwingend Alarmierungseinrichtungen vorzuhalten, die unmittelbar über die Brandmeldeanlage angesteuert werden.

Die stille Alarmierung dient nicht nur der Vermeidung von Unruhe, sondern ist auch aus anderen Gründen zwingend erforderlich. Beispielsweise können Schreckreaktionen zuverlässig verhindert werden. Dies ist insbesondere in Bereichen mit hochwertigen medizinischen Behandlungen (z. B. OP, Entbindung) zwingend erforderlich. Darüber hinaus ermöglicht der stille Alarm eine situative Reaktion der Beschäftigten. Nur wenn tatsächlich ein Feuer vorliegt, müssen Räumungsmaßnahmen eingeleitet werden. Im Fall einer Fehlauslösung kann hingegen der Routinebetrieb fortgeführt werden. Riskante und überflüssige Verlagerungen werden dadurch vermieden.

Auch wenn die Vorteile der stillen Alarmierung überwiegen, ist immer zu bedenken, dass eine flächendeckende Wahrnehmung kaum sicherzustellen ist. Die Durchdringung ist damit in hohem Maß von organisatorischen Vorkehrungen abhängig. Analog den Hinweisen des BPD Krankenhäuser sollte der stille Alarm daher nur in Betten- und Pflegebereichen sowie Funktionsbereichen mit Pflegestützpunkten Anwendung finden. In allen anderen Fällen sollte weiterhin ein flächendeckender akustischer Alarm vorgesehen werden. Dies gilt insbesondere für Bereiche ohne Patientenbetrieb (z. B. Labor-, Verwaltungs-, Technik- und Versorgungsbereiche).

Sind für Räumungsmaßnahmen in Betten- und Pflegebereichen auch Beschäftigte aus Bereichen mit akustischer Alarmierung erforderlich, können diese ergänzend mit Einrichtungen für den stillen Alarm ausgestattet werden. Für die Beschäftigten ist dann eine eindeutige Unterscheidung zwischen den Alarmen möglich.

Hinweis

> Bei der Ausarbeitung des Alarmierungskonzeptes ist der Personalschlüssel (siehe Kapitel A) zu berücksichtigen. Ausschlaggebend ist hierbei immer der schlechteste Fall (z. B. Nachtschicht mit geringer Besetzung, aber maximaler Patientenzahl auf Station). Insbesondere bei kleineren Häusern kann dies bedeuten, dass der stille Alarm im gesamten Gebäude ausgelöst wird, in großen Objekten kann es hingegen ausreichend ein, wenn zunächst nur Teilbereiche automatisch alarmiert werden.

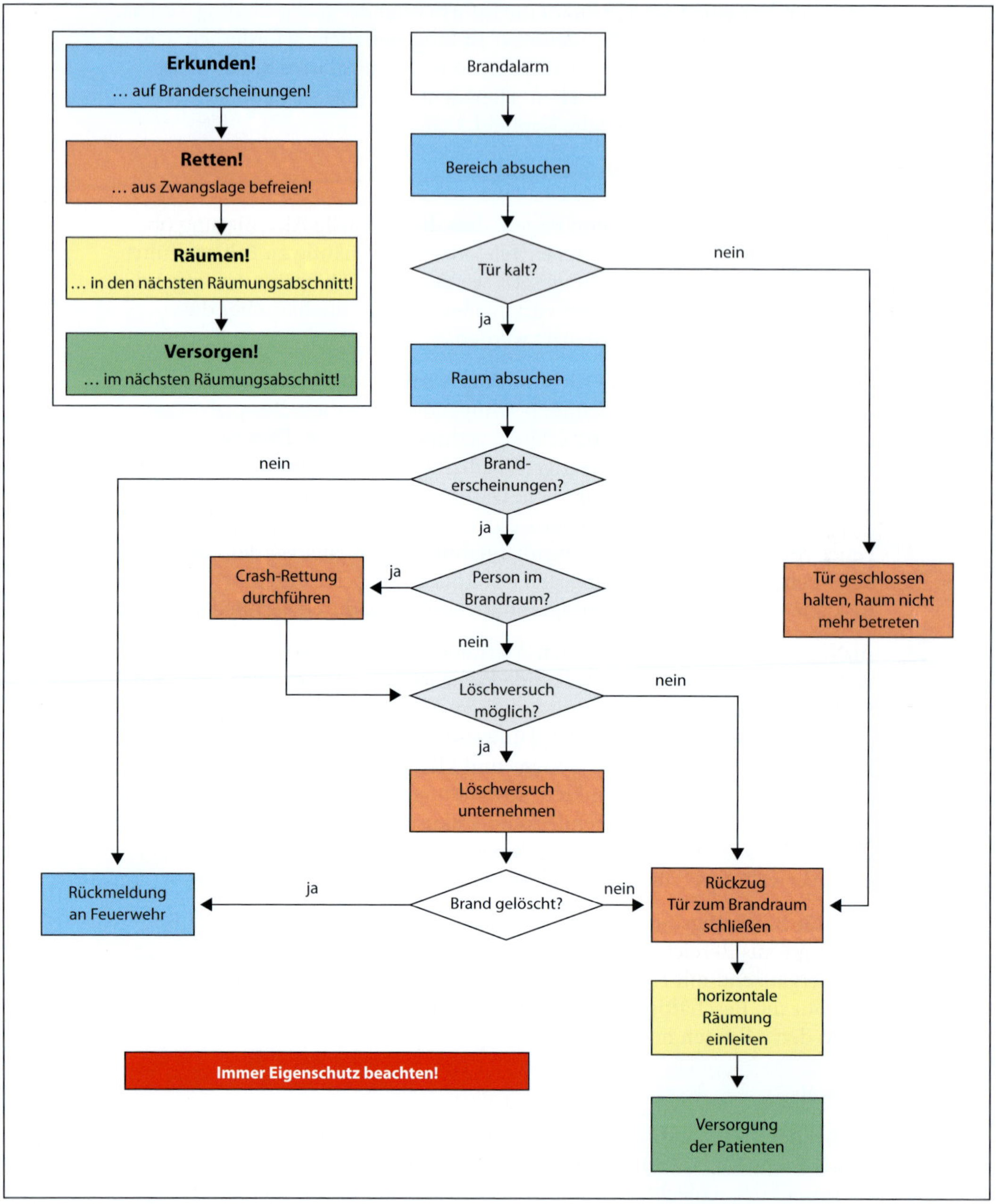

Abb. G-10: Vorgehen im Brandfall

G.1.2 Aufgaben der Beschäftigten

Erhalten Beschäftigte Kenntnis von einem Alarm, sind diese verpflichtet, umgehend Maßnahmen zur Rettung von Patienten einzuleiten (siehe Abb. G-10). Kommen die Beschäftigten ihrer Verpflichtung nicht nach, kann sich hierdurch ein Tun durch Unterlassen nach § 13 StGB Abs. 1 ergeben:

„Wer es unterläßt, einen Erfolg abzuwenden, der zum Tatbestand eines Strafgesetzes gehört, ist nach diesem Gesetz nur dann strafbar, wenn er rechtlich dafür einzustehen hat, daß der Erfolg nicht eintritt, und wenn das Unterlassen der Verwirklichung des gesetzlichen Tatbestandes durch ein Tun entspricht.“

Dieser Paragraf ist auch unter dem Begriff Garantenstellung bekannt und bedeutet, dass bestimmte Personen per Status bestimmte Aufgaben haben. Kommen sie diesen nicht nach, erfolgt eine Bestrafung deutlich härter als bei einem „Normalbürger“.

Selbstverständlich ist die Mitwirkungspflicht der Beschäftigten auf Maßnahmen beschränkt, die ohne eine erhöhte Gefahr für das eigene Leben bzw. die eigene Gesundheit möglich sind. Dieser Grundsatz ist bei der Erstellung von Konzepten immer zu beachten und bei der Schulung der Beschäftigten zu vermitteln.

G.1.2.1 Erkunden

Nach Kenntnisnahme eines Brandalarms sind aufschiebbare Tätigkeiten umgehend einzustellen. Die frei werdenden Kräfte haben unverzüglich den Meldeort aufzusuchen und auf Branderscheinungen (Feuer, Rauch, Geruch) abzusuchen. Um im Falle einer Brandentstehung unmittelbar einen Löschversuch starten zu können, sollte immer ein Feuerlöscher mitgeführt werden.

Hinweis

> Vor dem Öffnen geschlossener Türen sind Türblätter auf sichtbare Branderscheinungen (z. B. deutlicher Rauchaustritt über Türspalte, spürbare Wärme) zu kontrollieren. Sind diese feststellbar, muss von einem Feuer ausgegangen werden, das schon länger brennt. Wird in diesem Fall die Tür geöffnet, kann es schlagartig zu einer Durchzündung kommen und die helfende Person steht im Feuer. Neben der Eigengefährdung besteht die Gefahr, dass die Tür nicht mehr geschlossen werden kann und es schlagartig zu einem Raucheintritt in den Flur kommt. Auch wenn es für die Helfer schwer verständlich ist, dürfen Türen dann nicht mehr geöffnet werden, stattdessen ist umgehend die Räumung des Bereiches einzuleiten.

Können Branderscheinungen nicht festgestellt werden, ist mit hoher Wahrscheinlichkeit von einer Fehlauslösung der Anlage auszugehen. Die Wiederaufnahme des Regelbetriebes darf dennoch erst nach ausdrücklicher Freigabe der Feuerwehr erfolgen. Bis zu deren Eintreffen ist der Auslöseort wiederholt auf Branderscheinungen zu kontrollieren.

G.1.2.2 Retten

Werden im Rahmen einer Erkundung Branderscheinungen festgestellt, müssen in Brandräumen befindliche Personen umgehend gerettet werden, soweit dies noch ohne Eigengefährdung möglich ist. Eine schonende Rettung kann hierbei nicht angewendet werden. Stattdessen muss eine sogenannte

Crash-Rettung durchgeführt werden. Mögliche zusätzliche Schädigungen müssen hierbei zugunsten der Lebensrettung in Kauf genommen werden.

Für die Crash-Rettung kann der Rettungsgriff genutzt werden. Hierbei greift der Helfer dem Verunglückten unter den Achseln durch und umfasst den quer vor die Brust gelegten Unterarm des Verletzten. Der Patient kann dann angehoben und, rückwärtsgehend auf den Oberschenkeln des Helfers gesichert, aus einem Gefahrenbereich gezogen werden.

Sind alle akut gefährdeten Personen aus dem Brandraum gerettet, ist unmittelbar ein Löschversuch einzuleiten, wenn eine Eigengefährdung ausgeschlossen werden kann. Dies ist nur gegeben, wenn ein gesicherter Rückzugsweg zur Verfügung steht und sich die Rauchentwicklung noch in Grenzen hält. Wenn möglich, sollten mehrere Löscheinrichtungen gleichzeitig eingesetzt werden.

Kann der Brand nicht gelöscht werden, müssen Türen zum Brandraum unbedingt geschlossen werden, um einen schnellen Raucheintritt in den Flur zu verhindern. Die Türen dürfen im Anschluss nicht mehr geöffnet werden.

Hinweis

> Erfahrungen aus Brandereignissen belegen, dass normale Zimmertüren eine Rauchausbreitung effektiv verzögern und selbst einem intensiven Feuer mehre Minuten standhalten können, wenn diese geschlossen sind. Die Erfahrungen zeigen jedoch leider auch, dass das Schließen von Türen im Stress häufig vergessen wird. Um das Risiko eines menschlichen Versagens zu reduzieren, können Freilauftürschließer eine geeignete Möglichkeit darstellen. Derartige Einrichtungen werden nach der AGBF-Empfehlung „Fachempfehlung zu brandschutztechnischen Anforderungen an Krankenhäuser (2023-02)“ bei Raumgruppen ohne notwendige Flure für erforderlich gehalten. Dies gilt auch für Türen von Patientenzimmern und Behandlungsräumen an einem notwendigen Flur, sofern es betrieblich erforderlich ist, dass diese Türen offen gelassen werden. Erleichternd müssen die Freilauftürschließer der Türen jedoch nicht über eigene Rauchschalter verfügen, sondern können zentral über die Brandmeldeanlage angesteuert werden, soweit ein Selbstschließen der Türen nicht aus baurechtlichen Regelungen erforderlich ist.

Auch die Türen zu sonstigen Patientenzimmern sind im Anschluss immer zu schließen. Kommt es zu einem Raucheintrag in den Flur, besteht dann weiterhin eine zusätzliche Barriere zu diesen Zimmern und dort verbliebene Personen haben weiterhin eine reelle Überlebenschance, bis eine Rettung durch die Feuerwehr erfolgt.

G.1.2.3 Räumen

Kann ein Brand nicht gelöscht werden, wird sich dieser früher oder später ausbreiten, daher ist umgehend die horizontale Räumung des gefährdeten Bereiches einzuleiten (siehe Abb. G-11). Diese Entscheidung ist durch das Personal vor Ort zu treffen, das Eintreffen einer übergeordneten Führungskraft oder der Feuerwehr darf nicht abgewartet werden.

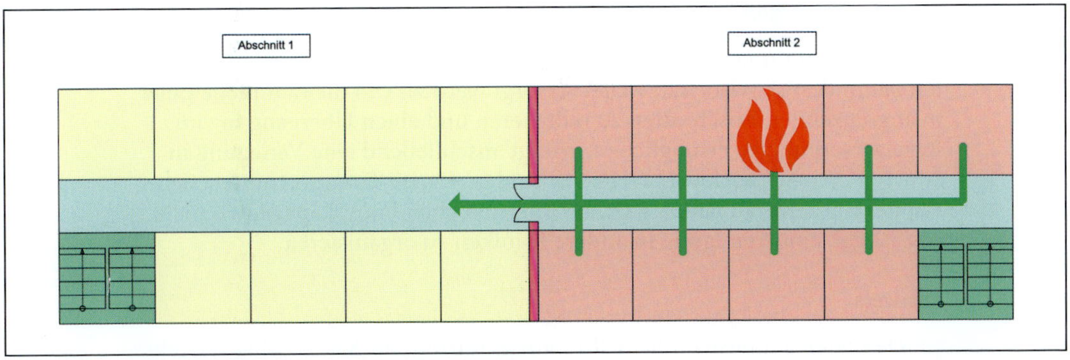

Abb. G-11: Horizontales Räumungsprinzip in Krankenhäusern

Bei der Räumung sind folgende Aspekte zu beachten:

- Die Räumung beginnt immer in den dem Schadensort nächstgelegenen Räumlichkeiten.
- Gehfähige Patienten sollen den Brandbereich eigenständig verlassen, nicht gehfähige Patienten werden mit dem Bett verschoben. Priorisiert werden hierbei solche Patienten verschoben, bei denen Auswirkungen einer Räumung ohne große Komplikationen oder ohne erhöhten Kräftebedarf möglich sind.
- Infektiöse Patienten dürfen nicht mit übrigen Patienten vermischt werden.
- Angehörige wirken beruhigend auf Patienten und können ggf. bei einer Räumung unterstützen; wenn möglich, sollten diese bei den Patienten verbleiben, dürfen jedoch keinesfalls in den Gefahrenbereich vordringen.

Um ein koordiniertes Vorgehen zu gewährleisten, ist es sinnvoll, wenn eine Person die Führung übernimmt und die Einhaltung der allgemeinen Vorgaben überwacht.

Hinweis

> Zumindest in den ersten Minuten sind die Pflegekräfte vor Ort auf sich allein gestellt und müssen die erforderlichen Räumungsarbeiten umsetzen. Die Leitung der Maßnahmen erfolgt dann anhand der nach Organigramm vorgegebenen Befugnisse (z. B. Stationsleitung). Im Rahmen des Räumungskonzeptes ist jedoch immer auch zu definieren, wer die Leitung übernimmt, wenn zusätzliche Hilfskräfte eintreffen. Die vorgesehenen Personen sind spezifisch zu schulen.

Räumungsmaßnahmen durch Beschäftigte müssen abgebrochen werden, wenn diese mit einer erheblichen Eigengefährdung verbunden sind; dies ist z. B. immer bei einer Verrauchung der Fluchtwege gegeben. Um in diesem Fall zumindest eine schnelle Rettung zurückgebliebener Personen durch die Feuerwehr zu ermöglichen, ist am Zugang zum gefährdeten Bereich eine Kontaktperson zu positionieren, die genaue Informationen über Anzahl und Aufenthaltsort der verbliebenen Personen geben kann. Gleichfalls ist durch diese Kontaktperson ein Zugang unbeteiligter Personen (z. B. Besucher) zum Gefahrenbereich zu unterbinden.

G.1.2.4 Versorgen

Nach der Räumung in benachbarte Abschnitte müssen die geretteten Patienten zumindest provisorisch weiterversorgt werden. Um die räumliche Enge in angrenzenden Abschnitten zu reduzieren und einen Übergang in eine Regelversorgung zu ermöglichen, erfolgt anschließend eine Verlegung in andere Bereiche/Stockwerke. Hierfür sind geeignete Transportmittel (siehe Kapitel G.0.2) vorzuhalten. Reichen interne Behandlungskapazitäten nicht aus, ist ggf. eine Verlegung in andere Kliniken zu organisieren.

Hinweis

> Das bauordnungsrechtliche Räumungskonzept für Krankenhäuser geht von einer horizontalen Räumung der Patienten mit den vorhandenen Patientenbetten aus. Zusätzliche Gerätschaften für den vertikalen Transport sind bauordnungsrechtlich zunächst nicht gefordert. Es obliegt dem Betreiber, im Rahmen des Konzeptes zusätzliche Vorkehrungen zu treffen. Um den Spielraum für den Betreiber nicht einzuschränken, sollten im Brandschutznachweis keine zusätzlichen Forderungen aufgestellt werden.

G.1.3 Zusätzliche Hilfsmittel

Auf dem Markt sind unterschiedliche Hilfsmittel verfügbar, die Räumungsmaßnahmen durch Laienhelfer unterstützen sollen. Um falschen Vorstellungen und damit Fehlnutzungen vorzubeugen, werden bekannte Hilfseinrichtungen nachfolgend aus Sicht der Autoren bewertet.

G.1.3.1 Fluchthauben

Es ist nicht ausgeschlossen, dass der Fluchtweg verraucht, ehe eine Räumung abgeschlossen ist. Infolgedessen gibt es immer wieder pauschale Forderungen zur Vorhaltung von Fluchthauben (nach DIN EN 403 „Atemschutzgeräte für Selbstrettung – Filtergeräte mit Haube zur Selbstrettung bei Bränden – Anforderungen, Prüfung, Kennzeichnung" [2004]) zur Anwendung durch Pflegekräfte. Hierbei ist jedoch unbedingt zu bedenken, dass der Nutzungszweck nach Kapitel 4.5.2 der DGUV Regel 112-190 „Benutzung von Atemschutzgeräten" (2021, S. 49–50) klar begrenzt ist:

> *„Atemschutzgeräte für Fluchtzwecke ermöglichen der atemschutzgerättragenden Person die Flucht aus Bereichen mit schadstoffhaltiger und/oder sauerstoffarmer Umgebungsatmosphäre. […]* ***Unter Flucht wird eine Bewegung der atemschutzgerättragenden Person von der Gefahrstelle weg in Richtung atembarer Atmosphäre verstanden.*** *[Hervorhebung durch die Autoren] Darunter können auch noch kurzzeitige Nebenhandlungen auf dem Fluchtweg fallen, z. B. unterstützende Rettungsleistung von Personen oder gefahrmindernde Handlungen, wie das Betätigen von Ventilen oder das Abschalten von Apparaten, wenn dazu nicht in den Gefahrbereich vorgedrungen wird,* ***also keine vorgeplante Bewegung entgegen der Fluchtrichtung geschieht.*** *[Hervorhebung durch die Autoren]."*

Fluchthauben (siehe Abb. G-12) sind folglich zum Schutz von Personen vorgesehen, um sich aus einer gefährlichen Situation zu retten, jedoch keines-

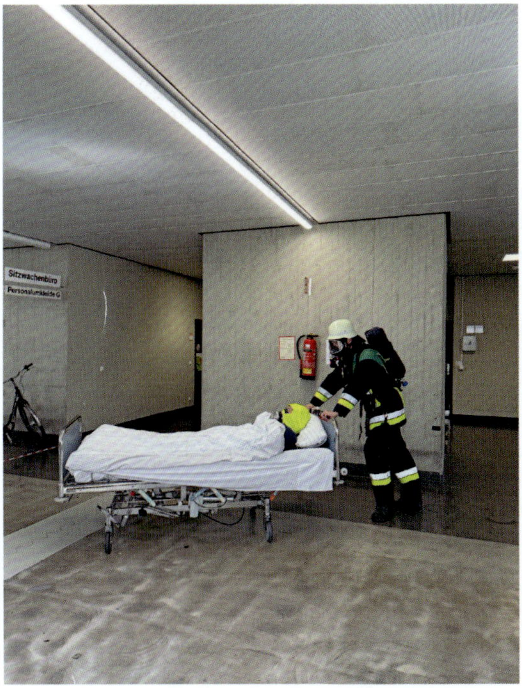

Abb. G-12: Nutzung einer Fluchthaube durch Kräfte der Feuerwehr (Quelle: Freia Ebert, München)

Abb. G-13: Nutzung eines mobilen Rauchschutzvorhanges durch Kräfte der Feuerwehr (Quelle: Freia Ebert, München)

falls, um eine Rettung von Patienten in verrauchten Bereichen umzusetzen. Der Nutzungszweck muss im Rahmen der internen Einsatzpläne folglich eindeutig vorgegeben werden, zusätzlich ist der praktische Umgang mit Fluchthauben regelmäßig zu üben. Die Anforderungen an den Betreiber sind damit sehr hoch und eine Fehlnutzung ist dennoch nicht ausgeschlossen.

Eine allgemeine Vorhaltung von Fluchthauben zur Anwendung durch Pflegekräfte wird von den Autoren kritisch gesehen. Abhängig von der Struktur der zuständigen Feuerwehr kann es jedoch sinnvoll sein, Fluchthauben an zentraler Stelle (z. B. Brandmelderzentrale [BMZ]) für die Feuerwehr vorzuhalten. Die Sinnhaftigkeit muss jedoch mit der zuständigen Feuerwehr geklärt werden. Es ist zu beachten, dass Fluchthauben ca. 50 bis 100 €/Stück kosten und in regelmäßigen Abständen geprüft bzw. ausgetauscht werden müssen.

G.1.3.2 Mobile Rauchschutzvorhänge

Rauchschutzvorhänge gehören heute zur Standardausrüstung der Feuerwehr. Werden diese in der Tür zum Brandraum angebracht (siehe Abb. G-13), kann die Ausbreitung von Rauch erheblich behindert und der Fluchtweg geschützt werden. Entsprechende Ausrüstungsgegenstände gehören daher mittlerweile zur Standardbeladung von Löschfahrzeugen und werden durch die vorgehenden Trupps mitgeführt.

Vereinzelt werden Rauchschutzvorhänge auch für Selbsthilfekräfte in Krankenhäusern angeboten. Hierbei ist jedoch zu beachten, dass Türen zu Patientenzimmern im Allgemeinen nach außen aufschlagen. Eine Montage muss damit bei geöffneter Türe durchgeführt werden; dies kann mit einer Eigengefährdung verbunden sein. Weiterhin kann die Montage für ungeübte Kräfte mit Schwierigkeiten und Zeitaufwand verbunden sein. Aus Sicht der Autoren sollte der Einsatz daher der Feuerwehr vorgehalten bleiben. Selbsthilfekräfte sollten die verfügbare Zeit besser für die Rettung von Personen aus Brandräumen nutzen. Im Anschluss ist die Tür zum Brandraum wieder zu schließen und geschlossen zu halten.

Aus Sicht er Autoren erscheint die Vorhaltung von Rauchschutzvorhängen für Selbsthilfekräfte nicht zielführend. Da Türen in Krankenhäusern häufig eine größere Durchgangsbreite (Bettentransport) aufweisen als in anderen Gebäuden, ist jedoch in Abstimmung mit der zuständigen Brandschutzdienststelle zu prüfen, ob die öffentliche Feuerwehr über ausreichend dimensionierte Vorhänge verfügt. Falls nicht, kann die Vorhaltung an einer zentralen Stelle (z. B. BMZ) sinnvoll sein.

G.1.3.3 Rettungsmittel für Säuglinge

Klassische Fluchthauben (siehe Kapitel G.1.3.1) sind auf die Nutzung durch Erwachsene ausgelegt, eine sichere Anwendung bei Säuglingen und Kleinkinder ist daher nicht gegeben. Um dennoch eine Möglichkeit für einen sicheren Transport durch verrauchte Bereiche zu schaffen, wurde die Rettungsbox für Säuglinge entwickelt.

Hierbei handelt es sich um eine Kunststoffbox (siehe Abb. G-14) mit Platz für 1 oder 2 Säuglinge sowie ggf. erforderliche Überwachungsmonitore. Sobald die Box korrekt verschlossen ist, wird über eine eingebaute Atemluftfla-

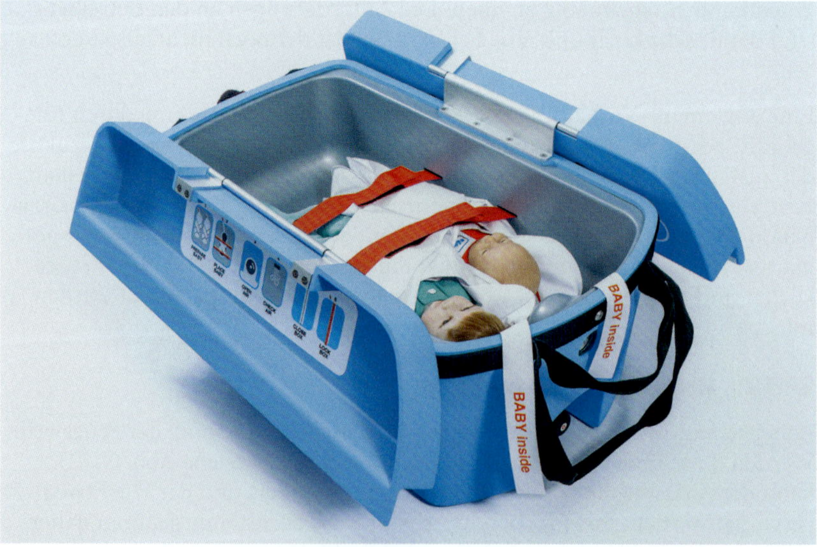

Abb. G-14: Rettungsbox für Säuglinge (Quelle: NeoRescue, vertreten durch spezialmatratzen.de, Schwarzenbek)

Abb. G-15: Rettung mittels Rettungsbox durch Kräfte der Feuerwehr (Quelle: NeoRescue, vertreten durch spezialmatratzen.de, Schwarzenbek)

sche ein Überdruck im Innern der Box erzeugt. Infolgedessen kann Rauch nicht eindringen und die Säuglinge sind für ca. 30 Minuten vor Giftstoffen in der Umgebungsluft (siehe Abb. G-15) und starken Temperaturanstieg im Inneren der Box geschützt.

In Abstimmung mit dem objektspezifischen Räumungskonzept (siehe Kapitel G.1) erscheint die Vorhaltung entsprechender Rettungsmittel, insbesondere für Kliniken mit einer Geburtsabteilung (siehe Kapitel A.0.4) oder einer Neonatologie (siehe Kapitel A.1.3.4), sinnvoll. Um die ständige Verfügbarkeit zu gewährleisten, sollten die Boxen in unmittelbarer Nähe der betroffenen Bereiche vorgehalten werden. Weiterhin ist die zuständige Feuerwehr über die Beschaffung zu informieren. Um die ständige Einsatzbereitschaft zu gewährleisten, sind in regelmäßigen Abständen eine Wartung und Instandhaltung durchzuführen.

G.2 Bautechnische Mindestanforderungen

Die Umsetzung des Räumungs- bzw. Evakuierungskonzeptes setzt zahlreiche bauliche Gegebenheiten voraus. Alle bekannten Regelungen zum Krankenhausbau (siehe Kapitel F.1.2) berücksichtigen daher grundlegende Mindestanforderungen. Diese sind jedoch nicht in jedem Fall konkret bzw. abschließend formuliert; abhängig von der Art der Nutzung (Patientenklientel) und der Leistungsfähigkeit des Krankenhauses (verfügbare Beschäftigte) sind ggf. zusätzliche Anforderungen zu definieren.

G.2.1 Umfassungswände von Pflegezimmern

Während die MKhBauVO noch keine Anforderungen an die Umfassungswände stellt, beinhalten alle neueren Regelungen (z. B. BPD Krankenhäuser, BbgKPBauV) explizit Forderungen nach feuerhemmenden Trennwänden

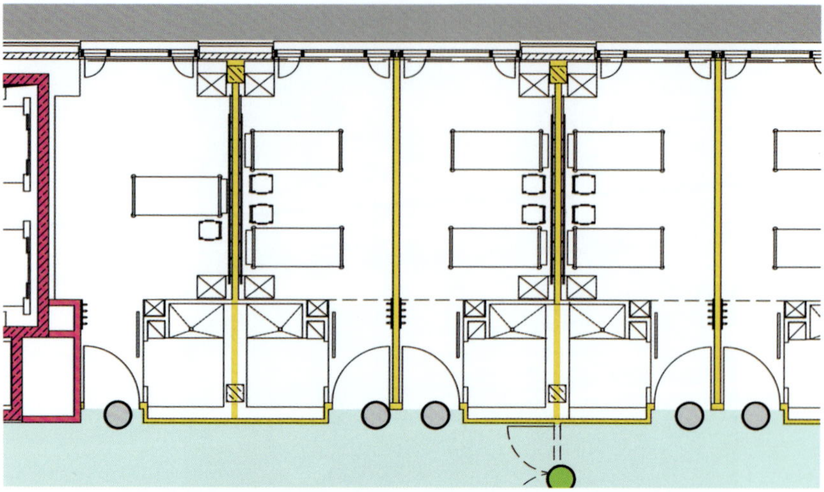

Abb. G-16: Umfassungswände von Pflegezimmern, feuerhemmend

zwischen Bettenzimmern und zwischen Bettenzimmern und anderen Räumen (siehe Abb. G-16).

Ziel dieser Zellenbildung ist es, den Brand innerhalb eines Bettenzimmers möglichst lange auf diesen Raum zu begrenzen und hierdurch ausreichend Zeit für Räumung des akut bedrohten Abschnittes zu schaffen. Muss die Räumung aus Gründen des Eigenschutzes abgebrochen werden, stellt die Zellenbildung gleichzeitig sicher, dass zurückgebliebene Patienten eine Rettung durch die Feuerwehr abwarten können und damit eine reale Überlebenschance haben.

Hinweis

> Die MKhBauVO geht von einer großen Personalstärke in Krankenhäusern aus und unterstellt, dass bedrohte Abschnitte in sehr kurzer Zeit geräumt werden können. Die Personalstärke in Krankenhäusern ist gegenüber den 1970er- bzw. 1980er-Jahren jedoch deutlich gesunken, sodass diese Sichtweise nicht mehr fortgeführt werden kann. Feuerhemmende Trennwände sollten daher bei allen Neubauten zum Standard gehören. Im Altbestand ist mindestens sicherzustellen, dass Wände von Bettenzimmern rauchdicht ausgeführt sind.

Trotz eindeutiger Forderungen ist zu bedenken, dass Trennwände von Patientenzimmern häufig durch installierte Medien belegt sind und eine zulassungskonforme Ausführung mit hohem Aufwand verbunden sein kann (siehe Kapitel F.4). Infolgedessen gibt es unterschiedliche Überlegungen, die Anzahl der Wände zu reduzieren und nur jede zweite Wand entsprechend auszuführen (siehe Abb. G-17). Dies ist nach der AGBF-Empfehlung 2023-02 (AGBF Bund, 2023, S. 10) möglich, wenn

> *„Zwischenwände rauchdicht ausgeführt werden und der sichere Verbleib der Patienten im Räumungskonzept nachgewiesen wird.“*

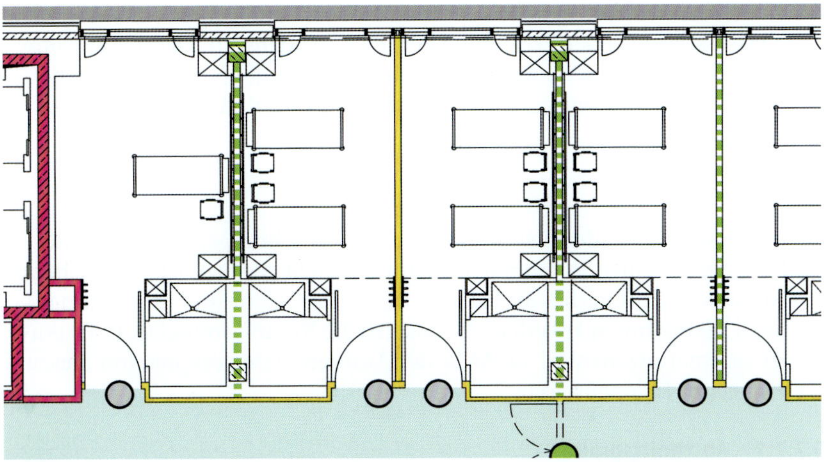

Abb. G-17: Umfassungswände von Pflegezimmern, abwechselnd rauchdicht/feuerhemmend

Dies ist aus Sicht der Autoren nur gegeben, wenn die Patientenklientel eine schnelle Räumung auch wirklich zulässt. Weiterhin ist im Räumungskonzept eindeutig festzuschreiben, dass neben dem Brandraum auch unmittelbar angrenzende Räumlichkeiten umgehend zu räumen sind. Hierfür müssen die erforderlichen Kräfte zeitnah zur Verfügung stehen.

G.2.2 Räumungsabschnitte

Bereits in der MKhBauVO wurde festgelegt, dass jedes Obergeschoss mit Betten- bzw. Pflegebereichen mindestens 2 Brandabschnitte aufweisen muss, um das horizontale Verschieben in sichere Bereiche zu ermöglichen. Dieser Grundsatz ist auch heute noch in allen bekannten Festlegungen aufgeführt (vgl. Tabelle G-3).

Tabelle G-3: Forderungen in den Regelungen der Bundesländer Baden-Württemberg, Brandenburg, Hamburg und Saarland zum horizontalen Verschieben zwischen Pflegebereichen

Bundesland	**Fundstelle**	**Forderung**
Baden-Württemberg – Hinweise über den baulichen Brandschutz in Krankenhäusern und baulichen Anlagen entsprechender Zweckbestimmung	Nr. III.2.2	*„Soweit in Pflegebereichen eine Unterteilung in Brandabschnitte nicht erforderlich ist, sind Brandschutzbereiche herzustellen. Geschosse in Pflegebereichen sind in mindestens zwei Brandschutzbereiche zu unterteilen."*
Brandenburg – BbgKPBauV	§ 5 Abs. 1	*„Pflegebereiche müssen in jedem Geschoss mindestens zwei getrennte Brandabschnitte haben."*
Hamburg – BPD Krankenhäuser	Nr. 6.2	*„Betten-/Pflegebereiche müssen in jedem Geschoss mindestens zwei Brandabschnitte haben."*
Saarland – Richtlinie über den Bau und Betrieb von Krankenhäusern	Nr. 2.4.1	*„Jedes Obergeschoss im Pflegebereich muss mindestens zwei Brandabschnitte haben."*

Auch international hat sich diese Teilung etabliert und gehört zum absoluten Mindeststandard bei der Errichtung von Krankenhäusern. Damit das Konzept tatsächlich umgesetzt werden kann, bestehen jedoch noch zahlreiche spezifische Anforderungen an die bauliche und technische Gestaltung der Abschnitte.

Hinweis

> Im Altbestand finden sich immer wieder Einrichtungen, bei denen die Möglichkeit einer horizontalen Räumung nicht gegeben ist. Aus Sicht der Autoren besteht in diesem Fall eine konkrete Gefahr und es sind umgehend Maßnahmen erforderlich. Zusätzliche Rettungsmittel (z. B. Evakuierungsmatratzen) sind aus Sicht der Autoren nicht geeignet, um diesen Mangel zu kompensieren.

G.2.2.1 Abschnittsgröße

Die maximale Größe bzw. zulässige Zahl der Patienten je Abschnitt ist bisher in keiner einzigen Regelung explizit definiert. Werden die grundsätzlichen baurechtlichen Vorgaben an die maximale Länge der Brandabschnitte und die durchschnittlichen Abmessungen für Patientenzimmer berücksichtigt, sind damit theoretisch Räumungsabschnitte mit mehr als 30 Patienten möglich.

Bevor entsprechende Planungen umgesetzt werden, ist jedoch immer zu bedenken, dass die horizontale Räumung noch vor Eintreffen der Feuerwehr und damit innerhalb weniger Minuten abgeschlossen sein muss. Ganz allgemein darf eine Zeitdauer von 10 Minuten damit nicht überschritten werden. Diese Rettungsfrist kann bei großen Personenzahlen nur eingehalten werden, wenn ausreichend Pflegekräfte zeitnah zur Verfügung stehen. Die zulässige Größe ist damit neben der zu erwartenden Patientenklientel insbesondere auch von der Leistungsfähigkeit eines Krankenhauses abhängig.

Hinweis

> Bei der Beurteilung der Leistungsfähigkeit ist immer der schlechteste Fall zu berücksichtigen, d. h. die minimale Personalstärke (z. B. Nacht/Wochenende). Da nicht alle Beschäftigten ihren Arbeitsbereich unmittelbar verlassen können, ohne die Gesundheit von Patienten zu gefährden, kann auch diese Mindeststärke nicht zuverlässig angerechnet werden. Selbst in größeren Krankenhäusern kann die umgehend verfügbare Personalstärke damit deutlich unter den Erwartungen liegen und nur wenige Hilfskräfte umfassen.

Die Grundlogik zur maximalen Größe der Räumungsabschnitte sollte selbst durch Laien gut nachvollzogen werden, leider stehen baurechtlich definierte Vorgaben zur Berechnung der Räumungszeit derzeit jedoch nicht zur Verfügung. Da Simulationen mit sehr großem Aufwand verbunden sind und Versuche meist erst nach Errichtung zielführend umgesetzt werden können, erfolgt daher meist eine allgemeine Schätzung. Abhängig von der Fachkunde und Erfahrung der ausführenden Personen sind hierbei deutlich abweichende Ergebnisse möglich.

Umso bemerkenswerter ist es, dass in der Begründung zum Entwurf der BbgKPBauV von 2002 eine durchschnittliche Rettungsdauer von drei Minuten für die horizontale Verlagerung eines Patienten aufgeführt ist. Diese umfasst auch die Zeit für die Rückkehr des Pflege- bzw. Hilfspersonals zum nächsten Rettungsfall und gilt auch für Personen, die aufgrund ihrer Krankheit gestützt oder geführt werden müssen. Bei einer maximalen Räumungszeit von 10 Minuten sind für die Räumung einer Station mit 30 Patienten damit 10 Kräfte erforderlich.

Interessanterweise enthalten die Vorgaben der Baupolizei Wien ähnliche Werte (Brandschutztechnische Sicherheitsstandards in Gesundheits- und Sozialeinrichtungen, 2015). Hier kann eine Hilfskraft 3 nicht selbstrettungsfähige Personen innerhalb von 8 Minuten in Sicherheit bringen. Der Anwendungsbereich ist hier jedoch auf Evakuierungswege von max. 20 m ausgelegt, bei größeren Wegstrecken sinkt der Wert auf 2 Personen.

Hinweis

> Eine durchschnittliche Rettungsdauer von 3 Minuten je Patient wird durch mehrere wissenschaftlichen Auswertungen (Wolf, 2001; Rost, 2012) bestätigt und ist aus Sicht der Autoren gut für eine orientierende Abschätzung geeignet. Ob pauschale Bemessungsverfahren als Nachweis anerkannt werden, ist jedoch immer vorab mit der zuständigen Bauaufsichtsbehörde abzustimmen.
>
> Bei Anwendung ist zudem zu bedenken, dass Zeiten für die Herstellung der Transportfähigkeit nicht erfasst sind. Insbesondere in Intensivstationen und OP-Bereichen ist der Zeitaufwand deutlich höher und wird 10 Minuten regelmäßig übersteigen. Da auch zusätzliche Personalkapazitäten meist keine Wirkung zeigen, ist stattdessen der Feuerwiderstand der Bauteile zu erhöhen, alternativ sind Maßnahmen zur Rauchfreihaltung der Rettungswege zu treffen.

G.2.2.2 Aufnahmefähigkeit

Müssen Patienten notfallmäßig in andere Bereiche verlegt werden, besteht in der Regel keine Zeit, die aufnehmenden Bereiche auf diese Situation vorzubereiten. Infolgedessen müssen Räumungsabschnitte ausreichend dimensionierte Flächen für die Aufnahme der zu erwartenden Patienten aufweisen (vgl. Tabelle G-4).

Inhaltlich ergeben sich aus Tabelle G-4 unterschiedliche Anforderungen an den vorzusehenden Platzbedarf. Teilweise sind Brandabschnitte so zu dimensionieren, dass alle Patienten aus angrenzenden Abschnitten aufgenommen werden können, teilweise ist der Anteil auf 30 % der möglichen Betten begrenzt.

Aus Sicht der Autoren sind beide Forderungen zu pauschal und damit nicht zielführend, stattdessen ist immer eine individuelle Bewertung der Gegebenheiten durchzuführen und im Räumungskonzept zu dokumentieren. Grundsätzlich ist hierbei immer von einer Vollbelegung aller Planbetten auszugehen.

Tabelle G-4: Forderungen in den Regelungen der Bundesländer Baden-Württemberg, Brandenburg, Hamburg und Saarland zur Bemessung von Brandschutzbereichen

Bundesland	Fundstelle	Forderung
Baden-Württemberg – Hinweise über den baulichen Brandschutz in Krankenhäusern und baulichen Anlagen entsprechender Zweckbestimmung	Nr. III.2.2	*„Jeder Brandschutzbereich muss so bemessen sein, dass zusätzlich* ***mindestens 30 v. H. der Betten*** [Hervorhebung durch die Autoren] *des benachbarten Brandschutzbereiches vorübergehend aufgenommen werden können."*
Brandenburg – BbgKPBauV	§ 5 Abs. 3	*„Die Brandabschnitte sind so zu bemessen, dass zusätzlich* ***alle Personen aus dem größten benachbarten Brandabschnitt*** [Hervorhebung durch die Autoren] *vorübergehend aufgenommen werden können. Die Nutzbarkeit der Rettungswege darf durch die zusätzlich aufgenommenen Rollstühle, Betten und Tragen nicht beeinträchtigt werden."*
Hamburg – BPD Krankenhäuser	Nr. 6.2	***„Jeder Brandabschnitt muss die Personen des benachbarten Brandabschnittes aufnehmen*** [Hervorhebung durch die Autoren] *können, bei bettlägerigen Patienten einschließlich der Betten, um eine horizontale Evakuierung zu ermöglichen."*
Saarland – KHBauR	Nr. 2.4.1	*„Jeder Brandabschnitt [...] ist so zu bemessen, dass zusätzlich* ***mindestens 30 v. H. der Betten des benachbarten Brandabschnittes vorübergehend*** [Hervorhebung durch die Autoren] *aufgenommen werden können."*

Hinweis

Insbesondere auf Normalstationen ist davon auszugehen, dass ein spezifischer Anteil der Patienten gehfähig ist und den Brandbereich eigenständig verlassen kann. Erfahrungen aus Evakuierungen in Krankenhäusern belegen, dass der Anteil nicht gehfähiger Patienten auf 30 bis 50 % der Patientenbetten begrenzt werden kann (Knickmann/Neumann/Subat, 2023). Auf Stationen mit erhöhtem Pflegebedarf (z. B. Intensivstation) liegt der Anteil nicht gehfähiger Patienten hingegen grundsätzlich bei 100 % der Patientenbetten.

Bei der Planung der Aufnahmekapazitäten ist auch zu beachten, dass definierte Flucht- und Rettungswege selbst im Fall einer Räumung in voller Breite freigehalten werden müssen. Sie stellen damit keine geeigneten Flächen zum Abstellen von Patientenbetten dar. Auch für eine vorübergehende Aufnahme müssen damit geeignete Flächen zur Verfügung stehen.

Hinweis

> Sind nur 2 Abschnitte vorhanden, sollte die Trennung so erfolgen, dass möglichst gleich große Abschnitte entstehen. Weiterhin sollte das Raumprogramm so aufgestellt werden, dass zusätzliche Betten in Zimmer aufgenommen werden können (z. B. in Einbettzimmern ein zweites Bett, in Zweibettzimmern ein drittes Bett). Dieses Vorgehen kann auch in anderen Fällen zielführend sein, wenn die Zahl der Patientenbetten kurzfristig erhöht werden muss (z. B. Massenanfall von Verletzten).

Ergibt das Räumungskonzept, dass eine Aufnahme aller Patienten nicht möglich ist, muss die Anzahl der Räumungsabschnitte erhöht werden. Durch die damit verbundene Reduktion der Patientenzahl je Abschnitt verringert sich automatisch auch der notwendige Flächenbedarf für die Aufnahme von Patienten.

G.2.2.3 Medizinische Infrastruktur und Ausfallsicherheit

Bereiche, die für die Aufnahme von Patienten vorgesehen sind, müssen nicht nur ausreichend Platz, sondern auch eine grundlegende Infrastruktur für die medizinische Versorgung der zu erwartenden Patienten aufweisen. Diese muss mindestens für eine rudimentäre medizinische Grundversorgung der zu erwartenden Patienten ausgelegt sein. Dies setzt immer eine Versorgung mit Sauerstoff und ausreichende Anschlussmöglichkeiten für medizinische Geräte (z. B. Beatmungsgerät) voraus.

Damit eine Weiterversorgung von Patienten auch über einen längeren Zeitraum möglich ist, muss die Energie- bzw. Gasversorgung (siehe Kapitel I.13) der Räumungsabschnitte autark funktionieren und darf durch Brandereignisse in angrenzenden Abschnitten nicht gefährdet werden.

Hinweis

> Die medizinischen Anforderungen sind individuell zu bewerten. Hierdurch können sich sehr unterschiedliche Anforderungen an die Ausstattung der Abschnitte ergeben. Um Kosten zu reduzieren, sollten OP-Bereiche und Intensivstationen in unmittelbarer räumlicher Nähe liegen. Diese eignen sich grundsätzlich für eine gegenseitige Aufnahme von Patienten.

G.2.2.4 Trennwände von Räumungsabschnitten

Um die Notwendigkeit einer vertikalen Räumung möglichst lange hinauszuzögern, müssen die horizontalen Abschnitte so ausgebildet sein, dass ein Schutz vor Brandüberschlag möglichst lange gegeben ist. Diese Anforderung wird per Definition am besten durch Brandwände nach § 30 MBO erfüllt, die Trennung von Ebenen in Betten- und Pflegebereichen (vgl. Tabelle G-4) in Brandabschnitte ist damit absolut zielführend.

In der Umsetzung ist jedoch zu bedenken, dass Brandwände durchgängig durch alle Geschosse errichtet werden müssen; der technische Aufwand ist damit nicht unerheblich. Dies gilt insbesondere, wenn eine aus räumungs-

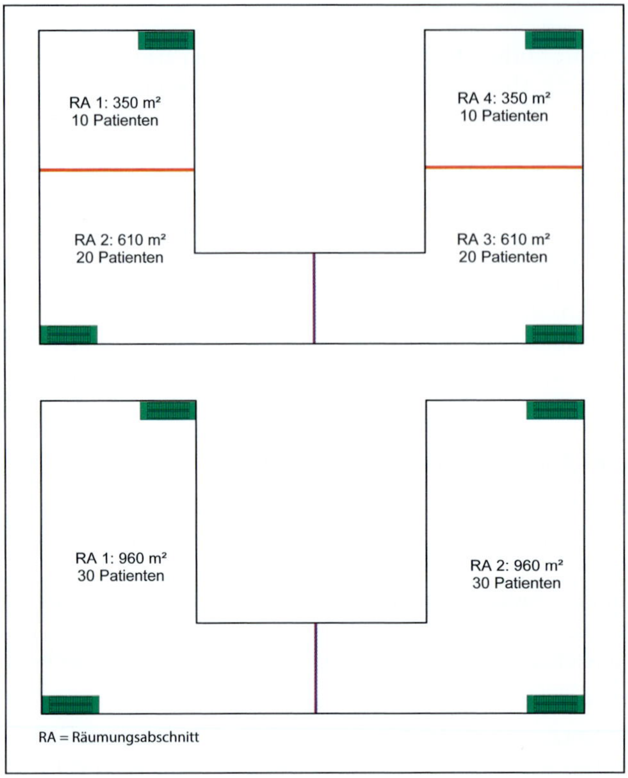

Abb. G-18: Brand- und Räumungsabschnitte – Varianten

technischen Gesichtspunkten kleinteilige Unterteilung (siehe Kapitel G.2.2.1) umgesetzt werden soll. Nach Erfahrung der Autoren wird dieser Aufwand in der Praxis häufig jedoch gescheut und nur die zwingend erforderlichen Brandabschnitte nach § 30 MBO realisiert. Hierdurch können Räumungsabschnitte entstehen, die eine größere Patientenzahl umfassen können (siehe Abb. G-18) und damit kritisch zu bewerten sind.

Als Kompromiss zwischen Baukosten und räumungstechnischen Aspekten erscheint es daher aus Sicht der Autoren sachgerecht, für die zusätzliche Teilung von Brandabschnitten nach § 30 MBO auch feuerbeständige Trennwände zuzulassen (siehe Kapitel F.4). Dies stimmt auch mit der AGBF-Empfehlung 2023-02 überein.

Bei der Teilung der Räumungsabschnitte ist allgemein zu beachten, dass die Logik durch die Beschäftigten jederzeit nachvollzogen werden muss. Vorsprünge (siehe Abb. G-19) sind infolgedessen ungünstig zu bewerten. Brennt es im dargestellten Beispiel in Zimmer A, ist für die Beschäftigten nicht ersichtlich, dass Raum B zum betroffenen Räumungsabschnitt gehört. Dieser wird infolgedessen ggf. nicht oder zu spät berücksichtigt.

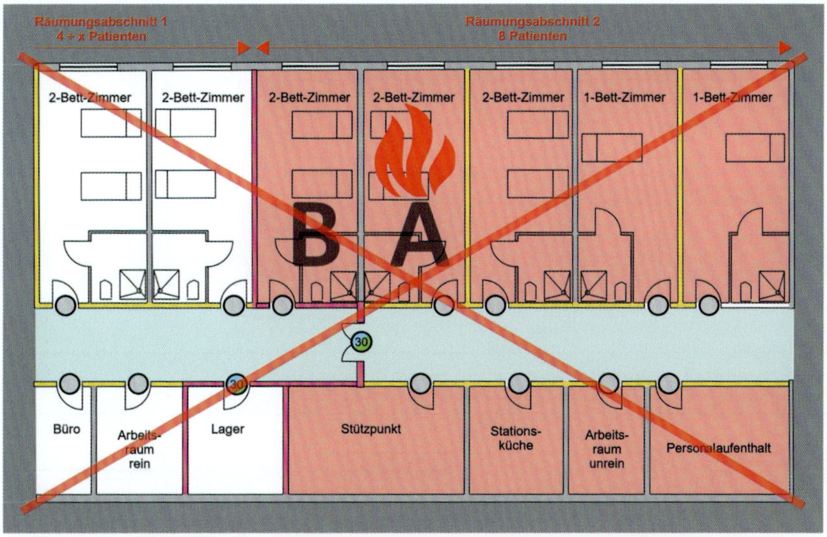

Abb. G-19: Brand- und Räumungsabschnitte mit Versprung der Trennwand

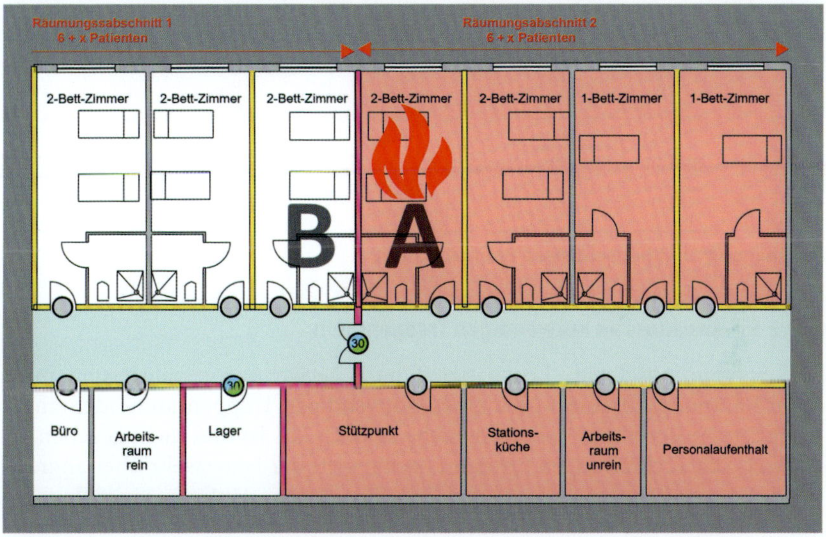

Abb. G-20: Brand- und Räumungsabschnitte ohne Versprung der Trennwand

Um derartigen Missverständnissen vorzubeugen, muss die Trennwand in den Bereich der Wand mit Medienschiene verschoben werden (siehe Abb. G-20). Dies führt zwar grundsätzlich zu einem erhöhten baulichen Aufwand, ist jedoch möglich. Da gleichzeitig auf zusätzliche Anforderungen an den Abschluss zwischen Flur und Raum B verzichtet werden kann, ist diese Lösung jedoch auch langfristig (Stichwort Wartungskosten) wirtschaftlicher.

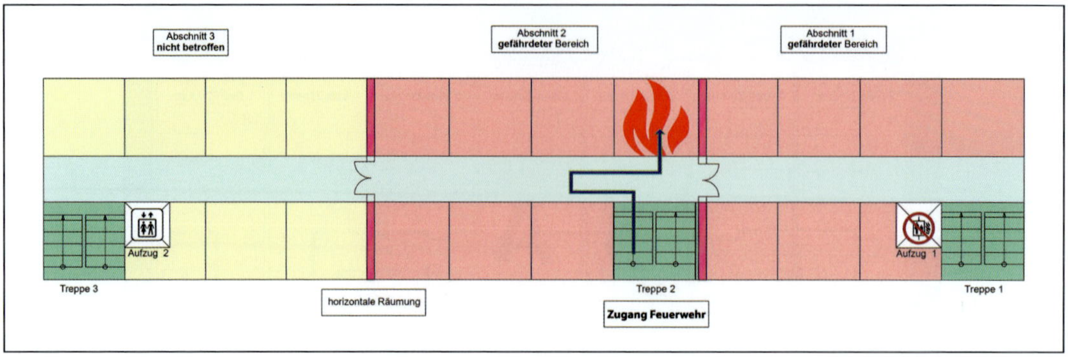

Abb. G-21: Löschangriff über unmittelbar angebundenen Treppenraum

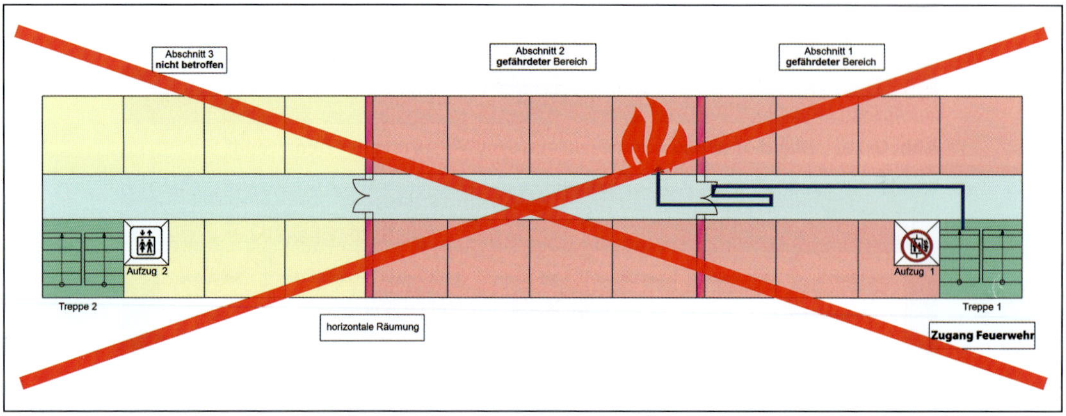

Abb. G-22: Löschangriff über benachbarten Brandabschnitt

G.2.2.5 Anschluss an notwendigen Treppenraum

Um einen unmittelbaren Löschangriff der Feuerwehr zu gewährleisten, muss jeder Räumungsabschnitt über einen notwendigen Treppenraum oder eine geeignete Außentreppe verfügen (siehe Abb. G-21). Ist dies nicht gegeben, müssen Schlauchleitungen für den Löschangriff der Feuerwehr über angrenzende Abschnitte geführt werden. Dies würde zwangsläufig zu einer Rauchausbreitung in angrenzende Abschnitte führen (siehe Abb. G-22) und dem Konzept des sicheren Aufenthalts widersprechen.

G.2.3 Anforderungen an Rettungswege

Die Räumungsabschnitte sind im Zuge der Rettungswege unmittelbar zu verbinden und müssen für den Transport von Betten ausgelegt sein, die vertikalen Rettungswege hingegen auf den Transport von Patienten auf Tragen. Hierdurch ergeben sich definierte Mindestbreiten für Türen, Flure und notwendige Treppen. Diese sind in den spezifischen Regelungen abschließend definiert (siehe Kapitel F.8.2.1), sodass eine individuelle Auslegung im Regelfall nicht erforderlich ist.

G.2.4 Anforderungen an Aufzüge

Infolge der Bauweise (siehe Kapitel I.16) ist nicht ausgeschlossen, dass Rauch und Hitze in einen Fahrschacht eindringen. Befinden sich zu diesem Zeitpunkt Personen im Aufzug und fällt ggf. zusätzlich die Stromversorgung aus, wird der Aufzug zwangsläufig zur Todesfalle. Ein weiteres Risiko besteht darin, dass die Lichtschranken eines Aufzuges durch Rauch blockiert werden. Fahren Personen unbewusst in eine Brandetage, kann es dann schnell passieren, dass Türen durch den Rauch nicht mehr schließen und eine Weiterfahrt blockiert ist. Dieser Sachverhalt wurde beim Brand am Düsseldorfer Flughafen 1996 7 Menschen zum Verhängnis.

Um derartigen Risiken vorzubeugen, sind Aufzüge grundsätzlich mit einer Brandfallsteuerung (siehe Kapitel I.16.3) auszustatten und im Brandfall zu deaktivieren. Infolge der spezifischen Risiken in Krankenhäusern ist eine pauschale Umsetzung jedoch ebenfalls mit Risiken verbunden, da eine vertikale Räumung bettlägeriger Patienten oder anderer Personen (z. B. Besucher, Beschäftigte) mit motorischen und sensorischen Einschränkungen dann nur noch über Treppen möglich ist. Dies stellt eine erhebliche Belastung für Patienten und Hilfskräfte dar. In Krankenhäusern ist es daher zielführend, die Verfügbarkeit von Aufzügen im Brandfall zu erhöhen und den Transport über Treppen nur als letzte Möglichkeit zu nutzen. Dies setzt besondere Vorkehrungen zum Schutz der Aufzüge vor Brandeinwirkungen voraus.

Hinweis

> Neben Überlegungen zum Räumungsablauf im Brandfall sollten bei der Planung der Brandfallmatrix auch Auswirkungen einer Fehlauslösung der Brandmeldeanlage bewertet werden. Diese Bewertung ergibt regelmäßig, dass der gleichzeitige Ausfall aller Aufzüge eine erhebliche Patientengefährdung zur Folge haben kann (z. B. Notfallverlegungen nicht möglich). Insbesondere in großen Objekten können derartige Zustände auch kurzzeitig nicht hingenommen werden.

Nach VDI 6017 „Aufzüge – Steuerungen für den Brandfall“ (2024) ist es zulässig, die Brandfallmatrix so zu programmieren, dass zunächst nur die Aufzüge im betroffenen Brandabschnitt deaktiviert werden. Aufzüge in übrigen Brandabschnitten zählen hingegen als nicht gefährdet und können so lange weiterbetrieben werden, bis Brandmelder einen kritischen Zustand in diesen Abschnitten detektieren (Aufzug mit Betriebszeitverlängerung im Brandfall – Stufe B nach VDI 6017). Um dieses Konzept zu ermöglichen, sehen die BbgKPBauV und der BPD Krankenhäuser spezifische Anforderungen an die Lage von Bettenaufzügen vor (vgl. Tabelle G-5).

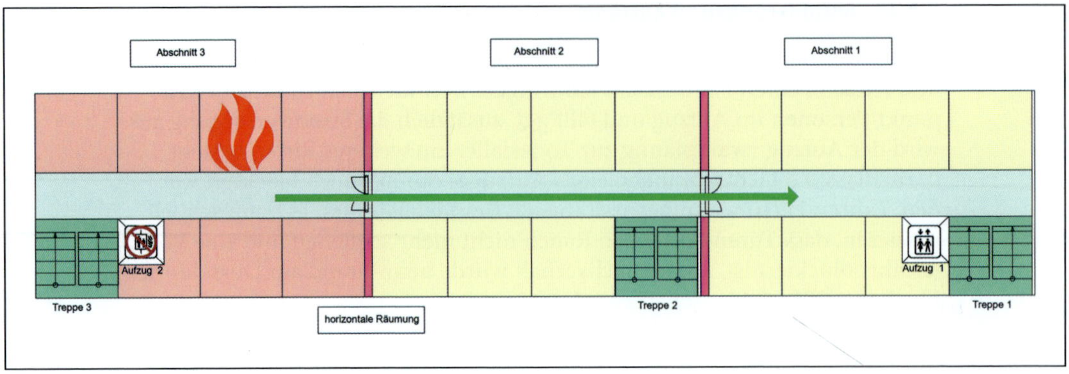

Abb. G-23: Anforderungen an die Anordnung von Aufzügen

Tabelle G-5: Forderungen in den Regelungen der Bundesländer Brandenburg und Hamburg in Bezug auf die Aufzugsteuerung

Bundesland	Fundstelle	Forderung
Brandenburg – BbgKPBauV	§ 13 Abs. 3	*„Bettenaufzüge sind so im Gebäude anzuordnen, dass im Gefahrenfall ein Brandabschnitt mit einem nicht durch Feuer und Rauch gefährdeten Bettenaufzug erreicht werden kann."*
Hamburg – BPD Krankenhäuser	Nr. 8.1	*„Es ist sicher zu stellen, dass bei einem Brandereignis die Aufzüge in den nicht betroffenen Brandabschnitten weiterhin zur Verfügung stehen, um dort eine vertikale Evakuierung zu ermöglichen."*

Zur Umsetzung der Anforderungen ist es nicht zwingend erforderlich, dass jeder Brandabschnitt über einen eigenen Aufzug verfügt, die Lage der Aufzüge ist jedoch sinnvoll zu gestalten, sodass jeder Betten- und Pflegebereich über Anschluss an einen Brandabschnitt mit Aufzug verfügt (siehe Abb. G-23). Da Krankenhäuser ohnehin mindestens 2 Bettenaufzüge benötigen (siehe Kapitel I.16.6), kann die Sicherheit in Krankenhäusern bei vorausschauender Planung ohne zusätzliche Herstell- und Betriebskosten deutlich erhöht werden.

Um individuelle Räumungs- bzw. Evakuierungsfahrten durch den Betreiber zu ermöglichen, sollten die Bettenaufzüge immer mit einer internen Vorrangfahrt (Aufzugsführerbetrieb) ausgestattet sein, sodass die Aufzüge nur von innen gesteuert und nicht über die Etagentaster auf den Ebenen angefordert werden können. Die Brandfallsteuerung darf jedoch keinesfalls übersteuert werden, d. h., bei Ansprechen der BMA im betroffenen Brandabschnitt muss trotz Aufzugsführerbetrieb immer die Brandfallfahrt ausgelöst werden.

G.3 Spezifische Angaben im Brandschutznachweis

Häufig wird das Räumungs- bzw. Evakuierungskonzept nur als Grundlage für Schulungen gesehen und (wenn überhaupt) erst kurz vor Inbetriebnahme erstellt. In diesem Fall muss sich das betriebliche Räumungskonzept jedoch immer an bestehenden baulichen und technischen Gegebenheiten orientieren. Dies kann erhebliche personelle Anforderungen nach sich ziehen und ist im schlechtesten Fall nicht zielführend möglich.

Um derartigen Problemen vorzubeugen, muss das Räumungskonzept immer planungsbegleitend erstellt werden. Konsequenterweise geht die AGBF-Empfehlung 2023-02 davon aus, dass das Räumungskonzept bereits zum Zeitpunkt der Bauantragsstellung, spätestens jedoch vor Erteilung der Baugenehmigung vorliegen muss.

Auch wenn dieser Ansatz zunächst logisch erscheint, muss jedoch bedacht werden, dass die vollständige Ausarbeitung des Konzeptes in der Regel tatsächlich erst kurz vor Inbetriebnahme möglich ist. Weiterhin muss ein Räumungskonzept in der Betriebsphase eines Gebäudes regelmäßig überprüft und ggf. überarbeitet werden. Wäre das Räumungskonzept tatsächlich Bestandteil der Baugenehmigung, würde jede Änderung die Genehmigungsfrage neu aufwerfen; dieser Umstand kann keinem Betreiber zugemutet werden.

Als Kompromiss ist es aus Sicht der Autoren ausreichend, wenn die relevanten Parameter (Lage und Ausbildung der Räumungsabschnitte, Zahl der Betten je Abschnitt, Art der zu behandelnden Patienten, Anordnung und Bemessung der Rettungswege, Art der Rettung) im Brandschutznachweis abgebildet werden. Ein derartiges Vorgehen ermöglicht einerseits eine allgemeine Prüfung der Räumungsplanungen auf Plausibilität, andererseits hat der Betreiber die Möglichkeit, das betriebliche Räumungskonzept im Rahmen der vorgegebenen Grenzen zu präzisieren bzw. im laufenden Betrieb anzupassen.

Hierbei ist zu bedenken, dass das betriebliche Räumungskonzept auch Bestandteil der Brandschutzordnung (siehe Kapitel J.1) ist. Diese muss bei Inbetriebnahme vorliegen und kann, falls gewünscht, ebenfalls nochmals durch die Bauaufsichtsbehörde überprüft werden.

Hinweis

> Das ausformulierte Räumungskonzept ist eine Anlage zum Brandschutznachweis, die bei Inbetriebnahme vorliegen muss. Die grundlegenden Anforderungen müssen sich aus dem Brandschutznachweis ergeben. Um Fehlplanungen vorzubeugen, müssen Betreiber und Planende frühzeitig Abstimmungen zur Räumungsorganisation im Gebäude treffen.

H Brandschutztechnische Konzeption

H.0 Diagnostik und Therapie [1.00]

H.0.1 Zentrale Notaufnahmen/integrierte Notfallzentren [1.01–1.05]

Die zentrale Notaufnahme ist oft die erste Anlaufstelle im Krankenhaus. Sowohl der Rettungsdienst fährt diese Funktionsstelle zur Erstaufnahme von akuten Notfällen an als auch Privatpersonen, die selbstständig zur Behandlung für Notfälle oder außerhalb der Sprechzeiten von Arztpraxen auf diese Weise ins Krankenhaus kommen.

Die Anlieferung von Patientinnen und Patienten durch den Rettungsdienst erfolgt über die Vorfahrt an der Notaufnahme (siehe Abb. H-1). Vorfahrten sind ausschließlich für die Nutzung durch den Rettungsdienst vorgesehen. Die Bewertung dieser Räume kann analog zu Kleingaragen in Anlehnung an die „Musterverordnung über den Bau und Betrieb von Garagen und Stellplätzen (M-GarStVO)“ erfolgen, auch wenn § 1 Abs. 2 Nr. 1 M-GarStVO

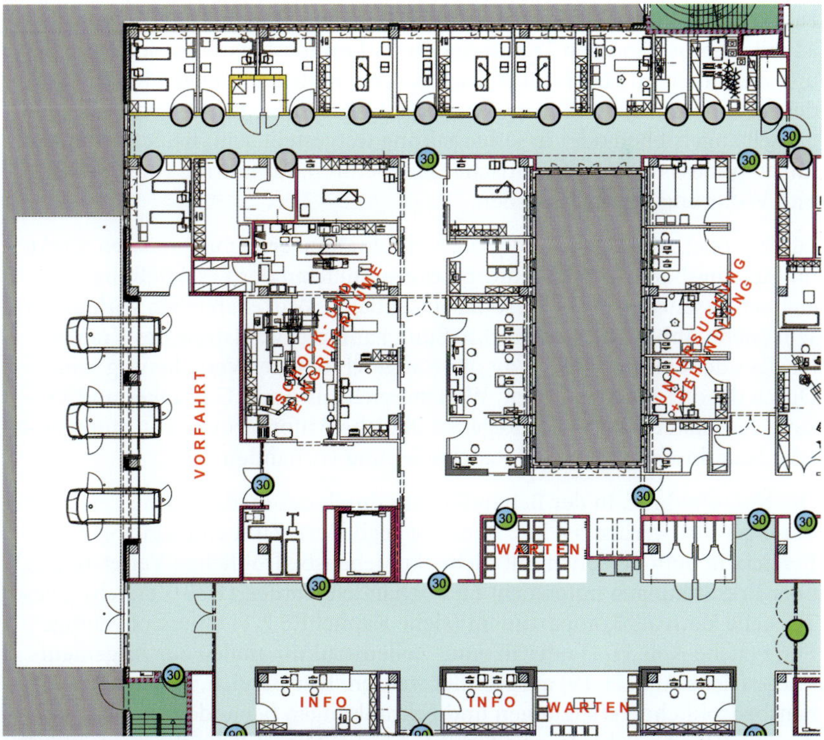

Abb. H-1: Grundriss zentrale Notaufnahme mit Vorfahrt für Einsatzfahrzeuge, Anbindung an die zentrale Erschließung und Wartebereiche

Abb. H-2: Situation aus einem Wartebereich einer zentralen Notaufnahme

Fahrzeuge des Brand- und Katastrophenschutzes ausschließt. Die Vorfahrt ist mit feuerbeständigen Trennwänden und mindestens selbst schließenden und rauchdichten Feuerschutzabschlüssen von den angrenzenden Bereichen der Notaufnahme zu trennen. Feuerschutzabschlüsse müssen entweder motorisch angetrieben oder in Offenhaltung festgestellt sein. Bei letzterer Ausführung muss durch automatische Schiebetüren der Eintrag von Abgasen und Witterung begrenzt werden.

Für Personen, die eigenständig die Notaufnahme erreichen, müssen direkt im Eingangsbereich offene Informationspunkte an der Erschließung mit angeschlossenen, für das Personal einsehbaren Wartebereichen vorhanden sein (siehe Abb. H-2). Die Erschließung kann die Magistrale des Krankenhauses oder ein unmittelbar an diese angeschlossener Verkehrsweg sein. Durch die offenen Strukturen, Wartebereiche und ggf. Getränke- und Verkaufsautomaten sind in der Regel zusätzliche Anforderungen an automatische Feuerlöschanlagen und Rauchableitung vorhanden.

Die Notaufnahme, in der Behandlungen durch das medizinische Personal durchgeführt werden, ist in 2 Bereiche gegliedert. Zum einen gibt es einen Bereich, in dem Personen mit nicht akut lebensbedrohlichen Verletzungen oder Erkrankungen untersucht und behandelt werden (U/B-Bereich). Diese Teilstelle kann als Kompartiment (siehe Kapitel F.5.2.1) ohne notwendige Flure (siehe Abb. H-1) oder in einer Zellenstruktur analog zur Allgemeinpflege (siehe Abb. H-19) ausgebildet werden. Der Bereich, in dem akut lebensbedrohliche Verletzungen und Erkrankungen behandelt werden, ist die Teilstelle der Schock- und Eingriffsräume. Dieser Bereich ist zwingend als Kompartiment zu planen. Die Schock- und Eingriffsräume sind mit gro-

Abb. H-3: Zentrale Notaufnahme mit Schock- und Eingriffsräumen als Kompartiment ohne notwendigen Flur

ßen Schiebetüren analog zur Intensivmedizin und zu den Operationsräumen ausgestattet, um schnell eine große Anzahl an medizinischem Personal einschließlich der zu behandelnden Person in den Raum zu lassen (siehe Abb. H-3). Räume erhöhter Gefahr (siehe Kapitel F.4.2.2) in diesem Bereich sind mit feuerbeständigen Trennwänden und selbst schließenden, feuerhemmenden und rauchdichten Feuerschutzabschlüssen zu versehen. Direkte Anbindungen zur bildgebenden Diagnostik (siehe Kapitel H.0.5) und in der Regel über Aufzüge in die Funktionsstelle Operation (siehe Kapitel H.0.3) sind zwingend erforderlich.

Die gesamte Funktionsstelle ist in die Überwachung der automatischen BMA einbezogen. Als zentraler und nach außen offener Anlaufpunkt ist die zentrale Notaufnahme insbesondere im Alarm- und Gefahrenabwehrplan (siehe Kapitel J.2) als möglicher Angriffspunkt für Straftaten zu bedenken. Entsprechende Verhaltensweisen und codierte Anweisungen an das medizinische Personal müssen im Plan vorbereitet und mit Übungen (siehe Kapitel J.5) geschult werden.

H.0.2 Laboratoriumsmedizin [1.06]

Von Laboren in Krankenhäusern geht in der Regel keine erhöhte Brandgefahr im Vergleich zu anderen Funktionsstellen im Krankenhaus aus. Weder sind mehr brennbare Baustoffe verbaut oder gelagert, noch finden feuergefährliche Arbeiten statt (siehe Abb. H-4). Auch sind nicht wesentlich mehr brennbare Flüssigkeiten in Bezug auf Funktionsstellen der Pflege oder Operation vorhanden. Die mögliche erhöhte Gefahr entsteht nicht in Laboren der Stufen S1 und S2, sondern aufgrund der verwendeten oder untersuchten Präparate und Proben in Laboren der Stufen S3 und S4 (siehe Kapitel A.0.2).

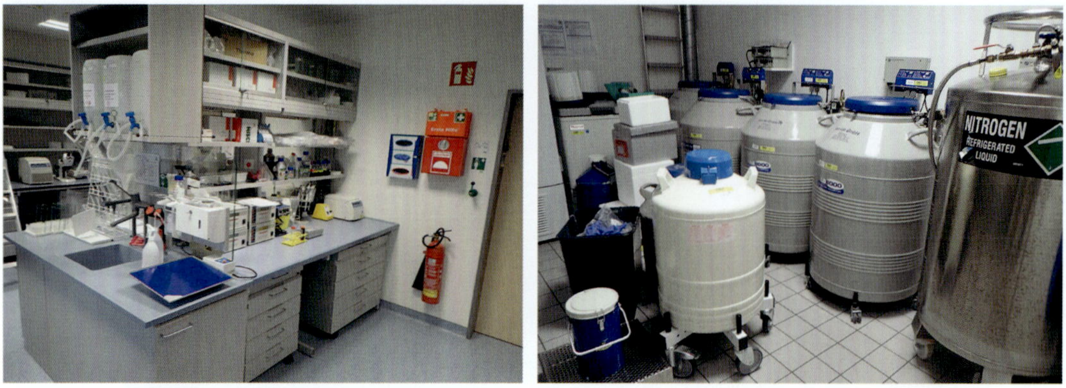

Abb. H-4: Exemplarische Laboreinrichtung

In Laboren der Stufen S1 und S2 sind in der Regel keine deutlich erhöhten Sicherheitsmaßnahmen über die Anforderungen im Krankenhaus hinsichtlich baulicher Trennung oder anlagentechnischen Brandschutzes hinaus erforderlich. In S1- und S2-Laboren im Krankenhaus finden Untersuchungen von biologischen Proben der Patientinnen und Patienten statt. Eine Gefährdung Dritter oder Ausbreitung von Erregern, die schwer oder nicht behandelt werden können, wird als unwahrscheinlich eingestuft.

Labore der Klassen S1 und S2 werden mittels Trennwänden von umliegenden Nutzungen separiert. Innerhalb der Funktionsstelle wird, soweit möglich und aus betrieblichen Gesichtspunkten gewünscht, auf Trennwände oder notwendige Flure verzichtet. So kann die Laborausstattung entsprechend ohne Anforderungen an den Feuerwiderstand durch gängige Systeme mit Fokus auf Hygiene und Modularität erfolgen. Sofern Digestoren vorhanden sind, muss darauf geachtet werden, welche flüchtigen Stoffe abgesaugt werden. Je nach Brennbarkeit oder Korrosivität der Stoffe kommen spezielle Abluftanlagen zur Ausführung, die abweichend von der M-LüAR aus nicht korrodierenden Kunststoffen hergestellt sind. Anforderungen an die Lüftungsanlagen werden in Kapitel I.12.2. beschrieben. Automatische Feuerlöschanlagen sind in diesen Laboren unüblich.

Anders verhält es sich für Labore der Stufen S3 und S4. Sie sind aufgrund der Präparate und Proben hygienisch und sicherheitstechnisch eigenständig und separat aufgebaut (Containment). Labore dieser Stufen sind durch mindestens feuerbeständige Trennwände und Decken von angrenzenden Bereichen abgetrennt. Es sollten konsequent nicht brennbare Baustoffe verwendet werden, um die einen Brand unterstützenden Materialien so gering wie möglich zu halten. Innerhalb der feuerbeständigen Umfassung des Laborarbeitsbereichs liegen mindestens die Laborräume, Schleusen für Personal und Material, darüber Räume für Lüftungstechnik, die autark die Labore versorgt, darunter Tanks für Flüssigkeits- und Löschwasserrückhaltung sowie ein umlaufender Kontrollgang auf Ebene des Containments.

In der Regel sind Löschanlagen, ob auf Gas- oder Wasserbasis, zwingend erforderlich. Die Löschtechnik kann durch die ebenfalls erforderliche Brandmeldetechnik vorgesteuert werden, um Fehlauslösungen zu vermeiden.

Sofern wasserbasierte Löschtechnik eingesetzt wird, werden Hochdruckwassernebelanlagen verwendet, da hier eine deutlich geringere Menge an Löschwasser gegenüber Sprinkleranlagen anfällt. Jegliches Löschwasser muss bis zur Dekontamination und Freimessung innerhalb des Containments zurückgehalten werden (siehe Kapitel I.10 und K.3 für weitergehende Anforderungen).

Gleiches gilt für die Lüftungsanlage, die so auszulegen ist, dass eine zeitweise maschinelle Rauchabsaugung von Kaltrauch aus den Laboren möglich ist. Dies dient nicht dem Personenschutz, da das Personal im Containment Atemschutzausrüstung trägt, sondern der Sicht der Feuerwehr, um mögliche Brandherde zu identifizieren. Aufgrund der in der Abluftanlage vorhandenen Filter wird die Abluftleistung voraussichtlich nach kurzer Zeit durch Rußpartikel und Brandgase stark eingeschränkt sein. Das vorrangige Schutzziel im Brandfall ist die Aufrechterhaltung des Unterdrucks innerhalb des Containments über einen möglichst langen Zeitraum und nicht die Rauchableitung. Die Entrauchung ist daher nur manuell durch die Feuerwehr zu aktivieren.

Für die Einsatzkräfte der Feuerwehr in Zusammenarbeit mit dem medizinischen Personal muss ein außerhalb des Containments liegender Kontrollraum mit Kameras und Bedienstelle für alle sicherheitstechnischen Einrichtungen vorhanden sein. Die Einsatzkräfte werden das Containment in der Regel erst dann betreten, wenn der Entstehungsbrand mittels Löschtechnik bekämpft ist und der Zugang über intakte Schleusen und entsprechende Schutzausrüstung erfolgen kann. Die Schutzausrüstung für die Einsatzkräfte ist vorzuhalten.

Aufgrund der erforderlichen engen Zusammenarbeit zwischen medizinischem Personal und Einsatzkräften der Feuerwehr sind mögliche Havarie- und Gefahrenfälle im Alarm- und Gefahrenabwehrplan (siehe Kapitel J.2) des Krankenhauses festzulegen.

H.0.3 Operation [1.09]

Bei der brandschutztechnischen Konzeptionierung von OP-Bereichen ist immer zu bedenken, dass eine laufende Operation nicht ohne Weiteres beendet bzw. abgebrochen werden kann. Das hierfür benötigte Zeitfenster ist vielmehr von der Art und Fortschritt des Eingriffes abhängig und eine schnelle Räumung damit in der Regel nicht möglich. Selbst die hohe Personalverfügbarkeit (siehe Kapitel A.0.3) kann diesen Sachverhalt nicht wesentlich beeinflussen.

Um die potenzielle Verweildauer der Operateure und damit auch die Überlebenschancen für Patienten zu optimieren, sind OP-Abteilungen daher zunächst vor Bränden in umliegenden Bereichen zu schützen. Dies setzt eine mindestens feuerbeständige Abtrennung zu angrenzenden Nutzungen sowie eine autarke Energie- und Gasversorgung voraus; optimalerweise sind die Bereiche als eigenständige Brandabschnitte auszuführen.

Auch innerhalb der OP-Abteilung ist eine möglichst kleinteilige Unterteilung wünschenswert. Infolge der hohen Mediendichte ist diese bautechnisch jedoch nur sehr schwierig umzusetzen. Weiterhin ist zu bedenken, dass die

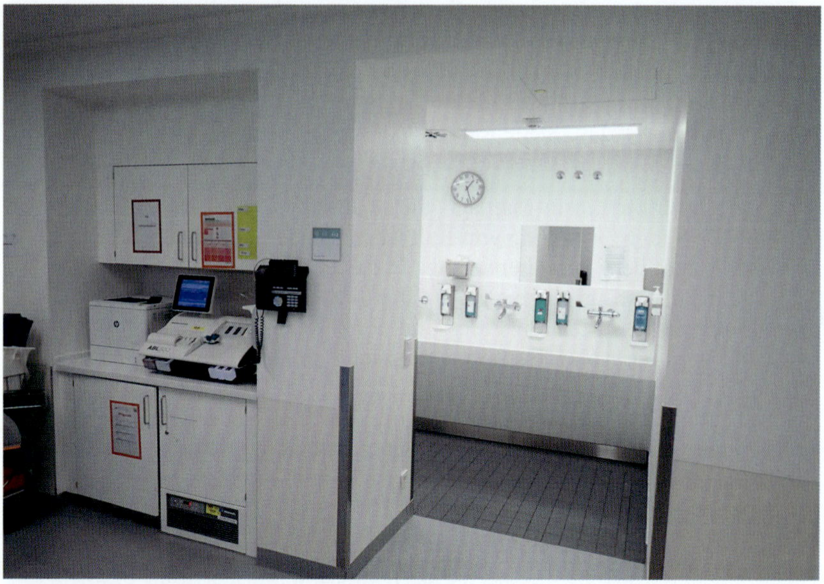

Abb. H-5: Flurnische mit Waschgelegenheiten und Blutanalysegerät

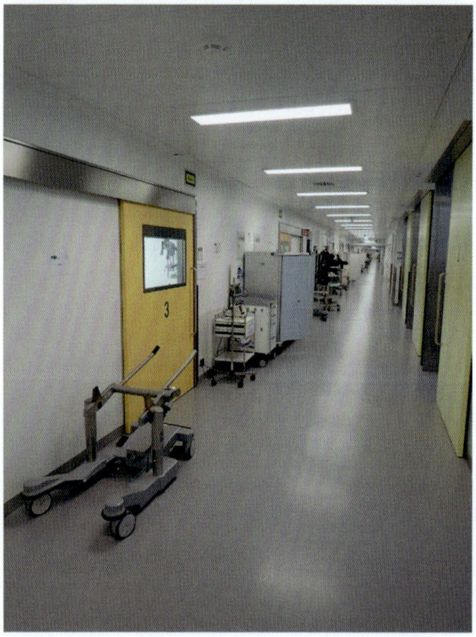

Abb. H-6: OP-Flur mit Brandlasten

Ausbildung notwendiger Flure auch aus funktionellen Gründen nicht sinnvoll ist. Einerseits werden häufig offene Waschmöglichkeiten, Schreibplätze und Steuerstellen innerhalb der Erschließungsflure (siehe Abb. H-5) gefordert, andererseits können Lagerungen (z. B. aktuell nicht benötigte Geräte und Lafetten) innerhalb der Flure kaum verhindert werden (siehe Abb. H-6).

Im Ergebnis sind OP-Bereiche als Raumgruppen ohne notwendige Flure zu konzipieren; diese können Grundfläche deutlich über 200 m^2 (Abweichung

Abb. H-7: Ausschnitt Grundriss Funktionsstelle Operation

von § 36 MBO) aufweisen. Um dennoch ein akzeptables Schutzniveau zu schaffen, ist immer eine Teilung durch eine feuerbeständige Wand in mindestens 2 Abschnitte vorzusehen (siehe Abb. H-7), Abschlüsse sind mindestens feuerhemmend, rauchdicht und selbst schließend auszuführen. Jeder Abschnitt muss weiterhin über mindestens 2 bauliche Rettungswege verfügen, wobei der zweite Rettungsweg über den angrenzenden Abschnitt geführt werden darf (siehe Kapitel G.2.2).

Die maximale Grundfläche dieser Teilnutzungseinheiten bzw. Kompartimente ist nach § 36 MBO zunächst auf 400 m^2 beschränkt (siehe Kapitel F.11.2.6). Nach Kapitel 5.5 der AGBF-Empfehlung 2023-02 können Grundflächen von 500 m^2 jedoch durchaus akzeptiert werden, in den Vorgaben des BPD Hamburg ist sogar ein Maximalwert von 800 m^2 aufgeführt. Entsprechende Werte dürfen jedoch nicht pauschal angesetzt werden, sondern sind im Rahmen einer Abweichung nach § 67 MBO zu bewerten. Hierauf und auf zusätzliche Bedingungen wird in Punkt 6.1 der Anforderungen des BPD Krankenhäuser explizit hingewiesen:

> *„**Bei geringer Anzahl von Patienten** und bei hohem Personalaufkommen für die medizinische Überwachung in den genannten Bereichen **kann hier im Einzelfall** eine Abweichung von § 34 HBauO für den Verzicht auf notwendige Flure erteilt werden, wenn die Voraussetzungen des § 69 HBauO erfüllt sind.“*

Damit ist bei der Bemessung von OP-Bereichen neben der Fläche immer auch die Anzahl der OP-Säle zu bewerten. Kapitel 5.6 der AGBF-Empfehlung 2023-02 bietet hierbei eine konkrete und aus Sicht der Autoren sinnvolle Hilfestellung:

„Ein spezieller Nutzungsbereich kann als eigener Brandabschnitt mit notwendigen Fluren oder abweichend von Art. 36 Abs. 1 MBO als Raumgruppe ausgebildet werden. Um die Personensicherheit in diesen Bereichen auch im Brandfall gewährleisten zu können, können u. a. Anforderungen an die bauliche Struktur dieser Bereiche gestellt werden, die einen sicheren Verbleib der betroffenen Personen im Brandfall sicherstellen. ***So können beispielsweise in OP-Bereichen mit mehreren Operationssälen bis zu zwei Säle zu einem brandschutztechnisch abgetrennten Bereich zusammengefasst werden.*** *"*

Hinweis

Die Begrenzung auf 2 Operationssäle je Abschnitt klingt zunächst sehr strikt. Hierbei ist jedoch zu bedenken, dass die Räumung von OP-Bereichen von vielen Faktoren abhängig ist. Selbst wenn der Abbruch einer OP zeitnah gelingt, muss in angrenzenden Abschnitten ein freier OP für die Weiterbehandlung zur Verfügung stehen. Da OP-Bereiche aus wirtschaftlichen Gründen meist voll ausgelastet sind, besteht dadurch eine weitere, kaum planbare Abhängigkeit. Die Räumung von OP-Bereichen stellt folglich ein höchst theoretisches Konstrukt dar. Auch wenn niemand die Wahrheit offen kommunizieren möchte, geht es weniger um Rettungsmöglichkeiten, sondern vielmehr um die moralische Frage, wie viele Patienten ggf. aufgegeben werden müssen. Aus Sicht der Autoren wäre es wünschenswert, wenn sich dieser Sachverhalt auch in bauaufsichtlichen Anforderungen eindeutig widerspiegeln würde und nicht allein dem Auslegungsspielraum der Planer überlassen bliebe.

Um das Schutzniveau zusätzlich zu erhöhen, sind neben den aufgeführten baulichen Maßnahmen auch technische Maßnahmen zur Rauchfreihaltung der Rettungswege (z. B. mechanische Entrauchung) vorzusehen. Steht ein rückwärtiger Sterilgutflur und damit ein zweiter unabhängiger Fluchtweg zur Verfügung (siehe Abb. H-7), kann auch die Lüftungsanlage sinnvoll in das Rauchmanagement (siehe Kapitel I.9) eingebunden werden. Beispielsweise ist es möglich, innerhalb der OP-Säle einen Überdruck zu erzeugen und den Raucheintritt zu verzögern. Die Lüftungsanlage in den von einem Brand betroffenen Räumen ist hingegen zu deaktivieren, um eine Rauchverschleppung zu vermeiden. Selbst bei einem voll verrauchten Betriebsflur kann die Operation dann theoretisch weitergeführt werden.

Hinweis

Das Konzept in OP-Bereichen weicht deutlich von dem Konzept in Allgemeinstationen ab. Umso wichtiger ist es, dass Beschäftigte ausführlich über Schutzvorkehrungen und Abläufe informiert werden. Andernfalls besteht die Gefahr, dass Patienten vorzeitig zurückgelassen werden.

Auch wenn die Patientenrettung bei der brandschutztechnischen Konzeptionierung einen großen Stellenwert einnimmt, dürfen weitere spezifische Probleme im Rahmen der Planung nicht vergessen werden. Beispielsweise sind Fenster aus betrieblichen und hygienischen Gründen verschlossen und können nicht geöffnet werden. Sie stehen damit auch für Entrauchungsmaßnahmen der Feuerwehr nicht zur Verfügung. Es ist zwingend erforderlich, ausreichend Fenster mit geeigneten Öffnungsmechanismen (z. B. Feuer-

Abb. H-8: Kennzeichnung Treffstelle Ansprechpartner OP

wehrschließung, Verschlusseinrichtungen nach DIN 14925 „Feuerwehrwesen – Verschlusseinrichtung" [2020]) zu versehen. Diese Fenster sind zu kennzeichnen und in den Feuerwehrplänen aufzuführen.

Neben den eigentlichen Gefahren durch Brände ist immer auch das Problem einer Kontamination durch „schmutzige" Kräfte der Feuerwehr im Falle einer Fehlauslösung der BMA zu bewerten. Diese kann aufwendige Reinigungsarbeiten und damit wirtschaftliche Ausfälle nach sich ziehen, im schlimmsten Fall sind Komplikationen im laufenden OP-Betrieb möglich. Um dem vorzubeugen, empfiehlt es sich, in Abstimmung mit der Feuerwehr „Treffpunkte" am Zugang zum Sterilbereich zu definieren. Diese sind zu kennzeichnen (siehe Abb. H-8) und in den Laufkarten aufzuführen. Es besteht dann die Möglichkeit, die Feuerwehr zu erwarten und das weitere Vorgehen gemeinsam zu besprechen.

Hinweis

> Auch wenn Treffstellen definiert sind, entscheidet letztendlich die Feuerwehr über die zu treffenden Maßnahmen. In der Regel wird diese den Auslöseort immer persönlich kontrollieren, zumindest die Anzahl der Personen und das mitgeführte Equipment können jedoch auf ein absolutes Minimum reduziert werden. Weiterhin kann die Verschmutzung durch das Tragen von Überziehschuhen und Kitteln deutlich reduziert werden. Es ist sinnvoll, diese in unmittelbarer Nähe vorzuhalten.

Auch die falsche Ausstattung mit Handfeuerlöschern kann unerwünschte Nebenwirkungen nach sich ziehen. Um Löschmittelschäden an hochwertigen medizinischen Geräten zu verhindern, sind im Bereich der OP-Säle möglichst CO_2-Löscher zu positionieren. Um den Grundschutz nach der Technischen Regel für Arbeitsstätten „Maßnahmen gegen Brände ASR A2.2" (2018) (siehe Kapitel J.3.1) zu gewährleisten, sind darüber hinaus jedoch weiterhin Schaumlöscher an wichtigen Verkehrspunkten vorzusehen.

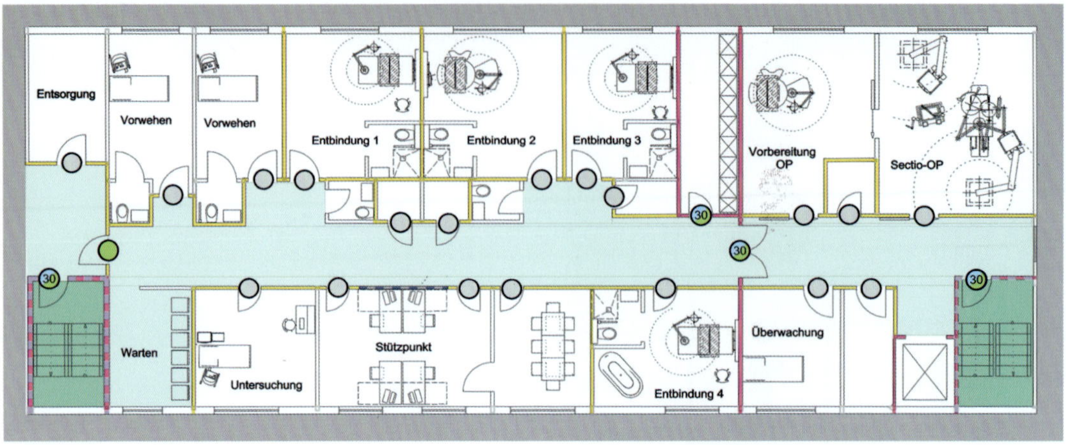

Abb. H-9: Grundriss Funktionsstelle Entbindung

H.0.4 Entbindung [1.10]

Eine laufende Geburt kann nicht einfach abgebrochen werden. Um den sicheren Verbleib der werdenden Mütter zu sichern, ist es aus Sicht der Autoren daher zwingend erforderlich, Entbindungszimmer wie Bettenzimmer (siehe Kapitel H.1.1) zu betrachten. Trennwände zwischen Entbindungszimmern sowie zwischen Entbindungszimmern und sonstigen Räumen sind folglich immer feuerhemmend auszuführen (siehe Abb. H-9).

Darüber hinaus ist die Zahl der Entbindungsräume in einem Räumungsabschnitt zu begrenzen. Hierbei hat sich in der Praxis eine Anzahl von 4 Entbindungsräumen etabliert. Befindet sich ein OP-Bereich für Kaiserschnitte (Sectio-OP) im Entbindungsbereich, sollte dieser feuerbeständig vom übrigen Bereich abgetrennt werden (siehe Abb. H-9).

Hinweis

Eine Entbindung kann notfalls in jedem Krankenzimmer fortgeführt werden. Eine Aufteilung der Entbindung in 2 gleichwertige Abschnitte ist daher, anders als bei OP-Bereichen, nicht zwingend erforderlich. Um im Räumungsfall schnell reagieren zu können, sind Alternativen jedoch frühzeitig zu überlegen und in einem betrieblichen Notfallplan zu dokumentieren.

H.0.5 Bildgebende Diagnostik, Nuklearmedizin, Strahlentherapie [1.07, 1.08, 1.11]

Grundlegende Angaben

In der Funktionsstelle „Bildgebende Diagnostik“ (siehe Kapitel A.0.5) werden Untersuchungen mit radiologischen Verfahren (ionisierende Strahlung) durchgeführt, z. B. die Teilstellen

- Röntgendiagnostik [1.07.01],
- Computertomografie (CT) [1.07.02]

und mit nicht ionisierender Strahlung, z. B. die Teilstelle

- Magnetresonanztomografie (MRT) [1.07.03].

Therapien mit ionisierender Strahlung erfolgen in den Funktionsstellen

- Nuklearmedizin [1.08],
- Strahlentherapie [1.11].

Die Teilstellen können in unterschiedlichen übergeordneten Funktionsstellen, wie der Notaufnahme oder den Operationsräumen, liegen. Mit Ausnahme der MRT fallen die Teilstellen und die Funktionsstellen in den Zuständigkeitsbereich des Strahlenschutzgesetzes (StrlSchG) und der Strahlenschutzverordnung (StrlSchV).

Darin wird zwischen Überwachungs-, Kontroll- und Sperrbereichen unterschieden. Kontrollbereiche nach § 55 StrlSchV sind z. B. Räume, in denen sog. Klystronröhren hochfrequente Strahlung erzeugen, wie etwa Linearbeschleuniger oder Zyklotrone (Herstellung von Radionukliden). Weitere Kontrollbereiche sind Räume der Brachytherapie, in denen radioaktive Strahlungsquellen direkt im oder in der Nähe des Tumor-Zielgebiets positioniert werden (Afterloading, Seed-Implantation), sowie die Tresorräume zur Lagerung von radioaktiven Strahlungsquellen (Seeds) und weitere definierte Bereiche beim Umgang mit Seeds.

Ein Sperrbereich ist z. B. ein Bestrahlungsraum mit Linearbeschleuniger bei eingeschalteter Strahlung oder ein Afterloading-Bestrahlungsraum bei ausgefahrener radioaktiver Quelle. Der Zutritt ist hier nur streng eingeschränkt zugelassen. Kontrollbereiche und Sperrbereiche sind abzugrenzen und deutlich sichtbar und dauerhaft zusätzlich zur Kennzeichnung nach § 91 StrlSchV zu kennzeichnen (Strahlenzeichen). Kontrollbereiche und Sperrbereiche sind in den Feuerwehrplänen zu kennzeichnen.

Die Pflichten des Strahlenschutzverantwortlichen sind in § 43 StrlSchV dargelegt. Er muss über die erforderlichen Informationen zu den vorhandenen Strahlenschutzbereichen, zur Art der Strahlung (ionisierende hochenergetische Strahlung oder Röntgenstrahlung), zum Umgang mit geschlossenen oder offenen radioaktiven Stoffen sowie zum bestehenden Gefährdungspotenzial verfügen. In § 54 Abs. 1 „Vorbereitung zur Brandbekämpfung" StrlSchV heißt es:

> *„(1) Der Strahlenschutzverantwortliche hat dafür zu sorgen, dass zur Vorbereitung der Brandbekämpfung mit den nach Landesrecht zuständigen Behörden die erforderlichen Maßnahmen geplant werden. Es ist insbesondere festzulegen, an welchen Orten die Feuerwehr oder, in untertägigen Betrieben, die Grubenwehr im Einsatzfall*
>
> 1. *ohne besonderen Schutz vor den Gefahren radioaktiver Stoffe tätig werden kann (Gefahrengruppe I),*
> 2. *nur unter Verwendung einer Sonderausrüstung tätig werden kann (Gefahrengruppe II) und*
> 3. *nur mit einer Sonderausrüstung und unter Hinzuziehung einer Person mit der erforderlichen Fachkunde, um die beim Einsatz in diesem Bereich entstehende Gefährdung durch ionisierende Strahlung sowie die*

notwendigen Schutzmaßnahmen beurteilen zu können, tätig werden kann (Gefahrengruppe III).

Der Strahlenschutzverantwortliche hat dafür zu sorgen, dass die betroffenen Bereiche jeweils am Zugang deutlich sichtbar und dauerhaft mit dem Zeichen ‚Gefahrengruppe I', ‚Gefahrengruppe II' oder ‚Gefahrengruppe III' gekennzeichnet werden."

Hinweis

Der Brandschutznachweisersteller muss diese Informationen bei der zuständigen Person erfragen. Nach Rücksprache mit der zuständigen Brandschutzdienststelle hat er sie im Brandschutznachweis textlich darzustellen und in die Brandschutzpläne einzuzeichnen.

Lediglich die BbgKPBauV fordert pauschal für Bereiche, *„in denen mit ionisierenden Strahlen umgegangen wird"*, die Darstellung in einem Flucht- und Rettungsplan im Maßstab von mindestens 1:200 (§ 17) sowie in den Brandschutzplänen (§ 18).

Angaben für die Feuerwehr

Die Festlegung taktischer Regeln für „Einheiten im ABC-Einsatz" finden sich in der Feuerwehr-Dienstvorschrift 500 (FwDV 500) (Stand: Januar 2022). Nach Ziffer 1.2.2.2 sind ab der Gefahrengruppe II Feuerwehrpläne und Einsatzpläne zu erstellen. In der Einsatzakte für die Feuerwehr, die im Allgemeinen in der Brandmeldezentrale vorliegt, sind die Gefahrstoff- und Kontaktinformationen für alle Bereiche mit radioaktiven (oder biologischen) Arbeitsstoffen darzustellen.

Sicherheitskennzeichnung

Die betroffenen Bereiche sind nach Strahlenschutzverordnung und der technischen Regel „ASR A1.3 Sicherheits- und Gesundheitsschutzkennzeichnung" (Stand: 2022) zu kennzeichnen (siehe Abb. H-10), die Kennzeichnung

Abb. H-10: Beispiele für Kennzeichnung: links Zugang Röntgenabteilung, rechts radioaktiver Kontrollbereich Strahlentherapie (Gefahrengruppe III)

durch die Hinweisschilder muss nach DIN 4066 „Hinweisschilder für die Feuerwehr“ (2025) erfolgen.

Darüber hinaus verfügen Brandschutzdienststellen oft über Merkblätter mit spezifischen Angaben zur Kennzeichnung von Bereichen mit radiologischen (oder biologischen) Stoffen.

H.0.5.1 Röntgendiagnostik

Für die Auslegung des baulichen Strahlenschutzes und die Ermittlung der erforderlichen Bleischichtdicken für raumabgrenzende Bauteile in der Röntgendiagnostik (siehe Abb. H-11) ist die DIN 6812 „Medizinische Röntgenanlagen bis 300 kV – Regeln für die Auslegung des baulichen Strahlenschutzes“ (2021) maßgeblich. Wie auch in der Strahlenschutzverordnung sind darin keine spezifischen Aussagen oder Anforderungen zum Brandschutz enthalten.

Die erforderlichen Maßnahmen sind in Rücksprache mit der zuständigen Brandschutzdienststelle und dem Strahlenschutzbeauftragten abzustimmen.

Hinweis

> Die Autoren empfehlen, ab Gefahrengruppe II die raumabgrenzenden Bauteile der Teilstelle raumabschließend feuerbeständig herzustellen und die Abschlüsse feuerhemmend, rauchdicht und selbst schließend auszuführen. Hierbei ist auf die Zulassung mit Strahlenschutz zu achten, alternativ kann die Tür mit einer Feststellvorrichtung vor den Zugangstüren positioniert werden. Bei Vorhandensein einer Schleuse kann die Tür zur Schleuse mit Brandschutzfunktion hergestellt werden und die Tür von der Schleuse zum dahinterliegenden Raum als Strahlenschutztür.

Abb. H-11: Strahlenschutz-Türblatt mit Bleieinlagen

H.0.5.2 Computertomografie (CT)

Der wesentliche Unterschied zur „konventionellen" Röntgendiagnostik besteht darin, dass hier mit einer deutlich höheren Strahlungsintensität gearbeitet wird. Zwischen dem CT und den Schaltschränken in der ständig besetzten Steuerstelle verlaufen sehr viele elektrische Kabel, u. a. ein Kabel für eine Spannung bis 150 kV. Eine brandschutztechnische Abtrennung ist hier nicht sinnvoll umsetzbar. Ionisierende Strahlung tritt nur im Schaltzustand innerhalb des Aufstellraumes und bei Anwesenheit von Personal an den Bedienstellen auf. Die vorhandenen Hochvakuum-Röntgenröhren sind in Metallgehäusen eingebaut, sodass bei einer Implosion im Brandfall keine Partikel in den Raum geschleudert werden. Je nach Anwendung (z. B. Herzkatheteruntersuchungen) kann bei einer Notabschaltung des Gerätes eine Gefahr für die Patienten gegeben sein, insofern ist eine automatische Abschaltung im Brandfall zunächst nicht zu empfehlen. Es wird empfohlen, das Gefährdungspotenzial und mögliche Szenarien mit den Herstellern/Fachplanern und Betreibern abzustimmen.

Aus brandschutztechnischer Sicht verhält es sich hier ähnlich wie bei der Röntgendiagnostik (siehe Kapitel H.0.5.1), Aussagen bzw. konkrete Anforderungen zum baulichen Brandschutz existieren nicht. Die erforderlichen Maßnahmen sind in Rücksprache mit der zuständigen Brandschutzdienststelle abzustimmen.

Hinweis

> Aus Sicht der Autoren sind die raumabgrenzenden Bauteile der Teilstelle raumabschließend feuerbeständig und die Abschlüsse feuerhemmend, rauchdicht sowie selbstschließend auszuführen.

H.0.5.3 Magnetresonanztomografie (MRT)

Im Bereich von MRT (siehe Abb. H-12) bzw. Kernspintomografen befinden sich sog. supraleitende Magneten, ionisierende Strahlung besteht hier nicht. Zwischen dem Aufstellraum (HF-Kabine) und dem Schaltraum (siehe Abb. H-13) verlaufen sehr viele elektrische Kabel, sodass eine brandschutztechnische Abtrennung hier nicht sinnvoll umsetzbar ist.

Mittels einer Supraleitung wird eine extrem hohe Magnetfeldstärke erzeugt. Dadurch besteht für das Feuerwehrpersonal die Gefahr, aufgrund seiner ferromagnetischen Ausrüstung in das Magnetfeld gezogen zu werden. Ein entsprechender Unfall hat sich 2002 bei einem Feuerwehreinsatz in Freiburg ereignet. Der Elektromagnet im Untersuchungsraum wird in der Regel mit flüssigem Helium auf fast –273 °C abgekühlt. Wenn die Kühlung im Notfall unterbrochen werden muss, verdampft das flüssige Helium. Es muss dann durch eine Schnellabschaltung, das sog. „Quenchen", über Notableitungen außerhalb des Gebäudes abgelassen werden. Das Quenchen bewirkt, dass das Kühlmittel in den gasförmigen Zustand übergeht. Beim Ablassen des flüssigen Heliums treten ein sehr lautes Geräusch und Vibrationen auf, begleitet von einer großen Menge austretenden Nebels, der mit Brandrauch verwechselt werden kann. Die örtliche Lage des Ablassrohres sollte dies berücksichtigen. Auch ist sicherzustellen, dass das austretende Helium keine

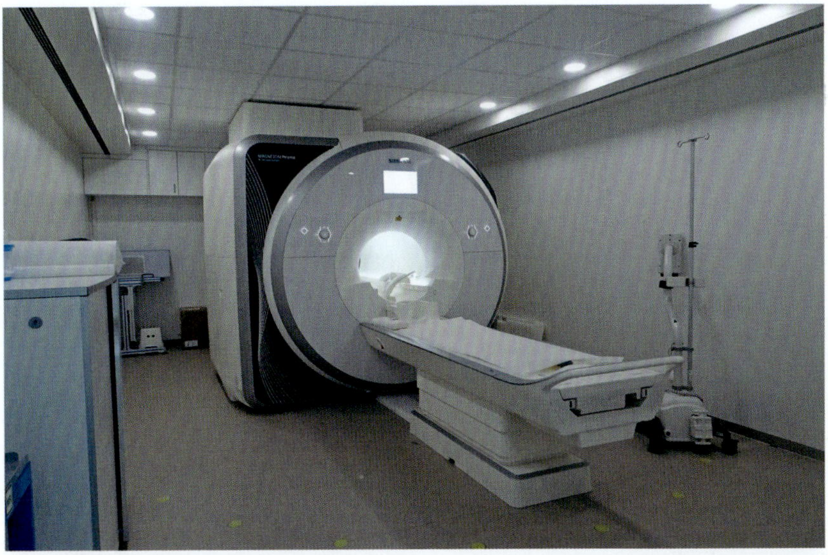

Abb. H-12: Magnetresonanztomograf

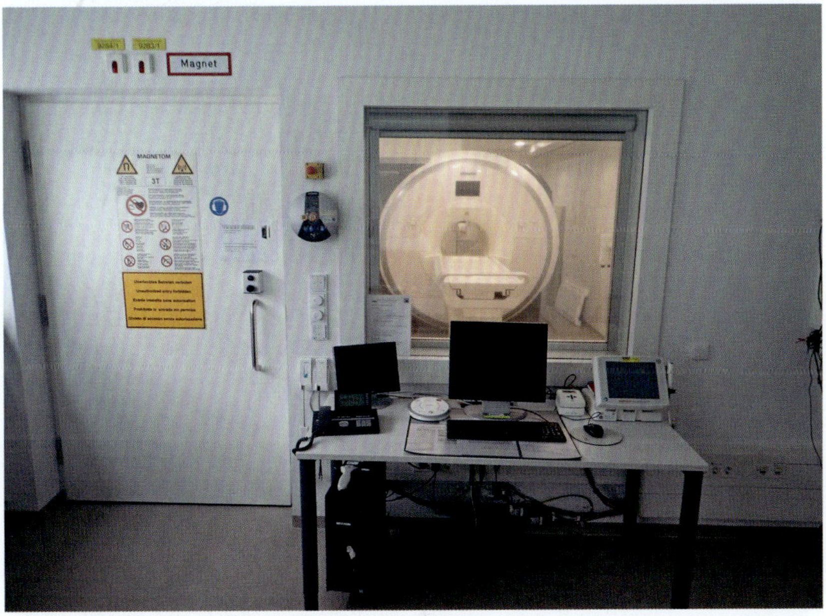

Abb. H-13: Magnetresonanztomograf-Schaltraum

Personen gefährden kann. Nach dem Ablassen besteht keine weitere Gefährdung. Da das Quenchen sehr teuer ist und das Gerät beschädigt werden kann, sollte der Vorgang nicht mit der BMA gekoppelt sein.

In der Strahlenschutzverordnung sind keine spezifischen Aussagen oder Anforderungen zum Brandschutz enthalten. Die Autoren empfehlen, die raumabgrenzenden Bauteile der Teilstelle raumabschließend feuerbeständig und die Abschlüsse feuerhemmend, rauchdicht sowie selbstschließend aus-

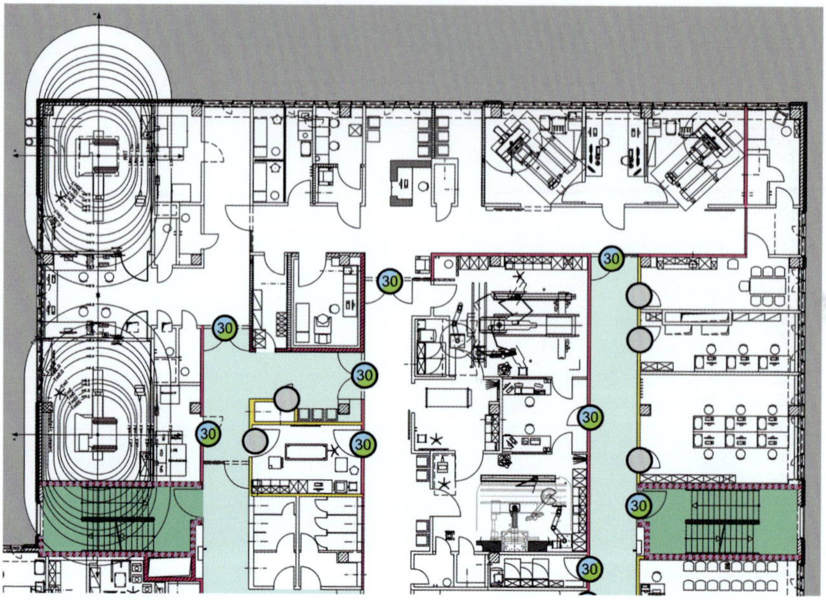

Abb. H-14: Ausschnitt Grundriss Funktionsstelle mit bildgebender Diagnostik

zuführen. Zu den Räumen sind Zugangstüren erforderlich, die leitfähige Kontakte herstellen und somit den faradayschen Käfig zur Abschirmung aufrechterhalten. Die Türen mit Anforderungen an den Brandschutz können vor die Zugangstüren positioniert werden (siehe Abb. H-14).

Weitere brandschutztechnische Maßnahmen (siehe Abb. H-15):

- Not-Aus-Schalter für die Elektrik (Brand außerhalb des Behandlungsraumes, Stromzufuhr stoppen, Quenchen ggf. nicht erforderlich)
- Not-Aus-Schalter zum Abschalten (Quenchen) des Magnetfeldes mit Deckel gegen versehentliche Betätigung im Steuerraum (Brand in der Kabine während Patientenbehandlung, Quenchen ggf. bereits durch das Personal vor Eintreffen der Feuerwehr)

Alle Feuerlöscher im Bereich des Supraleiters, die im Brandfall zeitnah herbeigetragen werden können, dürfen nicht ferromagnetisch sein (Kennzeichnung nach DIN EN 3 Beiblatt 4 „Tragbare Feuerlöscher; Beiblatt 4: Kennzeichnung für den Einsatz in Bereichen mit hohen statischen Magnetfeldern" [2013]).

Um den Einsatzkräften der Feuerwehr das Erkennen der Gefahrenbereiche möglichst zu erleichtern, veröffentlichte die Berufsfeuerwehr München in einem Infoblatt neben weiteren Hinweisen in Anlehnung an die DIN 4066 Angaben zur Kennzeichnung an den Zugängen in Form geprägter Metallschilder mit der Aufschrift „Magnet" (siehe Abb. H-16) sowie zur Kennzeichnung von geeigneten Feuerlöschern. Weitere Kennzeichnungspflichten ergeben sich aus dem Arbeitsrecht (z. B. DGUV Regel 103-013 „Elektromagnetische Felder" [2006]).

Die Abstimmung der brandschutztechnischen Maßnahmen mit den zuständigen Stellen hinsichtlich des Gefährdungspotenzials sowie der erforderli-

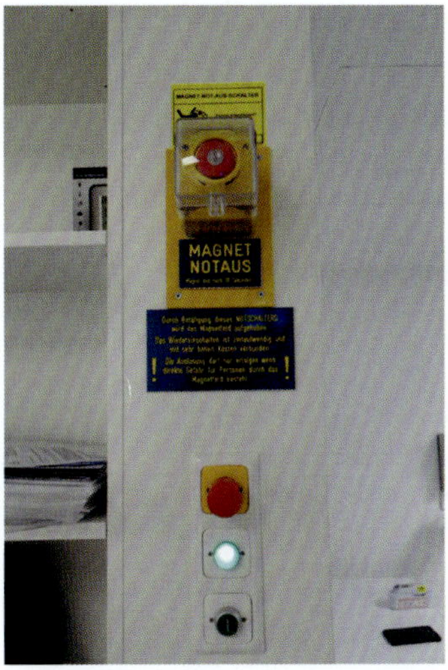

Abb. H-15: MRT-Not-Aus-Schalter Magnetfeld (durch Abdeckhaube geschützt), darunter Not-Aus-Schalter Elektrik

Abb. H-16: Zugangstür Magnetresonanztomograf mit Bodenmarkierung

Abb. H-17: Zugang zu einem nuklearmedizinischen Kontrollbereich

chen baulichen, anlagentechnischen und betrieblich-organisatorischen Maßnahmen ist notwendig.

H.0.5.4 Nuklearmedizin

Zu der Funktionsstelle Nuklearmedizin zählen folgende Teilstellen:

- nuklearmedizinische Diagnostik [1.08.01],
- nuklearmedizinische Therapie [1.08.02],
- Herstellung von Isotopen [1.08.03] – Zyklotron, Abklingraum.

Der Bereich der Nuklearmedizin ist sehr komplex und für nicht medizintechnisch ausgebildete Personen kaum zu durchschauen. Bei der Festlegung der brandschutztechnischen Anforderungen der einzelnen Teilstellen ist der Brandschutzplaner daher zwingend auf die Angaben der zuständigen Person (Strahlenschutzverantwortlicher) angewiesen (siehe Kapitel H.0.5).

Die baulichen und technischen Anforderungen richten sich u. a. nach der Normenreihe DIN 6844 „Nuklearmedizinische Betriebe". In DIN 6844-1 „Nuklearmedizinische Betriebe – Teil 1: Regeln für die Errichtung und Ausstattung von Einrichtungen zur ambulanten Anwendung von offenen radioaktiven Stoffen zur Diagnostik und Therapie" (2020) heißt es unter Ziffer 5.4.1:

> *„Die Einrichtung und Kennzeichnung von STRAHLENSCHUTZBEREICHEN richtet sich nach den Ergebnissen der Strahlenschutzberechnung nach DIN 6844-3 sowie den zusätzlichen Festlegungen der zuständigen Behörden für den Strahlen- und Brandschutz."*

Abb. H-17 zeigt eine mögliche Kennzeichnung am Zugang zu einem Kontrollbereich.

Weitere Angaben sind der DIN 25425-3 „Radionuklidlaboratorien – Teil 3: Regeln für den vorbeugenden Brandschutz“ (2019) zu entnehmen.

Behandlungsräume, Schalträume und Technikräume bilden gemeinsam die Funktionsstelle. Aus Gründen des Strahlenschutzes müssen die Behandlungsräume von den angrenzenden Bereichen durch abschirmende Bauteile abgetrennt sein. Aufgrund des hohen Installationsgrades ist eine brandschutztechnische Abtrennung innerhalb der Teilstelle jedoch nicht sinnvoll.

Hinweis

> Aus Sicht der Autoren sind die raumabgrenzenden Bauteile der Teilstelle ab Gefahrengruppe II mindestens raumabschließend feuerbeständig und die Abschlüsse feuerhemmend, rauchdicht sowie selbst schließend auszuführen. Die erforderlichen Maßnahmen sind in Rücksprache mit der zuständigen Brandschutzdienststelle sowie dem Strahlenschutzbeauftragten abzustimmen.

Aufbewahrungseinrichtungen und deren Aufstellräume

Nach DIN 6844-2 „Nuklearmedizinische Betriebe – Teil 2: Regeln für die Errichtung und Ausstattung von Einrichtungen zur therapeutischen Anwendung von offenen radioaktiven Stoffen“ (2020) müssen die Anforderungen an Aufbewahrungseinrichtungen und deren Aufstellräume für offene radioaktive Stoffe hinsichtlich des Brandschutzes und der Diebstahlsicherung nach DIN 25422 „Aufbewahrung und Lagerung sonstiger radioaktiver Stoffe – Anforderungen an Aufbewahrungseinrichtungen und deren Aufstellungsräume zum Strahlen-, Brand- und Diebstahlschutz“ (2024) erfüllt werden. Im Prinzip muss zunächst die sog. Aktivitätsklasse (Überschreitung der Freigrenze) ermittelt werden, auf deren Basis die Brandschutzklasse bzw. die Strahlenschutzklasse bestimmt wird. Aus einer Tabelle kann dann die geforderte Feuerwiderstandsfähigkeit der tragenden oder aussteifenden und der nicht tragenden und sonstigen Bauteile des Raumes oder der Raumgruppe abgelesen werden. Im besonderen Fall (z. B. in Raumgruppen der Brandschutzklasse BR3) kann diese auch 120 Minuten betragen. Diese Angaben muss der Brandschutzplaner nicht selbst ermitteln, sondern er ist auch hier auf die Angaben der zuständigen Person angewiesen.

Erfolgt die Lagerung in einem Strahlenschutztresor nach DIN 6850 „Strahlenschutzbehälter, Strahlenschutztische und Strahlenschutztresore zur Verwendung in nuklearmedizinischen Betrieben – Anforderung und Klassifikation“ (2006), der gegen thermische Einwirkung geschützt ist, bestehen keine weiteren Anforderungen an den Aufstellraum.

Im Bundesland Hessen ist zusätzlich die Richtlinie „BrandschAnlraStRLErl HE:1990-05-31 Brandschutz und Strahlenschutz; Zusammenarbeit der Dienststellen für Brandschutz, der Bauaufsicht und der Gewerbeaufsicht; Richtlinien zum Brandschutz in Anlagen mit radioaktiven Stoffen (BrandraSt-Richtlinien)“ zu beachten.

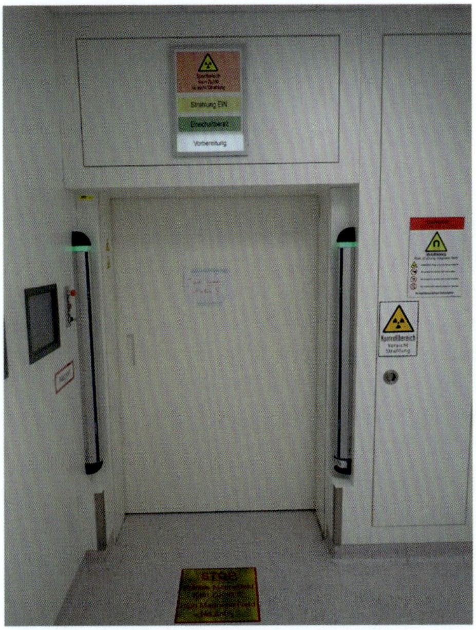

Abb. H-18: Zugangstür zu Bestrahlungsraum

H.0.5.5 Strahlentherapie

Zu der Funktionsstelle Strahlentherapie zählen folgende Teilstellen:

- Teletherapie/extrakorporale Bestrahlung, Beschleuniger [1.11.01],
- Brachytherapie [1.11.02].

Dies sind z. B. Afterloading-Bestrahlungsräume oder Bestrahlungsräume mit Linearbeschleuniger.

Patienten sind ausschließlich zusammen mit Personal anwesend, die Bestrahlungsräume sind im Moment der Therapie von einer ständig besetzten Steuerstelle aus überwacht. Das automatische Abschalten der Geräte im Brandfall kann bei bestimmten Behandlungen für den Patienten lebensbedrohend sein, im Rahmen der Brandschutzordnung sind hier betrieblich-organisatorische Maßnahmen festzulegen.

Das Öffnen der Tür (siehe Abb. H-18) bewirkt lediglich eine Unterbrechung der Strahlung. Erst die Betätigung des Not-Aus-Tasters sorgt dafür, dass die Gesamtanlage mit Haupttransformator, Steuerschrank, Hochspannungsnetzteil für die Vakuumpumpe und der Bedienkonsole im Schaltraum stromfrei geschaltet ist. Im Inneren des Gerätes befinden sich ggf. noch eine 1-l-Druckgasflasche und ein ca. 50-l-Trafoöltank (Angaben sind beim Hersteller zu erfragen).

Auch hier sind aus Sicht der Autoren die raumabgrenzenden Bauteile der Teilstelle ab Gefahrengruppe II mindestens raumabschließend feuerbeständig und die Abschlüsse feuerhemmend, rauchdicht sowie selbst schließend auszuführen und die erforderlichen Maßnahmen sind in Rücksprache mit der zuständigen Brandschutzdienststelle und Strahlenschutzbeauftragten abzustimmen.

H.1 Pflege [2.00]

H.1.1 Allgemeinpflege [2.01]

Die Planung eines Funktionsbereichs der Allgemeinpflege ist brandschutztechnisch in erster Linie durch den geringen Personalschlüssel (siehe Kapitel A.1.1) in diesen Bereichen geprägt. Zudem ähnelt der Aufbau der Stationen durch die Anforderungen der zu Pflegenden (siehe Kapitel A.1.1, B.5) eher einer Beherbergungsstätte mit Einzel- und Mehrbettzimmern. Die zu erwartenden Brandereignisse (siehe Kapitel C.4) in Allgemeinpflegebereichen entstehen überwiegend in den Pflegezimmern. Da die Schwere der zu behandelnden Erkrankungen als niedrig und die Mobilität der Patientinnen und Patienten als hoch einzustufen ist, ist es wichtig, sichere horizontale Flucht- und Rettungswege (siehe Kapitel G) auszubilden, die dem Personal und den zu Pflegenden ausreichend Zeit zur Selbstrettung geben. Das Ausbilden von Nutzungseinheiten ohne Flure ist daher aus Sicht der Autoren nicht sinnvoll.

Die brandschutztechnische Planung und die Ausführung der Flure folgen daher den Anforderungen an notwendige Flure (siehe Kapitel F.11). Allerdings ist bereits in der Planung zu berücksichtigen, dass die notwendigen Flure innerhalb von Pflegestationen nie brandlastfrei oder vollständig frei von Hindernissen sein können. Es werden stets die täglichen Betriebsmittel, Speise- und Materialversorgung sowie auch Betten im notwendigen Flur vorhanden sein. Außerdem wird oft der in der Regel schwer entflammbare Bodenbelag aus hygienischen Gründen über den Sockelbereich hinaus an der Wand verlegt, um eine einfache, aber wirksame Reinigung sicherzustellen.

Hinweis

> Zum Ausbau und zur Nutzung notwendiger Flure kennen andere Rechtsgrundlagen (z. B. BbgKPBauV) und Orientierungshilfen (z. B. AGBF) nur die klassische Auslegung an die Anforderung notwendiger Flure nach MBO. Diese Gestaltung sollte frühzeitig in der Planung mit den zuständigen Behörden abgestimmt werden – einen dauerhaft brandlastfreien notwendigen Flur nach MBO gibt es in Funktionsstellen der Pflege nicht.

Schwer entflammbare Materialien sind allerdings bauordnungsrechtlich nicht auf Wänden innerhalb notwendiger Flure zugelassen. Weiterhin sind für den mechanischen Schutz der Wandoberflächen Schrammborde auf Höhe der Pflegebetten vorgesehen, die in der Regel ebenfalls nicht nicht brennbar sind. Auch wenn durch diese Schrammborde aus massivem Holz, fest verbunden mit der Flurwand, keine Brandgefahren ausgehen oder keine Brandweiterleitung zu erwarten ist, entspricht dies nicht der bauordnungsrechtlichen Anforderung an notwendige Flure. Oft sind für die Wegfindung oder zur Information von Patientinnen und Patienten sowie deren Besuch Monitore an den Wänden angebracht. Diese Monitore können aus Sicht der Autoren gestattet werden, wenn zusätzliche Maßnahmen ergriffen werden, damit sie nicht zu einer potenziellen Brandentstehungsquelle werden. Eine mögliche Lösung ist, die Monitore (oder andere erforderliche elektrische Geräte, die für den Betrieb benötigt werden) über Fehlerstromschalter (FI-Schalter) so abzusichern, dass die Stromzufuhr beim geringsten elektroni-

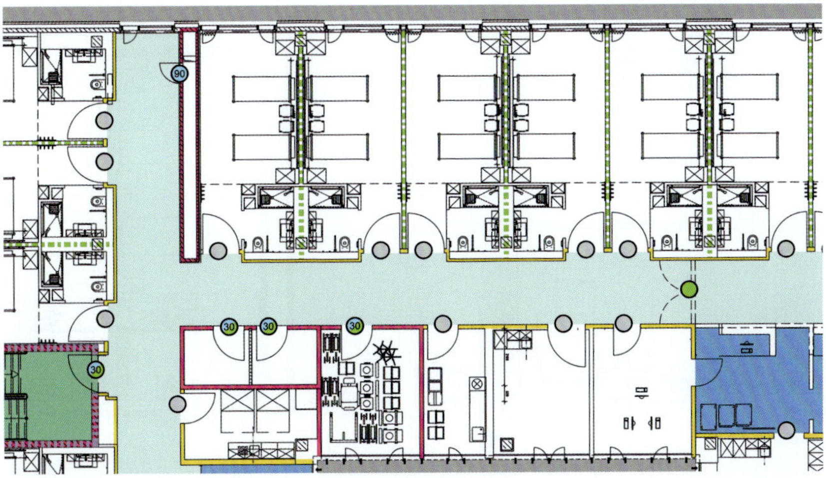

Abb. H-19: Ausschnitt Grundriss Funktionsstelle Allgemeinpflege, Darstellung Unterteilung Pflegezimmer (rauchdicht)

schen Fehler unterbrochen wird. Ohne Stromversorgung sind die Geräte zwar nach wie vor eine potenzielle, punktuelle Brandlast im Flur, aber keine Brandquelle.

Nach Berücksichtigung der o. g. Besonderheiten von notwendigen Fluren innerhalb von Allgemeinpflegebereichen bleiben die herkömmlichen baulichen Anforderungen bestehen. Die Flurtrennwände sind mindestens feuerhemmend vom Rohfußboden bis zur Rohdecke auszubilden. Aus Sicht der Autoren ist davon abzuraten, die Flurtrennwände nur bis zu einer feuerhemmenden Zwischendecke oder einem feuerhemmenden Hohlraumboden zu führen, da dies eine potenzielle Rauchweiterleitung auf die gegenüberliegende Flurseite begünstigt. Die Wände zwischen den Pflegezimmern sind mit Fokus auf die Rauchweiterleitung in Verbindung mit der Selbstrettung der zu Pflegenden mindestens rauchdicht auszuführen (siehe Abb. H-19). Eine bauordnungsrechtliche Einstufung fehlt hier.

Hinweis

> Gerade die Anforderungen an Wände zwischen Pflegezimmern ist ein kontrovers diskutiertes Thema und wird meist sehr konservativ (Brandenburg, Saarland) bzw. nur über Großraumeinheiten/Kompartimente (Hamburg, Baden-Württemberg, AGBF) geregelt. Die pragmatische Lösung liegt – wie so oft – dazwischen. Unter Berücksichtigung des Schutzzielpapiers der Bauministerkonferenz muss zwingend im Brandschutzkonzept eine Betrachtung der tatsächlichen Nutzung der Funktionsstellen einschließlich des Verhältnisses der Anzahl von Pflegepersonal zu den zu Pflegenden erfolgen. Nur so kann ein Konzept erarbeitet werden, das auch im „harten Alltag“ der Pflege Bestand hat und Teil der Abläufe sein kann.

Das dichte Verschließen mit dauerelastischen Fugen oder nicht brennbaren Isolierungen wie Mineralwolle ist ausreichend rauchdicht. Türen zu Pflegezimmern sollten mindestens dicht schließend sein. Verglasungen in Türelementen sind ohne brandschutztechnische Bedenken möglich. Für Vergla-

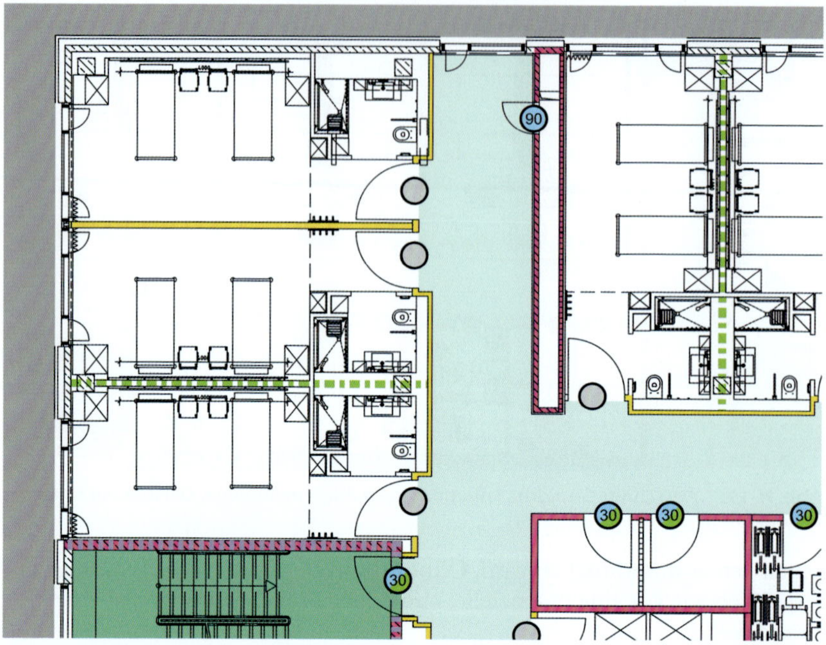

Abb. H-20: Ausschnitt Grundriss Funktionsstelle Allgemeinpflege, Darstellung Unterteilung Pflegezimmer in der Geriatrie

sungen, abhängig davon, ob sie Teil des Türelements oder in Wänden als Seiten- oder Oberlichter eingebaut sind, sind die Anforderungen nach MVV TB maßgebend. Ziel dieser Ausbildung ist es, das einzelne Pflegezimmer schnellstmöglich räumen und die Tür schließen zu können. Dies ermöglicht ein kurzzeitiges lokales Eindämmen der Rauchentwicklung, um wertvolle Zeit für das Räumen des Bereichs zu erhalten.

Für die besondere Funktionseinheit der Geriatrie (siehe Kapitel A.1.1) als Untergruppe der Allgemeinpflege wird aus Sicht der Autoren empfohlen, mindestens jede zweite rauchdichte Wand zwischen den Pflegezimmern gegen eine feuerhemmende Trennwand zu ersetzen (siehe Abb. H-20). Einzig die Wände von Pflegezimmern, die sich einen Sanitärkern teilen, können aus Gründen der Installation nur rauchdicht ausgeführt werden.

Hintergrund dieser Anforderung ist, dass die Selbstrettung von zu Pflegenden auf geriatrischen Stationen gegenüber der Allgemeinpflege deutlich eingeschränkt ist. Das Personal muss hier organisatorisch, motorisch und leitend deutlich mehr unterstützen oder bettlägerige Personen selbst in benachbarte Brandabschnitte bringen. Daher ist deutlich mehr Zeit für das Räumen der Station bei trotzdem geringem Personalschlüssel erforderlich.

Der durch ein Brandereignis betroffene Bereich ist stets vollständig zu räumen. Alle Patientinnen und Patienten müssen horizontal evakuiert werden können. Daher ist ein benachbarter Brandabschnitt mit vergleichbarer Nutzung und Kapazität zur Aufnahme der zu Pflegenden zwingend erforderlich.

Die Brandabschnittstrennung zur angrenzenden Station bzw. zum Unterteilen einer Station ist als Brandwand oder Wand anstelle einer Brandwand

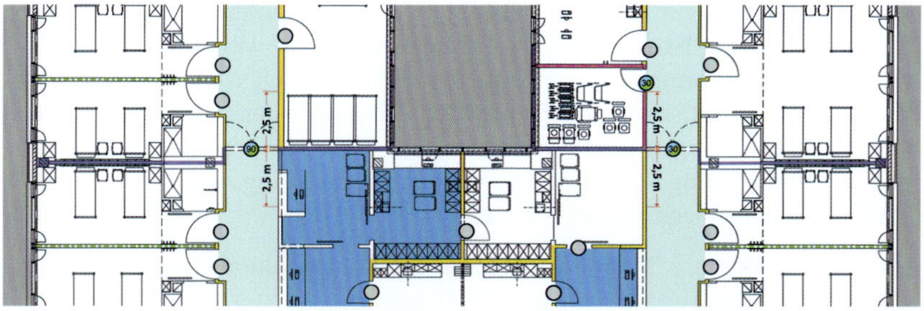

Abb. H-21: Ausschnitt Grundriss Funktionsstelle Allgemeinpflege, Darstellung Brandabschnittstrennung, Feuer- und Rauchschutzanforderungen sowie horizontale Evakuierung

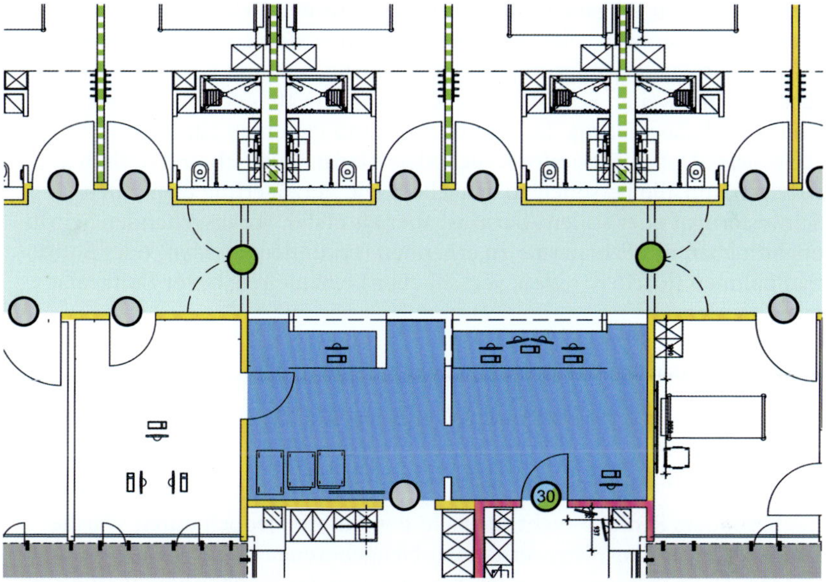

Abb. H-22: Ausschnitt Grundriss Funktionsstelle Allgemeinpflege, Darstellung offene Stützpunkte mit Tagesbedarfslager

auszuführen. Abschlüsse in dieser Wand können innerhalb der Flure als feuerhemmende Rauschutztüren zugelassen werden. Außerhalb notwendiger Flure oder Fluren mit Krankenhausnutzung sind feuerbeständige Rauchschutzabschlüsse erforderlich, da Brandlasten nicht sinnvoll eingeschränkt oder begrenzt werden können. In beiden Fällen ist es wichtig, dass nicht nur der Feuerwiderstand, sondern auch der Rauchschutz vorhanden ist (siehe Abb. H-21). Insbesondere in Fluren wird aus Sicht des Betriebs empfohlen, die Türen entweder mit lokal gesteuerten Schließeinrichtungen offen zu halten oder motorische Türsteuerungen anzubringen. Aus Sicht der Autoren ist es dagegen nicht sinnvoll, die Offenhaltung der Türen im Zuge von Fluren über die BMA zu steuern. Es ist wichtig, dass Türen in Verkehrswegen möglichst lange für die Selbstrettung der Patientinnen und Patienten und Fremdrettung durch Personal offen bleiben. Erst wenn tatsächlich ein Raucheintritt in den angrenzenden Bereich droht, muss die Tür schließen.

Stützpunkte können offen an die notwendigen Flure anschließen (siehe Abb. H-22). Dazu sollten Stützpunkte in 2 Bereiche unterteilt sein. Im vorderen Bereich am Flur ist darauf zu achten, dass nur Unterlagen, Utensilien und Geräte des täglichen Bedarfs vorhanden sind. Alle weiteren Dinge, Vorräte oder Geräte können in einem rückwärtigen Bereich vorgehalten werden, der über eine feuerhemmende Trennwand mit mindestens dicht schließenden Abschlüssen abgetrennt ist. Innerhalb des Flures sollten Rauchschutztüren mit Offenhaltung Schutz vor einer Rauchausbreitung in den angrenzenden Flur zu den Pflegezimmern bieten.

Alternativ zu den o. g. Maßnahmen kann der Stützpunkt als Ganzes durch eine Brandbekämpfungsanlage geschützt werden.

Trotz der beschriebenen baulichen brandschutztechnischen Maßnahmen ist es im Hinblick auf den Personalschlüssel und die hohe Personenanzahl immer sinnvoll, die Allgemeinpflege mit einer automatischen BMA zu überwachen. So können wertvolle Sekunden gewonnen werden, die dem Personal mit einer stillen Alarmierung im ersten Schritt Zeit zum Erkunden zu verschaffen. Im zweiten Schritt kann das Personal mittels einer manuellen, lauten Nachalarmierung die Patientinnen und Patienten zur Selbstrettung auffordern. Dabei ist es erforderlich, den Alarm akustisch und optisch anzuzeigen, um alle Personen zu erreichen. Die Verzögerung über einen Schwesternruf oder stillen Alarm ist aber als erster, vorausgehenden Schritt unabdingbar, um Fehlalarme zu erkennen (erkunden, melden) oder Sofortmaßnahmen (löschen, retten, verschließen) einzuleiten, bevor Dritte alarmiert werden.

H.1.2 Wöchnerinnen- und Neugeborenenpflege [2.02]

Der grundsätzliche Aufbau einer Wöchnerinnenstation und damit die brandschutztechnische Konzeptionierung unterscheidet sich nicht wesentlich von der Allgemeinpflege (siehe Kapitel H.1.1).

Ein besonders Risiko besteht aus Sicht der Autoren jedoch durch Wärmelampen, die für den Wärmeerhalt der Neugeborenen beim Wickeln genutzt werden. Diese werden immer wieder entgegen der Bedienungsanleitung montiert oder falsch bedient. Aus Sicht der Autoren empfiehlt sich ein Hinweis im Brandschutzkonzept, um derartigen Risiken vorzubeugen.

Weiterhin ist bei der Wöchnerinnen- und Neugeborenenpflege ein verstärkter Trend zur „Hotellisierung“ zu verzeichnen. Statt der klassischen Speiseversorgung am Krankenbett etablieren sich beispielsweise immer öfter Speiseräume mit reichhaltigem Buffet. Dieses steht je nach Konzept auch für Angehörige zur Verfügung und kann diverse Warmhalteplatten und sonstige Küchengeräte (z. B. Toaster, Wasserkocher) aufweisen. Abhängig von der Anzahl der Geräte ist im Einzelfall zu bewerten, ob das Kriterium der erhöhten Brandgefahr (siehe Kapitel F.4.2.2) erfüllt ist. Unabhängig hiervon ist es aus Sicht der Autoren immer zielführend, wenn Abschlüsse entsprechender Räumlichkeiten selbst schließend ausgeführt werden. Um ein unzulässiges Aufkeilen zu verhindern, sind weiterhin zugelassene Festhaltevorrichtungen vorzusehen.

Hinweis

> Im Rahmen der Räumungsplanung ist unbedingt zu bedenken, dass ein Brand- bzw. Räumungsalarm eine erhebliche emotionale Belastung für Mütter und ggf. anwesende Angehörige darstellen kann. Ist eine Räumung erforderlich, sind Mütter und Neugeborene unbedingt zusammen zu verlegen, um Fehlreaktionen (z. B. Rückkehr in den gefährdeten Bereich) vorzubeugen.

H.1.3 Säuglings-, Kinder- und Jugendkrankenpflege [2.05]

Die brandschutztechnische Konzeptionierung der Funktionsstelle entspricht im Wesentlichen der Allgemein- bzw. Intensivpflege. Infolgedessen werden nachfolgend lediglich spezifische Besonderheiten beschrieben.

Türsicherung

Je nach Altersstruktur und Beweglichkeit der Patienten kann es erforderlich sein, die Stationstüren gegen das unbemerkte Verlassen der Kinder zu sichern. Um sicherzustellen, dass die Türen im Notfall weiterhin geöffnet werden können, sind jedoch zusätzliche Anforderungen zu berücksichtigen.

In der Praxis hat sich ein System nach M-EltVTR bewährt. Hierbei werden die betreffenden Türen elektrisch verriegelt (siehe Abb. H-23). Es muss si-

Abb. H-23: Schiebetür am Ausgang einer Kinderstation

chergestellt sein, dass ein Öffnen der Türen bei Ausfall der elektrischen Energie ohne weitere Hilfsmittel möglich ist. Regulär erfolgt das Öffnen dann über einen Öffnungstaster, der außerhalb der Reichweite der Kinder in einer Höhe von ca. 1,7 m angebracht ist. Damit eine Notentriegelung durch ortsunkundige Personen und zumindest theoretisch auch durch Kinder möglich ist, wird zudem ein Nottaster auf normaler Höhe angebracht. Bei Betätigung ertönt ein akustischer Alarm, um Fehlnutzungen vorzubeugen.

Spielzonen

Gerade auf Stationen der allgemeinen Kinder- und Jugendkrankenpflege werden großzügige Spielbereiche für die zu pflegenden Kinder benötigt. Häufig werden diese direkt im notwendigen Flur geplant und in Brandschutzkonzepten als brandlastarm beschrieben.

Auch wenn viele Spielgeräte tatsächlich mit Klassifizierung erhältlich sind, ermöglichen diese lediglich eine elementare Grundausstattung der Spielbereiche und entsprechen in keiner Weise den Wünschen von Kindern. Spätestens bei Betriebsaufnahme wird die Einrichtung daher immer durch weitere Gegenstände (z. B. Bücher, Kissen, Polstermöbel) und Ausschmückungen ergänzt.

Aus Sicht der Autoren ist es daher zwingend erforderlich, ausreichend dimensionierte und geschlossene Räumlichkeiten zum Spielen und Toben auf den Stationen vorzusehen (siehe Abb. H-24). Diese können mit großzügigen Verglasungen offen zum Flur ausgebildet werden.

Abb. H-24: Spiel- und Bastelzimmer auf einer Kinderstation

Abb. H-25: Karussellpferde (fest montiert) im notwendigen Flur

Darüber hinaus ist es aber natürlich weiterhin möglich und auch sinnvoll, die Flure in die Gestaltung einzubeziehen und einzelne klassifizierte Gegenstände bzw. Gegenstände mit geringen Brandlasten (z. B. Aquarien, Tischtennisplatte, Kicker) aufzustellen. Neben den Brandlasten ist hierbei immer auch darauf zu achten, dass die erforderliche Rettungswegbreite weiterhin zur Verfügung steht. Die Einbauten sollten zudem fest montiert sein, um ungewünschten Positionsveränderungen vorzubeugen (siehe Abb. H-25).

Übernachtungszimmer

Um den Eltern die Anwesenheit bei den kranken Kindern zu ermöglichen, werden häufig Übernachtungszimmer vorgehalten. Unabhängig von der Lage im Gebäude sind diese aus Sicht der Autoren analog § 5 Muster-Beherbergungsstättenverordnung (MBeVO) zu planen und müssen feuerhemmende Trennwände zwischen Übernachtungsräumen sowie zwischen Übernachtungsräumen und sonstigen Räumen aufweisen. Da Trennwände der Übernachtungszimmer, im Gegensatz zu Trennwänden der Bettenzimmer, nur wenige Medien aufweisen, dürfen die Erleichterungen für Bettenzimmer (siehe Kapitel F.4.2.1) aus Sicht der Autoren keine Anwendung finden. Weiterhin ist zu bedenken, dass Übernachtungszimmer als Rückzugsraum für Eltern dienen und von innen verriegelt werden können. Die Pflegekräfte verfügen im Regelfall nicht über die erforderlichen Schließberechtigungen. Eine schnelle Räumung dieser Zimmer kann damit organisatorisch nicht sichergestellt werden. Aus Sicht der Autoren müssen Übernachtungszimmer daher immer eine akustische Alarmierung aufweisen.

H.1.4 Intensivmedizin [2.03]

Funktionsbereiche, die der Intensivpflege (siehe Kapitel A.1.4) dienen, heben sich in vielen Aspekten von der Allgemeinpflege (siehe Kapitel A.1.1) ab. Abgeleitet aus den Bedürfnissen der Patientinnen und Patienten sowie den Anforderungen der Pflegekräfte an die Versorgung, sind die Stationen in der Regel möglichst offen gehalten. Eine abgeschlossene Raumstruktur wie in anderen Pflegebereichen ist hier nicht vorgesehen.

Die bauordnungsrechtlichen Grundlagen in den Bundesländern Hamburg (siehe Kapitel D.4) und Baden-Württemberg (siehe Kapitel D.2) sehen für diese Funktionsstellen explizit offene Bereiche ohne notwendige Flure vor.

In den vorgenannten Rechtsgrundlagen ist vorgesehen, dass Funktionsstellen der Intensivpflege als Nutzungseinheiten analog zur LBO ohne Anforderungen an Feuerwiderstände im Inneren ausgebildet werden können. Diese Bereiche sind mittels feuerbeständiger Trennwände und mindestens feuerhemmender Rauchschutzabschlüsse von angrenzenden gleichen oder weiteren Nutzungen abzutrennen. Die tatsächliche Fläche der Bereiche richtet sich maßgeblich nach dem Personalschlüssel und der Anzahl der pflegebedürftigen Personen, die hier behandelt werden. Notwendige Flure sind in Abb. H-26 als hellblaue Fläche dargestellt, außerdem sind nur außerhalb der Nutzungseinheit zum Anschluss an Ausgänge ins Freie oder notwendige Treppenräume vorzusehen.

Zentrales Element ist die Überwachungsstation des Personals als zentraler Anlaufpunkt (siehe Abb. H-26, blaue Fläche, siehe außerdem Kapitel M.5). Die großformatigen Schiebetüren oder Falt-/Schiebeelemente am Zugang zu den Pflegezimmern sind maximal dicht schließend ausgeführt. Rauch- oder Feuerschutzabschlüsse sind hier technisch nicht oder mit Einschränkungen für den täglichen Betrieb umsetzbar.

Um der Gefahr einer unkontrollierten Rauchausbreitung in der Funktionsstelle vorzubeugen, sind die Pflegezimmer in der Regel durch mindestens rauchdichte Wände zu unterteilen. Eine exakte bauordnungsrechtliche Anforderung gibt es nicht. Aus Sicht der Autoren ist jedoch mindestens das Einhalten der Anforderungen der Leitungsanlagenrichtlinie (siehe I.3) empfohlen, um Leitungen rauchdicht abzuschließen. Sofern Lüftungsleitungen durch diese Wände geführt werden, sind Kaltrauchsperren in den Lüftungsauslässen unbedingt vorzusehen, um eine Rauchübertragung möglichst gering zu halten. Sofern Zimmer in der Intensivpflege in einem direkten funktionalen Zusammenhang stehen (siehe Abb. H-26, linkes Zimmerpaar mit Verbindungsschiebetür, siehe außerdem Kapitel M.5), ist dies natürlich möglich. Allerdings muss für diese Fälle stets ausreichend Personal zur Verfügung stehen, um beide Zimmer gleichzeitig räumen zu können.

Die Wände zwischen den Intensivzimmern und den erschließenden Fluren sind ebenfalls mindestens rauchdicht auszuführen, wobei keine Anforderungen an Türen hinsichtlich der Rauchdichtigkeit gestellt werden. Der Rauchschutzabschluss der Pflegezimmer untereinander und gegenüber den Fluren dient dazu, die unkontrollierte Rauchausbreitung innerhalb der Nutzungseinheit zu begrenzen, um eine koordinierte Räumung durch das Personal zu ermöglichen.

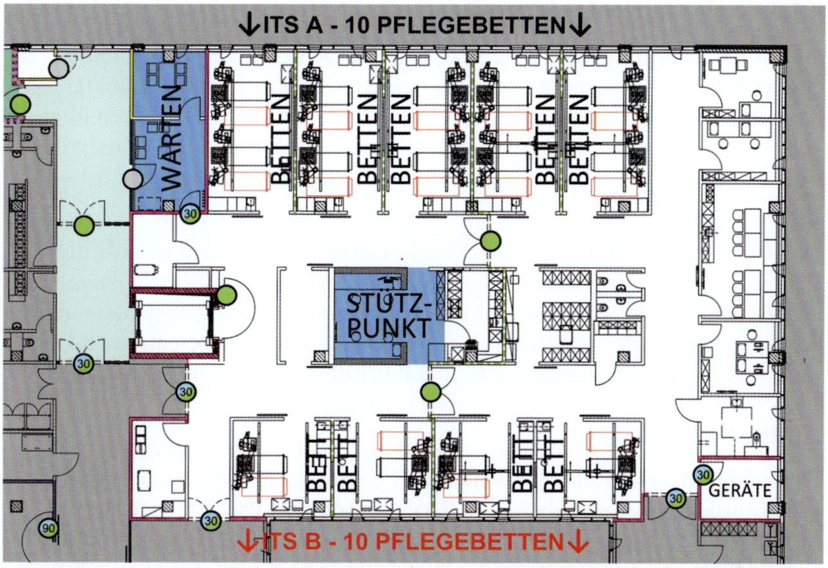

Abb. H-26: Ausschnitt Grundriss Funktionsstelle Intensivpflege, Darstellung Feuer- und Rauchschutzanforderungen sowie Bettenkapazitäten bei horizontaler Evakuierung

In Abb. H-26 sind neben der regulären Auslastung mit Pflegebetten (schwarz) auch die vorzuhaltenden Kapazitäten von Pflegebetten aus benachbarten Stationen (blau, rot und grün) dargestellt. Diese Kapazitäten sind freizuhalten, um das Räumen einer gesamten Nutzungseinheit zu ermöglichen. In der Allgemeinpflege (siehe Kapitel A.1.1) kann es ausreichend sein, das vom Brand / der Rauchentwicklung betroffene und die jeweils angrenzenden Pflegezimmer zu räumen. Aufgrund der fehlenden Feuerwiderstände in den Wänden der Intensivpflegezimmer und des Ausbildens als offene Station (Nutzungseinheit) ist dies in der Intensivpflege nicht ausreichend. Die Intensivpflege ist daher so zu planen, dass mindestens 2 gleichartige Nutzungseinheiten entstehen, die jeweils die Pflegebetten der benachbarten Station im Räumungsfall (siehe Kapitel G.0) aufnehmen und versorgen können.

Insbesondere in der Intensivpflege ist daher eine ausreichend für alle Betten bemessene Anzahl an Anschlüssen für die Versorgung mit Strom und medizinischen Gasen (siehe Kapitel I.13) vorzusehen. Die Anschlüsse sind vorzugsweise in den Intensivpflegezimmern zu planen. Ausreichend Stellfläche für die Pflegebetten in einer Notbelegung sind entsprechend darzustellen.

Es ist wichtig, diese vorgenannten Sachverhalte sowohl beim Erstellen des Brandschutzkonzepts als auch beim Ausarbeiten des Räumungskonzepts darzustellen. Ohne die Darstellung können Dritte die Konzepte weder prüfen noch umsetzen.

H.1.5 Isolationskrankenpflege [2.06]

Die Isolationskrankenpflege kann in 2 grundsätzlich unterschiedliche Bereiche eingeteilt werden, zum einen die Infektionskrankenpflege [2.06.01] und zum anderen die Umkehrisolation [2.06.02]. Beide Teilstellen haben über die grundlegenden Anforderungen in intensivmedizinischen Funktionsstellen hinaus zusätzliche Anforderungen an Hygiene, Abschottung und Luftwechsel.

Die Pflegestation selbst ist in der Regel in Zellenstruktur mit notwendigem Flur analog zu Stationen der Allgemeinpflege aufgebaut. Die Pflegezimmer unterscheiden sich jedoch deutlich, da zwischen Flur und Pflegebett eine Schleuse erforderlich ist. Patientinnen und Patienten müssen aufgrund akuter Infektionen oder Beeinträchtigung des Immunsystems isoliert werden.

Infektionskrankenpflege

Die Infektionskrankenpflege behandelt Personen, die akute übertragbare Infektionskrankheiten haben. Die Patientinnen und Patienten werden in ihren Pflegezimmern isoliert. Das Pflegepersonal reinigt sich vor und nach Betreten des Pflegezimmers in der vorgelagerten Schleuse und legt bei Bedarf vor dem Betreten Schutzkleidung an, die beim Verlassen in der Schleuse abgelegt werden muss. Die Schleuse steht mittels Lüftungsanlage unter Überdruck gegenüber dem Pflegezimmer, um das Austreten von Erregern zu vermeiden.

Dies hat insoweit Einfluss auf den Brandschutz, als sowohl beim Räumen von Zimmern der Infektionspflege als auch bei Löscharbeiten durch Pflege- und Einsatzkräfte Schutzmaßnahmen erforderlich sind. Schutzkleidung für Einsatzkräfte der Feuerwehr ist vorzuhalten.

Zudem sind die Umfassungswände der Infektionspflegezimmer mindestens als feuerhemmende Trennwände auszubilden. Üblicherweise werden an die Wand zwischen Pflegezimmer und Schleuse keine brandschutztechnischen Anforderungen gestellt. Türen sind mindestens dicht und selbst schließend, auch im Hinblick auf die Lüftungstechnik, auszuführen.

Sofern Infektionskranke evakuiert werden müssen, müssen neben geeigneten Transportlösungen für die zu Pflegenden selbst auch geeignete Räume vorhanden sein, in denen sie untergebracht werden können.

Umkehrisolation

Personen mit Beeinträchtigung des Immunsystems sind in der Umkehrisolation untergebracht. Diese schützt die zu Pflegenden vor Erregern, die Menschen mit gesundem Immunsystem nicht gefährden würden.

Die Schleuse vor dem Pflegezimmer dient auch hier zum Reinigen und zum Anlegen von Schutzkleidung, steht aber gegenüber dem Zimmer selbst lüftungstechnisch unter Unterdruck.

Die Umfassungswände des Umkehrisolationszimmers sind mindestens als feuerhemmende Trennwände auszubilden. Die Wand zwischen Pflegezimmer und Schleuse hat keine brandschutztechnischen Anforderungen. Türen

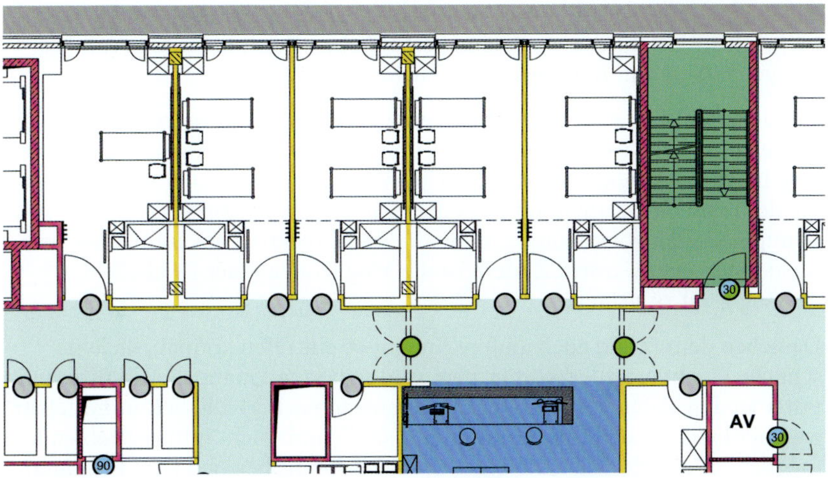

Abb. H-27: Ausschnitt Grundriss Funktionsstelle Pflege psychisch Kranker, Darstellung Unterteilung

sind mindestens dicht und selbst schließend, auch im Hinblick auf die Lüftungstechnik, auszuführen.

Beim Räumen von Umkehrisolationszimmern sind die Patientinnen und Patienten vor Erregern in der Umgebung zu schützen. Es muss medizinisch abgewogen werden, ob dies im Räumungsfall eingehalten werden kann. Bei Löscheinsätzen im Zimmer selbst muss Schutzkleidung für Einsatzkräfte in der Schleuse vorgehalten werden.

H.1.6 Pflege psychisch Kranker [2.07]

Die grundlegende brandschutztechnische Konzeptionierung orientiert sich an den Planungsgrundsätzen für Allgemeinstationen (siehe Kapitel H.1.1). Ergänzend ist jedoch immer zu bedenken, dass Personen mit psychischen Problemen anwesend sind. Hierdurch können sich besondere brandschutztechnische Anforderungen ergeben.

Beispielsweise ist nicht ausgeschlossen, dass sich einzelne Personen im Fall einer Räumung aggressiv verhalten und sich weigern, ihr Zimmer zu verlassen. Insbesondere bei geschlossenen Stationen kann die schnelle Räumung aller Bettenzimmer damit nicht sichergestellt werden. Abweichend vom Standard einer Allgemeinstation ist es aus Sicht der Autoren daher zwingend erforderlich, nicht nur jede zweite, sondern jede Wand zwischen Bettenzimmern feuerhemmend auszuführen (siehe Abb. H-27).

Hinweis

> Unabhängig vom Vorhandensein von Löscheinrichtungen in den Fluren sind in jedem Fall durch das Personal direkt zugängliche Feuerlöscher in den Stützpunkten vorzusehen.

Ein weiteres Problem stellt die Sicherung der Rettungswege dar. Um ein unbeabsichtigtes Entweichen der Patientinnen und Patienten zu verhindern, müssen Ausgänge aus psychiatrischen Stationen und besonderen Räumlichkeiten (z. B. Time-out-Raum, Überwachungszimmer) häufig verschlossen ausgeführt werden. Dies stellt einen erheblichen Konflikt zu den Anforderungen an Türen in Rettungswegen (siehe Kapitel G) dar.

Um dennoch eine ausreichende Sicherheit zu gewährleisten, müssen derartige Türen bei Auslösung der BMA und bei Stromausfall automatisch entriegeln. Dies setzt eine vollflächige Überwachung mit automatischen Feuermeldern und eine Zuhaltung nach dem Ruhestromprinzip voraus. Um Manipulationen vorzubeugen, sollte die Alarmreaktion auf automatische Melder begrenzt werden. Zudem ist die Möglichkeit einer Zwei-Melder-Abhängigkeit zu prüfen.

Da neben dem Brand auch andere Ereignisse eintreten können, die eine schnelle Flucht erforderlich machen, sind ergänzend manuelle Notöffnungstaster an den Türen vorzusehen. Diese müssen nach M-EltVTR unmittelbar zu einer Freigabe der Türen führen und sind damit nicht immer problemlos möglich. In diesem Fall kann eine verzögerte Freigabe nach DIN EN 13637 „Schlösser und Baubeschläge – Elektrisch gesteuerte Fluchttüranlagen für Türen in Fluchtwegen – Anforderungen und Prüfverfahren" (2015) infrage kommen.

Die zulässige Verzögerungszeit ist hierbei zunächst auf 15 Sekunden begrenzt. Eine Verlängerung auf 180 Sekunden ist jedoch möglich, wenn das Signal an eine zentrale Stelle (z. B. Stützpunkt) weitergeleitet und die verlängerte Verzögerung manuell bestätigt wird. An zentraler Stelle muss zudem eine Möglichkeit bestehen, die Fluchttür im Gefahrenfall sofort zu öffnen.

Auch wenn derartige Ausführungen durchaus praxistauglich sind, stellt die verzögerte Freigabe derzeit eine wesentliche Abweichung von der nach MVV TB baurechtlich eingeführten M-EltVTR dar. Vor Anwendung einer verzögerten Freigabe muss daher zwingend eine Zustimmung im Einzelfall nach § 20 MBO beantragt werden.

Hinweis

> Auch nach Freigabe sollten Fluchtwege nicht unmittelbar in das Freie, sondern zunächst in einen gesicherten Bereich (z. B. Innenhof) führen. Für den Fall einer Eskalation der Schadenslage muss jedoch auch von hier aus eine Fluchtmöglichkeit in den öffentlichen Verkehrsraum bestehen.

H.2 Serviceeinrichtungen [3.01]

H.2.1 Eingangshallen (Magistralen) [3.01.01]

Eingangshallen und Magistralen an Krankenhäusern sind meist wie ein separater Sonderbau im direkten Anschluss an einen Gesundheitsbau zu bewerten. Die Beschreibung der Nutzung in Kapitel A.2.1. verdeutlicht, dass neben Erschließung und Wegfindung auch die Anbindung der einzelnen Funktionsstellen sowie Läden zur persönlichen Versorgung der Patientinnen und Patienten direkt angeschlossen sind (siehe Abb. H-28).

Die Eingangshalle oder Magistrale kann daher dem Charakter einer Ladenstraße nach § 1 Abs. 4 „Musterverordnung über den Bau und Betrieb von

Abb. H-28: Beispiel einer mehrgeschossigen Magistrale mit Shops und Anbindung an Cafeteria als zentrale Erschließung

Abb. H-29: Beispiel Magistrale mit Shops

Verkaufsstätten (Muster-Verkaufsstättenverordnung – MVKVO)" zugeordnet werden (siehe Abb. H-29).

Dadurch, dass Magistralen oft durch die Krankenhäuser hindurchgeführt werden, um die Erschließung zu ermöglichen, kommt ein weiterer brandschutztechnischer Aspekt der Ladenstraße hinzu: das Unterteilen des Gebäudes in Brandabschnitte.

Um die zuvor aufgeführten Nutzungen und brandschutztechnischen Funktionen zu ermöglichen, sind Anforderungen aus der MVKVO hinsichtlich des Schutzes vor Brandausbreitung, der Rauch- und Wärmeableitung vom Tragwerk sowie der Flucht- und Rettungswege umzusetzen.

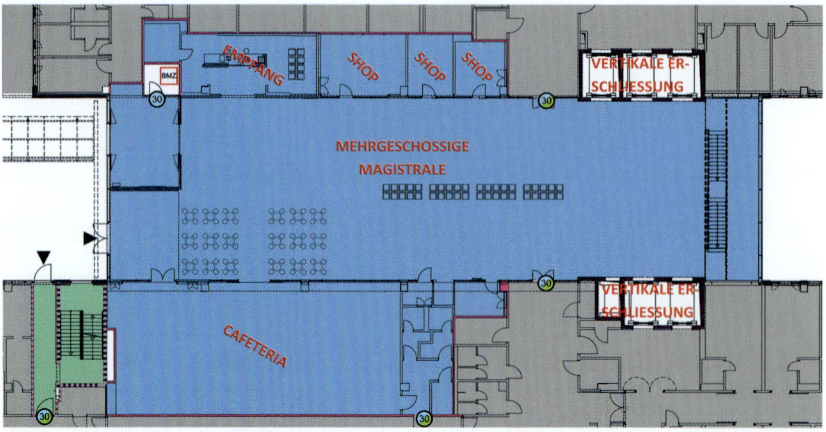

Abb. H-30: Ausschnitt Grundriss mehrgeschossige Magistrale mit Shops und Cafeteria durch Brandbekämpfungsanlage (blau) geschützt

Schutz vor Brandausbreitung

Sofern Eingangshallen und Magistralen anstelle innerer Brandwände eingesetzt werden, ist eine Mindestbreite vom 10 m zwischen Gebäudeteilen erforderlich. Dies entspricht den Anforderungen nach § 6 Abs. 2 Nr. 1 MVKVO. Außerdem sind mindestens in den Hallen selbst und in angeschlossenen Übergangsbereichen automatische Feuerlöschanlagen einzusetzen (siehe Abb. H-30). Diese Anforderung weicht leicht von § 6 Abs. 2 Satz 1 MVKVO ab, in dem Sprinkleranlagen für die gesamte Verkaufsstätte gefordert werden. Da sich Verkaufsstätten hinsichtlich Betrieb, Personen und Brandlasten deutlich von der Krankenhausnutzung abheben, ist diese Situation unter Beachtung der Schutzziele (siehe Kapitel C.2) zu bewerten. Ein möglicher Brandüberschlag kann durch brandlastarme Bereiche in Verbindung mit einer geeigneten automatischen Brandbekämpfungsanlage schutzzielorientiert eine Brandausbreitung zwischen Gebäudeteilen vermieden werden. Das gesamte Krankenhaus in den Umfang der Brandbekämpfungsanlagen einzubeziehen, ist aus Sicht der Autoren nicht zwingend erforderlich. Bei der Planung der Brandbekämpfungsanlagen ist unbedingt die maximal zulässige Einbauhöhe von Sprinklerköpfen oder Wassernebeldüsen zu beachten, damit die Anlage durch die in der Regel nur geringen Brandlasten auch tatsächlich ausgelöst werden kann. Sind punktuell höhere Brandlasten vorhanden, können diese Bereiche durch zusätzliche Sprinklerköpfe oder Wassernebeldüsen geschützt werden.

Rauch- und Wärmeableitung

Magistralen sind oft mehrgeschossig als Hallen zwischen Gebäudeteilen errichtet. Offene Treppen oder in die Magistrale öffnende Fenster aus den Nutzungen sind die Regel. Daher müssen in die Magistrale eintretender oder dort bei einem Brand entstehender Rauch und die Hitze aus der Verbrennung wirksam abgeführt werden können. Da automatische Brandbekämpfungsanlagen erforderlich sind, muss das Auslösen der Anlagentechnik aufeinander abgestimmt sein. Die Rauchableitungsöffnungen sind in

Anzahl und Größe nach § 16 Abs. 4 MVKVO zu bemessen. Ein natürliches Rauch- und Wärmeabzugsgerät (NRWG) mit einem aerodynamisch freien Querschnitt von 1,5 m^2 je 20 m Eingangshalle ist vorzusehen. Damit ist die MVKVO mit 1 NRWG je 200 m^2 Grundfläche deutlich konservativer als der vergleichbare Ansatz nach Muster-Industriebaurichtlinie (1 NRWG je 400 m^2). Jedoch liegt das Schutzziel in der Magistrale respektive Ladenstraße mit deutlichem Fokus auf Sicherheit der Nutzenden im Gegensatz zum Unterstützen wirksamer Löscharbeiten im Industriebau. Die Wärmeableitung des (Kalt-)Rauchs vom Tragwerk wird ebenfalls positiv unterstützt. Gleiches gilt für das Wegleiten des Rauchs über das Dach, um den Eintritt über Fenster zur Magistrale in angrenzende Bereiche zu vermeiden.

Maschinelle Rauchableitung ist in den seltensten Fällen im Krankenhaus sinnvoll, da diese nur bei niedrigen, nicht mehrgeschossigen Räumen zum Einsatz kommt. Sollte eine Eingangshalle tatsächlich nicht mehrgeschossig geplant werden, ist die brandschutztechnische Betrachtung als notwendiger Flur (siehe Kapitel F.10) unter Umständen sinnvoller als der oben aufgezeigte Ansatz.

Flucht- und Rettungswege

§ 10 Abs. 3 MVKVO räumt Erleichterungen hinsichtlich der zulässigen Flucht- und Rettungsweglänge innerhalb von Ladenstraßen gegenüber § 35 MBO ein. Auf oder innerhalb von Ladenstraßen sind zusätzlich zur Flucht- und Rettungsweglänge nach § 35 MBO aus den angrenzenden Nutzungen von nochmals 35 m möglich. Aus Sicht der Autoren kann, sofern die vorgenannten Anforderungen der Verkaufsstätte umgesetzt werden, dies auch für Eingangshallen und Magistralen gelten. In diesen Bereichen sind in der Regel nur Personen unterwegs, die sich selbstständig retten können, oder nicht selbstrettungsfähige Personen in Begleitung.

Bei ausgedehnten Gebäuden kann es trotz ausgewogener Planung dazu kommen, dass notwendige Treppenräume an oder in Magistralen grenzen oder enden. Diese Lösung ist nicht nach § 12 Satz 2 MVKVO vorgesehen. Ausgänge notwendiger Treppenräume dürfen nicht in Magistralen oder Eingangshallen münden und über diese ins Freie führen. Auch im Krankenhaus ist diese Ausführung eine Abweichung von § 35 Abs. 3 MBO. Oft können notwendige Treppenräume nicht so angeordnet werden, dass sie entweder direkt oder über eine Treppenraumerweiterung ins Freie führen. Sofern diese Abweichung beantragt werden soll, ist genau zu prüfen, welcher Personenkreis auf den betreffenden notwendigen Treppenraum angewiesen ist. Für weitestgehend zur Selbstrettung fähige Personen kann diese Abweichung genehmigt werden. Die Rahmenbedingungen sind eng mit dem Betrieb und den beteiligten Behörden früh in der Planung abzustimmen. Diese Lösung kann sinnvoller sein, als Nutzerinnen und Nutzer über eine im Untergeschoss angeordnete Treppenraumerweiterung (Fluchttunnel) ins Freie zu führen. Dies wird oft nicht oder nicht gut als Ausgang von Nutzerinnen und Nutzern wahrgenommen, die das Krankenhaus nicht täglich betreten.

H.2.2 Cafeterien [3.01.02]

Cafeterien können, abhängig von ihrer räumlichen Anordnung und der für Besuchende zugänglichen Grundfläche, entweder als Gaststätten nach § 2 Abs. 4 Nr. 8 MBO oder als Versammlungsstätten nach § 2 Abs. 4 Nr. 7a MBO eingestuft werden. Insbesondere bei der räumlichen Anordnung mit direkter Anbindung an Magistralen oder Eingangshallen muss geprüft werden, ob Flucht- und Rettungswege über die vorgenannten Verkehrsflächen oder unabhängig davon geführt werden.

Ansatz als Gaststätte

Soll die Cafeteria als Gaststätte bewertet werden, liegt die Anzahl der Gastplätze bei 41 bis 200. Formal ist sie als nicht geregelter Sonderbau nach § 2 Abs. 4 Nr. 8 MBO einzustufen. Aus Sicht der Autoren werden keine zusätzlichen anlagentechnischen oder organisatorischen Maßnahmen über die im Krankenhaus ohnehin erforderlichen hinaus benötigt. Mittels der automatischen Brandmelde- und Alarmierungsanlage können Besuchende im Gefahrenfall schnell und zielgerichtet informiert werden. Hinsichtlich der Flucht- und Rettungswege gibt es jedoch in der LBO keine verpflichtenden Mindestangaben (siehe § 34 Abs. 5 MBO). Da bei der Beurteilung als Gaststätte die Versammlungsstättenverordnung (M-VStättVO) absichtlich nicht angesetzt wird, sollten hier über das Bauordnungsrecht hinaus die erforderlichen Breiten der Flucht- und Rettungswege nach Arbeitsstättenregel ASR A2.3 (siehe Kapitel E.1.1.1) ermittelt werden. Eine Verlängerung der zulässigen Flucht- und Rettungsweglänge analog zu § 7 Abs. 1 M-VStättVO ist entsprechend auch nicht automatisch gegeben, sondern muss im Brandschutzkonzept aufgezeigt und begründet werden.

Ansatz als Versammlungsstätte

Es ist wichtig, in der Planung auch beim Betrieb abzufragen, ob die Cafeteria unabhängig von der Anzahl der Gastplätze als Versammlungsraum für Betriebsveranstaltungen genutzt werden soll. Auch sollte hinterfragt werden, ob Sitzplätze analog zu Versammlungsstätten auch in einer Reihenbestuhlung für Veranstaltungen angeordnet werden sollen. So können im Vorfeld besondere Nutzungen, wie Feiern oder Vorträge, mit geringem Aufwand direkt mitbedacht werden. Im Zuge der Genehmigungsplanung sind entsprechende Bestuhlungspläne nach § 44 Abs. 5 M-VStättVO unter Berücksichtigung der Abstände zwischen Tischen und Stuhlreihen nach § 10 M-VStättVO aufzustellen. Im Gegensatz zur Bewertung als Gaststätte sind hier zwingend die Mindestbreiten für Flucht- und Rettungswege nach § 7 Abs. 4 M-VStättVO anzusetzen. Niedrigere Abstufungen, wie bei Ansatz der ASR A2.3, sind hier nicht möglich. Je angefangene 200 Besuchende sind lichte Breiten im Zuge von Flucht- und Rettungswegen von mindestens 1,20 m vorzusehen, wobei bei mehr als 200 Personen interpoliert werden darf. Außerdem müssen alle Treppen im Zuge von Flucht- und Rettungswegen für die Versammlungsstätte über die Anforderungen im Krankenhaus hinaus mit einer Stufenbeleuchtung nach § 15 Abs. 2 Nr. 8 M-VStättVO ausgestattet werden.

Maßnahmen im Anschluss an Eingangshallen/Magistralen

Sofern Cafeterien im Sinne von Gaststätten oder Versammlungsstätten direkt an Eingangshallen oder Magistralen anschließen oder Flucht- und Rettungswege über diese führen, sind zusätzliche Maßnahmen erforderlich. Die Hälfte der erforderlichen Flucht- und Rettungswegkapazitäten darf nach § 6 Abs. 3 M-VStättVO über Eingangshallen oder Magistralen geführt werden. Die erforderliche Brandmelde- und Alarmierungsanlage ist ohnehin im Krankenhaus vorhanden.

Ein Aspekt, der bei Flucht- und Rettungswegen in großen Krankenhäusern aufgrund ihrer Ausdehnung in der Fläche immer wieder zum Tragen kommt, ist auch für Versammlungsstätten nach § 6 Abs. 3 Satz 2 M-VStättVO explizit ausgeschlossen. Ausgänge notwendiger Treppenräume dürfen nicht in Magistralen oder Eingangshallen münden und über diese ins Freie führen. Auch im Krankenhaus ist diese Ausführung eine Abweichung von § 35 Abs. 3 MBO. Oft können notwendige Treppenräume nicht so angeordnet werden, dass sie entweder direkt oder über eine Treppenraumerweiterung ins Freie führen. Der Ansatz für Flucht- und Rettungswege an Magistralen (siehe Kapitel H.2.1) kann hier analog angewandt werden.

Sowohl bei der Bewertung als Versammlungsstätte als auch beim direkten Anschluss an Magistralen und Eingangshallen sind die Anforderungen an die Rauchableitung sowie an die mögliche Brandweiterleitung zu beachten. Die Rauchableitung kann über eine angrenzende Magistrale oder Eingangshalle erfolgen. Dabei ist die Cafeteria aber in den Umfang der automatischen Brandbekämpfungsanlage der Magistrale einzubeziehen.

H.3 Ver- und Entsorgung [5.00]

H.3.1 Arzneimittelversorgung/Apotheken [5.02]

Die zentrale Arzneimittelversorgung im Krankenhaus ist in der Regel als Logistik- und Lagerfläche einzustufen. Die einzelnen Funktionsstellen im Betrieb bestellen hier den jeweiligen Tagesbedarf. Brandschutztechnisch ist die Arzneimittelversorgung daher als Lagerbereich mit feuerbeständigen Trennwänden und mindestens feuerhemmenden Abschlüssen von angrenzenden Bereichen zu trennen. Dies dient nicht nur zum Schutz angrenzender Bereiche von der in der Arzneimittelversorgung gelagerten Gütern (Brandlasten), sondern insbesondere dem Schutz der gelagerten Arzneibestände. Diese sind als Ganzes gesehen ein kritischer Baustein des Krankenhausbetriebs. Eine frühzeitige Erkennung von Bränden und gegebenenfalls eine bauliche Unterteilung innerhalb des Lagers kann maßgeblich zum Aufrechterhalten des Krankenhausbetriebs im Brandfall beitragen. Je nach Lieferketten und -fristen für bestimmte Arznei- und Verbrauchmittel ist dies in Abstimmung mit der Betriebsplanung festzulegen.

H.3.2 Sterilgutversorgung (AEMP) [5.03]

Die Abläufe in einer AEMP erfordern unterschiedliche Zonen (z. B. Lager, Packzone, Desinfektionszone), die aus organisatorischen und technischen Gründen nur mit sehr hohem Aufwand brandschutztechnisch voneinander getrennt werden können. Infolgedessen sind derartige Bereiche als zusam-

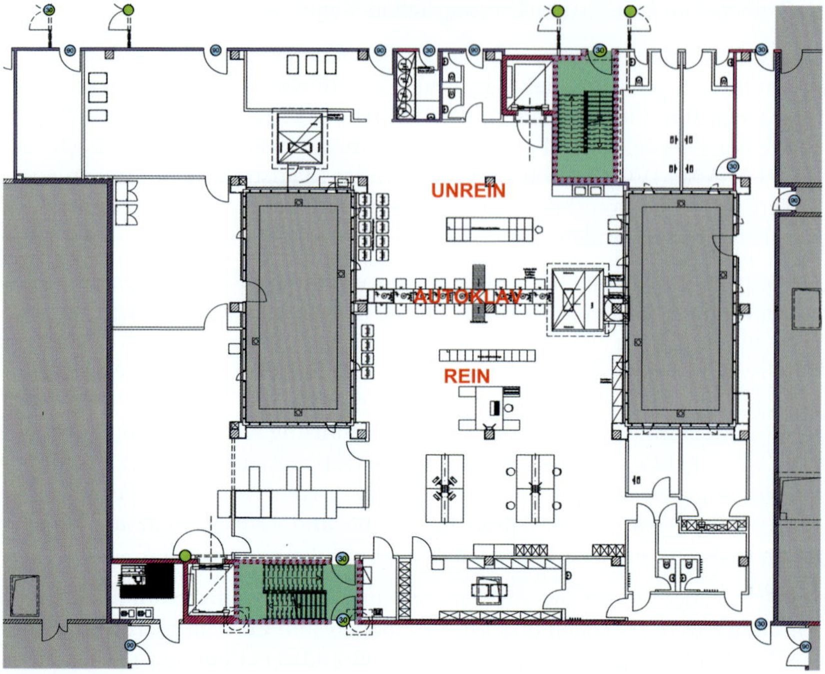

Abb. H-31: Ausschnitt Grundriss Funktionsstelle Sterilgutversorgung, Darstellung Unterteilung

menhängende Funktionseinheit zu betrachten und können Flächen von mehreren 100 m² aufweisen (siehe Abb. H-31).

Die brandschutztechnische Abgrenzung zu umliegenden Verkehrswegen und Nutzungen erfolgt grundsätzlich durch feuerbeständige Trennwände. Weiterhin ist den innen liegenden Fahrschächten der Transportaufzüge ein mindestens feuerhemmender und rauchdichter Abschluss vorzusetzen, um eine Brand- und Rauchausbreitung in den angeschlossenen OP-Bereich zu verhindern (siehe Kapitel H.0.3). Um wirksame Löscharbeiten zu ermöglichen, kann darüber hinaus eine automatische Löschanlage erforderlich werden (siehe Kapitel I.10).

Hinweis

> Die Fehlauslösung einer Löschanlage kann erhebliche Auswirkungen auf die Funktion der AEMP und damit den OP-Betrieb haben. Um das Risiko zu minimieren, sollte daher eine vorgesteuerte Löschanlage Anwendung finden. Bei der Konzeptionierung ist zu bedenken, dass ablaufbedingt auch höhere Temperaturen (z. B. Wasserdampf) auftreten können. Anstelle der üblichen roten Sprinklerköpfe (Auslösetemperatur 68 °C) sind in den gefährdeten Gerätezonen blaue Köpfe mit einer Auslösetemperatur von 93 °C zu empfehlen. Um Fehlplanungen zu verhindern, ist eine frühzeitige Abstimmung mit der Geräteplanung erforderlich.

Neben den beschriebenen Maßnahmen zur Unterstützung der Löscharbeiten sind selbstverständlich auch Überlegungen zur Eigenrettung der anwesenden Beschäftigten anzustellen. Hierfür ist es zwingend erforderlich, dass aus jeder Zone mindestens 2 Rettungswege auf umliegende notwendige Flure bzw. in sichere Bereiche zur Verfügung stehen. Weiterhin ist eine akustische Alarmierung vorzusehen; diese setzt zwingend eine flächendeckende Überwachung mit automatischen Feuermeldern voraus. Eine Branddetektion über die Löschanlage würde zu spät auslösen und ist aus Gründen der Personensicherheit nicht ausreichend.

Wie im OP-Bereich können vorhandene Fenster aus hygienischen Gründen nicht geöffnet werden. Um dennoch Entrauchungsmaßnahmen zu ermöglichen, sind ausreichend Fenster mit geeigneten Öffnungsmechanismen (z. B. Feuerwehrschließung, Verschlusseinrichtungen nach DIN 14925 „Feuerwehrwesen – Verschlusseinrichtung" [2020]) zu versehen und zu kennzeichnen. Ist dies nicht möglich, ist eine ausreichend dimensionierte mechanische Entrauchung vorzusehen.

Hinweis

> Mechanische Entrauchungsanlagen werden im Regelfall automatisch über die Brandmeldeanlage angesteuert. Dies ist bei einer AEMP nicht zu empfehlen, da der Sterilbereich dann im Fall jeder Fehlauslösung kontaminiert wird. Stattdessen sind manuelle Auslösetaster in den Zugangswegen für die Feuerwehr vorzusehen.

H.3.3 Bettenaufbereitung [5.05]

Die Anforderungen und Abläufe bei der Bettenaufbereitung sind klar definiert (siehe Kapitel A.3.3). Abhängig von der internen Organisation sind jedoch unterschiedliche Raumkonstellationen und damit Auswirkungen auf die brandschutztechnische Konzeptionierung möglich.

H.3.3.1 Zentrale Bettenaufbereitung

Eine zentrale Bettenaufbereitung weist im Regelfall große Flächen und damit auch große Mengen an brennbarem Material (z. B. Matratzen, Bettzeug, Chemikalien) auf (siehe Abb. H-32). In Verbindung mit potenziellen Brand-

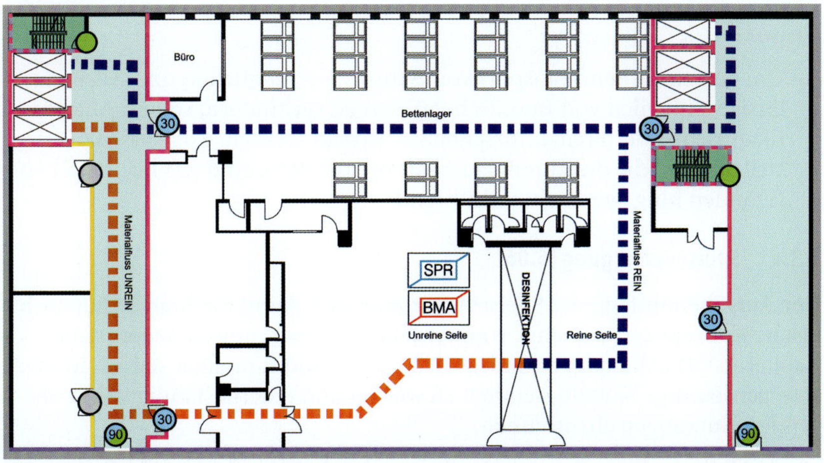

Abb. H-32: Ausschnitt Grundriss Funktionsstelle zentrale Bettenaufbereitung mit Materialfluss

quellen (z. B. technischen Anlagen, Ladeerhaltung der Betten) sind derartige Bereiche als Raum mit erhöhter Brandgefahr (siehe Kapitel F.4.2.2) einzustufen und feuerbeständig von umliegenden Nutzungen abzutrennen. Je nach Größe kann zusätzlich eine selbsttätige Löschanlage (siehe Kapitel I.10) erforderlich werden.

Analog zu einer AEMP (siehe Kapitel H.3.2) kommt es infolge der großen Ausdehnung häufig zu einer Überschreitung der zulässigen Rettungsweglängen. Um dennoch die schnelle Eigenrettung der Beschäftigten zu ermöglichen, sind ausreichend Ausgänge auf notwendige Flure bzw. in sichere Bereiche zu schaffen und eine akustische Alarmierung vorzusehen. Auch eine flächendeckende Überwachung mit automatischen Feuermeldern ist aus Gründen der Personensicherheit zwingend erforderlich.

H.3.3.2 Dezentrale Bettenaufbereitung

Im Gegensatz zu einer zentralen Bettenaufbereitung weisen Räume für die dezentrale Bettenaufbereitung eine deutlich geringere Grundfläche und damit auch geringere Brandlasten auf. Werden ausschließlich Reinigungsarbeiten durchgeführt und die Anforderungen aus dem Arbeitsschutz erfüllt (z. B. benötigte Gefahrstoffe nur in tagesüblichen Mengen bzw. darüber hinausgehende Mengen in Sicherheitsschränken, ausreichend dimensionierte Lüftung), ist eine erhöhte Brand- bzw. Explosionsgefahr aus Sicht der Autoren nicht automatisch gegeben. Die baulichen Anforderungen sind damit stark von betrieblichen Abläufen abhängig und eine pauschale Einstufung schwer möglich. Letztendlich müssen die Anforderungen objektspezifisch definiert werden; dies setzt eine enge Abstimmung mit dem Betreiber voraus.

Spätestens wenn mehrere Betten gleichzeitig aufgearbeitet werden sollen, kann einer Überschreitung der Arbeitsplatzgrenzwerte nicht ausgeschlossen werden (DGUV Information 207-206, 2024) und es erhöht sich automatisch auch die Brand- und Explosionsgefährdung. In diesem Fall ist eine feuerbeständige Abtrennung aus Sicht der Autoren zwingend notwendig. Abschlüsse sind dann mindestens feuerhemmend, rauchdicht und selbst schließend vorzusehen.

Hinweis

> Um den einfachen Transport von Betten zu ermöglichen und das unzulässige Aufkeilen von Brandschutztüren zu verhindern, sollten Automatikantriebe oder Freilauftürschließer verbaut werden. Zugelassene Feststellanlagen, die die Türen dauerhaft offen halten, sind aus hygienischen Gründen hingegen nicht zielführend.

H.3.4 Speiseversorgung [5.06]

Der Aufgabenumfang der Speiseversorgung und damit die brandschutztechnische Konzeption sind stark vom jeweiligen Versorgungskonzept (siehe Kapitel A.3.4) abhängig. Grundsätzlich ist die Funktionsstelle jedoch immer als eigenständige Nutzungseinheit zu werten und feuerbeständig von umliegenden Nutzungen abzutrennen.

Hierbei können Einheiten mit deutlich mehr als 200 m^2 Grundfläche entstehen. Ist der Anschluss aller Räume an einen notwendigen Flur nicht möglich

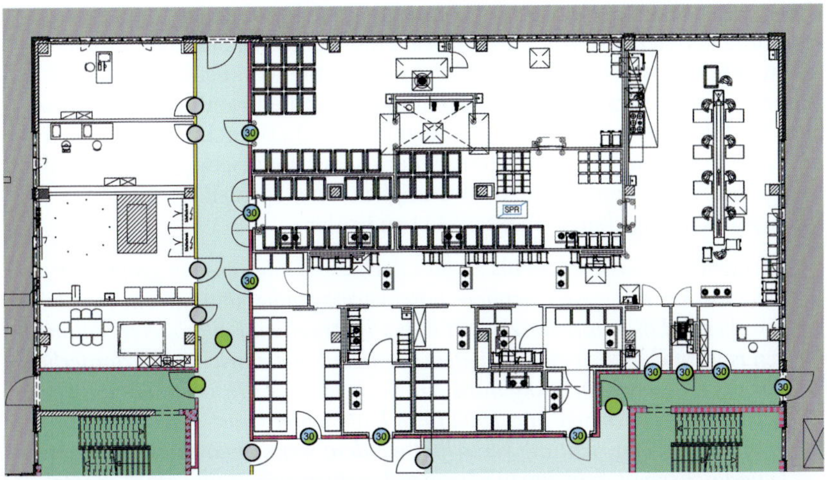

Abb. H-33: Grundriss einer Verteilerküche ohne Koch- und Aufbereitungsbereich

Abb. H-34: Großküche mit Kochstellen

und die Ausbildung interner notwendiger Flure aus nutzungstechnischen Gründen nicht gewünscht (siehe Abb. H-33), sind zwingend eine vollflächige Überwachung durch automatische Feuermelder und eine akustische Alarmierung der Beschäftigten vorzusehen.

Warmküchen

Warmküchen sind durch eine hohe Anzahl von Wärmequellen (z. B. Herd, Backofen, Konvektomaten, Fritteusen) und erhebliche Brandlasten (z. B. Fette) gekennzeichnet (siehe Abb. H-34). Sind entsprechende Bereiche vorhanden, sind diese zwingend als Räume mit erhöhter Brandgefahr zu bewerten.

Neben einer feuerbeständigen Abtrennung ist sicherzustellen, dass eine Abschaltung der elektrischen Anlagen von einer zentralen Stelle außerhalb der Küche möglich ist (VdS 2226, 2008). Zum Löschen von Fettbränden sind zudem immer geeignete Löscheinrichtungen für die Brandkasse F vorzusehen. Nach Kapitel 3.3.1 der DGUV Regel 110-003 „Branche Küchenbetriebe" (2019) sind hierfür mindestens Feuerlöscher vorzusehen, ab einer Füllmenge von 50 l ist zudem die Notwendigkeit einer speziellen Küchenlöschanlage (siehe Kapitel I.11) zu prüfen:

> *„Bei einer Füllmenge von bis zu 50 Litern ist mindestens ein geeigneter Feuerlöscher mit ausreichendem Löschvermögen bereitzuhalten, eine entsprechende Löschmittelreserve ist dabei vorzusehen. Bei größeren Füllmengen ist grundsätzlich eine geeignete ortsfeste Löscheinrichtung erforderlich. Für diese Löscheinrichtung muss ein Nachweis der Wirksamkeit vorliegen. Bis zu einer Fettmenge von 100 Litern kann unter Umständen auf eine ortsfeste Löscheinrichtung verzichtet werden, wenn ersatzweise geeignete Feuerlöscher mit dem entsprechenden Löschvermögen und einer zusätzlichen Löschmittelreserve bereitgehalten werden. Eine in der Handhabung der Feuerlöscher geübte, schriftlich benannte Person muss anwesend sein."*

Hinweis:

> Um zu vermeiden, dass Wasser in heißes Fett bzw. Öl gelangen kann, ist bei der Küchenplanung darauf zu achten, dass sich in der Nähe von Fritteusen und Woks keine Wasserzapfstellen oder Geräte mit Flüssigkeiten (z. B. Warmwasserbäder, Sous-vide-Garer oder Kochkessel) befinden. Nach DGUV Regel 110-003 kann der Überschlag von Wasser in heißes Fett/Öl auch durch eine Abtrennung aus nicht brennbaren Baustoffen verhindert werden.

Ebenso ist zu bedenken, dass beim Kochen, Garen und Wrasen erhebliche Fettdämpfe anfallen und zu Ablagerungen in Lüftungsanlagen führen. Um einer Brandgefahr vorzubeugen, müssen Abluftkanäle gewerblicher Küchen nach Abschnitt 8 M-LüAR aus nicht brennbaren Materialien bestehen und vom Austritt aus der Küche an mindestens die Feuerwiderstandsklasse L 90 oder eine europäisch gleichwertige Klassifizierung aufweisen. Alternativ ist die Ausbreitung von Feuer und Rauch durch geeignete Absperrvorrichtungen (siehe Kapitel I.12.3) zu verhindern. Um regelmäßige Reinigungsarbeiten zu ermöglichen, müssen Abluftleitungen an jeder Richtungsänderung, vor und hinter den Absperrvorrichtungen und in ausreichender Anzahl in gerade geführten Leitungsabschnitten Reinigungsöffnungen haben.

Hinweis

> Die Brandentstehungsrisiken in Abluftanlagen von Küchen sind stark abhängig von Anzahl und Qualität der Reinigungen. Nach der bayerischen „Verordnung über die Verhütung von Bränden (VVB)" sind Reinigungen mindestens zweimal jährlich durchzuführen. Der bauliche und organisatorische Aufwand kann deutlich reduziert werden, wenn Abluftleitungen unmittelbar in das Freie geführt werden.

Kühlräume

Aufstellräume für Kälteaggregate sollten nach VdS 2032 „Brandschutz für Kühl- und Tiefkühllager, Leitfaden für die Planung, Ausführung und den Betrieb" (2008) feuerbeständig abgetrennt werden und an Außenwänden des Gebäudes liegen. Ein Hauptschalter für die Abschaltung muss außerhalb der Räume angeordnet werden. Für den Betrieb sind möglichst nicht brennbare Kältemittel zu verwenden, andernfalls sollten Räume mit Kälteanlagen und Kältemittelvorrat über eine Gaswarnanlage verfügen.

Regeneration in Speisewagen

Das Aufwärmen der Speisen unmittelbar in den Speisewagen setzt geeignete Systeme (z. B. Induktion) voraus. Es ist zu bedenken, dass infolge der erheblichen elektrischen Leistung eine potenzielle Brandgefahr beim Aufwärmen bestehen kann. Infolgedessen gibt es regelmäßig Diskussionen zur Einstufung der Aufstellräume von Speisewagen.

Erfolgt die Regeneration in einem zentralen Raum (siehe Abb. H-33), ist dieser aus Sicht der Autoren immer als Raum mit erhöhter Brandgefahr zu werten. Werden einzelne Speisewagen hingegen direkt auf Station erwärmt, ist eine entsprechende Anforderung nicht zwingend erforderlich. Je nach Bauweise der Station und Risiko (Patientenklientel), kann eine Abtrennung jedoch sinnvoll sein. Aus Sicht der Autoren ist es immer zielführend, wenn Abschlüsse entsprechender Räumlichkeiten über einen Freilauftürschließer verfügen.

Hinweis

> Gerade bei der Umstellung auf ein externes Speiseversorgungssystem werden Anforderungen an Aufstellräume von Speisewagen häufig vergessen. Dies führt häufig zu Beanstandungen im Rahmen behördlicher Kontrollen.

H.3.5 Wäscheversorgung [5.07]

Abhängig von der Raumgröße können Räumlichkeiten der Wäscheversorgung hohe Brandlasten aufweisen. Infolgedessen sind mindestens raumabschließende Trennwände in der Feuerwiderstandsfähigkeit der tragenden Bauteile vorzusehen.

Weitere Maßnahmen sind in Räumlichkeiten für die Wäscheaufbereitung erforderlich. Hier bestehen spezifische Brandgefahren durch elektrische Defekte, Selbstentzündung fettverschmutzter Wäschestücke (Fachbereich aktuell FBFHB-009, 2020) oder Überhitzung. In Verbindung mit den Brandlasten sind derartige Bereiche als Räume mit erhöhter Brandgefahr (siehe Kapitel F.4.2.2) zu werten und feuerbeständig von umliegenden Nutzungen abzutrennen. Abluftkanäle sollten zudem aus nicht brennbaren Baustoffen bestehen und möglichst unmittelbar in das Freie geführt werden (VdS 2226, 2008). Darüber hinaus muss eine Abschaltung der Energieversorgung an einer zentralen Stelle außerhalb des Wäschereibereiches möglich sein.

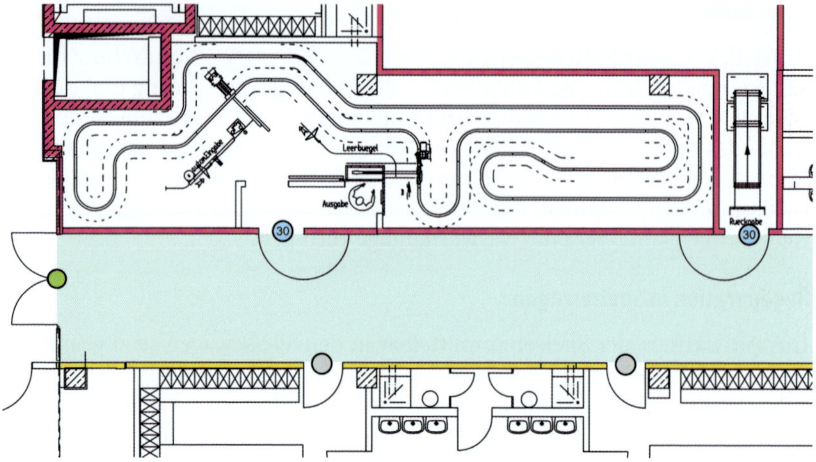

Abb. H-35: Grundriss automatisierte Wäscheausgabe

Eine Besonderheit kann die Ausgabe der Dienstkleidung darstellen, da sich gerade hier ein Trend zu automatisierten Abläufen (siehe Kapitel B.6) abzeichnet. Sind derartige Systeme oder Anlagen vorhanden (siehe Abb. H-35), müssen diese im Brandfall automatisch deaktiviert werden, um einen gefahrlosen Zutritt für die Feuerwehr zu ermöglichen. Neben der automatischen Abschaltung muss auch hier eine manuelle Deaktivierung an einer zentralen Stelle außerhalb der Anlage vorhanden sein.

H.3.6 Geräteversorgung, Wartung und Reparatur [5.04, 5.08]

Die Nutzung von Werkstätten kann sehr unterschiedlich sein und lässt sich nicht pauschalisieren, im Regelfall ist jedoch eine feuerbeständige Abtrennung schutzzielorientiert. Gerade bei Werkstätten für Medizingeräte ist zu bedenken, dass häufig leistungsstarke Lithium-Ionen-Akkumulatoren verbaut sind. Da Fehlfunktionen nicht ausgeschlossen werden können, sind nach DGUV Information 205-041 geeignete Vorkehrungen zur Separierung defekter Akkumulatoren (z. B. separater Lagerraum, Sicherheitsschrank, Havariefläche im Freien) zu treffen. Auch für die Lagerung von Akkumulatoren sollten entsprechende Überlegungen angestellt werden. Abhängig von der Größe der Werkstatt kann die Ausstattung mit einer automatischen Löschanlage (siehe Kapitel I.10) sinnvoll sein, in jedem Fall sind Lagerräume durch automatische Feuermelder zu überwachen.

H.3.7 Abfallentsorgung [5.09]

Bei der Abfallentsorgung ist grundsätzlich zwischen dezentralen und zentralen Sammelstellen zu unterscheiden. Bei zentralen Sammelstellen (siehe Abb. H-36) lagern die Stoffe mehrere Tage bis zur Abholung, dezentrale Lager (siehe Abb. H-37) werden hingegen täglich oder ggf. sogar mehrmals täglich entleert.

Brandschutztechnische Anforderungen an Sammelräume sind in den bekannten Regelungen zum Krankenhausbau nicht eindeutig definiert, ergeben sich jedoch unmittelbar aus § 45 MBO. Hiernach ist die vorübergehende

Abb. H-36: Zentrale Sammelstelle

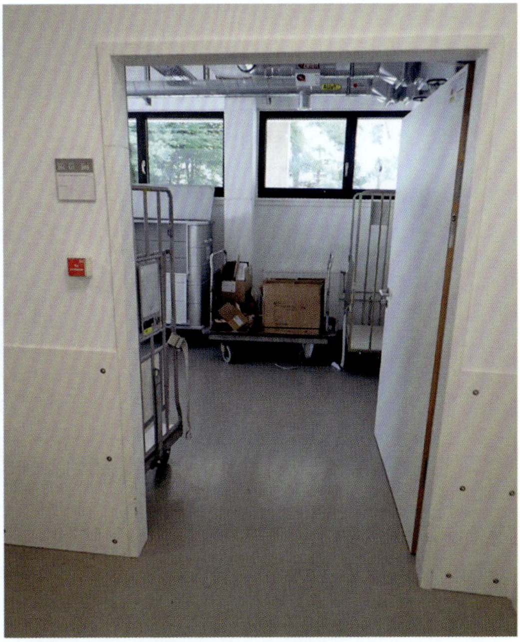

Abb. H-37: Dezentrale Sammelstelle

Aufbewahrung fester Abfallstoffe in Gebäuden nur möglich, wenn Trennwände und Decken als raumabschließende Bauteile in der Feuerwiderstandsfähigkeit der tragenden Bauteile ausgeführt werden. Öffnungen sind mindestens feuerhemmend, dicht und selbst schließend auszuführen.

H.3.7.1 Dezentrale Entsorgungsräume

Das größte Müllaufkommen entfällt auf die Betten- und Pflegebereiche. Da Pflegekräfte ihren Bereich nicht ohne Weiteres verlassen dürfen, müssen Sammelmöglichkeiten direkt auf der Station oder zumindest in unmittelbarer Nähe zur Verfügung stehen. Die Größe richtet sich nach dem Bedarf, soll aber nach DGUV Information 207-027 bei Intensivstationen eine Grundfläche von mindestens 6 bis 8 m^2 aufweisen. Aus Sicht der Autoren ist diese Größe auch bei Allgemeinstationen angemessen. Auch für sonstige Bereiche sind in der Regel dezentrale Sammelräume erforderlich, hier können den Beschäftigten jedoch auch größere Laufwege zugemutet werden.

Hinweis

> Nach Erfahrung der Autoren fehlt es bei Bauherren häufig an einem Grundverständnis für die logistischen Abläufe. Infolgedessen werden Logistikflächen in der Planung meist nicht ausreichend berücksichtigt oder werden vorschnell als Einsparmöglichkeiten identifiziert. Dies führt zwangsläufig zu Ablagerungen (z. B. Abfälle, Betten, Schmutzwäsche) in Rettungswegen und neben brandschutztechnischen auch zu hygienischen Risiken. Alle Planenden sind daher angehalten, hierauf aufmerksam zu machen.

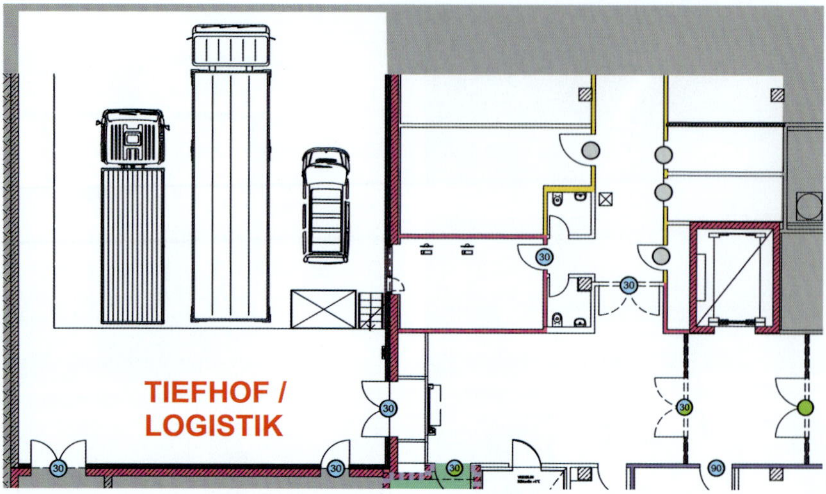

Abb. H-38: Grundriss zentrale Sammelstelle und Laderampe

Gerade bei dezentralen Sammelräumen gibt es immer wieder Diskussionen zur Notwendigkeit einer Ausführung nach § 45 MBO. Hierzu ist festzustellen, dass die Regelungen eindeutig auf die Raumnutzung abzielen und keine Größenangaben beinhalten. Es ist jedoch davon auszugehen, dass die Anforderungen auf eine dauerhafte Lagerung und größere Mengen ausgerichtet sind. Bei sehr kleinen Lagermengen (z. B. Abfallbehälter in einem Schrankteil oder einem Container) und geringer Lagerdauer ist eine Reduktion der Anforderungen damit theoretisch denkbar. Diese Bedingungen können in der Regel jedoch nur bei dezentralen Sammelstellen in Büro- und Verwaltungsbereichen zuverlässig eingehalten werden. In Betten- und Pflegebereichen ist eine feuerbeständige Abtrennung damit in der Regel zwingend erforderlich. Über die Anforderungen des § 45 MBO hinaus sind Abschlüsse in patientenführenden Bereichen zusätzlich rauchdicht auszuführen.

Hinweis

> Um zu verhindern, dass Türen im laufenden Betrieb unzulässig offen gehalten werden, sind Freilauftürschließer oder Türen mit Automatikantrieb vorzusehen. Das ständige Offenhalten der Türen über Feststellanlagen ist aus hygienischen Gründen hingegen wenig zielführend.

H.3.7.2 Zentrale Sammelstellen

Zahlreiche Abfälle (z. B. Papier) werden in Containern und Müllpressen gesammelt. Diese werden im Regelfall im Freien aufgestellt und stellen ein potenzielles Risiko für eine Brandstiftung dar. Aufstellorte sind daher in einem Mindestabstand von 5 m zu Gebäuden zu errichten (VdS 2207, 1988). In der Praxis werden Container jedoch meist in unmittelbarer Nähe zum Gebäude an Laderampen im Betriebshof oder an speziell konzipierten Abladestellen aufgestellt. Um einen Brandüberschlag auf das Gebäude zu verhindern, sind angrenzende Bauteile dann fensterlos und feuerbeständig auszuführen (siehe Abb. H-38). Ist im Gebäude eine Infrastruktur für eine automatische Löschanlage vorhanden, sollten überdachte Aufstellorte, Laderampen und Betriebshöfen unbedingt in den Schutzumfang einbezogen werden. Infolge der bestehenden Frostgefahr sollte hierbei eine Trockenanlage (siehe Kapitel I.10) realisiert werden.

Neben den klassischen Abfallprodukten (z. B. Papier, Hausmüll) fallen im Krankenhausbereich regelmäßig auch Sonderabfälle (z. B. halogenhaltige Lösemittel) an. Diese sind bis zur Abholung durch einen Entsorger in einem geeigneten Raum zu lagern. Die Anforderungen hierfür sind nicht im Baurecht geregelt, sondern ergeben sich aus der „TRGS 510 Lagerung von Gefahrstoffen in ortsbeweglichen Behältern" (2020). Um auf alle Eventualitäten vorbereitet zu sein, empfiehlt es sich, den Raum feuerbeständig aufzuführen. Weiterhin sollte dieser als explosionsgefährdeter Bereich angesehen und in die Zone 2 eingeteilt werden.

H.4 Sonstiges [7.00]

H.4.1 Hubschrauberlandeplätze [7.01.03]

Im Wesentlichen gibt es 2 Varianten des Hubschrauberlandeplatzes in Krankenhäusern der Maximalversorgung oder in Spezialkliniken. Landeplätze sind entweder in offenen Bereichen vorgelagert, die eine entsprechend bemessene, freie Anflugschneise voraussetzen, oder befinden sich auf Gebäuden des Klinikums mit direkter Anbindung an dessen Funktionsbereiche.

Im Folgenden werden nur Hubschrauberlandeplätze auf Gebäuden betrachtet. Diese sind in der Regel als Plattformen aus nicht brennbaren Baustoffen auf die tragenden und aussteifenden Bauteile des Gebäudes aufgesetzt. Sofern Hubschrauberlandeplätze nachträglich im Bestand eingebaut werden sollen, muss geprüft werden, ob das Tragwerk die erforderlichen Lasten aufnehmen kann, ertüchtigt werden muss oder ein externes, neues Tragwerk unabhängig vom Gebäude erforderlich ist. Das Tragwerk des Hubschrauberlandeplatzes ist dabei nicht brennbar, auch wenn Anforderungen an den Feuerwiderstand des Gebäudetragwerks bestehen.

Das Dach des Gebäudes unterhalb des Hubschrauberlandeplatzes ist mindestens als harte Bedachung mit ausschließlich nicht brennbaren Dämmstoffen auszuführen, sofern keine Aufenthaltsräume im Dachraum vorhanden sind. Sofern im Dachraum ständige Aufenthaltsräume vorhanden sind, muss zum Schutz der Personen das Dach im Feuerwiderstand der tragenden und aussteifenden Bauteile ausgeführt werden. Ein Anprall eines Hubschraubers auf das Dach wird in der Regel nicht als Lastfall angenommen, da die Plattform aus Stahl mit Verformung die Anprallenergie aufnimmt – ähnlich einer Knautschzone bei Pkw. Das Dach selbst ist daher nur hinsichtlich des Feuerwiderstands zu bemessen.

Die Anforderungen an Bemessung und Auslegung von Hubschrauberlandeplätzen sind nicht auf Landes-, sondern auf Bundesebene durch das Luftfahrtverkehrsgesetz (LuftVG) in Verbindung mit der Luftfahrtverkehrs-Zulassungsverordnung (LuftVZO) geregelt. Letztere legt die Zuständigkeit zum Erteilen der Genehmigung wiederum auf die jeweiligen Landesbehörden. Die Genehmigung wird durch die Luftfahrtbehörde in Verbindung mit der oberen Bauaufsicht erteilt.

Der Neubau oder die Erweiterung im Bestand um einen Hubschrauberlandeplatz ist immer mit dem maßgeblichen luftfahrttechnischen Gutachten nach § 51 LuftVZO und darauf aufbauender Genehmigung nach § 6 LuftVG verbunden. Dieses Gutachten regelt die Abmessungen, An- und Abfluglinien, den Lärmschutz und die anlagentechnischen Anforderungen an den Landeplatz. Darüber hinaus werden im Brandschutzkonzept die bauordnungsrechtlichen Schnittstellen, Belange der Feuerwehr und das Einbinden der nach LuftVZO erforderlichen Löschtechnik in das Gebäude bewertet.

Zum Einfügen in den Krankenhausbetrieb ist es wichtig, eine möglichst unmittelbare Verbindung zwischen dem Landeplatz und der zentralen Notaufnahme (siehe Kapitel A.0.1, H.0.1) und deren Schockräumen sowie der bildgebenden Diagnostik (siehe Kapitel A.0.5.1, A.0.5.2, A.0.5.3, H.0.5) sicherzustellen.

Auf Ebene des Hubschrauberlandeplatzes sind für den Betrieb Funktions- und Aufenthaltsräume erforderlich. Neben dem Flugbetriebsraum, über den An- und Abflüge überwacht sowie Löscheinrichtungen für die Feuerwehr gesteuert werden können, ist ein Aufenthaltsraum für die Flugbesatzung (Pilotenraum) erforderlich. Der Flugbetriebsraum benötigt am besten direkten Sichtkontakt zur Landeplattform. Kameraüberwachung ohne direkten Sichtkontakt ist möglich, sollte aber im Interesse der Überwachung von Lande- und Startvorgängen vermieden werden.

Die Anbindung des Hubschrauberlandeplatzes an die oben genannten Funktionsstellen erfolgt über mindestens einen Aufzug. Dieser Aufzug ist, vergleichbar mit Betten- oder Feuerwehraufzügen (siehe Kapitel I.16.6, I.16.7, I.16.8), an die Sicherheitsstromversorgung des Krankenhauses anzuschließen und mit einer Vorrangschaltung auszustatten, die das Signal der BMA zur Evakuierungsfahrt überschreiben kann. Dies dient nicht dazu, den Aufzug auch im Brandfall nutzen zu können, sondern bei Falschalarmen oder Fehlfunktionen der Brandmeldetechnik die Fahrt für das medizinische Personal freizugeben. Zudem ist es entscheidend, dass die Fahrt vom Hubschrauberlandeplatz zur Notfallmedizin oder von der Ebene der Operationsräume zum Hubschrauberlandeplatz nicht unterbrochen werden kann. Letztere Funktion der Vorrangschaltung ist allerdings nur dann erforderlich, wenn der Aufzug, der den Hubschrauberlandeplatz anbindet, auch im Regelbetrieb für andere Geschosse des Gebäudes zur Verfügung steht. Sollte der Aufzug nur auf Ebene des Landeplatzes und in ausgewählten Geschossen Haltestellen haben, ist trotzdem die erforderliche Anzahl an Nothaltestellen in den Geschossen dazwischen vorzusehen. Diese sind durch die Fachplanung für Aufzüge festzulegen. Vorräume für diesen Aufzug sind nicht zwingend erforderlich, sondern werden durch die Nutzung der jeweiligen Funktionseinheit (Notfallmedizin, Operationsbereich) bzw. durch die Zugangsbeschränkung für nicht eingewiesene Personen bestimmt. Dies ist im Einzelfall festzulegen.

In den Aufenthaltsräumen auf Ebene der Hubschrauberlandeplattform und auf der Plattform selbst dürfen sich ausschließlich eingewiesene Personen aufhalten. Im Krankenhaus muss entsprechend eingewiesenes Personal ständig vor Ort sein. Der Betrieb muss die Anwesenheit garantieren. Sofern kein eingewiesenes Personal im Dienst ist, kann der Hubschrauberlandeplatz nicht betrieben werden, bis wieder Personal vor Ort ist. Die Zugänglichkeit ist durch den Betrieb sicherzustellen und gegen unbefugtes Betreten zu schützen. Für den Hubschrauberlandeplatz und die angeschlossenen Räume müssen 2 voneinander unabhängige, möglichst entgegengesetzte Flucht- und Rettungswege vorhanden sein. Bei einem Brand am Hubschrauber muss die Gefahrenstelle weder für die Selbstrettung passiert werden noch für den Einsatz der Rettungskräfte. Löscharbeiten müssen von mehreren Seiten möglich sein.

Um wirksame Löscharbeiten bei einem mit Kerosin betankten Hubschrauber leisten zu können, ist die Beimischung von Schaummittel zwingend erforderlich. Die Plattform selbst muss durch mindestens 2 fernsteuerbare Löschmonitore, die ein Wasser-Schaum-Gemisch mit einem Volumenstrom von 500 l/Min. nutzen, geschützt sein. Sie sind auf gegenüberliegenden Seiten anzubringen, um eine Beschädigung aller Löschmonitore bei einem Absturz oder Anprall zu vermeiden. Die Löschmonitore müssen vom Flugbetriebsraum mit Sicht auf den Hubschrauberlandeplatz fernsteuerbar sein. Außerdem sind an den Zugängen zur Landeplattform Wandhydranten Typ F mit Schaummittelzumischung und einem Volumenstrom von je 250 l/Min. zu planen.

Durch die Verwendung von Schaumlöschmitteln und Kerosin als Betriebsstoff ist eine Löschwasserrückhaltung am Hubschrauberlandeplatz erforderlich. Da sowohl Regenwasser als auch sonstige Betriebsmittel auf der Plattform über Abwasserleitungen abgeleitet und in einem Tank mit Abscheider vor dem Einleiten in die Kanalisation gesammelt werden, kann dieser Tank auch zur Löschwasserrückhaltung eingesetzt werden. Die Bemessung des Tankvolumens ist in Abstimmung mit der zuständigen Feuerwehr festzulegen. Als Anhaltswert kann die Summe aus einem Starkregenereignis, dem Betrieb beider Löschmonitore und beider Wandhydranten mit insgesamt 1.000 l/Min. Wasser-Schaum-Volumen über einen Zeitraum von mindestens 15 Minuten angesetzt werden. Brennender Treibstoff oder Schmierstoffe, die leichter als Wasser sind und aufschwimmen können, können in den Rückhaltebehälter fließen. Daher ist es sinnvoll, eine Beschäumungsöffnung für die Feuerwehr vorzusehen.

H.5 Technische Gebäudeausrüstung [8.00]

Serviceeinrichtungen/Medienversorgung [8.07.03]

Die zentrale Medienversorgung ist im Krankenhaus die bauliche Analogie zu Wirbelsäule und Rückenmark im menschlichen Körper. Oft verläuft sie ungesehen in den Untergeschossen durch den gesamten Gebäudekomplex als Verbindungsgang und Stütze und versorgt dabei alle Gebäudeteile mit den grundlegenden Medien: Heizung, Trink- und Abwasser, Löschwasser über zentrale Druckerhöhungen, medizinischen Gasen und vielem mehr.

Sie ist damit einer der kritischsten und empfindlichsten, gleichzeitig auch oft unterschätztesten Bereiche im Krankenhaus. Aufgrund der Lage in den Untergeschossen sind Medienversorgungen in der Regel baulich feuerbeständig und mit mindestens feuerhemmenden Abschlüssen von angrenzenden Bereichen getrennt. Beim Durchlaufen von Brandabschnittsgrenzen, ob an

Abb. H-39: Technikflur im Betrieb

inneren Brandwänden oder Gebäudeabschlusswänden, sind feuerbeständige Abschlüsse erforderlich. Bei Gebäudeabschlusswänden ist darauf zu achten, dass formal ein Abweichungstatbestand nach § 30 Abs. 8 Satz 1 MBO besteht. Ein weiterer Abweichungstatbestand kommt aufgrund des schlauchartigen Ausbaus und der Ausdehnung nach § 25 Abs. 2 Satz 1 MBO hinzu (siehe Abb. H-39). Oft sind Ausgänge nicht innerhalb von 35 m Lauflänge erreichbar. Hier kann mit dem Zugang für ausschließlich eingewiesenes Personal sowie entgegengesetzten Flucht- und Rettungswegen argumentiert werden.

Aufgrund der Wichtigkeit der Medienversorgung für das Krankenhaus sollte sie brandschutztechnisch baulich in Segmente unterteilt oder durch eine automatische Brandbekämpfungsanlage, sofern ohnehin im Krankenhaus vorhanden, geschützt werden. Letztere Lösung kann aus Sicht der Autoren empfohlen werden. Gesetzliche Anforderungen gibt es hier nicht, aber aus baulicher Sicht ist das Trennen in brandschutztechnische Segmente mittels Wandscheiben, Brandschottungen und Abschlüssen oft teuer und schwierig. Werden aus betrieblicher Sicht der Instandhaltungsaufwand insbesondere für die Brandschottungen und der Geschwindigkeitsvorteil der automatischen Brandbekämpfungsanlage gegenüber dem Löschangriff der Feuerwehr berücksichtigt, kann die Anlagentechnik die wirtschaftlichere Lösung sein.

I Anlagentechnischer Brandschutz

I.0 Hinweise zu sicherheitstechnischen Anlagen

Anforderungen an die Anlagen und Bauprodukte der Technischen Gebäudeausrüstung

Die bauaufsichtlichen Anforderungen an die Anlagen und Bauprodukte der Technischen Gebäudeausrüstung ergeben sich aus den §§ 39 bis 46 MBO. Der Verweis auf konkretisierende Regelwerke erfolgt unter Nr. A 2.1.15.1 der Muster-Verwaltungsvorschrift technische Baubestimmungen (MVV TB):

„A 2.1.15 Anlagen und Bauprodukte der Technischen Gebäudeausrüstung

A 2.1.15.1 Allgemeines

Die bauaufsichtlichen Anforderungen aus der MBO[1], der M-GarVO und Sonderbauvorschriften[1] aufgrund der MBO[1] an die Anlagen und Bauprodukte der Technischen Gebäudeausrüstung werden durch die unter den lfd. Nrn. A 2.2.1.8 bis A 2.2.1.12, A 2.2.1.16 und A 2.2.2.1 bis A 2.2.2.8 genannten technischen Regeln konkretisiert. Zur Erfüllung der Anforderungen ist auch die unter lfd. Nr. A 2.2.1.2 genannte technische Regel zu beachten. Im Übrigen sind die Anforderungen der nachfolgenden Nummern A 2.1.15.2 bis 2.1.15.6 zu beachten."

Die genannten laufenden Nummern sind in der Tabelle A 2.2 „Technische Anforderungen hinsichtlich Planung, Bemessung und Ausführung und Technische Anforderungen an Bauteile gemäß § 85a Abs. 2 MBO" aufgeführt. Die laufende Nummer A 2.2.1.8 bezieht sich z. B. auf die Technische Baubestimmung „Muster-Richtlinie über brandschutztechnische Anforderungen an Leitungsanlagen (Muster-Leitungsanlagenrichtlinie – MLAR)". Weitere Informationen zu den Technischen Baubestimmungen und der MVV TB finden sich auch in Kapitel D.0.3.

Im Krankenhausbau sind zur Erfüllung der Anforderungen an die Anlagen und Bauprodukte der technischen Gebäudeausrüstung auch weitergehende Veröffentlichungen zu beachten, z. B. von privaten Regelsetzern (siehe auch Kapitel E.1.1).

I.0.1 Hinweise zu elektrischen Anlagen in medizinisch genutzten Bereichen

Die gesicherte Stromversorgung im Krankenhaus ist ein sehr umfassendes Gebiet mit äußerst ausführlichen Anforderungen. Diese beziehen sich auf bauordnungsrechtlich vorgeschriebene sicherheitstechnische Anlagen und auf spezifische Anforderungen, um die medizinische Versorgung der Patienten und den Betrieb des Krankenhauses sicherzustellen.

Es kann durch ein Brandereignis oder durch einen Fehler zum Ausfall der sog. allgemeinen Stromversorgung (AV) kommen, die über das öffentliche

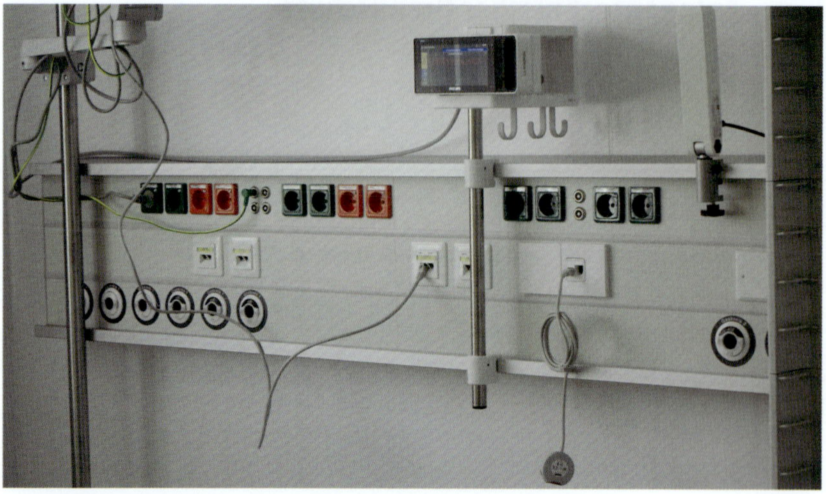

Abb. I-1: Medienschiene mit unabhängiger Stromversorgung

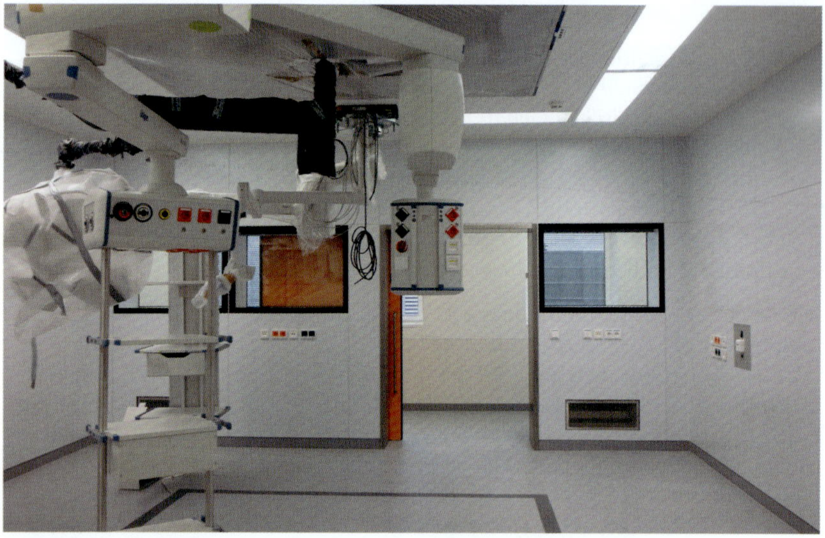

Abb. I-2: Deckenampeln im OP mit unabhängiger Stromversorgung

Netz bereitgestellt wird. Insofern muss die Funktion bestimmter technischer Anlagen und Einrichtungen im Krankenhaus (z. B. Betrieb im OP, Beatmungsgeräte) über den jeweils erforderlichen Zeitraum (Funktionserhalt) durch eine Ersatzstromversorgung (Netzersatzanlage [NEA]), eine unabhängige Stromversorgung für Sicherheitszwecke (Sicherheitsstromversorgung SV und USV), gesichert werden (siehe Abb. I-1 und I-2). Die Farben der Steckdosen signalisieren die Art der Stromversorgung (SV grün, zusätzliche Sicherheitsstromversorgung (ZSV) orange, USV rot). Als Energiequelle können z. B. ortsfeste Stromerzeugungsaggregate oder Batterieanlagen/batteriegestützte zentrale Stromversorgungssysteme (BSV-Anlagen) dienen (siehe auch Kapitel I.3).

Hinweise zu den Risikogruppen und den Klassen (automatische Stromversorgung)

Grundlage für die Einteilung der Patienten in Risikogruppen und Klassen ist die DIN VDE 0100-710 „Errichten von Niederspannungsanlagen Teil 7-710: Anforderungen für Betriebsstätten, Räume und Anlagen besonderer Art – Medizinisch genutzte Bereiche“ (2018). Die Norm legt den Weiterbetrieb notwendiger Einrichtungen für einen bestimmten Zeitabschnitt und innerhalb einer vorher bestimmten Umschaltzeit fest.

Es gibt 3 Risikogruppen (0 bis 3); die Zuordnung ist abhängig von der Gefährdung der Patienten bei Stromausfall. Sehr allgemein beschrieben besteht in Gruppe 1 beim Ausfall der Stromversorgung keine Lebensgefahr, in Gruppe 2 kann Menschenleben unmittelbar bedroht sein. Die Grenzen zwischen den Gruppen sind hier nicht klar bestimmt und abhängig von der tatsächlichen medizinischen Anwendung.

Die Weiterversorgung bzw. Umschaltung muss entweder unmittelbar erfolgen (Klasse 0, unterbrechungsfrei) oder innerhalb eines bestimmten Zeitabschnittes (sehr kurz, kurz, mittel, lang).

Die Angaben zur medizinischen Notwendigkeit können nur vom medizinischen Personal gemacht werden, die technische Umsetzung obliegt der Fachplanung.

Beispiele für Anforderungsniveaus an die Stromversorgung

Unterbrechungsfreie Stromversorgung (USV):

- im Allgemeinen nur für mikroprozessorgesteuerte medizinisch elektrische Geräte (ME-Geräte)
- IT-Sicherheit

Umschaltzeit höchstens 0,5 Sekunden für mindestens 3 Stunden:

- ME-Geräte mit Lichtquellen (z. B. Endoskopie)
- Operationsleuchten
- lebenserhaltende ME-Geräte

Umschaltzeit höchstens 15 Sekunden für mindestens 24 Stunden:

- BMA (automatisch und nicht automatisch)
- Sicherheitsbeleuchtung
- Alarmierungseinrichtungen
- Anlagen der Personenruftechnik
- Evakuierungsaufzüge
- Feuerwehraufzüge
- automatische Feuerlöschanlage und Druckerhöhungsanlage für die Löschwasserversorgung
- Gaslöschanlage
- maschinelle Rauchabzugsanlagen
- alle Bereiche der technischen Anlagen und der Intensiv- und Operationseinheiten, die für medizinische Zwecke notwendig sind und deren Ausfall nicht hingenommen werden kann
- Gebäudefunkanlagen für die Feuerwehr

Das tatsächliche Anforderungsniveau ist jeweils gesondert zu klären.

Weitere Planungsgrundlagen

Weitere Angaben zu bautechnischen Erfordernissen sind in folgenden Planungsgrundlagen enthalten:

- Muster-Richtlinie über brandschutztechnische Anforderungen an Leitungsanlagen (Muster-Leitungsanlagenrichtlinie MLAR) in der jeweils gültigen Fassung nach MVV TB
- DIN 4102-12 „Brandverhalten von Baustoffen und Bauteilen – Teil 12: Funktionserhalt von elektrischen Kabelanlagen; Anforderungen und Prüfungen" (1998)
- die einschlägigen VDE-Bestimmungen der Normenreihe DIN VDE 0100

I.0.2 Hinweise zu erforderlichen Inhalten sicherheitstechnischer Anlagen im Brandschutznachweis

Es stellt sich regelmäßig die Frage, wie detailliert im Brandschutznachweis die Angaben zu sicherheitstechnischen Anlagen sein müssen. Dies bezieht sich z. B. auf Angaben aus den eingeführten „Technischen Baubestimmungen", respektive der MVV TB (z. B. Leitungsanlagen und Lüftungsanlagen) oder aus Regelwerken privater Regelsetzer.

In der derzeit gültigen Veröffentlichung der MVV TB 2025/1 heißt es unter „Anhang 14 Technische Regel Technische Gebäudeausrüstung – TR TGA" am Ende der jeweiligen Kapitel lediglich:

„Alle notwendigen Angaben sind im Brandschutznachweis darzustellen."

Um welche notwendigen Angaben es sich handelt, wird nicht konkretisiert.

Als Orientierung können nach Auffassung der Autoren die Empfehlungen der Bundesvereinigung der Prüfingenieure für Bautechnik e. V. dienen, die auf ihrer Website www.bvpi.de Fachinformationen zu bautechnischen und baurechtlichen Themen bereitstellen. Hier finden sich auch Technische Mitteilungen (TM) für den vorbeugenden Brandschutz mit Hinweisen zu notwendigen Angaben im Brandschutznachweis.

Hinweis

> Brandschutzplanende sind keine Fachingenieure für sicherheitstechnische Anlagen!
>
> Der Brandschutznachweis ist eine Bauvorlage, die den Ausarbeitungsgrad der Genehmigungsplanung abbildet. Die Anforderungen im Brandschutznachweis sollen sich am Schutzziel orientieren, den jeweiligen Schutzumfang definieren und in Abstimmung mit dem Fachingenieur nach Erfordernis grundlegende Steuerfunktionen der Anlagentechnik angeben. Die fachtechnische Umsetzung obliegt der Fachplanung. Eine möglichst frühzeitige enge Abstimmung mit dem Prüfsachverständigen für sicherheitstechnische Anlagen und Einrichtungen wird dringend empfohlen.

I.1 Brandmeldeanlagen

Die primäre Aufgabe einer BMA besteht darin, die zuständige Feuerwehr (Fernalarm) und die Nutzer des Gebäudes (Internalarm) über einen registrierten Alarm im Gebäude zu informieren.

Zusätzlich soll die BMA Einsatzmaßnahmen der Feuerwehr erleichtern und insbesondere den gewaltfreien Zugang zum Gebäude sowie das schnelle Auffinden des Brandorts sicherstellen. Bestandteil der BMA sind daher immer ein Feuerwehranzeigetableau (FAT), ein Feuerwehrbedienfeld (FBF) und Feuerwehrlaufkarten. Diese Einrichtungen für die Feuerwehr sind an zentraler Stelle vorzuhalten (siehe Kapitel K.1). Fallspezifisch können durch die BMA zudem technische Anlagen (z. B. Lüftungsanlagen, Aufzüge, Alarmierungseinrichtungen) im Gebäude angesteuert werden, um die Brandausbreitung zu verlangsamen oder Rettungsmaßnahmen zu erleichtern.

Die BMA stellt folglich eine wichtige Säule im anlagetechnischen Brandschutz dar und wird in allen Regelungen und Hinweisen für Krankenhäuser ausdrücklich gefordert (siehe Tabelle I-1).

Tabelle I-1: Forderungen zur Vorhaltung von Brandmeldeanlagen nach aktuellen Regelungen zum Krankenhausbau in den Regelwerken der Bundesländer Baden-Württemberg, Brandenburg, Hamburg und Saarland

Bundesland	Fundstelle	Forderung
Baden-Württemberg – Hinweise über den baulichen Brandschutz in Krankenhäusern und baulichen Anlagen entsprechender Zweckbestimmung	Nr. III.5.3	*„Es sind flächendeckende Brandmeldeanlagen mit automatischen und nichtautomatischen Brandmeldern zu installieren (Vollschutz Kategorie I, Ausführung TM).“*
Brandenburg – BbgKPBauV	§ 15 Abs. 1	*„Krankenhäuser und Pflegeheime müssen Brandmeldeanlagen mit automatischen und nichtautomatischen Brandmeldern haben.“*
Hamburg – BPD Krankenhäuser	Nr. 8.2	*„Krankenhäuser müssen über Brandmeldeanlagen nach DIN 14675 i. V. m. DIN VDE 0833-2 der Kategorie 1, Vollschutz, mit automatischen und nichtautomatischen Brandmeldern verfügen.“*
Saarland – KHBauR	Nr. 2.19.3	*„Krankenhäuser müssen eine ihrer Zweckbestimmung, Größe und Lage entsprechende Feuermeldeeinrichtung haben.“*

Schutzumfang der Überwachung

Ob Brände im Entstehungsstadium und damit in Abwesenheit von Personen detektiert werden können, ist nicht vom Vorhandensein einer BMA, sondern allein vom Umfang der Überwachung durch automatische Brandmelder abhängig. Nach Anhang E der DIN 14675-1 sind 4 Kategorien für den Schutzumfang der Überwachung zu unterscheiden:

- Kategorie 1:
  Vollschutz: Es erfolgt eine vollflächige Überwachung des gesamten Gebäudes mit automatischen Brandmelden.
- Kategorie 2:
  Teilschutz: Nur Teilflächen (z. B. Geschosse, Brandabschnitte) des Gebäudes werden durch automatische Brandmelder überwacht. Eine eindeutige Trennung zwischen Bereichen mit und ohne Überwachung sollte sichergestellt werden.
- Kategorie 3:
  Schutz der Flucht- und Rettungswege: Nur Flucht- und Rettungswege werden durch automatische Brandmelder überwacht.
- Kategorie 4:
  Einrichtungsschutz: Ausschließlich spezifische Einrichtungen (z. B. Schaltschränke) oder Räumlichkeiten werden überwacht.

Der Schutzumfang von Krankenhäusern ist in den bekannten Regelungen (vgl. Tabelle I-1) nicht immer konkret vorgegeben und muss dann im Brandschutznachweis schutzzielorientiert definiert werden. Um Missverständnissen vorzubeugen, sind immer die Bezeichnungen nach DIN 14675-1 zu nutzen.

Hinweis

> Um eine schnelle Branddetektion in Bettenzimmern zu gewährleisten, sind diese aus Sicht der Autoren zwingend durch automatische Melder zu überwachen. Ein Schutzumfang der Kategorie 3, wie in älteren Krankenhäusern vorhanden, ist folglich keinesfalls schutzzielorientiert. Hier sollten dringend Nachrüstungen vorgenommen werden, sodass zumindest ein Schutzumfang nach Kategorie 2 vorhanden ist. Bei Neubauten ist aus Sicht der Autoren nur ein Schutzumfang der Kategorie 1 schutzzielorientiert.

Projektierung

Die Projektierung der Anlage muss durch geeignete Fachplanende erfolgen. Grundlage für die Projektierung bilden DIN 14675-1 und DIN VDE 0833-2 „Gefahrenmeldeanlagen für Brand, Einbruch und Überfall – Teil 2: Festlegungen für Brandmeldeanlagen“ (2022). Infolge der Bedingungen in Krankenhäusern sollten in der Regel Rauchmelder mit der Kenngröße Rauch Anwendung finden.

Zur Überwachung von Zwischendecken eignen sich insbesondere in Bereichen mit hohen hygienischen Anforderungen (z. B. OP, Intensivstationen) Ansaugrauchmelder. Einerseits sind diese hochsensibel und können bereits kleinste Schwelbrände detektieren, andererseits muss zu Wartungszwecken nur die Auswerteeinheit (siehe Abb. I-3) aufgesucht werden. Das aufwendige Öffnen von Deckenelementen entfällt hierbei, sodass Auswirkungen auf den Regelbetrieb minimiert werden. Um ein schnelles Auffinden durch die Feuerwehr zu ermöglichen, sind die Auswerteeinheiten eindeutig zu kennzeichnen, fallspezifisch sind zusätzliche Parallelanzeigen (siehe Abb. I-4) anzubringen.

Abb. I-3: Auswerteeinheit eines Rauchansaugsystems

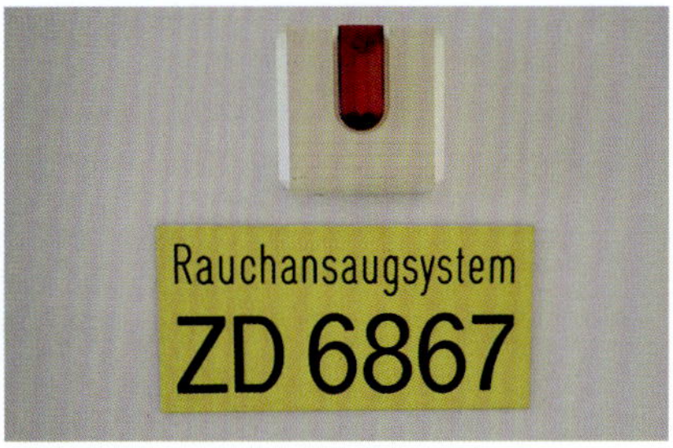

Abb. I-4: Parallelanzeige für ein Rauchansaugsystem in einer Zwischendecke

Es ist zu beachten, dass selbst bei einem Schutzumfang der Kategorie 1 **Ausnahmen von der Überwachung** für folgende abgegrenzte Räume und Bereiche zulässig sind, wenn diese keine oder nur eine geringe Brandlast aufweisen:

- Sanitärräume (z. B. Wasch- und Toilettenräume), wenn in diesen keine brennbaren Vorräte oder Abfälle aufbewahrt werden, nicht jedoch gemeinsame Vorräume für Sanitärräume;
- Installationskanäle und -schächte, die für Personen nicht zugänglich und gegenüber anderen Bereichen feuerbeständig abgetrennt sind;
- Schutzräume, die nicht zu anderen Zwecken genutzt werden;
- Laderampen im Freien;
- Räume, die durch eine automatische Feuerlöschanlage mit Meldung zu einer hilfeleistenden Stellegeschützt sind, es sei denn, die BMA ist zur Ansteuerung einer Feuerlöschanlage oder aus sonstigen Gründen, z. B. Alarmierung von Personen, erforderlich;
- sonstige kleine Bereiche, sofern wegen der Brandlast keine Bedenken bestehen, keine Personengefährdung vorliegt und keine Rauchausbreitung möglich ist.

Auch für Zwischendecken und Doppelbodenbereiche sind Ausnahmen von der Überwachung zulässig, **sofern sämtliche der folgenden Bedingungen erfüllt** sind:

- Die Umfassungsbauteile (Decke, Boden, Wand) genügen der bauaufsichtlichen Anforderung „nicht brennbar" **und**
- die Bereiche oberhalb und unterhalb von Räumen sind mit nicht brennbaren Bauteilen so unterteilt, dass Abschnitte ohne horizontale Versprünge (Höhenversatz) von max. 100 m^2 und einer maximalen Seitenlänge von 20 m gebildet werden **und**
- die Bereiche oberhalb und unterhalb von Fluren, deren Breite 3 m nicht überschreitet, sind so mit nicht brennbaren Bauteilen unterteilt, dass die gebildeten Abschnitte eine Länge von 20 m nicht übersteigen **und**
- die Brandlast ist kleiner als 25 MJ, bezogen auf eine Grundfläche von 1 m × 1 m.

Bei Systemböden, Doppelböden und Hohlraumestrichen darf ebenfalls auf eine Überwachung verzichtet werden, **sofern sämtliche der folgenden Bedingungen erfüllt** sind:

- Die lichte Höhe darf 0,2 m nicht überschreiten;
- sie dürfen nicht der Raumlüftung dienen.

Hinweis

> Der Entfall automatischer Feuermelder in Bereichen mit automatischen Löschanlagen ist in Betten- und Pflegebereichen ausgeschlossen. In anderen Bereichen ist der Entfall grundsätzlich möglich, aus Sicht der Autoren jedoch im Einzelfall zu bewerten, da eine genaue Lokalisation des Brandortes dann nicht sichergestellt ist und wirksame Löscharbeiten der Feuerwehr verzögert werden könnten.
>
> Die übrigen Ausnahmen vom Abdeckungsumfang nach DIN VDE 0833-2 können grundsätzlich immer angewendet werden. Sind diese nicht im Brandschutznachweis aufgeführt, kommt es jedoch immer wieder zu Missverständnissen, sodass ein expliziter Hinweis zielführend ist.

Neben automatischen Brandmeldern müssen immer auch nicht automatische Melder (Druckknopfmelder) vorhanden sein, damit eine manuelle Brandmeldung jederzeit möglich ist. Diese müssen sich gut sichtbar und jederzeit zugänglich an folgenden Stellen befinden:

- Zugängen zu notwendigen Treppenräumen,
- Ausgängen in das Freie,
- Übergängen von Rettungswegen zu anderen Brandabschnitten (beidseitig),
- an Stützpunkten bzw. anderen ständig besetzen Stellen (z. B. Pforten).

Vermeidung von Falschalarmen

Da Falschalarme nicht nur die Feuerwehr belasten, sondern auch für den Betreiber finanzielle Auswirkungen bedeuten, sollten diese möglichst vermieden werden. In VDE 0833-2 sind hierzu unterschiedliche Betriebsarten vorgesehen.

Bei der Betriebsart PM (BMA mit personellen Maßnahmen zur Vermeidung von Falschalarmen) wird die Übertragung des Alarms an die hilfeleistende Stelle um bis zu 3 Minuten verzögert. Der Alarm kann in dieser Zeit durch interne Kräfte überprüft und im Falle eines Falschalarmes gestoppt werden. Infolge der erheblichen Personenrisiken in Krankenhäusern darf dieser Typ hier jedoch keine Anwendung finden.

Stattdessen sind BMA in der Betriebsart TM (BMA mit technischen Maßnahmen zur Vermeidung von Falschalarmen) auszuführen. Hierbei wird zwischen TYP A und Typ B unterscheiden:

- Typ A:
  Die Auslösung der BMA erfolgt nach Eingang einer Brandmeldung erst, wenn ein Alarmbestätigungssignal vom selben Brandmelder oder von einem anderen Brandmelder derselben Meldergruppe empfangen wird (Alarmzwischenspeicherung).
- Typ B:
  Das Bestätigungssignal muss immer von einem zweiten Brandmelder gesendet werden (Zweimelderabhängigkeit).

Hinweis

> Die technischen Maßnahmen zur Vermeidung von Falschalarmen legen eine Priorität auf automatische Feuermelder. Gerade in Krankenhäusern kommt es jedoch auch bei Druckknopfmeldern immer wieder zu Falschalarmen. Ursache hierfür ist häufig das versehentliche Anfahren mit Betten oder Warentransportwagen. Um dem vorzubeugen, sollten sich Druckknopfmelder an geschützten Stellen befinden.

I.2 Alarmierungseinrichtungen

Krankenhäuser müssen Alarmierungseinrichtungen haben, mit denen Beschäftigten unmittelbar informiert werden können (siehe Kapitel G1.1). Eine Alarmierung aller Personen ist damit baurechtlich nicht ausdrücklich gefordert und infolge spezifischer Risiken auch nicht in jedem Fall sinnvoll.

In Bereichen mit Patienten findet daher meist eine stille Alarmierung Anwendung, in Bereichen ohne Patienten (z. B. Verwaltung, Technik, Labore) ist aus Gründen der Arbeitssicherheit hingegen weiterhin ein klassischer akustischer Alarm vorzusehen.

Hinweis

> Die genauen Anforderungen an die Alarmierung ergeben sich aus dem Baurecht und dem Arbeitsstättenrecht. Die baurechtlichen Anforderungen sind durch den Brandschutzplaner im Brandschutznachweis festzulegen, die arbeitsschutzrechtlichen Forderungen im Rahmen einer Gefährdungsbeurteilung.

Abb. I-5: Akustische und optische Alarmierungseinrichtung

Akustischer Alarm

Beim akustischen Alarm werden die Personen im Gebäude mittels an- und abschwellenden Warntons über eine Gefahrenlage informiert und sollen vorgegebene Verhaltensweisen (z. B. Räumung des Gebäudes) umsetzen.

Der Alarmton muss dem einheitlichen Notfallsignal nach DIN 33404-3 „Gefahrensignale – Akustische Gefahrensignale – Teil 3: Einheitliches Notfallsignal" (2016) entsprechen, der Schalldruckpegel der Signalgeber muss den Umgebungsschallpegel jederzeit um mindestens 10 dB(A) überschreiten, in Ruhebereichen muss dieser zudem mindestens 75 dB(A) betragen.

Die Signalgeber sind Bestandteil der BMA und werden durch überwachte Übertragungswege angesteuert. Der zusätzliche Strom ist in der Energiebilanz der BMA zu berücksichtigen.

Hinweis

> Erfahrungen der Autoren zeigen, dass es im Rahmen der Abnahme immer wieder zu Schwierigkeiten kommt, wenn akustische Signalgeber nur in Fluren verbaut werden. Insbesondere bei geschlossener Tür kommt es dann häufig zu einer Unterschreitung der geforderten Werte. Dies kann aufwendige Nachrüstungen zur Folge haben. Sollen bei der Erstinstallation Kosten gespart werden, sollte zumindest eine raumbezogene Verkabelung vorgesehen werden, damit nachträgliche Anpassungen der Alarmierungsanlage jederzeit möglich sind.

Besteht die Gefahr, dass akustische Alarmsignale nicht ausreichend zur Kenntnis genommen werden können (z. B. durch das Tragen von Gehörschutz in lärmbelasteten Räumlichkeiten), sind ergänzend optische Signalgeber (z. B. Blitzleuchten) vorzusehen. Dies dürfte in Krankenhäusern insbesondere Aufstellräume für Kompressoren und Netzersatzanlagen betreffen, eine spezifische Festlegung muss jedoch im Rahmen des Alarmierungskonzeptes erfolgen.

Die Lichtfarbe der Signalgeber sollte Rot sein, aus betrieblichen Gründen sind jedoch auch andere Farben (z. B. Weiß, Gelb, Grün) möglich. Es empfiehlt sich, die Signalgeber mit der Beschriftung „Brandalarm" zu versehen, um Missverständnissen vorzubeugen (siehe Abb. I-5). Die optischen Alarmgeber sind ebenso wie akustische Alarmgeber Bestandteil der BMA und unterliegen den gleichen technischen Anforderungen an die Funktionssicherheit (siehe Kapitel I.3).

Findet eine akustische Alarmierung in öffentlich zugänglichen Bereichen Anwendung, ist zu beachten, dass die DIN 18040-1 in der MVV TB als technische Baubestimmung geführt wird. In Kapitel 4.7 MVV TB ist folgender Sachverhalt aufgeführt:

> *„In Brandschutzkonzepten sind die Belange von Menschen mit motorischen und sensorischen Einschränkungen zu berücksichtigen."*

Da das Räumungskonzept in Krankenhäusern darauf ausgelegt ist, dass hilfsbedürftige Personen anwesend sind und durch die Beschäftigten gerettet werden müssen, können entsprechende Verhaltensweisen auch in öffentlich zugänglichen Bereichen erwartet werden. Zusätzliche Alarmierungseinrichtungen sind damit nicht zwingend erforderlich. Sind Räumlichkeiten vorhanden, in denen sich Hörgeschädigte allein aufhalten können, und kann eine schnelle Kontrolle durch organisatorische Maßnahmen nicht zuverlässig gewährleistet werden (z. B. öffentlich zugängliche Toiletten), ist eine ergänzende Ausstattung mit optischen Signalgebern jedoch sinnvoll. Dies ist letztendlich in Abhängigkeit mit dem Räumungskonzept zu definieren und obliegt damit dem Betreiber.

Hinweis

> Auch nach Anhang A2.2 der Technischen Regel für Arbeitsstätten ASR V3A.2 „Barrierefreie Gestaltung von Arbeitsstätten" (2025) kann eine Ausstattung mit optischen Signalgebern in Bereichen mit akustischer Alarmierung erforderlich werden. Die Notwenigkeit ist im Rahmen einer Gefährdungsbeurteilung nach Arbeitsschutzgesetz zu klären und obliegt dem Arbeitgeber.

Bei einer ausschließlich akustischen Alarmierung ist immer zu bedenken, dass Personen im Gebäude über die Bedeutung des Alarmsignals informiert sein müssen. Deutlich wirkungsvoller sind daher Sprachalarmanlagen (SAA), da hier neben dem akustischen Warnton auch standardisierte Sprachdurchsagen oder individuelle Anweisungen übermittelt werden können. Bei Umsetzung sind die Anforderungen der DIN VDE 0833-4 „Gefahrenmeldeanlagen für Brand, Einbruch und Überfall – Teil 4: Festlegungen für Anlagen zur Sprachalarmierung im Brandfall" (2024) zu beachten.

Da Beschäftigte in Krankenhäusern regelmäßig über das Alarmsignal und einzuleitende Maßnahmen unterwiesen werden müssen (siehe Kapitel I.6), besteht in der Regel jedoch keine zwingende Notwendigkeit zur Installation derartiger Anlagen, Ausnahmen sind lediglich für Gebäudeteile denkbar, die die Auslösekriterien nach § 20 der Muster-Versammlungsstättenverordnung erfüllen oder unter die Hochhausrichtlinie fallen. In diesen Fällen ist die Notwendigkeit im Rahmen des Brandschutznachweises zu klären.

Stiller Alarm

Nach DIN VDE 0833-2 ist nur die akustische Alarmierung abschließend genormt. Für die Ausführung des nach Kapitel F.4. geforderten stillen Alarms in Betten- und Pflegebereichen bestehen damit zunächst keine konkreten Regelungen. Um diese Lücke zu füllen, wurde die DIN VDE 0833-2 um den informativen Anhang H „Alarmierung in Einrichtungen für Personen mit Pflegebedürftigkeit oder Behinderung, die nicht selbstrettungsfähig sind" erweitert.

Hiernach muss bei der Alarmierung in Pflegebereichen sichergestellt sein, dass das Pflegepersonal an allen Aufenthalts- und Tätigkeitsorten unverzüglich über eine Brandmeldung informiert werden kann. An ständig besetzten Stellen (z. B. Pforte) und in Dienstzimmern der Stationen muss die Brandmeldung weiterhin als eindeutige Meldung (Raumbezeichnung bzw. Raumnummer und Geschoss) angezeigt werden. Die Einrichtungen zur Anzeige des Brandalarms müssen über überwachte Übertragungswege der BMA automatisch angesteuert werden und über eine Netzausfallüberbrückungs- und Alarmierungszeit verfügen, die der Anforderung an die BMA entspricht.

In der Praxis hat es sich etabliert, die Forderungen so umzusetzen, dass an zentralen Stellen (z. B. Stützpunkt, Pforte) eine Zentralenparallelanzeige installiert wird (siehe Abb. I-6). Diese ist Bestandteil der BMA und erfüllt damit alle Anforderungen an gesicherte Übertragungswege.

Um eine flächendeckende Alarmierung sicherzustellen, kann ergänzend die ohnehin vorhandene Rufanlage nach DIN VDE 0834-1 „Rufanlagen in Krankenhäusern, Pflegeheimen und ähnlichen Einrichtungen – Teil 1: Geräteanforderungen, Planen, Errichten und Betrieb" (2016) mit der BMA gekoppelt und der Brandalarm als Information im Flurdisplay angezeigt werden. Um Unruhe unter den Besucher und Patienten zu vermeiden, sollte hier ein definiertes Codewort (z. B. FLORI) Anwendung finden (siehe Abb. I-7). Bei gedrückter Anwesenheitstaste wird der Alarm zudem in entsprechende Räumlichkeiten weitergeleitet.

Hinweis

> Häufig wird der Brandalarm in der Lichtrufanlage so programmiert, dass alle sonstigen Rufe überlagert werden. Dies kann schwerwiegende Konsequenzen für die Sicherheit von Patienten haben. Um dies zu umgehen, sollte der Brandalarm von der Priorität einem Arztruf gleichgesetzt werden. Sollten zusätzlich zu einem Brandalarm Arztrufe auflaufen, können diese rollierend im Flurdisplay der Lichtrufanlage angezeigt werden. Da Schwesternrufe in der Lichtrufanlage gar nicht angezeigt werden, bis die Brandmeldeanlage zurückgesetzt wird, müssen diese zumindest über die zugehörige Zimmerleuchte weiterhin angezeigt werden. In der konzentrierten Aktionsabfrage in den Stützpunkten müssen alle anstehenden Rufe (FLORI, Arztruf, Schwesternruf) angezeigt werden. Bestehen bei der angedeuteten Lösung Bedenken seitens der zuständigen Bauaufsichtsbehörde, weil die Rufanlage nicht als gesichertes Alarmierungssystem betrachtet wird, können zur Kompensation ergänzend Blitzleuchten in den Fluren vorgesehen werden.

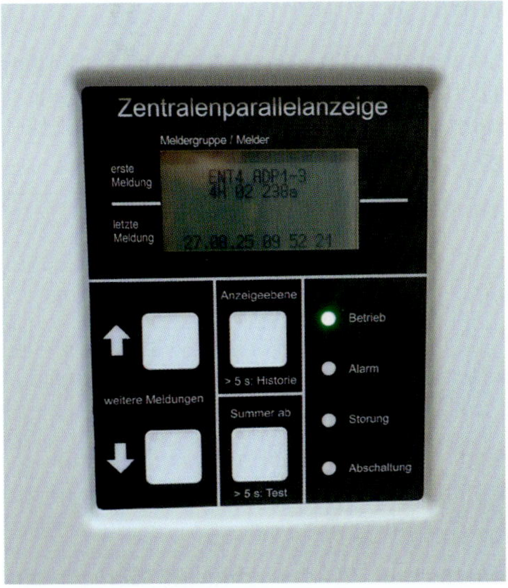

Abb. I-6: Parallelanzeigetableau

Abb. I-7: Codewort „FLORI" in Lichtrufanlage

Abb. I-8: Blitzleuchte als stille Alarmierung

Übrige Räumlichkeiten, die nicht über den Anschluss an eine Rufanlage verfügen und eine hohe Aufenthaltswahrscheinlichkeit aufweisen (z. B. Büros, Labore, Umkleiden), sind ergänzend mit Blitzleuchten auszustatten (siehe Abb. I-8). Eine genaue Festlegung der Räume muss im Rahmen des Alarmierungskonzeptes erfolgen.

Wird ergänzend noch die Telefonanlage mit der BMA gekoppelt, sodass definierte Telefone bei Auslösung der BMA angerufen werden, kann die Sicherheit der Alarmierung noch weiter erhöht werden. Da die Telefonanlage unter diesen Bedingungen nur als zusätzliches Alarmierungsmittel zum Tragen kommt, bestehen an die Telefonanlage auch keine speziellen Anforderungen an den Funktionserhalt.

Hinweis

In Bereichen mit stiller Alarmierung ist immer zu prüfen, ob neben Blitzleuchten noch weitere Alarmierungseinrichtungen erforderlich sind. Beispielsweise ist aus Sicht der Autoren die Vorhaltung lokaler Sirenen bei Bereitschaftsräumen sinnvoll, um schlafende Beschäftigte zu wecken.

I.3 Leitungsanlagen/Funktionserhalt

Über die grundlegenden Anforderungen an Leitungsanlagen zum Versorgen von bauordnungsrechtlich erforderlichen sicherheitstechnischen Anlagen und deren Funktionserhalt hinaus gibt es krankenhausspezifische Anforderungen an die Versorgung weiterer Anlagen.

Nach den grundlegenden Anforderungen an sicherheitstechnische Anlagen nach Abschnitt 5.3 MLAR muss

„[d]ie Dauer des Funktionserhalts der Leitungsanlagen […] mindestens 90 Minuten betragen bei

a) automatischen Feuerlöschanlagen und Wasserdruckerhöhungsanlagen zur Löschwasserversorgung,

b) maschinellen Rauchabzugsanlagen und Druckbelüftungsanlagen für notwendige Treppenräume in Hochhäusern sowie für Sonderbauten, für die solche Anlagen im Einzelfall verlangt werden; […]

c) Bettenaufzügen in Krankenhäusern und anderen baulichen Anlagen mit entsprechender Zweckbestimmung und Feuerwehraufzügen; ausgenommen sind Leitungsanlagen, die sich innerhalb der Fahrschächte oder der Triebwerksräume befinden.“

und

„[…] mindestens 30 Minuten betragen bei

a) Sicherheitsbeleuchtungsanlagen; ausgenommen sind Leitungsanlagen innerhalb eines Brandabschnittes in einem Geschoss oder innerhalb eines Treppenraumes, die ausschließlich der Versorgung der Sicherheitsbeleuchtungsanlagen in diesen Bereichen dienen; die Grundfläche je Brandabschnitt darf höchstens 1.600 m² betragen,

b) Personenaufzügen mit Brandfallsteuerung; ausgenommen sind Leitungsanlagen, die sich innerhalb der Fahrschächte oder der Triebwerksräume befinden,

c) Brandmeldeanlagen einschließlich der zugehörigen Übertragungsanlagen; ausgenommen sind Leitungsanlagen,

– die durch automatische Brandmelder überwacht werden,

– in Bereichen ohne automatische Brandmelder, wenn bei Kurzschluss oder Leitungsunterbrechung alle an diese Leitungsanlage angeschlossenen Brandmelder funktionsfähig bleiben,

d) Alarmierungsanlagen, sofern diese Anlagen im Brandfall wirksam sein müssen; ausgenommen sind Leitungsanlagen innerhalb eines Brandabschnittes in einem Geschoss oder innerhalb eines Treppenraumes, die ausschließlich der Versorgung der Alarmierungsanlagen in diesen Bereichen dienen; die Grundfläche je Brandabschnitt darf höchstens 1.600 m² betragen,

e) natürlichen Rauchabzugsanlagen (Rauchableitung durch thermischen Auftrieb); ausgenommen sind Anlagen, die bei einer Störung der Stromversorgung selbsttätig öffnen, sowie Leitungsanlagen in Räumen, die durch automatische Brandmelder überwacht werden und das Ansprechen eines Brandmelders durch Rauch bewirkt, dass die Anlage selbsttätig öffnet,

f) maschinellen Rauchabzugsanlagen und Druckbelüftungsanlagen in anderen Fällen als nach Abschnitt 5.3.1. [Anmerkung der Autoren: 90 Minuten Funktionserhalt]"

Aus den grundlegenden Anforderungen nach MLAR gehen bereits spezifische Anlagen im Krankenhausbau hervor. Dies gilt im Krankenhaus insbesondere für

- Bettenaufzüge (90 Minuten),
- Personenaufzüge (30 Minuten),
- Brandmeldetechnik und alle Anlagen und Türen, die darüber angesteuert werden (30 Minuten),
- Alarmierungsanlage inklusive des Schwesternrufs (30 Minuten),
- Rauchableitung in Magistralen und Eingangshallen (30 Minuten) und
- Lüftungsanlagen, die zum Zweck des Rauchmanagements (siehe Kapitel I.9) eingesetzt werden (30 Minuten).

Über diese bauordnungsrechtlichen Anforderungen hinaus werden an elektrische Anlagen in Krankenhäusern Anforderungen gestellt

- an Betriebsdauer und Umschaltzeiten nach DIN VDE 0100-710 „Errichten von Niederspannungsanlagen, Anforderungen für Betriebsstätten, Räume und Anlagen besonderer Art, Teil 7-710: Medizinisch genutzte Bereiche" (2012) und
- bezogen auf Sicherheitsstromversorgungsanlagen (Generatoren und Batterien) nach DIN VDE 0100-560 „Errichten von Niederspannungsanlagen Teil 5-56: Auswahl und Errichtung elektrischer Betriebsmittel – Einrichtungen für Sicherheitszwecke" (2022).

Die DIN VDE 0100-710 beschäftigt sich dabei u. a. mit Anlagen in den Funktionsstellen Operation und der Intensivmedizin. Exemplarisch für weitere vergleichbare Funktionsstellen wird bei diesen beiden Bereichen schnell deutlich, wie essenziell wichtig eine kontinuierliche Stromversorgung für Behandlung sowie lebensunterstützende und -erhaltende Maßnahmen ist.

Die Sicherheitsstromversorgung ist dabei aufgrund der kurzen Umschaltzeiten stets über Batterie (direkt) und Stromgeneratoren (langfristig) realisiert. Ein Beatmungsgerät oder eine Operationsbeleuchtung kann nicht darauf warten, bis die Stromversorgung über den Dieselgenerator angelaufen und stabil ist (siehe Kapitel I.0 und I.7).

Die Planung und Abstimmung der Elektrotechnik sind immer Aufgabe der zuständigen Fachplanung. Die Brandschutzplanung definiert Schutzziele, kann aber nicht in der Tiefe einer in Elektrotechnik ausgebildeten Fachkraft planen.

I.4 Elektrische Betriebsräume

In der MVV TB, Tabelle A 2.2 „Technische Anforderungen hinsichtlich Planung, Bemessung und Ausführung und Technische Anforderungen an Bauteile gemäß § 85a Abs. 2 MBO“ wird verwiesen auf das „Muster einer Verordnung über den Bau von Betriebsräumen für elektrische Anlagen (EltBauVO)“ (vgl. Tabelle I-2):

Tabelle I-2: Planung, Bemessung und Ausführung nach MVV TB, Tabelle A 2.2

A 2.2.1 Planung, Bemessung und Ausführung		
A 2.2.1.10	Elektrische Betriebsräume	Muster einer Verordnung über den Bau von Betriebsräumen für elektrische Anlagen (M-EltBauVO): 2009-01 [1)] zuletzt geändert durch Beschluss der Fachkommission Bauaufsicht vom 22.02.2022
1) Für bauordnungsrechtliche Anforderungen in dieser Technischen Baubestimmung ist eine Abweichung nach § 85a Abs. 1 Satz 3 MBO ausgeschlossen; eine Abweichung von bauordnungsrechtlichen Anforderungen kommt nur nach § 67 MBO in Betracht. § 16a Abs. 2 und § 17 Abs. 1 MBO bleiben unberührt.		

Die EltBauVO ist somit als Technische Baubestimmung eingeführt.

Hinweis

Der jeweils gültige Stand der Verordnung ist in jedem Bundesland gesondert zu ermitteln. Zum Beispiel ist die Nr. A 2.2.1.10 in Bayern nicht besetzt, die Verordnung ist hier unter der Nr. A 2.2.2.9 unter „Betriebsräume für elektrische Anlagen“ mit Stand April 1977 aufgeführt. Landeseigene Verordnungen können bedeutende abweichende Anforderungen zur Muster-EltBauVO enthalten.

Weitere Planungsgrundlagen

Weitere Angaben zu bautechnischen Erfordernissen sind in folgenden Planungsgrundlagen enthalten:

- Muster-Richtlinie über brandschutztechnische Anforderungen an Leitungsanlagen (Muster-Leitungsanlagenrichtlinie MLAR) in der jeweils gültigen Fassung,
- DIN 4102-12 „Brandverhalten von Baustoffen und Bauteilen – Teil 12: Funktionserhalt von elektrischen Kabelanlagen; Anforderungen und Prüfungen“ (1998),
- die einschlägigen VDE-Bestimmungen der Normenreihe DIN VDE 0100,
- Muster-Prüfgrundsätze (bzw. landeseigene Prüfverordnung).

Die Aufzählung ist bei Weitem nicht vollständig, es existieren zahlreiche weitere Regelwerke mit speziellen Anforderungen zu den einzelnen elektrotechnischen Komponenten.

Abb. I-9: Elektrische Betriebsräume – Kellerflur

Geltungsbereich und Begriffsbestimmung nach EltBauVO

Elektrische Betriebsräume sind Räume, die ausschließlich der Unterbringung von Anlagen zur Erzeugung und Verteilung elektrischer Energie und der Aufstellung von Batterieanlagen im Sinne des § 1 Abs. 1 dienen:

„§ 1 Geltungsbereich

(1) [1]Diese Verordnung gilt für die Aufstellung von

1. Transformatoren und Schaltanlagen für Nennspannungen über 1 kV,

2. ortsfesten Stromerzeugungsaggregaten für bauordnungsrechtlich vorgeschriebene sicherheitstechnische Anlagen

3. zentralen Batterieanlagen für bauordnungsrechtlich vorgeschriebene sicherheitstechnische Anlagen

in Gebäuden.

[2]Die Verordnung gilt auch für die Aufstellung von Energiespeichersystemen in Form von Akkumulatoren für die allgemeine Stromversorgung.“

Diese elektrischen Anlagen müssen in jeweils eigenen elektrischen Betriebsräumen untergebracht sein (siehe Abb. I-9). Transformatoren und Schaltanlagen für Nennspannungen über 1 kV sind in einem gemeinsamen elektrischen Betriebsraum zulässig.

Hauptverteiler für die allgemeine Stromversorgung (AV)

Hauptverteiler für die Sicherheitsstromversorgung (SV)

Abb. I-10: Niederspannungshauptverteilungen AV/SV

Weitere Anforderungen für medizinisch genutzte Bereiche

In medizinisch genutzten Bereichen sind nach DIN VDE 0100-710 über die Anforderungen der EltBauVO hinaus folgende elektrische Betriebsmittel und Anlagen in **jeweils eigenen**, abgeschlossenen elektrischen Betriebsstätten unterzubringen (siehe auch Kapitel I.0):

- Hauptverteiler für die allgemeine Stromversorgung (AV) (siehe Abb. I-10, links),
- Hauptverteiler für die Sicherheitsstromversorgung (SV) (siehe Abb. I-10, rechts),
- Umrichter und Steuerschränke für die ZSV.

Die baulichen brandschutztechnischen Anforderungen der EltBauVO an die einzelnen Räume lassen sich noch relativ einfach umsetzen, der Brandschutzplaner ist hier auf die Zuarbeit der Fachplaner angewiesen. Die anlagentechnischen Anforderungen stellen die Fachplaner im hoch installierten Krankenhaus hingegen vor große Herausforderungen.

Grundlegende brandschutztechnische Anforderungen an alle elektrischen Betriebsräume

Elektrische Betriebsräume müssen leicht und sicher erreichbar sein, damit ggf. erforderliche Schalthandlungen durchgeführt werden können. Zum sicheren Verlassen des Raumes muss die Tür nach außen aufschlagen. Der Rettungsweg bis zur Tür darf höchsten 35 m (Lauflänge) betragen. Von notwendigen Treppenräumen dürfen sie nicht unmittelbar zugänglich sein. Sie müssen wirksam be- und entlüftet werden. Betriebsfremde Leitungen und

Abb. I-11: Hochspannungstraforäume

Einrichtungen dürfen nicht vorhanden sein. Die Anforderungen in Abschnitt 4 MLAR (landeseigene Regelungen) an die Abschottungen und Leitungsdurchführungen sind zu beachten.

Hinweis

Für die Rettungsweglänge gibt es in den Bundesländern unterschiedliche Anforderungen; z. B. in Bayern darf diese höchstens 40 m betragen. Türen sollten mindestens feuerhemmend, rauchdicht und selbstschließend sein und über Antipanikschlösser verfügen. Die Be- und Entlüftung sollte möglichst über eine natürliche Lüftung erfolgen. Brandmelde- und Alarmierungsanlagen zählen nicht zu den betriebsfremden Anlagen, ihre Montage ist zulässig.

Zusätzliche Anforderungen an elektrische Betriebsräume für Transformatoren und Schaltanlagen mit Nennspannungen über 1 kV nach § 5 EltBauVO

Die folgende Aufzählung enthält einen Auszug von Anforderungen nach § 5 EltBauVO:

- Die Niederspannungshauptverteilung (NSHV) ist von der Mittelspannungszentrale feuerbeständig abzutrennen.
- Die raumabschließenden Bauteile (ausgenommen Außenwände) müssen feuerbeständig ausgeführt sein.
- Die Druckstoßsicherheit bei Kurzschlusslichtbögen muss gewährleistet sein.
- Türen sind mit einem Hochspannungswarnschild zu kennzeichnen (siehe Abb. I-11).
- Lüftungsleitungen, die durch andere Räume führen, müssen feuerbeständig (L90) sein.
- Der Fußboden, ausgenommen Bodenbeläge, muss nicht brennbar sein.
- Hochspannungswarnschilder müssen vorhanden sein.

Abb. I-12: Diesel-Stromerzeugungsaggregat

Hinweis

Die Anforderungen an Bauteile sind **unabhängig von der Gebäudeklasse** und den Anforderungen an tragende und aussteifende Bauteile.

Sind Druckstöße aufgrund eines Kurzschlusslichtbogens möglich, dürfen diese nicht zum Verlust des Raumabschlusses führen, anfallender Brandrauch darf nicht in angrenzende Räume dringen. Ein Druckentlastungskonzept (Druckentlastungsöffnungen, rechnerischer Nachweis) ist zu erstellen, Türen müssen dem zu erwartenden Druckstoß widerstehen, Abschottungen sind entsprechend auszuführen (z. B. druckfeste Mörtelschotts).

Die Be- und Entlüftung darf nicht über die raumlufttechnischen (RLT) Anlagen des Gebäudes erfolgen, sondern sie müssen über eigene klassifizierte Lüftungsleitungen (L90) sichergestellt sein. Wenn Druckstöße auftreten können, sollen keine Brandschutzklappen eingebunden sein.

Zusätzliche Anforderungen an elektrische Betriebsräume für ortsfeste Stromerzeugungsaggregate nach § 6 EltBauVO

Die folgende Aufzählung enthält einen Auszug von Anforderungen nach § 6 EltBauVO:

- Die Anforderungen an die raumabschließenden Bauteile richten sich bei der Versorgung von sicherheitstechnischen Anlagen und Einrichtungen nach dem erforderlichen Funktionserhalt.
- Der Feuerwiderstand der Türen muss demjenigen der raumabschließenden Bauteile entsprechen.

Für ortsfeste Stromerzeugungsaggregate (siehe Abb. I-12) sind auch die Anforderungen nach Abschnitt 5 MLAR an den Funktionserhalt zu beachten.

Abb. I-13: Batteriereihen mit ausreichenden Abständen in einem Batterieraum

Abb. I-14: Zugang zu Batterieraum – Tür mit Kennzeichnung

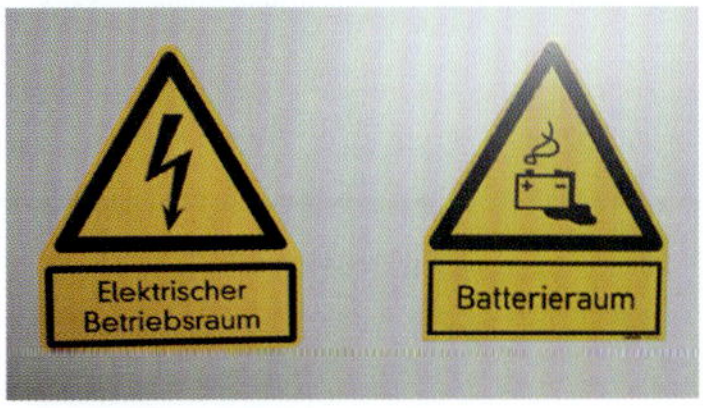

Abb. I-15: Gefahrenhinweise

In Bezug auf die Abgasanlage ist die Muster-Feuerungsverordnung (MFeuV) zu beachten.

Zusätzliche Anforderungen an Batterieräume nach § 7 EltBauVO

Die folgende Aufzählung enthält einen Auszug von Anforderungen nach § 7 EltBauVO:

- Die Anforderungen an die raumabschließenden Bauteile richten sich bei der Versorgung von sicherheitstechnischen Anlagen und Einrichtungen nach dem erforderlichen Funktionserhalt.
- Der Feuerwiderstand der Türen muss demjenigen der raumabschließenden Bauteile entsprechen, eine Schwelle muss vorhanden sein.
- Für zentrale Batterieanlagen sind auch die Anforderungen des Abschnitts 5 MLAR an den Funktionserhalt zu beachten.

Werden ausschließlich Vlies- oder Gel-Bleibatterien mit einer Gesamtkapazität von 20 kWh verwendet, kann nach § 7 Abs. 3 EltBauVO auf eine Lüftung verzichtet werden. Abb. I-13 zeigt die Aufstellung von Batterien in einem Batterieraum, Abb. I-14 und I-15 zeigen die erforderliche Kennzeichnung am Zugang.

Rücksprache mit der zuständigen Brandschutzdienststelle – weitere Anforderungen

Weil es sich um Bereiche mit besonderen Gefahren handelt, ist frühzeitig Rücksprache mit der zuständigen Brandschutzdienststelle zu halten; diese sollte in die Planung miteinbezogen werden. Die Feuerwehr betritt diese Räume aufgrund der latenten Eigengefährdung nicht. Eine zuständige Elektrofachkraft (z. B. Mittelspannungsschaltberechtigter) muss im Rahmen der Alarmkette erreichbar sein, die alle spannungsführenden Anlagenteile verlässlich abschaltet.

Der Betreiber hat die Feuerwehr bei der Erstellung ihrer Einsatzpläne zu unterstützen, die Planer müssen in Absprache mit der Feuerwehr die erforderlichen Löscheinrichtungen bzw. Löschmittel festlegen.

Die Feuerwehren haben beim Vorhandensein von automatischen Meldern in ihren „Technischen Anschlussbedingungen für die Einrichtung und den Betrieb von Brandmeldeanlagen (TAB)“ eigene Mindestfestlegungen getroffen, die zu beachten sind. So ist z. B. in den Zugangstüren im Angriffsweg der Feuerwehr zur Kontrolle ein Sichtfenster (z. B. Branddirektion München: 400 mm × 400 mm) vorzusehen.

Planunterlagen

Es werden zusätzliche Bauvorlagen gefordert, die die Lage der elektrischen Betriebsräume und der elektrischen Anlagen enthalten. Grundsätzlich ist mit der Brandschutzdienststelle Rücksprache zu halten. Die Räume sind in den Brandschutzplänen gesondert zu kennzeichnen und in den Feuerwehrplänen darzustellen.

I.5 Sicherheitsbeleuchtung

Nach Anhang 14 Abschnitt 4 MVV TB handelt es sich bei Sicherheitsbeleuchtungsanlagen um elektrische Anlagen,

> *„die Räume, Rettungswege oder Sicherheitszeichen auch bei Ausfall der Stromversorgung der allgemeinen Beleuchtung so lange beleuchten, dass Personen das sichere Verlassen der Räume oder des Gebäudes und sofern bauaufsichtlich verlangt bis hin zu öffentlichen Verkehrsflächen ermöglicht ist und ggf. auch Arbeitsvorgänge sicher abgeschlossen werden können“.*

Entsprechende Einrichtungen sind nach § 35 Abs. 7 MBO nur für notwendige Treppenräume ohne Fenster und bei Gebäuden mit einer Höhe von mehr als 13 m gefordert. Diese Anforderungen sind für Krankenhäuser nicht ausreichend und werden in allen bekannten Regelungen spezifiziert (vgl. Tabelle I-3).

Tabelle I-3: Forderungen zur Vorhaltung einer Sicherheitsbeleuchtung nach aktuellen Regelungen zum Krankenhausbau in den Regelwerken der Bundesländer Baden-Württemberg, Brandenburg, Hamburg und Saarland

Bundesland	Fundstelle	Forderung
Baden-Württemberg – Hinweise über den baulichen Brandschutz in Krankenhäusern und baulichen Anlagen entsprechender Zweckbestimmung	Nr. III.4.2	*„Es muss eine Sicherheitsbeleuchtung vorhanden sein* • *in notwendigen Fluren, notwendigen Treppenräumen, in Räumen zwischennotwendigen Treppenräumen und Ausgängen ins Freie und* • *für Sicherheitszeichen im Zug von Rettungswegen."*
Brandenburg – BbgKPBauV	§ 11 Abs. 1	*„Rettungswege und Räume für die Untersuchung, Behandlung, Unterbringung und Pflege müssen eine Sicherheitsbeleuchtung haben, die auch die Sicherheitszeichen beleuchtet."*
Hamburg – BPD Krankenhäuser	Nr. 8.6	*„Rettungswege, Patientenzimmer und Räume für die Untersuchung und Behandlung müssen eine Sicherheitsbeleuchtung haben. Diese sollte auch die Sicherheitszeichenbeleuchten, wenn diese nicht ausreichend beleuchtet sind."*
Saarland – KHBauR	Nr. 2.13.1	*„Zur Aufrechterhaltung des Krankenhausbetriebes bei Ausfall der allgemeinen Stromversorgung müssen folgende Einrichtungen [...] weiterbetrieben werden können:* *a) die Beleuchtung der inneren und, soweit erforderlich, der äußeren Verkehrswege. [...]* *b) die beleuchteten Schilder zur Kennzeichnung der Rettungswege [...]* *c) die Beleuchtung aller für die Aufrechterhaltung des Krankenhausbetriebes notwendigen Räume für die Unterbringung, Pflege, Untersuchung und Behandlung von Kranken. [...]"*

Fallspezifisch kann sich eine Notwendigkeit weiterhin für Räume mit erhöhter Personenkonzentration (z. B. Veranstaltungsräume) ergeben, soweit diese nicht ohnehin unter den Geltungsbereich der MVStättVO fallen.

Hinweis

Die Ausführungsnorm DIN VDE 0100-710 enthält vielfältige Angaben zur Notwendigkeit einer Sicherheitsbeleuchtung in medizinisch genutzten Bereichen. Diese stimmen weitestgehend mit den baurechtlichen Vorgaben überein. Da nicht medizinische Bereiche (z. B. Büros und Verwaltung, Logistik, Labore) nicht erfasst sind, darf im Brandschutznachweis jedoch keinesfalls pauschal eine Sicherheitsbeleuchtung nach DIN VDE 0100-710 gefordert werden. Stattdessen sind Umfang und Ausführung der baurechtlich erforderlichen Sicherheitsbeleuchtung immer separat zu beschreiben.

Auch aus arbeitsschutzrechtlichen Gründen kann eine Sicherheitsbeleuchtung in Fluchtwegen erforderlich werden. Spezifische Kriterien für die Bewertung sind in der ASR A2.3 (2024, S. 20) aufgeführt:

„1. hohe Personenbelegung,
2. Flächenausdehnung (z. B. Hallen, Großraumbüros, Verkaufsstätten),
3. fehlendes Tageslicht (z. B. Räume unter Erdgleiche, innenliegende Treppenräume und Flure, Schichtbetrieb, wenn nicht während der gesamten Arbeitszeit durch das einfallende Tageslicht ein Mindestwert der Beleuchtungsstärke von 1 lx für die Fluchtwege gegeben ist),
4. betriebliche Gründe für Dunkelheit (z. B. Fotolabor),
5. Anwesenheit ortsunkundiger Personen (z. B. Kunden, Besucher),
6. erhöhte Gefährdung (z. B. durch Stolpern und Stürzen, auf Treppen),
7. unübersichtliche Fluchtwegführung (z. B. bei Fluchtwegen mit häufigen Richtungsänderungen) oder
8. eingeschränkte Erkennbarkeit des Fluchtweges und seiner Begrenzung (z. B. durch neben dem Fluchtweg abgestelltes Lagergut oder im Zuge der Evakuierung spontanabgestellter Arbeitsmittel).“

Im Regelfall stimmen arbeitsschutz- und baurechtliche Anforderungen überein. Da die arbeitsschutzrechtlichen Fluchtwege nicht immer mit den baurechtlichen Rettungswegen konform sind (siehe Kapitel E.1.1), können Unterschiede im Einzelfall jedoch nicht ausgeschlossen werden.

Darüber hinaus enthält die Technische Regel für Arbeitsstätten ASR A3.4 „Beleuchtung und Sichtverbindung“ (2023, S. 12) Beispiele für Arbeitsbereiche, in denen bei Ausfall der Allgemeinbeleuchtung die Sicherheit der Beschäftigten gefährdet werden kann und die daher eine Sicherheitsbeleuchtung benötigen:

„1. Laboratorien, in denen es notwendig ist, dass Beschäftigte einen laufenden Versuch beenden oder unterbrechen müssen, um eine akute Gefährdung von Beschäftigten und Dritten zu verhindern. Solche akuten Gefährdungen können z. B. Explosionen oder Brände sowie das Freisetzen von Krankheitserregern oder giftigen, sehr giftigen oder radioaktiven Stoffen in Gefahr bringender Menge sein,
2. Arbeitsplätze, die aus technischen Gründen dunkel gehalten werden müssen,
3. elektrische Betriebsräume und Räume für haustechnische Anlagen,
4. der unmittelbare Bereich langnachlaufender Arbeitsmittel mit nicht zu schützenden bewegten Teilen, die Gefährdungen für Sicherheit und Gesundheit der Beschäftigten verursachen können, z. B. Plandrehmaschinen,
5. Steuereinrichtungen für ständig zu überwachende Anlagen, z. B. Schaltwarten und Leitstände für Kraftwerke, chemische und metallurgische Betriebe sowie Arbeitsplätze an Absperr- und Regeleinrichtungen, die betriebsmäßig oder bei Betriebsstörungen zur Vermeidung von Gefährdungen für Sicherheit und Gesundheit der Beschäftigten betätigt werden müssen, um Produktionsprozesse gefahrlos zu unterbrechen bzw. zu beenden,

6. *Bereiche in der Nähe heißer Bäder oder Gießgruben, die aus produktionstechnischen Gründen nicht durch Geländer oder Absperrungen gesichert werden können, Bereiche um Arbeitsgruben, die aus arbeitsablaufbedingten Gründen nicht abgedeckt sein können oder*
7. *Arbeitsplätze auf Baustellen"*

Sind Bereiche nach Punkt 1 oder Punkt 5 vorhanden, ist aus Sicht der Autoren zu hinterfragen, ob nicht auch aus baurechtlichen Gesichtspunkten eine Sicherheitsbeleuchtung erforderlich ist.

Hinweis

> Müssen Arbeitsvorgänge sicher abgeschlossen werden, kann sich auch aus baurechtlichen Gesichtspunkten die Notwendigkeit einer Sicherheitsbeleuchtung ergeben. Die Kriterien der ASR A3.4 bieten auch für Brandschutznachweiserstellende eine gute Orientierung für eine Bewertung. Da entsprechende Bereiche schwer anhand der Baupläne identifiziert werden können, ist immer eine aktive Nachfrage beim Bauherrn/Betreiber erforderlich. Diese und das Ergebnis der Abstimmung sind zwingend zu dokumentieren.

Bauprodukte von Sicherheitsbeleuchtungsanlagen

Sicherheitsbeleuchtungsanlagen müssen zur Erfüllung der baurechtlichen (und auch arbeitsschutzrechtlichen) Anforderungen dauerhaft betriebssicher sein. Dies gilt nach Kapitel 4.2, Anhang 14 MVV TB für Notleuchten, die der Norm DIN EN 60598-2-22 VDE 0711-2-22 „Leuchten – Teil 2-22: Besondere Anforderungen – Leuchten für Notbeleuchtung" (2015) oder der Norm DIN EN IEC 60598-2-22 VDE 0711-2-22 „Leuchten – Teil 2-22: Besondere Anforderungen – Leuchten für Notbeleuchtung" (2023) entsprechen.

Bemessung und Ausführung der Sicherheitsbeleuchtungsanlagen

Die Normenreihe DIN VDE 0100 (mit Ausnahme der Normenteile 801 ff.), die DIN VDE V 0108-100-1 „Sicherheitsbeleuchtungsanlagen – Teil 100-1: Vorschläge für ergänzende Festlegungen zu EN 50172:2004" (2018) und die DIN EN 1838 „Angewandte Lichttechnik – Notbeleuchtung" (2019) werden in der MVV TB explizit aufgeführt und sind bei der Planung, Bemessung und Ausführung von Sicherheitsbeleuchtungsanlagen zu beachten.

Hinweis

> Die DIN EN 1838:2019-11 wurde zwischenzeitlich durch DIN EN 1838:2025-03 ersetzt. Auch die DIN VDE V 0108-100-1:2018-12 wurde zurückgezogen und durch die DIN VDE 0108-100:2024-10 ersetzt. Solange die Vorgängerversionen noch in der MVV TB aufgeführt sind, sind diese aus baurechtlicher Sicht weiterhin ausschlaggebend. Werden Sicherheitsbeleuchtungsanlagen nach aktuellen Normvorgaben realisiert, ist im Einzelfall zu prüfen, ob in der Ausführung relevante Abweichungen entstehen.

Abb. I-16: Sicherheitsbeleuchtung mit Kennzeichnungsschild

Nach DIN EN 1838 sind erforderliche Leuchten (siehe Abb. I-16) mindestens 2 m über dem Boden zu installieren, um eine ausreichende räumliche Ausleuchtung zu gewährleisten. Weiterhin sind diese insbesondere in Bereichen mit spezifischen Hilfseinrichtungen (z. B. Löscheinrichtungen, Erste-Hilfe-Einrichtungen), Niveauänderungen (z. B. Treppen und Rampen) und an fluchtwegsrelevanten Punkten (z. B. Notausgängen, Richtungswechseln) anzubringen.

Die effektive Beleuchtungsstärke ist unterschiedlich geregelt. Diese muss im Regelfall mindestens 1 lx betragen. Hinterleuchtete Rettungswegschilder (siehe Kapitel I.6) können grundsätzlich angerechnet werden.

Erhöhte Anforderungen gelten für Bereiche von Arbeitsplätzen mit besonderer Gefährdung. Hier muss der Wartungswert der Beleuchtungsstärke auf der Arbeitsfläche mindestens 10 % des für die Aufgabe erforderlichen Wartungswertes der Beleuchtungsstärke betragen und darf nicht unter 15 lx fallen.

I.6 Flucht- und Rettungswegkennzeichnung

Auch wenn das Räumungskonzept in Krankenhäusern insbesondere auf die Rettung nicht selbstrettungsfähiger Personen ausgelegt ist, sind in den Gebäuden weiterhin selbstrettungsfähige Personen in nicht unerheblicher Anzahl vorhanden (z. B. Beschäftigte, Besucher, gehfähige Patienten). Um diesen teilweise ortsunkundigen Personengruppen den kürzesten Weg in das Freie anzuzeigen, müssen Rettungswege zwingend mit Rettungszeichen nach DIN EN ISO 7010 „Graphische Symbole – Sicherheitsfarben und Sicherheitszeichen“ (2020) bzw. ASR A1.3 gekennzeichnet sein (vgl. Tabelle I-4).

Tabelle I-4: Forderungen zur Vorhaltung von Rettungswegkennzeichnungen nach aktuellen Regelungen zum Krankenhausbau in den Regelwerken der Bundesländer Baden-Württemberg, Brandenburg, Hamburg und Saarland

Bundesland	**Fundstelle**	**Forderung**
Baden-Württemberg – Hinweise über den baulichen Brandschutz in Krankenhäusern und baulichen Anlagen entsprechender Zweckbestimmung	Nr. III.3.1.3	*„Rettungswege sind durch beleuchtete Sicherheitszeichen dauerhaft und gut sichtbar zu kennzeichnen."*
Brandenburg – BbgKPBauV	§ 6 Abs. 5	*„Ausgänge und Rettungswege müssen durch Sicherheitszeichen dauerhaft und gut sichtbar gekennzeichnet sein."*
Hamburg – BPD Krankenhäuser	Nr. 8.6	*„Rettungswege, Patientenzimmer und Räume für die Untersuchung und Behandlung müssen eine Sicherheitsbeleuchtung haben. Diese sollte auch die* ***Sicherheitszeichen*** [Hervorhebung durch die Autoren] *beleuchten, wenn diese nicht ausreichend beleuchtet sind."*
Saarland – KHBauR	Nr. 2.6.6	*„An den Kreuzungen und Abzweigungen der Hauptflure sowie an allen Ausgängen und Türen, die im Zuge von Rettungswegen liegen, ist durch beleuchtete Schilder auf die Ausgänge und die notwendigen Treppen hinzuweisen."*

Die Zeichen sind so anzubringen, dass Ausgänge in das Freie oder Zugänge zu Treppenräumen von jeder Stelle des Gebäudes schnell aufgefunden werden können. Dies ist erfüllt, wenn insbesondere Türen und Richtungswechsel im Verlauf der Fluchtwege gekennzeichnet sind.

Hinweis

Nach DIN ISO 16069 „Graphische Symbole – Sicherheitszeichen – Sicherheitsleitsysteme" (2019) und DIN/TR 4844-4 „Graphische Symbole – Sicherheitsfarben und Sicherheitszeichen – Teil 4: Leitfaden zur Anwendung von Sicherheitskennzeichnung" (2020) bedeutet die Pfeilrichtung nach oben „geradeaus", während ein Pfeil nach unten „abwärts" bedeutet. Diese Regelung wurde zwischenzeitlich in die ASR 2.3 übernommen. Da diese Systematik von der bisher in Deutschland angewendeten Logik abweicht, kann es in Einzelfällen zu Missverständnissen kommen. Ob die Beschilderung der Rettungswege nach alter oder neuer Logik erfolgt, sollte daher grundsätzlich in Abstimmung mit dem Bauherrn erfolgen.

Eine Kennzeichnung der Türen aus einzelnen Räumlichkeiten ist nicht in jedem Fall zwingend erforderlich, sondern abhängig von der Größe und Art der Nutzung. Insbesondere großflächige Technikzentralen oder Lagerräume sind jedoch immer in die Beschilderung einzubeziehenEs ist zu beachten, dass sich insbesondere aus dem Arbeitsstättenrecht zusätzliche Anforderungen ergeben können. Selbst nach ASR A2.3 (2022, S. 15) ist jedoch

Abb. I-17: Rettungszeichenleuchte als Bestandteil der Sicherheitsbeleuchtung

„[i]n Räumen, in denen der Fluchtweg eindeutig und jederzeit erkennbar ist, keine Sicherheitskennzeichnung erforderlich, z. B. in Einzelbüros mit nur einer Tür.“

Die Unterkante erforderlicher Zeichen soll mindestens 2,0 m über Fußbodenoberkante angebracht sein, unter Berücksichtigung des Blickfeldes eines Menschen jedoch auch nicht höher als 2,5 m. Die Zeichen sind weiterhin beleuchtet oder hinterleuchtet auszuführen, wobei die Erkennungsweite bei selbst leuchtenden Schildern etwa doppelt so groß ist und damit die Anzahl der Schilder reduziert werden kann.

Im Normalbetrieb müssen Rettungszeichen die lichttechnischen Anforderungen nach DIN 4844-1 „Graphische Symbole – Sicherheitsfarben und Sicherheitszeichen – Teil 1: Erkennungsweiten und farb- und photometrische Anforderungen“ (2012) erfüllen. Dies ist in der Regel nur möglich, wenn die erforderlichen Leuchten in Dauerschaltung betrieben werden. Da die Beleuchtung der Rettungszeichen auch bei Ausfall der Allgemeinbeleuchtung sichergestellt sein muss, ist die Beleuchtung der Rettungszeichen zwingend Bestandteil der Sicherheitsbeleuchtung (siehe Abb. I-17, siehe Kapitel I.5). Im Notbetrieb müssen mindestens die lichttechnischen Anforderungen nach DIN EN 1838 erfüllt werden.

I.7 Sicherheitsstromversorgung im Krankenhaus

Nach Anhang 14 Abschnitt 5 MVV TB (S. 301) handelt es sich bei Sicherheitsstromversorgungsanlagen um elektrische Anlagen, die

„bei Ausfall der allgemeinen Stromversorgung den Betrieb der sicherheitstechnischen Anlagen für einen bestimmten Zeitraum aufrechterhalten. Sicherheitsstromversorgungsanlagen umfassen die Stromquelle (Spannungserzeugung oder Energiespeicherung), die erforderlichen Schalt- und Hilfseinrichtungen sowie die zugehörigen Leitungsanlagen bis zu den Anschlüssen der zu versorgenden sicherheitstechnischen Anlagen.“

Während derartige Anlagen in der MBO nicht erwähnt sind, enthalten die bekannten Regelungen (siehe Kapitel D) konkrete Anforderungen. Diese unterscheiden sich nur unwesentlich, letztlich ist eine Sicherheitsstromversorgung insbesondere für folgende Anlagen und Einrichtungen vorzusehen:

- Sicherheitsbeleuchtung,
- automatische Feuerlöschanlagen und Druckerhöhungsanlagen für die Löschwasserversorgung,
- Rauchabzugsanlagen,
- Brandmelde-, Alarmierungs- und Rufanlagen,
- Gebäudefunkanlagen,
- Feuerwehr- und Bettenaufzüge,
- Druckbelüftungsanlagen.

Analog zur MKhBauV sind in der saarländischen KHBauR weiterhin auch Untersuchungs- und Behandlungseinrichtungen für operative und andere lebenswichtige Maßnahmen sowie Kühlanlagen für medizinische Zwecke (z. B. Kühlanlagen für Blutkonserven) aufgeführt. Diese Forderung erscheint zunächst zielführend, es ist jedoch auch zu bedenken, dass große Teile der Elektroinstallationen in einem Krankenhaus dann einer Prüfpflicht nach Muster-Prüfverordnung (MPrüfVO) (siehe Kapitel J.7) unterliegen.

Da Anforderungen an die Stromversorgung gleichzeitig durch das Medizinrecht definiert werden, ist eine „Doppelreglementierung" über das Baurecht aus Sicht der Autoren nicht zwingend erforderlich. Damit ist es konsequent, wenn Anforderungen an die medizinische Stromversorgung in den neueren baurechtlichen Regelungen und Hinweisen nicht mehr aufgeführt sind. Letztendlich muss die Frage der Notwendigkeit jedoch individuell im Rahmen der Bauplanung mit der zuständigen Bauaufsichtsbehörde abgestimmt werden.

Hinweis

> Der Ausfall der allgemeinen Energieversorgung kann schwerwiegende Konsequenzen für Patientinnen und Patienten haben, infolgedessen müssen Krankenhäuser über eine geeignete Ersatzstromversorgung verfügen. Die Anforderungen werden durch die DIN VDE 0100-710 definiert. Es ist nicht Aufgabe des Baurechtes, die Anforderungen ungefiltert zu übernehmen, vielmehr ist die Sicherheitsstromversorgung der baurechtlich geforderten sicherheitstechnischen Anlagen in dieses Konzept einzubinden.

Umschaltzeit und Überbrückungsdauer

In Anlehnung an DIN VDE 0100-710 darf die Umschaltzeit für medizinische erforderliche Einrichtungen nicht mehr als 15 Sekunden betragen. Diese Umschaltzeit ist aus Sicht der Autoren für die Beleuchtung der Rettungszeichen (siehe Kapitel I.6) nicht ausreichend, stattdessen ist eine unterbrechungsfreie Stromversorgung (z. B. Einzelbatterie) vorzusehen.

Die Überbrückungsdauer ist analog DIN VDE 0100-710 auf minimal 24 Stunden auszulegen. Theoretisch kann diese Dauer auf minimal 3 Stunden verringert werden, dies setzt jedoch voraus, dass die Nutzung des medizinischen Bereichs, einschließlich jeglicher medizinischen Behandlung, beendet

Abb. I-18: Zentrales Stromversorgungssystem

Abb. I-19: Notstromaggregat (Quelle: Reinhold Reisch)

und das Gebäude in einer Zeit von 3 Stunden evakuiert werden kann. Dies dürfte bei Krankenhäusern kaum möglich sein.

Hinweis

> Gerade bei einem flächendeckenden, lang anhaltenden Stromausfall reicht eine Überbrückungsdauer von 24 Stunden nicht aus, um eine einigermaßen verlässliche Stromversorgung bzw. eine zuverlässige Versorgung mit Treibstoff für vorhandene Notstromdieselaggregate zu organisieren. Seitens des Bundesamtes für Bevölkerungsschutz und Katastrophenhilfe (BBK) wird daher eine Überbrückungsdauer von 72 Stunden empfohlen.

Anforderungen an Stromerzeugungsaggregate und zentrale Stromversorgungssysteme

Um den Strombedarf zu decken, wird die Sicherheitsstromversorgung in Krankenhäusern in der Regel über Verbrennungsmotoren mit Hubkolben sichergestellt. Um baurechtliche Anforderungen zu erfüllen, müssen diese nach MVV TB den Anforderungen der Normenreihe DIN 6280 „Stromerzeugungsaggregate – Stromerzeugungsaggregate mit Hubkolben-Verbrennungsmotoren“ genügen.

Bei einer Versorgung sicherheitstechnischer Anlagen aus zentralen Stromversorgungssystemen sind die Anforderungen von DIN EN 50171 VDE 0558-508 „Zentrale Sicherheitsstromversorgungssysteme“ (2022) zu beachten.

Die Aufstellung der zentralen Stromversorgungssysteme (siehe Abb. I-18) und der Stromerzeugungsaggregate (siehe Abb. I-19) muss in elektrischen Betriebsräumen nach M-EltBauV (siehe Kapitel I.4) erfolgen.

I.8 Objektfunkanlagen (BOS-Funk)

Behörden und Organisationen mit Sicherheitsaufgaben (BOS) verfügen über eigene Funkkanäle. Das benötigte Funknetz wird in der Regel durch die öffentliche Hand vorgehalten. Besteht die Gefahr, dass der Funkverkehr der Einsatzkräfte durch die räumliche Struktur, die Ausdehnung oder die Bauweise eine Anlage gestört wird, sind nach Abschnitt A 2.1.15.6 MVV TB jedoch spezifische Objektfunkanlagen zur Unterstützung der Kommunikation und damit wirksamer Löscharbeiten vorzusehen. Die Verantwortung hierfür liegt beim Gebäudeeigentümer.

Infolge der Bauweise von Krankenhäusern könnte pauschal unterstellt werden, dass entsprechende Anlagen hier immer erforderlich sind, daher ist es plausibel, dass 2 der aktuellen Regelungen zum Krankenhausbau konkrete Forderungen zu Objektfunkanlagen beinhalten (vgl. Tabelle I-5).

Tabelle I-5: Forderungen nach Objektfunkanlagen nach aktuellen Regelungen zum Krankenhausbau in den Regelwerken der Bundesländer Baden-Württemberg und Hamburg

Bundesland	Fundstelle	Forderung
Baden-Württemberg – Hinweise über den baulichen Brandschutz in Krankenhäusern und baulichen Anlagen entsprechender Zweckbestimmung	Nr. IV.3	*„Wird die Funkkommunikation der Einsatzkräfte der Feuerwehr innerhalb der Gebäude durch die bauliche Anlage gestört, sind technische Einrichtungen zur Unterstützung des Funkverkehrs vorzusehen."*
Hamburg – BPD Krankenhäuser	Nr. 8.8	*„Es ist sicherzustellen, dass eine Kommunikation der Feuerwehr über digitalen Gebäudefunk ohne Beeinträchtigung möglich ist. Es kann davon ausgegangen werden, dass aufgrund der Flächenausdehnung von Krankenhäusern eine Gebäudefunkanlage erforderlich ist. Im Baugenehmigungsverfahren ist regelhaft im Wege einer Nebenbestimmung zu fordern, dass der Bauherr eine Überprüfung zum Erfordernis einer Gebäudefunkanlage veranlasst."*

Hierbei zu beachten, dass Objektfunkanlagen tatsächlich nur gefordert werden können, wenn die Funkkommunikation im Gebäude wirklich gestört ist. Dies kann in Regel erst nach Fertigstellung des Rohbaus durch Messung der Versorgungsgüte (Feldstärke) überprüft werden. Um überzogenen Forderungen und damit Haftungsansprüchen vorzubeugen, sind Objektfunkversorgungen nur in Abhängigkeit von einem negativen Messergebnis zu fordern (Auflagenvorbehalt).

Hinweis

Selbst bei fehlender Objektfunkversorgung kann nach AGBF-Fachempfehlung 2019-04 „Objektfunkanlagen" in Einzelfällen (z. B. Krankenhäuser unter der Hochhausgrenze mit einer Grundfläche < 10.000 m^2) auf eine separate Objektfunkanlage verzichtet werden. Dies setzt jedoch immer eine vorherige Abstimmung mit der zuständigen Brandschutzdienststelle voraus.

Abb. I-20: BOS-Funk-Strahlerkabel

Abb. I-21: Technikschrank für BOS-Funk

Abb. I-22: Gebäudefunkbedienfeld (FBF) nach DIN 14663

Bestandteile von Objektfunkanlagen

Nach Kapitel A 2.1.15.6 MVV TB bestehen Objektfunkanlagen mindestens aus Sende-, Empfangs- und Übertragungseinrichtungen (siehe Abb. I-20 und I-21). Für die Feuerwehr ist zudem immer ein Feuerwehr-Gebäudefunkbedienfeld (FBF) (siehe Abb. I-22) nach DIN 14663 „Feuerwehrwesen – Feuerwehr-Gebäudefunkbedienfeld" (2023) an der Erstanlaufstelle (siehe Kapitel K.0) vorzusehen. Dieses dient dem manuellen Ein- und Ausschalten sowie der Kontrolle des Betriebszustandes.

Anforderungen an digitale Objektfunkanlagen

Die Konzeptionierung (Betriebsart und Abdeckung) der Funkanlage ist zusammen mit der zuständigen Brandschutzdienststelle abzustimmen. In der Umsetzung sind die technischen Anforderungen aus dem „Leitfaden zur Planung und Realisierung von Objektversorgungen (L-OV)" der Bundesanstalt für den Digitalfunk der Behörden und Organisationen mit Sicherheitsaufgaben (BDBOS) zu beachten.

Nach Kapitel A 2.1.15.6 MVV TB sind die erforderlichen Komponenten weiterhin so auszuführen, dass eine Funktion jederzeit gegeben ist. Hierfür ist eine Sicherheitsstromversorgung (siehe Kapitel I.7) vorzusehen, weiterhin müssen notwendige elektrische Leitungsanlagen bei einem Brandereignis ausreichend lang funktionsfähig bleiben. Dies erfordert in der Regel einen Funktionserhalt (siehe Kapitel I.3) für 90 Minuten.

Als Unterstützung für die Ausführungsplanung kann die DIN 14024-1 „Digitale BOS-Objektfunkanlagen – Teil 1: Aufbau und Betrieb" (2021) herangezogen werden. Diese enthält grundlegende Anforderungen für die Projektierung, Installation und Abnahme digitaler Objektfunkanlagen. Um Fehlern bei der Planung und Errichtung vorzubeugen, sollten Objektfunkanlagen nur durch qualifizierte Fachfirmen installiert werden. Spezifische Anforderungen ergeben sich aus DIN 14024-2 „Digitale BOS-Objektfunkanlagen – Teil 2: Anforderungen an die Fachfirma und Fachkräfte“ (2024).

Hinweis

Analoge Gebäudefunkanlagen entsprechen nicht mehr dem Stand der Technik und sollten nicht mehr verbaut werden. Ist eine digitale Anlage infolge örtlicher Bedingungen aktuell nicht möglich, sind zwingend Komponenten zu verbauen, die eine spätere Umrüstung möglich machen.

Inbetriebnahme von Objektfunkanlagen

Ein offizielles Verfahren zur Einrichtung einer Gebäudefunkanlage kann erst mit Anzeige des Vorhabens bei der autorisierten Stelle im jeweiligen Bundesland erfolgen. Diese Anzeige muss unbedingt vor Baubeginn der Objektfunkanlage erfolgen; für eine Bearbeitung des Antrages muss mindestens ein Grobkonzept vorliegen. Im Anschluss beantragt das BDBOS die benötigten Funkfrequenzen bei der Bundesnetzagentur.

Hinweis

Die vorläufige Gestattung zur Nutzung der Frequenzen ist auf Aufbau, Test und Abnahme der Anlage begrenzt. Die tatsächliche Inbetriebsetzung setzt immer eine separate Inbetriebnahme-Bestätigung des BDBOS voraus.

I.9 Rauchmanagement

Die bauordnungsrechtlichen Grundlagen in Deutschland weisen kein dediziertes Rauchmanagement aus. Lüftungstechnische Anlagen werden weder in den bauordnungsrechtlichen Grundlagen in Baden-Württemberg (siehe Kapitel D.2), Brandenburg (siehe Kapitel D.3), Hamburg (siehe Kapitel D.4) oder Saarland (siehe Kapitel D.5) hinsichtlich der Möglichkeiten zum Rauchmanagement betrachtet. Ebenso wenig findet eine Bewertung in den Planungshilfen der AGBF (siehe Kapitel E.0.1), der VdS (siehe Kapitel E.0.2) oder Unfallkassen/Berufsgenossenschaften (siehe Kapitel E.1.1.2) statt.

Zwar gibt es Anforderungen an die Kalt- oder Restentrauchung über öffenbare Fenster durch die Feuerwehr nach der Brandbekämpfung oder die Rauchableitung aus Schächten und Treppenräumen, aber nichts Wesentliches darüber hinaus. Das klassische Prinzip nach MLüAR (siehe Kapitel I.12) ist, dass alle Lüftungsanlagen im Brandfall zum Verhindern der Rauchausbreitung abschalten.

Dieses Prinzip funktioniert im Krankenhausbetrieb aus mehreren Gründen nicht. Nach Möglichkeit werden im Brandfall immer nur einzelne Pflegebereiche horizontal in angrenzende, gleichartige Bereiche evakuiert. Die Versorgung der Patientinnen und Patienten in diesen angrenzenden und in allen weiteren Funktionsstellen des Krankenhauses muss weiter gewährleistet werden. Insbesondere hinsichtlich des Verschleppens von Rauch über Rauch- und Feuerschutzabschlüsse in Fluren beim Transport von zu Pflegenden gibt es keine definierten Konzepte. Der Gesamtbetrieb muss – bis zu einem gewissen Punkt, der im Alarm- und Gefahrenabwehrplan (siehe

Kapitel J.2) zu definieren ist – aufrechterhalten werden. Auch innerhalb von Funktionsbereichen müssen einzelne Bereiche weiterbetrieben werden können. OP-Räume haben eigene Lüftungsanlagen (vgl. Tabelle I-6), die schon aus hygienischen Gründen autark von denen der benachbarten OP-Räume mit Druckdifferenzen betrieben werden. Selbst wenn mehrere OP-Räume im gleichen Brandabschnitt liegen, dürfen nur direkt vom Brand betroffene Lüftungsanlagen abgeschaltet werden.

Durch das internationale OECD-PRISME-Projekt wurden Brandversuche und Simulationen zum Brandverhalten in innen liegenden Räumen mit geschlossenen und geöffneten Türen unter Berücksichtigung verschiedener Luftwechselraten durchgeführt. Unter anderem wurde in den Versuchen die Auswirkung der Luftwechselraten auf die Strömungsprofile vom Brandraum zu benachbarten Räumen untersucht. Diese Versuche wurden im Rahmen der Arbeit durch den vfdb im „Leitfaden Ingenieurmethoden des Brandschutzes“, Kapitel A5.4, ausgewertet und in Simulationen mittels der Software Fire Dynamics Simulator (FDS) validiert. Dabei zeigt sich, dass die Branddauer bei einer Luftwechselrate von 8,4 pro Stunde nur ca. halb so lang ist wie bei einer Luftwechselrate von 4,7 pro Stunde für den Referenzraum. Die maximale Brandtemperatur steigt aber nur von ca. 600 °C auf ca. 800 °C. Zusammenfassend zeigen die Versuche keine revolutionär neue Sicht auf die Zusammenhänge zwischen Frischluftzufuhr und Brandereignissen sowie dem Betrieb von Lüftungsanlagen auf. Für das hier betrachtete Rauchmanagement ergeben sich jedoch 2 wesentliche Punkte:

- Deutsche Institute und Vereinigungen zur Brandschutzforschung sind in engem Austausch mit internationalen Institutionen.
- Ein Validieren und Übertragen von unabhängigen, international erarbeiteten Lösungen im Brandschutz ist ein wichtiges Element, um das eigene Brandschutzwissen zu erweitern und bereichern.

Als weiteres positives Beispiel in diesem Sinne soll hier eine Form des Rauchmanagements in Anlehnung an die US-amerikanischen Richtlinien der National Fire Protection Association (NFPA) beschrieben werden. In der Richtline NFPA 99 werden Krankenhäuser ganzheitlich von Planung und Bau bis zum Betrieb und Notfallbetrieb betrachtet. Alle Bereiche des Brandschutzes werden dabei, auch mit Verweis auf zentrale Richtlinien wie den Life Safety Code (NFPA 101), bewertet. Ein zentrales Element ist dabei auch das Ausbilden von „Smoke Compartments“ (Rauchabschnitten). Rauchabschnitte an sich sind eine Form von Schutzmaßnahmen, die im deutschen Bauordnungsrecht nicht nur im Gesundheitswesen eingesetzt wird. Die jährlichen Statistiken zu Brandtoten in Deutschland weisen regelmäßig aus, dass die Einwirkung von Rauch mehr Opfer fordert als das Feuer selbst. Die Gefahr, insbesondere für Personen, die sich eingeschränkt oder nicht selbstständig retten können, liegt hier nochmals höher. Der Ausbreitung von Rauch wird im deutschen Bauordnungsrecht nicht aktiv entgegengewirkt, sofern nicht dedizierte Anlagentechnik eingesetzt wird. Dazu zählen

- Rauchschutzdruckanlagen für Sicherheitstreppenräume oder Feuerwehraufzüge,
- mechanische Entrauchungsanlagen in Garagen, Verkaufs- oder Versammlungsstätten bzw. Industriebauten (Heißentrauchung),
- Lüftungsanlagen in Verbindung mit Feuerlöschanlagen (Kaltentrauchung).

Tabelle I-6: Raumlufttechnische Anforderungen an Konzepte und Maßnahmen in Gesundheitsbauten nach DIN 1946-4, Tabelle 1

Raumnutzung	Konzepte	Maßnahmen	Verbindung zum bauordnungsrechtlichen Brandschutz
OP-Räume	Überströmen des Abluftvolumenstroms vom OP-Raum in Vorräume > Zuluftvolumenstrom; „Verdrängungsströmung"	≥ 200 m^3/h Außenluftvolumenstrom (gefiltert); zusätzlich Umluft aus dem Raum; Unterdruck in Zwischendecke gegenüber dem Raum	Rauchmanagement; Eindringen von Rauch in OP-Räume vermeiden, sodass OP abgeschlossen oder stabil unterbrochen werden kann
Räume, die an OP-Räume angrenzen	Überströmende Zuluft aus OP-Räumen, zusätzliche Zuluft, falls geringer als Mindestanforderung	Außenluftvolumenstrom 40 m^3/h pro Person	Rauchmanagement; Rauch darf nicht in OP-Räume eindringen
Intensivmedizin, ausgenommen innen liegende Flure		Außenluftvolumenstrom > 100 m^3/h pro Patient oder 40 m^3/h pro Person	Rauchmanagement; Eindringen von Rauch aus angrenzenden Funktionsbereichen vermeiden
Isolierpflege: • infektiös • infektionsgefährdet	Druckdifferenz Raum gegenüber Schleuse: • negativ (Unterdruck) • positiv (Überdruck)	Außenluftvolumenstrom > 100 m^3/h pro Patient	
Isolierschleuse	Außenvolumenstrom abhängig von Isolierraum	Druckunterschied zum angrenzenden Flurbereich abhängig von Isolierraum	Rauchmanagement; Austreten von Rauch aus Pflegezimmern mit infektiösen Patienten verhindern; Eintreten von Rauch in Pflegezimmer mit infektionsgefährdeten Patienten vermeiden
Sonstige Räume in der Pflege	Außenluftvolumenstrom in Abhängigkeit von thermischen Lasten, Gefahrstoffbelastungen, Personenzahl	Außenluftvolumenstrom > 40 m^3/h pro Person	Zelle

Letztere Lüftungsanlagen sind nach den Verkaufsstätten- und Versammlungsstätten-Richtlinien in Verbindung mit dem Schutzzielpapier der Fachkommission Bauaufsicht der Bauministerkonferenz und dem Arbeitskreis Vorbeugender Brand- und Gefahrenschutz der AGBF zur Unterstützung der Arbeit der Feuerwehr und nicht zum Freihalten der Flucht- und Rettungswege von Rauch gedacht. Die Filter von Lüftungsanlagen werden beim Abzug von Kaltrauch sehr schnell von Rußpartikeln und Verbrennungsrückständen zugesetzt und ein Weiterbetrieb der Lüftungsanlage wird damit verhindert.

Doch gerade die im Krankenhaus bereits vorhandenen Lüftungsanlagen werden im aktiven Rauchmanagement nach Vorbild der NFPA-Richtlinien eingesetzt. Die Rauchabschnitte nach NFPA werden anders als in Deutschland nicht nur passiv genutzt. In Verbindung mit weiteren Richtlinien aus der NFPA-Familie wird das Konzept vom Überdruckbetrieb der Lüftungstechnik in Rauchabschnitten, die an vom Brandereignis betroffene Abschnitte angrenzen, genutzt.

Folgende Rahmenbedingungen durch die NFPA werden dabei aufgestellt:

- Neubauten mit Rauchabschnitten größer als 2.100 m^2 werden konsequent flächendeckend mit selbsttätigen Feuerlöschanlagen (siehe Kapitel I.10) ausgestattet. Entstehungsbrände sollen zur Unterstützung des Personals beim Evakuieren der zu Pflegenden und vor dem Eintreffen der Feuerwehr bereits durch ortsfeste Löschanlagen bekämpft werden.
- Funktionsbereiche werden in Rauchabschnitte unterteilt, um horizontales Evakuieren zu ermöglichen.
- Die Lüftungsanlagen werden dazu eingesetzt, benachbarte Rauchabschnitte gegenseitig durch Überdruck zu schützen.

Dabei ist die Überdruckbelüftung nach Vorbild der NFPA nicht mit einer Rauchschutzdruckanlage nach DIN EN 12101-4 „Rauch- und Wärmefreihaltung – Teil 4: Bausätze zur Rauch- und Wärmefreihaltung“ (2003) und DIN EN 12101-6 „Rauch- und Wärmefreihaltung – Teil 6: Festlegungen für Differenzdrucksysteme – Bausätze“ (2022) gleichzusetzen. Weder die Anforderungen an Drücke noch an Abströmgeschwindigkeiten und Redundanzen werden hier angelegt. Vergleichbar mit dem Ansatz der Lüftungsanlagen in Verkaufsstätten soll insbesondere unter den Gesichtspunkten der Brandeintrittswahrscheinlichkeit und der Wirtschaftlichkeit das brandschutztechnische Konzept verbessert werden.

Prinzip der Überdruckbelüftung nach Vorbild der NFPA

In Abb. I-23 ist zur Erläuterung des Prinzips eine Pflegestation mit 3 aneinandergrenzenden Rauchabschnitten skizziert. Die Rauchabschnitte sind so aufgeteilt, dass jeweils eine ungefähr gleiche Anzahl von zu Pflegenden aufgenommen werden kann.

Im Beispiel tritt der Brandfall im roten Rauchabschnitt ein. Die Brandmeldetechnik alarmiert das Personal und gleichzeitig die Leitstelle der Feuerwehr. Bei der Feuerwehr ist von einer gesetzlichen Einsatzzeit von 10 Minuten auszugehen. Das Krankenhauspersonal beginnt direkt nach dem Erkunden des Brandraums mit der Evakuierung und Unterstützung der nicht selbstrettungsfähigen Personen. Dabei wird das Personal in jedem Fall zuerst eine horizontale Evakuierung der Patientinnen und Patienten in die angrenzenden lila und blauen Rauchabschnitte durchführen.

Dieses Vorgehen ist ein etablierter Standard, um in möglichst kurzer Zeit eine maximale Anzahl von zu Pflegenden in einen sicheren Bereich zu bringen. Das Verschleppen von Rauch beim Bettentransport und bei geöffneten Rauchschutztüren an den Rauchabschnittsgrenzen stellt jedoch eine Beeinträchtigung und Gefährdung der an den Brandbereich angrenzenden sicheren Rauchabschnitte dar.

Hier greift das Konzept nach NFPA ein. Um den lila und blauen Rauchabschnitt vor Eindringen von Brandrauch zu schützen, wird die Gebäude-

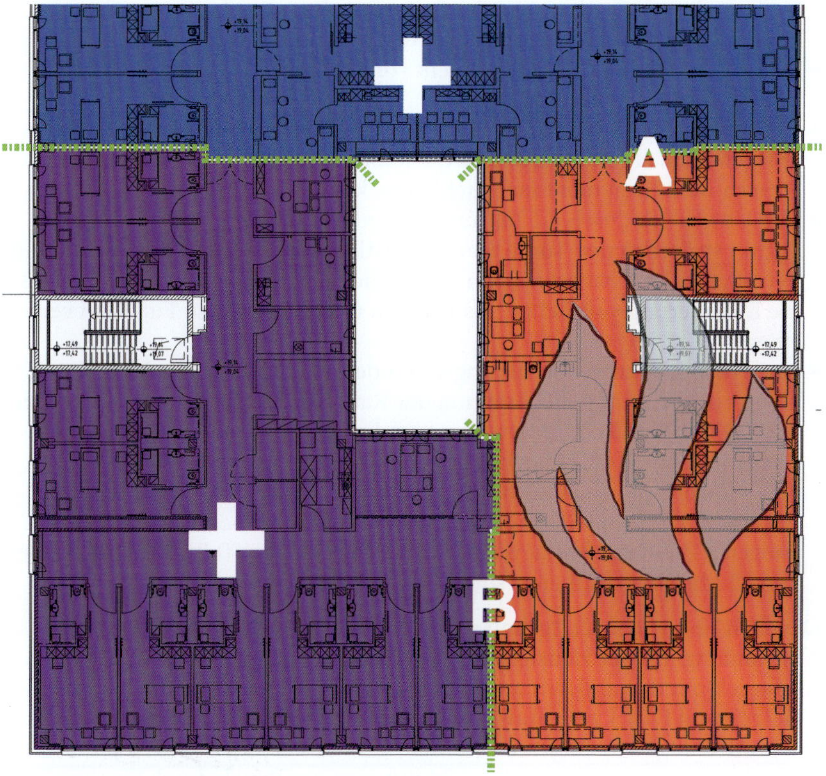

Abb. I-23: Ausschnitt Grundriss Rauchabschnitte mit Brand (rot) und angrenzend mit positiver Belüftung (lila, blau)

leittechnik über die BMA angesteuert. Folgende Maßnahmen werden ausgelöst:

- Durch den Brand und die entstehende Hitze steigt der Luft- und Rauchgasdruck im Brandbereich. Die Brandmeldetechnik detektiert den Brand und löst Alarme und Ansteuerungen an der Gebäudeleittechnik aus.
- Die motorischen Rauchschutzklappen in den Lüftungskanälen für Zu- und Abluft an den Rauchabschnittsgrenzen des Brandbereichs (rot) schließen. Eine versehentliche Weiterleitung von Brandrauch in andere Teile des Gebäudes muss ausgeschlossen werden.
- Es findet keine Versorgung mit Zu- oder Abluft im Brandbereich statt.
- Die Lüftungsanlagen in den angrenzenden Rauchabschnitten (lila, blau) werden nur noch mit Zuluft versorgt. Es wird keine Abluft mehr über die Lüftungsleitungen abgeführt. Dazu schließen die motorischen Rauchschutzklappen der Lüftungsleitungen für die Abluft in diesen Bereichen. Eine versehentliche Weiterleitung von Brandrauch in andere Teile des Gebäudes muss ausgeschlossen werden.
- Gleichzeitig mit diesem Umschalten auf Zuluftversorgung wird der Luftvolumenstrom der Anlagen auf den für den Funktionsbereich maximalen Luftwechsel hochgefahren. Je nach Funktionsbereich (vgl. Tabelle I-6), sollte ein mindestens zehnfacher Luftwechsel pro Stunde auf Basis dieser

hygienischen Anforderungen leistbar sein, ohne dass Lüftungsanlagen zusätzlich größer dimensioniert werden müssen.
- Der positive Luftdruck in dem nicht vom Brand betroffenen Rauchabschnitt ist mit einem weißen Plus in Abb. I-23 gekennzeichnet.
- Es ist zwingend darauf zu achten, dass der Überdruck durch die Lüftungsanlagen nicht so groß wird, dass die Rauchschutzabschlüsse zwischen den Rauchabschlüssen nicht mehr schließen können.
- Der Überdruck durch die Lüftungsanlagen im lila und blauen Rauchabschnitt strömt an den Türen an den Positionen A und B in den vom Brand betroffenen Rauchabschnitt ein. Der Raucheintritt an diesen Türen durch die Evakuierung von Betten, Rollstühlen und Personen zu Fuß wird verringert.
- Nach dem Evakuieren in die angrenzenden Rauchabschnitte kann die Überdruckbelüftung die Funktion der Rauchschutztüren unterstützen, die nach DIN EN 1634-3 „Prüfungen zum Feuerwiderstand und zur Rauchdichte für Feuer- und Rauchschutzabschlüsse, Fenster und Beschläge – Teil 3: Prüfungen zur Rauchdichte für Rauchschutzabschlüsse“ (2005) respektive DIN 18095-1 „Türen; Rauchschutztüren; Begriffe und Anforderungen“ (1988) nur bis zum einem Rauchdruck von 50 Pa über eine Dauer von 10 Minuten zertifiziert sind.

Die oben beschriebenen technischen Abläufe bedürfen einer detaillierten Abstimmung mit der Haustechnikplanung. Aus Sicht der Autoren ist der Austausch mit den anderen an der Planung Beteiligten unabdingbar, um die Abfolgen und Druckverhältnisse zu berücksichtigen. Sofern Feuerlöschanlagen im Krankenhaus eingesetzt werden, wirken sich diese günstig auf die Anforderungen aus. Es entsteht nicht nur weniger Rauch durch den bereits im Entstehungsstadium bekämpften Brand. Auch die Druckverhältnisse werden positiv beeinflusst, da ein geringerer Überdruck in angrenzenden Funktionsbereichen erforderlich wird.

Das beschriebene Rauchmanagement erfordert einen erhöhten Planungsaufwand, um die zu steuernden Elemente (Lüftungstechnik, motorische Rauchschutzklappen) abzustimmen. Die verwendeten Komponenten und deren Leistung, insbesondere die Luftwechselraten der Lüftungsgeräte, sind aber ohnehin in Krankenhaus erforderlich und vorhanden.

Offene Bereiche, wie Schwesternstützpunkte oder Wartebereiche für Angehörige, können in das beschriebene Konzept leicht integriert werden. Dies ist immer abhängig vom Pflegeschlüssel des betrachteten Funktionsbereichs. Es sollte stets überprüft werden, wie lange das Pflegepersonal in der Minimalbesetzung benötigt, um einen Bereich zu räumen. Die Einsatzkräfte der Feuerwehr dürfen nie im Voraus für die Evakuierung eingeplant werden – ihre Aufgabe im Gesundheitsbau ist die Brandbekämpfung. Sollte der Personalschlüssel niedrig sein, können Rauchabschnitte kleiner gebildet oder mit zusätzlichen Rauchschutzabschlüssen in den Fluren unterteilt werden. Auch hier gilt, dass es auf die maßgeschneiderte Lösung im Einzelfall ankommt – eine Patentlösung, die auf alle Anwendungsfälle passt, gibt es auch hier nicht.

I.10 Selbsttätige Löschanlagen

Selbsttätige Löschanlagen können Brände erkennen, melden und eigenständig bekämpfen. Sie sind damit hocheffektiv und können potenzielle Brandschäden auf ein Minimum begrenzen.

Trotz dieser augenscheinlichen Vorteile bestehen zahlreiche Vorbehalte gegen den Einsatz in Krankenhäusern, insbesondere werden häufig negative Auswirkungen auf hochwertige technische Geräte im Fall von Fehlauslösungen und Hygieneprobleme als Argument angeführt. Zudem ist die Vorhaltung mit erheblichem Installations- und Wartungsaufwand verbunden, sodass Vor- und Nachteile gegenseitig abgewogen werden müssen.

Daher ist es schlüssig, dass nur wenige konkrete Vorgaben zur Vorhaltung automatischer Löschanlagen in Krankenhäusern bestehen (vgl. Tabelle I-7) und die Notwendigkeit fallspezifisch im Rahmen des Brandschutznachweises zu beurteilen ist.

Tabelle I-7: Forderungen nach selbsttätigen Löschanlagen nach aktuellen Regelungen zum Krankenhausbau in den Regelwerken der Bundesländer Baden-Württemberg, Brandenburg, Hamburg und Saarland

Bundesland	Fundstelle	Forderung
Baden-Württemberg – Hinweise über den baulichen Brandschutz in Krankenhäusern und baulichen Anlagen entsprechender Zweckbestimmung		keine Vorgaben
Brandenburg – BbgKPBauV	§ 13 Abs. 3 und 4	*„(3) Foyers oder Hallen, durch die Rettungswege führen, müssen eine automatische Feuerlöschanlage haben.* *(4) Räume mit erhöhter Brandgefahr, wie Räume, in denen mit offenem Feuer oder brennbaren Flüssigkeiten umgegangen wird, Laboratorien, Werkstätten, Desinfektionsräume, Filmarchive oder Lagerräume für Medikamente oder brennbare Flüssigkeiten müssen eine dafür geeignete automatische Feuerlöschanlage haben."*
Hamburg – BPD Krankenhäuser	Nr. 8.3	*„Automatische Feuerlöschanlagen können in großen Lagerräumen, in Wäscheräumen oder in großen Foyers sinnvoll sein. In Bereichen, in denen sich Patienten regelhaft aufhalten, sind automatische Feuerlöschanlagen aufgrund der sensiblen Nutzung eher ungeeignet."*
Saarland – KHBauR	Nr. 2.19.2	*„[...] selbsttätige Feuerlöschanlagen können gefordert werden, wenn dies aus Gründen des Brandschutzes erforderlich ist."*

In der Umsetzung sind automatische Löschanlagen in Krankenhäusern meist auf Teilbereiche (z. B. Hallen und Foyers, Bereiche mit erhöhter Brandgefahr) begrenzt; insbesondere in Betten- und Pflegebereichen stellen diese bisher eine Ausnahme dar. Kommen Patienten zu Schaden, gibt es daher regelmäßig Pressebeiträge mit Forderungen nach selbsttätigen Löschanlagen in Krankenhäusern, wie im Onlineartikel „Nach Feuer in Krankenhaus: Stiftung Patientenschutz fordert Nachbesserungen beim Brandschutz in Kliniken" der Ärzte Zeitung vom 07.01.2024:

> *„Selbstständige Löschanlagen müssten in jedem Patienten- und Personalzimmer gesetzlich vorgeschrieben werden, sagte der Vorstand der Deutschen Stiftung Patientenschutz, Eugen Brysch. ‚Sogar Möbelhäuser und Lagerhallen verfügen hierzulande über einen besseren Brandschutzstandard als Krankenhäuser.'"*

Hierbei ist jedoch immer zu bedenken, dass Brandopfer in der Regel auf Mängel im technischen und organisatorischen Brandschutz zurückzuführen sind. Aus baurechtlicher Sicht besteht damit keine zwingende Notwendigkeit, die bisherigen Anforderungen zu erhöhen. Unabhängig hiervon darf jedoch auch der Schutzwert keinesfalls infrage gestellt werden.

Hinweis

Unabhängig von einer baurechtlichen Beurteilung kann sich eine automatische Löschanlage positiv auf die Versicherungsprämie auswirken. Weiterhin besteht bei Vorhandensein einer Löschanlage immer öfter die Bereitschaft der Bauaufsichtsbehörden, materielle Anforderungen an Bauteile zu reduzieren. Beispielsweise ist es denkbar, auf feuerhemmende Trennwände zwischen Bettenzimmern zu verzichten und hierdurch den bautechnischen Aufwand zu reduzieren.

Sprinkleranlagen

Den häufigsten Typ der selbsttätigen Löschanlagen stellen Sprinkleranlagen dar. Hierbei sind Rohrleitungen mit Sprinklerköpfen in den zu schützenden Bereichen fest verlegt. Die Öffnungen der Sprinklerköpfe sind durch flüssigkeitsgefüllte Glasampullen verschlossen.

Kommt es brandbedingt zu einem Anstieg der Umgebungstemperatur, erhitzt sich die Flüssigkeit in der Glasampulle, hierdurch kommt es im Inneren zu einem Druckanstieg. Bei einer bestimmten Temperatur wird die Ampulle hierdurch gesprengt und das Löschmittel freigesetzt. Die Löschmittelabgabe ist damit auf die eigentliche Brandstelle begrenzt und ein unnötiger Wasserschaden wird verhindert.

Um Fehlauslösungen vorzubeugen, ist die Auslösetemperatur auf die Umgebungsbedingungen auszulegen. Die Auslösetemperatur ist so zu wählen, dass sie nahe, aber nicht weniger als 30 °C über der höchsten zu erwartenden Umgebungstemperatur liegt. Regulär sind Sprinkler für sechs Auslösetemperaturen erhältlich (siehe Abb. I-24). Im Krankenhausbereich finden normalerweise rote Sprinklerköpfe Anwendung, zumindest in Teilbereichen können jedoch Sprinkler mit anderen Auslösetemperaturen erforderlich werden.

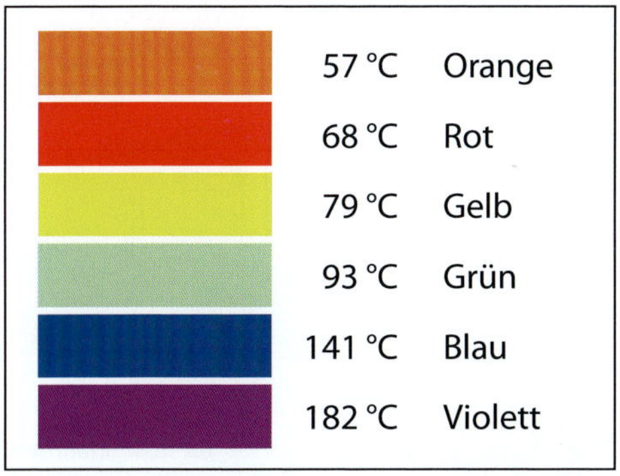

Abb. I-24: Auslösetemperaturen der Glasampullen bei Sprinkleranlagen (nach Minimax GmbH, Gütersloh)

Lösen Sprinkler aus, wird das austretende Löschwasser über einen Sprühteller an der Löschdüse gleichmäßig über den Brandherd verteilt und dem Feuer so Wärme entzogen. Im besten Fall kann das Feuer vollständig gelöscht werden, ansonsten wird zumindest eine Brandausbreitung verhindert.

Da die Auslösung der Löschanlage in der Brandmeldezentrale aufläuft, wird gleichzeitig immer auch die Feuerwehr informiert. Diese kann den Auslösebereich erkunden und ggf. erforderliche Nachlöscharbeiten vornehmen. Wie bei BMA werden einzelne Bereiche der Löschanlage zu Sprinklergruppen zusammengefasst, sodass der Auslösebereich eingegrenzt werden kann.

Hinweis

> Sprinklerleitungen und Sprinklerköpfe können den architektonischen Wert eines Gebäudes minimieren. Um dies zu verhindern, besteht die Möglichkeit, die Sprinklerköpfe verdeckt zu montieren. Dies reduziert gleichzeitig die Verschmutzung der Sprinklerköpfe und erleichtert Reinigungsarbeiten. Insbesondere in Betten- und Pflegebereichen können derartige Maßnahmen aus hygienischer Sicht zwingend erforderlich sein, hier sollte frühzeitig eine Abstimmung mit der zuständigen Krankenhaushygiene erfolgen.

In Gebäuden werden regulär Nasssprinkleranlagen (siehe Abb. I-25) eingesetzt, d. h., die Rohrleitungen sind ständig mit Wasser gefüllt. Löst ein Sprinklerkopf aus, wird umgehend Wasser freigesetzt und der Druck im Rohrnetz fällt ab. Durch den Druckabfall kommt es in der Alarmventilstation zu einem Wasserdurchfluss. Dieser wird erkannt und an die BMA weitergeleitet; gleichzeitig wird die Sprinklerpumpe aktiviert und so die weitere Versorgung mit Löschwasser sichergestellt.

In frostgefährdeten Bereichen müssen stattdessen Trockenanlagen (siehe Abb. I-25) Anwendung finden. Hier ist das Rohrnetz statt mit Wasser mit Druckluft gefüllt. Dieses entweicht bei Auslösen eines Sprinklerkopfes und das Rohrnetz wird erst dann mit Wasser geflutet. Die maximal zulässige Verzögerung bis zur Freisetzung von Wasser ist auf 60 bzw. 90 Sekunden begrenzt.

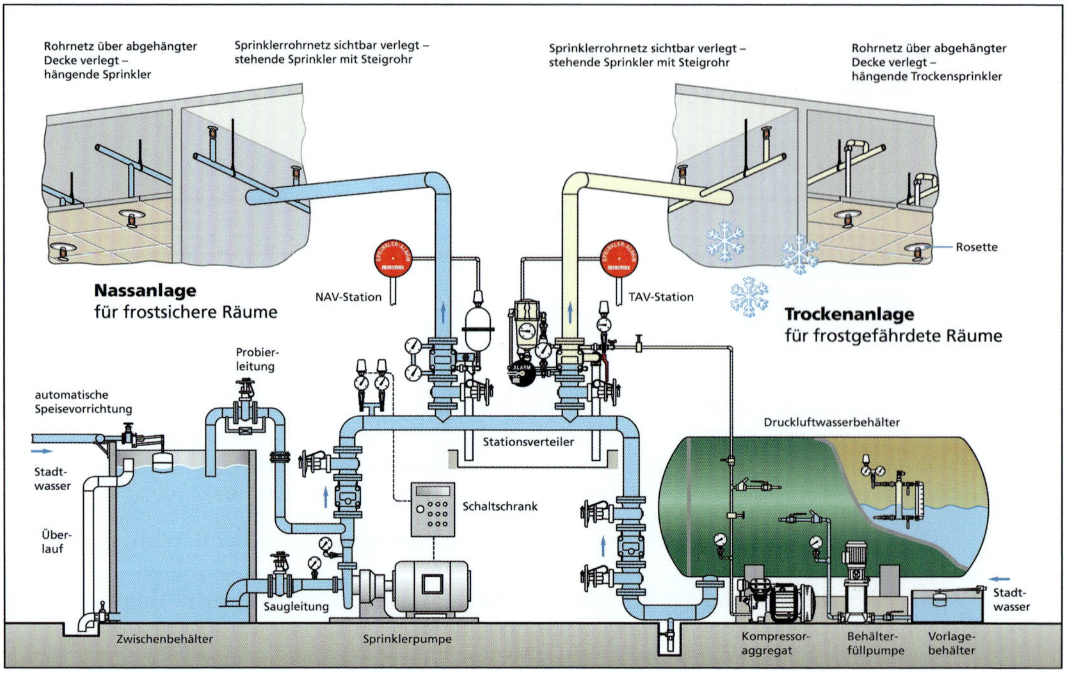

NAV = Nassalarmventil, TAV = Trockenalarmventil

Abb. I-25: Anlagenschema Sprinkleranlage nass/trocken (Quelle: Minimax GmbH, Gütersloh)

Trotz aller Sicherheitsvorkehrungen können Fehlauslösungen infolge unbeabsichtigter mechanischer Beschädigungen der Sprinklerköpfe (z. B. Handwerker) nicht vollständig ausgeschlossen werden. Insbesondere in Bereichen, in denen eine Auslösung unbedingt verhindert werden muss (z. B. Sterilisation, OP-Bereiche), sollten infolgedessen vorgesteuerte Sprinkleranlagen verbaut werden.

Hierbei handelt es sich um Anlagen, die mit einer BMA gekoppelt sind. Die Rohrleitungen sind zunächst trocken, sodass eine mechanische Beschädigung eines Sprinklerkopfes nicht zu einem unmittelbaren Wasseraustritt führt. Das Rohrnetz wird erst geflutet, wenn zusätzlich ein automatischer Feuermelder auslöst. Es sind folglich immer 2 unabhängige Faktoren für die Auslösung notwendig.

Hinweis

> Wird die Brandmeldeanlage infolge von Wartungsarbeiten deaktiviert, wird eine vorgesteuerte Anlage für die Dauer der Abschaltung zu einer Trockenanlage. Die Funktion ist damit weiterhin gegeben, die Gefahr einer Fehlauslösung ist dann jedoch erhöht.

Eine weitere Maßnahme zur Vermeidung von Fehlauslösungen stellen Sicherheitsdoppelsprinkler dar. Hierbei besteht jede Einheit aus 2 Sprinklerköpfen. Wasser tritt erst aus, wenn beide Köpfe zerstört werden.

Hinweis

Nach Anhang 14 Kapitel 10 MVV TB sollen Planung, Einbau und Bemessung von Sprinkleranlagen als selbsttätige Feuerlöschanlage nach der Regelung von DIN EN 12845 „Ortsfeste Brandbekämpfungsanlagen – Automatische Sprinkleranlagen, Planung, Installation und Instandhaltung“ (2020) erfolgen. Werden Sprinkleranlagen abweichend nach einem anderen technischen Regelwerk ausgelegt (z. B. FM Global Data Sheets, VdS CEA 4001) muss dies im Brandschutznachweis dargestellt werden. Die Kombination oder die gegenseitige Ergänzung unterschiedlicher oder konkurrierender Regelwerke oder von einzelnen Bestimmungen daraus sind nicht zulässig.

Wassernebellöschanlagen

Wie bei Sprinkleranlagen sind in zu schützenden Bereichen Rohrleitungen mit Löschdüsen verlegt. Im Gegensatz zu Sprinkleranlagen wird das Wasser bei Freisetzung jedoch so stark zerstäubt, dass Wassertropfen mit einem Durchmesser < 1 mm entstehen. Der Kühleffekt ist infolgedessen deutlich größer als bei klassischen Sprinkleranlagen. Dies reduziert den Löschwasserbedarf und den potenziellen Löschwasserschaden.

Die beste Löschwirkung erreichen sog. Hochdruckwassernebellöschanlagen. Hierbei werden kleinste Wassertröpfchen mit einem Durchmesser < 0,1 mm erzeugt. Infolge der spezifisch großen Oberfläche des Wassernebels wird der Sauerstoff vom Brandherd verdrängt und es kommt neben dem Kühleffekt zusätzlich zu einem Stickeffekt. Entsprechende Systeme eignen sich besonders für Bereiche, in denen große Löschwassermengen zu Problemen führen können (z. B. Heißlabore, S3-Labore).

Die Auslösung einer Wassernebellöschanlage kann wie bei Sprinkleranlagen über Sprinklerköpfe erfolgen, es sind jedoch auch Ausführungen mit offenen Düsen möglich. In diesem Fall erfolgt die Ansteuerung über die BMA.

Gaslöschanlagen

Insbesondere in Bereichen mit wasserempfindlichen Materialien und Einrichtungen (z. B. Archive) oder in Bereichen, die den Einsatz von Löschwasser nicht zulassen (z. B. elektrische Betriebsräume, EDV-Bereiche) sollen Gaslöschanlagen Anwendung finden. Die Anlagen sind anhand den „VdS-Richtlinien für Gaslöschanlagen – Gaslöschsysteme“ (VdS 2454) (2023) zu planen und zu errichten.

Nach Auslösung wird der gefährdete Bereich mit einem Löschgas (z. B. CO_2, Inergen) geflutet und das Feuer hierdurch erstickt. Da Gaslöschanlagen nach dem dreidimensionalen Löscheffekt arbeiten, d. h., dass jeder Punkt im Löschbereich erreicht wird, sind sie hocheffektiv.

Im Gegensatz zu Wasserlöschanlagen entstehen jedoch erhebliche Risiken für Beschäftigte, die sich im Löschbereich aufhalten. Es sind daher zusätzlichen Maßnahmen zum Personenschutz zu treffen.

Nach DGUV Information 205-026 muss sichergestellt sein, dass Personen rechtzeitig über die Auslösung der Anlage informiert werden und ausreichend Zeit zum Verlassen des Raumes haben. Die Auslösung muss daher optisch und akustisch angezeigt werden. Zwischen Beginn der Alarmierung und der eigentlichen Freisetzung von Löschgas muss eine Verzögerung von mindestens 10 Sekunden bestehen. Um den unbewussten Zutritt zum Gefahrenbereich nach Auslösung der Anlage zu unterbinden, muss die Auslösung der Anlage am Zugang zum Löschbereich eindeutig angezeigt werden. Beschäftigte, die in Räumen mit Gaslöschanlagen tätig werden, sind vor Aufnahme der Tätigkeit über potenzielle Gefahren zu unterweisen. Besteht im Rahmen der Tätigkeit die Gefahr einer Anlagenauslösung, muss diese für die Dauer der Arbeiten blockiert werden.

Neben unmittelbaren Vorgaben zum Personenschutz ist zu beachten, dass der Löschbereich nach Auslösung kontrolliert und belüftet werden muss. Diese Aufgaben können nur unter Atemschutz durchgeführt werden und sind im Regelfall der Feuerwehr vorbehalten. Insbesondere Maßnahmen zur Belüftung sind bereits in der Planungsphase zu definieren und in einem Konzept darzustellen. Sollen hierfür Einrichtungen der Feuerwehr genutzt werden, ist zwingend eine Rücksprache mit der zuständigen Brandschutzdienststelle erforderlich.

Küchenlöschanlagen

Ist für Küchenbereiche aus baurechtlichen Gesichtspunkten eine flächendeckende Löschanlage erforderlich, ist zu beachten, dass Brände von Fetten und Ölen nicht mit Wasser gelöscht werden dürfen (Fettexplosion). Wasserlöschanlagen sind für Bereiche mit Kippbratpfannen, Fritteusen und ähnlichen Einrichtungen somit nicht geeignet, stattdessen sind Küchenlöschanlagen nach DIN EN 16282-7 „Einrichtungen in gewerblichen Küchen – Elemente zur Be- und Entlüftung – Teil 7: Einbau und Betrieb von stationären Feuerlöschanlagen“ (2021) vorzusehen.

Hierbei handelt es sich um spezielle Löschanlagen zum Schutz feststehender Geräte und zugehörige Abluftsysteme. Bei Auslösung wird ein geeignetes Löschmittel über den Brandherd freigesetzt und bildet eine gleichmäßige Sperrschicht über dem Fett, gleichzeitig wird die Energiezufuhr des betroffenen Gerätes unterbrochen. Über den Nachweis der Wirksamkeit muss eine Bestätigung des Herstellers vorliegen.

Die Auslösung der Anlage erfolgt automatisch über Branderkennungselemente oder über eine manuelle Auslösevorrichtung im Fluchtweg. Das Löschmittel muss hygienisch unbedenklich sein und sich durch Abwischen schnell und problemlos entfernen lassen, damit der Küchenbetrieb nach kurzer Zeit wieder aufgenommen werden kann.

Hinweis

> Ist ein vollflächiger Schutz der Küche aus baurechtlichen Gesichtspunkten nicht erforderlich, besteht nach DGUV Regel 110-003 die Pflicht zur Vorhaltung geeigneter Löschanlagen für Kocheinrichtungen mit Füllmengen > 100 l. Bis zu einer Fettmenge von 100 l kann unter Umständen auf eine ortsfeste Löscheinrichtung verzichtet werden, wenn ersatzweise

geeignete Feuerlöscher mit dem entsprechenden Löschvermögen und einer zusätzlichen Löschmittelreserve bereitgehalten werden. Dies setzt jedoch in der Regel eine Abstimmung mit der zuständigen Unfallkasse voraus.

I.11 Nicht selbsttätige Löschanlagen

Nicht selbsttätige Löscheinrichtungen ersparen der Feuerwehr das Verlegen von Schlauchleitungen über lange Wegstrecken und reduzieren den Arbeitsaufwand erheblich. Dies unterstützt insbesondere wirksame Löscharbeiten in mehrstöckigen und ausgedehnten Gebäudekomplexen. Als Nebeneffekt können Schlauchleitungen in Angriffswegen der Feuerwehr auf ein absolutes Minimum reduziert werden und potenzielle Stolperfallen im Rettungsweg verhindert werden. Alle aktuellen Regelungen und Hinweise zum Bau von Krankenhäusern enthalten daher grundlegende Forderungen zur Vorhaltung nicht selbsttätigen Löschanlagen (vgl. Tabelle I-8).

Tabelle I-8: Forderungen zur Vorhaltung nicht selbsttätiger Löschanlagen nach aktuellen Regelungen zum Krankenhausbau in den Regelwerken der Bundesländer Baden-Württemberg, Brandenburg, Hamburg und Saarland

Bundesland	Fundstelle	Forderung
Baden-Württemberg – Hinweise über den baulichen Brandschutz in Krankenhäusern und baulichen Anlagen entsprechender Zweckbestimmung	Nr. III.5.1.2	*„Wandhydranten oder Steigleitungen können gefordert werden, wenn dies aus Gründen des Brandschutzes erforderlich ist. Diese sind dann in der Nähe der notwendigen Treppenräume gut sichtbar und leicht zugänglich zu installieren."*
Brandenburg – BbgKPBauV	§ 13 Abs. 2	*„In jedem Brandabschnitt muss an geeigneter Stelle in der Nähe des notwendigen Treppenraums eine trockene Steigleitung oder ein Wandhydrant angebracht sein."*
Hamburg – BPD Krankenhäuser	Nr. 8.3	*„In jedem Brandabschnitt müssen in jedem Geschoss nasse Steigleitungen mit Wandhydranten für die Feuerwehr (Typ F) vorhanden sein […]. Die Wandhydranten müssen sich an geeigneter Stelle, unmittelbar am Angriffsweg der Feuerwehr, vor den notwendigen Treppenräumen befinden."*
Saarland – KHBauR	Nr. 2.19.2	*„Wandhydranten, Löschwasseranlagen mit trockener/nasser Steigleitung […] können gefordert werden, wenn dies aus Gründen des Brandschutzes erforderlich ist (Wandhydranten dürfen nicht in Treppenräume eingebaut werden)."*

Auch wenn derartige Einrichtungen teilweise nur gefordert werden, soweit diese aus Gründen des Brandschutzes erforderlich sind, handelt es sich aus Sicht der Autoren um eine grundsätzliche Anforderung. Nur in wenigen begründeten Einzelfällen (z. B. erdgeschossige Gebäude oder zweigeschossige Gebäude kleiner Ausdehnung) kann auf eine entsprechende Ausstattung verzichtet werden.

Abb. I-26: Wandhydrant am Zugang zum notwendigen Treppenraum

Abb. I-27: Schlauchhaspel Wandhydrant Typ F

Wandhydranten Typ F

Bei Wandhydranten (siehe Abb. I-26) handelt es sich um fest verbaute Löscheinrichtungen mit betriebsbereit angeschlossenen Schlauchleitungen und Strahlrohr auf einer Schlauchhaspel (siehe Abb. I-27). Die Länge der Schläuche beträgt im abgerollten Zustand in der Regel 30 m, in Sonderfällen sind in Abstimmung mit dem abnehmenden Prüfsachverständigen jedoch auch längere Schlauchleitungen möglich.

Nach DIN 14461-1 „Feuerlösch-Schlauchanschlusseinrichtungen – Teil 1: Wandhydrant mit formstabilem Schlauch“ (2016) ist zwischen Wandhydranten zur Selbsthilfe (Typ S) und Wandhydranten zur Selbsthilfe und zur Nutzung durch die Feuerwehr (Typ F) zu unterscheiden. Sind Wandhydranten zur Unterstützung wirksamer Löscharbeiten erforderlich, dürfen damit nur Wandhydranten Typ F Anwendung finden. Diese verfügen über ein Schlauchanschlussventil Größe 2 nach DIN 14461-3 „Feuerlösch-Schlauchanschlusseinrichtungen – Teil 3: Schlauchanschlussventile PN 16“ (2020) (C-Kupplung), sodass die Schlauchhaspel mit dem formstabilen Schlauch ab- und Schlauchmaterial der Feuerwehr angekuppelt werden kann. Hierdurch sind diese deutlich leistungsfähiger als Wandhydranten Typ S (siehe Kapitel J.3.2).

Bei der Konzeption einer Wandhydrantenanlage Typ F ist zu beachten, dass nach DIN 14462 „Planung, Einbau, Betrieb und Instandhaltung von Wandhydrantenanlagen, Über- und Unterflurhydrantenanlagen sowie Löschwasseranlagen ‚trocken‘“ (2023) aktuell 2 Leistungsklassen genormt sind. Um eine Nutzung durch moderne Hohlstrahlrohre zu ermöglichen, muss die Wasserlieferung zwingend 200 l/Min. bei einem Fließdruck von mindestens 0,45 MPa betragen. Die Wasserlieferung muss hierbei an 3 Wandhydranten gleichzeitig erbracht und über mindestens 2 Stunden gewährleistet werden.

Hinweis

> Die Schläuche von Wandhydranten Typ F können formstabil oder mit Faltschlauch ausgeführt werden. Hierbei ist zu beachten, dass Wandhydranten mit Flachschlauch erhebliche Nachteile in der Bedienung durch Selbsthilfekräfte aufweisen. Beispielsweise müssen Faltschläuche vor dem Aufdrehen vollständig abgerollt werden, auch sollten derartige Hydranten möglichst nur zu zweit bedient werden. Infolgedessen dürfen Wandhydranten mit Faltschlauch nach ASR A2.2 nicht auf die Grundausstattung von Löscheinrichtungen angerechnet werden.

Wandhydranten sind im Regelfall in der Nähe notwendiger Treppenräume anzuordnen, damit diese im Zuge der Angriffswege liegen, aber gleichzeitig eine Offenhaltung der Türen zum Treppenraum und damit eine Verrauchung der Rettungswege verhindert wird. Die genaue Position ist mit der zuständigen Brandschutzdienststelle abzustimmen.

Aus hygienischen Gründen dürfen Wandhydranten Typ F nicht direkt an das Trinkwassernetz angeschlossen werden. Stattdessen sind ausreichend dimensionierte Vorlagebehälter mit freiem Auslauf vorzusehen; alternativ kann auch eine Löschwasseranlage nass/trocken installiert werden. Die ansonsten trockene Anlage wird hierbei nur im Bedarfsfall geflutet und im Anschluss unmittelbar wieder entleert. Entsprechende Anlagen eignen sich damit auch für den Einsatz in frostgefährdeten Bereichen. Da Löschwasser erst mit Verzögerung (maximal 60 Sekunden) zur Verfügung steht, ist mittels Kennzeichnungsschild deutlich hierauf hinzuweisen.

Löschwasseranlage „trocken“ (alt: Steigleitung trocken)

Wandhydrantenanlagen können mit einem großen technischen Aufwand verbunden sein, infolgedessen kann es in Einzelfällen sinnvoll sein, stattdessen eine Löschwasseranlage „trocken“ zu verbauen.

Hierbei handelt es sich um fest verbaute Rohrleitungen mit Entnahmeeinrichtungen nach DIN 14461-2 „Feuerlösch-Schlauchanschlusseinrichtungen – Teil 2: Einspeiseeinrichtung und Entnahmeeinrichtung für Löschwas-

Abb. I-28: Entnahmeeinrichtung einer Löschwasseranlage „trocken"

Abb. I-29: Einspeiseeinrichtung einer Löschwasseranlage „trocken"

serleitungen ‚trocken'" (2025) (siehe Abb. I-28). Die Verlegung erfolgt im Regelfall im notwendigen Treppenraum und damit im Angriffsweg der Feuerwehr, gleichzeitig ist die Anlage vor direkten Brandeinwirkungen geschützt. Werden Löschwasseranlagen „trocken" hingegen durch Abschnitte oder Räume geführt, in denen sich Brandlasten befinden, muss die Leitung feuerbeständig umkleidet werden. Erleichterungen sind dann nur für Räume mit automatischen Löschanlagen möglich.

Die Anlage ist im Normalfall leer und darf keine Verbindungen zu Wasserleitungssystemen aufweisen. Um eine Flutung mittels Equipments der Feuerwehr zu ermöglichen, muss eine Einspeiseeinrichtung nach DIN 14461-2 an einsatztaktisch sinnvoller Stelle (z. B. unmittelbarer Nähe zum Treppenraumzugang) vorhanden sein (siehe Abb. I-29).

Nach DIN 14462 sind die Anlagen so auszulegen, dass bei einer Wasserentnahme von 200 l/Min. an 3 Annahmestellen gleichzeitig die Druckdifferenz zwischen Einspeisestelle und der ungünstigsten Entnahmestelle lediglich 0,1 MPa + geodätische Steighöhe beträgt. Bei Gebäuden über der Hochhausgrenze sind zusätzlich Druckerhöhungsanlagen vorzusehen. Die Einspeise- und Entnahmeeinrichtungen sind eindeutig nach DIN 4066 zu kennzeichnen. Sind mehrere Einspeiseeinrichtungen vorhanden, muss die Beschilderung eindeutig sein, um Missverständnissen vorzubeugen.

Hinweis

Löschwasseranlagen „trocken“ sind nicht für den Einsatz durch Selbsthilfekräfte geeignet. Wandhydranten Typ F haben damit aus brandschutztechnischen Gesichtspunkten einen deutlich größeren Einsatzwert. Diese sind jedoch mit einem größeren technischen Aufwand verbunden, sodass dass häufig pauschal nur Löschwasseranlagen „trocken“ vorgesehen werden. Als Argument wird häufig die statistisch geringe Anwendungshäufigkeit von Wandhydranten durch Selbsthilfekräfte angeführt. Erfahrungen der Autoren zeigen, dass dieser Umstand primär auf Unkenntnis der Beschäftigten und damit auf mangelhafte Schulungen zurückzuführen ist.

Stichhaltiger ist das Argument, dass Wandhydranten in den Einsatzkonzepten der Feuerwehr nicht immer berücksichtigt werden. Ursächlich hierfür können mangelhaftes Objektwissen, fehlendes Verständnis für die Überlegungen des vorbeugenden Brandschutzes oder schlicht negative Erfahrungen mit dem technischen Zustand der Einrichtungen sein. Unabhängig von den Beweggründen ist die Vorhaltung von Wandhydranten Typ F bei derartigen Konstellationen nicht zielführend und es sind stattdessen Löschwasseranlagen „trocken“ vorzusehen.

Die Abstimmung mit der zuständigen Brandschutzdienststelle ist schriftlich festzuhalten, damit Nachforderungen infolge von Anpassung der Einsatztaktik nicht dem Gebäudeeigentümer auferlegt werden können.

I.12 Lüftungsanlagen

Lüftungsanlagen im Gesundheitsbau, vor allem im Krankenhaus, müssen erhöhte Anforderungen erfüllen. Auch wenn sich dieses Buch im Wesentlichen mit dem bauordnungsrechtlichen Brandschutz befasst, müssen aus Sicht der Autoren nicht nur dessen Anforderungen wiedergegeben werden, sondern auch ein Verständnis für die Anforderungen aus Betrieb und Hygiene geschaffen werden. Letzteres wird nicht in einem Umfang erfolgen, dass dieses Buch als Leitfaden für die Lüftungsplanung dienen könnte. Die Schnittstellen mit dem Brandschutz sollen aber aufgezeigt werden, um ein besseres Ergebnis in Generalplanungsteams und einen ganzheitlicheren Überblick für Planende und den Betrieb zu ermöglichen.

Zunächst wird eine Übersicht über die relevanten Rechtsvorschriften und Normen, die in die Planung einbezogen werden, gegeben. Als Grundlage für das Auslegen von Lüftungsanlagen dienen die Anforderungen der M-LüAR der IS-ARGEBAU. Weitergehende Anforderungen an Lüftungsanlagen im Krankenhaus, die insbesondere im Rauchmanagement (siehe Kapitel I.9) für den Brandschutz wichtig sind, stellt die DIN 1946-4 „Raumlufttechnik – Teil 4: Raumlufttechnische Anlagen in Gebäuden und Räumen des Gesundheitswesens“ (2018).

Alle Anlagen, die zum Be- und Entlüften oder zum Klimatisieren von Räumen über Luftwechsel eingesetzt werden, fallen unter die Anforderungen der M-LüAR. Explizit ausgeschlossen sind Rohrpost- oder ähnliche Anlagen (siehe Kapitel I.14.1), die zum Befördern von Material über Luftdruck dienen. Diese Anlagen sind nach M-LüAR zu bewerten (siehe Kapitel I.3).

So wie die DIN 13080 das Krankenhaus in Funktionsbereiche unterteilt, teilt die DIN 1946-4 die einzelnen Bereiche in die Raumklassen Ia/b und II ein. In der Raumklasse Ia/b sind alle Operationsräume enthalten. Die Raumklasse II sammelt alle sonstigen Räume. Die für den Brandschutz wichtigsten Anforderungen sind in DIN 1964-4, Tabelle 1 (vgl. Tabelle I-6) angegeben. Dies sind zum einen die Konzepte, ob Bereiche mit Über- oder Unterdruck, im Umluftbetrieb oder mit Außenluftzufuhr betrieben werden. Zum anderen werden die erforderlichen Luftwechselraten je Raumnutzung vorgegeben. Beide Aspekte sind wichtig, wenn im Krankenhaus die Lüftungsanlage zum Rauchmanagement (siehe Kapitel I.9) eingesetzt werden soll. Dabei verzichtet die DIN 1946-4 allerdings auf die Angabe von Anforderungen an Mindestwerte bei Über- und Unterdruck Anforderung. Aus brandschutztechnischer Sicht sollten zusätzlich zu dem hygienischen Hintergrund für den Regelbetrieb der Anlagen außerhalb von Brandereignissen auch mögliche Druckunterschiede im Brandfall für die Lüftungskanäle sowie Rauch- und Brandschutzklappen (siehe Kapitel I.12.1) beachtet werden.

Aufgrund der vielfältigen Anforderungen an Hygiene- und Leistungskennwerte von Lüftungsanlagen für die unterschiedlichen Funktionsstellen im Krankenhaus ist es wichtig, alle Anlagen einzeln in der Brandfallsteuermatrix zu betrachten. Ein grundsätzliches Abschalten aller lüftungstechnischen Anlagen für Zu-, Fort- und Umluft ist nicht sinnvoll, da es den Betrieb des Krankenhauses und seiner Funktionsbereiche einschränken kann. Somit kann § 41 Abs. 1 Satz 1 MBO

> *„Lüftungsanlagen müssen betriebssicher und brandsicher sein"*

in Verbindung mit § 14 MBO

> *„Bauliche Anlagen sind so anzuordnen, zu errichten, zu ändern und instand zu halten, dass […] der Ausbreitung von Feuer und Rauch (Brandausbreitung) vorgebeugt wird"*

nicht als Bedingung für das Abschalten von Lüftungsanlagen herangezogen werden. Um die einzelnen Funktionsbereiche im Brandfall unabhängig voneinander weiterbetreiben zu können, muss ein separates Ansteuern der einzelnen Lüftungsanlagen bzw. der Teile, die mehrere Bereiche versorgen, möglich sein. Insbesondere für den Rauchschutz und das Rauchmanagement (siehe Kapitel I.9) ist hierzu der Einsatz von motorisch gesteuerten Brand- und Rauchschutzklappen notwendig. Dies stellt einen höheren technischen Aufwand für Aufbau und Betrieb im Vergleich zu Lüftungsanlagen dar, die ausschließlich mit Brandschutzklappen mit Schmelzlot ausgestattet sind.

Als weitere grundlegende Maßnahme zum Vermeiden von Rauchverbreitung innerhalb von Gebäuden müssen Zuluftleitungen nach Abschnitt 5.1.3 M-LüAR an Lüftungsgeräten durch Rauchmelder überwacht werden. Diese autarken Rauchmelder sind Teil des Lüftungsgeräts und damit der Gebäudeleittechnik. Sie sind nicht direkt auf die BMA aufgelegt. Sollte Rauch von außen oder im Umluftbetrieb auf der Zuluftseite in das Lüftungsgerät angesaugt werden, schaltet die betroffene Lüftungsanlage ab. Diese Tatsache sollte insbesondere beim Planen der einzelnen Lüftungsanlagen für Operationsräume, Infektions- und Isolierzimmer sowie für Labore berücksichtigt werden. Insbesondere bei redundanten Operationsräumen sowie redundanten Infektions- und Isolierpflegezimmern sollten die Lüftungsanlagen so aufgebaut sein, dass nicht mehrere Anlagen gleichzeitig ausfallen. Lüftungsanlagen, die Operationsräume direkt versorgen, werden oft oberhalb der Operationsräume ohne brandschutztechnische Abtrennung betrieben. So können mechanisch-bewegliche Teile wie Brand- oder Rauchschutzklappen, in denen sich Verunreinigungen absetzen können, auf das Minimum reduziert werden.

Sofern eine Lüftungsanlage mehrere brandschutztechnisch getrennte Bereiche oder Geschosse versorgt, wird nach Abschnitt 6.4.2 M-LüAR ein brandschutztechnisch abgetrennter Raum, eine Lüftungszentrale, erforderlich. Dabei kann ein vertikaler Schacht, der die durch die Lüftungsanlage zu versorgenden Geschosse erschließt, als Teil der Lüftungszentrale bewertet werden. Dies ist eine Standardlösung, die in den schematischen Darstellungen in Bild 1.2 M-LüAR erläutert ist. Aufgrund der beengten Platzverhältnisse sowie für Wartung und Betrieb ist diese Ausführung im Krankenhaus besonders für die vertikale Erschließung der Geschosse sinnvoll, da erst bei Austritt der Lüftungsleitungen aus dem Schacht in die Geschosse und brandschutztechnischen Bereiche Rauch- und/oder Brandschutzklappen erforderlich sind. Das spart Platz am Eintritt in den Schacht in der Lüftungszentrale und ermöglicht ein gezieltes Ansteuern der Zuluft im Rauchmanagement.

Wenn Funktionsstellen der Allgemeinpflege (siehe Kapitel A.1.1 und H.1.1) oder Funktionsstellen mit notwendigen Fluren an die Lüftungsanlage angeschlossen werden, sollten mindestens je 2 Kanäle für Zu- und Abluft aus dem vertikalen Schacht kommen. Ein Paar der Zu- und Abluftleitungen sollte ausschließlich den notwendigen Flur, das andere die über den Flur erschlossenen Räume versorgen. Da Flur und Räume getrennt versorgt werden, sind selbst bei Durchdringungen keine Brand- und Rauchschutzklappen in den Wänden der notwendigen Flure erforderlich, da ein geschlossener Stahlblechkanal als gleichwertig zu den feuerhemmenden Flurtrennwänden nach Abschnitt 4 M-LüAR betrachtet wird. Ähnliches gilt für die parallele Versorgung der an den notwendigen Flur angrenzenden Räume. Die Zu- und Abluftkanäle können durch die Räume ohne Brandschutzklappen in den Zwischenwänden der Pflegezimmer geführt werden. Lediglich an rauchdichten Zimmerwänden sind entweder mindestens Kaltrauchsperren oder Rauchschutzklappen erforderlich. Diese Auslegung und Anwendung haben zum Ziel, dass die besonderen Schutzziele im Krankenhaus (siehe Kapitel C.2) erreicht werden und trotzdem ein möglichst geringer Aufwand für die Wartung im Betrieb entsteht.

Als Besonderheit bei den Anforderungen an Lüftungszentralen ist abweichend von den Anforderungen nach MBO die verlängerte Flucht- und Rettungsweglänge zu beachten. Aufgrund der Größe von Lüftungszentralen und der Tatsache, dass ausschließlich nicht brennbare Baustoffe neben den Lüftungsgeräten verwendet werden dürfen, gesteht der Gesetzgeber zusätzliche 35 m Flucht- und Rettungsweglänge (siehe Kapitel G und F.9.1) bis zum nächsten Ausgang aus dem Raum zu. Erst ab diesem Ausgang werden darüber hinaus die nach MBO zulässigen 35 m Lauflänge bis zu einem notwendigen Treppenraum oder dem Ausgang ins Freie gemessen.

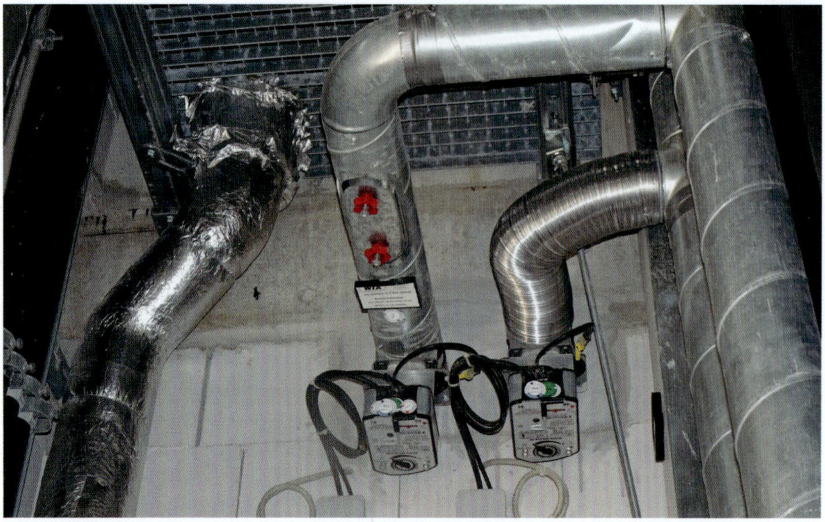

Abb. I-30: Brandschutzklappen an Schachtausführung

I.12.1 Brandschutzklappen, Rauchschutzklappen, Kaltrauchsperren

Brand- und Rauchschutzklappen sind nach Abschnitt 5.2.1.2 M-LüAR in allen raumabschließenden Bauteilen mit Feuerwiderstand erforderlich, die von Lüftungskanälen ohne eigenen Feuerwiderstand durchdrungen werden. Die M-LüAR sieht dabei als Mindestanforderung den Einbau von Brandschutzklappen (siehe Abb. I-30) mit Schmelzlot vor, um dieses Schutzziel zu erreichen. Sobald Brandschutzklappen mit Schmelzlot aufgrund der Rauchgastemperatur ausgelöst haben, müssen sie manuell vor Ort wieder zurückgesetzt werden. Die maximale Auslösetemperatur bei Schmelzloten darf nach Abschnitt 4.2 M-LüAR 72 °C betragen. Sollten höhere Temperaturen aufgrund von Abzugseinrichtungen erforderlich sein, sind entweder Lüftungskanäle mit Feuerwiderstand und ohne Brandschutzklappen oder Abweichungen von den Anforderungen der technischen Baubestimmung erforderlich.

Kaltrauchsperren sind dagegen mechanische Bauteile mit Feder, Blatt und umlaufender Dichtung, die bei Abschalten der Lüftung schließen. Sie sind in Strömungsrichtung der Lüftungsanlage öffnend eingebaut. Ohne Luftvolumenstrom und unterhalb einer Druckdifferenz von ca. 10 bis 15 Pa schließt die Kaltrauchsperre automatisch durch die eingebaute Feder. Bei einem Zimmerbrand in unbelüfteten Räumen kommt es innerhalb von Minuten, in Abhängigkeit von der angesetzten Brandlast, zu Druckdifferenzen von unter bis mehreren Hundert Pascal. Für genaue Berechnungen oder bei Grenzbetrachtungen kann der Leitfaden „Ingenieurmethoden des Brandschutzes“ (Vereinigung zur Förderung des Deutschen Brandschutzes e. V. [vfdb], 2020) in Verbindung mit DIN EN 12101-6 „Rauch- und Wärmefreihaltung – Teil 6: Festlegungen für Differenzdrucksysteme – Bausätze“ (2022) angewendet werden. An dieser Stelle geht es allerdings nicht um die genaue Druckdifferenz, sondern um ein Verständnis der Dimension. Als Ansatz soll hier die Mindestanforderung von 50 Pa Differenzdruck an Öffnungen nach

DIN EN 12101-6 dienen. Eine Kaltrauchsperre, wie der Name zeigt, innerhalb von Lüftungsleitungen ist somit nie in der Lage, angrenzende Rauchabschnitte wirksam im Brandfall mit Heißrauch vor Rauchübertritt zu schützen. Trotzdem kann der nachträgliche Einbau von Kaltrauchsperren im Bestand helfen, die Rauchausbreitung über Lüftungsleitungen ohne Rauchschutzklappen zu verlangsamen.

Im Hinblick auf die krankenhausspezifischen Schutzziele (siehe Kapitel C.2) reicht dies jedoch nicht aus. Insbesondere die Rauchausbreitung stellt für die Patientinnen und Patienten, die sich nicht selbstständig oder nur eingeschränkt oder langsam retten können, eine konkrete Gefahr dar. Im Folgenden werden daher Hinweise gegeben, die über die Mindestanforderungen nach M-LüAR hinausgehen.

Um die Ausbreitung von Rauch im Krankenhaus wirksam zu verhindern, werden zusätzlich zu Brandabschnitten (siehe Kapitel F.5) und Nutzungseinheiten (siehe Kapitel D.0.1.2) auch Rauchabschnitte (siehe Kapitel I.9) ohne definierten Feuerwiderstand gebildet. Hierzu zählen nicht nur die rauchdichten Wände zwischen Pflegezimmern, sondern auch Rauchabschnitte innerhalb notwendiger Flure. Sofern Lüftungsleitungen über diese Rauchabschnittsgrenzen hinweggeführt werden, müssen mindestens Kaltrauchsperren im Bestand nachgerüstet, besser jedoch motorisch gesteuerte Rauchschutzklappen zum Abgrenzen der Bereiche gegeneinander installiert werden. Motorische Rauchschutzklappen werden durch Federrücklaufantriebe geschlossen, über die sie auch wieder über eine zentrale Steuerung in der Gebäudeleittechnik geöffnet werden können. Die Antriebe lösen entweder automatisch autark über die Kenngröße Rauch, unabhängig von der Temperatur des Rauchgases, aus oder werden von der Gebäudeleittechnik zentral angesteuert, um im Rauchmanagement eingesetzt zu werden. Rauchschutzklappen sind für den Brandfall mit Heißrauch konzipiert. Sie widerstehen je nach Ausführung Druckdifferenzen von 2.000 bis 3.000 Pa. Aufgrund dieser Eigenschaften sind sie wichtige Bausteine für das Umsetzen eines Rauchmanagements (siehe Kapitel I.9), sofern sie nicht über autarke Rauchmelder, sondern über die zentrale Gebäudeleittechnik gesteuert werden.

I.12.2 Lüftungsanlagen für korrosive Abluft

Nach M-LüAR müssen Lüftungsanlagen und ihre Bauteile, ausgenommen Dichtungen, grundsätzlich aus nicht brennbaren Baustoffen hergestellt werden. Dies wird in der Regel durch Lüftungskanäle und Bauteile, die weitestgehend aus Metall bestehen, erreicht. Ausnahmen gibt es für Lüftungsanlagen, deren Abluft Bestandteile enthält, die bei Metallen zu Korrosion führen, oder bei Lüftungsanlagen, die Räume mit erhöhter Explosionsgefahr versorgen. Sofern zwingend Kanäle aus Stahlblech eingesetzt werden müssen, sind die Anforderungen nach Anlage C 2.15.2 M-VV TB an Materialstärken und Anforderungen an die Bauprodukte durch die Haustechnikplanung zu beachten.

In der Regel sind nur in Krankenhäusern der Maximalversorgung und in Universitätskliniken Labore und Einrichtungen vorhanden, in denen Lüftungsanlagen aus Korrosionsgründen mit Leitungsanlagen und Klappen aus Kunststoff errichtet wurden. Die Ausgestaltung dieser Anlagen liegt nicht bei der Brandschutzplanung, jedoch ist es sinnvoll, die zugrunde liegenden Regelwerke zu kennen. Zur Planung von Laboren und den damit einhergehenden Arbeitsabläufen und Gefahren sollten neben der bundesweit gültigen GefStoffV auch die TRGS 526 und die TRGS 900 „Arbeitsplatzgrenzwerte" herangezogen werden. Die TRGS 526 beinhaltet generelle Anforderungen an Labore, die als Räume erhöhter Gefahr nach MBO gelten können. Die TRGS 900 listet Grenzwerte für den Umgang mit gesundheitsgefährdenden Stoffen auf.

Ein weiterer Aspekt bei Lüftungsanlagen mit speziellen Anforderungen ist der Explosionsschutz. In bestimmten Staub- oder Aerosol-Luft-Gemischen kann es durch Funkenbildung an technischen Anlagen zur Explosion kommen. Denkbar ist dies in der Sterilgutversorgung (siehe Kapitel H.3.2) aufgrund der verwendeten Flüssigkeiten zum Sterilisieren oder bei der Herstellung von Medikamenten in Tablettenform aus Pulver. Letzteres dürfte ebenfalls nur ein Sonderfall für Krankenhäuser mit großen Apotheken (siehe Kapitel H.3.1) und Arzneimittelversorgung sein. In den meisten Fällen werden krankenhauseigene Apotheken insbesondere Medikamente in Tablettenform nur einkaufen und lagern und nicht in einem Umfang herstellen, die einen Explosionsschutz bedingen. Die TRGS bieten sehr viele Teile, die sich mit dem Explosionsschutz beschäftigen, aber weit über den vorbeugenden Brandschutz hinausführen. Als grundlegende Lektüre wird aus Sicht der Autoren empfohlen, sich im Bereich Gesundheitswesen mit der TRGS 720 „Gefährliche explosionsfähige Gemische" (2021) und bei Wunsch nach vertiefendem Wissen mit den TRGS 721 bis 725 zu beschäftigen. Gerade in der TRGS 724 „Gefährliche explosionsfähige Gemische – Maßnahmen des konstruktiven Explosionsschutzes, welche die Auswirkung einer Explosion auf ein unbedenkliches Maß beschränken" (2019) werden hilfreiche Beispiele für die praktische Umsetzung gegeben.

I.12.3 Lüftungsanlagen in Küchen

Für Lüftungsanlagen in Küchen gelten zusätzliche Anforderungen über die der M-LüAR hinaus.

Aufgrund der fetthaltigen Abluft sind zum einen spezielle Fettabluftklappen erforderlich. Zum anderen müssen die Kanäle und Anlagenteile so geplant und ausgeführt werden, dass sie regelmäßig gereinigt werden können. Die Frequenz der Reinigung hängt dabei stark von der Art des Küchenbetriebs ab.

Sofern Fettrückstände nicht entfernt werden, kann es durch die Hitze an Kochstellen zu einem Fettbrand im Kanal kommen. Zusätzliche stationäre Gaslöschsysteme an Fritteusen werden zudem eingesetzt, um Brände unterhalb der offenen Absaugstellen direkt einzudämmen (siehe Kapitel H.3.4 und I.10, letzter Absatz).

I.13 Medizinische und technische Gase

In Krankenhäusern wird eine Vielzahl von medizinischen Gasen verwendet, die jeweils spezifische Funktionen besitzen und für die Behandlung und Versorgung von Patienten essenziell sind. Die Versorgung erfordert eine sichere und zuverlässige Infrastruktur, um die kontinuierliche und bedarfsgerechte Bereitstellung dieser Gase unterbrechungsfrei zu gewährleisten. Erzeugung und Bereitstellung der Gase / des Vakuums erfolgen im Allgemeinen innerhalb der Gaszentralen. Die Verteilung aus den Flaschenbatterieanlagen, aus den Druckluft- und Vakuumsystemen sowie aus Tankanlagen und Kompressoren (Stickstoff) erfolgt über fest verlegte vernetzte Rohrleitungssysteme. Hierzu gehören je nach Planung und Größe des Krankenhauses eine Primärverteilung (Ringleitung), Steigtrassen, Verteilstationen und Verteilernetze mit Bereichskontrolleinheiten (BKE) sowie Gasentnahmestellen, Ampelversorgungssysteme auf den Stationen, Absperrarmaturen (strang-, geschoss- und bereichsweise) und Störfall-Alarmierungssysteme.

Die Gase werden je nach Gebrauch als Arzneimittel oder als Medizinprodukt eingestuft. Neben den medizinischen Gasen werden Gase für das Betreiben und den Antrieb chirurgischer Werkzeuge und Vakuumanlagen gebraucht. Tabelle I-9 gibt eine Übersicht über häufig verwendete Gase für medizinische Anwendungen.

Tabelle I-9: Entzündbarkeit von medizinischen Gasen und Vakuum im Brandfall

Gasart	**Entzündbarkeit**	
	reaktionsträge (inert)	**brandfördernd**
Sauerstoff (O_2)		×
Druckluft (verdichtetes Gas)	×	× (unter Umständen)
Distickstoffoxid N_2O (Lachgas)		×
Stickstoff (N_2)	×	
Kohlenstoffdioxid CO_2	×	
Helium (He)	×	
Xenon (Xe)	×	
Vakuum	–	–

Die Berufsgenossenschaft der Bauwirtschaft (BG Bau) (2024) definiert brandfördernde Eigenschaften:

> *„Oxidierbar (brandfördernd) sind Stoffe und Gemische, die in Berührung mit anderen, insbesondere entzündbaren Stoffen, stark exotherm reagieren können. Oxidierende (brandfördernde) Stoffe und Gemische sind in der Regel selbst nicht brennbar. Sie erhöhen bei Berührung oder Vermischung mit brennbaren Stoffen oder Gemischen durch Sauerstoffabgabe oder andere Oxidationsprozesse die Brandgefahr und die Heftigkeit eines Brandes.“*

Im Hinblick auf Druckgasflaschen weisen die Sicherheitsdatenblätter der jeweiligen Behälter übereinstimmend darauf hin, dass es bei Einwirkung von

Feuer zum Bersten/Explodieren des Behälters kommen kann. Von erhitzten Druckgasflaschen kann also eine erhebliche Gefahr ausgehen.

In Bezug auf Planung, Ausführung, Lagern und Betreiben von Gasversorgungsanlagen existiert eine große Anzahl von Regelwerken, u. a. sind die GefStoffV, die Betriebssicherheitsverordnung (BetrSichV), die Veröffentlichungen der Berufsgenossenschaften, die Technischen Regeln für Betriebssicherheit (TRBS) und die Technischen Regeln für Gefahrstoffe (TRGS), die die Anforderungen der Gefahrstoffverordnung konkretisieren, zu beachten.

In dem Einführungstext der TRBS 3145 / TRGS 745 (2016, S. 1) heißt es:

> *„Die Technischen Regeln für Betriebssicherheit (TRBS)/Gefahrstoffe (TRGS) geben den Stand der Technik, Arbeitsmedizin und Arbeitshygiene sowie sonstige gesicherte arbeitswissenschaftliche Erkenntnisse für die Bereitstellung und Benutzung von Arbeitsmitteln sowie für den Betrieb überwachungsbedürftiger Anlagen bzw. Tätigkeiten mit Gefahrstoffen, einschließlich deren Einstufung und Kennzeichnung, wieder.“*

Weitere Anforderungen ergeben sich aus den Technischen Regeln des Verbands Deutscher Maschinen- und Anlagenbau e. V. (VDMA) und den einschlägigen DIN-Normen, z. B. der Normenreihe DIN EN ISO 7396 „Rohrleitungssysteme für medizinische Gase“. Diese Norm betrifft Rohrleitungssysteme für pharmazeutische Anwendungen, Medizinproduktgase, Gase zur Betreibung chirurgischer Werkzeuge und Vakuum in Gesundheitseinrichtungen. Sie umfasst Aspekte wie Auslegung, Installation, Funktion, Leistung, Prüfung, Inbetriebnahme und Dokumentation. Dabei werden Versorgungssysteme, Regel-, Überwachungs- und Alarmsysteme sowie die Nichtaustauschbarkeit zwischen Bauteilen unterschiedlicher Gas- oder Vakuumsysteme berücksichtigt.

Um einen sicheren Betrieb zu gewährleisten, müssen die gesamten Anlagen in all ihren Teilen regelmäßig überprüft und gewartet werden. Risiken ergeben sich z. B. aus Verunreinigungen in Verbindung mit Sauerstoff und Druckbeaufschlagung, Leckagen in Verbindungsstellen sowie defekten Dichtungen (durch mechanische und chemische Beanspruchung).

I.13.1 Anforderungen gemäß Muster-Leitungsanlagenrichtlinie (MLAR)

In der MLAR (landeseigene LAR) werden unter Abschnitt 3.4 und 3.5.5 die Anforderungen an Rohrleitungsanlagen für brennbare und brandfördernde Gase aufgeführt:

> *„**3.4** Rohrleitungsanlagen für brennbare oder brandfördernde Medien*
>
> ***3.4.1** [1]Die Rohrleitungsanlagen müssen einschließlich ihrer Dämmstoffe aus nichtbrennbaren Baustoffen bestehen.*
>
> *[2]Dies gilt nicht*
>
> *a) für deren Dichtungs- und Verbindungsmittel,*
>
> *b) für Rohrbeschichtungen bis 0,5 mm Dicke,*
>
> *c) für Rohrbeschichtungen bis 2 mm Dicke bei Rohrleitungsanlagen, die nach Abschnitt 3.4.2 Satz 1 verlegt sind.*

__3.4.2__ [1]Die Rohrleitungsanlagen müssen

a) einzeln mit mindestens 15 mm Putzüberdeckung voll eingeputzt oder

b) in Installationsschächten oder -kanälen nach Abschnitt 3.5.1 i. V. m. 3.5.5

verlegt werden.

[2]Sie dürfen in notwendigen Fluren auch offen verlegt werden. [3]Dichtungen von Rohrverbindungen müssen wärmebeständig sein.

[...]

__3.5.5__ [1]Installationsschächte und -kanäle für Rohrleitungsanlagen nach Abschnitt 3.4.1 sind mit nichtbrennbaren Baustoffen formbeständig und dicht zu verfüllen oder müssen abschnittsweise oder im Ganzen be- und entlüftet werden.

[2]Die Be- und Entlüftungsöffnungen müssen mindestens 10 cm² groß sein. [3]Sie dürfen nicht in notwendigen Treppenräumen und nicht in Räumen zwischen notwendigen Treppenräumen und Ausgängen ins Freie angeordnet werden.“

Die Rohrleitungsanlagen für medizinische Gase bestehen aus nicht brennbaren Leitungen aus Kupfer (CU-Leitungen) oder korrosionsbeständigem Edelstahl. Die Verarbeitung und Montage der Rohrleitungen folgen im Allgemeinen sehr hohen Standards, die Befestigung in den tragenden Bauteilen erfolgt mit Stahldübeln in definierten systembedingten Abständen. Grundsätzlich müssen regelmäßig Dichtprüfungen des Rohrleitungssystems durchgeführt und dokumentiert werden. Ein statischer Nachweis für die Funktionstauglichkeit im Brandfall ist vom Systeminhaber vorzulegen, die Rohrleitungsanlagen dürfen im Brandfall durch andere Leitungsanlagen nicht geschädigt werden. Sie sollten zu elektrischen Anlagen einen Abstand von mindestens 50 mm haben. Durchdringungen von Bauteilen mit Feuerwiderstandsdauer sind in der gleichen Feuerwiderstandsdauer qualifiziert zu schotten, die Erleichterungen nach Abschnitt 4.2 der MLAR für die Leitungsdurchführung durch feuerhemmende Wände sind möglich.

Planung und Ausführung können fachgerecht nur durch qualifizierte Fachplaner und qualifizierte Firmen in Zusammenarbeit mit dem Systemhersteller durchgeführt werden.

Brennbare Gase sind zwingend nach den Anforderungen der MLAR zu verlegen, bei brandfördernden Gasen, wie z. B. Sauerstoff, der allein nicht brennbar ist und im Brandfall zunächst nicht automatisch abgeschaltet werden darf (lebenserhaltende Funktion, Redundanz), ergeben sich verschiedene Fragen.

Folgende grundlegende Fragen stellen sich zum Verhalten von Rohrleitungsanlagen für brandfördernde medizinische Gase im Brandfall:

- Können die Rohrleitungsanlagen im Brandfall so hoch erhitzt werden, dass z. B. das Hartlot der Kupferrohrverbindungen schmilzt?
- Können die Rohrleitungsanlagen brandfördernder Gase (z. B. Sauerstoff) im Brandfall so hoch erhitzt werden, dass die Leitungen unvermittelt aufsprengen?

- Können im laufenden Betrieb Leckagen in den Leitungen brandfördernder Gase auftreten und so ein brandförderndes Milieu entstehen, dies auch ohne maßgeblichen Druckabfall, sodass die Alarmierung nicht auslöst? Im Falle eines Schwelbrandes würde der Sauerstoff brandbeschleunigend wirken und somit schneller zur Entwicklung eines Vollbrandes führen.

Diese Fragen sollten in einer Planungsrunde mit dem Systemhersteller und dem Prüfsachverständigen gemeinsam erörtert werden. Dies hat möglicherweise weitergehende Auswirkungen auf die anlagentechnische und bauliche Ausführung. Die Ergebnisse müssen ausreichend dokumentiert werden. Auf die Thematik des Funktionserhalts geht Kapitel I.13.2. ein.

I.13.2 Missverhältnis zu den Anforderungen an den Funktionserhalt elektrischer Leitungsanlagen

Anforderungen an einen Funktionserhalt der Rohrleitungsanlagen brennbarer oder brandfördernder Medien werden in der MLAR nicht gestellt. Den Autoren sind keine Regelwerke bekannt, die diesbezüglich weitergehende Anforderungen definieren. Die nicht brennbaren Rohrleitungsanlagen werden ungeschützt in Steigsträngen oder notwendigen Fluren, durch benachbarte Brandabschnitte und in gemeinsamen Schächten mit brennbaren Rohrleitungen, bisweilen auch neben Kabeln und Leitungstrassen der Stromversorgung im Funktionserhalt (30 bis 90 Minuten), geführt.

In diesem Zusammenhang wird auf die Anforderung der MKhBauVO (z. B. auch in den Hinweisen über den baulichen Brandschutz in Krankenhäusern und baulichen Anlagen entsprechender Zweckbestimmung in Baden-Württemberg und der Richtlinie über den Bau und Betrieb von Krankenhäusern des Saarlands) verwiesen, die eine Nachversorgung im benachbarten Brandabschnitt von 30 % der Patienten fordert (BbgKPBauV: alle Personen aus dem größten benachbarten Brandabschnitt, BPD Krankenhäuser: alle Personen des benachbarten Brandabschnittes). Die Thematik dürfte weniger die Funktionsstellen der Normalpflege betreffen, sondern primär die Bereiche der OP- und Intensivabteilungen.

Zur Gewährleistung der technischen Versorgung sollte im Zuge der Projektierung erörtert werden, ob jeder Brandabschnitt unabhängig vom benachbarten eigenständig versorgt werden kann, ob nicht eine redundante Verlegung oder eine Ringleitung mit Absperrung gestörter Teilstrecken möglich ist, ob eine brandschutztechnisch wirksame Bekleidung der Rohrleitungsanlagen in definierten Bereichen sinnvoll ist oder die Vorhaltung von zusätzlichen Gasflaschenbatterien in ausreichender Kapazität im Sinne eines Funktionserhalts von 30 bis 90 Minuten. Es finden zwar unterschiedliche Kontrollen statt, z. B. über die Überwachung der bereits erwähnten Bereichskontrolleinheiten auf den Stationen durch integrierte Alarmsysteme, die bei Druckschwankungen (etwa ±20 %) Alarm auslösen. Ob diese und andere Maßnahmen ausreichend sind, das gewünschte bzw. erforderliche Schutzniveau herzustellen, muss der Betreiber entscheiden. So können z. B. in Bereichen mit Langzeitbeatmungen auch lokale und manuell bedienbare Flaschennotversorgungen vorgesehen werden, die für das medizinische Personal zugänglich sind. Eine automatische Abschaltung, z. B. über Steuersignale der BMA, ist, anders als bei Laborgasen, nur dort möglich, wo ein

Ausfall der Gasversorgung keine Patienten gefährdet. Wird das Leben von Patienten gefährdet, ist eine Abschaltung nur nach Rücksprache mit den verantwortlichen Personen und durch eine autorisierte Person per Hand möglich. Diese Maßnahmen sind betrieblich-organisatorisch (z. B. Brandschutzordnung) zu regeln und im Hinblick auf den Löschangriff mit der Brandschutzdienststelle abzustimmen (z. B. Hinweis in den Feuerwehrlaufkarten).

Hinweis

Der Brandschutznachweisersteller und weitere Planende können den Betreiber auf die Thematik des „Funktionserhalts" der medizinischen Gasversorgung nur hinweisen. Das notwendige Anforderungsniveau an die medizinische Gasversorgung und die erforderlichen Maßnahmen im Störfall sind vom Betreiber in Abstimmung mit der Fachplanung festzulegen und die betrieblich-organisatorischen Maßnahmen sind in der Brandschutzordnung darzustellen und zu dokumentieren. Die fachtechnische Umsetzung und Dokumentation obliegen der Fachplanung. Nach Möglichkeit sollte der Systemhersteller hinzugezogen werden.

I.13.3 Angaben zu den Verlegungen der Rohrleitungsanlagen, Verlegung von Rohrleitungsanlagen oberhalb selbstständiger klassifizierter Unterdecken und in Zwischenböden

Konkret stellt sich die Frage, ob bei der Verlegung von Rohrleitungsanlagen medizinischer und brandfördernder Gase (z. B. Sauerstoff) im Deckenzwischenraum, z. B. oberhalb selbstständiger klassifizierter Unterdecken in notwendigen Fluren mit Feuerwiderstandsdauer, Be- und Entlüftungsöffnungen nach MLAR erforderlich sind oder ob es sich um eine offene Verlegung handelt, die nach Ziffer 3.4.2 Satz 2 MLAR in notwendigen Fluren zulässig ist (siehe Kapitel I.13.1).

Ein Brandereignis im Deckenzwischenraum muss unabhängig von weiteren Überlegungen möglichst schnell erkannt werden. Der Deckenzwischenraum ist nach DIN VDE 0833-2, Nr. 6.1.3.2 in den Überwachungsumfang der BMA einzubeziehen, wenn die Brandlast – neben anderen Kriterien – über 25 MJ/m^2 (7 kWh/m^2) liegt. Dies gilt sinngemäß auch für Zwischenböden (Systemböden, Hohlraumböden); die Muster-Systembodenrichtlinie (MSysBöR) ist einzuhalten.

Die Deckenzwischenräume sind im Allgemeinen hoch installiert und weisen Brandlasten jenseits der 7 kWh/m^2 auf. Grundsätzlich besteht auch die Möglichkeit, den Zwischendeckenbereich/Zwischenboden über Sensoren zur Sauerstoffkonzentrationsmessung zu überwachen.

Sauerstoff ist schwerer als Luft und sinkt nach unten. Der Markt bietet feuerhemmende Brandschutzdecken mit Abklapp-System oder Abklapp-Schiebesystem, die zwischen den Elementen offene Luftschlitze haben, welche im Brandfall durch ein intumeszierendes (aufschäumendes) Material schließen. Sauerstoff kann hier durch die Fugen entweichen, sodass sich eine Sauerstoffanreicherung kaum einstellen kann.

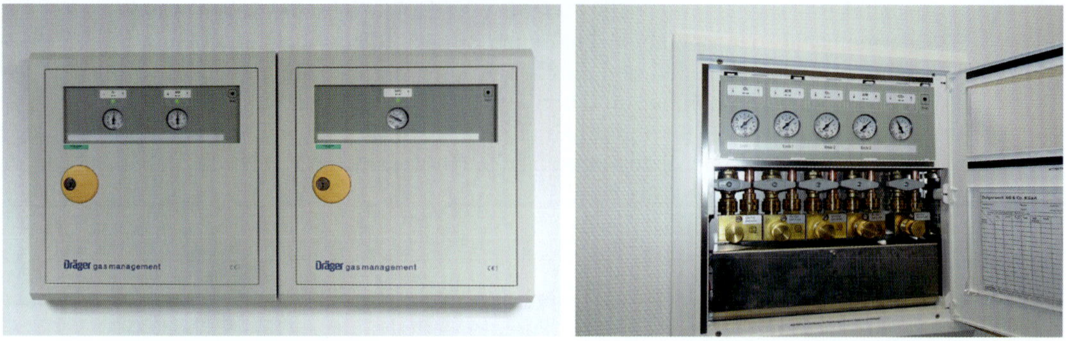

Abb. I-31: BKE in einem notwendigen Flur

Der Sachverhalt sollte auch für geschlossene Unterdecken ohne Feuerwiderstandsdauer im Planungsteam besprochen und dokumentiert werden.

Verlegung in Installationsschächten und -kanälen

Die offene Verlegung nicht brennbarer Leitungsanlagen für brennbare und brandfördernde Gase in klassifizierten Installationsschächten und Kanälen (Gemischtbelegung) ist zulässig. Zu beachten ist nach Abschnitt 3.5.5 MLAR, dass die Installationsschächte und -kanäle für Rohrleitungsanlagen mit nicht brennbaren Baustoffen formbeständig und dicht zu verfüllen sind oder abschnittsweise oder im Ganzen be- und entlüftet werden müssen. Diese Anforderungen dienen der Vermeidung eines gefährlichen Milieus und sollen hauptsächlich auf die Installation von Erdgasleitungen abstellen. Aus Sicht der Autoren sollten die Anforderungen aber sinngemäß auch bei der Installation von medizinischen Gasen berücksichtigt und die Schächte in den Überwachungsumfang der BMA einbezogen werden. Ausnahmen nach geltenden Regelwerken sind im begründeten Einzelfall möglich.

Bereichskontrolleinheiten (BKE)-Verlegung in Wänden mit Feuerwiderstandsfähigkeit

BKE dienen der Gas- und Vakuumversorgung innerhalb der verschiedenen Funktionsbereiche. Im Notfall können diese vom Personal geöffnet und die Gasversorgung über Ventile abgesperrt werden. Hier befindet sich auch die Möglichkeit zur Noteinspeisung aus externen Quellen.

Werden BKE (siehe Abb. I-31) in raumabschließende Wände (oftmals Wände notwendiger Flure) oder raumabschließende Trennwände mit Feuerwiderstandsfähigkeit eingebaut, muss der Restquerschnitt der Wand die erforderliche Feuerwiderstandsdauer aufweisen. Bei Wänden in Trockenbauweise können hier in Absprache mit dem Systemhersteller eine brandschutztechnische Kapselung als Ausfachung für die BKE und die Rohrtrasse mit eingestellten Plattenstreifen hergestellt werden (Nachweis des Systemherstellers erforderlich). Der Markt bietet für die BKE auch fertige metallene Einbaugehäuse an, z. B. Brandschutzkassetten mit Brandschutzdämmung oder integrierten Abschottungsstopfen für die Durchdringungen der Rohrleitungen.

Verlegung in notwendigen Treppenräumen und Räumen zwischen Treppenräumen und Ausgängen ins Freie

Für die Verlegung in diesen Bereichen sind nach Abschnitt 3.1.3 MLAR Anforderungen vorhanden; eine mindestens 15 mm dicke Putzüberdeckung ist erforderlich. In diesen Bereichen dürfen nach Abschnitt 3.5.5 MLAR keine Entlüftungsöffnungen vorhanden sein.

Die Anforderungen an Wand- und Deckendurchdringungen richten sich nach Abschnitt 4 der MLAR; Durchdringungen müssen qualifiziert geschottet werden. Die Erleichterungen nach Abschnitt 4.2 wären bei der Leitungsdurchführung durch feuerhemmende Wände zulässig, wenn im Brandschutznachweis keine höheren Anforderungen vorgegeben werden.

I.13.4 Kennzeichnung von Rohrleitungen

Die Kennzeichnung von nicht erdverlegten Rohrleitungen regelt u. a. die DIN 2403 „Kennzeichnung von Rohrleitungen nach dem Durchflussstoff" (2018). Sie unterscheidet nach dem jeweiligen Durchflussstoff und gibt an, wie Rohrleitungen farblich gekennzeichnet werden sollen, um den Inhalt und die Fließrichtung des Mediums zu erkennen. Die Kennzeichnung durch Gefahrenpiktogramme, Anstriche u. a. dient dem sicheren Betrieb der Anlagen und einer wirksamen Brandbekämpfung. Jedem Medium, das durch die Rohrleitung fließt, ist eine bestimmte Grundfarbe zugeteilt. So sind brennbare Flüssigkeiten z. B. braun gekennzeichnet, brennbare Gase gelb mit der Zusatzfarbe Rot und schwarzer Schriftfarbe, nicht brennbare Gase gelb mit der Zusatzfarbe Schwarz und schwarzer Schriftfarbe.

Entsprechend der zu erstellenden Gefährdungsbeurteilung sind Rohrleitungen nach DIN 2403 *„in angemessenen Abständen an betriebswichtigen und gefahrenträchtigen Punkten, z. B. Anfang, Ende, Abzweige, Wanddurchführungen, Armaturen, deutlich sichtbar und dauerhaft zu kennzeichnen. Dabei sind die örtlichen Bedingungen, z. B. Rohrkrümmungen oder das nahe Beieinanderliegen von Rohrleitungen für verschiedene Durchflussstoffe zu berücksichtigen."* Falls das Medium in der Rohrleitung gefährlich ist (z. B. ätzend, giftig oder brennbar) und die vereinfachte Kennzeichnung nicht ausreicht, können zusätzliche Gefahrenhinweise und Kennzeichnungen wie Gefahrensymbole erforderlich werden.

I.13.5 Gaszentralen/Technikzentralen und Lagerräume/Aufstellräume

Diese Thematik ist sehr umfassend und spiegelt sich in der großen Anzahl an Gesetzen und technischen Regelwerken wider.

Medizinische Gaszentralen sollten aufgrund einer einfachen Anlieferung möglichst in der Nähe des Wirtschaftshofes und des Kaltvergasers (Spezialtanks/Druckbehälter für tiefkalt verflüssigte Gase) angeordnet werden.

Wesentliche Anforderungen zum Lagern von Gefahrstoffen in ortsbeweglichen (Druckgas-)Behältern finden sich in der TRGS 510 „Lagerung von Gefahrstoffen in ortsbeweglichen Behältern" (2020). Darin finden sich umfassende Brandschutzmaßnahmen, jeweils in Abhängigkeit von der Art und Menge der gelagerten Gefahrstoffe und der Größe des Lagers.

Abb. I-32: Sauerstoffzentrale (links) und Löschmittelzentrale für Gaslöschanlage (rechts)

Wesentliche Anforderungen an Druckgasbehälter, die zur Versorgung angeschlossen sind, finden sich in der TRBS 3145/TRGS 745 „Ortsbewegliche Druckgasbehälter – Füllen, Bereithalten, innerbetriebliche Beförderung, Entleeren“ (2016).

Es würde den Rahmen des Buches überschreiten, die brandschutztechnischen Aspekte aus den o. g. (und weiteren) Regelwerken darzustellen. Im Folgenden werden auszugsweise grundlegende bauliche Anforderungen aus der TRGS 510 zitiert.

In der **TRGS 510** unter Abschnitt 10 „Lagerung von Gasen unter Druck“, Abschnitt 10.3 „Bauliche Anforderungen und Brandschutz“ heißt es unter Absatz 1:

„(1) Bei der Lagerung in Lagerräumen müssen

1. die Lagerräume von angrenzenden Räumen feuerhemmend getrennt sein,

2. Abtrennungen feuerbeständig sein, wenn in angrenzenden Räumen, die nicht dem Lagern von Gasen dienen, Brand- oder Explosionsgefahr besteht,

3. die Außenwände von Lagerräumen mindestens feuerhemmend sein; beträgt der Abstand zu benachbarten Anlagen und Einrichtungen, von denen eine Gefährdung ausgehen kann, mindestens 5 m, kann die Außenwand aus nichtbrennbaren Baustoffen bestehen,

4. Dacheindeckungen ausreichend widerstandsfähig gegen Flugfeuer und strahlende Wärme sein,

5. Fußbodenbeläge in Lagerräumen für ortsbewegliche Druckgasbehälter mindestens schwerentflammbar sein.“

Abb. I-32 zeigt jeweils einen typischen Lagerraum für Gasflaschen.

Ob die o. g. Anforderungen ausreichen, kann nur im Rahmen einer Gefährdungsbeurteilung geklärt werden. Darin ist auch festzulegen, ob z. B. eine Gaswarneinrichtung und/oder eine Feuerlöscheinrichtung erforderlich ist und welche Maßnahmen zur Be- und Entlüftung erforderlich werden.

Hinweis

> Aus Sicht der Autoren sind die Aufstellräume – in Abhängigkeit von der Anzahl der Druckgasbehälter – zum einen als Räume mit erhöhter Brandgefahr zu betrachten, zum anderen sind sie aufgrund ihrer lebenserhaltenden Funktion vor äußerer Brandeinwirkung zu schützen. Insofern sollten sie möglichst als eigenständiger Brandschutzbereich in feuerbeständiger Bauart ausgeführt werden. Die Abschlüsse innerhalb von Gebäuden sollten dieselbe Feuerwiderstandsdauer wie die Wände haben und in Fluchtrichtung öffnen. Eine Überwachung über die flächendeckende BMA mit geeigneten automatischen Brandmeldern sollte erfolgen.

Die Abschottungen der Leitungen erfolgt nach den Anforderungen der Abschnitte 4.1 bis 4.3 der MLAR. Die Räume sind in den Brandschutzplänen und in den Feuerwehrplänen darzustellen.

Lagerung von Druckgasflaschen in Sicherheitsschränken

Bei der Lagerung von Druckgasflaschen in Arbeitsräumen kann auf einen eigenen Aufstellraum verzichtet werden, wenn sie nach TRGS 510, Abschnitt 4.2, Absatz 6 *„in Sicherheitsschränken der Feuerwiderstandsklasse G30 oder höher gemäß DIN EN 14470-2 gelagert werden.“* Somit sind die Leistungsanforderungen der Produktnorm DIN EN 14470-2 „Feuerwiderstandsfähige Lagerschränke – Teil 2: Sicherheitsschränke für Druckgasflaschen“ (2006) an typgeprüfte Sicherheitsschränke mit Feuerwiderstandsfähigkeit zu beachten. Das Personal soll den Raum verlassen können und die Feuerwehr den Bereich erreichen können, ohne dass die Druckgasflaschen instabil werden. Welche Feuerwiderstandsklasse erforderlich ist, ist im Rahmen der Gefährdungsbeurteilung festzulegen und nicht Aufgabe des Brandschutznachweiserstellenden. In DIN EN 14470-2, Nr. 5.1 „Feuerschutz“ heißt es pauschal:

> *„Der Schrank muss konstruiert und gebaut sein, um sicherzustellen, dass im Brandfall von seinem Inhalt keine zusätzlichen Risiken oder Beiträge zur Brandausbreitung ausgehen.“*

Im Normalbetrieb muss das Auftreten einer gefährlichen explosionsfähigen Atmosphäre im inneren des Schrankes vermieden und in geringen Mengen austretende Gase müssen abgesaugt werden. Der Schrank muss an ein Abluftsystem angeschlossen sein, es gelten nach DIN EN 14470-2 Nr. 5.2 folgende Luftwechsel:

> *„Bei Lagerung von brennbaren oder brandfördernden Gasen muss mindestens ein zehnfacher Luftwechsel je Stunde erfolgen*
>
> *[...]*
>
> *Bei Lagerung von giftigen Gasen muss mindestens ein 120-facher Luftwechsel je Stunde erfolgen.“*

Lagerung von Druckgasflaschen im Freien

Bei der Lagerung von Druckgasflaschen im Freien kann auf einen eigenen Aufstellraum verzichtet werden, wenn sie nach TRGS 510, Abschnitt 10, Abschnitt 10.3, Absatz 2 gelagert werden:

„(2) Lager im Freien müssen zu benachbarten Anlagen und Einrichtungen, von denen eine Brandgefährdung ausgehen kann, einen Abstand von mindestens 5 m um die Druckgasbehälter einhalten. Der Abstand ist nicht erforderlich, wenn die direkte Wärmestrahlung durch einen Brand auf das Lager durch eine Schutzwand aus nichtbrennbaren Baustoffen verhindert wird. Die Höhe der Wand muss mindestens 2 m betragen. Die Breite der Wand muss so bemessen sein, dass ein freier, nicht durch die Schutzwand abgesicherter Abstand von 5 m an keiner Stelle unterschritten wird."

Weitere Anforderungen finden sich in der Veröffentlichung der BG Bau „A 064 Lagerung von Druckgasbehältern im Freien" (2021).

I.14 Materialtransport/Transportanlagen

In modernen Krankenhäusern spielen Warentransportsysteme für die Ver- und Entsorgung eine zentrale Rolle. Zu den wichtigsten Transportsystemen zählen Rohrpostsysteme, automatische Warentransportsysteme (AWT), fahrerlose Transportsysteme (FTS) und Kleinkastenförderanlagen (KFA). Je nach Größe des Krankenhauses werden hier sehr viele Tonnen Material täglich transportiert.

Leistungsstarke Sensortechnologien ermöglichen im Zuge der Digitalisierung und Automatisierung (Stichwort Krankenhaus 4.0) eine zunehmende Vernetzung intelligenter Behandlungs-, Versorgungs- und Entsorgungssysteme. Eine sichere Navigation und Lokalisierung der Transportsysteme mit Flottenmanagement, Materialrückverfolgung und vielem mehr sind möglich und die Zukunft in modernen Krankenhäusern.

Nach § 40 Abs. 1 MBO dürfen Leitungen durch raumabschließende Bauteile mit Feuerwiderstandsfähigkeit nur hindurchgeführt werden, wenn eine Brandausbreitung ausreichend lange nicht zu befürchten ist oder Vorkehrungen hiergegen getroffen sind.

I.14.1 Rohrpost

Rohrpostsysteme transportieren kleine und leichte Güter wie Dokumente, Medikamente oder Blutproben durch ein Netzwerk von Röhren. Die Güter werden in speziellen Büchsen unter Druckluft durch das System befördert. Ein Verdichter erzeugt den erforderlichen Druck und Sog für den Transport. Die Überleitung der zylindrischen Transportbüchsen in andere Linien erfolgt über einen Zentralverteiler (Rohrpostzentrale) (siehe Abb. I-33) und eine dezentrale Weichentechnik.

Weichengehäuse mit Schwenkvorrichtung zu Verteilung (Stahlblech, Kunststoff) sind oft an den Flurdecken oberhalb der abgehängten Decken montiert. Innerhalb der Funktionsstellen befinden sich die Endstationen mit Auffangvorrichtung bzw. Büchsenspeicher. Die Rohre verlaufen durch Wände und Decken mit Feuerwiderstandsdauer und auch durch Brandwände.

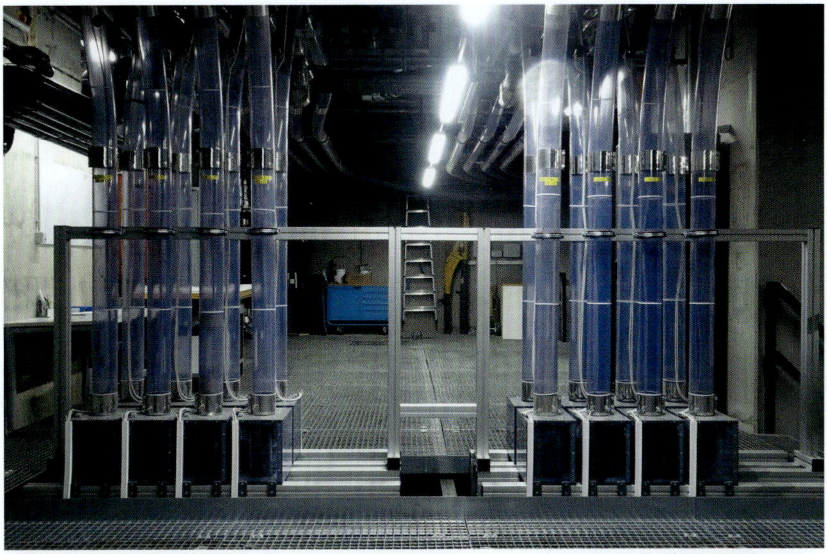

Abb. I-33: Rohrpostzentrale

Die Anforderungen nach MBO sind erfüllt, wenn die Leitungsdurchführungen den Anforderungen der Abschnitte 4.1 bis 4.3 der MLAR entsprechen (die M-LüAR gilt nicht für *„mit Luft arbeitende Transportanlagen"* [M-LüAR, Abschnitt 1]).

Die Rohre der Rohrpost haben in der Regel einen Durchmesser bis zu 160 mm und können aus den folgenden Materialien bestehen:

- **Brennbares Material (thermoplastische Materialien, z. B. PVC)**
  Bei Durchdringungen durch Wände müssen Rohrabschottungen mit einem Anwendbarkeitsnachweis für Rohrpostleitungen, beispielsweise für Rohrpost zugelassene Brandschutzmanschetten der Feuerwiderstandsklasse R90 nach DIN 4102-11 „Brandverhalten von Baustoffen und Bauteilen; Rohrummantelungen, Rohrabschottungen, Installationsschächte und -kanäle sowie Abschlüsse ihrer Revisionsöffnungen; Begriffe, Anforderungen und Prüfungen" (1985) oder Brandschutzsteine, verwendet werden. Das verwendete System ist abhängig vom Durchmesser des Rohres.
- **Nicht brennbares Material (z. B. Edelstahl) (siehe Abb. I-34)**
  Beim Durchdringen von Wänden mit Feuerwiderstandsdauer sind Rohrabschottungen für pneumatische Förderleitungen einzubauen. Die Erleichterungen nach Abschnitt 4.3 MLAR für nicht brennbare Leitungen können angewendet werden. Der Markt verfügt über entsprechende Rohrabschottungen (Feuerschutzabschluss, Bauprodukt, Verwendbarkeitsnachweis allgemeine bauaufsichtliche Zulassung) mit Feuerwiderstandsdauer von 90 Minuten (T90). Die Fördertechnik ist im Schließbereich des Schieberblattes unterbrochen, sodass eine Brandweiterleitung durch Erhitzen des Rohres nach Angabe der Hersteller nicht erfolgt. Eine Streckenisolierung ist somit nicht nötig. Die Steuerung der Rohrpostanlage kann über die BMA angesteuert und inkl. Verdichter außer Betrieb gesetzt (stromlos geschaltet) werden. Mit abfallendem Druck im System wird die Rohrab-

Abb. I-34: Nicht brennbare Rohrpostleitungen in einem Flur

schottung geschlossen. Die Fördertechnik mit Feststellanlage muss gewährleisten, dass der Mechanismus durch eine Kapsel im System nicht unwirksam wird. Das Schließen muss so lange verzögert werden, bis der Fördervorgang unterbrochen ist. Dies ist im Rahmen der Planung mit dem Systemhersteller abzustimmen.

Es sollte sichergestellt sein, dass über (Haupt-)Ansaugöffnungen ein Ansaugen von Rauch nicht möglich ist, und die Rohrpost soll im Brandfall abgeschaltet werden (z. B. über die BMA). Die Verdichter sollten immer nur während des Transportes einer Versandbüchse in Betrieb sein, sodass Luftbewegungen in den Rohrpostrohren immer nur während des Transportes einer Versandbüchse auftreten. Ein kurzzeitiger Rauchaustritt während des Schwenkvorganges innerhalb des Weichengehäuses und somit in die Umgebung kann akzeptiert werden.

Hinweis

Die Trassenführung ist bereits bei der Planung sinnvoll mit den Brandabschnitten und Abschnitte bildenden Wänden abzustimmen.

I.14.2 Automatische Warentransportsysteme (AWT)

Automatische Warentransportsysteme dienen dem Transport größerer und schwererer Güter wie Wäsche, Lebensmittel und Müll. Der Transport erfolgt zwischen den Geschossen über Stockwerksverteiler, im Untergeschoss sind horizontale Transportstrecken angelegt. Die Container werden über Schienensysteme mit personengesteuerten oder vollautomatischen Schleppern bewegt. Im Allgemeinen werden im Untergeschoss die zentralen Containerräume rein und unrein, Wagenwaschplätze, Einsatzleitung usw. untergebracht.

Für die erforderlichen Feuerschutzabschlüsse (Förderanlagenabschlüsse [FAA]) im Zuge von bahngebundenen Förderanlagen, die durch Wände und Decken mit Feuerwiderstandsdauer oder auch durch Brandwände führen, erteilt das DIBt *„allgemeine bauaufsichtliche Zulassungen (abZ) in Verbindung mit einer allgemeinen Bauartgenehmigung (aBG) (sogenannter ‚Kombi-Bescheid'). Es können auch Europäische Technische Bewertungen (ETA) ausgestellt werden."* (DIBt, o. J.) Weiter sind nach DIBt folgende Voraussetzungen zu erfüllen:

> *„- Der Abschluss muss mindestens der Feuerwiderstandsklasse EI290 gemäß DIN EN 13501 2 entsprechen.*
>
> *- Der Abschluss muss als planmäßig offener Abschluss (in der Grundstellung offenstehend und im Brandfall schließend) verwendet werden.*
>
> *- Der Abschluss muss mit einer für diesen Abschluss geeigneten Feststellanlage (Feststellanlage für Feuerschutzabschlüsse im Zuge von bahngebundenen Förderanlagen) ausgeführt werden, deren Anwendbarkeit durch eine allgemeine Bauartgenehmigung nachgewiesen ist.*
>
> *- Der Abschluss muss fußbodengleich eingebaut werden.*
>
> *- Die Förderbahnen müssen im Schließbereich des Schieberblattes unterbrochen sein.*
>
> *- Der Abschluss muss mit dauerhaft gespeicherter mechanischer Energie geschlossen werden.*
>
> *- Es muss sichergestellt sein, dass das Schließen des Abschlusses nicht durch Fördergut behindert wird.*
>
> *- Es muss sichergestellt sein, dass der geschlossene Abschluss nicht durch Fördergut beschädigt werden kann.*
>
> *- Der Abschluss darf nur in Wände im Inneren von baulichen Anlagen eingebaut werden."*
>
> (DIBt, o. J.)

Die Anforderungen gelten analog auch bei der Anwendung von **Kleinkastenförderanlagen (KFA)**.

In den MVV TB (landeseigene Veröffentlichungen) sind in Anhang 4 Abschnitt 5.2 weitere Verwendungs- und Ausführungsbestimmungen enthalten. Zum sicheren Schließen des Abschlusses wird betont (MVV TB, 2025, S. 205):

> *„5.2.3.3 Steuerung von Förderanlagenabschluss und Förderanlage im Schließbereich der Wandöffnung*
>
> *Durch geeignete Maßnahmen, die mit dem Hersteller der Förderanlage abgestimmt sein müssen, ist dafür Sorge zu tragen, dass bei Auslösen der Feststellanlage der Fördervorgang unterbrochen wird und im Öffnungsbereich des Förderanlagenabschlusses befindliches Fördergut diesen Bereich verlässt."*

I.14.3 Fahrerlose Transportsysteme (FTS)

Fahrerlose Transportsysteme sind automatisierte Fahrzeuge für die Beförderung von Gütern. Diese Systeme navigieren durch vorgegebene Wege, die oft durch Magnetstreifen, Laser oder Kameras vorgegeben werden. Sie müssen die Anforderungen nach DIN EN 1175 VDE 0117 „Sicherheit von Flurförderzeugen – Elektrische/elektronische Anforderungen" (2020) erfüllen. Zur Sicherheit der Transportsysteme siehe auch den VDI-Statusreport „Fahrerlose Transportsysteme – Leitfaden Sicherheit" (VDI – Verein Deutscher Ingenieure e. V., 2020).

Im Brandfall und bei Ausfall der Energieversorgung müssen die Fahrzeuge aus den Schließbereichen von Brandschutzabschlüssen fahren und auch Gefahrenbereiche verlassen können (dezentrale Notstromversorgung). Sie sind mit elektronischen Bauteilen ausgestattet, die im Brandfall vordefinierte Reaktionen ermöglichen. In Bezug auf die BetrSichV handelt es sich bei diesen Transportfahrzeugen um Maschinen, die nach § 2 BetrSichV als Arbeitsmittel für die Arbeit verwendet werden. Es ist eine gleichzeitige Anwesenheit von Transportfahrzeugen und Beschäftigten gegeben. Dadurch hat der Arbeitgeber die Verpflichtung, im Rahmen der Gefährdungsbeurteilung gemäß § 3 BetrSichV die von diesem Arbeitsmittel ausgehenden Gefährdungen zu ermitteln und die nach § 3 BetrSichV notwendigen wiederkehrenden Prüfungen zu ermitteln und festzulegen.

Im Brandfall dürfen die Fluchtwege für die Bediensteten nicht eingeschränkt werden.

Hinweis

Die umfassenden Aspekte des Brandschutzes können nur in enger Zusammenarbeit mit den Systemherstellern, den Fachplanern und Betreibern ausreichend berücksichtigt werden.

I.15 Blitzschutz

Forderungen nach einem Blitzschutz sind in § 45 MBO aufgeführt, hiernach sind *„bauliche Anlagen, bei denen nach Lage, Bauart oder Nutzung Blitzschlag leicht eintreten oder zu schweren Folgen führen kann, mit dauernd wirksamen Blitzschutzanlagen zu versehen."* Damit bestehen grundsätzlich 2 unabhängige Auslösekriterien, die die Notwendigkeit einer Blitzschutzanlage ergeben.

Um unterschiedlichen Sichtweisen bei der Auslegung der Kriterien vorzubeugen, wurden konkretisierende Anmerkungen in die „Vollzugshinweise zur Bayerischen Bauordnung" (Bayerisches Staatsministerium für Wohnen, Bau und Verkehr, 2021) aufgenommen, diese sollten auch in anderen Bundesländern berücksichtigt werden:

- Kriterium 1: Blitzschlag kann leicht eintreten.

  „Ob Blitzschlag leicht eintreten kann, hängt von Lage (z. B. an exponierter Stelle) und Höhe der baulichen Anlage ab. Eine statistische Auftretenswahrscheinlichkeit von Einschlägen (die sich je nach betrachtetem Zeitraum ändern kann) ist damit nicht gemeint." (S. 12)

- Kriterium 2: Blitzschlag führt zu schweren Folgen.

  „Von schweren Folgen wird regelmäßig auch auszugehen sein bei Gebäuden für viele Menschen (z. B. Schulen) und für Menschen mit besonderer Schutzbedürftigkeit (z. B. Krankenhäuser, Pflegeheime, Kindertageseinrichtungen) sowie bei baulichen Anlagen, deren Nutzung durch Umgang mit oder Lagerung von Stoffen mit Explosions- oder erhöhter Brandgefahr verbunden ist.“ (S. 13)

Unter Berücksichtigung der Auslegungen von Kriterium 2 sind Blitzschutzanlagen bei Krankenhäusern bereits infolge der Nutzung zwingend erforderlich. Diese Sichtweise wird auch durch die AGBF-Empfehlung „Blitzschutz-Risikoanalyse (2018-03)“ bestätigt.

Da es sich bei den Forderungen nach § 46 MBO um eine ODER-Verknüpfung handelt, ist das Kriterium 1 damit unerheblich, kann auf Krankenhäuser mit Hochhauseigenschaften oder in exponierter Lage (z. B. Einzelgebäude auf Anhöhen) jedoch zusätzlich zutreffen.

Unabhängig von den Anforderungen nach § 46 MBO werden Blitzschutzanlagen zusätzlich in allen spezifischen Regelungen zum Krankenhausbau genannt (vgl. Tabelle I-10). Dies unterstreicht den besonderen Stellenwert von Blitzschutzanlagen in Krankenhäusern.

Tabelle I-10: Anforderungen an Blitzschutzanlagen nach aktuellen Regelungen zum Krankenhausbau in den Regelwerken der Bundesländer Baden-Württemberg, Brandenburg, Hamburg und Saarland

Bundesland	Fundstelle	Anforderungen
Baden-Württemberg – Hinweise über den baulichen Brandschutz in Krankenhäusern und baulichen Anlagen entsprechender Zweckbestimmung	Nr. III.4.4	*„Krankenhäuser müssen Blitzschutzanlagen haben, die auch die sicherheitstechnischen Einrichtungen schützen (äußerer und innerer Blitzschutz).“*
Brandenburg – BbgKPBauV	§ 10 Abs. 3	*„Krankenhäuser und Pflegeheime müssen Blitzschutzanlagen haben, die auch die sicherheitstechnischen Einrichtungen schützen (äußerer und innerer Blitzschutz).“*
Hamburg – BPD Krankenhäuser	Nr. 8.7	*„Krankenhäuser müssen Blitzschutzanlagen haben, die auch die sicherheitstechnische Gebäudeausrüstung schützen (äußerer und innerer Blitzschutz).“*
Saarland – KHBauR	Nr. 2.20	*„Krankenhäuser müssen Blitzschutzanlagen haben.“*

Auch die AGBF-Arbeitshilfe 2023-02 bestätigt diese Einschätzung. Selbst bei unterschiedlichen Ansichten zur Auslegung des § 46 MBO besteht damit bei Krankenhäusern keine Möglichkeit, auf eine Blitzschutzanlage zu verzichten.

Abb. I-35: Blitzschutzanlage auf Flachdach

Hinweis

Erfahrungen der Autoren zeigen, dass immer wieder versucht wird, die Anforderungen im Rahmen einer Risikoanalyse nach DIN EN 62305-2 VDE 0185-305-2 „Blitzschutz – Teil 2: Risiko-Management" (2013) zu reduzieren. Infolge methodischer Unzulänglichkeiten ist dieses Verfahren für eine Beurteilung nach baurechtlichen Gesichtspunkten jedoch nicht geeignet und darf keine Anwendung finden.

Äußerer und innerer Blitzschutz

Blitzschutzanlagen können in den äußeren und den inneren Blitzschutz unterteilt werden.

Der äußere Blitzschutz besteht aus Fangeinrichtungen auf dem Dach (siehe Abb. I-35), Ableitern und Erdungsanlagen. Nach MVV TB A 2.1.15.2 sollen hierdurch direkte Blitzeinschläge abgefangen und gefahrlos in das Erdreich abgeleitet werden, um insbesondere einer Brandentstehung vorzubeugen.

Beim inneren Blitzschutz handelt es sich hingegen um technische Einbauten, die potenzielle Überspannungen, verursacht durch direkte oder indirekte Blitzeinschläge, begrenzen sollen. Der innere Blitzschutz ist nach MVV TB erforderlich, wenn Anlagen und Einrichtungen gegen Auswirkungen des Blitzstromes und der Blitzspannung bei unmittelbarem oder mittelbarem Blitzeinschlag geschützt werden müssen. Dies ist grundsätzlich nur gegeben, wenn sicherheitstechnische Einrichtungen (z. B. BMA, Löschanlage, Sicherheitsbeleuchtung) vorhanden und baurechtlich gefordert sind.

Nach den Festlegungen aus der MVV TB und den Forderungen nach Tabelle I-10 sind Krankenhäuser damit immer mit einem äußeren und inneren

Blitzschutz auszustatten. Um Missverständnissen vorzubeugen, sind beide Arten ausdrücklich im Brandschutznachweis zu nennen.

Projektierung

Die Ausführungsplanung der baurechtlich geforderten Blitzschutzanlage sollte aus privatrechtlichen Haftungsgründen nur durch speziell ausgebildete Blitzschutzplanende erfolgen. Bei der Planung ist insbesondere die Normenreihe DIN EN 62305 (VDE 0185-305) zu beachten. Diese befasst sich in Teil 1 mit den allgemeinen Grundsätzen zur Planung von Blitzschutzanlagen, in Teil 3 (veröffentlicht als DIN EN IEC 62305-3 VDE 0185-305-3 „Blitzschutz – Teil 3: Schutz von baulichen Anlagen und Personen [IEC 62305-3:2024] [2025])" mit dem Schutz baulicher Anlagen und Personen und in Teil 4 mit dem Schutz elektrischer und elektronischer Systeme. Eine Risikoanalyse auf Basis privatrechtlicher Regelwerke nach DIN EN 62305-2 ist bauordnungsrechtlich nicht veranlasst und infolge baurechtlicher Regelungen auch nicht möglich (siehe Hinweis Seite 362).

Nach DIN EN IEC 62305-3 werden 4 Blitzschutzklassen unterschieden. Blitzschutzsysteme der Schutzklasse I bieten die größte Sicherheit, die der Schutzklasse IV die niedrigste. Die Ermittlung der Blitzschutzklasse obliegt der Fachplanung in Abstimmung mit dem Betreiber und nach Erfordernis mit dem Sachversicherer, in der Regel werden Krankenhäuser jedoch in die Blitzschutzklasse II eingestuft.

Nach VdS 2010 „Risikoorientierter Blitz- und Überspannungsschutz" (2015) ist es zulässig, Gebäude, die nicht der unmittelbaren Krankenhausnutzung dienen (z. B. Wohnheime, Verwaltung) der Blitzschutzklasse III zuzuordnen. Auch beim inneren Blitzschutz sind objektspezifisch unterschiedliche Ausführungen denkbar.

Werden Photovoltaikanlagen auf Dächern installiert, sind diese unbedingt bereits im Rahmen der Planung zu berücksichtigen, da ansonsten eine falsche Bemessung der Blitzschutzanlage möglich ist; Gleiches gilt für Absturzsicherungssysteme. Werden diese erst nachträglich angebracht, ist die Wirksamkeit der Blitzschutzanlage zwingend zu überprüfen.

I.16 Aufzüge

Mehrgeschossige Krankenhäuser müssen über ausreichend Aufzüge für den Transport von Personen und Versorgungsgütern verfügen; ein Teil davon muss auf den Transport von Betten ausgelegt sein. Fallspezifisch müssen einzelne Aufzüge zusätzlich als Evakuierungs- und/oder Feuerwehraufzüge ausgeführt werden.

I.16.1 Allgemeine Anforderungen an Aufzüge

Um die Brandausbreitung über Fahrschächte zu verhindern, sind Aufzüge nach § 39 MBO grundsätzlich in eigenen Fahrschächten zu führen. Ausnahmen bestehen lediglich für Aufzüge, die keine Geschossdecken mit Brandschutzanforderung überbrücken, beispielsweise Aufzüge in notwendigen Treppenräumen, Außenaufzüge oder Aufzüge in Atrien. Auch Aufzüge ohne eigenen Fahrschacht müssen aus Gründen der Betriebssicherheit jedoch immer sicher umkleidet sein.

Abb. I-36: Aufzugmaschinenraum am Schachtkopf mit Antrieb und Öffnung zur Rauchableitung

I.16.2 Anforderungen an Fahrschächte

I.16.2.1 Anforderungen an Fahrschachtwände

Der Feuerwiderstand der Fahrschächte richtet sich nach der brandschutztechnischen Qualität der durchdrungenen Geschossdecken und ist in Krankenhäusern in der Regel feuerbeständig auszuführen (siehe Kapitel F.6). Derartig Fahrschachtwände müssen ergänzend aus nicht brennbaren Baustoffen bestehen.

Sollten in Einzelfällen feuerhemmende oder hochfeuerhemmende Fahrschächte aus brennbaren Baustoffen zulässig sein, sind diese nach MVV TB A 2.1.13 schachtseitig mit einer Schicht aus nicht brennbaren Baustoffen (z. B. 12,5 mm dicke Gipsplatte) zu bekleiden, um einer Brandausbreitung über den Fahrschacht bei offener Tür oder nach dem Durchbrand vorzubeugen.

Der Triebwerksraum von Seilaufzügen steht über die Seilverbindung zwischen Motor und Kabine offen mit dem Schacht in Verbindung, eine bauliche Abtrennung ist aus bauphysikalischen Gründen kaum sinnvoll möglich. Der Triebwerksraum ist daher als Bestandteil des Fahrschachtes zu betrachten und muss die gleichen Anforderungen erfüllen (siehe Abb. I-36).

Innerhalb der Schächte dürfen nur die Leitungsanlagen verbaut werden, die für den Betrieb der Aufzüge erforderlich sind. Fahrschächte und Triebwerksräume sind zudem von allen aufzugsfremden Einbauten und Lagerungen freizuhalten.

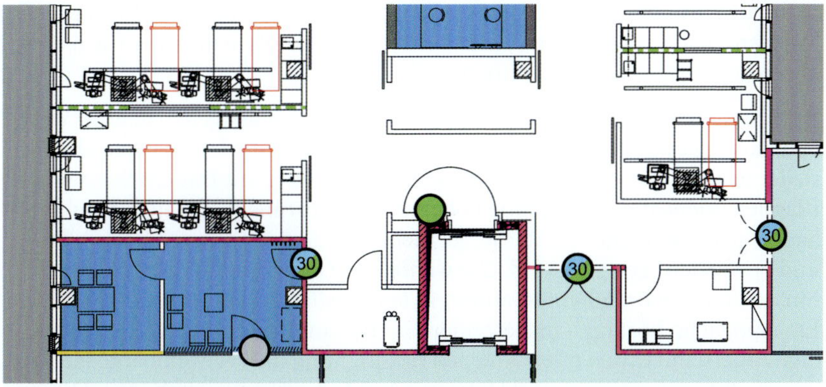

Abb. I-37: Grundriss Intensivpflege, Aufzugsschacht mit zusätzlichem Rauchschutzabschluss in Offenhaltung

I.16.2.2 Schachttüren und Abschlüsse von Aufzügen

Auch moderne Schachttüren können lediglich die unmittelbare Brandausbreitung über den Schacht zuverlässig verhindern, eine Rauchausbreitung über Spalten ist hingegen nicht vollständig auszuschließen. Nach § 39 MBO werden folglich auch nur Abschlüsse gefordert, die eine Brandausbreitung verhindern. Diese Anforderungen können durch Schachttüren nach DIN 4102-5 „Brandverhalten von Baustoffen und Bauteilen; Feuerschutzabschlüsse, Abschlüsse in Fahrschachtwänden und gegen Feuer widerstandsfähige Verglasungen, Begriffe, Anforderungen und Prüfungen“ (1977), DIN 18090 „Aufzüge – Fahrschacht-Dreh- und -Falttüren für Fahrschächte mit Wänden der Feuerwiderstandsklasse F 90“ (1997), DIN 18091 „Aufzüge; Schacht-Schiebetüren für Fahrschächte mit Wänden der Feuerwiderstandklasse F 90“ (1993), DIN 18092 „Aufzüge; Vertikal-Schiebetüren für Kleingüteraufzüge in Fahrschächten mit Wänden der Feuerwiderstandsklasse F 90“ (1992) (Konstruktionsnormen) oder DIN EN 81-58 „Sicherheitsregeln für die Konstruktion und den Einbau von Aufzügen – Überprüfung und Prüfverfahren – Teil 58: Prüfung der Feuerwiderstandsfähigkeit von Fahrschachttüren“ (2022) erfüllt werden.

Die Abschlüsse behindern allerdings nicht die Rauchausbreitung (siehe Kapitel I.16.2.3). Im Schacht wird die Rauchausbreitung nach § 39 Abs. 3 MBO über eine Rauchableitungsöffnung geregelt, die

> *„eine[n] freien Querschnitt von mindestens 2,5 v. H. der Fahrschachtgrundfläche, mindestens jedoch 0,10 m^2“*

haben muss. Aus energetischen Gründen sind die Rauchableitungsöffnung oft im Regelbetrieb verschlossen. Zugelassene Jalousieklappen mit schachtseitigen Rauchmeldern sorgen dafür, dass beim Auftreten von Rauch am Schachtkopf die Klappe ins Freie automatisch und unabhängig von Brandmelde- und Gebäudeleittechnik öffnet.

Trotzdem kann es erforderlich sein, besonders sensitive Bereiche, wie z. B. die Operationsräume (siehe Kapitel A.0.3 und H.0.3) darüber hinaus zu schützen. Ein gängiges Mittel ist, von den Schachtabschlüssen der Aufzüge Rauchschutztüren in Offenhaltung einzubauen (siehe Abb. I-37). Die Rauchschutztüren sollten über Magnete offen gehalten und über die BMA ausgelöst werden, da schachtseitig nicht sinnvoll autarke Rauchmelder für die Türen angebracht werden können.

Bei Abschlüssen von leitungsführenden Schächten muss genau geprüft werden, ob die gewählten Abschlüsse eingesetzt werden dürfen. Nahezu alle Hersteller haben Türen (dreiseitig umlaufende Dichtung mit Bodenschiene) und Klappen (vierseitig umlaufende Dichtung) im Sortiment, die auch zum „Einbau in größerer Höhe" (in der Regel mehr als 0,5 m zwischen Türschwelle und Fußboden) geeignet sind. Die wenigsten Zargen sind jedoch für den Einsatz und die Brandtemperaturen in leitungsführenden Schächten geprüft. Eine mögliche Lösung – insbesondere im Bestand – kann sein, feuerbeständige Feuerschutztüren oder -klappen mit Eignung im Verwendbarkeitsnachweis zum Einbau in größerer Höhe mit Stahleckzargen zu verbauen. Die Eckzargen sind auf der schachtabgewandten Seite zu installieren, damit sie möglichst wenig Brandbeanspruchung aus dem Schacht erfahren können. Das Vorgehen muss im Brandschutzkonzept als gleichwertige Abweichung von einer technischen Regel, am besten in Abstimmung mit Herstellern, dokumentiert und genehmigt werden. Dies dient als Grundlage für ausführende Firmen und deren Errichter- und Fachunternehmerbescheinigung.

Hinweis

Fahrschachttüren nach DIN 4102-5 benötigen eine allgemeine bauaufsichtliche Zulassung. Fahrschachttüren, die nach DIN EN 81-58 klassifiziert sind, sind hingegen konstruktiver Teil des Aufzuges und müssen nach Artikel 7 (2) der RICHTLINIE 2014/33/EU (Aufzugsrichtlinie) über ein CE-Zeichen verfügen.

Beim Einbau in feuerbeständige Wände sind Fahrschachttüren der Klasse E90 nach DIN EN 81-58 zu verwenden, die Wärmeübertragung (Isolation I) wird hierbei nicht verhindert. Die Klasse E90 nach DIN EN 81-58 darf folglich nicht mit der Bezeichnung E90 nach DIN EN 13501-2 verwechselt werden. Fahrschachttüren nach DIN 18090, DIN 18091 und DIN 18092 benötigen immer ein Übereinstimmungszertifikat durch eine anerkannte Zertifizierungsstelle.

I.16.2.3 Schachtentrauchung

Da der Raucheintritt über Fahrschachtüren in den Fahrschacht nicht vollständig ausgeschlossen werden kann, ist eine funktionstüchtige Öffnung zur Rauchableitung an oberster Stelle des Fahrschachtes zwingende Voraussetzung dafür, dass Feuer und Rauch über den Schacht nicht in andere Geschosse gelangen können. Nach § 39 MBO muss diese Öffnung einen freien Querschnitt von mindestens 2,5 % der Fahrschachtgrundfläche, mindestens jedoch 0,10 m^2 haben. Die Lage muss so gewählt werden, dass der Rauchaustritt durch Windeinfluss nicht beeinträchtigt wird. Neben der Funktion als Rauchableitung sind derartige Öffnungen regelmäßig auch zum Lüften des Fahrschachtes erforderlich.

Da sich daueroffene Öffnungen negativ auf die Energiebilanz eines Gebäudes auswirken, sind diese nach § 13 Gebäudeenergiegesetz (GEG) mit einem

Abschluss zu versehen, der nur bei Bedarf öffnet. Dies ist nach § 39 Abs. 3 MBO ausdrücklich zulässig, soweit *„der Abschluss im Brandfall selbsttätig öffnet und von mindestens einer geeigneten Stelle aus bedient werden kann"*.

Hinweis

Es hat sich etabliert, den Auslösetaster für die Öffnung zur Rauchableitung im Fahrschacht im Aufzugsvorbereich auf der Zugangsebene der Feuerwehr zu positionieren, damit dieser schnell gefunden und bedient werden kann. Im Regelfall kann über den Schalter auch gleichzeitig eine Evakuierungsfahrt eingeleitet werden. Falls der Aufzug nicht bereits über die Brandfallsteuerung deaktiviert wurde, ist so eine manuelle Außerbetriebsetzung durch die Feuerwehr möglich (statische Brandfallsteuerung).

I.16.3 Brandfallsteuerung

Die Nutzung von Aufzügen im Brandfall ist mit erheblichen Risiken verbunden (siehe Kapitel G.2.4) und muss infolgedessen unterbunden werden. An allen Haltestellen sind daher Hinweisschilder mit dem Text „Aufzug im Brandfall nicht benutzen" und Verbotszeichen nach DIN EN ISO 7010 oder DIN EN-81-73 „Sicherheitsregeln für die Konstruktion und den Einbau von Aufzügen – Besondere Anwendungen für Personen- und Lastenaufzüge – Teil 73: Verhalten von Aufzügen im Brandfall" (2020) anzubringen. Nach Kapitel A2.1.15.3 MVV TB müssen Aufzüge zudem über eine Brandfallsteuerung verfügen.

Auch in den meistens Regelwerken zum Krankenhausbau werden Brandfallsteuerungen für Aufzüge explizit gefordert (vgl. Tabelle I-11). Die Forderung gilt jedoch nicht für Aufzüge, die in notwendigen Treppenräumen oder in einem gemeinsamen Luftraum (z. B. Atrium) liegen.

Tabelle I-11: Anforderungen nach Brandfallsteuerungen für Aufzüge nach aktuellen Regelungen zum Krankenhausbau in den Regelwerken der Bundesländer Baden-Württemberg, Brandenburg, Hamburg und Saarland

Bundesland	Fundstelle	Anforderungen
Baden-Württemberg – Hinweise über den baulichen Brandschutz in Krankenhäusern und baulichen Anlagen entsprechender Zweckbestimmung	Nr. III.4.1.1	*„Aufzüge müssen eine an die Brandmeldeanlage angeschlossene dynamische Brandfallsteuerung haben."*
Brandenburg – BbgKPBauV	§ 14 Abs. 4	*„Aufzüge müssen mit einer Brandfallsteuerung ausgestattet sein, die durch die automatische Brandmeldeanlage ausgelöst wird."*
Hamburg – BPD Krankenhäuser	Nr. 8.1	*„Aufzüge müssen mit einer dynamischen Brandfallsteuerung ausgestattet sein, die durch die automatische Brandmeldeanlage ausgelöst wird."*
Saarland – KHBauR		keine Angaben

Die Brandfallsteuerung soll sicherstellen, dass Aufzüge im Brandfall eine sichere Ebene anfahren (wenn möglich die Zugangsebene) und dort stillgesetzt werden. Liegt eine Brandmeldung auf der definierten Ebene vor, muss für diesen Fall eine alternative, rauchfreie Ebene angesteuert werden (dynamische Brandfallsteuerung nach VDI 6017), wobei Geschosse unterhalb des Erdniveaus ohne Ausgang ins Freie als Brandfallhaltestelle nicht geeignet sind.

Die dynamische Brandfallsteuerung setzt voraus, dass alle Vorräume durch automatische Brandmelder überwacht sind. Ist dies nicht gegeben, muss zumindest die Brandfallebene überwacht werden. Für den Fall einer Verrauchung ist dann eine alternative Brandfallebene zu definieren (halbdynamische Brandfallsteuerung). Insbesondere im Altbestand ohne flächendeckende BMA kann das Sicherheitsniveau hierdurch deutlich gesteigert werden.

Hinweis

> Die Brand- und Rauchausbreitung über den Fahrschacht kann nur zuverlässig verhindert werden, wenn die Fahrschachttüren geschlossen sind. Die Brandfallsteuerung der Aufzüge ist daher so zu programmieren, dass sich die Türen in der Bestimmungshaltestelle automatisch öffnen, nach 20 Sekunden aber wieder automatisch schließen. Ein erneutes Öffnen ist dann nur noch mittels Türtaster möglich.
>
> Die Stillsetzung von Aufzügen mit daueroffener Tür ist nur möglich, wenn Vorgaben zur Verhinderung der Brand- und Rauchausbreitung nicht bestehen (z. B. Aufzüge in Treppenräumen oder offene Atrien).

Die Zuleitungen von Aufzügen mit Brandfallsteuerung müssen nach Kapitel 5.3 MLAR mindestens in Funktionserhalt (Funktionserhaltsklasse E30) ausgeführt werden. Ausgenommen sind lediglich Leitungsanlagen, die sich innerhalb der Fahrschächte oder der Triebwerksräume befinden. Die Forderung gilt unabhängig davon, ob die Aufzüge im Brandfall umgehend stillgesetzt oder mit Betriebszeitverlängerung betrieben werden.

I.16.4 Durchladeraufzüge

Eine Besonderheit stellen sog. Durchladeraufzüge dar, d. h., dass sich auf beiden Kabinenseiten Aufzugtüren befinden. Diese sind insbesondere problematisch, wenn hierdurch brandschutztechnisch getrennte Bereiche (z. B. Brand- und Rauchabschnitte) überbrückt werden.

Um derartige Probleme auszuschließen, werden häufig daueroffene Brandschutztüren direkt vor dem Schacht angebracht. Diese Lösung entspricht nicht den Verwendbarkeitsnachweisen von Feststellanlagen, da innerhalb des Fahrschachtes keine Rauchmelder angebracht werden können. Auch Feuerschutzvorhänge sind ungeeignet, da im Extremfall der Fluchtweg versperrt werden kann.

Regelkonform ist es lediglich möglich, einseitig einen Vorraum bzw. eine Schleuse mit den raumabschließenden Anforderungen der durchbrochenen Wand und geeigneten Abschlüssen zu errichten. Alternativ ist es möglich, die Türen so zu verriegeln, dass das gleichzeitige Öffnen beider Öffnungen zuverlässig unterbunden wird. Dies stellt jedoch immer eine genehmigungspflichtige Abweichung dar und muss im Einzelfall bewertet werden. Das Schutzziel, mindestens eine Rauchübertragung in mehrere brandschutztechnisch getrennte Bereiche eines Geschosses zu verhindern, muss zwingend erreicht werden.

Hinweis

> Das gegenseitige Verriegeln von Türen in Durchladern führt zu einer eingeschränkten Nutzbarkeit der Aufzüge bzw. zu verlängerten Wartezeiten. Die Akzeptanz für derartige Steuerungen ist daher sehr gering und es besteht die Gefahr, dass solche Verriegelungen im Laufe der Zeit umprogrammiert werden. Eine bauliche Lösung ist daher immer zu bevorzugen.

I.16.5 Vorräume

Trotz Schachtentrauchungssystem besteht ein geringes Restrisiko, dass sich infolge von Witterungsbedingungen kein Kamineffekt im Fahrschacht aufbaut und es hierdurch zu einer Verrauchung von Geschossen über den Fahrschacht kommen kann.

In Hochhäusern kann dieses Restrisiko nicht akzeptiert werden, sodass nach Kapitel 7.1 MHHR Vorräume vor Aufzügen zwingend erforderlich werden. In den Hinweisen über den baulichen Brandschutz in Krankenhäusern und baulichen Anlagen entsprechender Zweckbestimmung bzw. dem BPD Krankenhäuser werden ähnliche Anforderungen an Aufzüge in Krankenhäusern auch unterhalb der Hochhausgrenze gestellt (vgl. Tabelle I-12).

Tabelle I-12: Anforderungen nach Vorräumen von Aufzügen nach aktuellen Regelungen zum Krankenhausbau in den Regelwerken der Bundesländer Baden-Württemberg und Hamburg

Bundesland	Fundstelle	Anforderungen
Baden-Württemberg – Hinweise über den baulichen Brandschutz in Krankenhäusern und baulichen Anlagen entsprechender Zweckbestimmung	Nr. III.4.1.2	*„In Untergeschossen sind vor Aufzügen Vorräume anzuordnen, die durchfeuerbeständige Wände von Fluren und anderen Räumen zu trennen sind."*
Hamburg – BPD Krankenhäuser	Nr. 8.1	*„Um eine geschossweise Rauchübertragung über Aufzüge zu vermeiden, müssen die Öffnungen von Aufzugsschächten an einem Vorraum oder einem notwendigen Flurliegen. Die Wände der Vorräume müssen als Raum abschließende Bauteile feuerhemmend sein und aus nichtbrennbaren Baustoffen bestehen. Öffnungen in den Vorräumen müssen rauchdichte und selbstschließende Abschlüsse haben."*

Aus Sicht der Autoren sind die Anforderungen zweckmäßig, um das Restrisiko zu minimieren. Eine pauschale Forderung nach Vorräumen erscheint jedoch überzogen, stattdessen ist die Notwendigkeit im Einzelfall festzulegen. Hierbei ist ein zweigeschossiges Gebäude sicherlich anders zu bewerten als ein Gebäude knapp unterhalb der Hochhausgrenze, auch die Art der zu behandelnden Patienten hat erheblichen Einfluss auf diese Entscheidung.

I.16.6 Bettenaufzüge

Der Transport bettlägeriger Patienten muss in Krankenhäusern jederzeit sichergestellt sein, bekannte Regelungen (vgl. Tabelle I-13) sehen daher mindestens 2 Aufzüge für den Transport von Betten (Bettenaufzüge) vor.

Tabelle I-13: Zahl der Bettenaufzüge nach aktuellen Regelungen zum Krankenhausbau in den Regelwerken der Bundesländer Baden-Württemberg, Brandenburg, Hamburg und Saarland

Bundesland	Fundstelle	Anforderungen
Baden-Württemberg – Hinweise über den baulichen Brandschutz in Krankenhäusern und baulichen Anlagen entsprechender Zweckbestimmung		keine Angaben
Brandenburg – BbgKPBauV	§ 12 Abs. 1	*„In Krankenhäusern [...] muss eine ausreichende Zahl von Aufzügen für den Transport von Betten geeignet sein (Bettenaufzüge). In Krankenhäusern sind mindestens zwei Bettenaufzüge erforderlich."*
Hamburg – BPD Krankenhäuser	Nr. 8.1	*„Mehrgeschossige Krankenhäuser müssen eine ausreichende Anzahl von Aufzügen für den Transport von Betten haben."*
Saarland – KHBauR	Nr. 2.18.1	*„In Gebäuden, in denen Pflege-, Untersuchungs- oder Behandlungsbereiche in Obergeschossen untergebracht sind, müssen Aufzüge, die für den Transport von Betten geeignet sind (Bettenaufzüge), in ausreichender Zahl, mindestens jedoch zwei, vorhanden sein."*

Laut Richtlinie über den Bau und Betrieb von Krankenhäusern sind „*Fahrkörbe von Bettenaufzügen* [...] *so zu bemessen, dass mindestens Platz für ein Bett und zwei Begleitpersonen vorhanden ist; sie müssen jedoch eine nutzbare Grundfläche von mindestens 1,50 × 2,70 m haben*".

In den übrigen Regelwerken sind die Abmessungen baurechtlich nicht genau definiert, diese richten sich insbesondere nach den medizinischen Bedürfnissen. Als Grundlage für die Bemessung kann die zurückgezogene DIN 15309 „Personenaufzüge für andere als Wohngebäude sowie Bettenaufzüge – Baumaße, Fahrkorbmaße, Türmaße" (2002) genutzt werden. Hiernach waren 4 Kategorien von Bettenaufzügen definiert; diese unterscheiden sich insbesondere in der Tragfähigkeit und den Abmessungen.

Damit Bettenaufzüge jederzeit zur Verfügung stehen, müssen diese über eine Sicherheitsstromversorgung verfügen. Die Zuleitungen müssen nach Kapitel 5.3 MLAR in Funktionserhalt (Funktionserhaltsklasse E90) ausgeführt werden, Ausnahmen existieren lediglich für Leitungsanlagen innerhalb der Fahrschächte oder Triebwerksräume. Teilweise können zusätzliche Anforderungen an die Steuerung (z. B. Aufzugführerbetrieb) entstehen (siehe Kapitel I.16.3).

Bei der Erstellung der Brandfallsteuermatrix der Bettenaufzüge ist auf spezielle Anforderungen aus dem Räumungskonzept zu achten. In der Regel soll die Brandfallsteuerung zunächst nur für Aufzüge im betroffenen Brandabschnitt wirksam werden (siehe Kapitel I.16.3). In den übrigen Brandabschnitten sollen die Aufzüge hingegen betriebsfähig bleiben (Aufzug mit Betriebszeitverlängerung im Brandfall – Stufe B nach VDI 6017), um die vertikale Verlagerung liegender Patienten zu unterstützen.

I.16.7 Evakuierungsaufzüge

Die Notwendigkeit von Evakuierungsaufzügen ergibt sich aus dem spezifischen Räumungskonzept (siehe Kapitel G.0). Die Anforderungen an derartige Aufzüge sind zum aktuellen Zeitpunkt baurechtlich nicht definiert oder abschließend genormt. Diese sind somit schutzzielorientiert festzulegen und im Brandschutzkonzept festzuschreiben.

Hinweis

> Künftig sollen Anforderungen an Evakuierungsaufzüge in der DIN EN 81-76 „Sicherheitsregeln für Konstruktion und Einbau von Aufzügen – Besondere Anwendungen für Personen- und Lastenaufzüge – Teil 76: Personenaufzüge für die Evakuierung von Personen mit Behinderungen" (2022) definiert werden. Diese ist aktuell jedoch nur als Normentwurf verfügbar, sodass weitere Änderungen nicht ausgeschlossen werden können. Zusätzlich existieren aktuell die Vornormen DIN CEN/TS 81-76 und DIN SPEC 69281-76 „Sicherheitsregeln für die Konstruktion und den Einbau von Aufzügen – Besondere Anwendungen für Personen- und Lastenaufzüge – Teil 76: Personenaufzüge für die Evakuierung von Personen mit Behinderungen" (2011).

Nach den Vornormen DIN CEN/TS 81-76 und DIN SPEC 69281-76 ist lediglich ein fahrerunterstützter Evakuierungsbetrieb vorgesehen. Hierbei wird angenommen, dass sich Evakuierungsaufzüge im Brandfall zunächst wie jeder andere Aufzug verhalten und außer Betrieb gehen. Bei Anwesenheit einer geschulten Kraft (Aufzugführer) kann die Brandfallsteuerung jedoch mittels speziellen Vorrechtsschalters übersteuert und die Aufzüge für Evakuierungsfahrten reaktiviert werden.

Nach dem Entwurf zur DIN EN 81-76 sind zusätzlich auch ein automatischer Evakuierungsbetrieb (eigenständige Bedienung durch Nutzer) sowie ein fernunterstützter Evakuierungsbetrieb (Steuerung des Aufzuges durch eine ständig besetze Stelle) möglich.

Hinweis

> Die Evakuierungsfunktion von Aufzügen in Krankenhäusern ist hauptsächlich auf den Transport von bettlägerigen Patienten beschränkt. Insbesondere beim automatischen Betrieb besteht die Gefahr, dass die Aufzüge auch durch nicht berechtigte Personen angefordert werden und es infolgedessen zu Verzögerungen in dem vorgesehenen Räumungsablauf kommt. Aus Sicht der Autoren ist in Krankenhäusern daher der fahrergestützte Betriebsmodus zu bevorzugen.

Unabhängig vom gewählten Evakuierungsmodus müssen vor Evakuierungsaufzügen sichere Bereiche (z. B. Vorräume) angeordnet sein. Diese dienen einerseits dem sicheren Zwischenaufenthalt von Personen, bis diese in den Aufzug verbracht werden können, weiterhin wird das Risiko einer Verrauchung des Fahrschachtes minimiert.

Die Umgebungsparameter im Schacht (z. B. Temperatur, Rauch, Löschwassereintritt) sind ständig zu überwachen, damit der Evakuierungsbetrieb bei einer kritischen Situation umgehend eingestellt werden kann. Auch müssen die Aufzüge über eine Sicherheitsstromversorgung (Funktionserhaltsklasse E90) und eine spezielle Steuerung verfügen, die es erlaubt, die Türen auch bei anstehender Verrauchung zu schließen. Letztendlich sind in den Fahrkörben eine ständige Sprechverbindung und ein Notausstieg vorzusehen.

I.16.8 Feuerwehraufzüge

Nach Kapitel A2.1.15.5 MVV TB dienen Feuerwehraufzüge insbesondere bei baulichen Anlagen großer Höhe der Unterstützung wirksamer Löscharbeiten. Sie sollen im Brandfall durch die Feuerwehr nutzbar bleiben.

Um dies zu ermöglichen, existieren spezifische Anforderungen, insbesondere zum Schutz der Einsatzkräfte, z. B. eigener Fahrschacht mit Vorräumen auf jeder Ebene, Fahrschacht und Vorräume mit Druckbelüftung, Sichtfenster in Schachttür, Außerbetriebnahme der Lichtschranke, Notausstiegsmöglichkeit über Schacht, ständige Sprechverbindung.

Die genauen Anforderungen richten sich nach DIN EN 81-72 „Sicherheitsregeln für die Konstruktion und den Einbau von Aufzügen – Besondere Anwendungen für Personen- und Lastenaufzüge – Teil 72: Feuerwehraufzüge" (2020) und den landesrechtlichen Vorgaben der Hochhausverordnungen/-richtlinien. Abweichungen sind nur in Abstimmung mit der zuständigen Brandschutzdienststelle möglich. Feuerwehraufzüge sind eindeutig zu kennzeichnen und in den Feuerwehplänen aufzuführen.

Aktuell sind Feuerwehraufzüge nur in Hochhäusern zwingend erforderlich (siehe Absatz 6.1.1 MHHR). Erfüllt ein Krankenhaus dieses Kriterium, müssen die Feuerwehraufzüge zwingend auf den Transport von Betten ausgelegt sein.

J Betrieblich-organisatorischer Brandschutz

Nach § 11 Muster einer Verordnung über Bauvorlagen und bauaufsichtliche Anzeigen (Musterbauvorlagenverordnung – MBauVorlV) sind im Brandschutznachweis von Sonderbauten auch betriebliche Maßnahmen darzustellen, die zur Erreichung baurechtlichen Schutzziele erforderlich sind. Dies gilt insbesondere für organisatorische Maßnahmen zur Brandverhütung, Brandbekämpfung und Rettung von Menschen.

Hinweis

Organisatorische Maßnahmen sind im Regelfall ohne Umbauten möglich. Infolgedessen sind entsprechende Maßnahmen auch in Altbauten umzusetzen, selbst wenn die ursprüngliche Baugenehmigung keine Forderungen beinhaltet.

J.0 Brandschutzbeauftragte

Brandschutzbeauftragte überwachen, dass Vorgaben aus dem Brandschutzkonzept auch in der Betriebsphase umgesetzt werden. Sie sind damit die zentrale Säule im organisatorischen Brandschutz und eine Pflicht zur Bestellung in Krankenhäusern ist in den meisten spezifischen Regelwerken (vgl. Tabelle J-1) direkt oder zumindest indirekt verankert.

Tabelle J-1: Forderungen zur Vorhaltung von Brandschutzbeauftragten nach aktuellen Regelungen zum Krankenhausbau in den Regelwerken der Bundesländer Baden-Württemberg, Brandenburg, Hamburg und Saarland

Bundesland	Fundstelle	Forderung
Baden-Württemberg – Hinweise über den baulichen Brandschutz in Krankenhäusern und baulichen Anlagen entsprechender Zweckbestimmung	Nr. V.4	*„In der Brandschutzordnung sind insbesondere die Erforderlichkeit und die Aufgaben eines Brandschutzbeauftragten […] festzulegen."*
Brandenburg – BbgKPBauV	§ 17	*„In der Brandschutzordnung sind insbesondere die Erforderlichkeit und die Aufgaben eines Brandschutzbeauftragten […] festzulegen."*
Hamburg – BPD Krankenhäuser		keine Angaben
Saarland – KHBauR	Nr. 5.2.1	*„Der Betreiber des Krankenhauses hat der Bauaufsichtsbehörde mindestens einen sachkundigen Betriebsangehörigen zu benennen, der für die Betriebssicherheit der technischen Anlagen und die Einhaltung der Betriebsvorschriften zu sorgen hat."*

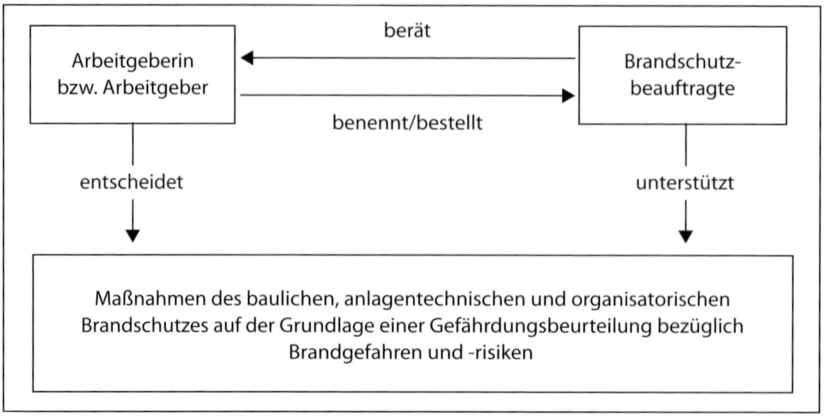

Abb. J-1: Grundstruktur im betrieblichen Brandschutz nach DGUV Information 205-003 (nach DGUV Information 205-003, Deutsche Gesetzliche Unfallversicherung e.V., Berlin)

Unabhängig von baurechtlichen Gesichtspunkten ergibt sich die Pflicht zur Bestellung regelmäßig auch aus Forderungen der Sachversicherer oder infolge einer Gefährdungsbeurteilung nach ArbSchG (siehe Kapitel E.1.1.1).

Stellung im Betrieb

Brandschutzbeauftragte sollen die Geschäftsführung und sonstige Verantwortungsträger bei allen Fragen des Brandschutzes sowie im betrieblichen Notfallmanagement beraten und unterstützen (siehe Abb. J-1).

Der Brandschutzbeauftragte ist hierbei nicht weisungsbefugt und verfügt in der Regel auch nicht über eine Budgethoheit. Folglich ist er nicht in der Lage, die erforderlichen Maßnahmen anzuordnen oder umzusetzen; diese Verantwortung verbleibt immer bei den jeweiligen Führungskräften. Der Brandschutzbeauftragte ist damit auch nicht verantwortlich, wenn empfohlene Maßnahmen unterlassen werden, er ist jedoch für den Inhalt seiner Beratungsleistung und damit auch für falsche oder unzureichende Beratung haftbar.

Hinweis

Der Brandschutzbeauftragte ist der verlängerte Arm der Brandschutzdienststelle und nicht der Brandschutzverantwortliche. Erfahrungen der Autoren zeigen jedoch, dass diese Sachlage sowohl bei Brandschutznachweiserstellenden als auch bei Brandschutzdienststellen nicht immer ausreichend bekannt ist.

Aufgaben

Brandschutzbeauftragte sind Hauptansprechpartner zu allen Fragen des Brandschutzes im Betrieb, die konkreten Aufgaben sind jedoch nicht verbindlich definiert und müssen in einem unternehmensspezifischen Bestellungsschreiben fixiert werden. In diesem Rahmen sind auch die Befugnisse (z. B. Betretungsrecht, Auskunftsrecht, Zugriff auf erforderliche Unterlagen) festzuschreiben.

Qualifikation

Die Grundausbildung für Brandschutzbeauftragte ist nach DGUV Information 205-003 mit 64 Unterrichtseinheiten (2 Wochen) verbindlich vorgegeben und kann bei zahlreichen Lehrgangsträgern absolviert werden. Hierbei handelt es sich jedoch nur um eine allgemeine Grundausbildung, aufgabenspezifisch sind ergänzende Aufbaulehrgänge erforderlich. Vorkenntnisse werden für die Ausbildung zum Brandschutzbeauftragten nicht zwingend benötigt, Anwärter sollten jedoch über eine abgeschlossene Berufsausbildung verfügen. Um ihre Fachkunde zu erhalten, müssen Brandschutzbeauftragte innerhalb von 3 Jahren mindestens 16 Unterrichtseinheiten Fortbildung besuchen.

Hinweis

Aus Sicht der Autoren sind infolge der spezifischen Gefährdungen in Krankenhäusern erhöhte Anforderungen an die Qualifikation der Brandschutzbeauftragten zu stellen (z. B. Hochschulabsolventen oder Hochschulabsolventinnen mit Studienschwerpunkt Brandschutz oder Sicherheitstechnik). Letztendlich obliegt es jedoch dem Betreiber, die Anforderungen festzulegen.

J.1 Brandschutzordnung

Der Begriff Brandschutzordnung steht nach DIN 14096 „Brandschutzordnung – Regeln für das Erstellen und das Aushängen" (2014) für eine Zusammenfassung von Regeln für die Brandverhütung und das Verhalten im Brandfall. Die Brandschutzordnung stellt damit das Grundlagenwerk zum organisatorischen Brandschutz im betrachteten Gebäude dar. Die Erstellung ist in allen bekannten Hinweisen und Richtlinien zum Krankenhausbau explizit vorgegeben (vgl. Tabelle J-2).

Tabelle J-2: Forderungen zur Aufstellung einer Brandschutzordnung nach aktuellen Regelungen zum Krankenhausbau in den Regelwerken der Bundesländer Baden-Württemberg, Brandenburg, Hamburg und Saarland

Bundesland	Fundstelle	Forderung
Baden-Württemberg – Hinweise über den baulichen Brandschutz in Krankenhäusern und baulichen Anlagen entsprechender Zweckbestimmung	Nr. V.4	*„Es ist eine Brandschutzordnung aufzustellen und durch Aushang bekannt zu machen."*
Brandenburg – BbgKPBauV	§ 17 Abs. 1	*„Der Betreiber hat im Einvernehmen mit der Brandschutzdienststelle eine Brandschutzordnung aufzustellen und durch Aushang bekannt zu machen."*
Hamburg – BPD Krankenhäuser	Nr. 9	*„Der Betreiber des Krankenhauses muss eine Brandschutzordnung aufstellen."*
Saarland – KHBauR	Nr. 5.2.3	*„Der Betreiber des Krankenhauses hat im Einvernehmen mit der für den Brandschutz zuständigen Behörde eine Brandschutzordnung aufzustellen."*

Abb. J-2: Aushang „Verhalten im Brandfall" nach DIN 14096 (Quelle: RM Rudolf Müller Medien GmbH & Co. KG, Köln)

Auch nach arbeitsschutzrechtlichen Gesichtspunkten *„hat der Arbeitgeber die notwendigen Maßnahmen gegen Entstehungsbrände einschließlich der Verhaltensregeln im Brandfall (z. B. Evakuierung von Gebäuden) festzulegen und zu dokumentieren"* (ASR A2.2., Abschnitt 7.1). Eine Brandschutzordnung nach DIN 14096 wird explizit als Möglichkeit genannt.

Hinweis

Die Erstellung der Brandschutzordnung setzt eine ausführliche Erfassung der Betriebsbedingungen voraus. Grundlage hierfür bildet sowohl der baurechtliche Brandschutznachweis als auch die Gefährdungsbeurteilung nach Arbeitsschutzgesetz.

Nach DIN 14096 besteht die Brandschutzordnung grundsätzlich aus 3 Teilen, Aufbau und Aussehen sind konkret vorgegeben. Die Brandschutzordnung ist stets aktuell zu halten und spätestens alle 2 Jahre durch eine fachkundige Person (z. B. Brandschutzbeauftragter) auf Aktualität zu prüfen.

Brandschutzordnung Teil A

Bei Teil A handelt es sich um den Aushang „Verhalten im Brandfall". Dieser richtet sich an alle Personen im Gebäude, also auch an Besucher und Patienten. Um eine schnelle Information dieser Personengruppen zu ermöglichen, ist der Aufbau auf eine A4-Seite begrenzt (siehe Abb. J-2). Der Aushang soll deutlich sichtbar an prägnanten Stellen im Objekt (z. B. Zugänge, Aufzugsvorräume) ausgehängt sein.

Brandschutzordnung Teil B

Die Brandschutzordnung Teil B informiert über objektspezifische Regelungen zur Brandverhütung und die brandschutztechnische Gebäudeausrüstung (z. B. Brandmelde- bzw. Löscheinrichtungen, Fluchtwege). Weiterhin werden spezifische Vorgaben für das Verhalten im Brandfall gemacht; hierbei sind insbesondere die Anforderungen aus dem objektspezifischen Räumungskonzept (siehe Kapitel G.0) zu erläutern. Die Inhalte gelten insbesondere für Beschäftigte, aber auch für Mitarbeiter von Fremdfirmen oder andere Personengruppen, die sich nicht nur kurzzeitig im Gebäude aufhalten.

Hinweis

> Nach § 6 der ArbStättV hat der Arbeitgeber unterweisungspflichtige Informationen in einer für die Beschäftigten verständlichen Form und Sprache zur Verfügung zu stellen. Abhängig von der Beschäftigtenklientel kann es zielführend sein, die Brandschutzordnung Teil B nicht nur in deutscher Sprache vorzuhalten.

Brandschutzordnung Teil C

Teil C richtet sich an Personen, die neben allgemeinen Aufgaben und Pflichten mit besonderen Aufgaben im Brandschutz betraut sind (z. B. Brandschutzbeauftragte, Brandschutzhelfer, Führungskräfte). Die Aufgaben und Zuständigkeiten sind in der Brandschutzordnung Teil C eindeutig darzustellen.

J.2 Alarm- und Gefahrenabwehrplan

Die Brandschutzordnung (siehe Kapitel J.1) und das darin enthaltene Räumungskonzept betrachten faktisch nur unmittelbare Maßnahmen bei Ausbruch eines Brandes bis zum Eintreffen der Feuerwehr. Insbesondere bei größeren Brandereignissen sind darüber hinausgehende Aktivitäten jedoch zwingend erforderlich und in spezifischen Alarm- und Einsatzplänen darzustellen.

Hinweis

> Die Erstellung von Alarm- und Einsatzplänen ergibt sich nicht unmittelbar aus dem Baurecht, sondern aus den Katastrophenschutzgesetzen der Länder bzw. dem spezifischen Krankenhausrecht. Beispielsweise verpflichtet § 8 des bayerischen Katastrophenschutzgesetzes die Träger von Krankenhäusern, *„für Schadensereignisse innerhalb der Krankenhäuser Notfallpläne aufzustellen"*. Herbei sind neben dem Brand auch andere potenzielle Einsatzlagen zu betrachten.

J.2.1 Alarmierung der Beschäftigten

Die erste Alarmierung der Beschäftigten erfolgt in der Regel automatisiert über die BMA (siehe Kapitel I.1). Um Auswirkungen von Fehlalarmen zu reduzieren, ist dieser meist jedoch auf besondere Funktionsträger und unmittelbar bedrohte Bereiche begrenzt.

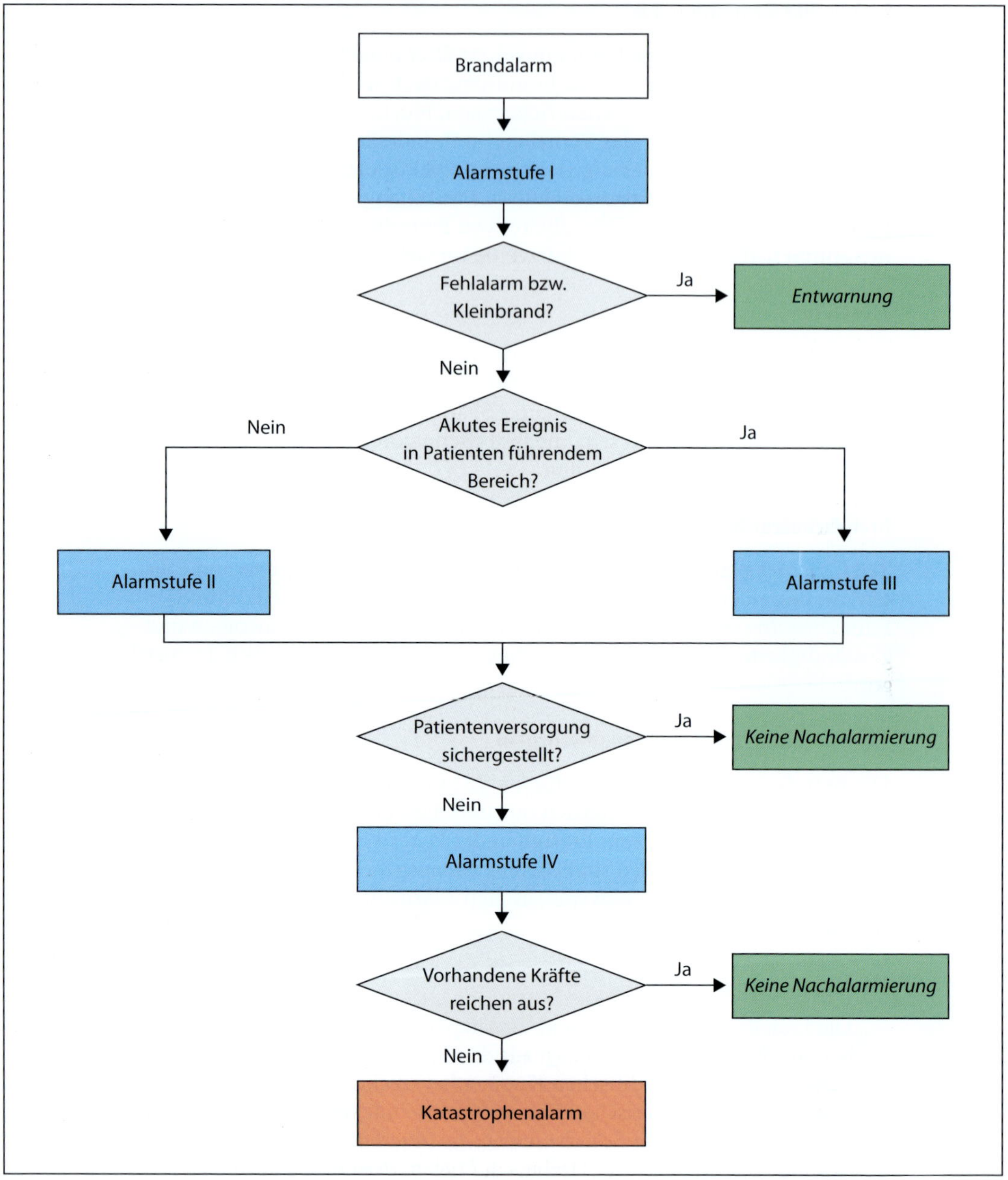

Abb. J-3: Stufenförmige Alarmierung in einem Krankenhaus

Um im Fall eines Realereignisses auch Kräfte aus den übrigen Bereichen zu informieren, muss weiterhin die Möglichkeit einer manuellen Nachalarmierung (z. B. programmierte Telefonschleifen mit automatischer Textansage) bestehen; auch die Erreichbarkeit dienstfreier Beschäftigter sollte in die Überlegungen einbezogen werden. Um lagespezifisch reagieren zu können, empfiehlt sich eine stufenförmige Alarmkaskade (siehe Abb. J-3).

J.2.2 Versorgung von Patienten

Für den Fall großflächiger Räumungs- bzw. Evakuierungsmaßnahmen sind Vorkehrungen zur Unterbringung und Versorgung einer großen Zahl von Patienten anzustellen. Dies setzt Planungen zur Erhöhung der internen Bettenkapazitäten (z. B. Aufbau Notbetten) in nicht bedrohten Gebäudeteilen voraus. Da auch die Verlegung in externe Kliniken nicht ausgeschlossen werden kann, müssen Planungen auch die reibungslose An- und Abfahrt der benötigten Rettungsmittel berücksichtigen. Im besten Fall ist ein Einbahnverkehr zu realisieren, zudem sind ausreichend dimensionierte Bereitstellungsräume für aktuell nicht benötigte Fahrzeuge vorzusehen.

Hinweis:

> Da Brandereignisse an jeder Stelle des Gebäudes auftreten können, sollten grundsätzlich 2 Übergabestellen an auseinanderliegenden Punkten definiert werden. Dies ermöglicht der Einsatzleitung eine lagespezifische Festlegung. Um gegenseitige Behinderungen zu vermeiden, sind die Planungen mit der zuständigen Feuerwehr bzw. Katastrophenschutzbehörde abzustimmen.

J.2.3 Krisenkommunikation

Brände in Krankenhäusern können ein erhebliches Medieninteresse erzeugen und das Image des Unternehmens massiv beeinflussen. Neben den eigentlichen Einsatzmaßnahmen empfiehlt es sich daher, auch Vorkehrungen für die Information der Öffentlichkeit (z. B. Zuständigkeiten für Presseanfragen, das Schalten einer Angehörigenhotline) zu treffen.

Hinweis

> Ziel der Krisenkommunikation muss es sein, Präsenz zu zeigen und Spekulationen vorzubeugen. Hierbei ist offen und ehrlich über Ursachen, Auswirkungen und die Folgen einer Krise zu informieren. Trotz dieser wichtigen Feststellung wird dieser Grundsatz häufig nicht ausreichend berücksichtigt und eine klare und eindeutige Kommunikation gescheut.

J.2.4 Maßnahmen nach Brand

Um Unfallgefahren und Folgeschäden zu verhindern, sind nach einem Brand umgehend Erstmaßnahmen (z. B. Sicherung von Brandbereichen, Absaugen von Löschwasser) einzuleiten. Neben den allgemeinen Verkehrssicherungspflichten nach § 823 Bürgerliches Gesetzbuch (BGB) ergeben sich entsprechende Pflichten auch aus den Vorgaben der Feuerversicherung (VdS Richtlinie 2357 „Richtlinien zur Bandschadensanierung", 2014). Der Umfang der Maßnahmen und die Anforderungen an die Fachkunde der ausführenden Personen sind stark abhängig von der Größe des Brandschadens und dem betroffenen Brandgut. In der Regel sind Maßnahmen durch interne Beschäftigte nicht möglich, daher ist es sinnvoll, geeignete Fachfirmen und deren Erreichbarkeit vorab zu erfassen.

Neben dem Umgang mit Sachschäden sind immer auch psychische Belastungen für die eingesetzten Beschäftigten zu berücksichtigen (DGUV Information 206-017 „Gut vorbereitet für den Ernstfall! Standards im Umgang mit traumatischen Ereignissen im Betrieb", 2025); dies gilt insbesondere nach schwerwiegenden Ereignissen mit Todesopfern. In jedem Fall ist eine Nachbesprechung durchzuführen; für den Fall akuter Belastungsreaktionen sind Möglichkeiten zur Betreuung durch professionelle Kriseninterventionskräfte zu schaffen. Da Spätfolgen zu keiner Zeit ausgeschlossen werden können, sind alle beteiligten Personen zu dokumentieren (z. B. analog Unfallanzeige).

J.3 Mittel zur Selbsthilfe

Werden Entstehungsbrände umgehend erkannt, kann ein schneller Löschangriff größere Sachschäden oder aufwendige Räumungsmaßnahmen verhindern. Abhängig von den Anforderungen stehen unterschiedliche Varianten an Löscheinrichtungen zur Verfügung.

J.3.1 Feuerlöscher

Feuerlöscher stellen eine einfache und kostengünstige Möglichkeit dar und gehören zur Standardausstattung in vielen Gebäuden. Trotz dieser Selbstverständlichkeit ist eine allgemeine Pflicht zur Vorhaltung in den meisten bekannten Regelungen nochmals aufgeführt (vgl. Tabelle J-3).

Tabelle J-3: Forderungen zur Vorhaltung von Feuerlöschern nach aktuellen Regelungen zum Krankenhausbau in den Regelwerken der Bundesländer Baden-Württemberg, Brandenburg, Hamburg und Saarland

Bundesland	Fundstelle	Forderung
Baden-Württemberg – Hinweise über den baulichen Brandschutz in Krankenhäusern und baulichen Anlagen entsprechender Zweckbestimmung	III.5.1	*„In jedem Geschoss sind geeignete Feuerlöscher in ausreichender Anzahl zu installieren. Die Feuerlöscher sind gut sichtbar und leicht zugänglich anzubringen."*
Brandenburg – BbgKPBauV	§ 13 Abs. 1	*„Gebäude sind mit geeigneten Feuerlöschern in ausreichender Zahl auszustatten. Die Feuerlöscher sind gut sichtbar und leicht zugänglich anzubringen."*
Hamburg – BPD Krankenhäuser		keine Angaben
Saarland – KHBauR	2.19.1	*„In Pflegeeinheiten sind in Abstimmung mit der Feuerwehr Feuerlöscher mit 6/12 kg Löschmittelinhalt gut sichtbar (mit Hinweisschildern) anzubringen. Weitere Feuerlöscher müssen in Räumen mit erhöhter Brand- oder Explosionsgefahr, wie Laboratorien, Filmarchiven, Apotheken, Aufbewahrungsräumen für Medikamente sowie in Operations-, Entbindungs-, Frühgeborenen- und Intensiveinheiten angebracht sein."*

Die baurechtlichen Regelungen sind allgemein gehalten und entsprechen im Prinzip dem Schutzziel nach ArbStättV. Auch hiernach müssen Arbeitsstätten *„je nach Abmessung und Nutzung, der Brandgefährdung vorhandener Einrichtungen und Materialien und der größtmöglichen Anzahl anwesender Personen mit einer ausreichenden Anzahl geeigneter Feuerlöscheinrichtungen* [...] *ausgestattet sein.“*

Spezifische Angaben zur Umsetzung finden sich in der ASR A2.2. Formal existieren hiernach grundsätzliche Anforderungen an Standorte von Löscheinrichtungen, darüber hinaus ist zwischen einer Grundausstattung und zusätzlichen Vorkehrungen für Bereiche mit erhöhter Brandgefahr zu unterscheiden.

Standorte von Feuerlöschern

Um das schnelle Auffinden und damit die schnelle Verfügbarkeit der Feuerlöscher zu gewährleisten, sind nach Kapitel 5.3 der ASR A2.2 konkrete Anforderungen definiert. Hiernach ist sicherzustellen, dass

„- Feuerlöscher gut sichtbar und leicht erreichbar angebracht sind,

- Feuerlöscher vorzugsweise in Fluchtwegen, im Bereich der Ausgänge ins Freie, an den Zugängen zu Treppenräumen oder an Kreuzungspunkten von Verkehrswegen/Fluren angebracht sind,

- die Entfernung von jeder Stelle zum nächstgelegenen Feuerlöscher nicht mehr als 20 m (tatsächliche Laufweglänge) beträgt, um einen schnellen Zugriff zu gewährleisten,

- Feuerlöscher vor Beschädigungen und Witterungseinflüssen geschützt aufgestellt sind, z. B. durch Schutzhauben, Schränke, Anfahrschutz; dies kann z. B. bei Tankstellen, in Tiefgaragen oder nicht allseitig umschlossenen baulichen Anlagen erforderlich sein,

- Feuerlöscher so angebracht sind, dass diese ohne Schwierigkeiten aus der Halterung entnommen werden können; für die Griffhöhe haben sich 0,80 m bis 1,20 m als zweckmäßig erwiesen,

- die Standorte von Feuerlöschern durch das Brandschutzzeichen F001 ‚Feuerlöscher‘ entsprechend ASR A1.3 ‚Sicherheits- und Gesundheitsschutzkennzeichnung‘ gekennzeichnet sind. In unübersichtlichen Arbeitsstätten ist der nächstgelegene Standort eines Feuerlöschers gut sichtbar durch das Brandschutzzeichen F001 ‚Feuerlöscher‘ in Verbindung mit einem Zusatzzeichen ‚Richtungspfeil‘ anzuzeigen. Besonders in lang gestreckten Räumen oder Fluren sollen Brandschutzzeichen in Laufrichtung jederzeit erkennbar sein, z. B. durch den Einsatz von Fahnen- oder Winkelschildern,

- weitere Feuerlöscheinrichtungen ebenfalls entsprechend ASR A1.3 ‚Sicherheits- und Gesundheitsschutzkennzeichnung‘ gekennzeichnet sind (z. B. für Wandhydranten: Brandschutzzeichen F002 ‚Löschschlauch‘),

Abb. J-4: Feuerlöscher in Schutzkasten – in Wandnische

Abb. J-5: Frei hängender Feuerlöscher in einem notwendigen Flur

die Erkennbarkeit der notwendigen Brandschutzzeichen auf Fluchtwegen ohne Sicherheitsbeleuchtung durch Verwendung von langnachleuchtenden Materialienentsprechend ASR A1.3 erhalten bleibt und

– die Standorte der Feuerlöscheinrichtungen in den Flucht- und Rettungsplan entsprechend ASR A2.3 ‚Fluchtwege und Notausgänge' aufgenommen sind."

Die Überlegungen zu den Standorten von Feuerlöschern sind frühzeitig anzustellen, nur dann können im Rahmen der Bauplanung geeignete Wandnischen (siehe Abb. J-4) vorgesehen werden. Andernfalls müssen Feuerlöscher auf Putz montiert werden (siehe Abb. J-5). Gerade in Bereichen mit Bettenverkehr kommt es dann immer wieder zu mechanischen Beschädigungen, die den Austausch von Feuerlöschern notwendig machen und zu unnötigen Betriebskosten führt.

Grundausstattung nach ASR A2.2

In der Grundausstattung sind immer Feuerlöscher für die Brandklasse A (feste Stoffe) vorzusehen. Die Brandklasse B (flüssige bzw. flüssig werdende Stoffe) muss hingegen nur berücksichtigt werden, wenn brennbare Flüssigkeiten in nicht haushaltsüblichen Mengen zu erwarten sind. Nutzungsbedingt ist hiervon immer in Bereichen mit Laboratorien auszugehen. Auch in Betten- und Pflegebereichen werden meist nicht geringe Mengen brennbare Flüssigkeiten vorgehalten (z. B. Lagerung und Umgang mit Desinfektionsmitteln).

Pulverlöscher (Brandklassen A, B und C) sollten trotz guter Löschwirkung keine Anwendung finden, da es bei Auslösung zu einer starken Sichtbehinderung durch das verstäubte Löschpulver kommt und zudem erhebliche Folgeschäden durch das feine Pulver zu erwarten sind. Aus Sicht der Autoren sind daher Schaumlöscher (Brandklassen A und B) für die Grundausstattung in Krankenhäusern vorzusehen.

Hinweis

> Infolge chemischer Zusätze (PFAS) sind Schaumlöscher aktuell in der Diskussion, ein Verbot fluorhaltiger Feuerlöscher wird zum 31. Dezember 2030 in Kraft treten (siehe VERORDNUNG [EU] 2025/1988 DER KOMMISSION vom 2. Oktober 2025). In Bereichen, in denen brennbare Flüssigkeiten nur in haushaltsüblichen Mengen zu erwarten sind (z. B. Büro- und Verwaltungsbereiche, Personalwohnheime), können infolgedessen auch umweltfreundliche Wasserlöscher (Brandklasse A) eingesetzt werden. Unabhängig hiervon sind mittlerweile auch fluorfreie Schaummittel auf dem Markt erhältlich.

Ausgehend von der Grundfläche des auszustattenden Bereichs ist zunächst die Anzahl der erforderlichen Löscheinheiten (LE) zu ermitteln. Dies erfolgt anhand der Tabelle aus der ASR A2.2. Die Zahl der benötigten Feuerlöscher ergibt sich dann in Abhängigkeit vom Löschvermögen der gewählten Feuerlöscher. Es ist zu beachten, dass Feuerlöscher mit weniger als 6 LE nicht auf die Grundausstattung angerechnet werden dürfen.

Hinweis

> Um tragbare Feuerlöscher einfach handhaben zu können, soll nach ASR A2.2 auch auf ein geringes Gerätegewicht geachtet werden. Nach Erfahrungen der Autoren sollten in Krankenhäusern daher nur Feuerlöcher mit max. 6 l Löschmittel Anwendung finden.

Zusatzausausstattung bei erhöhter Brandgefahr

Nach ASR A2.2 sind Krankenhäuser grundsätzlich als Bereiche mit erhöhter Brandgefahr klassifiziert, sodass immer zusätzliche Maßnahmen erforderlich sind. Eine Möglichkeit ist die Bereitstellung zusätzlicher Feuerlöscher für die Bekämpfung von Bränden mit besonderen Eigenschaften (z. B. Kohlendioxidlöscher in Laboren, Fettbrandlöscher an Fritteusen und Fettbackgeräten).

Bei Vorhaltung von Kohlendioxidlöschern ist zu beachten, dass der Einsatz in engen Räumen mit Gefahren verbunden sein kann. Nach DGUV Information 205-034 können CO_2-Feuerlöscher mit 2 kg Löschmittel nur in Räumen mit einer freien Grundfläche von mindestens 11 m^2 gefahrlos eingesetzt werden, bei 5 kg Löschmittel ist eine freie Grundfläche von mindestens 27,5 m^2 erforderlich.

Werden diese Werte unterschritten, kann eine gefährliche Konzentration von CO_2 in der Raumluft nicht zuverlässig ausgeschlossen werden und ein Löschversuch darf nur von außen durch den Türspalt eingeleitet werden. Die

Abb. J-6: Hinweisschild mit Vorgaben zum Umgang mit CO_2-Feuerlöscher

Abb. J-7: CO_2-Feuerlöscher am Zugang zu einem Elektroraum

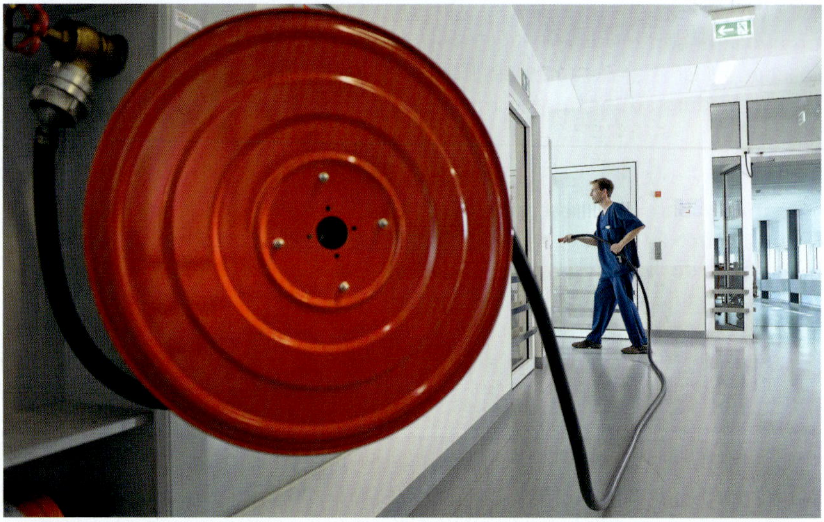

Abb. J-8: Anwendung eines Wandhydranten durch Laienhelfer (Quelle: LMU Klinikum, München)

betroffenen Räumlichkeiten sind mit einem Hinweisschild nach DGUV Information 205-034 zu kennzeichnen (siehe Abb. J-7), weiterhin ist der Feuerlöscher am Zugang zum jeweiligen Raum anzubringen (siehe Abb. J-6).

J.3.2 Wandhydranten

Wandhydranten Typ F (siehe Kapitel I.11) können auch durch Selbsthilfekräfte genutzt werden (siehe Abb. J-8). Sind sie baurechtlich nicht erforderlich, können stattdessen Wandhydranten Typ S für die Anwendung durch Laienhelfer vorgesehen werden. Diese weisen eine maximale Wasserförderung von 12 bis 24 l/Min. auf und können im Gegensatz zu Wandhydranten Typ F meist an das normale Trinkwassernetz angeschlossen werden.

Hinweis

> Trotz reduzierter Anforderungen ist die Vorhaltung von Wandhydranten Typ S weiterhin mit technischem Aufwand und regelmäßigen Prüfpflichten verbunden, ein spürbarer Sicherheitsgewinn ist aus Sicht der Autoren jedoch nicht ersichtlich. Der Einbau von Wandhydranten Typ S muss daher in der Entscheidungsbefugnis des Bauherrn/Betreibers liegen und sollte aus Sicht der Autoren keinesfalls im baurechtlichen Brandschutznachweis gefordert werden. Werden derartige Einrichtungen dennoch vorgehalten, sind diese ergänzend zu dem Brandschutzzeichen Löschschlauch nach ASR A1.3 mit dem Text „Wandhydrant Typ S" zu kennzeichnen. Um Missverständnissen vorzubeugen, dürfen diese zudem keinesfalls in den Einsatzplänen der Feuerwehr verzeichnet sein.

Unabhängig vom Typ ist beim Einsatz von Wandhydranten durch Laien immer zu beachten, dass diese theoretisch unendlich viel Wasser liefern können. Damit besteht die Gefahr, dass sich Laienhelfer im Rahmen von Löscharbeiten überschätzen und zu lange im Brandraum bleiben, obwohl ein Löscherfolg nicht sichtbar ist. Auf die damit verbundenen Risiken durch Atemgifte sind die Beschäftigten im Rahmen von Schulungen (siehe Kapitel J.5) zwingend hinzuweisen.

J.3.3 Löschdecken

Löschdecken werden in baurechtlichen Regelungen nicht konkret gefordert, allein in der BbgKPBauV ist aufgeführt, dass in Räumen mit erhöhter Brandgefahr geeignete Feuerlöscheinrichtungen oder Löschdecken zur Bekämpfung von Entstehungsbränden bereitgehalten werden müssen (siehe Abb. J-9). Hierbei ist zu bedenken, dass nach TRGS 526 bei Umgang mit brennbaren Flüssigkeiten in Laboratorien immer ein Feuerlöscher vorzuhalten ist. Löschdecken können den Feuerlöscher damit nicht ersetzen, sondern nur als zusätzliche Löscheinrichtung vorgehalten werden.

Häufig werden Löschdecken daher allein zum Löschen brennender Kleidung an Personen vorgehalten. Nach DIN EN 1869 „Löschdecken" (2019) gelten Löschdecken von ausreichender Größe (1,8 m × 1,2 m) grundsätzlich als geeignet. Hierbei ist jedoch zu beachten, dass ein Einsatz von Löschdecken bei Personenbränden seitens der Unfallkassen für kritisch gehalten wird, da *„beim Andrücken einer Decke brennende oder glühende Stoffteile intensiv auf die Haut gepresst und dadurch zusätzlich schwere Brandverletzungen verursacht werden. Zum Löschen einer brennenden Person sollte daher besser ein Feuerlöscher verwendet werden. Feuerlöscher ermöglichen in allen Fällen eine sichere und schnelle Brandbekämpfung ohne zusätzliche Verletzungsgefahren für die zu rettende Person*" (Fachbereich Aktuell FBFHB-006, 2020, S. 2).

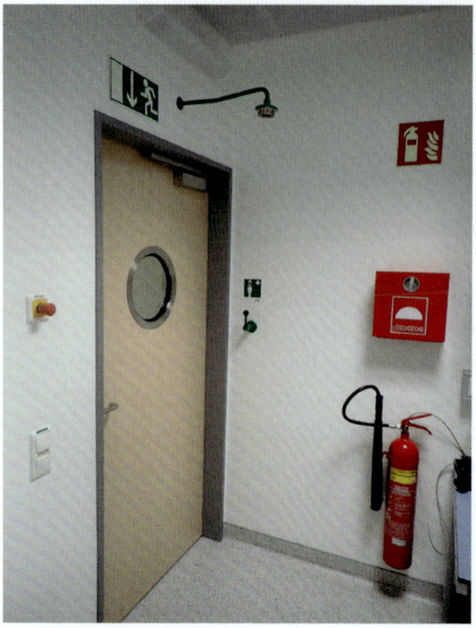

Abb. J-9: Löscheinrichtungen (Löschdecke, Feuerlöscher, Personennotdusche) in einem Labor

In der Vergangenheit wurden Löschdecken weiterhin häufig für den Einsatz bei Fettbränden vorgehalten. Versuche der Berufsgenossenschaft Nahrungsmittel und Gastgewerbe (BGN) haben jedoch ergeben, dass während des Auflegens eine erhebliche Verbrennungsgefahr für das Bedienpersonal bestehen kann. Zudem war der Löschversuch in Abhängigkeit von der Fettmenge nicht immer erfolgreich. Der Anwendungsbereich von Löschdecken nach DIN EN 1869 ist daher auf Frittiereinrichtungen mit einer Füllmenge von max. 3 l Speiseöl/-fett begrenzt. Diese Mengengrenzen werden insbesondere in gewerblichen Küchen überschritten, sodass Löschdecken hier nicht eingesetzt werden dürfen. Stattdessen sind geeignete Fettbrandlöscher (Brandklasse F) vorzusehen.

Hinweis

Aus Sicht der Autoren kann durch die Ausstattung mit Löschdecken kein Sicherheitsgewinn erzielt werden. Forderungen nach Löschdecken sollten daher im Brandschutznachweis nicht aufgestellt werden.

J.4 Flucht- und Rettungspläne

Flucht- und Rettungspläne dienen der Information der Gebäudenutzer über vorhandene Fluchtwege sowie die Lage von Brandmelde- und Löscheinrichtungen. Infolge spezifischer Gefährdungen sind entsprechende Pläne in Krankenhäusern regelmäßig vorzuhalten (vgl. Tabelle J-4).

Tabelle J-4: Forderungen zur Vorhaltung von Flucht- und Rettungsplänen nach aktuellen Regelungen zum Krankenhausbau in den Regelwerken der Bundesländer Baden-Württemberg, Brandenburg, Hamburg und Saarland

Bundesland	Fundstelle	Forderung
Baden-Württemberg – Hinweise über den baulichen Brandschutz in Krankenhäusern und baulichen Anlagen entsprechender Zweckbestimmung	Nr. V.2	*„Die Rettungswege und Brandschutzeinrichtungen sind in besondere Zeichnungen einzutragen, die als Aushang zur Information der Nutzer geeignet sein müssen."*
Brandenburg – BbgKPBauV	§ 17 Abs. 4	*„In jedem Geschoss [ist] der Verlauf der Rettungswege […] in einem Flucht- und Rettungswegeplan im Maßstab von mindestens 1 : 200 darzustellen."*
Hamburg – BPD Krankenhäuser	Nr. 9	*„Flucht- und Rettungspläne müssen für jedes Geschoss erstellt werden und an allgemein zugänglicher Stelle gut sichtbar ausgehängt werden."*
Saarland – KHBauR		keine Angaben

Soweit dennoch Unklarheiten zur Notwendigkeit bestehen, lohnt ein Blick in die ArbStättV. Auch diese fordert Flucht- und Rettungspläne, wenn Lage, Ausdehnung und Art der Benutzung der Arbeitsstätte dies erfordern. Nach ASR A2.3 (2024, S. 21) sind Flucht- und Rettungspläne beispielsweise erforderlich:

„in Bereichen:

1. *mit unübersichtlicher Fluchtwegführung (z. B. über Zwischengeschosse, durch größere Räume, bei einer gewinkelten oder von den üblicherweise betrieblich genutzten Verkehrswegen abweichenden Wegführung),*
2. *mit einem hohen Anteil an ortsunkundigen Personen (z. B. Arbeitsstätten mit Publikumsverkehr),*
3. *mit einer erhöhten Gefährdung […] oder*
4. *wenn sich aus benachbarten Arbeitsstätten Gefährdungsmöglichkeiten ergeben (z. B. durch explosions- bzw. brandgefährdete Anlagen oder Stofffreisetzung).“*

Die Gestaltung der Flucht- und Rettungspläne ist in DIN ISO 23601 „Sicherheitskennzeichnung – Flucht- und Rettungspläne“ (2021) bzw. in der ASR A 2.3 vorgegeben. Neben den brandschutztechnischen Informationen sind auch Mittel für die Erste Hilfe (z. B. Erste-Hilfe-Einrichtung, Augennotduschen, Defibrillator) aufzuführen. Die Pläne müssen mindestens in der Größe A3 ausgeführt und an geeigneten Stellen (z. B. Aufzugsvorräumen, Eingangsbereichen, Zugängen zu Treppen, Kreuzungspunkten) angebracht werden. Hierbei ist darauf zu achten, dass die Pläne auf den Standort des Betrachters bezogen lagerichtig dargestellt sind. Die Pläne sind in regelmäßigen Abständen zu kontrollieren, bei Veränderungen im Objekt sind diese umgehend zu überarbeiten.

Hinweis

Die Montage eines Flucht- und Rettungsplanes in jedem Patientenzimmer, analog § 12 der Muster-Beherbergungsstätten-Verordnung (MBeVO) ist möglich, jedoch baurechtlich keinesfalls erforderlich. Eine entsprechende Umsetzung sollte den Betreiber überlassen und nicht im Bandschutznachweis gefordert werden.

J.5 Unterweisung und Übungen

Der betriebliche Brandschutz ist stark abhängig von dem Verhalten der Beschäftigten, daher ist es zwingend erforderlich, die Belegschaft über betriebliche Regelungen zur Brandverhütung und das Verhalten im Brandfall zu unterweisen. Fallspezifisch müssen die Unterweisungsinhalte nicht nur theoretisch erläutert, sondern auch praktisch geübt werden.

Theoretische Brandschutzunterweisung

Wie Tabelle J-5 zeigt, bestehen aus bauordnungsrechtlichen Gesichtspunkten sehr konkrete Vorgaben an die Anzahl und Inhalte der Unterweisungen. Eine jährliche Information stellt damit das Minimum dar, in Brandenburg werden sogar mindestens 2 Schulungen jährlich gefordert.

Es ist zu bedenken, dass die baurechtlich geforderten Unterweisungsinhalte insbesondere auf den Schutz der Patienten ausgelegt sind, also das Verhalten der Beschäftigten im Fall einer Räumung beinhalten müssen. Da sich Beschäftigte im Rahmen dieser Tätigkeit einer erhöhten Eigengefährdung aussetzen können, müssen die Unterweisungen zwingend auch Informationen zum Eigenschutz (siehe Kapitel J.5) beinhalten. Formal ergeben sich entsprechende Pflichten dann jedoch aus § 12 ArbSchG:

> „*Der Arbeitgeber hat die Beschäftigten über Sicherheit und Gesundheitsschutz bei der Arbeit während ihrer Arbeitszeit* ***ausreichend und angemessen zu unterweisen*** [Hervorhebung durch die Autoren]."

Wie im Arbeitsschutz üblich, bleibt es weitestgehend dem Arbeitgeber überlassen, die konkreten Unterweisungsinhalte im Rahmen einer Gefährdungsbeurteilung zu definieren. Zumindest ein Mindeststandard sowie die Pflicht zur jährlichen Unterweisung ergeben sich jedoch aus der konkretisierenden ASR A2.3 (2024, S. 21):

> „*Der Arbeitgeber hat die Beschäftigten über den Verlauf der Fluchtwege, über die bei Nutzung der Fluchtwege und Notausgänge erforderlichen Maßnahmen und die Kennzeichnung sowie über das Verhalten im Gefahrenfall regelmäßig zu unterweisen. Die Unterweisung muss mindestens jährlich erfolgen.*"

Tabelle J-5: Forderungen zur Durchführung von Brandschutzunterweisungen nach aktuellen Regelungen zum Krankenhausbau in den Regelwerken der Bundesländer Baden-Württemberg, Brandenburg, Hamburg und Saarland

Bundesland	Fundstelle	Forderung
Baden-Württemberg – Hinweise über den baulichen Brandschutz in Krankenhäusern und baulichen Anlagen entsprechender Zweckbestimmung	Nr. V.4	*„Das Personal ist bei Beginn des Arbeitsverhältnisses und danach* ***mindestens jährlich*** [Hervorhebung durch die Autoren] *zu unterweisen über* • die Lage und die Bedienung der Feuerlöscheinrichtungen und -anlagen, Rauchabzugsanlagen, Brandmelde- und Alarmierungsanlagen und der Brandmelder- und Alarmzentrale, • die Brandschutzordnung, insbesondere über das Verhalten im Gefahrenfall und • die Betriebsvorschriften"
Brandenburg – BbgKPBauV	§ 17 Abs. 2	*„Das Betriebspersonal ist bei Beginn des Arbeitsverhältnisses und danach* ***mindestens zweimal jährlich*** [Hervorhebung durch die Autoren] *zu unterweisen über* *1. die Lage und die Bedienung der Feuerlöscheinrichtungen und -anlagen, Rauchabzugsanlagen, Brandmelde- und Alarmierungsanlagen und der Brandmelder- und Alarmzentrale,* *2. die Brandschutzordnung, insbesondere über das Verhalten bei einem Brand oder bei einer Panik, und* *3. die Betriebsvorschriften"*
Hamburg – BPD Krankenhäuser		keine Angaben
Saarland – KHBauR	Nr. 5.2.5	*„Das Personal des Krankenhauses ist* ***jährlich mindestens einmal*** [Hervorhebung durch die Autoren] *zu belehren über* *a) die Anordnung und Bedienung der Feuerlöschgeräte, der Feuerlösch-, Feuermelde- und Alarmeinrichtungen,* *b) die Brandschutzordnung, insbesondere über das Verhalten bei einem Brand"*

Hinweis

Die wiederkehrenden Unterweisungen können bauordnungsrechtliche und arbeitsschutzrechtliche Themen umfassen und gemeinsam durchgeführt werden. Mit Ausnahme von Brandenburg sind jährliche Schulungen der Standard und bei „gelebtem Brandschutz" aus Sicht der Autoren vollständig ausreichend. Die verpflichtende Forderung nach mindestens 2 Schulungen pro Jahr in der BbgKPBauV stellt damit eine „bürokratische" Auflage dar, die ggf. zu internen Abwehrreaktionen führt und damit aus Sicht der Autoren kontraproduktiv sein kann.

Umgang mit Löscheinrichtungen

Der effiziente und sichere Umgang mit Löscheinrichtungen setzt Kenntnisse über die Funktions- und Wirkungsweise sowie Einsatzgrenzen von Löscheinrichtungen voraus und darf nach § 12 ArbSchG formal nur durch speziell ausgebildete Beschäftigte (Brandschutzhelfer) ausgeführt werden:

> *„Der Arbeitgeber hat diejenigen Beschäftigten zu benennen, die Aufgaben [...] der Brandbekämpfung und Evakuierung [...] übernehmen. Anzahl, Ausbildung und Ausrüstung der nach Satz 1 benannten Beschäftigten müssen in einem angemessenen Verhältnis zur Zahl der Beschäftigten und zu den bestehenden besonderen Gefahren stehen."*

Da erforderliche Kenntnisse im Rahmen theoretischer Brandschutzunterweisungen nicht ausreichend vermittelt werden können, müssen für die Tätigkeit vorgesehene Beschäftigte nach ASR A2.2 und DGUV Information 205-023 zwingend praktische Löschübungen absolvieren.

Hinweis

> Die Ausbildung von Brandschutzhelfern darf nach DGUV Information 205-023 durch jeden Brandschutzbeauftragten mit Prüfnachweis durchgeführt werden, sodass bei Vorhandensein von entsprechendem Equipment eine hausinterne Ausbildung möglich ist.

Die Anzahl erforderlicher Brandschutzhelfer für Krankenhäuser ist weder nach baurechtlichen noch nach arbeitsschutzrechtlichen Aspekten eindeutig definiert. Es obliegt dem Betreiber, den Anteil im Rahmen einer Gefährdungsbeurteilung festzulegen.

Hierbei ist zu beachten, dass nach ASR A2.2 ein Anteil von 5 % der Beschäftigten in Gebäuden ohne besondere Risiken für ausreichend gehalten wird. Da Krankenhäuser allgemein zu Objekten mit erhöhter Brandgefahr gehören und zudem Personen mit eingeschränkter Mobilität anwesend sind, muss der Anteil der geschulten Beschäftigten folglich höher liegen.

Die Schulungen sind weiterhin regelmäßig zu wiederholen, nach ASR A2.2 ist ein Zeitraum von 2 bis 5 Jahren anzustreben. Der genaue Turnus ist ebenfalls im Rahmen einer Gefährdungsbeurteilung spezifisch festzulegen.

Hinweis

> Aus Sicht der Autoren ist eine Quote von 30 % der Beschäftigten anzustreben. Dieser Wert hat sich bei einem Wiederholungsturnus von 5 Jahren in der Praxis bewährt und kann realistisch auch in großen Kliniken erreicht werden. Unabhängig hiervon ist es zielführend, wenn jeder Beschäftigte ein entsprechendes Training mindestens einmal in seinem Arbeitsleben besucht (Grundwissen).

Räumungsübungen

Die theoretischen Überlegungen aus dem Räumungs- und Evakuierungskonzept sollten im Rahmen von Übungen auf Praktikabilität überprüft werden. Aus baurechtlichen Gesichtspunkten sind entsprechende Übungen jedoch in keinem bekannten Regelwerk verbindlich vorgeschrieben.

Zumindest nach ASR A2.3 (2024, S. 22) bestehen jedoch grundsätzliche Anforderungen zur Durchführung von Räumungsübungen in Arbeitsstätten:

> *„Ist für eine Arbeitsstätte die Erstellung eines Flucht- und Rettungsplanes erforderlich, sind in regelmäßigen Abständen Evakuierungsübungen durchzuführen. Anhand der Übungen soll mindestens überprüft werden, ob:*
>
> 1. *die Alarmierung zu jeder Zeit unverzüglich ausgelöst werden kann,*
> 2. *die Alarmierung die anwesenden Personen erreicht,*
> 3. *sich die anwesenden Personen, über die Bedeutung der jeweiligen Alarmierung im Klaren sind und danach handeln,*
> 4. *die Fluchtwege schnell und sicher benutzt werden können und*
> 5. *die zu evakuierenden Bereiche frei von Personen sind."*

Da Räumungsübungen in Krankenhäusern hochkomplex sind und im Regelbetrieb faktisch nicht umgesetzt werden können, sollten Räumungsabläufe zumindest vor Inbetriebnahme von Neubauten oder nach Renovierung überprüft werden. Hierbei sollten Patienten durch Mimen gespielt werden, um die Patientensicherheit nicht zu gefährden.

Hinweis

> In Krankenhäusern kommt es in regelmäßigen Abständen zu Fehlauslösungen der Brandmeldeanlage. Derartige Ereignisse sind gut geeignet, um interne Alarmierungsabläufe (z. B.: Ist das Alarmsignal angekommen, ist die Bedeutung der Alarmsignale bekannt, wurden ausreichend Kräfte erreicht?) zu überprüfen. Aus Sicht der Autoren sollte jeder Fehlalarm daher intensiv nachbewertet werden.

Unabhängig von groß angelegten Räumungsübungen sind in regelmäßigen Abständen praktische Unterweisungen zur Handhabung speziell vorgehaltener Transportmittel (siehe Kapitel G.0.2) durchzuführen. Derartige Schulungen können in Kleingruppen und unabhängig vom Regelbetrieb durchgeführt werden.

Um die Sensibilität zu steigern und die Einsatzfähigkeit der internen Einsatzleitung zu gewährleisten, sollten ein besonderer Wert weiterhin auf die regelmäßige Schulung der Geschäftsführung und anderer Führungskräfte gelegt werden. Hierzu eignen sich insbesondere theoretische Planspiele, bei denen Beteiligte anhand verfügbarer Informationen Entscheidungen treffen müssen.

J.6 Betriebliche Interventionskräfte

Bei betrieblichen Interventionskräften handelt es sich um besonders geschulte Beschäftigte, die infolge der räumlichen Nähe, der Ortskenntnisse und des fachspezifischen Wissens bereits deutlich vor der öffentlichen Feuerwehr am Einsatzort eintreffen und erste professionelle Löscharbeiten durchführen können.

Hinweis

> Um einen taktisch sinnvollen Erstzugriff zu gewährleisten, muss mindestens ein selbstständiger Trupp nach Feuerwehrdienstvorschrift (FwDV) 3 jederzeit zur Verfügung stehen. Die internen Kräfte müssen zudem mindestens über eine feuerwehrtechnische Grundausbildung nach FwDV 2 verfügen.

Da mit steigender Betriebsgröße auch die brandschutztechnischen Risiken ansteigen, ist es konsequent, wenn damit einhergehend auch die interne Brandschutzorganisation aufwächst. Bereits in der MKhVO war daher ein Wert von 1.000 Betten genannt, ab dem eine Hausfeuerwehr verlangt werden konnte. Dieser Schwellenwert ist heute wieder in der Fachempfehlung 2023-02 der AGBF aufgeführt.

Trotz brandschutztechnischer Sinnhaftigkeit sind entsprechende Forderungen aktuell jedoch nur in der saarländischen Richtlinie über den Bau und Betrieb von Krankenhäusern aufgeführt, im Übrigen obliegt es primär der Betriebsleitung, über eine Aufstellung zu entscheiden. Unabhängig von baurechtlichen Anforderungen ist hierbei zu bedenken, dass interne Interventionskräfte nicht nur den Personenschutz optimieren, sondern auch Sachschäden und damit Ausfallzeiten deutlich reduzieren können. Eine Vorhaltung kann sich damit positiv auf die Prämienbildung der Feuerversicherung auswirken und einen zusätzlichen Anreiz darstellen.

Hinweis

> Eine Recherche der Autoren hat ergeben, dass viele Kliniken aus ganz unterschiedlichen Gründen über hausinterne Interventionskräfte verfügen. Hierbei sind sowohl Lösungen mit hauptamtlichen Werkfeuerwehren als auch Löschgruppen mit nebenberuflichen Beschäftigten zu finden. Auch ist festzustellen, dass entsprechende Einrichtungen nicht auf Großkliniken begrenzt, sondern auch bei kleineren Krankenhäusern mit deutlich weniger als 1.000 Betten vorzufinden sind.

J.7 Wartung und Instandhaltung sicherheitstechnischer Anlagen und Einrichtungen

Krankenhäuser verfügen über zahlreiche technische Anlagen und Einrichtungen, die aus baurechtlichen Gesichtspunkten im Brandfall oder bei Störung der Stromversorgung funktionieren müssen (siehe Kapitel I.7). Um dies zu gewährleisten, sind folgende Anlagen nach § 2 Muster-Prüfverordnung (MPrüfVO) durch Prüfsachverständige zu prüfen:

- Lüftungsanlagen, ausgenommen solche, die einzelne Räume im selben Geschoss unmittelbar ins Freie be- oder entlüften,
- CO-Warnanlagen,
- Rauchabzugsanlagen,
- Druckbelüftungsanlagen,
- Feuerlöschanlagen, ausgenommen nicht selbstständige Feuerlöschanlagen mit trockenen Steigleitungen ohne Druckerhöhungsanlagen,
- Brandmelde-, Alarmierungs- und Rufanlagen,
- Sicherheitsstromversorgungen.

Die Prüfungen sind vor der ersten Inbetriebnahme der baulichen Anlage und innerhalb einer Frist von 3 Jahren wiederkehrend zu prüfen. Weiterhin sind anlassbezogene Prüfungen bei wesentlichen technischen Änderungen an den Anlagen oder baulichen Veränderungen im Gebäude durchzuführen.

Die Prüfungen müssen die Wirksamkeit und Betriebssicherheit der Anlagen an sich, aber auch das bestimmungsgemäße Zusammenwirken mehrerer Anlagen (Wirkprinzip-Prüfung) umfassen. Werden Mängel festgestellt, sind diese innerhalb einer vom Prüfsachverständigen festgelegten Frist zu beseitigen.

Hinweis

> Wie im Baurecht üblich, sind bei der länderspezifischen Umsetzung der MPrüfVO deutliche Unterschiede möglich. Beispielsweise erlaubt die bayerische Sicherheitsanlagen-Prüfverordnung (SPrüfV) wiederkehrende Prüfungen bestimmter Einrichtungen auch durch sachkundige Personen, dafür existieren baurechtliche Prüfpflichten auch für sonstige wichtige Einrichtungen (z. B. Feuerlöscher, Brandschutzklappen, Blitzschutzanlagen).

Weitere Forderungen können sich aus anderen Rechtsgebieten (z. B. Arbeitsschutzgesetz, Betriebssicherheitsverordnung), Normen oder Herstellervorgaben ergeben. Hierdurch sind kürzere Prüffristen für die in § 2 MPrüfVO genannten Anlagen möglich, zudem können noch weitere Anlagen und Einrichtungen einer Prüfpflicht unterliegen. Eine praxistaugliche Übersicht ist in der DGUV Information 205-040 „Prüffristen im Brandschutz" (2023) abgebildet.

K Abwehrender Brandschutz

Ziel des vorbeugenden Brandschutzes ist es, Brände durch bauliche, technische und organisatorische Vorkehrungen zu verhindern oder zumindest deren Folgen zu begrenzen. Die erforderlichen Maßnahmen liegen in der Verantwortung des Bauherrn. Der abwehrende Brandschutz hingegen kommt immer erst nach Ausbruch eines Brandes zum Tragen und liegt im Verantwortungsbereich der zuständigen Feuerwehr.

Trotz dieser Aufgabenteilung sind vorbeugender und abwehrender Brandschutz eng verbunden und müssen ganzheitlich betrachtet werden. Gegebenheiten, die sich direkt auf Einsatzmaßnahmen der Feuerwehr auswirken, sind infolgedessen immer mit der zuständigen Brandschutzdienststelle abzustimmen.

Hinweis

> Viele Brandschutzbehörden verfügen über Merkblätter und Informationsschriften zu ortsspezifischen Vorgaben und Abläufen. Es ist zielführend, diese bereits bei Planungsbeginn abzufragen und von Anfang an zu berücksichtigen.

K.0 Orientierung, Zugang und Erstinformation der Feuerwehr

Zur Erreichung der Schutzziele müssen Krankenhäuser über eine BMA (siehe Kapitel I.1) verfügen. Um eine schnelle Auswertung anstehender Brandmeldungen zu ermöglichen, muss an zentraler Stelle eine Anlaufstelle für die Feuerwehr vorhanden sein. Diese wird in der Regel als Feuerwehrinformationszentrum (FIZ) oder Brandmeldezentrale (BMZ) bezeichnet.

Allgemeine Anforderungen an die Anlaufstelle ergeben sich aus DIN 14675; diese werden in der Regel durch die Technischen Anschlussbedingungen (TAB) der zuständigen Leitstelle spezifiziert. Die TAB enthalten zudem meist Anforderungen zur Kennzeichnung der Angriffswege und einsatztaktisch relevanter Einrichtungen (z. B. Sprinklerzentralen).

Hinweis

> Technische Anschlussbedingungen sind baurechtlich irrelevant. Da eine Aufschaltung nur unter Einhaltung der TAB möglich ist, besitzen diese Regelungen jedoch gesetzesartigen Charakter und sind im Rahmen der Planung zwingend zu beachten.

Abb. K-1: Erstanlaufstelle (BMZ) Feuerwehr

Abb. K-2: Hinweisschilder BMZ

Anforderungen an Erstanlaufstellen

Die Erstanlaufstelle (siehe Abb. K-1) muss sich im unmittelbaren Zugangsbereich des Objektes befinden (Abstimmung mit der zuständigen Brandschutzdienststelle) und durch Schilder nach DIN 4066 gekennzeichnet sein (siehe Abb. K-2). Mindestens folgende brandschutztechnische Infrastruktur ist vorzuhalten:

- **Feuerwehrbedienfeld (FBF) nach DIN 14661 „Feuerwehrwesen – Feuerwehr-Bedienfeld für Brandmeldeanlagen" (2023):**
  Am FBF kann die Feuerwehr auf die brandschutztechnische Struktur des Gebäudes Einfluss nehmen und beispielsweise akustische Alarmierungseinrichtungen deaktivieren. Weiterhin wird das FBF benötigt, um die Anlage vor Abrücken der Feuerwehr wieder in den Ruhezustand zurückzusetzen.
- **Feuerwehranzeigetableau (FAT) nach DIN 14662 „Feuerwehrwesen – Feuerwehr-Anzeigetableau für Brandmeldeanlagen" (2023):**
  Am FAT können die ausgelöste Melderlinie und Nummer sowie die Meldehistorie ausgelesen werden. Diese Angaben sind wichtig, damit die richtige Laufkarte gefunden werden kann.
- **Objektspezifische Feuerwehrlaufkarten:**
  Bei den Laufkarten handelt es sich um Lagepläne des Gebäudes, in denen der Weg zum ausgelösten Feuermelder schnell gefunden werden kann. Für jede Melderlinie ist eine separate Laufkarte vorzuhalten. Die Gestaltung richtet sich nach den Vorgaben der DIN 14675 und den Vorgaben der zuständigen Brandschutzdienststelle. Die Laufkarten sind stets aktuell zu halten.

Abb. K-3: FSD im geschlossenen und geöffneten Zustand

In Abhängigkeit von der Gebäudeausstattung kann die Vorhaltung zusätzlicher Steuereinrichtungen (z. B. Bedienfeld für mechanische Entrauchungsanlagen, Bedienfeld für BOS-Gebäudefunk) oder spezifischer Hilfsmittel für die Kontrolle automatischer Melder in Zwischendecken bzw. Doppelböden erforderlich werden. Weiterhin sind Ersatzgläser sowie Sperrschilder mit der Aufschrift „Außer Betrieb" für Handfeuermelder vorzuhalten.

Feuerwehrschlüsseldepot (FSD)

Seitens des Gebäudebetreibers ist rund um die Uhr ein gewaltfreier Zugang zur Erstanlaufstelle und zu den übrigen Gebäudeteilen sicherzustellen. Diese Forderung kann regelmäßig nur mittels FSD (siehe Abb. K-3) zur Aufnahme der Objektschlüssel erfüllt werden.

Um die Anforderungen der Versicherer in Bezug auf Sicherungsmaßnahmen gegen Einbruchdiebstahl zu erfüllen, dürfen nur FSD 3 Anwendung finden (VdS-Richtlinien für mechanische Sicherungseinrichtungen – Schlüsseldepots, Adapter und Freischaltelemente [VdS 2105], 2023). Die hinterlegten Schlüssel werden hierbei mit 2 Türen gesichert. Die erste Tür entriegelt bei Auslösung der BMA, die dahinterliegende zweite Tür kann nur mittels Schließung der örtlichen Feuerwehr geöffnet werden. Infolgedessen ist eine Entnahme der Objektschlüssel durch unberechtigte Dritte nicht möglich; zum Schutz gegen Sabotage ist das FSD zusätzlich zu überwachen. Meldungen müssen bei einer ständig besetzen Stelle auflaufen.

Hinweis

> Um sicherzustellen, dass die Feuerwehr jeden Ausgang als Angriffsweg nutzen kann, muss jeder Zugang über eine Schließung verfügen. Dies gilt auch für Ausgänge, die im Normalbetrieb ausschließlich als Notausgang vorgesehen sind. Gerade diese werden in der Praxis häufig ohne Öffnungsmöglichkeit geplant.

Aus einsatztaktischen Gründen dürfen in einem FSD 3 nicht mehr als 3 unterschiedliche Objektschlüssel hinterlegt werden. Sind weitere Schlüssel erforderlich, darf im FSD nur der Schlüssel für den Zugang zur BMZ vorhanden sein. Weitere Schlüssel müssen dann in einem Sonder-FSD in der BMZ vorgehalten werden. Im Alarmfall dürfen nur die Schlüssel freigegeben werden, die für den Einsatz in dem betroffenen Bereich benötigt werden (spezifische Schlüsselfreigabe).

Hinweis

Abhängig von der Einsatztaktik der örtlichen Feuerwehr sind ggf. mehrere gleich sperrende Objektschlüssel vorzusehen. Die benötigte Anzahl ist frühzeitig mit der zuständigen Brandschutzdienststelle abzuklären.

Die Kennzeichnung des FSD erfolgt durch eine Blitzleuchte; Farbe und Form richten sich nach den örtlichen Anschlussbedingungen. Diese beinhalten auch Aussagen zur Notwendigkeit eines separaten Freischaltelementes. Hierüber kann die Feuerwehr das FSD öffnen, auch wenn die BMA selbst nicht ausgelöst hat.

Kennzeichnung der Angriffswege und einsatzrelevanter Infrastruktur

Um die Orientierung für Einsatzkräfte zu erleichtern, sollten insbesondere notwendige Treppenräume eindeutig beschildert werden. Bewährt haben sich eine Kennzeichnung mit Angaben zur Treppenraumbezeichnung und zu den erschlossenen Geschossen am Zugang zum Treppenraum (Ausgang in das Freie nach § 35 MBO) sowie eine Geschossangabe und Bezeichnung des Treppenraumes auf jedem Geschoss (siehe Kapitel F.10.2.4). Die Angaben sind ebenfalls in die Laufkarten und Feuerwehrpläne aufzunehmen. Auch andere feuerwehrrelevante Einrichtungen (z. B. Löschmittelzentralen) sind durch Schilder nach DIN 4066 zu kennzeichnen.

Spezifische Anforderungen für Sterilbereiche

Müssen sterile Bereiche (z. B. Operationsabteilungen) zur Kontrolle betreten werden, ist es sinnvoll, Treffpunkte für einen schnellen Informationsaustausch zwischen Feuerwehr und Betreiber festzulegen und zu kennzeichnen (siehe Kapitel H.0.3).

K.1 Flächen für die Feuerwehr

Die baulichen Rettungswege aus einem Gebäude müssen grundsätzlich bis zur öffentlichen Verkehrsfläche geführt und aus Gründen der Verkehrssicherheit ausreichend befestigt und beleuchtet sein. Sie sind damit auch für Einsatzkräfte der Feuerwehr sicher begehbar.

Abhängig von der Größe und Lage des Gebäudes sind Zugänge allein jedoch nicht ausreichend und zur Unterstützung der Lösch- und Rettungsarbeiten sind ergänzend Feuerwehrzufahrten zu errichten. Nach § 5 MBO sind diese immer vorzusehen

„bei Gebäuden, die ganz oder mit Teilen mehr als 50 m von einer öffentlichen Verkehrsfläche entfernt sind, wenn sie aus Gründen des Feuerwehreinsatzes erforderlich sind".

Hinweis

Auch bei einer Entfernung < 50 m ist es aus Sicht der Feuerwehren zielführend, wenn Zugänge bzw. Ausgänge aus notwendigen Treppenräumen direkt angefahren werden können. Sind Einspeisestellen vorhanden, ist die Anfahrbarkeit zwingend erforderlich.

Feuerwehrzufahrten sollen per Definition allein die Erreichbarkeit der Einsatzstelle gewährleisten und dienen nicht als Abstellposition für Fahrzeuge. Um das Nachrücken oder Versetzen von Einsatzfahrzeugen zu ermöglichen, sind ergänzend Bewegungsflächen vorzusehen. Aufstellflächen für Rettungsgeräte der Feuerwehr sind bei Krankenhäusern hingegen normalerweise nicht erforderlich, da Rettungswege grundsätzlich baulich herzustellen sind (siehe Kapitel F.8).

Nach § 5 MBO *„müssen Zu- und Durchfahrten, Aufstellflächen und Bewegungsflächen für Feuerwehrfahrzeuge ausreichend befestigt und tragfähig sein; sie sind als solche zu kennzeichnen und ständig frei zu halten."* Die Anforderungen sind damit nur allgemein beschrieben, die konkrete Umsetzung richtet sich nach der „Musterrichtlinie über Flächen für die Feuerwehr" (2009) bzw. der DIN 14090 „Flächen für die Feuerwehr auf Grundstücken" (2024). Länderspezifische Besonderheiten entsprechend der jeweils eingeführten Technischen Baubestimmung sind zu beachten.

Allgemein müssen Feuerwehrzufahrten eine Mindestbreite von 3 m aufweisen, die Mindesthöhe beträgt 3,5 m. Bei der Planung ist darauf zu achten, dass Sackgassen vermieden werden, stattdessen sind möglichst Umfahrungen (ggf. mit Durchfahrten) auszuführen. Ist dies nicht möglich, sind zumindest ausreichend dimensionierte Wendemöglichkeiten für Fahrzeuge der Feuerwehr vorzusehen.

Bewegungsflächen sollten insbesondere im Bereich der Zugänge bzw. vor Einspeisestellen von Löscheinrichtungen (siehe Kapitel I.11) vorgesehen werden, diese müssen mindestens 7 m × 12 m groß sein. Vor und hinter Bewegungsflächen sind zudem mindestens 4 m lange Übergangsbereiche anzuordnen.

Hinweis

Feuerwehrzufahrten sind allein für die Feuerwehr vorgesehen. Werden diese im Rahmen der internen Katastrophenschutzplanung (z. B. Räumung/Evakuierung) für die geordnete Verlegung von Patienten durch den Rettungsdienst (Transportkreisel) verplant, sind ggf. zusätzliche Fahrspuren und Bewegungsflächen vorzusehen.

Abb. K-4: Feuerwehrzufahrt

Abb. K-5: Lageplanschild „Flächen für die Feuerwehr"

Flächen für die Feuerwehr sind dauerhaft und gut sichtbar zu kennzeichnen (z. B. Begrenzungspfosten, Lageplanschild) (siehe Abb. K-4 und K-5) und frei zu halten, im Winter ist ein Winterdienst zu gewährleisten. Erfolgt eine Sicherung der Zufahrten (z. B. Poller, Schranken, Tore), ist diese so auszuführen, dass ein Öffnen durch die Feuerwehr jederzeit möglich ist (z. B. Feuerwehrschließung, Dreikant nach DIN 3223 „Betätigungsschlüssel für Armaturen" [2012]).

K.2 Löschwasserversorgung

Um wirksame Löscharbeiten zu ermöglichen, muss die Versorgung mit ausreichend Löschwasser gewährleistet sein. Nach § 11 der Musterbauvorlagenverordnung sind im Brandschutznachweis zwingend Angaben zur Bemessung der Löschwasserversorgung und notwendiger Einrichtungen zur Löschwasserentnahme zu machen.

Bemessung der Löschwasserversorgung

Baurechtliche Bestimmungen zur Bemessung der Löschwasserversorgung stehen nicht zur Verfügung, diese erfolgt in der Regel anhand der technischen Regel „Bereitstellung von Löschwasser durch die örtliche Trinkwasserversorgung“ (DVGW-Arbeitsblatt W 405, 2008). Das Merkblatt unterscheidet zwischen dem Löschwasserbedarf für den allgemeinen Grundschutz (Mindestbedarf) und dem fallspezifischen Objektschutz (Zusatzbedarf).

Der Grundschutz ist nach Anhang 1 des Arbeitsblattes konkret vorgegeben. Dieser richtet sich nach der baulichen Nutzung nach § 17 Baunutzungsverordnung (BauNVO) und der potenziellen Brandausbreitungsgefahr.

Inwieweit für den Objektschutz zusätzliche Löschwassermengen benötigt werden, ist hingegen nicht verbindlich vorgegeben, stattdessen fordert das Merkblatt eine individuelle Abstimmung mit der zuständigen Brandschutzdienststelle. Laut Merkblatt ist ein zusätzlicher Objektschutz und damit auch eine Abstimmung immer bei Gebäuden mit erhöhtem Brand- und Personenrisiko erforderlich, Krankenhäuser sind explizit als Beispiel genannt.

Hinweis

> Nach der AGBF-Empfehlung 2024-02 „Anforderungen an die Löschwasserversorgung im Objektschutz“ (2025) ist für Krankenhäuser ein objektspezifischer Löschwasserbedarf von 1.600 l/Min bzw. 96 m^3/h anzusetzen. Wird dieser Wert mit den Vorgaben nach Anhang 1 DVGW-Arbeitsblatt W 405 verglichen, kann festgestellt werden, dass der objektspezifische Löschwasserbedarf für Krankenhäuser damit in der Regel dem Grundschutz entspricht.

Die insgesamt erforderliche Löschwassermenge muss für eine Dauer von mindestens 2 Stunden sichergestellt werden, bei einer Entnahme aus einem Hydrantennetz darf der Betriebsdruck zudem nicht unter 1,5 bar fallen.

Einrichtungen zur Löschwasserentnahme

Nach DVGW-Arbeitsblatt W 405 muss die notwendige Löschwassermenge nicht von einer einzigen Entnahmestelle bereitgestellt werden, stattdessen ist es zulässig, die erforderliche Menge auf mehrere Wasserquellen zu verteilen, soweit diese in einem Umkreis (Radius) von 300 m liegen und über eine Mindestförderleistung von 24 m^3/h verfügen. Ergänzend ist zu beachten, dass die tatsächliche Laufstrecke durch unüberwindbare Hindernisse (z. B. Bahntrassen, mehrspurige Schnellstraßen, große Gebäudekomplexe) nicht unverhältnismäßig verlängert werden darf.

Aus Sicht der Feuerwehren (AGBF-Empfehlung 2018-04: Löschwasserversorgung aus Hydranten in öffentlichen Verkehrsflächen, 2018) sind die Festlegungen aus dem Merkblatt W 405 jedoch nicht ausreichend. Darüber hinaus muss sichergestellt sein, dass die Entfernung von der Löschwasserversorgung für den ersten Löschangriff bis zum Zugang des Grundstücks max. 75 m Lauflinie beträgt. Diese Sichtweise ist auf die Standardbeladung von Löschfahrzeugen und verfügbare Personalressourcen zu Beginn der Löscharbeiten zurückzuführen. Weiterhin sind Entnahmestellen mit 400 l/min

($24\ m^3/h$) nur vertretbar, wenn die gesamte Löschwassermenge in einem Umkreis (Radius) von 300 m aus max. 2 Entnahmestellen sichergestellt werden kann.

Hinweis

> Es ist zu beachten, dass die Abdeckung mit Löschwasser nach Merkblatt W 405 nur den öffentlichen Grund betrachtet. Bei großen Liegenschaften ist eine Löschwasserversorgung selbstverständlich auch auf dem Privatgrund sicherzustellen. Auch hierbei darf ein Abstand von 140 m zwischen 2 Wasserquellen nicht überschritten werden.

Bereitstellung über das öffentliche Trinkwassernetz

Die Bereitstellung von Löschwasser liegt grundsätzlich in der Zuständigkeit der Gemeinde und ist Voraussetzung für die bauliche Erschließung. Infolgedessen kann der Grundschutz in der Regel über den zuständigen Wasserversorger bezogen werden. Hierüber ist jedoch immer eine Bestätigung einzuholen und dem Brandschutznachweis beizufügen. Ob seitens des Wasserversorgers auch ein zusätzlich erforderlicher Objektschutz bereitgestellt werden kann, liegt in dessen Ermessen und setzt eine individuelle Vereinbarung voraus.

Bereitstellung über private Löschwassereinrichtungen

Kann die benötigte Löschwassermenge (z. B. große Krankenhäuser in ländlichen Gebieten) nicht vollständig durch das zuständige Wasserversorgungsunternehmen bestätigt werden oder ist die zulässige Lauflänge zu einer Entnahmestelle überschritten, liegt es in der Verantwortung des Bauherrn, private Versorgungseinrichtungen vorzusehen.

Finden Hydranten nach DIN 14462 Anwendung (siehe Abb. K-6), sind Vorkehrungen zum Schutz des Trinkwassers nach DIN 1988-600 „Technische Regeln für Trinkwasser-Installationen – Teil 600: Trinkwasser-Installationen in Verbindung mit Feuerlösch- und Brandschutzanlagen“ (2021) / DIN EN 1717 „Schutz des Trinkwassers vor Verunreinigungen in Trinkwasser-Installationen und allgemeine Anforderungen an Sicherungseinrichtungen zur Verhütung von Trinkwasserverunreinigungen durch Rückfließen“ (2011) zu treffen. Dies setzt in der Regel die Installation geeigneter Trennstationen voraus (siehe Abb. K-7). Abhängig von der benötigten und vom Wasserversorger zugesicherten Löschwassermenge ist der Vorlagebehälter so zu dimensionieren, dass die erforderliche Wassermenge über einen Zeitraum von mindestens 2 Stunden bereitgestellt werden kann. Fallspezifisch ist zudem eine Nachspeisemöglichkeit für die Feuerwehr vorzusehen.

Die Standorte der Löschwasserzentralen sind überflutungssicher auszuführen, weiterhin müssen diese ausreichend gegen Brandeinwirkung von außen geschützt sein und von Lagerungen frei gehalten werden. Auch ein unbefugter Zugang sowie Frostgefahr oder dauerhaft erhöhter Temperaturen von über 35 °C müssen wirksam verhindert werden.

Abb. K-6: Überflurhydrant

Abb. K-7: Trennstation mit Löschwasserbehälter im Hintergrund

Hinweis

Sind Löschanlagen im Gebäude vorgesehen, ist deren Löschwasserbedarf grundsätzlich unabhängig vom Löschwasserbedarf für die Feuerwehr vorzuhalten. Die Infrastruktur kann jedoch ggf. auch für den Anschluss von Außenhydranten genutzt werden, wenn sich die Anlagen nicht gegenseitig beeinflussen und ausreichend Löschwasser vorgehalten wird.

K.3 Löschwasserrückhaltung

Abhängig vom Brandgut und den verwendeten Löschmitteln können erhebliche Mengen von verunreinigtem Löschwasser anfallen und eine Gefahr für die Umwelt darstellen. Nach § 11 MBauVorlV sind im Brandschutznachweis von Sonderbauten daher Aussagen zur Löschwasserrückhaltung zu treffen, soweit diese für eine Beurteilung erforderlich sind.

Bei Umgang mit wassergefährdenden Stoffen ergeben sich Forderungen primär aus dem Besorgnisgrundsatz nach § 62 Wasserhaushaltsgesetz (WHG) und den Grundsatzvorgaben nach § 17 Abs. 1 Nr. 4 der „Verordnung über Anlagen zum Umgang mit wassergefährdenden Stoffen (AwSV)"; konkret wird die Löschwasserrückhaltung in § 20 AwSV gefordert:

„Anlagen müssen so geplant, errichtet und betrieben werden, dass die bei Brandereignissen austretenden wassergefährdenden Stoffe, Lösch-, Berieselungs- und Kühlwasser sowie die entstehenden Verbrennungsprodukte mit wassergefährdenden Eigenschaften nach den allgemein anerkannten Regeln der Technik zurückgehalten werden."

Seit mehreren Jahren ist geplant, diesen Absatz zu konkretisieren und Regelungen zur Löschwasserrückhaltung vollständig vom Baurecht in das Wasserrecht zu überführen. Infolgedessen wurde die bewährte „Richtlinie zur Bemessung von Löschwasser-Rückhalteanlagen beim Lagern wassergefährdender Stoffe (LöRüRL)" (1992) bereits 2019 aus der MVV TB gestrichen und wird auch in den länderspezifischen Baubestimmungen nur noch teilweise geführt. Es besteht damit ein nicht unerhebliches Regelvakuum.

Hinweis

Der Geltungsbereich der LöRüRL ist auf Lagereinrichtungen beschränkt, nach § 62 WHG bestehen Anforderungen jedoch explizit auch an andere Bereiche (z. B. Labore, Stationen). Selbst wenn die LöRüRL in länderspezifischen Baubestimmungen geführt wird, umfasst diese damit nur einen Teilbereich der wasserrechtlichen Anforderungen.

Neben wassergefährdenden Stoffen besteht bei Krankenhäusern häufig auch ein Umgang mit Biostoffen, gentechnisch veränderten Organismen oder radioaktiven Stoffen. Abhängig von der Art der durchgeführten Tätigkeiten können sich aus den zugehörigen Sondergesetzen (z. B. Strahlenschutzverordnung, Gentechnik-Sicherheitsverordnung, Biostoffverordnung) ebenfalls Forderungen nach einer Löschwasserrückhaltung ergeben.

Hinweis

Ist die LöRüRL in länderspezifischen Baubestimmungen nicht aufgeführt oder trifft diese nicht zu, fehlt es an baurechtlichen Vorgaben zur Löschwasserrückhaltung. In diesen Fällen liegt es nicht in der Zuständigkeit der Brandschutzfachplanenden, Anforderungen zu definieren. Vielmehr besteht die Verantwortung, hierauf explizit hinzuweisen und Abstimmungen mit zuständigen Behörden (z. B. Wasserschutzbehörde) oder geeigneten Fachplanenden (z. B. Sachverständigen für Strahlenschutz) anzuregen. Liegen entsprechende Abstimmungsergebnisse vor, sind diese jedoch weiterhin im Brandschutznachweis zu berücksichtigen.

Anforderungen nach LöRüRL

Nach LöRüRL ist eine Löschwasserrückhaltung vorzusehen, wenn in baulichen Anlagen nachfolgende wassergefährdende Stoffe gelagert werden:

- Stoffe der Wassergefährdungsklasse WGK 1 mit mehr als 100 t je Lagerabschnitt,
- Stoffe der Wassergefährdungsklasse WGK 2 mit mehr als 10 t je Lagerabschnitt,
- Stoffe der Wassergefährdungsklasse WGK 3 mit mehr als 1 t je Lagerabschnitt.

Die aufgeführten Mengenschwellen werden selbst in Großkliniken nur im Ausnahmefall überschritten, sodass spezifische Maßnahmen nach LöRüRL in der Regel nicht erforderlich sind.

Anforderungen beim Umgang mit radioaktiven Stoffen bzw. gentechnisch veränderten Organismen

Werden Sprinkler- oder Berieselungsanlagen in Lagerräumen für radioaktive Stoffe verbaut, sind nach DIN 25422 „Aufbewahrung und Lagerung sonstiger radioaktiver Stoffe – Anforderungen an Aufbewahrungseinrichtungen

Abb. K-8: Mobile Löschwassersperre im Einbauzustand

Abb. K-9: Mobile Löschwassersperre im Lagerzustand

und deren Aufstellungsräume zum Strahlen-, Brand- und Diebstahlschutz“ (2024) zwingend Maßnahmen zur Löschwasserrückhaltung zu treffen. Dies gilt nach dem Beschluss 28/2006 „Löschanlagen und Löschwasserrückhaltung in Laboratorien der Schutz- und Sicherheitsstufen S2 und S3“ 28/2006 des Ausschusses für Biologische Arbeitsstoffe (ABAS) vom 28.11.2006 auch für Laboratorien der Schutz- und Sicherheitsstufe S3. Unterhalb dieser Schwellen ist die Notwenigkeit nicht zwingend gegeben, kann aber auch nicht pauschal ausgeschlossen werden.

Umsetzungsmöglichkeiten einer Löschwasserrückhaltung

Soweit die LöRüRL zutrifft, enthält diese auch Angaben zur Dimensionierung und Umsetzung von Löschwasserrückhalteeinrichtungen. Weitere Empfehlungen können dem VdS Leitfaden 2557 „Planung und Einbau von Löschwasser-Rückhalteeinrichtungen“ (2013) und dem VCI-Leitfaden „Löschwasserrückhaltung“ (2017) entnommen werden.

Gerade in Krankenhäusern kann die Notwendigkeit einer Löschwasserrückhaltung im Regelfall auf einzelne Räume/Bereiche beschränkt werden. Eine einfache Möglichkeit der Löschwasserrückhaltung stellen in diesem Fall mobile Löschwasserbarrieren dar, die im Einsatzfall durch Beschäftigte des Hauses oder die Feuerwehr in der Türöffnung positioniert werden (siehe Abb. K-8). Die erforderlichen Elemente müssen in unmittelbare Nähe zum Einsatzort vorgehalten werden (siehe Abb. K-9), damit diese im Einsatzfall tatsächlich zur Verfügung stehen. Die Einrichtungen sind in den Feuerwehrplänen zu verzeichnen und regelmäßig zu kontrollieren.

Manuell aufzubauende Barrieren eignen sich selbstverständlich nicht für Bereiche mit automatischen Löscheinrichtungen; hier ist der betroffene Raum selbst als Auffangraum auszuführen. Sind größere Löschwassermengen zu erwarten, muss das anfallende Löschwasser über einen Bodenablauf in einen entsprechend dimensionierten Tank abgeführt werden.

K.4 Feuerwehreinsatzplanung

Feuerwehrpläne dienen als Grundlage für die vorbeugende Einsatzplanung und der schnellen Orientierung im Einsatz. Infolge der spezifischen Nutzung (erhöhte Personengefährdung) und der meist großflächigen Gebäudestruktur (erhöhter Erkundungsaufwand) sind Feuerwehrpläne für Krankenhäuser zwingend anzufertigen und müssen vor Inbetriebnahme zur Verfügung stehen.

Die Pläne sind grundsätzlich nach DIN 14095 „Feuerwehrpläne für bauliche Anlagen“ (2025) zu erstellen. Ortsspezifisch können ergänzende bzw. abweichende Vorgaben existieren. Diese sind bei der örtlich zuständigen Brandschutzdienststelle zu erfragen; dies gilt auch für die Anzahl der erforderlichen Plansätze. Mindestens ein Plansatz ist immer in der BMZ (siehe Kapitel J.2) zu hinterlegen.

Die Feuerwehrpläne sind stets aktuell zu halten, d. h., Änderungen sind unverzüglich einzutragen. Unabhängig hiervon sind die Pläne alle 2 Jahre durch eine sachkundige Person zu überprüfen. Die Verantwortung hierfür liegt beim Eigentümer/Betreiber des Gebäudes.

Um der örtlich zuständigen Feuerwehr eine spezifische Einsatzplanung zu ermöglichen und die Ortskunde der Einsatzkräfte zu fördern, ist bei Bedarf die Möglichkeit zur Besichtigung der Gebäude und zur Durchführung von Übungen zu geben.

Hinweis

Die Feuerwehreinsatzplanung ist eng verzahnt mit dem organisatorischen Brandschutz. Eine vertrauensvolle Zusammenarbeit zwischen Brandschutzbeauftragten und zuständiger Feuerwehr sollte von beiden Seiten verfolgt werden.

L Realisierte Projektbeispiele

L.0 Neubau Kinderpalliativzentrum

Abb. L-1: Ansichten Gesamtgebäude von Süden und Osten (Quelle: Meissler Architekten, München)

<table>
<tr><th colspan="4">Allgemeine Projektdaten</th></tr>
<tr><td colspan="2">Bauherr
Freistaat Bayern
Bayerisches Staatsministerium für Bildung und Kultur, Wissenschaft und Kunst vertreten durch das Staatliche Bauamt Rosenheim</td><td rowspan="4">Projektart:
Bundesland:
Bauzeit:
Maximale Ausdehnung:
Maximale Fläche:
Anzahl Brandabschnitte:
Anzahl der Geschosse:
Gebäudeklasse</td><td rowspan="4">Neubau
Bayern
07/2014–06/2016
35 m × 32 m
902 m²
1
KG + EG + 1
5</td></tr>
<tr><td colspan="2">Planung und Bauleitung
ARGE KPM</td></tr>
<tr><td>Meissler Architekten
Leopoldstraße 54
80802 München</td><td>VAN GINKEL • ARCHITEKTEN
Hermelinweg 11
D-81549 München</td></tr>
<tr><td colspan="2">Nachweisersteller
Joachim Müller
TuB Brandschutz GmbH
Wolfratshauser Str. 187
81479 München</td></tr>
</table>

Objektbeschreibung

Der Neubau (siehe Abb. L-1) liegt auf dem Gelände eines Klinikums der Maximalversorgung und schließt L-förmig an einen bestehenden Bauteil an. Das Gebäude dient der stationären, ambulanten und häuslichen Betreuung schwerstkranker Kinder und Jugendlicher (Kinderpalliativzentrum).

Im Obergeschoss befindet sich eine Station mit 8 Einzelzimmern und zugehörigen Funktionsräumen (z. B. Büro, Stützpunkt, Spielzimmer, Lager, Arztzimmer). Das Erdgeschoss beherbergt einen großflächigen Verwaltungstrakt für die ambulante/häusliche Palliativbetreuung, einen Seminarraum sowie 2 Übernachtungszimmer für Eltern. Im Untergeschoss sind Technik- und Lagerräume sowie einzelne Büros verortet.

Um die Bauzeit und Lärmemissionen auf angrenzende klinische Nutzungen zu minimieren, wurden tragende Teile und Außenwände vollständig aus Stahlbetonfertigteilen errichtet, nicht tragende Innenwände sind als Gipskartonständerwände hergestellt. Den Abschluss bildet ein Flachdach mit Extensivbegrünung. In Teilbereichen ist auf dem Flachdach eine PV-Anlage aufgeständert.

Während sich die Geländeoberfläche auf der Westseite des Gebäudes in Höhe des Erdgeschosses befindet, liegt diese auf der Ostseite auf Höhe des Untergeschosses. In Verbindung mit einer Geschosshöhe von knapp 4 m ist das Objekt daher in die Gebäudeklasse 5 einzustufen.

Bauliche Konzeption

Die Abtrennung zum benachbarten Bauteil erfolgt mittels einer inneren Brandwand. Abweichend von den baurechtlichen Vorgaben sind Türen in der Brandwand in allen Etagen lediglich feuerhemmend, rauchdicht und selbst schließend ausgeführt. Diese Abweichung ist möglich, da die Brandwand unmittelbar an einem brandlastfreien Treppenraum bzw. einem brandlastarmen notwendigen Flur liegt und die angrenzende Flurwand bis zur ersten Tür des angrenzenden Raumes feuerbeständig ausgeführt (siehe Abb. L-2) ist.

Um die Rettung bettlägeriger Patienten zu erleichtern, wird die Station zusätzlich mittels einer feuerbeständigen Trennwand in 2 Kompartimente unterteilt. Die Tür in der Trennwand ist feuerhemmend, rauchdicht und selbst schließend ausgeführt. Im Normalbetrieb wird diese über eine zugelassene Feststellanlage offen gehalten, um den Betriebsablauf nicht zu behindern.

Die Erschließung der Station erfolgt über einen notwendigen Flur (Mindestbreite 2,25 m zwischen den Handläufen) (siehe Abb. L-3). Dieser führt an beiden Enden zu einem notwendigen Treppenraum, eine maximale Rettungsweglänge von 35 m ist von jeder Stelle des Geschosses gegeben. Jeder Flurabschnitt verfügt über ein öffenbares Fenster, um eine von den Räumen unabhängige Entrauchung zu ermöglichen.

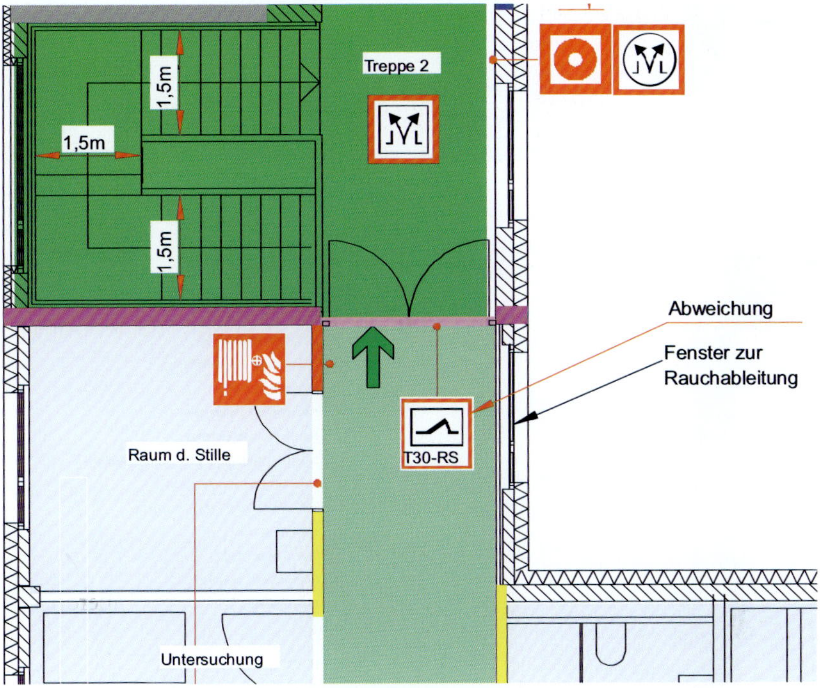

Abb. L-2: Brandabschnittstrennung zwischen notwendigem Flur und notwendigem Treppenraum (Quelle: Brandschutznachweis TuB Brandschutz GmbH, München)

Abb. L-3: Gestaltung notwendiger Flur (Quelle: Meissler Architekten, München)

Abb. L-4: Brandschutzplan der Station (Quelle: Brandschutznachweis TuB Brandschutz GmbH, München)

Die Wände des notwendigen Flures sind feuerhemmend erstellt. Mit Ausnahme der Schrammborde aus Holz (Schutz der Wände vor mechanischer Beschädigung) bestehen alle Oberflächen aus nicht brennbaren Baustoffen. Diese werden bis zu einer Höhe von bis zu 40 cm nicht als Wandbekleidung gewertet und daher toleriert. Türen in den Flurtrennwänden sind mindestens dicht schließend und vollwandig, Türen zu Patientenzimmern weisen zudem eine Mindestbreite von 1,5 m auf.

Der zentrale Stützpunkt ist mit einer fest stehenden feuerhemmenden Verglasung ausgeführt. Die Türen sind Bestandteil der Verglasung und daher ebenfalls feuerhemmend. Auch diese stehen im Regelfall offen und verfügen daher über eine zugelassene Feststellanlage (siehe Abb. L-5).

Abb. L-5: Gestaltung Stützpunkt (Quelle: Meissler Architekten, München)

Die Wände zwischen Bettenzimmern bzw. zwischen Bettenzimmern und anderen Räumen sind in der Bauart feuerhemmend erstellt. Hierzu sind diese wie feuerhemmende Wände aus Mauerwerk oder als Gipskartonständerwände errichtet. Für die Durchführungen von Leitungs- und Lüftungsanlagen werden jedoch Erleichterungen zugelassen, d. h., Anforderungen an die Feuerwiderstandsdauer der Schotts werden nicht gestellt, auch Brandschutzklappen sind nicht vorgeschrieben. Um einer vorzeitigen Rauchübertragung über die Lüftungsanlage vorzubeugen, bestehen diese aus nicht brennbaren Baustoffen. Spalte im Bereich von Aussparungen sind zudem vollfugig und dicht mit nicht brennbaren Baustoffen verschlossen.

Die Wände von Technik-, Lager- und Entsorgungsräumen sind raumabschließend feuerbeständig ausgeführt, Türen in diesen Wänden feuerhemmend, rauchdicht und selbst schließend.

Rettungs-/Räumungskonzept

Bei den Patienten auf der Station ist anzunehmen, dass eine Selbstrettung nicht möglich ist. Infolgedessen sieht das Räumungskonzept ein horizontales Verschieben der Patienten zusammen mit dem Bett vor.

Da infolge der Patientenzahl und der spezifischen medizinischen Anforderungen auf eine autarke Energieversorgung der einzelnen Kompartimente verzichtet wurde, gelten diese trotz baulicher Abtrennung nicht als eigenständige Räumungsabschnitte. Stattdessen ist grundsätzlich eine Verlagerung aller Patienten in das angrenzende Gebäude zu planen. Dieses ist für eine Aufnahme zusätzlicher Patienten ausreichend dimensioniert, zudem steht ein Aufzug für weiterführende vertikale Verlagerungen zur Verfügung.

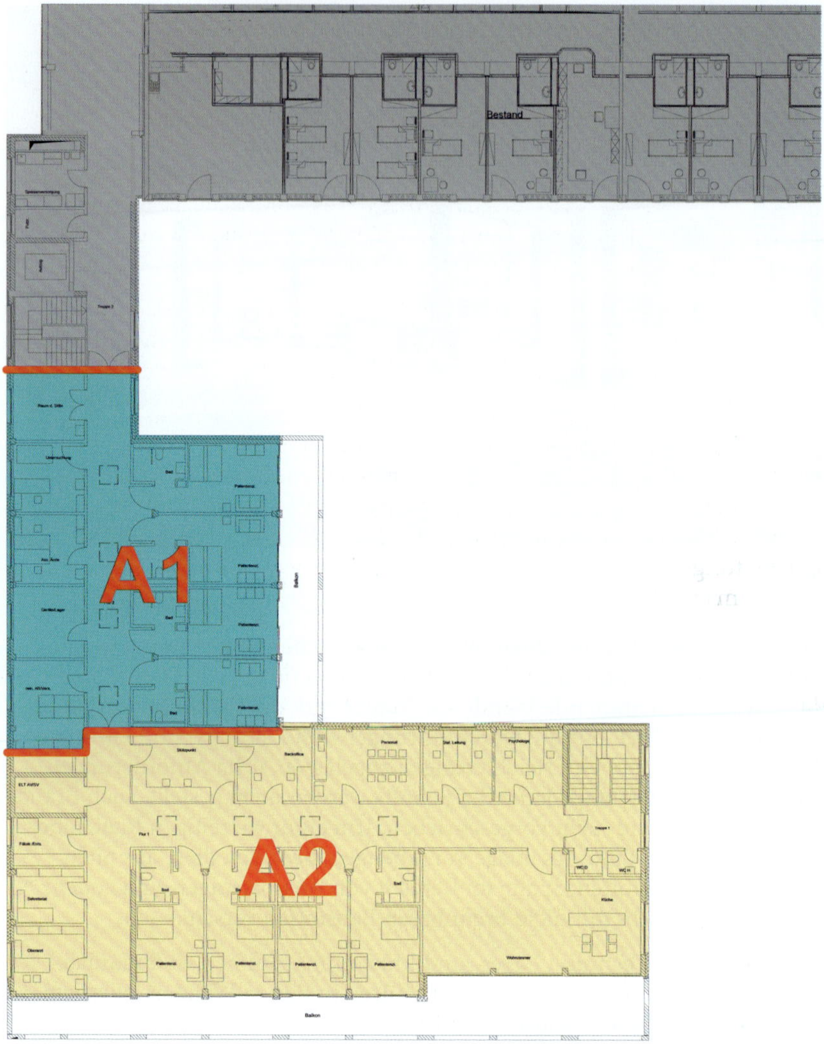

Abb. L-6: Abschnittsbildung im Gebäude (Quelle: nach Brandschutznachweis TuB Brandschutz GmbH, München)

Insbesondere bei einem Brandereignis im nördlichen Kompartiment (Abschnitt 1 in Abb. L-6) besteht die Gefahr, dass der notwendige Flur verraucht, bevor eine Räumung des südlichen Kompartiments (Abschnitt 2 in Abb. L-6) abgeschlossen ist. In diesem Fall ist nur noch eine zeitaufwendige vertikale Räumung über den östlichen Treppenraum möglich. Auch in diesem Fall stehen durch die Unterteilung in 2 Kompartimente jedoch ausreichend Zeitreserven zur Verfügung.

Sicherheitstechnische Einrichtungen

In den Treppenräumen und im Stützpunkt befinden sich manuelle Brandmelder, darüber hinaus wird das Geschoss vollflächig (Kategorie I) durch automatische Brandmelder überwacht. Auflaufende Brandalarme werden an die zuständige Feuerwehr, die 24 Stunden besetzte Leitwarte des Klinikums sowie das Stationspersonal weitergeleitet.

Die Alarmierung der Beschäftigten erfolgt still, um eine Verunsicherung der Patienten zu vermeiden. Hierfür finden Blitzleuchten in Fluren und Personalaufenthaltsräumen (z. B. Büro, Stützpunkt) Anwendung. Ergänzend wird der Alarm mit dem Codewort „FLORI“ auf der Lichtrufanlage angezeigt und auch in Patientenzimmer mit gedrückter Anwesenheitstaste weitergeleitet. Der genaue Meldeort wird den Beschäftigten über definierte Telefonendgeräte (z. B. DECT-Telefonstation) mitgeteilt.

Um Löscharbeiten der Feuerwehr zu unterstützen, befinden sich in unmittelbare Nähe zu den notwendigen Treppenräumen Wandhydranten Typ F, für die Selbsthilfe werden zudem 3 Handfeuerlöscher mit 6 l Schaum vorgehalten.

Die notwendigen Treppenräume verfügen über eine Sicherheitsbeleuchtung. Dies gilt ebenso für den notwendigen Flur der Station sowie für Räume für die Untersuchung, Behandlung, Unterbringung und Pflege von Patienten. Die Kennzeichnung der Rettungswege erfolgt mittels selbst leuchtender Rettungszeichen. Die Sicherheitsbeleuchtung und die Kennzeichnungsschilder der Rettungswege sind an die Notstromversorgung (Notstromdiesel) des Klinikums angeschlossen.

Infolge geringfügiger Überschreitungen der zulässigen Rauchabschnittslänge (Abweichung) verfügt der südliche Rauchabschnitt der Station über 2 Oberlichter, die als Rauchabzug ausgeführt sind. Die Auslösung erfolgt über Bedienstellen im notwendigen Flur bzw. im Stützpunkt.

Organisatorischer Brandschutz

Die Station ist ständig mit mindestens einer Pflegekraft besetzt. Dies gilt auch für die benachbarte Station im angrenzenden Gebäude, sodass im Alarmfall umgehend eine zweite Person verfügbar ist. Darüber hinaus verfügt das Klinikum über mehrere Bereitschaftsdienste der Technik, einen Sicherheitsdienst und ein internes Notfallteam für medizinische Notfälle. Auch diese Funktionen werden bei jedem Feueralarm informiert und können bei Räumungsarbeiten unterstützen.

Die Aufgaben der Beschäftigten sind in der Brandschutzordnung (Teil A, B, C) des Klinikums abgebildet, weiterhin existiert ein umfangreicher Alarm- und Einsatzplan für das Szenario „Brand“. Alle Beschäftigten werden jährlich zu den Inhalten unterwiesen.

Abwehrender Brandschutz

Die zentrale Erstanlaufstelle für die Feuerwehr befindet sich in der Hauptpforte an der Zufahrt von der öffentlichen Verkehrsfläche auf das Privatgelände. Hier befinden sich ein FSD, ein FAT und die erforderlichen Laufkarten bzw. Feuerwehrpläne für das Klinikum.

Infolge der großen Strecke zum betrachteten Gebäude (ca. 500 m) wurde in Abstimmung mit der Feuerwehr ein zusätzliches FAT in der Eingangshalle des Neubaus installiert. Neben einem Satz objektspezifischer Laufkarten ist hier auch ein Freischaltelement für die PV-Anlage des Gebäudes situiert.

Infolge der Anbindung an das Gesamtgebäude wurde das Objekt in das Funkkonzept auf dem Gelände einbezogen und mit einer Objektfunkanlage ausgestattet. Auch ein separates Bedienfeld wurde in das FAT des Gebäudes integriert.

L.1 Teilabriss und Erweiterung eines Krankenhausflügels im laufenden Betrieb

Allgemeine Projektbeschreibung

Bei einem pädiatrischen Krankenhauskomplex mit Aufteilung in mehrere Flügel wurde ein bestehender erdgeschossiger Gebäudeteil durch einen dreigeschossigen Neubau mit 2 Kellergeschossen ersetzt (siehe Abb. L-7). Aufgrund der Lage im Hang kann der Teilneubau über das erste Untergeschoss ebenerdig betreten werden (siehe Abb. L-8). Die Grundsubstanz des Bestandsgebäudes stammt aus den 1960er-Jahren. Ende der 1980er-Jahre erfolgten ein Anbau an das ursprüngliche Gebäude sowie der Bauteile, die den

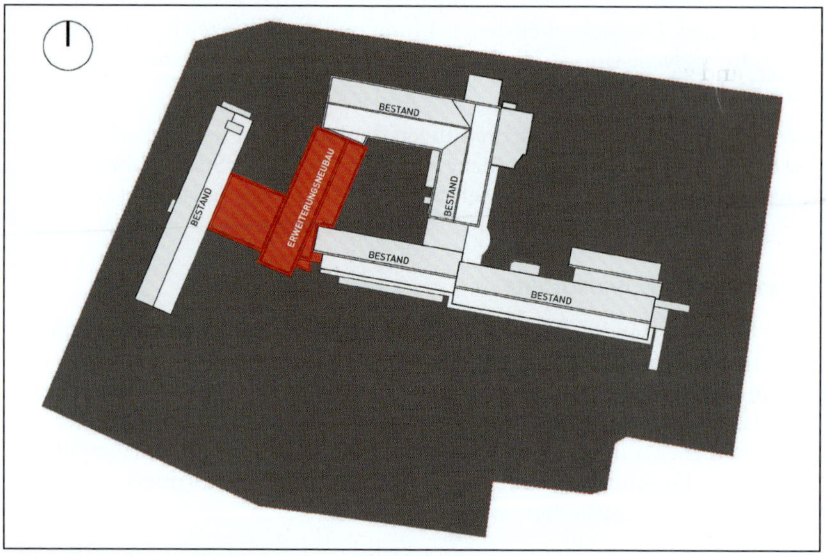

Abb. L-7: Übersicht Gebäudeaufteilung/Flügel; Neubau in Rot

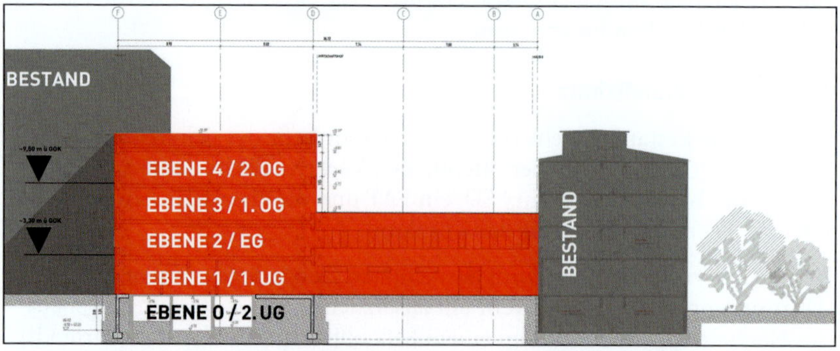

Abb. L-8: Übersicht Gebäudeaufteilung/Schnitt Ost-West; Neubau in Rot

in Rede stehenden Teilneubau einfassen. Seither wurden Renovierungen, aber keine grundlegenden Umbauten oder Sanierungen im Sinne des Brandschutzes durchgeführt. Ein Großteil der Stationen war hinsichtlich der Anforderungen nicht mehr zeitgemäß. Die hygienischen und funktionalen Defizite sollten mit einem Teil-Neubau (siehe Abb. L-7) behoben werden.

Im Rahmen der Herstellung eines Ergänzungsbaus zwischen den angrenzenden Flügeln des Krankenhauses wurde ein Teil des Bestands abgebrochen. In die geschaffene Baulücke wurde der Ergänzungsneubau eingepasst und Anschlüsse an den Bestand geschaffen. Der Ergänzungsneubau wurde im Westen an den Bestand (Regenerierküche und Büro), im Osten an die Pflegestation im Bestand und im Norden an Intensivpflegestationen im Bestand angeschlossen. Die angrenzenden Bereiche, die nicht durch die Baumaßnahmen oder in Anschlüssen berührt werden, wurden gegenüber dem genehmigten Bestand nicht verändert. Der genehmigte Bestand wurde durch eine qualifizierte brandschutztechnische Abtrennung mit Anforderungen an den Rauch- und Feuerwiderstand separiert.

Im Neubau sind vom Erdgeschoss bis zum zweiten Obergeschoss (siehe Abb. L-8) Stationen der pädiatrischen Allgemeinpflege untergebracht. Im ersten und zweiten Untergeschoss sind Personalumkleiden und Technikbereiche verortet.

Bauliche Konzeption

Am Übergang zwischen Bestand (dunkelgrau) und Neubau musste ein ehemals außen liegender notwendiger Treppenraum abgebrochen werden, um den Anschluss des Neubaus an den Bestand für Betten zu ermöglichen.

Durch den Abbruch der notwendigen Treppe fehlte sowohl für den Bestand als auch für den Neubau der zweite bauliche Flucht- und Rettungsweg. Als ein erster Schritt musste daher eine neue Außentreppe an der Westseite des Bestands mit Zugang für den Neubau errichtet werden (siehe Abb. L-9). Die-

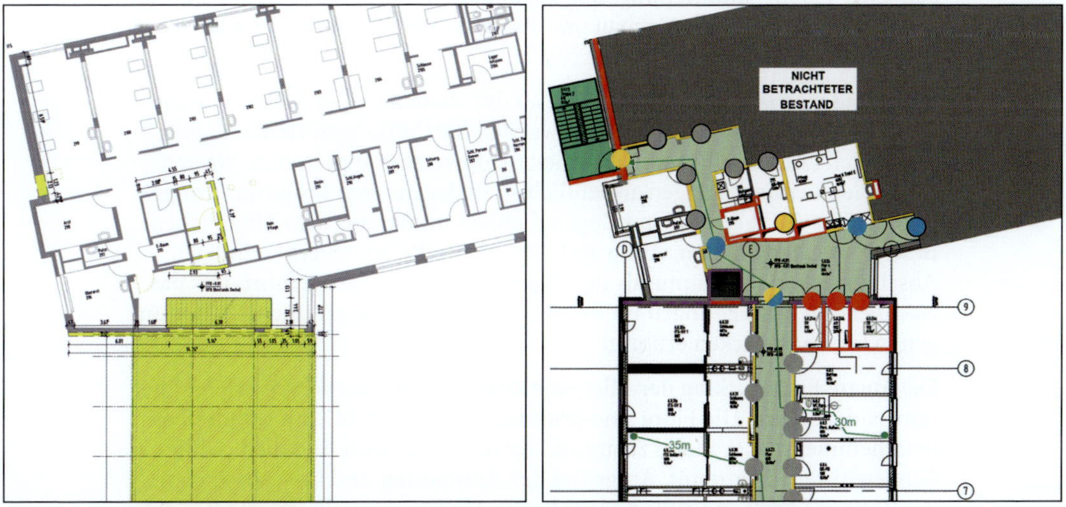

Abb. L-9: Grundriss Ebene 2 Erdgeschoss – Abrissplanung und Neubauplanung im Vergleich

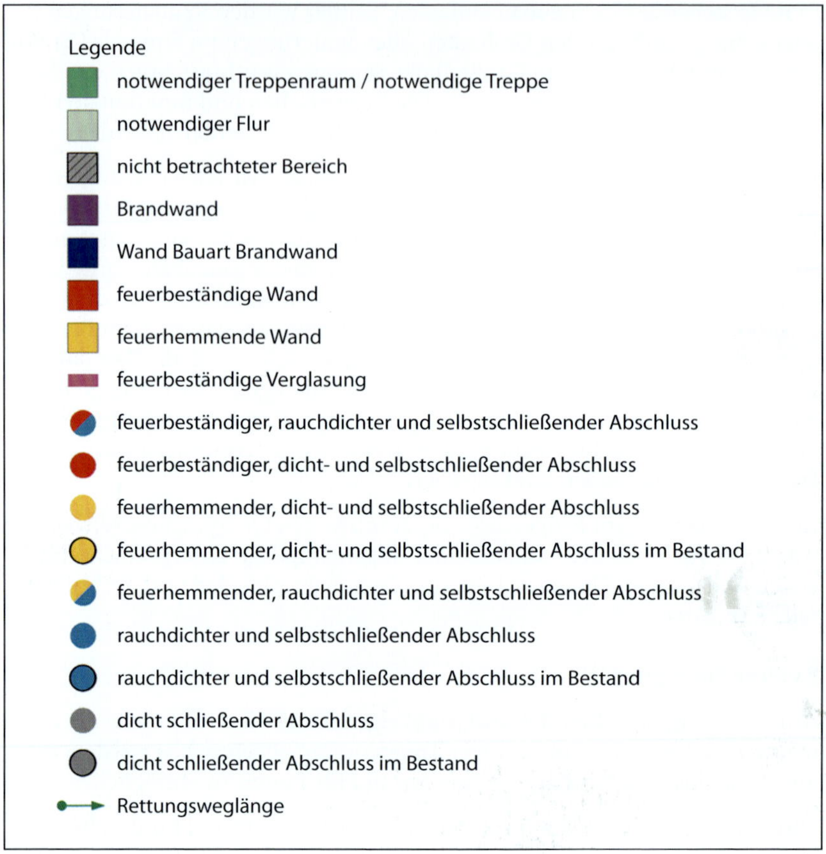

Abb. L-10: Legende Brandschutzplanung

se Außentreppe am Bestand wird durch notwendige Flure an den Neubau als baulicher Flucht- und Rettungsweg angebunden. Ein Eingriff in den Bestand und ein Überlappen der Neubau und Bestandsbereiche waren hier konstruktiv unausweichlich.

Die Brandabschnittstrennung erfolgt an der ehemaligen südlichen Außenwand des Bestandsgebäudes. Dabei wurden die Öffnungen zu den Elektroräumen (Allgemein- und Sicherheitsstromversorgung) und zu Wasser führenden Leitungsanlagen absichtlich so in der inneren Brandwand angeordnet, dass die Wartung und Zugänglichkeit immer aus dem öffentlichen Bereich erfolgen können. Aufgrund der erforderlichen feuerbeständigen Abschlüsse sind die Räume als durchgängige Schächte ausgeführt, was das Nachbelegen mit Leitungen im Betrieb deutlich erleichtert und Abschottungen in Geschossdecken erübrigt.

Die innere Erschließung der Pflegestationen in den Geschossen erfolgt über notwendige Flure. Die Flure sind grundsätzlich nach LBO mit mindestens feuerhemmenden Wänden zu angeschlossenen Räumen und dicht schließenden Türen abgetrennt. Aufgrund der Anbindung und Geschosshöhen des Bestands wurden Leitungswege in den Fluren oberhalb feuerhemmender

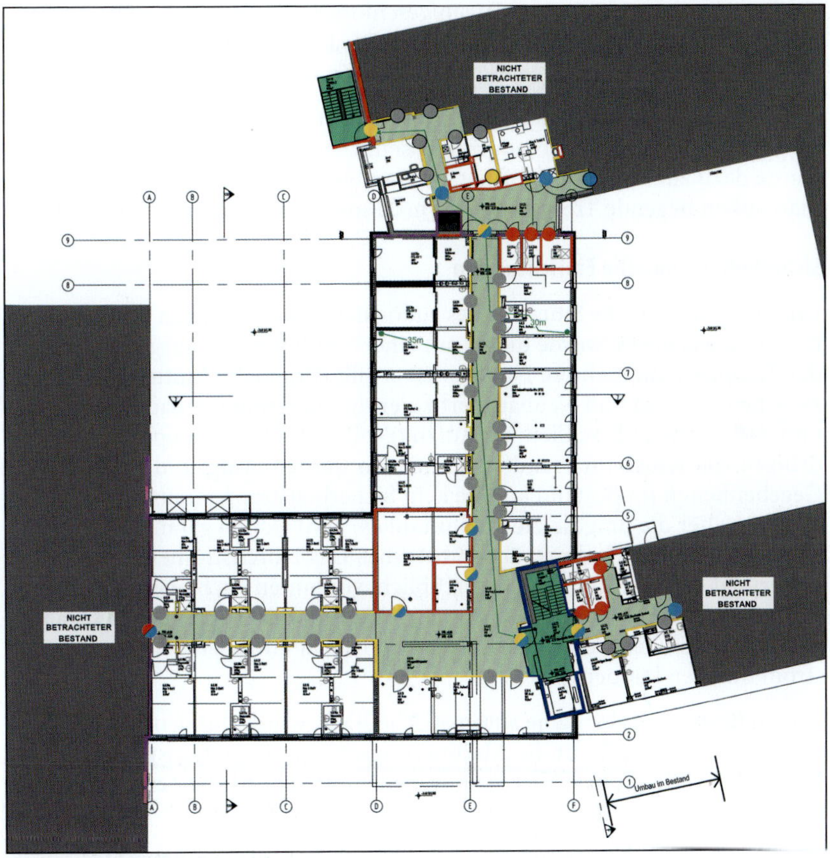

Abb. L-11: Grundriss Ebene 2 Erdgeschoss – Brandschutzplanung

Unterdecken angeordnet. Aus hygienischen Gründen für eine einfachere Reinigung wurde der schwer entflammbare Fußbodenbelag an den Flurwänden bis zum Schrammbord hinauf verlegt. Diese Ausführung bedingt, dass in Bezugnahme auf den Verwendungsnachweis des Fußbodenbelags mit der Hersteller- und der Errichterfirma die geringfügige Abweichung von der zugelassenen Verlegeart abgestimmt werden muss. Bodenbeläge als Bauprodukte sind in der Regel nicht für das Verlegen an Wänden gemäß Verwendbarkeitsnachweis vorgesehen.

Pflegestützpunkte und Wartebereiche sind allerdings nicht nach LBO feuerhemmend von den Fluren abgetrennt, sondern offen als Kontaktpunkt für Patientinnen und Patienten sowie deren Angehörige gestaltet (siehe Abb. L-11). Da in den Pflegestützpunkten nur der Tagesbedarf im vorderen Bereich vorgehalten wird, kann dies in Verbindung mit der flächendeckenden, automatischen BMA gestattet werden. Alle weiteren Materialien und Akten werden in direkt angeschlossenen, feuerhemmend abgetrennten Räumen vorgehalten. Geräteräume sind feuerbeständig abgetrennt, da in Zukunft mehr batteriegepufferte Geräte erwartet werden. Alle Pflegezimmer sind durch mindestens rauchdichte Wände untereinander getrennt. Mangels bauordnungsrechtlicher Definition sind Restspalte mit mineralischen Baustoffen oder dauerelastischen Fugen geschlossen worden. Aufgrund der bauphysikalischen Anforderungen an diese Wände waren die Anforderungen des Schallschutzes höher respektive dichter als die des Brandschutzes.

Auf der Südostseite des Neubaus wird an den bestehenden notwendigen Treppenraum des Bestands angeschlossen. Der notwendige Treppenraum wurde dazu zum Neubau geöffnet und um einen Aufzug ergänzt. Der ehemals außen liegende Treppenraum wurde somit zu einem innen liegenden.

Sicherheitstechnische Einrichtungen

Um die neue bauliche Situation des südöstlichen notwendigen Treppenraums zu würdigen, wurde dieser mit einer Spülluftanlage ausgestattet. Da der Treppenraum mehrere Funktionen erfüllt (Brandabschnittstrennung zwischen Bestand und Neubau, vertikaler und horizontaler baulicher Flucht- und Rettungsweg, Erschließung Aufzug) sollen das Verschleppen und Eindringen von Rauch im Brandfall vermieden werden. Aufgrund der baulichen Gegebenheiten im Bestand konnte kein Sicherheitstreppenraum realisiert werden. Über die umgesetzte Spülluftanlage wird jedoch garantiert, dass eindringender Rauch direkt abgeführt wird. Das Durchströmen mit Frischluft erfolgt, wie bei Spülluftanlagen üblich, von unten nach oben. Die Frischluft wird im zweiten Untergeschoss eingeblasen und strömt über Dach ab. Das hat zudem den Vorteil, dass Personen immer entgegen dem Frischluftstrom flüchten können.

Die im Bestand vorhandene automatische BMA wurde auf den Neubau ausgeweitet. Gleiches gilt für die Alarmierungsanlage, die stationsweise ausgelöst und in stillem sowie allgemein wahrnehmbarem Alarm betrieben werden kann.

Die Brandschutzklappen innerhalb der Lüftungsanlage werden motorisch angesteuert, um das Ausbreiten von Rauch in andere Geschosse des Neubaus schnellstmöglich zu verhindern. Dabei konnten aufgrund der durch den Bestand vorgegebenen Raumhöhen keine vertikalen Sammelleitungen mit horizontaler Verteilung umgesetzt werden, sondern es mussten mehrere vertikale Lüftungsleitungen zum Erschließen der innen liegenden Nasszellen gebaut werden.

Organisatorischer Brandschutz

Die Evakuierung von Stationen kann aufgrund der Anschlüsse an den Bestand in mindestens 2 entgegengesetzte Richtungen erfolgen. Somit kann sichergestellt werden, dass der Raum, in dem ein Brandereignis stattfindet, nicht passiert werden muss. Zudem steht insbesondere in den gering besetzten Schichten Unterstützung durch medizinisches Personal der jeweils angrenzenden Stationen im Bestand zur Verfügung. Dies ist insbesondere im Hinblick auf die nicht selbstrettungsfähigen Säuglinge und Kinder von zentraler Bedeutung. Durch das Einbinden des Neubaus in die organisatorischen Rahmenbedingungen des Bestands wird sichergestellt, dass die erforderlichen Schnittstellen besetzt sind. Einem stillen Alarm folgend kann eine allgemeine, laute Alarmierung zentral aktiviert werden.

Die Brandschutzordnung wurde durch den betriebsinternen Brandschutzbeauftragten fortgeschrieben. Dabei wird, wie üblich, zuerst der betroffene Raum geräumt und die Tür manuell geschlossen. Danach werden alle angrenzenden Räume in den nächsten sicheren Bereich evakuiert.

Aufgrund der Nutzung als Krankenhaus sind die Flure aus betrieblichen Gründen nicht vollständig frei von Brandlasten (Wagen mit medizinischem Material für Visiten, Versorgung der Patienten, Betten usw.). Diese Art der Nutzung ist für die Arbeit in Krankenhäusern immanent und wird in die brandschutztechnische Bewertung einbezogen. Zwar erfolgt eine Erschließung mittels baulich hergestellter notwendiger Flure nach LBO, aber der vorgenannte, betrieblich-organisatorische Aspekt der Nutzung wurde explizit im Brandschutzkonzept formuliert und festgehalten.

Abwehrender Brandschutz

In Abstimmung mit der zuständigen Berufsfeuerwehr verbleibt der zentrale Anlaufpunkt der Feuerwehr im Einsatzfall an der Pforte, westlich des Neubaus im Bestand. Ein FSD wurde im vorliegenden Projekt nicht eingebaut, da die Pforte des Krankenhauses ständig besetzt ist und neben der Zugangsberechtigung auch als wichtige Schnittstelle zum Informieren der Einsatzkräfte durch den Betreiber fungiert. Zum Unterstützen des Löschangriffs der Feuerwehr befinden sich im Inneren des notwendigen Treppenraums im Bestand Wandhydranten und an der neuen Außentreppe eine Steigleitung mit Entnahmestellen. Beide Positionen, der Treppenraum und die Außentreppe, sind durch Einsatzfahrzeuge direkt über Feuerwehrzufahrten erreichbar. Der Zugang der Einsatzkräfte für wirksame Löscharbeiten kann unabhängig von den Flucht- und Rettungswegen, die durch das medizinische Personal gelenkt werden, erfolgen.

M Anhang

M.0 Danksagung

Für die fachliche Begleitung und Unterstützung beim Verfassen dieses Buches danken wir

- der Ärztlichen Direktion und der Stabsstelle Kommunikation und Medien des LMU Klinikums, München,
- dem Staatlichen Bauamt Rosenheim,
- der HWP Planung GmbH, Stuttgart,
- Meissler Architekten, München,
- Simon Münch von spezialmatratzen.de, Schwarzenbek,
- TuB Brandschutz GmbH, München,
- VAN GINKEL • ARCHITEKTEN, München
- und vielen mehr, die unter Beachtung der KRITIS-Vorgaben nicht genannt werden dürfen.

M.1 Abkürzungsverzeichnis

ABAS	Ausschuss für Biologische Arbeitsstoffe
abP	allgemeines bauaufsichtliches Prüfzeugnis
abZ	allgemeine bauaufsichtliche Zulassung
ABS	Ausschuss für Betriebssicherheit
ABuG	Anforderungen an bauliche Anlagen bzgl. der Auswirkungen auf Boden und Gewässer
AEMP	Aufbereitungseinheit für Medizinprodukte
AGBF	Arbeitsgemeinschaft der Leiterinnen und Leiter der Berufsfeuerwehren in der Bundesrepublik Deutschland
AGS	Ausschuss für Gefahrstoffe
AMEV	Arbeitskreis Maschinen- und Elektrotechnik staatlicher und kommunaler Verwaltungen, Empfehlungen und weitere Informationen
ARGEBAU	Arbeitsgemeinschaft der für Städtebau, Bau- und Wohnungswesen zuständigen Minister und Senatoren der 16 Länder der Bundesrepublik
ArbSchG	Arbeitsschutzgesetz
ArbStättV	Arbeitsstättenverordnung
ASR	Technische Regeln für Arbeitsstätten
ASTA	Ausschuss für Arbeitsstätten
AutSchR	Richtlinie über automatische Schiebetüren in Rettungswegen
AV	allgemeine Stromversorgung
AwSV	Anlagen zum Umgang mit wassergefährdenden Stoffen
AWT	Automatische Warentransportsysteme
BAuA	Bundesanstalt für Arbeitsschutz und Arbeitsmedizin
BauPVO	Bauproduktenverordnung
BbgBO	Brandenburgische Bauverordnung
BbgKPBauV	Brandenburgische Krankenhaus- und Pflegeheim-Bauverordnung
BetrSichV	Betriebssicherheitsverordnung
BetrVG	Betriebsverfassungsgesetz
BioStoffV	Biostoffverordnung
BKE	Bereichskontrolleinheit
BMA	Brandmeldeanlage
BMAS	Bundesministerium für Arbeit und Soziales
BMZ	Brandmelderzentrale
BG	Berufsgenossenschaften
BGB	Bürgerliches Gesetzbuch
BGN	Berufsgenossenschaft Nahrungsmittel und Gastgewerbe
BGW	Berufsgenossenschaft für Gesundheitsdienst und Wohlfahrtspflege
BOS	Behörden und Organisationen mit Sicherheitsaufgaben

BPD	Bauprüfdienst Hamburg
bvfa	Bundesverband Technischer Brandschutz e. V.
BUND	Bund für Umwelt und Naturschutz Deutschland
CE-Kennzeichnung	Conformité Eurpéenne (Europäische Konformität)
CSRD	Corporate Sustainability Reporting Directive
D-A-CH	Kooperations- und Diskussionsplattform der deutschsprachigen Verbände und Vereine für Krankenhaustechnik und Krankenhausbetriebstechnik
DIBt	Deutschen Institut für Bautechnik
DFV	Deutscher Feuerwehrverband
DGUV	Deutsche Gesetzliche Unfallversicherung e. V.
DKG	Deutsche Krankenhausgesellschaft
DVGW	Deutscher Verein des Gas- und Wasserfaches e. V.
EltBauVO	Muster einer Verordnung über den Bau von Betriebsräumen für elektrische Anlagen
EltVTR	Richtlinie über elektrische Verriegelungssysteme von Türen in Rettungswegen
ePA	elektronische Patientenakte
EPS	expandiertes Polystyrol
ETA	Europäische Technische Bewertung
ETK	Einheitstemperaturzeitkurve
EU	Europäische Union
EuGH	Europäischer Gerichtshof
FA	funktionale Anforderungen
FAT	Feuerwehranzeigetableau
FBF	Feuerwehrbedienfeld
FSD	Feuerwehrschlüsseldepot
FTS	fahrerlose Transportsysteme
FwDV	Feuerwehr-Dienstvorschrift
FVHF	Fachverband Baustoffe und Bauteile für vorgehängte hinterlüftete Fassaden e. V.
GefStoffV	Gefahrstoffverordnung
GenTSV	Gentechnik-Sicherheitsverordnung
GDV	Gesamtverband der deutschen Versicherungswirtschaft e. V.
GK	Gebäudeklasse
GMBl	Gemeinsame Ministerialblatt
HBauO	Hamburger Bauordnung
IMC	Intermediate Care
INZ	Integrierte Notfallzentren
IST	Intensivstation
KFA	Kleinkastenförderanlagen
KhBauR	Richtlinie über den Bau und Betrieb von Krankenhäusern
LBO	Landesbauordnung
LE	Löscheinheiten
LöRüRL	Richtlinie zur Bemessung von Löschwasser-Rückhalteanlagen beim Lagern wassergefährdender Stoffe (Löschwasser-Rückhalte-Richtlinie)

LuftVG	Luftverkehrsgesetz
LuftVZO	Luftverkehrs-Zulassungs-Ordnung
MBauVorlV	Musterbauvorlagenverordnung
MBeVO	Muster-Beherbergungsstättenverordnung
MBO	Musterbauordnung
MEltBauV	Muster einer Verordnung über den Bau von Betriebsräumen für elektrische Anlagen
MFeuV	Muster-Feuerungsverordnung
MHHR	Muster-Hochhaus-Richtlinie
MHolzBauRL	Muster-Richtlinie über brandschutztechnische Anforderungen an Bauteile und Außenwandbekleidungen in Holzbauweise
MKhBauVO	Muster einer Verordnung über den Bau und Betrieb von Krankenhäusern
MLAR	Muster-Richtlinie über brandschutztechnische Anforderungen an Leitungsanlagen
M-LüAR	Muster-Richtlinie über brandschutztechnische Anforderungen an Lüftungsanlagen
MSysBöR	Muster-Richtlinie über brandschutztechnische Anforderungen an Systemböden
MPrüfVO	Muster-Prüfverordnung
MVStättVO	Musterverordnung über den Bau und Betrieb von Versammlungsstätten
MVKVO	Muster-Verkaufsstättenverordnung
MVV TB	Muster-Verwaltungsvorschrift Technische Baubestimmungen
NABau	DIN-Normenausschuss Bauwesen
NFPA	National Fire Protection Association
NRWG	natürliches Rauch- und Wärmeabzugsgerät
NSVH	Niederspannungshauptverteilung
RiMEA	Richtlinie für Mikroskopische Entfluchtungsanalysen
RS	Rauchschutz
RWA	Rauch- und Wärmeabzug
SAA	Sprachalarmanlagen
SGB	Sozialgesetzbuch
StGB	Strafgesetzbuch
StrlSchG	Strahlenschutzgesetz
StrlSchV	Strahlenschutzverordnung
SV	Sicherheitsstromversorgung
TAB	Technischen Anschlussbedingungen
TRBA	Technische Regeln für Biologische Arbeitsstoffe
TRBS	Technische Regeln für Betriebssicherheit
TRGS	Technische Regeln für Gefahrstoffe
Ü-Zeichen	Übereinstimmungszeichen
UE	Unterrichtseinheiten
UK	Unfallkassen
USV	unterbrechungsfreie Stromversorgung
VDE	Verband der Elektrotechnik Elektronik Informationstechnik e. V.

VdF	Verband der Feuerwehren in Nordrhein-Westfalen e. V.
VDI	Verein Deutscher Ingenieure e. V.
VdS	VdS Schadenverhütung GmbH
vfdb	Vereinigung zur Förderung des Deutschen Brandschutzes e. V.
VDMA	Verband Deutscher Maschinen- und Anlagenbau e. V.
VV TB	Verwaltungsvorschrift Technische Baubestimmungen
WDVS	Wärmedämm-Verbundsysteme
WGK	Wassergefährdungsklasse
WHG	Wasserhaushaltsgesetz
ZVEI	Zentralverband Elektrotechnik und Elektronikindustrie e. V.

M.2 Literaturverzeichnis

M.2.1 Normen

BS 5852 Assessment of the ignitability of upholstered seating by smouldering and flaming ignition sources

DIN 1946-4:2018-09 Raumlufttechnik – Teil 4: Raumlufttechnische Anlagen in Gebäuden und Räumen des Gesundheitswesens

DIN 1988-600:2021-07 Technische Regeln für Trinkwasser-Installationen – Teil 600: Trinkwasser-Installationen in Verbindung mit Feuerlösch- und Brandschutzanlagen

DIN 2403:2018-10 Kennzeichnung von Rohrleitungen nach dem Durchflussstoff

DIN 3223:2012-11 Betätigungsschlüssel für Armaturen

DIN 4066:2025-02 Hinweisschilder für die Feuerwehr

DIN 4102-4:1970-02 Brandverhalten von Baustoffen und Bauteilen – Einreihung in die Begriffe

DIN 4102-1:1998-05 Brandverhalten von Baustoffen und Bauteilen – Teil 1: Baustoffe; Begriffe, Anforderungen und Prüfungen

DIN 4102-2:1977-09 Brandverhalten von Baustoffen und Bauteilen; Bauteile, Begriffe, Anforderungen und Prüfungen

DIN 4102-3:1977-09 Brandverhalten von Baustoffen und Bauteilen; Brandwände und nichttragende Außenwände, Begriffe, Anforderungen und Prüfungen

DIN 4102-4:2025-06 Brandverhalten von Baustoffen und Bauteilen – Teil 4: Zusammenstellung und Anwendung klassifizierter Baustoffe, Bauteile und Sonderbauteile

DIN 4102-5:1977-09 Brandverhalten von Baustoffen und Bauteilen; Feuerschutzabschlüsse, Abschlüsse in Fahrschachtwänden und gegen Feuer widerstandsfähige Verglasungen, Begriffe, Anforderungen und Prüfungen

DIN 4102-7:2018-11 Brandverhalten von Baustoffen und Bauteilen – Teil 7: Bedachungen – Anforderungen und Prüfungen

DIN 4102-11:1985-12 Brandverhalten von Baustoffen und Bauteilen; Rohrummantelungen, Rohrabschottungen, Installationsschächte und -kanäle sowie Abschlüsse ihrer Revisionsöffnungen; Begriffe, Anforderungen und Prüfungen

DIN 4102-12:1998-11 Brandverhalten von Baustoffen und Bauteilen – Teil 12: Funktionserhalt von elektrischen Kabelanlagen; Anforderungen und Prüfungen

DIN 4102-13:1990-05 Brandverhalten von Baustoffen und Bauteilen; Brandschutzverglasungen; Begriffe, Anforderungen und Prüfungen

DIN 4844-1:2012-06 Graphische Symbole – Sicherheitsfarben und Sicherheitszeichen – Teil 1: Erkennungsweiten und farb- und photometrische Anforderungen

DIN 6280-13:1994-12 Stromerzeugungsaggregate – Stromerzeugungsaggregate mit Hubkolben-Verbrennungsmotoren – Teil 13: Für Sicherheitsstromversorgung in Krankenhäusern und in baulichen Anlagen für Menschenansammlungen

DIN 6812: 2021-06 Medizinische Röntgenanlagen bis 300 kV – Regeln für die Auslegung des baulichen Strahlenschutzes

DIN 6844-1:2020-05 Nuklearmedizinische Betriebe – Teil 1: Regeln für die Errichtung und Ausstattung von Einrichtungen zur ambulanten Anwendung von offenen radioaktiven Stoffen zur Diagnostik und Therapie

DIN 6844-2:2020-05 Nuklearmedizinische Betriebe – Teil 2: Regeln für die Errichtung und Ausstattung von Einrichtungen zur therapeutischen Anwendung von offenen radioaktiven Stoffen

DIN 6844-3: 2020-07 Nuklearmedizinische Betriebe – Teil 3: Strahlenschutzberechnungen

DIN 6850:2006-12 Strahlenschutzbehälter, Strahlenschutztische und Strahlenschutztresore zur Verwendung in nuklearmedizinischen Betrieben – Anforderung und Klassifikation

DIN 13024-1:2016-09 Krankentrage – Teil 1: Mit starren Holmen; Maße, Anforderungen, Prüfung

DIN 13024-2:2016-09 Krankentrage – Teil 2: Mit klappbaren Holmen; Maße, Anforderungen, Prüfung

DIN 13080:2016-06 Gliederung des Krankenhauses in Funktionsbereiche und Funktionsstellen

DIN 14010:2019-04 Angaben zur statistischen Erfassung von Bränden

DIN 14024-1:2021-12 Digitale BOS-Objektfunkanlagen – Teil 1: Aufbau und Betrieb

DIN 14024-2:2024-12 Digitale BOS-Objektfunkanlagen – Teil 2: Anforderungen an die Fachfirma und Fachkräfte

DIN 14034-6:2024-06 Graphische Symbole für das Feuerwehrwesen – Teil 6: Bauliche Einrichtungen

DIN 14090:2024-02 Flächen für die Feuerwehr auf Grundstücken

DIN 14095:2025-07 Feuerwehrpläne für bauliche Anlagen

DIN 14096:2014-05 Brandschutzordnung – Regeln für das Erstellen und das Aushängen

DIN 14461-1:2016-10 Feuerlösch-Schlauchanschlusseinrichtungen – Teil 1: Wandhydrant mit formstabilem Schlauch

DIN 14461-2:2025-11 Feuerlösch-Schlauchanschlusseinrichtungen – Teil 2: Einspeiseeinrichtung und Entnahmeeinrichtung für Löschwasserleitungen „trocken"

DIN 14461-3:2020-08 Feuerlösch-Schlauchanschlusseinrichtungen – Teil 3: Schlauchanschlussventile PN 16

DIN 14462:2023-07 Planung, Einbau, Betrieb und Instandhaltung von Wandhydrantenanlagen, Über- und Unterflurhydrantenanlagen sowie Löschwasseranlangen „trocken"

DIN 14661:2023-02 Feuerwehrwesen – Feuerwehr-Bedienfeld für Brandmeldeanlagen

DIN 14662:2023-02 Feuerwehrwesen – Feuerwehr-Anzeigetableau für Brandmeldeanlagen

DIN 14663:2023-02 Feuerwehrwesen – Feuerwehr-Gebäudefunkbedienfeld

DIN 14675-1:2020-01 Brandmeldeanlagen – Teil 1: Aufbau und Betrieb

DIN 14925:2020-11 Feuerwehrwesen – Verschlusseinrichtung

DIN 15309:2002-12 Aufzüge – Personenaufzüge für andere als Wohngebäude sowie Bettenaufzüge – Baumaße, Fahrkorbmaße, Türmaße

DIN 18040-1:2010-10 Barrierefreies Bauen – Planungsgrundlagen – Teil 1: Öffentlich zugängliche Gebäude

DIN 18065:2020-08 Gebäudetreppen – Begriffe, Messregeln, Hauptmaße

DIN 18090:1997-01 Aufzüge – Fahrschacht-Dreh- und -Falttüren für Fahrschächte mit Wänden der Feuerwiderstandsklasse F 90

DIN 18091:1993-07 Aufzüge; Schacht-Schiebetüren für Fahrschächte mit Wänden der Feuerwiderstandklasse F 90

DIN 18092:1992-04 Aufzüge; Vertikal-Schiebetüren für Kleingüteraufzüge in Fahrschächten mit Wänden der Feuerwiderstandsklasse F 90

DIN 18095-1:1988-10 Türen; Rauchschutztüren; Begriffe und Anforderungen

DIN 18516-1:2024-10 Außenwandbekleidungen, hinterlüftet – Teil 1: Anforderungen, Prüfgrundsätze

DIN 25422:2024-12 Aufbewahrung und Lagerung sonstiger radioaktiver Stoffe – Anforderungen an Aufbewahrungseinrichtungen und deren Aufstellungsräume zum Strahlen-, Brand- und Diebstahlschutz

DIN 25425-3:2019-12 Radionuklidlaboratorien – Teil 3 Regeln für den vorbeugenden Brandschutz

DIN 33404-3:2016-04 Gefahrensignale – Akustische Gefahrensignale – Teil 3: Einheitliches Notfallsignal

DIN 66084:2021-02 Klassifizierung des Brennverhaltens von Polsterverbunden

DIN CEN/TS 81-76:2011-10 DIN SPEC 69281-76:2011-10 Sicherheitsregeln für die Konstruktion und den Einbau von Aufzügen – Besondere Anwendungen für Personen- und Lastenaufzüge – Teil 76: Personenaufzüge für die Evakuierung von Personen mit Behinderungen; Deutsche Fassung CEN/TS 81-76:2011

DIN CEN/TS 1187:2012-03 DIN SPEC 91187:2012-03 Prüfverfahren zur Beanspruchung von Bedachungen durch Feuer von außen; Deutsche Fassung CEN/TS 1187:2012

DIN EN 3 Beiblatt 4:2013-05 Tragbare Feuerlöscher; Beiblatt 4: Kennzeichnung für den Einsatz in Bereichen mit hohen statischen Magnetfeldern

DIN EN 81-58:2022-08 Sicherheitsregeln für die Konstruktion und den Einbau von Aufzügen - Überprüfung und Prüfverfahren – Teil 58: Prüfung der Feuerwiderstandsfähigkeit von Fahrschachttüren; Deutsche Fassung EN 81-58:2022

DIN EN 81-72:2020-11 Sicherheitsregeln für die Konstruktion und den Einbau von Aufzügen – Besondere Anwendungen für Personen- und Lastenaufzüge – Teil 72: Feuerwehraufzüge

DIN EN 81-73:2020-11 Sicherheitsregeln für die Konstruktion und den Einbau von Aufzügen – Besondere Anwendungen für Personen- und Lastenaufzüge – Teil 73: Verhalten von Aufzügen im Brandfall

DIN EN 81-76:2022-08 – Entwurf – Sicherheitsregeln für Konstruktion und Einbau von Aufzügen - Besondere Anwendungen für Personen- und Lastenaufzüge – Teil 76: Personenaufzüge für die Evakuierung von Personen mit Behinderungen; Deutsche und Englische Fassung prEN 81-76:2022[11]

DIN EN 179:2008-04 Schlösser und Baubeschläge – Notausgangsverschlüsse mit Drücker oder Stoßplatte für Türen in Rettungswegen – Anforderungen und Prüfverfahren; Deutsche Fassung EN 179:2008

DIN EN 403:2004-08 Atemschutzgeräte für Selbstrettung – Filtergeräte mit Haube zur Selbstrettung bei Bränden – Anforderungen, Prüfung, Kennzeichnung; Deutsche Fassung EN 403:2004

DIN EN 1125:2008-04 Schlösser und Baubeschläge – Paniktürverschlüsse mit horizontaler Betätigungsstange für Türen in Rettungswegen – Anforderungen und Prüfverfahren; Deutsche Fassung EN 1125:2008

DIN EN 1175:2020-10 VDE 0117:2020-10 Sicherheit von Flurförderzeugen – Elektrische/elektronische Anforderungen

DIN EN 1363-1:2020-05 Feuerwiderstandsprüfungen – Teil 1: Allgemeine Anforderungen; Deutsche Fassung EN 1363-1:2020

DIN EN 1364-1:2015-09 Feuerwiderstandsprüfungen für nichttragende Bauteile – Teil 1: Wände; Deutsche Fassung EN 1364-1:2015

DIN EN 1364-2:2018-03 Feuerwiderstandsprüfungen für nichttragende Bauteile – Teil 2: Unterdecken; Deutsche Fassung EN 1364-2:2018

DIN EN 1365-2:2015-02 Feuerwiderstandsprüfungen für tragende Bauteile – Teil 2: Decken und Dächer; Deutsche Fassung EN 1365-2:2014

DIN EN 1366-6:2005-02 Feuerwiderstandsprüfungen für Installationen – Teil 6: Doppel- und Hohlböden; Deutsche Fassung EN 1366-6:2004

DIN EN 1634-3:2005-01 Prüfungen zum Feuerwiderstand und zur Rauchdichte für Feuer- und Rauchschutzabschlüsse, Fenster und Beschläge – Teil 3: Prüfungen zur Rauchdichte für Rauchschutzabschlüsse

DIN EN 1717:2011-08 Schutz des Trinkwassers vor Verunreinigungen in Trinkwasser-Installationen und allgemeine Anforderungen an Sicherungseinrichtungen zur Verhütung von Trinkwasserverunreinigungen durch Rückfließen; Deutsche Fassung EN 1717:2000; Technische Regel des DVGW

DIN EN 1838:2019-11 Angewandte Lichttechnik – Notbeleuchtung; Deutsche Fassung EN 1838:2013

DIN EN 1865-1:2015-08, Krankentransportmittel im Krankenkraftwagen – Teil 1: Allgemeine Krankentragesysteme und Krankentransportmittel; Deutsche Fassung EN 1865-1:2010+A1:2015

DIN EN 1869:2019-10 Löschdecken; Deutsche Fassung EN 1869:2019

DIN EN 12101-3:2015-12 Rauch- und Wärmefreihaltung – Teil 3: Bestimmungen für maschinelle Rauch- und Wärmeabzugsgeräte; Deutsche Fassung EN 12101-3:2015

DIN EN 12101-4:2003 Rauch- und Wärmefreihaltung – Teil 4: Bausätze zur Rauch- und Wärmfreihaltung

DIN EN 12101-6:2022-11 Rauch- und Wärmefreihaltung – Teil 6: Festlegungen für Differenzdrucksysteme – Bausätze; Deutsche Fassung EN 12101-6:2022

DIN EN 12845:2020-11 Ortsfeste Brandbekämpfungsanlagen – Automatische Sprinkleranlagen – Planung, Installation und Instandhaltung; Deutsche Fassung EN 12845:2015+A1:2019

DIN EN 13501-1:2019-05 Klassifizierung von Bauprodukten und Bauarten zu ihrem Brandverhalten – Teil 1: Klassifizierung mit den Ergebnissen aus den Prüfungen zum Brandverhalten von Bauprodukten; Deutsche Fassung EN 13501-1:2018

DIN EN 13501-2:2023-12 Klassifizierung von Bauprodukten und Bauteilen zu ihrem Brandverhalten – Teil 2: Klassifizierung mit den Ergebnissen aus den Feuerwiderstandsprüfungen und/oder Rauchschutzprüfungen, mit Ausnahme von Lüftungsanlagen; Deutsche Fassung EN 13501-2:2023

DIN EN 13501-3:2025-10 Klassifizierung von Bauprodukten und Bauarten zu ihrem Brandverhalten – Teil 3: Klassifizierung mit den Ergebnissen aus den Feuerwiderstandsprüfungen an Bauteilen von haustechnischen Anlagen: Feuerwiderstandsfähige Leitungen, Brandschutzklappen und/oder Strom-, Steuer- und Kommunikationskabel; Deutsche Fassung EN 13501-3:2025

DIN EN 13501-4:2016-12 Klassifizierung von Bauprodukten und Bauarten zu ihrem Brandverhalten – Teil 4: Klassifizierung mit den Ergebnissen aus den Feuerwiderstandsprüfungen von Anlagen zur Rauchfreihaltung; Deutsche Fassung EN 13501-4:2016

DIN EN 13501-5:2016-12 Klassifizierung von Bauprodukten und Bauarten zu ihrem Brandverhalten – Teil 5: Klassifizierung mit den Ergebnissen aus Prüfungen von Bedachungen bei Beanspruchung durch Feuer von außen; Deutsche Fassung EN 13501-5:2016

DIN EN 13501-6:2023-04 Klassifizierung von Bauprodukten und Bauteilen zu ihrem Brandverhalten – Teil 6: Klassifizierung mit den Ergebnissen aus den Prüfungen zum Brandverhalten von Starkstromkabeln und -leitungen, Steuer- und Kommunikationskabeln; Deutsche Fassung EN 13501-6:2018+A1:2022

DIN EN 13637:2015-12 Schlösser und Baubeschläge – Elektrisch gesteuerte Fluchttüranlagen für Türen in Fluchtwegen – Anforderungen und Prüfverfahren; Deutsche Fassung EN 13637:2015

DIN EN 14470-2:2006-11 Feuerwiderstandsfähige Lagerschränke – Teil 2: Sicherheitsschränke für Druckgasflaschen; Deutsche Fassung EN 14470-2:2006

DIN EN 16282-7:2021-07 Einrichtungen in gewerblichen Küchen – Elemente zur Be- und Entlüftung – Teil 7: Einbau und Betrieb von stationären Feuerlöschanlagen; Deutsche Fassung EN 16282-7:2017+A1:2021

DIN EN 50171:2022-10 VDE 0558-508:2022-10 Zentrale Sicherheitsstromversorgungssysteme; Deutsche Fassung EN 50171:2021

DIN EN 60598-2-22:2015-06 VDE 0711-2-22:2015-06 Leuchten – Teil 2-22: Besondere Anforderungen - Leuchten für Notbeleuchtung (IEC 60598-2-22:2021); Deutsche Fassung EN IEC 60598-2-22:2022

DIN EN 60601-2-52; VDE 0750-2-52:2016-04 Medizinische Geräte – Teil 2-52: Besondere Festlegungen für die Sicherheit einschließlich der wesentlichen Leistungsmerkmale von medizinischen Betten; (IEC 60601-2-52:2009 + Cor.:2010 + A1:201 5); Deutsche Fassung EN 60601-2-52:2010 + AC:2011 + A1:2015

DIN EN 62305-1:2011-10 VDE 0185-305-1:2011-10 Blitzschutz – Teil 1: Allgemeine Grundsätze (IEC 62305-1:2010, modifiziert); Deutsche Fassung EN 62305-1:2011

DIN EN 62305-2:2013-02 VDE 0185-305-2:2013-02 Blitzschutz – Teil 2: Risiko-Management (IEC 62305-2:2010, modifiziert); Deutsche Fassung EN 62305-2:2012

DIN EN 62305-4:2011-10 VDE 0185-305-4:2011-10 Blitzschutz – Teil 4: Elektrische und elektronische Systeme in baulichen Anlagen (IEC 62305-4:2010); Deutsche Fassung EN 62305-4:2011

DIN EN IEC 62305-3:2025-10 VDE 0185-305-3:2025-10 Blitzschutz – Teil 3: Schutz von baulichen Anlagen und Personen (IEC 62305-3:2024); Deutsche Fassung EN IEC 62305-3:2024

DIN EN ISO 7010:2020-7 Graphische Symbole – Sicherheitsfarben und Sicherheitszeichen

DIN EN ISO 7396-1:2019-06 Rohrleitungssysteme für medizinische Gase – Teil 1: Rohrleitungssysteme für medizinische Druckgase und Vakuum (ISO 7396-1:2016 + Amd 1:2017); Deutsche Fassung EN ISO 7396-1:2016 + A1:2019

DIN EN ISO 7396-2:2007-07 Rohrleitungssysteme für medizinische Gase – Teil 2: Entsorgungssysteme von Anästhesiegas-Fortleitungssystemen; Deutsche Fassung EN ISO 7396-2.2007

DIN EN ISO 7396-3:2024-01 – Entwurf Rohrleitungssysteme für medizinische Gase – Teil 3: Gasmischersysteme für die Herstellung von synthetischer medizinischer Luft (ISO/DIS 7396-3:2023); Deutsche und Englische Fassung prEN ISO 7396-3:2023

DIN ISO 16069:2019-04 Graphische Symbole – Sicherheitszeichen – Sicherheitsleitsysteme

DIN ISO 23601 DIN ISO 23601:2021-11 Sicherheitskennzeichnung – Flucht- und Rettungspläne (ISO 23601:2020)

DIN SPEC 4102-23:2018-07 Brandverhalten von Baustoffen und Bauteilen – Teil 23: Bedachungen – Anwendungsregeln für Prüfergebnisse von Bedachungen nach DIN CEN/TS 1187, Prüfverfahren 1, und DIN 4102-7

DIN/TR 4844-4:2020-07 Graphische Symbole – Sicherheitsfarben und Sicherheitszeichen – Teil 4: Leitfaden zur Anwendung von Sicherheitskennzeichnung

DIN VDE 0100-560:2022-10 VDE 0100-560:2022-10 Errichten von Niederspannungsanlagen – Teil 5-56: Auswahl und Errichtung elektrischer Betriebsmittel – Einrichtungen für Sicherheitszwecke

DIN VDE 0100-710 VDE 0100-710:2012-10 Errichten von Niederspannungsanlagen Teil 7-710: Anforderungen für Betriebsstätten, Räume und Anlagen besonderer Art – Medizinisch genutzte Bereiche

DIN VDE 0711-2-22:2020-12 Leuchten – Teil 2-22: Besondere Anforderungen – Leuchten für Notbeleuchtung (IEC 60598-2-22:2014 + COR1: 2015 + COR2:2016 + Amd.1: 2017); Deutsche Fassung EN 60598-2-22:2014 + AC:2016-05 + AC:2016-09 + A1:202

DIN VDE 0833-2:2022-6 Gefahrenmeldeanlagen für Brand, Einbruch und Überfall – Teil 2; Festlegungen für Brandmeldeanlagen

DIN VDE 0833-4:2024-06 Gefahrenmeldeanlagen für Brand, Einbruch und Überfall – Teil 4: Festlegungen für Anlagen zur Sprachalarmierung im Brandfall

DIN VDE 0834-1:2016-06 – Rufanlagen in Krankenhäusern, Pflegeheimen und ähnlichen Einrichtungen – Teil 1: Geräteanforderungen, Planen, Errichten und Betrieb

DIN VDE V 0108-100-1:2018-12 VDE V 0108-100-1:2018-12 Sicherheitsbeleuchtungsanlagen – Teil 100-1: Vorschläge für ergänzende Festlegungen zu EN 50172:2004

DIN VDE 1175 VDE 0117:2020-10 Sicherheit von Flurförderfahrzeugen, Elektrische/elektronische Anforderungen

VDI 6017:2024-10 Aufzüge – Steuerungen für den Brandfall

M.2.2 Rechtsvorschriften

Bayerisches Katastrophenschutzgesetz (BayKSG), Fassung vom 24. Juli 1996 (GVBl. S. 282, BayRS 215-4-1-I), zuletzt geändert durch § 1 Abs. 166 der Verordnung vom 26. März 2019 (GVBl. S. 98)

Betriebsverfassungsgesetz (BetrVG) in der Fassung der Bekanntmachung vom 25. September 2001 (BGBl. I S. 2518), zuletzt geändert durch Artikel 1 des Gesetzes vom 19. Juli 2024 (BGBl. 2024 I Nr. 248)

BrandschAnlraStRLErl HE:1990-05-31 Brandschutz und Strahlenschutz; Zusammenarbeit der Dienststellen für Brandschutz, der Bauaufsicht und der Gewerbeaufsicht; Richtlinien zum Brandschutz in Anlagen mit radioaktiven Stoffen (BrandraSt-Richtlinien)

Bürgerliches Gesetzbuch (BGB), Fassung vom 2. Januar 2002 (BGBl. I S. 42, 2909; 2003 I S. 738), zuletzt geändert durch Artikel 1 des Gesetzes vom 17. Juli 2025 (BGBl. 2025 I Nr. 163)

Erlass zur Änderung der Richtlinie über den Bau und Betrieb von Krankenhäusern (KhBauR) vom 17. Juli 2008 [online]. Internet: https://www.saarland.de/SharedDocs/Downloads/DE/mibs/tp_bauen_und_wohnen/ba_bt_gesetze/sonderbauten_feuerungsanlagen/Erlass_Änderung_RL_Krankenhäuser.pdf?__blob=publicationFile&v=1 [Zugriff: 30.08.2025]

Gesetz über Betriebsärzte, Sicherheitsingenieure und andere Fachkräfte für Arbeitssicherheit (ASIG) vom 12. Dezember 1973 (BGBl. I S. 1885), zuletzt geändert durch Artikel 3 Absatz 5 des Gesetzes vom 20. April 2013 (BGBl. I S. 868)

Gesetz über die Durchführung von Maßnahmen des Arbeitsschutzes zur Verbesserung der Sicherheit und des Gesundheitsschutzes der Beschäftigten bei der Arbeit (Arbeitsschutzgesetz – ArbSchG). Fassung vom 7. August 1996 (BGBl. I S. 1246), zuletzt geändert durch Artikel 32 des Gesetzes vom 15. Juli 2024 (BGBl. 2024 I Nr. 236)

Gesetz zum Schutz vor der schädlichen Wirkung ionisierender Strahlung (Strahlenschutzgesetz – StrlSchG), Ausfertigungsdatum: 27.06.2017

Gesetz zur Einsparung von Energie und zur Nutzung erneuerbarer Energien zur Wärme- und Kälteerzeugung in Gebäuden (Gebäudeenergiegesetz – GEG), Fassung vom 8. August 2020 (BGBl. I S. 1728), zuletzt geändert durch Artikel 1 des Gesetzes vom 16. Oktober 2023 (BGBl. 2023 I Nr. 280

Gesetz zur Ordnung des Wasserhaushalts (Wasserhaushaltsgesetz – WHG), Fassung vom 31. Juli 2009 (BGBl. I S. 2585), zuletzt durch Artikel 7 des Gesetzes vom 22. Dezember 2023 (BGBl. 2023 I Nr. 409)

Gesetz zur wirtschaftlichen Sicherung der Krankenhäuser und zur Regelung der Krankenhauspflegesätze (Krankenhausfinanzierungsgesetz – KHG) in der Fassung der Bekanntmachung vom 10. April 1991 (BGBl. I S. 886), das zuletzt durch Artikel 11 des Gesetzes vom 30. September 2025 (BGBl. 2025 I Nr. 231) geändert worden ist

Grundgesetz für die Bundesrepublik Deutschland (GG) in der im Bundesgesetzblatt Teil III, Gliederungsnummer 100-1, veröffentlichten bereinigten Fassung, zuletzt geändert durch Artikel 1 des Gesetzes vom 22. März 2025 (BGBl. 2025 I Nr. 94)

Hamburgische Bauordnung (HBauO) vom 14. Dezember 2005. G aufgeh. durch Artikel 5 Absatz 2 des Gesetzes vom 6. Januar 2025 (HmbGVBl. S. 93, 128)

Luftverkehrsgesetz (LuftVG). Fassung vom 10. Mai 2007 (BGBl. I S. 698), zuletzt geändert durch

Artikel 3 des Gesetzes vom 23. Oktober 2024 (BGBl. 2024 I Nr. 327)

Luftverkehrs-Zulassungs-Ordnung (LuftVZO). Fassung vom 19. Juni 1964 (BGBl. I S. 370), zuletzt geändert durch Artikel 28 der Verordnung vom 11. Dezember 2024 (BGBl. 2024 I Nr. 411)

RICHTLINIE 2014/33/EU DES EUROPÄISCHEN PARLAMENTS UND DES RATES vom 26. Februar 2014 zur Angleichung der Rechtsvorschriften der Mitgliedstaaten über Aufzüge und Sicherheitsbauteile für Aufzüge

RICHTLINIE (EU) 2022/2464 DES EUROPÄISCHEN PARLAMENTS UND DES RATES vom 14. Dezember 2022 zur Änderung der Verordnung (EU) Nr. 537/2014 und der Richtlinien 2004/109/EG, 2006/43/EG und 2013/34/EU hinsichtlich der Nachhaltigkeitsberichterstattung von Unternehmen

Richtlinie 89/391/EWG des Rates vom 12. Juni 1989 über die Durchführung von Maßnahmen zur Verbesserung der Sicherheit und des Gesundheitsschutzes der Arbeitnehmer bei der Arbeit

Richtlinie über den Bau und Betrieb von Krankenhäusern – Krankenhausbaurichtlinie (KhBauR) – vom 1. März 2003 (Az.: C/3-IV.15.2Sch.) (G 6166 S. 406), [online]. Internet: https://www.saarland.de/SharedDocs/Downloads/DE/mibs/tp_bauen_und_wohnen/ba_bt_gesetze/sonderbauten_feuerungsanlagen/RL_Krankenhäuser.pdf?__blob=publicationFile&v=2 [Zugriff: 30.08.2025]

Siebtes Buch Sozialgesetzbuch (SGB 7) – Gesetzliche Unfallversicherung – (Artikel 1 des Gesetzes vom 7. August 1996, BGBl. I S. 1254), zuletzt geändert durch Artikel 66 des Gesetzes vom 23. Oktober 2024 (BGBl. 2024 I Nr. 323)

Sozialgesetzbuch (SGB) Fünftes Buch (V) – Gesetzliche Krankenversicherung vom 20. Dezember 1988 (BGBl. I S. 2477, 2482), zuletzt geändert am 25. Februar 2025 (BGBl. 2025 I Nr. 64)

Strafgesetzbuch (StGB), Fassung der Bekanntmachung vom 13. November 1998 (BGBl. I S. 3322), zuletzt geändert durch Artikel 9 des Gesetzes vom 30. September 2025 (BGBl. 2025 I Nr. 231)

Verordnung (EU) Nr. 305/2011 des Europäischen Parlaments und des Rates vom 9. März 2011 zur Festlegung harmonisierter Bedingungen für die Vermarktung von Bauprodukten und zur Aufhebung der Richtlinie 89/106/EWG des Rates Text von Bedeutung für den EWR – Bauproduktenverordnung

Verordnung über Anlagen zum Umgang mit wassergefährdenden Stoffen (AwSV), Fassung vom 18. April 2017 (BGBl. I S. 905), zuletzt durch Artikel 256 der Verordnung vom 19. Juni 2020 (BGBl. I S. 1328) geändert

Verordnung über Arbeitsstätten (Arbeitsstättenverordnung – ArbStättV), Fassung vom 12. August 2004 (BGBl. I S. 2179), zuletzt geändert durch Artikel 10 des Gesetzes vom 27. März 2024 (BGBl. 2024 I Nr. 109)

Verordnung über bauaufsichtliche Anforderungen an Krankenhäuser und Pflegeheime im Land Brandenburg (Brandenburgische Krankenhaus- und Pflegeheim-Bauverordnung – BbgKPBauV) vom 21. Februar 2003 (GVBI.II/03, [Nr. 07], S. 140), zuletzt geändert durch Artikel 1 der Verordnung vom 19. Dezember 2006 (GVBL. II/07, [Nr. 03], S.23) [online]. Internet: https://bravors.brandenburg.de/de/verordnungen-21224 [Zugriff: 30.08.2025]

Verordnung über die bauliche Nutzung der Grundstücke (Baunutzungsverordnung – BauNVO), Fassung der Bekanntmachung vom 21. November 2017 (BGBl. I S. 3786), zuletzt durch Artikel 2 des Gesetzes vom 3. Juli 2023 (BGBl. 2023 I Nr. 176) geändert

Verordnung über die Sicherheitsstufen und Sicherheitsmaßnahmen bei gentechnischen Arbeiten in gentechnischen Anlagen (Gentechnik-Sicherheitsverordnung - GenTSV), Fassung vom 12. August 2019 (BGBl. I S. 1235)

Verordnung über die Verhütung von Bränden (VVB), Fassung vom 29. April 1981 (BayRS III S. 615) BayRS 215-2-1-I, zuletzt geändert durch Verordnung vom 10. Dezember 2012 (GVBl. S. 735)

Verordnung über Prüfungen von sicherheitstechnischen Anlagen und Einrichtungen (Sicherheitsanlagen-Prüfverordnung – SPrüfV). Fassung vom 3. August 2001 (GVBl. S. 593, BayRS 2132-1-9-B), zuletzt geändert durch § 5 der Verordnung vom 7. August 2018 (GVBl. S. 694)

Verordnung über Sicherheit und Gesundheitsschutz bei Tätigkeiten mit Biologischen Arbeitsstoffen (Biostoffverordnung – BioStoffV), Fassung vom 15. Juli 2013 (BGBl. I S. 2514), zuletzt durch Artikel 3 der Verordnung vom 2. Dezember 2024 (BGBl. 2024 I Nr. 384) geändert

Verordnung über Sicherheit und Gesundheitsschutz bei der Verwendung von Arbeitsmitteln (Betriebssicherheitsverordnung – BetrSichV) Ausfertigungsdatum: 03.02.2015, zuletzt geändert durch Art. 7 G v. 27.7.2021 I 3146

Verordnung zum Schutz vor der schädlichen Wirkung ionisierender Strahlung (Strahlenschutzverordnung – StrlSchV), Fassung vom 29. November 2018 (BGBl. I S. 2034, 2036; 2021 I S. 5261), zuletzt geändert durch Artikel 10 des Gesetzes vom 23. Oktober 2024 (BGBl. 2024 I Nr. 324)

Verordnung zum Schutz vor Gefahrstoffen (Gefahrstoffverordnung – GefStoffV) vom November 2010, geändert durch Artikel 1 der Verordnung vom 2. Dezember 2024 (BGBl. I Nr. 384)

M.2.3 Literatur

A 064 Lagerung von Druckgasbehältern im Freien. Stand: Juli 2021. Berlin: Berufsgenossenschaft der Bauwirtschaft (BG Bau) [online]. Internet: https://www.bgbau.de/service/angebote/medien-center-suche/medium/lagerung-von-druckgasbehaeltern-im-freien [Zugriff: 21.10.2025]

AGBF-Empfehlung 2014-05. Empfehlungen zur Risikoeinschätzung von Brandlasten in Rettungswegen, Arbeitsgemeinschaft der Leiterinnen und Leiter der Berufsfeuerwehren in der Bundesrepublik Deutschland (AGBF bund) Arbeitskreis Vorbeugender Brandschutz, Aktualisierung 2024 [online]. Internet: https://www.agbf.de/downloads-fachausschuss-vorbeugender-brand-und-gefahrenschutz/category/28-fa-vbg-oeffentlich-empfehlungen?download=218:2014-05-brandlasten-in-rettungswegen-akt-2024-v2 [Zugriff: 22.10.2025]

AGBF-Empfehlung 2016-01: Prüfung von Feuerwehraufzügen. München: Arbeitsgemeinschaft der Leiter der Berufsfeuerwehren in der Bundesrepublik Deutschland (AGBF bund), Arbeitskreis Vorbeugender Brandschutz, aktualisiert April 2023 [online]. Internet: https://www.agbf.de/downloads-fachausschuss-vorbeugender-brand-und-gefahrenschutz/category/28-fa-vbg-oeffentlich-empfehlungen?download=224:2016-05-pruefung-von-feuerwehraufzuegen [Zugriff: 22.10.2025]

AGBF-Empfehlung 2018-03. Blitzschutz-Risikoanalyse. München: Arbeitsgemeinschaft der Leiter der Berufsfeuerwehren in der Bundesrepublik Deutschland (AGBF bund), Arbeitskreis Vorbeugender Brandschutz, November 2018, redaktionell aktualisiert im August 2021 [online]. Internet: https://www.agbf.de/downloads-fachausschuss-vorbeugender-brand-und-gefahrenschutz/category/28-fa-vbg-oeffentlich-empfehlungen?download=355:2018-03-fachempfehlung-blitzschutz-risikoanalyse-akt-2021 [Zugriff: 22.10.2025]

AGBF-Empfehlung 2018-04. Löschwasserversorgung aus Hydranten in öffentlichen Verkehrsflächen. München: Arbeitsgemeinschaft der Leiter der Berufsfeuerwehren in der Bundesrepublik Deutschland (AGBF bund), Arbeitskreis Vorbeugender Brandschutz, Oktober 2018 [online]. Internet: https://www.agbf.de/downloads-fachausschuss-vorbeugender-brand-und-gefahrenschutz/category/28-fa-vbg-oeffentlich-empfehlungen?download=299:2018-10-fachempfehlung-loeschwasserversorgung [Zugriff: 22.10.2025]

AGBF-Empfehlung 2019-04: Objektfunkanlagen. München: Arbeitsgemeinschaft der Leiter der Berufsfeuerwehren in der Bundesrepublik Deutschland (AGBF bund), Arbeitskreis Vorbeugender Brandschutz, November 2019 [online]. Internet: https://www.agbf.de/downloads-fachausschuss-vorbeugender-brand-und-gefahrenschutz/category/28-fa-vbg-oeffentlich-empfehlungen?download=316:2019-04-fachempfehlung-objektfunkanlagen [Zugriff: 22.10.2025]

AGBF-Empfehlung 2023-02. Fachempfehlung zu brandschutztechnischen Anforderungen an Krankenhäuser. München: Arbeitsgemeinschaft der Leiter der Berufsfeuerwehren in der Bundesrepublik Deutschland (AGBF bund), Arbeitskreis Vorbeugender Brandschutz, September 2023 [online]. Internet: https://www.agbf.de/downloads-fachausschuss-vorbeugender-brand-und-gefahrenschutz/category/28-fa-vbg-oeffentlich-empfehlungen [Zugriff: 30.08.2025]

AGBF-Empfehlung 2024-02. Anforderungen an die Löschwasserversorgung im Objektschutz. München: Arbeitsgemeinschaft der Leiter der Berufsfeuerwehren in der Bundesrepublik Deutschland (AGBF bund), Arbeitskreis Vorbeugender Brandschutz, geänderte Fassung vom 27. März 2025 [online]. Internet: https://www.agbf.de/downloads-fachausschuss-vorbeugender-brand-und-gefahrenschutz/category/28-fa-vbg-oeffentlich-empfehlungen?download=424:2024-02-loeschwasserversorgung-objektschutz [Zugriff: 22.10.2025]

AGBF im Städtetag NRW-Fachempfehlung Brandschutztechnische Anforderungen an Krankenhäuser, Fachempfehlung für Brandschutzdienststellen, Hrsg.: verband der Feuerwehren in Nordrhein-Westfalen e. V. Wuppertal 17.06.2022 [online]. Internet: https://www.feuerwehrverband.nrw/fileadmin/Downloads/Verband/Themen/Vorbeugender%20Brand-%20und%20Gefahrenschutz/2022-08-11_Fachempfehlung_Brandschutztechnische_Anforderungen_an_Krankenhaeuser_.pdf [Zugriff: 30.08.2025]

Arbeitshilfe Neuordnung der Pflege (Teil 1) und Funktionsstelle IMC (Teil 2), Fachkommission Bau- und Kostenplanung: Netzwerk Krankenhausbau. Stand: Juni 2008 [online]. Internet: https://www.bauministerkonferenz.de/Dokumente/42322430.pdf [Zugriff: 02.01.2025]

ASR A1.3: Technische Regel für Arbeitsstätten. Sicherheits- und Gesundheitsschutzkennzeichnung. Fassung vom Februar 2013 (GMBl 2013, S. 334), zuletzt geändert im März 2022 (GMBl 2022, S. 242)

ASR A2.2. Technische Regel für Arbeitsstätten. Maßnahmen gegen Brände. Fassung vom Mai 2018 (GMBl 2018, S. 446), zuletzt geändert im Mai 2025 (GMBl 2025, S. 365)

ASR A2.3: Technische Regel für Arbeitsstätten. Fluchtwege und Notausgänge. Fassung vom März 2022 (GMBl 2022, S. 227), zuletzt geändert im November 2024 (GMBl 2024, S. 913)

ASR A3.4. Technische Regel für Arbeitsstätten. Beleuchtung und Sichtverbindung. Fassung vom Mai 2023(GMBl 2023, S. 679)

ASR V3A.2. Technische Regel für Arbeitsstätten. Barrierefreie Gestaltung von Arbeitsstätten Fassung vom August 2012, zuletzt geändert im Mai 2025 (GMBl 2025, S. 365)

Bechtold, Rolf; Ehlert, Klaus Peter; Wesche, Jürgen: Brandversuche Lehrte. Brandversuche an einem zum Abbruch bestimmten, viergeschossigen modernen Wohnhaus in Lehrte. Bonn-Bad Godesberg: Bundesminister für Raumordnung, Bauwesen und Städtebau, 1978. https://doi.org/10.24355/dbbs.084-201608021250-0

Bauprüfdienst (BPD) 3/2016 Brandschutztechnische Anforderungen an Krankenhäuser (BPD Krankenhäuser). Hamburg: Freie und Hansestadt Hamburg, Behörde für Stadtentwicklung und Wohnen, Amt für Bauordnung und Hochbau [online]. Internet: https://www.hamburg.de/resource/blob/190476/4713c7d174bdfc0c6c0b4322afb29d88/bpd-3-2016-brandschutztechnische-anforderungen-an-krankenhaeuser-data.pdf [Zugriff: 30.08.2025]

Begründung zum Entwurf der Verordnung über bauaufsichtliche Anforderungen an Krankenhäuser und Pflegeheime im Land Brandenburg (Brandenburgische Krankenhaus- und Pflegeheim-Bauverordnung – BbgKPBauV). Stand 9. September 2002 [online]. Internet: http://bsth.de/in/sites/BbgKPBauV-SynopseundBegruendung.pdf [Zugriff: 13.05.2025]

Brandschutzleitfaden für Krankenhäuser. Organisation, Bausubstanz und Anlagenbau. Unna: DACH Kooperations- und Diskussionsplattform der deutschsprachigen Verbände und Vereine für Krankenhaustechnik und Krankenhausbetriebstechnik, 2017 [online]. Internet: https://wtig.org/wp-content/uploads/2016/11/170905-DACH-Leitfaden-BrandschutzKrankenhaus2017_08.pdf [Zugriff: 30.08.2025]

Brandschutztechnische Sicherheitsstandards in Gesundheits- und Sozialeinrichtungen. Baupolizei, Kompetenzstelle Brandschutz (KSB). Wien, 2015 [online]. Internet: https://www.wien.gv.at/wohnen/baupolizei/pdf/brandschutz-gesundheitseinrichtungen.pdf [Zugriff: 13.05.2025]

Brände in Krankenhäusern. Würzburg: Bundesverband Technischer Brandschutz e. V. (bvfa), 2025 [online]. Internet: https://www.bvfa.de/121/themen/braende-in-krankenhaeusern/

BUND-Gütesiegel „Energie sparendes Krankenhaus [online]. Internet: https://energiesparendes-krankenhaus.de/ [Zugriff: 24.08.2025]

Busse, Reinhard; Mansky, Thomas; Nimptsch, Ulrike; Pioch, Carolina: Ambulantisierungspotential in deutschen Akutkrankenhäusern. Berlin: Technische Universität Berlin, November 2023 [online]. Internet: https://www.zi.de/fileadmin/Downloads/Service/Gutachten/Endbericht_AMBPO_30-11-23.pdf [Zugriff: 23.01.2025]

Fahrerlose Transportsysteme – Leitfaden Sicherheit. Stand: März 2020. Düsseldorf: VDI Verein Deutscher Ingenieure e. V. [online]. Internet: https://www.vdi.de/ueber-uns/presse/publikationen/details/fahrerlose-transportsysteme-leitfaden-sicherheit [Zugriff: 21.10.2025]

FAQ zum deutschen Regelungssystem für Bauprodukte und Bauarten. Berlin: DIBt Deutsches Institut für Bauwesen, [online]. Internet: https://www.dibt.de/de/service/faqs/das-deutsche-regelungssystem-fuer-bauprodukte-und-bauarten [Zugriff: 22.10.2025]

Feuerschutzabschlüsse im Zuge von bahngebundenen Förderanlagen [online]. Berlin: Deutsches Institut für Bautechnik [DIBt], o. J. Internet: https://www.dibt.de/de/bauprodukte/informationsportal-bauprodukte-und-bauarten/produktgruppen/bauprodukte-detail/bauprodukt/feuerschutzabschluesse-im-zuge-bahngebundener-foerderanlagen/ [Zugriff: 21.10.2025]

DGUV Information 205-001. Betrieblicher Brandschutz in der Praxis. Berlin: Deutsche Gesetzliche Unfallversicherung e. V. (DGUV), April 2018. Berlin: Deutsche Gesetzliche Unfallversicherung e. V. (DGUV), Dezember 2020

DGUV Information 205-003. Aufgaben, Qualifikation, Ausbildung und Bestellung von Brandschutzbeauftragten. Berlin: Deutsche Gesetzliche Unfallversicherung e. V. (DGUV), Dezember 2020

DGUV Information 205-006. Arbeiten in sauerstoffreduzierter Atmosphäre. Berlin: Deutsche Gesetzliche Unfallversicherung e. V. (DGUV), Juni 2013 – aktualisierte Fassung Januar 2019

DGUV Information 205-023. Brandschutzhelfer. Berlin: Deutsche Gesetzliche Unfallversicherung e. V. (DGUV), Februar 2014 – aktualisierte Fassung November 2019

DGUV Information 205-026. Sicherheit und Gesundheitsschutz beim Einsatz von Feuerlöschanlagen mit Löschgasen. Berlin: Deutsche Gesetzliche Unfallversicherung e. V. (DGUV), Oktober 2024

DGUV Information 205-033. Alarmierung und Evakuierung. Berlin: Deutsche Gesetzliche Unfallversicherung e. V. (DGUV), Oktober 2019

DGUV Information 205-034. Einsatz von Kohlendioxid (CO2)-Feuerlöschern in Räumen. Berlin: Deutsche Gesetzliche Unfallversicherung e. V. (DGUV), Oktober 2019

DGUV Information 205-040. Prüffristen im Brandschutz. Berlin: Deutsche Gesetzliche Unfallversicherung e. V. (DGUV), Juni 2022 – aktualisierte Fassung März 2023

DGUV Information 205-041. Brandschutz beim Umgang mit Lithium-Ionen-Batterien. Berlin: Deutsche Gesetzliche Unfallversicherung e. V. (DGUV), Februar 2024

DGUV Information 206-017. Gut vorbereitet für den Ernstfall! Standards im Umgang mit traumatischen Ereignissen im Betrieb. Berlin: Deutsche Gesetzliche Unfallversicherung e. V. (DGUV), März 2025

DGUV Information 207-206. Tätigkeiten mit Desinfektionsmitteln im Gesundheitsdienst. Berlin: Deutsche Gesetzliche Unfallversicherung e. V. (DGUV), März 2024

DGUV Information 207-016. Neu- und Umbauplanung im Krankenhaus unter Gesichtspunkten des Arbeitsschutzes. Berlin: Deutsche Gesetzliche Unfallversicherung e. V. (DGUV), April 2016

DGUV Information 207-017. Neu- und Umbauplanung im Krankenhaus unter Gesichtspunkten des Arbeitsschutzes – Anforderungen an Funktionsbereiche. Berlin: Deutsche Gesetzliche Unfallversicherung e. V. (DGUV), Februar 2019

DGUV Information 207-019. Gesundheitsdienst. Berlin: Deutsche Gesetzliche Unfallversicherung e. V. (DGUV), April 2018

DGUV Information 207-027. Neu- und Umbauplanung im Krankenhaus unter Gesichtspunkten des Arbeitsschutzes – Anforderungen an Pflegebereich. Berlin: Deutsche Gesetzliche Unfallversicherung e. V. (DGUV), Januar 2019

DGUV Information 213-032. Gefahrstoffe im Gesundheitsdienst. Berlin: Deutsche Gesetzliche Unfallversicherung e. V. (DGUV), Januar 2021

DGUV Regel 103-013 Elektromagnetische Felder, Deutsche Gesetzliche Unfallversicherung e. V. (DGUV), Ausgabedatum 2006.01

DGUV Regel 110-003. Branche Küchenbetriebe. Berlin: Deutsche Gesetzliche Unfallversicherung e. V. (DGUV), April 2019

DGUV Regel 112-190. Benutzung von Atemschutzgeräten. Berlin: Deutsche Gesetzliche Unfallversicherung e. V. (DGUV), November 2021

DGUV Regel 113-001. Explosionsschutz Regeln (Ex-RL). Berlin: Deutsche Gesetzliche Unfallversicherung e. V. (DGUV), Dezember 2022

DVGW Arbeitsblatt W 405. Bereitstellung von Löschwasser durch die öffentliche Trinkwasserversorgung. Ausgabe Februar 2008. Bonn: Deutscher Verein des Gas- und Wasserfaches e. V. (DVGW), 2008

Einrichtungen, Betten und Patientenbewegung. Statistisches Bundesamt (Destatis), Stand: 27. September 2024 [online]. Internet: https://www.destatis.de/DE/Themen/Gesellschaft-Umwelt/Gesundheit/Krankenhauser/Tabellen/gd-krankenhaeuser-jahre.html [Zugriff: 15.10.2025]

Entwicklung der Gesundheitsausgaben in Deutschland (nominal). Statistisches Bundesamt (Destatis), 2025 [online]. Internet: https://www.destatis.de/DE/Themen/Gesellschaft-Umwelt/Gesundheit/_Grafik/_Interaktiv/gesundheitsausgaben-nominal.html [Zugriff: 24.07.2025]

Fachbereich Aktuell FBFHB-006. Einsatz von Löschdecken. Berlin: Deutsche Gesetzliche Unfallversicherung e. V. (DGUV). Stand: April 2020 [online]. Internet: https://publikationen.dguv.de/widgets/pdf/download/article/3703 [Zugriff: 05.10.2025]

Fachbereich Aktuell FBFHB-009. Vermeidung von Textilbränden durch Selbstentzündung fettverschmutzter Textilien. Berlin: Deutsche Gesetzliche Unfallversicherung e. V. (DGUV), April 2020 [online]. Internet: https://publikationen.dguv.de/widgets/pdf/download/article/3705 [Zugriff: 23.03.2025]

Fachempfehlung Brandschutztechnische Anforderungen an Krankenhäuser. Stand: 17. Juni 2022. Wuppertal: Verband der Feuerwehren in Nordrhein-Westfalen e. V., 2022. [online]. Internet: https://www.feuerwehrverband.nrw/fileadmin/Downloads/Verband/Themen/Vorbeugender%20Brand-%20und%20Gefahrenschutz/2022-08-11_Fachempfehlung_Brandschutztechnische_Anforderungen_an_Krankenhaeuser_.pdf [Zugriff: 22.10.2025]

Fahrerlose Transportsysteme – Leitfaden Sicherheit. Ausgabedatum 2020-03, Typ Statusreport. Düsseldorf: Verband Deutscher Ingenieure e. V. (VDI), 2020 [online]. Internet: https://www.vdi.de/ueber-uns/presse/publikationen/details/fahrerlose-transportsysteme-leitfaden-sicherheit [Zugriff: 22.10.2025]

Famers, Gabriele; Messerer, Joseph: „Rettung von Personen“ und „wirksame Löscharbeiten“ – bauordnungsrechtliche

Schutzziele mit Blick auf die Entrauchung. Grundsatzpapier der Fachkommission Bauaufsicht. Stand: 17.12.2018 [online]. Internet: https://www.bauministerkonferenz.de/IndexSearch.aspx?method=get&File=bya892ba82y1b9bbba8a4a8yb9bb92b8y9ya8ayyb9y884b992a2a0a14949aba1494b80b8y005kxxbss4yuuco2trj3t5elp [Zugriff: 24.09.2025]

Feuerschutzabschlüsse im Zuge von bahngebundenen Förderanlagen. Berlin: Deutsches Institut für Bautechnik [online]. Internet: https://www.dibt.de/de/bauprodukte/informations-portal-bauprodukte-und-bauarten/produktgruppen/bauprodukte-detail/bauprodukt/feuerschutzabschluesse-im-zuge-bahngebundener-foerderanlagen [Zugriff: 22.10.2025]

Feuerwehr-Dienstvorschrift 2 – FwDV 2. Ausbildung der Freiwilligen Feuerwehren. Stand vom Januar 2012

Feuerwehr-Dienstvorschrift 3 – FwDV 3. Einheiten im Lösch- und Hilfeleistungseinsatz. Stand vom Februar 2008

Feuerwehr-Dienstvorschrift 500 – FwDV 500. Einheiten im ABC-Einsatz, Stand vom Januar 2022

FVHF-Leitlinie Brandschutztechnische Vorkehrungen für vorgehängte

hinterlüftete Fassaden (VHF) nach DIN 18516-1. Stand: 10.03.2016. Berlin: Fachverband Baustoffe und Bauteile für vorgehängte hinterlüftete Fassaden e. V., 2016 [online]. Internet: https://www.fvhf.de/Fassade-bilder/docs/Prospekte/FVHF-Leitlinie_Brandschutz_0321.pdf [Zugriff: 23.09.2025]

GEMEINSAM DIGITAL, Digitalisierungsstrategie für das Gesundheitswesen und die Pflege. Berlin: Bundesministerium für Gesundheit (BMG), März 2023 [online]. Internet: https://www.bundesgesundheitsministerium.de/fileadmin/Dateien/3_Downloads/D/Digitalisierungsstrategie/BMG_Broschuere_Digitalisierungsstrategie_bf.pdf [Zugriff: 14.05.2025]

Gerlach, Ferdinand; Greiner, Wolfgang; Haubitz, Marion; Meyer, Gabriele; Schreyögg, Jonas; Thürmann, Petra; Wille, Eberhard: Bedarfsgerechte Steuerung der Gesundheitsversorgung. Bonn/Berlin: Sachverständigenrat zur Begutachtung der Entwicklung im Gesundheitswesen, Juni 2018 [online]. Internet: https://www.svr-gesundheit.de/fileadmin/Gutachten/Gutachten_2018/Gutachten_2018.pdf [Zugriff: 24.03.2025]

Glasow, Nadine: Bauliche Suizidprävention in stationären psychiatrischen Einrichtungen. Berlin: Logos Verlag Berlin, 2011

Graf, Jürgen; Hüppe, Tobias: Transport kritisch kranker Patienten. Springer Medizin publiziert am 28.09.2022 [online]. Internet: https://www.springermedizin.de/emedpedia/detail/die-intensivmedizin/transport-kritisch-kranker-patienten?epediaDoi=10.1007%2F978-3-642-54675-4_7 [Zugriff: 31.03.2025]

Green Hospital: Nachhaltige Prozesse für Prävention in der Pflege. Dortmund: Fraunhofer IML, 2025 [online]. Internet: https://www.iml.fraunhofer.de/de/abteilungen/b3/health_care_logistics/krankenhauslogistik/green-hospital.html [Zugriff: 24.08.2025]

Green Hospital^PLUS^ Bayern – Das nachhaltige Krankenhaus [online]. Internet: https://www.stmgp.bayern.de/meine-themen/fuer-krankenhausbetreiber/green-hospitalplus-bayern/ [Zugriff: 24.08.2025]

Gries, André; Schrimpf, Anne Marie; von Dercks, Nikolaus: Zentrale Notaufnahme – Inanspruchnahme und Ressourceneinsatz im Krankenhaus in Abhängigkeit von der Art der Zuweisung. Deutsches Ärzteblatt, Ausgabe 38/2022 [online]. Internet: https://www.aerzteblatt.de/archiv/zentrale-notaufnahme-ae411570-1d46-44dc-94f5-4fc59a207830 [Zugriff: 12.06.2025]

Guenther, Robin; Karliner, Joshua: A Comprehensive Environmental Health. Agenda for Hospitals and Health Systems Around the World. Buenos Aires: Health Care Without Harm (HCWH), Oktober 2011 [online]. Internet: https://greenhospitals.org/sites/default/files/2021-09/Global-Green-and-Healthy-Hospitals-Agenda_3.pdf [Zugriff: 28.09.2025]

Hartung, Christoph; Reintsema, Jörg: Brandschutz im Krankenhaus. Wegscheid: Wikom Verlag, 2002

Health Care Without Harm (HCWH) [online]. Internet: https://europe.noharm.org/ [Zugriff: 24.08.2025]

Hinweise des Wirtschaftsministeriums Baden-Württemberg über den baulichen Brandschutz in Krankenhäusern und baulichen Anlagen entsprechender Zweckbestimmung vom 26. April 2007 – Az.: 5-2615.5/25. [online]. Internet: https://mlw.baden-wuerttemberg.de/fileadmin/redaktion/m-mlw/intern/Dateien/03_Bauen-Wohnen/Baurecht/4_Richtlinien_Hinweise_Erlasse/Brandschutz/Hinweise_über_den_baulichen_Brandschutz_in_Krankenhäusern.pdf [Zugriff: 22.10.2025]

Infoblatt supraleitende Magneten – MRT. Stand: Mai 2017. München: Berufsfeuerwehr München [online]. Internet:

https://stadt.muenchen.de/dms/Home/Stadtverwaltung/Kreisverwaltungsreferat/fachspezifisch/HA-IV/Dokumente/VB/Bauherren-und-co/MRT_20160525.pdf&ved=2ahUKEwj53LvcqreQAxUT0AIHHcEpHH0QFnoECB0QAQ&usg=AOvVaw38ZFZRmm8jXyEQ4MqAnAN2 [Zugriff: 22.10.2025]

Katalog ambulant durchführbarer Operationen, sonstiger stationsersetzender Eingriffe und stationsersetzender Behandlungen gemäß § 115b SGB V im Krankenhaus (AOP-Katalog). Stand: 01.01.2025 [online]. Internet: https://www.dkgev.de/fileadmin/default/Mediapool/2_Themen/2.2_Finanzierung_und_Leistungskataloge/2.2.3._Ambulante_Verguetung/2.2.3.2._Ambulantes_Operieren_115b_SGB_V/AOP-Katalog_2025.pdf [Zugriff: 26.04.2025]

Klote, John H.; Milke, James A.; Turnbull, Paul G.; Kashef, Ahmed; Ferreira, Michael J.: Handbook of Smoke Control Engineering. Peachtree Corners: American Society of Heating Refrigerating and Air-Conditioning Engineers, 2012

Knickmann, Anderas; Neumenn, Sven; Subat, Timo: Leitfaden Evakuierungen. Edewecht: Verlagsgesellschaft Stumpf + Kossendey mBH, 2023

Kohte, Wolfhard: Rechtsgutachten zum Zusammenwirken von Arbeitsstättenrecht und Bauordnungsrecht. Dortmund: Bundesanstalt für Arbeitsschutz und Arbeitsmedizin (BAuA), 2018

Leitfaden für die Planung, die Einrichtung und den Betrieb einer Notstromversorgung in Unternehmen und Behörden [online]. Bonn: Bundesamt für Bevölkerungsschutz und Katastrophenhilfe, 2024. Internet: https://www.bbk.bund.de/SharedDocs/Downloads/DE/Mediathek/Publikationen/PiB/PiB-13-notstromversorgung-unternehmen-behoerden.pdf?__blob=publicationFile&v=15

Leitfaden zur Planung und Realisierung von Objektversorgungen (L-OV). Berlin: Bundesanstalt für den Digitalfunk der Behörden und Organisationen mit Sicherheitsaufgaben (BDBOS), Version V3.3 vom 20.05.2019 [online]. Internet: https://www.bdbos.bund.de/SharedDocs/Downloads/DE/Objektversorgung/01_leitfaden_ov_v3.3.pdf?__blob=publicationFile&v=10 [Zugriff: 21.11.2024]

Löschanlagen und Löschwasserrückhaltung in Laboratorien der Schutz- und Sicherheitsstufen S2 und S3, Stand: 8.11.2006 (redaktionell angepasst 4/2017). Frankfurt am Main: Expertenkreis Labortechnik des Ausschusses für Biologische Arbeitsstoffe (ABAS), 2017 [online]. Internet: https://www.baua.de/DE/Aufgaben/Geschaeftsfuehrung-von-Ausschuessen/ABAS/pdf/Loeschanlagen.pdf?__blob=publicationFile [Zugriff: 15.08.2025]

Marktzugang und Verwendung von Bauprodukten, Anwendung von Bauarten [online]. Berlin: DIBt Deutsches Institut für Bauwesen. Internet: https://www.pcpc-germany.de/marktzugang-und-verwendung-von-bauprodukten [Zugriff: 22.10.2025]

Musterbauordnung (MBO). Fassung November 2002, zuletzt geändert durch den Beschluss der Bauministerkonferenz vom 26./27.9.2024. Würzburg: Bauministerkonferenz, Arbeitsgemeinschaft der für Städtebau, Bau- und Wohnungswesen zuständigen Minister und Senatoren (ARGEBAU), 1976 [online]. Internet: https://www.bauministerkonferenz.de/suchen.aspx?id=1623&o=1623&s=MBO [Zugriff: 30.08.2025]

Muster einer Verordnung über den Bau von Betriebsräumen für elektrische Anlagen (MEltBauV). Stand Januar 2009, zuletzt geändert durch Beschluss der Fachkommission Bauaufsicht vom 22.02.2022

Muster einer Verordnung über Bauvorlagen und bauaufsichtliche Anzeigen (Musterbauvorlagenverordnung – MBauVorlV). Fassung Februar 2007, zuletzt geändert durch Beschluss der Bauministerkonferenz vom 25. September 2020. Würzburg: Bauministerkonferenz, Arbeitsgemeinschaft der für Städtebau, Bau- und Wohnungswesen zuständigen Minister und Senatoren (ARGEBAU), 1976 [online]. Internet: https://www.bauministerkonferenz.de/verzeichnis.aspx?id=991&o=759O986O991 [Zugriff: 30.08.2025]

Muster einer Verordnung über den Bau und Betrieb von Krankenhäusern (Krankenhausbauverordnung (KhBauV0). Fassung Dezember 1976. Würzburg: Bauministerkonferenz, Arbeitsgemeinschaft der für Städtebau, Bau- und Wohnungswesen zuständigen Minister und Senatoren (ARGEBAU), 1976 [online]. Internet: https://www.is-argebau.de/suchen.aspx?id=1623&o=1623&s=KhBauVO#nodata [Zugriff: 30.08.2025]

Muster-Feuerungsverordnung (MFeuV) Stand: September 2007 geändert durch Beschluss der Fachkommission Bauaufsicht vom 28.01.2016 und 27.09.2017 (online). Internet: https://www.bauministerkonferenz.de/suchen.aspx?id=991&o=759O986O991&s=Feuerungsverordnung

Muster-Richtlinie über automatische Schiebetüren in Rettungswegen (M-AutSchR), Fassung Dezember 1997

Muster-Richtlinie über brandschutztechnische Anforderungen an Bauteile und Außenwandbekleidungen in Holzbauweise (MHolzBauRL). Fassung: 24. September 2024, Amtliche Mitteilungen Ausgabe 2 I 12. Mai 2025. Fachkommission Bauaufsicht der Bauministerkonferenz. Berlin: Deutsches Institut für Bautechnik (DIBt), 2025 [online]. Internet: https://www.bauministerkonferenz.de/verzeichnis.aspx?id=991&o=759O986O991 [Zugriff: 30.08.2025]

Muster-Richtlinie über brandschutztechnische Anforderungen an Leitungsanlagen (Muster-Leitungsanlagen-Richtlinie MLAR), Fassung 10.02.2015 zuletzt geändert durch Beschluss der Fachkommission Bauaufsicht vom 03.09.2020

Muster-Richtlinie über brandschutztechnische Anforderungen an Lüftungsanlagen (Muster-Lüftungsanlagen-Richtlinie M-LüAR). Fassung: 29.09.2005, zuletzt geändert durch Beschluss der Fachkommission Bauaufsicht vom 03.09.2020
Muster-Richtlinie über elektrische Verriegelungssysteme von Türen in Rettungswegen (M-EltVTR), Fassung Dezember 1997 (Fachkommission Bauaufsicht der Bauministerkonferenz)

Muster-Richtlinie über brandschutztechnische Anforderungen an Systemböden Muster-Systembödenrichtlinie (MSysBöR) – Fassung September 2005

Muster-Richtlinien über Flächen für die Feuerwehr, Fassung Februar 2007, zuletzt geändert durch den Beschluss der Bauministerkonferenz vom Oktober 2009

Muster-Richtlinie über den Bau und Betrieb von Hochhäusern (Muster-Hochhaus-Richtlinie – MHHR), Fassung April 2008, zuletzt geändert durch Beschluss der Fachkommission Bauaufsicht vom Februar 2012

Muster-Verordnung über den Bau und Betrieb von Beherbergungsstätten (Muster-Beherbergungsstättenverordnung – MbeVO). Fassung Dezember 2000 (zuletzt geändert durch Beschluss der Fachkommission Bauaufsicht vom Mai 2014)

Musterverordnung über den Bau und Betrieb von Garagen und Stellplätzen (M-GarStVO), Fassung 4. September 2020

Musterverordnung über den Bau und Betrieb von Versammlungsstätten (Muster-Versammlungsstättenverordnung – MVStättVO, Fassung Juni 2005 (zuletzt geändert durch Beschluss der Fachkommission Bauaufsicht vom Juli 2014)

Musterverordnung über den Bau und Betrieb von Verkaufsstätten (Muster-Verkaufsstättenverordnung – MVKVO) Fassung September 1995, zuletzt geändert durch Beschluss der Fachkommission Bauaufsicht vom Juli 2014

Muster-Verordnung über Prüfungen von technischen Anlagen nach Bauordnungsrecht – MPrüfVO – (Muster-Prüfverordnung). Fassung März 2011

Muster-Prüfgrundsätze – Grundsätze für die Prüfung technischer Anlagen entsprechend der Muster-Prüfverordnung durch bauaufsichtlich anerkannte Prüfsachverständige (Arbeitskreis Technische Gebäudeausrüstung der Fachkommission Bauaufsicht) vom 26. November 2010 (DIBt-Mitteilungen Nr. 4 vom 09.08.2011 S. 128, 06.12.2021) Ausgabe 3; 30.12.2022 [online]. Internet: https://www.bauministerkonferenz.de/suchen.aspx?id=991&o=759O986O991&s=Muster-Pr%C3%BCfgrunds%C3%A4tze [Zugriff: 22.10.2025]

Muster-Verwaltungsvorschrift Technische Baubestimmungen (MVV TB). Ausgabe 2025/1 (veröffentlicht am 20. Mai 2025 mit Druckfehlerberichtigung vom 29. Juli 2025). Berlin: Deutsches Institut für Bautechnik (DIBt), 2025

Nach Feuer in Krankenhaus: Stiftung Patientenschutz fordert Nachbesserungen beim Brandschutz in Kliniken. Artikel der Ärztezeitung vom 07.01.2024. Berlin: Springer Medizin Verlag GmbH, 2024 [online]. Internet: https://www.aerztezeitung.de/Wirtschaft/Nach-Brand-in-Uelzener-Krankenhaus-mit-nun-fuenf-Toten-Stiftung-Patientenschutz-fordert-Sprinkleranl-446043.html [Zugriff: 31.01.2025]

NFPA 92 – Standard for Smoke Control Systems, 2024 Edition, National Fire Protection Association (NFPA), ISBN 978-1455931224

NFPA 99 – Health Care Facilities Code, 2024 Edition, National Fire Protection Association (NFPA), ISBN 978-1455930548

NFPA 101 – Life Safety Code, 2024 Edition, National Fire Protection Association (NFPA), ISBN 978-1455930562

NFPA 101 – Life Safety Code Handbook, 2024 Edition, National Fire Protection Association (NFPA), ISBN 978-1455930807

Notstromversorgung in Unternehmen und Behörden. Bonn: Bundesamt für Bevölkerungsschutz und Katastrophenhilfe, März 2024 [online]. Internet: https://www.bbk.bund.de/SharedDocs/Downloads/DE/Mediathek/Publikationen/PiB/PiB-13-notstromversorgung-unternehmen-behoerden.pdf?__blob=publicationFile [Zugriff: 22.06.2025]

OECD Fire Propagation in Elementary, Multi-Room Scenarios (PRISME) Project, Internet: https://www.oecd-nea.org/jcms/pl_24955/fire-propagation-in-elementary-multi-room-scenarios-prisme-project

Oxidierbare (brandfördernde) Eigenschaften [online]. Berlin: Berufsgenossenschaft der Bauwirtschaft (BG Bau), 2024. Internet: https://www.bgbau.de/themen/sicherheit-und-gesundheit/gefahrstoffe/sicherheitsdatenblatt/oxidierbare-brandfoerdernde-eigenschaften [Zugriff: 21.10.2025]

Pichler, Peter-Paul: Evidenzbasis Treibhausgasemissionen des deutschen Gesundheitswesens. Potsdam: Potsdam-Institut für Klimafolgenforschung (PIK) e. V., 2022 [online]. Internet: https://www.bundesgesundheitsministerium.de/fileadmin/Dateien/5_Publikationen/Gesundheit/Abschlussberichte/GermanHealthCFP_Sachbericht.pdf [Zugriff: 24.07.2025]

Rahmenempfehlung für die Planung und Durchführung von Evakuierungsmaßnahmen einschließlich der Evakuierung für eine erweiterte Region (RE Evakuierungsplanung) der AG Fukushima, UAG Evakuierungsplanung. Stand: 25.08.2014 [online]. Internet: https://www.innenministerkonferenz.de/IMK/DE/termine/to-beschluesse/14-12-11_12/anlage3zu34.pdf?__blob=publicationFile&v=2 [Zugriff: 14.05.2025]

Richtlinie für Mikroskopische Entfluchtungsanalysen. Version 4.1.0 vom 12.05.2025 [online]. München: RiMEA e. V., 2025. Internet: https://rimeaweb.wordpress.com/wp-content/uploads/2025/06/rimea-4.1.0-1.pdf [Zugriff: 06.10.2025]

Richtlinie zur Bemessung von Löschwasser-Rückhalteanlagen beim Lagern wassergefährdender Stoffe (LöRüRL), Fassung August 1992 (Fachkommission Bauaufsicht der Bauministerkonferenz)

Reick, Michael: Stationäre Vorhaltung von Mobilen Rauchverschlüssen in Gebäuden. In: BRANDSchutz/Deutsche Feuerwehr-Zeitung Ausgabe 8/2011, S. 617–619

Spezielle Lagerräume für Gefahrstoffe, Stand 04/2016. Hamburg, Düsseldorf: Kooperation von BGW Berufsgenossenschaft für Gesundheitsdienst und Wohlfahrtspflege (BGW) und Unfallkasse Nordrhein-Westfalen. Sicheres Krankenhaus. [online]. Internet: https://sicheres-krankenhaus.de [Zugriff: 31.08.2025]

Roger, S. Ulrich: View Through a Window May Influence Recovery from Surgery. In: Science, New Series, Volume 224, Issue 4647 (Apr. 27, 1984), S. 421–422 [online]. Internet: https://www.researchgate.net/publication/17043718_View_Through_a_Window_May_Influence_Recovery_from_Surgery [Zugriff: 06.02.2025]

Rost, Michael: Brandschutzkonzepte in Altenheimen. In: BRANDSchutz/Deutsche Feuerwehr-Zeitung Ausgabe 11/2012, S. 844–848

Technische Mitteilungen (TM). Berlin: Bundesvereinigung der Prüfingenieure für Bautechnik e. V. (BVPI) [online]. Internet: https://www.bvpi.de/bvpi/de/bauherren-information/faqs.php

TRBS 1001. Struktur und Anwendung der Technischen Regeln für Betriebssicherheit. Ausgabe: März 2018 (GMBI 2018 S. 398 [Nr. 22]

TRBS 3145/TRGS 745 Technische Regeln für Betriebssicherheit/Gefahrstoffe. Ortsbewegliche Druckgasbehälter – Füllen, Bereithalten, innerbetriebliche Beförderung, Entleeren. Ausgabe: Februar 2016 (GMBl 2016 S. 315-328 v. 26.4.2016)

TRGS 001 Technische Regeln für Gefahrstoffe (TRGS). Das Technische Regelwerk zur Gefahrstoffverordnung Allgemeines – Aufbau – Übersicht – Beachtung der Technischen Regeln für Gefahrstoffe (TRGS) Ausgabe: Dezember 2006

TRGS 510. Technische Regel für Gefahrstoffe. Lagerung von Gefahrstoffen in ortsbeweglichen Behältern, Fassung vom Dezember 2020 (GMBl 2021 S. 178-216 [Nr. 9-10])

TRGS 526. Technische Regel für Gefahrstoffe. Laboratorien. Fassung vom 02.04.2008 (GMBl S. 295-314 [Nr. 15])

TRGS 720. Technische Regel für Gefahrstoffe. Gefährliche explosionsfähige Gemische – Allgemeines, Fassung vom Juli 2020 (GMBl 2020 S. 419-426 [Nr. 21], berichtigt im März 2021(GMBl 2021 S. 399 [Nr. 17-19])

TRGS 721. Technische Regel für Gefahrstoffe. Gefährliche explosionsfähige Gemische – Beurteilung der Explosionsgefährdung. Fassung vom Oktober 2020(GMBl 2020 S. 807-814 [Nr. 38]), berichtigt im Dezember 2020 (GMBl 2020 S. 1116 [Nr. 51])

TRGS 722. Technische Regel für Gefahrstoffe. Vermeidung oder Einschränkung gefährlicher explosionsfähiger Gemische. Fassung vom Februar 2021 (GMBl 2021 S. 399-415 [Nr. 17–19]), geändert im Februar 2025 (GMBl 2025 S. 99-102 [Nr. 6])

TRGS 723. Technische Regel für Gefahrstoffe. Gefährliche explosionsfähige Gemische – Vermeidung der Entzündung gefährlicher explosionsfähiger Gemische. Fassung vom Juli 2019 (GMBl 2019 S. 638–656 [Nr. 33–34]), zuletzt geändert im Oktober 2020 (GMBl 2020 S. 815 [Nr. 38] vom 02.10.2020)

TRGS 724. Technische Regel für Gefahrstoffe. Gefährliche explosionsfähige Gemische – Maßnahmen des konstruktiven Explosionsschutzes, welche die Auswirkung einer Explosion auf ein unbedenkliches Maß beschränken. Fassung vom Juli 2019 (GMBl 2019 S. 656–664 [Nr. 33–34])

TRGS 725. Technische Regel für Gefahrstoffe. Gefährliche explosionsfähige Gemische - Mess-, Steuer- und Regeleinrichtungen im Rahmen von Explosionsschutzmaßnahmen. Fassung vom April 2023 (GMBl 2023, S. 727–742 [Nr. 33–34])

TRGS 900. Technische Regel für Gefahrstoffe. Arbeitsplatzgrenzwerte. Fassung vom Januar 2006, zuletzt berichtigt im Mai 2025 (GMBL 2025 S. 234 [Nr. 10–11])

TRVB 133 /05 (N) „Krankenhäuser und Pflegeheime – Teil 2 Betriebliche Maßnahmen". Ausgabe 2005. Wien: Österreichischer Bundesfeuerwehrverband, 2005

Umfrage zu ärztlichen Bereitschaftspraxen. ADAC, 2023 [online]. Internet: https://presse.adac.de/regionalclubs/nordrhein-westfalen/adac-umfrage-aerztliche-bereitschaftspraxen-ergebnisse-fuer-nrw.html [Zugriff: 17.05.2025]

Urteil vom 22.6.2016. 9 K 1985/15. Münster: Verwaltungsgericht, 2016 [online]. Internet: https://nrwe.justiz.nrw.de/ovgs/vg_muenster/j2016/9_K_1985_15_Urteil_20160622.html [Zugriff: 12.08.2025]

Urteil vom 26.04.2022, B 1 KR 15/21 R: Bundessozialgericht, 2022 [online]. Internet: https://www.bsg.bund.de/SharedDocs/Entscheidungen/DE/2022/2022_04_26_B_01_KR_15_21_R.html [Zugriff: 24.08.2025]

Verordnung (EU) 2025/1988 der Kommission vom 2. Oktober 2025 zur Änderung des Anhangs XVII der Verordnung (EG) Nr. 1907/2006 des Europäischen Parlaments und des Rates hinsichtlich per- und polyfluorierter Alkylsubstanzen in Feuerlöschschäumen [online]. Internet: https://eur-lex.europa.eu/legal-content/DE/TXT/PDF/?uri=OJ:L_202501988 [Zugriff: 07.10.2025]

VCI-Leitfaden Löschwasserrückhaltung. Stand: Juli 2017 [online]. Frankfurt: Verband der Chemischen Industrie e. V. (VCI). Internet: https://www.vci.de/langfassungen-pdf/2014-12-18-leitfaden-loeschwasserrueckhaltung.pdf [Zugriff: 05.10.2025]

VDMA 4390-2:2015-12. Planung und Installation neuer bzw. Erweiterung bestehender Reinstgase-Versorgungsanlagen – Teil 2: Rohrleitungssysteme. Frankfurt, Verband Deutscher Maschinen- und Anlagenbau (VDMA) e. V., 2015

VdS Richtlinie 2034: 2014-02 (02). Nichtöffentliche Feuerwehren – Ein Baustein des betrieblichen Gefahrenabwehrmanagements. Köln: Gesamtverband der deutschen Versicherungswirtschaft e. V. (GDV), 2014

VdS 2010:2015-04 (05). Risikoorientierter Blitz- und Überspannungsschutz. Hrsg.: Gesamtverband der deutschen Versicherungswirtschaft e. V. (GDV). Köln: VdS Schadenverhütung GmbH, 2015

VdS 2032:2008-09 (02). Brandschutz für Kühl- und Tiefkühllager. Hrsg.: Gesamtverband der deutschen Versicherungswirtschaft e. V. (GDV). Köln: VdS Schadenverhütung GmbH, 2008

VdS 2105: 2023-06 (06). VdS-Richtlinien für mechanische Sicherungseinrichtungen – Schlüsseldepots, Adapter und Freischaltelemente. Hrsg.: Gesamtverband der deutschen Versicherungswirtschaft e. V. (GDV). Köln: VdS Schadenverhütung GmbH, 2023

VdS 2207:1988-04 (01). Aufstellen von Müllpresscontainern, Richtlinien für den Brandschutz. Hrsg.: Gesamtverband der deutschen Versicherungswirtschaft e. V. (GDV). Köln: VdS Schadenverhütung GmbH, 1988

VdS 2226:2008-01 (04). Krankenhäuser, Pflegeheime und ähnliche Einrichtungen zur Unterbringung oder Behandlung von Personen. Hrsg.: Gesamtverband der deutschen Versicherungswirtschaft e. V. (GDV). Köln: VdS Schadenverhütung GmbH, 2008

VdS 2454:2023-05 (02). VdS-Richtlinien für Gaslöschanlagen – Gaslöschsysteme. Hrsg.: Gesamtverband der deutschen Versicherungswirtschaft e. V. (GDV). Köln: VdS Schadenverhütung GmbH, 2023

VdS 2557:2013-03 (01). Planung und Einbau von Löschwasser-Rückhalteeinrichtungen. Hrsg.: Gesamtverband der deutschen Versicherungswirtschaft e. V. (GDV). Köln: VdS Schadenverhütung GmbH, 2013

VdS CEA 4001:2024-01 (08). VdS CEA-Richtlinien für Sprinkleranlagen, Planung und Einbau. Hrsg.: Gesamtverband der deutschen Versicherungswirtschaft e. V. (GDV). Köln: VdS Schadenverhütung GmbH, 2024

VdS Richtlinie 2357:2014-06 (06). Richtlinien zur Brandschadensanierung. Hrsg.: Gesamtverband der deutschen Versicherungswirtschaft e. V. (GDV). Köln: VdS Schadenverhütung GmbH, 2014

Leitfaden Ingenieurmethoden des Brandschutzes. Vfdb TB 04-01. 4. überarb. u. ergänzte Aufl. Hrsg.: Vereinigung zur Förderung des Deutschen Brandschutzes e. V. (vfdb), Technisch-Wissenschaftlicher Beirat (TWB), Referat 4, Jochen Zehfuß. Münster; Braunschweig: vfdb, 2020

Vollzugshinweise zur BayBO 2021. München: Bayerisches Staatsministerium für Wohnen, Bau und Verkehr, 15.11.2021 [online]. Internet: https://www.stmb.bayern.de/assets/stmi/buw/baurechtundtechnik/24_baybo-vollzugshinweise_2021.pdf [Zugriff: 13.09.2024]

Wir über uns [online]. Berlin: Deutsche Gesetzliche Unfallversicherung e. V. (DGUV), 2025. Internet: https://www.dguv.de/de/wir-ueber-uns/index.jsp [Zugriff: 20.08.2025]

Wolf, Torsten: Modellierung von Räumungen in Krankenhäusern und anderen Pflegeeinrichtungen. Köln: VdS Schadenverhütung, 2001

M.3 Stichwortverzeichnis

A

B

C

D

E

F

G